Alla memoria di Giuseppe Pompilj

Ludovico Piccinato

Metodi per le decisioni statistiche

2ª edizione

 Springer

Ludovico Piccinato
Dipartimento di Statistica, Probabilità
e Statistiche Applicate
Università "La Sapienza"
Roma

ISBN 978-88-470-1077-2   Springer Milan Berlin Heidelberg New York
ISBN 978-88-470-1106-9 (eBook)   Springer Milan Berlin Heidelberg New York

Springer-Verlag fa parte di Springer Science+Business Media

springer.com

9   8   7   6   5   4   3   2   1

Impianti: PTP-Berlin, Protago $\mathrm{T_{E}X}$-Production GmbH, Germany (www.ptp-berlin.eu)
Progetto grafico della copertina: Simona Colombo, Milano
Stampa: Signum Srl, Bollate (MI)

Springer-Verlag Italia srl – Via Decembrio 28 – 20137 Milano

Prefazione

Questo libro è il risultato di una lunga esperienza di insegnamento riguardante la teoria delle decisioni statistiche, svolto nei corsi di laurea, ora laurea magistrale, della Facoltà di Scienze Statistiche dell'Università di Roma "La Sapienza".

La struttura del testo, parzialmente modulare, richiede una breve illustrazione. La prima parte presenta la teoria delle decisioni in condizioni di incertezza in un quadro generale, senza approfondire (e tanto meno presupporre) gli aspetti statistici. Si introduce a questo scopo una "forma canonica", nel cui ambito non si assegna alle decisioni alcuna struttura definita, e si studiano in dettaglio i classici concetti di ammissibilità delle decisioni e di completezza delle classi di decisioni, i più comuni criteri di ottimalità, la tecnica degli alberi decisione per i problemi a più stadi, e così via. Viene inoltre esposta, nel cap.2, la teoria dell'utilità secondo von Neumann e Morgenstern, con dimostrazioni complete relativamente al caso finito. Vengono presentati e adeguatamente discussi anche i cosidetti "paradossi" di Allais e di Ellsberg, che mettono in luce aspetti critici della teoria stessa. L'uso della impostazione di von Neumann e Morgenstern non è l'unica possibilità ammessa nello schema decisionale adottato, ma è chiaro che tale teoria costituisce un modello particolarmente importante anche per le potenziali applicazioni.

Nella seconda parte, indipendente dalla precedente, vengono esposti i concetti principali della teoria dell'inferenza statistica, senza sviluppare gli aspetti decisionali. Viene presentato, con numerosi esempi, il concetto tradizionale di esperimento statistico, e viene dato un rilievo centrale alla funzione di verosimiglianza ai fini della rappresentazione dei risultati di un esperimento. Con lo stesso spirito viene trattato il classico concetto di sufficienza. Il cap. 4 è dedicato ad una panoramica delle principali "logiche" della inferenza statistica, e inizia con la illustrazione del noto (anche se controverso) principio della verosimiglianza. Ho presentato le caratteristiche del metodo bayesiano con una certa ampiezza sia perché lo considero in generale (nelle condizioni assunte, la disponibilità di un affidabile modello statistico) il più valido, sia perché è perfettamente applicabile anche al di fuori di schemi decisionali, quando si ha come obiettivo una generica inferenza e non una specifica decisione. Ho comunque cercato di dare un'idea della molteplicità di linee metodologiche esistenti all'interno della etichetta "inferenza bayesiana". Quale che sia il punto di vista personale dell'autore, è sicuramente opportuno, in una trattazione didattica, che siano esaminate con la dovuta attenzione anche le principali impostazioni alternative. Non sarebbe possibile, d'altra parte, ignorare la grande importanza storica della impostazione frequentista, i cui metodi oltre tutto sono ancora tanto diffusi nella pratica corrente. Tali procedure, e più precisamente quelle riferibili alla scuola di Neyman-Pearson-Wald, hanno però un carattere intrinsecamente decisionale e una trattazione adeguata viene necessariamente rinviata al cap.7, nella terza parte del volume. Nel cap. 4 se ne mettono in luce soltanto alcune caratteristiche generali, in sostanza la contrapposizione logica al principio della verosimiglianza, e si presenta l'impostazione di Cox (di ispirazione Fisheriana) basata sul condizionamento parziale che ne costituisce oggi una importante alternativa concettuale, sempre all'interno di un comune orientamento frequentista. La sezione concernente il campionamento da popolazioni finite è relativamente isolata (nel senso che i problemi ivi considerati non vengono ripresi successivamente), ma è utile al fine di ricollegare con la problematica generale dell'inferenza un settore tematico che ha una propria specificità e un grande interesse sia dal punto di vista teorico che dal punto di vista pratico. Un argomento non suscettibile di sviluppi in chiave decisionale è poi quello della teoria della significatività "pura", che viene trattato alla fine del cap.4, anche con un cenno a suoi sviluppi moderni e ispirati al punto di vista bayesiano, soprattutto per ragioni di completezza espositiva.

Complessivamente la seconda parte del testo (capitoli 3 e 4) può vedersi come un richiamo degli elementi essenziali della inferenza statistica e tratta argomenti che vengono affrontati, almeno nelle loro linee principali e nei loro aspetti più operativi, da tutti i corsi introduttivi in materia. Alcuni approfondimenti sono tuttavia utili proprio in vista della successiva trattazione in ottica decisionale. Una certa completezza dell'esposizione (includendo però anche gli esercizi) serve inoltre a rendere accessibile il testo anche a studenti di buona volontà ma con scarse conoscenze preliminari sulla inferenza statistica.

La terza parte tratta dei problemi di decisione statistica e presuppone la conoscenza delle due parti precedenti. Nell'ottica bayesiana la procedura più naturale per i problemi di inferenza post-sperimentale è basata sul condizionamento al risultato osservato, ed è quindi la cosiddetta analisi in forma *estensiva*. Vengono pertanto trattati in questo modo i classici problemi di stima puntuale e mediante insiemi e i problemi di test di ipotesi, sia con riferimento all'inferenza su parametri che all'inferenza predittiva. Nell'ottica frequentista la procedura obbligata è invece la cosiddetta forma *normale*, che viene sviluppata nel testo, per quanto riguarda i problemi di stima e test, solo con riferimento all'inferenza su parametri (è ben noto che procedure generali di tipo predittivo sono, nel quadro frequentista, molto problematiche). Entrambe le forme di analisi corrispondono ad opportune particolarizzazioni della forma canonica dei problemi di decisione in condizioni di incertezza, e lo studio svolto nel cap.1 viene in entrambi i casi pienamente utilizzato. Il confronto in termini decisionali permette tra l'altro di chiarire in concreto (e non solo da un punto di vista astrattamente "filosofico") le diverse logiche dell'inferenza, e l'intreccio delle reciproche relazioni nei diversi tipi di problemi. Nell'ultimo capitolo vengono esposti i concetti fondamentali sul problema della scelta di un esperimento data una classe di esperimenti disponibili; rientrano in questa categoria, per esempio, la scelta della numerosità campionaria, la scelta dei valori delle variabili controllate per l'inferenza con modelli lineari, la scelta della regola d'arresto nei problemi sequenziali. Si tratta dunque di problemi di decisione strettamente connessi a problemi di inferenza statistica, questioni che hanno grande rilievo pratico ma per le quali non sono frequenti le trattazioni organiche. Vengono affrontati nel testo essenzialmente i casi più semplici, ma si fornisce un quadro generale della tematica.

L'appendice A richiama in modo molto sintetico gli argomenti principali della teoria della probabilità. La chiarezza sui concetti di probabilità soggettiva e oggettiva è essenziale per le applicazioni decisionali, ed è quindi perseguita con certo dettaglio, soprattutto per gli aspetti interpretativi. I richiami sulla teoria matematica non hanno la pretesa, data la loro brevità, di sostituire lo studio di testi specifici; tuttavia costituiscono un riferimento per il linguaggio e la simbologia usati nel testo e aiutano lo studente, che eventualmente abbia una formazione probabilistica non orientata alla statistica, ad individuare gli strumenti più importanti nel contesto che ci interessa. L'appendice B presenta i concetti di base su insiemi convessi e funzioni convesse, adoperati qua e là nel testo (ma soprattutto nel cap.1). L'appendice C contiene un formulario con le principali distribuzioni di probabilità, e cenni essenziali sul concetto di famiglia esponenziale di distribuzioni. L'appendice D presenta i simboli (normalmente di uso comune) usati nella esposizione.

Il testo è pensato per il corso sulla teoria delle decisioni statistiche nelle Facoltà di Scienze Statistiche, ma può anche essere utilizzato, eventualmente anche in altre Facoltà, per un breve corso sulle decisioni in condizioni di incertezza (la prima parte) oppure per corsi istituzionali di Statistica Matematica; un orientamento decisionale per tali corsi, del resto, è didatticamente usuale anche a livello internazionale. Se il testo viene adoperato come un corso introduttivo alla statistica matematica, può essere opportuno anticipare la seconda parte rispetto alla prima. La trattazione svolta non utilizza in modo effettivo la teoria della misura ed è leggibile da chiunque abbia una preparazione matematica di livello universitario.

La seconda edizione presenta alcune semplificazioni rispetto alla prima, ed alcune integrazioni. Per citare le più importanti tra queste ultime, nel cap.1 viene formalizzata l'elicitazione di probabilità come problema di decisione, nel cap.2 è stata ampliata la presentazione delle approssimazioni alla funzione di utilità nel caso di conseguenze numeriche e sono stati discussi alcuni tipi di ordinamenti parziali delle decisioni usati prevalentemente in ambito economico-finanziario, nel cap.4 si presentano alcuni aggiornamenti sugli sviluppi moderni del cosiddetto "valore-P", nel cap.6 è stata estesa la trattazione relativa al fattore di Bayes (includendo un cenno sui fattori di Bayes parziali), nel cap.8 sono presentati metodi bayesiani recentemente proposti per la scelta della numerosità campionaria, sempre inquadrati nello schema generale dei problemi di disegno dell'esperimento.

Formule, definizioni, teoremi, figure ed esercizi sono numerati separatamente e consecutivamente entro ogni capitolo. Un asterisco contrassegna gli esercizi che presentano un carattere di complemento teorico. Il simbolo $\square$ indica la fine della dimostrazione di un teorema. La fine degli esempi viene indicata con il simbolo $\diamond$ posto alla fine dell'ultima riga.

Le osservazioni di colleghi e studenti hanno portato a molti miglioramenti e dato fiducia per un rinnovato uso didattico del presente testo; un cordiale ringraziamento a tutti. Un ringraziamento particolare va infine alla dott.ssa Valeria Sambucini per il prezioso aiuto nella preparazione della seconda edizione.

Roma, gennaio 2009   *Ludovico Piccinato*

Indice

Parte II Inferenza statistica

Parte III   Decisioni statistiche

5   Decisioni statistiche: quadro generale 221

6   Analisi in forma estensiva 235

7   Analisi in forma normale 277

Parte I

Decisioni in condizioni di incertezza

1

Analisi delle decisioni

1.1 Problemi di decisione in condizioni di incertezza

Un soggetto, il *decisore*, deve scegliere un elemento (la *decisione*) entro un insieme dato Δ. La scelta di $\delta \in \Delta$ determina una conseguenza $\gamma = C_\delta(\omega)$ che dipende in generale, oltre che dalla decisione δ, da un ulteriore elemento ω, non noto (*stato di natura*). È noto invece l'insieme Ω degli stati di natura possibili; al variare di δ in Δ c di ω in Ω, si ha uno spazio Γ di possibili conseguenze che non sono necessariamente numeriche ma si assumono sempre confrontabili. In altri termini, date due conseguenze qualsiasi γ_1 e γ_2 in Γ, si può sempre stabilire quale è preferibile o se sono equivalenti.

L'obiettivo del decisore è di ottenere le conseguenze più favorevoli nel senso dell'ordinamento dato. Si osservi che lo schema matematico appena delineato ha qualcosa di paradossale: si tratta in definitiva di minimizzare una funzione di 2 variabili (ω e δ) operando su una variabile sola (δ). Vedremo tuttavia come elaborazioni non banali siano possibili anche sulla base di uno schema così semplice.

Esempio 1.1. Un esempio classico, anche se scherzoso, di problema di decisione, è il seguente. Il decisore deve scegliere, uscendo di casa, tra le decisioni $\delta_0 = $ *non portare l'ombrello* e $\delta_1 = $ *portare l'ombrello*. Le conseguenze dipendono dal fatto che, nell'arco della giornata, *non piova* ($= \omega_0$) oppure *piova* ($= \omega_1$). Le conseguenze $C_{\delta_i}(\omega_j)$ sono evidenti: se $(i, j) = (0, 0)$ si ha il caso più favorevole, se $(i, j) = (1, 0)$ il decisore porterà un peso inutile, se $(i, j) = (1, 1)$ sarà protetto dalla pioggia, se infine $(i, j) = (0, 1)$ si bagnerà.

Il problema, benché in sé banale, presenta gli aspetti essenziali di un effettivo problema di decisione in condizioni di incertezza. In particolare, ogni decisione δ_i può riuscire buona o cattiva secondo lo stato di natura che si avvererà, il che evidentemente è fuori del controllo del decisore. Si noti che in questo esempio "stato di natura" è un termine perfettamente appropriato; in molte altre applicazioni gli stati di natura sono semplicemente eventi incerti per il decisore, o addirittura specifiche scelte altrui. $\diamond$

Piccinato L: Metodi per le decisioni statistiche. 2^{a} edizione.
© Springer-Verlag Italia, Milano 2009

Rispetto agli ordinari problemi di ottimizzazione deterministica, nei problemi di decisione in condizione di incertezza si ha dunque la novità che la scelta di δ non determina in modo univoco la conseguenza corrispondente. L'introduzione dei cosiddetti stati di natura ha proprio il ruolo di formalizzare la condizione di incertezza in cui si trova il decisore per quanto riguarda le conseguenze delle proprie scelte.

In una impostazione soggettivista della probabilità ogni evento incerto è probabilizzabile. In tal caso va introdotta come dato del problema anche una legge di probabilità P su $(\Omega, \mathcal{A}_\Omega)$, dove $\mathcal{A}_\Omega$ è una opportuna σ-algebra di sottoinsiemi di Ω. Nelle impostazioni oggettiviste, al contrario, solo in casi speciali una incertezza può essere formalizzata mediante una legge di probabilità (richiami essenziali su questa tematica sono esposti nella § A.1). Nelle impostazioni oggettiviste della teoria delle decisioni si distinguono pertanto i problemi in condizioni di *rischio*, in cui gli stati di natura sono probabilizzati, e i problemi in condizioni di *incertezza* in cui gli stati di natura, pur rimanendo ignoti, non vengono probabilizzati. Non adotteremo questa terminologia; va comunque considerato il caso che le probabilità sugli stati di natura non siano utilizzate, perché si vuole effettuare un'analisi indipendente da elementi particolarmente controversi, o perché si è interessati a confronti fra impostazioni diverse. Quando si fa uso della misura di probabilità P si parla di impostazione *bayesiana*; il riferimento è a Thomas Bayes $(1702 - 1761)$ e al suo celebre teorema, che in tale impostazione, almeno nei problemi di decisione statistica, viene ad assumere un particolare rilievo.

Da un punto di vista formale, le decisioni possono senz'altro venire identificate con le applicazioni $C_\delta\colon\ \Omega \to \Gamma$. Ciò consente sia una trattazione conforme alla impostazione di Wald, che ha introdotto la teoria statistica delle decisioni alla fine degli anni '30 escludendo l'uso di misure di probabilità su Ω (se non, come vedremo, in via puramente strumentale), sia una trattazione bayesiana, in cui le C_δ diventano funzioni definite su uno spazio di probabilità. Osserviamo che in questo caso, fissata C_δ, la legge P induce su Γ una legge di probabilità Q_δ; infatti, per ogni sottoinsieme misurabile G di Γ, si può porre

$$Q_\delta(G) = P\{\omega\colon C_\delta(\omega) \in G\}. \tag{1.1}$$

Pertanto ogni decisione corrisponde ad un oggetto aleatorio che assume valori in Γ e ha legge di probabilità Q_δ.

Considereremo d'ora in poi una formulazione semplificata in cui le conseguenze sono numeriche. Vedremo nel cap.2 che, almeno in un quadro bayesiano, a questa situazione ci si può sempre ricondurre. Per mantenere distinta la simbologia indichiamo con W_δ l'applicazione $\Omega \to \mathbb{R}^1$ che rappresenta ciascuna $\delta \in \Delta$ (*funzione di perdita* associata a δ); sia poi $\mathcal{W} = \{W_\delta\colon\ \delta \in \Delta\}$ l'insieme di tutte le funzioni di perdita nel problema dato. Questa quantificazione di Γ può essere intesa come il risultato di una particolare trasformazione $f\colon\ \Gamma \to \mathbb{R}^1$, cioè

$$W_\delta = f \circ C_\delta \qquad (\forall\, \delta \in \Delta).$$

Niente di quanto è detto sopra indica come scegliere in pratica una o un'altra decisione in Δ, cioè, in sostanza, un elemento in $\mathcal{W}$. La via più diretta e naturale è quella di adottare un *criterio di ottimalità*, ossia un particolare funzionale $K\colon \mathcal{W} \to \mathbb{R}^1$ da minimizzare. Una decisione $\delta^* \in \Delta$ si dirà allora *ottima* (rispetto a K) se

$$K(W_{\delta^*}) \leq K(W_\delta) \qquad \forall \delta \in \Delta.$$

Tali criteri si classificheranno come bayesiani o no a seconda che facciano o meno uso della misura P.

Naturalmente tra le questioni centrali della teoria delle decisioni c'è l'analisi e il confronto dei diversi criteri di ottimalità, lo studio delle relazioni tra gli insiemi delle decisioni ottime relative a criteri diversi, oltre che l'individuazione delle conclusioni che si possono trarre prescindendo dal criterio di ottimalità. Per quest'ultimo aspetto ci possiamo basare essenzialmente sul fatto che se $W_{\delta_1}(\omega) \leq W_{\delta_2}(\omega)$ per ogni $\omega \in \Omega$, allora δ_1 sicuramente non può essere considerata peggiore di δ_2. È questo il tipo di argomentazioni che viene sviluppato dalla cosiddetta *analisi preottimale* che verrà trattata principalmente nelle sezioni 1.2 e 1.9.

Esercizi

1.1. Si consideri il problema di decisione con $\Omega = \{\omega_1,\omega_2,\omega_3\}$, $\Delta = \{\delta_1,\delta_2\}$ e perdite numeriche espresse da

	δ_1	δ_2
ω_1	3	2
ω_2	1	3
ω_3	1	2

Assumendo che ω_1, ω_2, ω_3 abbiano rispettivamente probabilità 0.50, 0.25, 0.25, esplicitare le funzioni C_δ e le misure di probabilità Q_δ.

1.2. Si ripeta la stessa elaborazione dell'esercizio precedente per il problema caratterizzato da $\Omega = \{\omega_1,\omega_2,\omega_3\}$, $\Delta = \{\delta_1,\delta_2,\delta_3\}$, probabilità degli stati rispettivamente 0.50, 0.25, 0.25 e perdite numeriche espresse da

	δ_1	δ_2	δ_3
ω_1	1	1	2
ω_2	1	3	1
ω_3	3	1	2

[Oss. Si ha $Q_{\delta_1} = Q_{\delta_2}$ benché sia $C_{\delta_1} \neq C_{\delta_2}$, quindi rappresentare le decisioni come distribuzioni di probabilità su Γ, poiché si perde il riferimento agli stati di natura, può comportare qualche differenza rispetto all'uso delle applicazioni C_δ, cioè rispetto alla considerazione della totalità delle decisioni come un vettore aleatorio di funzioni su Ω].

1.2 Forma canonica

Chiameremo *forma canonica* (simmetrica) di un problema di decisione in condizioni di incertezza la quadrupla

$$(\Omega,\ \Delta,\ W_\delta(\omega),\ K),\tag{1.2}$$

dove Ω è l'insieme degli stati di natura, Δ è l'insieme delle decisioni, $W_\delta(\omega)$ la perdita conseguente alla scelta di $\delta \in \Delta$ quando lo stato di natura è $\omega \in \Omega$ e K è il criterio di ottimalità. Nel caso bayesiano al posto di Ω si dovrà considerare uno spazio di probabilità $(\Omega,\ \mathcal{A}_\Omega,\ P)$.

Una volta posto in forma canonica, un problema di decisione viene risolto, almeno in linea teorica, ricercando le soluzioni del problema di ottimo

$$K(W_\delta)\ =\ \text{minimo per } \delta \in \Delta.$$

Per accennare alle elaborazioni che prescindono dal riferimento ad un criterio di ottimalità specifico premettiamo un breve richiamo sui concetti di *preordinamento* e di *ordinamento*.

Premesso che l'espressione $x\mathcal{R}x'$ indica che la relazione $\mathcal{R}$ vale per la coppia ordinata (x, x'), una relazione binaria $\mathcal{R}$ su un insieme X si dice un *preordinamento* se valgono le seguenti proprietà:

(a) $x\mathcal{R}x$ per ogni $x \in X$ (*proprietà riflessiva*);
(b) $x\mathcal{R}x'$ e $x'\mathcal{R}x'' \Rightarrow x\mathcal{R}x''$ (*proprietà transitiva*);
    se inoltre vale la:
(c) $x\mathcal{R}x'$ e $x'\mathcal{R}x \Rightarrow x = x'$ (*proprietà antisimmetrica*)

la relazione prende il nome di *ordinamento*. In pratica, se X è dotato di un preordine che non è anche un ordine, esistono elementi x e x' che sono equivalenti dal punto di vista della relazione (perché valgono sia $x\mathcal{R}x'$ che $x'\mathcal{R}x$) ma sono distinti ($x \neq x'$).

Il preordinamento (o l'ordinamento) viene detto *totale* o *lineare* se per ogni coppia (x, x') vale la proprietà $x\mathcal{R}x'$ o la proprietà $x'\mathcal{R}x$, od eventualmente entrambe. In un preordinamento totale, perciò, si può dire che tutte le coppie di elementi sono confrontabili. Altrimenti il preordinamento (o l'ordinamento) viene detto *parziale*.

L'insieme Δ viene dotato di un preordinamento parziale, indicato con $\succeq$, ponendo per definizione

$$\delta \succeq \delta'\ \Leftrightarrow\ W_\delta \leq W_{\delta'},\tag{1.3}$$

dove la scrittura $W_\delta \leq W_{\delta'}$ significa (qui e in seguito) che $W_\delta(\omega) \leq W_{\delta'}(\omega)$ per ogni $\omega \in \Omega$. Il significato intuitivo della relazione $\succeq$ è di *preferenza* dal punto di vista delle perdite: se vale la (1.3) si dice più precisamente che δ è *debolmente preferibile* a δ' (o anche che δ *domina debolmente* δ'). Che si tratti di un preordine e non, in generale, di un ordine, si vede dal fatto che non può essere escluso a priori che esistano decisioni δ e δ' distinte ma con funzioni di perdita W_δ e $W_{\delta'}$ coincidenti. Che il preordine sia in generale parziale e non totale è ovvio.

La relazione (1.3) può essere rafforzata introducendo una nuova relazione $\succ$ secondo la seguente definizione:

$$\delta \succ \delta' \iff W_\delta \leq W_{\delta'} \text{ e } W_\delta \neq W_{\delta'}. \tag{1.4}$$

Si dice allora che δ è *strettamente preferibile* (o *domina strettamente*) δ'. Come si vede, il secondo membro dell'equivalenza assicura che W_δ differisce da $W_{\delta'}$ su almeno un punto $\omega \in \Omega$. In modo del tutto equivalente la (1.4) può rappresentarsi in questo modo: si ha $\delta \succeq \delta'$ ma non $\delta' \succeq \delta$. La relazione $\succ$ non è un preordinamento (e tanto meno un ordinamento) perché non vale la proprietà riflessiva.

Per alcuni problemi di decisione è necessario introdurre una forma canonica più generale, di tipo asimmetrico, che denoteremo con

$$(\Omega_\delta, \; \Delta, \; W_\delta, \; K). \tag{1.5}$$

Si intende in questo caso che lo spazio degli stati di natura può dipendere dalla decisione prescelta $\delta \in \Delta$, da cui deriva la necessità di indicarlo con Ω_δ anziché con Ω. Al solito, nell'impostazione bayesiana, avremo uno spazio di probabilità $(\Omega_\delta, \mathcal{A}_{\Omega_\delta}, P_\delta)$ al posto di Ω_δ. Le funzioni di perdita W_δ, per le diverse $\delta \in \Delta$, risultano allora definite su spazi diversi e diventa impossibile un'analisi preottimale basata sulle relazioni (1.3) e (1.4). Esempi di questo genere sono caratteristici, tra l'altro, dei problemi di scelta di un disegno sperimentale (argomento che tratteremo nell'ultimo capitolo).

Esercizi

1.3. Verificare che la relazione $\leq$ su $\mathbb{R}^1$ determina un ordinamento totale.

1.4. Verificare che, dato un insieme X di almeno 2 elementi, la relazione $\subseteq$ determina un ordinamento parziale sull'insieme di potenza $\mathcal{P}(X)$.

1.3 Criteri di ottimalità

Formalmente, come si è già rilevato, un criterio di ottimalità è un funzionale del tipo $K: \mathcal{W} \to \mathbb{R}^1$ dove $\mathcal{W} = \{W_\delta: \delta \in \Delta\}$ è lo spazio delle possibili funzioni di perdita. Esempi classici di criteri di ottimalità sono

$$K(W_\delta) = \mathbb{E}(W_\delta) = \int_\Omega W_\delta \, dP \quad (\textit{criterio del valore atteso}) \tag{1.6}$$

$$K(W_\delta) \;=\; \sup_\omega\; W_\delta(\omega) \qquad (\textit{criterio del minimax}). \qquad (1.7)$$

La notazione al terzo membro di (1.6) è quella degli integrali di Lebesgue, riconducibile a espressioni ben note secondo le caratteristiche della misura P (v. § A.3). Il criterio del valore atteso è di tipo bayesiano mentre il criterio del minimax è di tipo non bayesiano.

Il ricorso al valore atteso in rappresentanza di un'intera distribuzione di probabilità è del tutto tradizionale in statistica ma è ovvio che si tratta di una sintesi discutibile. In alcune aree applicative (per esempio in matematica finanziaria) si introduce talvolta una correzione che serve a penalizzare la variabilità delle perdite. Si pone, per un $\alpha > 0$:

$$K(W_\delta) \;=\; \mathbb{E}(W_\delta) \;+\; \alpha\mathbb{V}(W_\delta) \quad (\textit{criterio media-varianza}). \qquad (1.8)$$

In questo modo ad esempio, a parità di valor medio, viene preferita la decisione che provoca perdite meno variabili. La discordanza dimensionale di media e varianza fa sì che l'uso della (1.8) possa condurre a conseguenze assurde (v. esercizio 1.5). È facile però realizzare la stessa idea di fondo in modo formalmente più coerente, ad esempio sostituendo la varianza con lo scarto quadratico medio. Ulteriori considerazioni in merito saranno svolte nella § 2.10. Sia (1.6) che, a maggior ragione, (1.8) richiedono condizioni di regolarità per le funzioni di perdita (esistenza di valori medi e varianze); in ogni caso per (1.6), (1.7) e (1.8) non è garantita né l'esistenza né l'unicità delle decisioni ottime.

Il criterio del minimax (che potrebbe essere formulato anche senza presupporre che le perdite siano valutate numericamente) sostituisce l'incertezza sulle perdite con la perdita massima che si può subire. L'origine del criterio rimanda alla teoria dei giochi (su cui torneremo nella § 1.8), quindi ad un contesto in cui il decisore che vuole minimizzare i valori $W_\delta(\omega)$ si trova in contrasto con un avversario che li vuole massimizzare. Fuori da una situazione conflittuale, tuttavia, dare attenzione solo alle conseguenze più sfavorevoli configura un atteggiamento di un pessimismo estremo. Anche qui si potrebbe però modificare il criterio per consentire di bilanciare pessimismo e ottimismo, ponendo:

$$K(W_\delta) = \lambda \sup_\omega W_\delta(\omega) + (1 - \lambda)\inf_\omega W_\delta(\omega) \quad (0 \le \lambda \le 1) \qquad (1.9)$$

(\textit{criterio di Hurwicz}). Per $\lambda = 1$ si torna al criterio del minimax e per $\lambda = 0$ si ottiene un criterio in un certo senso analogo ma di estremo ottimismo. Il coefficiente λ si può in ogni caso vedere come una misura del pessimismo del decisore, ed è infatti chiamato *indice di pessimismo-ottimismo*. Il criterio (1.9), comunque, ha un interesse prevalentemente accademico.

Alcuni Autori dànno un ruolo particolare e autonomo ad un criterio che equivale formalmente a (1.6) in cui P è una misura uniforme; si parla allora di *criterio di Laplace* o di *Bayes-Laplace*. Limitandoci ai casi che ci interesseranno nel seguito, in cui Ω è finito oppure è un sottoinsieme di $\mathbb{R}^h$ con $h \ge 1$, tale criterio si presenta rispettivamente come

$$K(W_\delta) = \frac{1}{m} \sum_{i=1}^{m} W_\delta(\omega_i) \quad \text{oppure} \quad K(W_\delta) = \frac{1}{\text{mis}(\Omega)} \int_\Omega W_\delta(\omega) d\omega \quad (1.10)$$

dove $\text{mis}(\Omega)$ è la misura di Ω, supposta finita. L'idea di fondo è che la distribuzione uniforme rappresenta bene la situazione di ignoranza sulle diverse alternative, in quanto non ne privilegia alcuna. Le concezioni effettive di Bayes e di Laplace, quali si ricavano dai loro scritti, sono in realtà molto più articolate; la terminologia corrisponde piuttosto ad un uso distorto che si è fatto delle loro indicazioni. Sulla questione torneremo più diffusamente nel cap.3. Qui osserviamo soltanto che qualunque distribuzione di probabilità rappresenta una ben definita informazione sul fenomeno. Ad esempio una distribuzione uniforme su $\Omega = \{\omega_1, \omega_2, \ldots, \omega_m\}$ significa semplicemente che per il decisore sarebbe equivalente scommettere su uno qualsiasi degli stati di natura, ed è fuorviante vedere questa come una situazione di assoluta ignoranza. Perciò non considereremo il criterio di Bayes-Laplace se non come caso particolare del criterio del valore atteso, e sempre assumendo che la distribuzione uniforme sia giustificabile in termini probabilistici.

Esempio 1.2. Consideriamo un problema di decisione con $\Omega = \{\omega_1, \omega_2, \omega_3\}$, $\Delta = \{\delta_1, \delta_2\}$ e perdite

	δ_1	δ_2
ω_1	1	3
ω_2	2	2
ω_3	3	3/2

Usando la regola di Bayes-Laplace si ottiene $K(W_{\delta_1}) = 2$, $K(W_{\delta_2}) = 13/6$, sicché la decisione ottima sarebbe δ_1.

Supponiamo ora di modificare la formalizzazione degli stati di natura spezzando ω_3 in 2 sottocasi ω_3' e ω_3''. Le perdite corrispondenti restino per ipotesi le stesse; in questo modo la specificazione "più fine" di ω_3 ha un rilievo formale, perché il numero degli stati di natura passa da 3 a 4, ma non sostanziale, perché la terza riga della tabella delle perdite viene semplicemente ripetuta. Si ottiene la nuova tabella

	δ_1	δ_2
ω_1	1	3
ω_2	2	2
ω_3'	3	3/2
ω_3''	3	3/2

e quindi $K(W_{\delta_1}) = 9/4$ e $K(W_{\delta_2}) = 2$. Pertanto la decisione ottima risulta δ_2, diversa da prima benché nella realtà il problema non sia cambiato.

Questo accade perché il criterio di Bayes-Laplace assegna ai diversi stati di natura pesi che dipendono esclusivamente dal loro numero. In una elaborazione correttamente bayesiana questo non accadrebbe. Se con p_3 indichiamo la probabilità dell'evento ω_3 (eventualmente $p_3 = 1/3$ per far coincidere inizialmente il criterio di Bayes-Laplace con il corretto uso del criterio del valore atteso), nel problema trasformato le probabilità di ω_3' e ω_3'' sarebbero rispettivamente p_3' e p_3'' ($p_3' + p_3'' = p_3$) e ciò lascerebbe ovviamente invariati i valori attesi.

◇

Esiste un modo, previsto dalla teoria dell'utilità (v. cap. 2), per costruire le funzioni di perdita in modo che il solo criterio accettabile sia il valore atteso. Poiché in questo capitolo le perdite sono considerate semplicemente come un dato del problema, anche altri criteri (oltre al valore atteso) possono essere ammessi. Per evidenti ragioni logiche, qualunque criterio di ottimalità ragionevole dovrebbe però risultare coerente con il preordinamento naturale già costituito su $\mathcal{W}$. Le definizioni che seguono specificano formalmente tale coerenza.

Definizione 1.1. *Il criterio* $K\colon \mathcal{W} \to \mathbb{R}^1$ *si dice* monotono *(su* $\mathcal{W}$*) se*

$$W_{\delta_1} \leq W_{\delta_2} \quad \Rightarrow \quad K(W_{\delta_1}) \leq K(W_{\delta_2}).$$

Il requisito di monotonia, quantunque essenziale, è in realtà piuttosto debole. Per esempio il fatto che K sia monotono non esclude per esempio che sia $K(W_{\delta_1}) = K(W_{\delta_2})$ perfino quando $W_{\delta_1} < W_{\delta_2}$. La definizione può però essere rafforzata in vari modi.

Definizione 1.2. *Il criterio* $K\colon \mathcal{W} \to \mathbb{R}^1$ *si dice* strettamente monotono *(su* $\mathcal{W}$*) se*

$$W_{\delta_1} \leq W_{\delta_2} \ , \ W_{\delta_1} \neq W_{\delta_2} \quad \Rightarrow \quad K(W_{\delta_1}) < K(W_{\delta_2}).$$

La definizione 1.2 è però piuttosto rigida: essa richiede infatti che un peggiore comportamento di W_{δ_1} rispetto a W_{δ_2} anche su un solo punto determini una diseguaglianza stretta tra $K(W_{\delta_1})$ e $K(W_{\delta_2})$. Una definizione più flessibile, perché adattabile a diversi contesti, richiede che l'insieme $\{\omega : W_{\delta_1} \neq W_{\delta_2}\}$ abbia una "misura" non irrilevante nel contesto del problema decisionale (ad esempio che abbia probabilità strettamente positiva). Poniamo quindi la:

Definizione 1.3. *Sia* μ *una misura su* $(\Omega, \mathcal{A}_\Omega)$. *Il criterio* $K\colon \mathcal{W} \to \mathbb{R}^1$ *si dice* μ-monotono *(su* $\mathcal{W}$*) se*

$$W_{\delta_1} \leq W_{\delta_2} \ , \ \mu\{\omega : W_{\delta_1} \neq W_{\delta_2}\} > 0 \quad \Rightarrow \quad K(W_{\delta_1}) < K(W_{\delta_2}).$$

In questo caso la diseguaglianza stretta tra $K(W_{\delta_1})$ e $K(W_{\delta_2})$ è prodotta solo da un peggior comportamento di una delle due funzioni di perdita su un insieme non trascurabile secondo la misura μ. Quando Ω è un intervallo di $\mathbb{R}^h$ potrebbe essere naturale usare come misura μ la misura di Lebesgue (cioè in sostanza la lunghezza o le sue estensioni multidimensionali) o, nel caso bayesiano, la stessa misura di probabilità P.

Va osservato che la μ-monotonia, in condizioni opportune, implica la monotonia stretta. Infatti si ha:

Teorema 1.1. *Se valgono le condizioni*
(a) Ω *è un intervallo di* $\mathbb{R}^k$, $k \geq 1$;
(b) tutte le funzioni W_δ *sono continue in* ω;
(c) il criterio K *è* μ-*monotono e* μ *è una misura su* $(\Omega, \mathcal{A}_\Omega)$ *con supporto* Ω;
allora K *è anche strettamente monotono.*

Dimostrazione. Siano $\delta_1, \delta_2, \bar{\omega}$ tali che $W_{\delta_1} \leq W_{\delta_2}$ e $W_{\delta_1}(\bar{\omega}) < W_{\delta_2}(\bar{\omega})$. Per il teorema della permanenza del segno, in tutto un intorno $I(\bar{\omega})$ di $\bar{\omega}$ vale la relazione $W_{\delta_1}(\omega) < W_{\delta_2}(\omega)$. Ora poiché μ ha supporto Ω, tutti gli intervalli non degeneri hanno misura μ strettamente positiva, ed in particolare sarà $\mu(I(\bar{\omega})) > 0$. Dalla μ-monotonia di K segue che $K(W_{\delta_1}) < K(W_{\delta_2})$ e cioè la monotonia stretta del criterio K. $\square$

Si noti che un criterio monotono su $\mathcal{W}$ può non esserlo su un insieme più ampio $\mathcal{W}'$; di ciò si deve tenere conto quando si vogliono studiare le caratteristiche generali di determinati criteri di ottimalità, prescindendo dalla particolare struttura di $\mathcal{W}$. In altri termini può essere conveniente, in questi casi, considerare come spazio $\mathcal{W}$ l'insieme di tutte le funzioni cui il criterio K in esame è formalmente applicabile, e non solo l'insieme delle funzioni di perdita che caratterizzano un particolare problema decisionale.

Esempio 1.3. Il criterio del valore atteso e il criterio del minimax sono monotoni, in quanto la relazione $W_{\delta_1} \leq W_{\delta_2}$ implica sia $\mathbb{E}(W_{\delta_1}) \leq \mathbb{E}(W_{\delta_2})$ che $\sup_\omega W_{\delta_1} \leq \sup_\omega W_{\delta_2}$. $\diamond$

Esempio 1.4. Supponiamo che Ω sia un intervallo di $\mathbb{R}^k$, $k \geq 1$, che le funzioni di perdita siano continue, limitate e quasi ovunque non nulle e che P sia dotata di una densità $p(\omega)$ con $p(\omega) > 0$ per ogni $\omega \in \Omega$. Siano ora δ_1 e δ_2 due decisioni tali che $W_{\delta_1} \leq W_{\delta_2}$. Posto $\Omega_0 = \{\omega \colon W_{\delta_1} = W_{\delta_2}\}$ e $\Omega_1 = \{\omega \colon W_{\delta_1} < W_{\delta_2}\}$, se vale la condizione $P(\Omega_1) > 0$, si ricava

$$\mathbb{E}(W_{\delta_1}) = \int_{\Omega_0} W_{\delta_1}(\omega)p(\omega)\mathrm{d}\omega + \int_{\Omega_1} W_{\delta_1}(\omega)p(\omega)\mathrm{d}\omega <$$

$$< \int_{\Omega_0} W_{\delta_2}(\omega)p(\omega)\mathrm{d}\omega + \int_{\Omega_1} W_{\delta_2}(\omega)p(\omega)\mathrm{d}\omega = \mathbb{E}(W_{\delta_2}).$$

Quindi, nelle ipotesi poste, il criterio del valore atteso risulta monotono rispetto alla misura di probabilità P. $\diamond$

Esercizi

1.5. Consideriamo il problema di decisione con $\Omega = \{\omega_1, \omega_2\}$, $\Delta = \{\delta_1, \delta_2\}$, probabilità eguali per ω_1, ω_2 e perdite $W_\delta(\omega)$ espresse da

	δ_1	δ_2
ω_1	0	2
ω_2	1	2

Verificare che il criterio (1.8) risulta monotono su $\mathcal{W} = \{W_{\delta_1}, W_{\delta_2}\}$ solo se $\alpha \leq 6$.

[Oss. Il coefficiente α penalizza la variabilità; un valore α troppo elevato determina addirittura la preferenza per una decisione strettamente dominata, ma che ha perdite non variabili. Naturalmente anche con $\alpha \leq 6$ il criterio potrebbe risultare non monotono se applicato ad insiemi $\mathcal{W}$ differenti. Questo è un caso in cui può essere opportuno, come si è accennato in precedenza, considerare il comportamento del criterio di ottimalità anche con riferimento ad una classe $\mathcal{W}$ che non corrisponde a un problema di decisione dato, ma è per esempio la totalità delle funzioni $\Omega \to \mathbb{R}^1$ per cui il criterio stesso è calcolabile]

1.6. Siano δ_1 e δ_2 due decisioni tali che

$$\mathbb{E}(W_{\delta_1}) + \alpha\mathbb{V}(W_{\delta_1}) < \mathbb{E}(W_{\delta_2}) + \alpha\mathbb{V}(W_{\delta_2})$$

con $\alpha > 0$, $\mathbb{E}(W_{\delta_1}) < \mathbb{E}(W_{\delta_2})$, $\mathbb{V}(W_{\delta_1}) > \mathbb{V}(W_{\delta_2})$. Modifichiamo le perdite $W_\delta(\omega)$ moltiplicando tutti i valori per una stessa costante $c > 0$, ponendo cioè $W'_\delta(\omega) = cW_\delta(\omega) \; \forall \delta, \omega$. Si dimostri che per

$$c\alpha > (\mathbb{E}W_{\delta_2} - \mathbb{E}W_{\delta_1})/(\mathbb{V}W_{\delta_1} - \mathbb{V}W_{\delta_2})$$

si ha $\mathbb{E}(W'_{\delta_1}) + \alpha\mathbb{V}(W'_{\delta_1}) > \mathbb{E}(W'_{\delta_2}) + \alpha\mathbb{V}(W'_{\delta_2})$.

[Oss. Il passaggio dai valori $W_\delta(\omega)$ ai valori $W'_\delta(\omega)$, essendo un semplice cambio di unità di misura, non dovrebbe ragionevolmente modificare nulla. Ciò può invece accadere con questo criterio per la disomogeneità dimensionale tra medie e varianze. Non ci sarebbero inconvenienti di questo genere se al posto della varianza nella (1.8) si ponesse la deviazione standard]

1.7. Dimostrare che se Ω è finito e le probabilità degli stati sono strettamente positive, il valore atteso costituisce un criterio strettamente monotono.

[Oss. Non si può dire lo stesso se qualche probabilità è nulla]

1.8. Fissato un $\lambda \in \mathbb{R}$, si chiama criterio della *soglia critica* il criterio definito da $K(W_\delta) = P\{\omega: \; W_\delta > \lambda\}$. Dimostrare che il criterio è monotono, quali che siano λ e $\mathcal{W}$, e che soddisfa la condizione $K(W_\delta) = \mathbb{E}W'_\delta$ dove $W'_\delta(\omega) = 1_{\{\omega: \; W_\delta > \lambda\}}(\omega)$.

[Oss. È come applicare il criterio del valore atteso ad una particolare trasformazione della funzione di perdita]

1.9. Riprendendo in esame l'esempio 1.1, quantifichiamo le conseguenze ponendo $W_{\delta_0}(\omega_0) = 0$, $W_{\delta_1}(\omega_0) = 1$, $W_{\delta_0}(\omega_1) = 3$, $W_{\delta_1}(\omega_1) = 2$. Calcolare la decisione minimax. Se p_0 è la probabilità di ω_0, per quali valori di p_0 la decisione minimax ottimizza anche il valore atteso?

1.10. Fissato $\alpha \in (0,1)$, si chiama criterio della *soglia minima* il criterio definito da $K(W_\delta) = \inf\{c: P\{\omega: W_\delta \leq c\} \geq \alpha\}$. Dimostrare che il criterio è monotono.

1.11. Sia $\Omega \subseteq \mathbb{R}^1$, W_δ continua su Ω per ogni $\delta \in \Delta$, P assolutamente continua. Dimostrare che, se K è il criterio della soglia minima (esercizio precedente), $K(W_\delta)$ coincide con il quantile di livello α della variabile aleatoria W_δ.

1.12. Dato un problema di decisione $(\Omega,\ \Delta,\ W_\delta(\omega))$, si chiama funzione di *rimpianto* (*regret* in inglese) la funzione $W_\delta^R(\omega) = W_\delta(\omega) - W^*(\omega)$ dove $W^*(\omega) = \inf_\delta W_\delta(\omega)$. Si noti che $W^*(\omega)$ è la perdita inevitabile quando lo stato di natura è ω, sicché $W_\delta^R(\omega)$ rappresenta la perdita evitabile. Si consideri il problema di decisione con $\Omega = \{\omega_1,\ \omega_2\}$, $\Delta = \{\delta_1,\ \delta_2\}$ e perdite

	δ_1	δ_2
ω_1	2	4
ω_2	6	5

Verificare che applicando il criterio del minimax alle perdite $W_\delta(\omega)$ la decisione ottima è δ_2 mentre applicandolo ai rimpianti $W_\delta^R(\omega)$ la decisione ottima è δ_1.

   [Oss. L'applicazione del minimax ai rimpianti è nota anche come *criterio di Savage*]

1.13. Verificare che, in qualsiasi problema di decisione, purché esistano gli opportuni valori attesi, è (notazione dell'esempio precedente)

$$\mathbb{E}W_{\delta_1} \leq \mathbb{E}W_{\delta_2} \quad \Leftrightarrow \quad \mathbb{E}W_{\delta_1}^R \leq \mathbb{E}W_{\delta_2}^R .$$

   [Oss. A differenza di quanto accade con il minimax, con il criterio del valore atteso la considerazione dei rimpianti al posto delle perdite non ha alcun effetto]

1.14. * Si assuma che il criterio K sia strettamente monotono. Verificare che allora K è monotono rispetto ad una qualunque misura che assegni un valore positivo agli insiemi non vuoti, per esempio alla misura μ tale che, per ogni $S \in \mathcal{P}(\Omega)$, valga $\mu(S) = 0$ se $S = \emptyset$ e $\mu(S) = \infty$ altrimenti.

1.15. Dato il problema di decisione con $\Omega = \{\omega_1,\ \omega_2,\ \omega_3,\ \omega_4\}$, $\Delta = \{\delta_1,\ \delta_2,\ \delta_3,\ \delta_4\}$ e perdite espresse da

	δ_1	δ_2	δ_3	δ_4
ω_1	2	3	4	3
ω_2	2	3	0	1
ω_3	4	3	4	4
ω_4	3	3	4	4

dimostrare che:

(a) δ_1 è ottima con il criterio di Bayes-Laplace;

(b) δ_2 è ottima con il criterio del minimax e con il criterio di Hurwicz per $\lambda \geq 3/4$;

(c) δ_3 è ottima con il criterio di Hurwicz per $\lambda \leq 3/4$;

(d) δ_4 è ottima con il criterio del rimpianto minimax (v. esercizio 1.12);

(e) tutte le decisioni possono essere ottime con il criterio del valore atteso per opportune scelte della distribuzione di probabilità su Ω.

1.4 Esempi di problemi di decisione

In questa sezione si esamineranno alcuni esempi di problemi di decisione. In diversi casi (esempi da 1.7 a 1.10) si anticipano in casi particolari problemi di decisione statistica il cui studio verrà ripreso e approfondito nei capitoli successivi. In questa fase, prima cioè di avere completato lo studio degli strumenti generali della teoria delle decisioni, l'esemplificazione serve essenzialmente a dare un'idea dell'ampiezza delle possibili applicazioni della teoria. Altri esempi significativi, e sviluppati con una maggiore completezza, saranno presentati nelle successive sezioni 1.5, 1.6 e 1.7.

Esempio 1.5. (*Teoria del controllo*). In questo esempio compaiono, in modo estremamente semplificato, alcuni aspetti caratteristici della teoria del controllo. Tale teoria, che è inserita in un contesto prevalentemente ingegneristico (ma di cui sono pensabili e in parte attuate applicazioni in settori diversi: economia, gestione aziendale, ecc.) fa ampio uso di concetti probabilistici, con riferimento esplicito anche alla teoria delle decisioni. Si tratta però di una problematica troppo complessa per poterla affrontare qui in termini realistici, e non solo come accenno alla larga applicabilità della teoria delle decisioni.

Sia dato un "sistema" il cui stato (al tempo $t = 0,1,2,...$) è caratterizzato da una variabile reale x_t. Se, al tempo t, si impone una "correzione" di valore δ, lo stato al tempo $t + 1$ risulterà

$$x_{t+1} = x_t + \delta + \varepsilon \,, \tag{1.11}$$

dove ε è la realizzazione di un errore aleatorio con una distribuzione di probabilità che assumeremo del tipo $N(0, \sigma^2)$.

Supponiamo di voler controllare il processo dal tempo t in cui x_t è noto al tempo $t + 1$; il valore ottimale del processo al tempo $t + 1$ (obiettivo della correzione) sia $x_{t+1} = \tau$. Assumiamo poi che la correzione stessa δ abbia un costo rappresentabile con $c\delta^2$ ($c > 0$); possiamo esprimere tutto ciò ponendo:

$$W_\delta(\varepsilon_t) = (x_{t+1} - \tau)^2 + c\delta^2.$$

Tali funzioni sono definite sullo spazio $\Omega = \mathbb{R}^1$ dei possibili errori al tempo $t + 1$, che qui hanno il ruolo di stati di natura. Si osservi che $(x_{t+1} - \tau)^2$ esprime la componente di perdita dovuta al valore eventualmente non ideale di x_{t+1}.

In base alla (1.11), su Ω è definita una legge di probabilità $N(0, \sigma^2)$, la cui densità indichiamo con $\varphi(\cdot \, ; 0,\sigma)$. Usando il criterio del valore atteso abbiamo

$$K(W_\delta) = \mathbb{E}W_\delta = \int_{\mathbb{R}^1} \left((x_t + \delta + \varepsilon - \tau)^2 + c\delta^2 \right) \varphi(\varepsilon; 0, \sigma)\mathrm{d}\varepsilon =$$

$$= \int_{\mathbb{R}^1} \left(\varepsilon^2 + (x_t + \delta - \tau)^2 + 2\varepsilon(x_t + \delta - \tau) + c\delta^2 \right) \varphi(\varepsilon; 0, \sigma)\mathrm{d}\varepsilon =$$

$$= \sigma^2 + (x_t + \delta - \tau)^2 + c\delta^2.$$

Annullando la derivata rispetto a δ si trova come punto di minimo

$$\delta^* = \frac{\tau - x_t}{1 + c}.$$

Il risultato appare del tutto ragionevole dal punto di vista intuitivo; si vede in particolare che se il costo della correzione è nullo conviene porre $\delta = \tau - x_t$, mentre se $c \to +\infty$ si ha $\delta^* \to 0$. $\qquad\diamond$

Esempio 1.6. (*Un problema di investimento*) Un investitore deve decidere l'impiego, per un anno, di una somma unitaria prendendo in esame solo due possibili decisioni:

$\delta_1 =$ investire la somma in titoli di stato al 3 % con scadenza 1 anno;

$\delta_2 =$ investire la somma in azioni.

Si considerano come conseguenze i ricavi dopo un anno; nel caso di δ_1 il ricavo è certo (=1.03) mentre nel caso di δ_2 è aleatorio, in quanto dipendente (semplificando il discorso) dalla congiuntura finanziaria che non è esattamente prevedibile. Ammettiamo, schematicamente, queste possibilità:

$\omega_1 =$ congiuntura negativa, con probabilità p_1;

$\omega_2 =$ congiuntura intermedia, con probabilità p_2;

$\omega_3 =$ congiuntura favorevole, con probabilità p_3;

dove naturalmente $p_1 + p_2 + p_3 = 1$.

In un contesto economico è più usuale rappresentare le conseguenze in termini di "vincite" anziché di perdite, e useremo il simbolo $V_\delta(\omega)$ per indicare il ricavo che si avrebbe con la decisione δ qualora si verificasse la congiuntura ω. Dobbiamo porre evidentemente (trascurando i costi delle operazioni di investimento):

$$V_{\delta_1}(\omega) = 1.03 \quad \text{per ogni } \omega.$$

Assumiamo poi che sia

$$V_{\delta_2}(\omega) = \begin{cases} 0.90 \text{ per } \omega = \omega_1 \\ 1.00 \text{ per } \omega = \omega_2 \\ 1.10 \text{ per } \omega = \omega_3 \end{cases}.$$

Verifichiamo ora il comportamento dei criteri di ottimalità del valore atteso e del minimax. Per il valore atteso si ha:

$$\mathbb{E}V_{\delta_1} = 1.03, \quad \mathbb{E}V_{\delta_2} = 0.90p_1 + p_2 + 1.10p_3.$$

Se vogliamo verificare per quali leggi di probabilità δ_2 è preferibile a δ_1 con il criterio del valor medio, osserviamo che la diseguaglianza $\mathbb{E}V_{\delta_2} \geq \mathbb{E}V_{\delta_1}$ sostituendo a p_2 il valore $1 - p_1 - p_3$, diventa:

$$p_3 \geq p_1 + 0.30.$$

Intuitivamente, che la condizione dovesse essere del tipo "la congiuntura favorevole deve essere abbastanza probabile" era ovvio.

Con il criterio del minimax (che qui diventa maximin) si ha

$$\min_{\omega} V_{\delta_1}(\omega) = 1.03, \quad \min_{\omega} V_{\delta_2}(\omega) = 0.90$$

per cui la scelta minimax è δ_1. L'esempio è evidentemente molto semplificato rispetto alla realtà, ed ha lo scopo di mettere in luce principalmente la logica del procedimento, ma rispetta la valutazione tradizionale per cui l'investimento in titoli di stato è "prudente".

In questo esempio potrebbe essere realistico anche un diverso criterio di ottimalità, cioè massimizzare la probabilità di ricavare almeno una somma prefissata x. In simboli:

$$K(V_\delta) = \text{prob}(V_\delta \geq x).$$

Si ha evidentemente

$$\text{prob}(V_{\delta_1} \geq x) = \begin{cases} 1, & x \leq 1.03 \\ 0, & x > 1.03 \end{cases}$$

$$\text{prob}(V_{\delta_2} \geq x) = \begin{cases} 1, & x \leq 0.9 \\ p_2 + p_1, & 0.9 < x \leq 1.00 \\ p_3, & 1.00 < x \leq 1.10 \\ 0, & x > 1.10 \end{cases} \cdot$$

Come si vede, ed era ovvio, al variare della soglia prefissata x possono essere preferibili sia δ_1 che δ_2. $\diamond$

Esempio 1.7. (*Stima di una proporzione - metodo delle decisioni terminali*). Consideriamo un classico problema di stima statistica. In un insieme (o "popolazione") ben determinato una frazione incognita θ di elementi possiede una certa caratteristica. Si estraggono $n = 3$ elementi a caso con ripetizione e di questi solo il terzo risulta avere la caratteristica in questione. Vogliamo formulare il problema della stima di θ come problema di decisione.

I valori possibili di θ costituiscono lo spazio degli stati di natura; quindi è $\Omega = [0,1]$. Come stime si useranno punti dello stesso insieme; seguendo la terminologia più usuale nelle applicazioni statistiche, li chiameremo *azioni* o *decisioni terminali* e li indicheremo con $a \in [0,1]$. Le perdite, che indicheremo secondo l'uso in questo contesto con $L(\theta, a)$, devono rappresentare il fatto che a e θ devono essere vicini; la scelta più comune è

$$L(\theta, a) = (\theta - a)^2.$$

Dobbiamo ora formalizzare l'informazione disponibile su Ω, che terrà evidentemente conto del campione osservato. Questo può vedersi come la realizzazione di una variabile aleatoria (X_1, X_2, X_3), dove $X_i = 1$ ($X_i = 0$) denota il fatto che la i-esima osservazione è stata un "successo" (un "insuccesso"), cioè che il corrispondente elemento aveva (non aveva) la caratteristica in questione. A sua volta il parametro incognito viene trattato come una variabile aleatoria e lo denoteremo perciò con Θ. Pertanto possiamo dire che, condizionatamente ad un qualsiasi evento (in pratica non osservabile) $\Theta = \theta$, le X_i sono stocasticamente indipendenti ed hanno probabilità espresse da

$$p_\theta(x_i) = \theta^{x_i}(1-\theta)^{1-x_i} \qquad (x_i = 0,1;\ i = 1,2,3).$$

La probabilità del risultato complessivo $(0, 0, 1)$ sarà perciò da $\prod_i p_\theta(x_i) = \theta(1-\theta)^2$. La legge di probabilità da determinare nel nostro caso è quindi la distribuzione della v.a. Θ condizionata a $X_1 = 0$, $X_2 = 0$, $X_3 = 1$, cioè la cosiddetta distribuzione finale di Θ. Il metodo più semplice è di specificare una legge di probabilità (iniziale) per Θ che prescinda dai risultati, diciamo una densità iniziale $\pi(\theta)$, ed applicare il teorema di Bayes. Si ottiene come densità finale

$$\pi(\theta \mid X_1 = 0, X_2 = 0, X_3 = 1) = \text{cost} \cdot \pi(\theta) \cdot \theta(1-\theta)^2.$$

Applicando ora il criterio del valor medio arriviamo al problema

$$\mathbb{E}L(\Theta,a) = \int_0^1 (\theta - a)^2 \pi(\theta \mid X_1 = 0,\ X_2 = 0,\ X_3 = 1)\mathrm{d}\theta =$$
$$= \min \text{ per } a \in [0,1].$$

È ben noto (principio dei minimi quadrati) che in queste condizioni il minimo si ottiene per $a^* = \mathbb{E}\big(\Theta \mid X_1 = 0, X_2 = 0, X_3 = 1\big)$ e che la corrispondente perdita attesa è $\mathbb{V}(\Theta \mid X_1 = 0, X_2 = 0, X_3 = 1)$.

Fissiamo, per completare numericamente l'esempio, $\pi(\theta) = 1_{[0,1]}(\theta)$ (distribuzione uniforme su $[0, 1]$). Allora la distribuzione finale ottenuta è una densità del tipo Beta$(2,3)$, la costante moltiplicativa è 12, e la decisione terminale ottima risulta la media $a^* = 0.40$. $\diamond$

Esempio 1.8. (*Stima di una proporzione - metodo delle funzioni di decisione*). L'esempio precedente può essere trattato con uno schema che non richiede di utilizzare fin dal principio leggi di probabilità su Ω. Osserviamo preliminarmente che qualunque procedura deve specificare, nel nostro caso, quale valore $a \in [0, 1]$ (cioè quale *stima*) corrisponde ad un qualsiasi risultato (x_1, x_2, x_3). L'idea è quindi di prendere in esame tutte le possibili *funzioni di decisione* (o *stimatori*) $d(x_1, x_2, x_3)$, cioè tutte le applicazioni $\{0,1\}^3 \to [0,1]$. Sia D la classe delle possibili funzioni di decisione. Per dare una valutazione di ciascuna $d \in D$ si considera che in presenza del risultato (x_1, x_2, x_3) e del valore parametrico θ, e coerentemente con quanto fatto nell'esempio precedente, si introduce la perdita

$$L\big(\theta, d(x_1, x_2, x_3)\big) = \big(\theta - d(x_1, x_2, x_3)\big)^2.$$

Pertanto, la perdita media rispetto ai risultati possibili e per un θ fissato (detta *funzione di rischio*) è

$$R(\theta, d) = \sum_{x_1=0}^{1} \sum_{x_2=0}^{1} \sum_{x_3=0}^{1} (\theta - d(x_1, x_2, x_3))^2 \, \theta^{\Sigma x_i} (1-\theta)^{3-\Sigma x_i}$$

$$= \mathbb{V}_\theta \big(d(X_1, X_2, X_3) \big) + \big(\theta - \mathbb{E}_\theta d(X_1, X_2, X_3) \big)^2.$$

L'impostazione viene a basarsi in definitiva sulla forma canonica $([0,1], D, R(\theta, d), K)$ dove K va ancora specificato.

Nella impostazione frequentista tradizionale, si sceglie di solito un sottoinsieme $D_0 \subset D$ entro il quale si opera sulla sola base del preordinamento naturale operante sui rischi, cioè sulla classe $\{R(\cdot, d) : d \in D\}$ delle funzioni che esprimono i rischi associati alle diverse funzioni di decisione. Per un problema di stima parametrica una condizione tipica è la non distorsione, cioè

$$\mathbb{E}_\theta d(X_1, X_2, X_3) = \theta \quad \forall \, \theta \in [0,1].$$

Si può dimostrare (lo vedremo in dettaglio nel cap.7) che se D_0 è il sottoinsieme degli stimatori non distorti, posto $d^*(x_1, x_2, x_3) = \sum x_i / 3$, si ha:

$$R(\theta, d^*) \leq R(\theta, d) \quad \forall \, \theta \in [0,1], \, \forall d \in D_0 \, ,$$

cioè d^* domina tutti gli altri stimatori non distorti. Questa è la principale giustificazione frequentista dell'uso della media aritmetica nel problema in esame, e in molti altri simili. Una volta determinato uno stimatore d^* in qualche senso ottimo, lo si applica al risultato effettivamente osservato. Nel nostro caso si ottiene $d^*(0,0,1) = 1/3 \cong 0.33$. La migliore stima sarebbe quindi la frequenza relativa osservata.

Ancora con riferimento alla forma canonica $([0,1], D, R(\theta, d), K)$ si potrebbe usare il criterio bayesiano del valore atteso. Si tratta allora di introdurre una legge di probabilità iniziale su Ω, diciamo una densità $\pi(\theta)$, e minimizzare il funzionale

$$r(d) = \int_0^1 R(\theta, d)\pi(\theta)\mathrm{d}\theta =$$

$$= 12 \cdot \int_0^1 \sum_{x_1=0}^{1} \sum_{x_2=0}^{1} \sum_{x_3=0}^{1} \big(\theta - d(x_1, x_2, x_3) \big)^2 \theta^{\Sigma x_i} (1-\theta)^{3-\Sigma x_i} \pi(\theta)\mathrm{d}\theta.$$

È quasi immediato verificare che (v. esercizio 1.18) che la funzione di decisione ottima risulta

$$d^*(x_1, x_2, x_3) = \int_0^1 \theta \cdot \pi(\theta \mid X_1 = x_1, X_2 = x_2, X_3 = x_3)\mathrm{d}\theta. \quad (1.12)$$

Scegliendo nuovamente la legge uniforme su $[0, 1]$ come densità iniziale $\pi(\theta)$, si trova come densità finale la densità $\mathrm{Beta}(1 + \sum x_i, 4 - \sum x_i)$ e come decisione ottima il corrispondente valore atteso:

$$d^*(x_1, x_2, x_3) = \frac{1}{5}\big(1 + \sum x_i\big).$$

Con il risultato considerato si ha $d^*(0,0,1) = 0.40$.

Si può verificare (esercizio 1.19) che applicando formalmente la procedura con

$$\pi(\theta) = \frac{1}{\theta(1-\theta)} \tag{1.13}$$

la funzione di decisione ottima risulta

$$d^*(x_1, x_2, x_3) = \frac{1}{3} \sum x_i \,,$$

cioè la frequenza relativa osservata. L'impostazione frequentista basata sulla proprietà di non distorsione si può quindi vedere (almeno in questo esempio) come un caso particolare di impostazione bayesiana. Il carattere solo formale di quest'ultima procedura sta nel fatto che la (1.13), nota come *densità di Haldane*, non è una densità propria (l'integrale vale $+\infty$) per cui il teorema di Bayes non è a rigore applicabile. La (1.13) e i risultati che ne conseguono possono comunque essere giustificati come approssimazioni numeriche.   ◇

Esempio 1.9. (*Previsione statistica*). Riprendiamo in esame la situazione esposta nell'esempio 1.7 ma supponiamo che l'obiettivo sia non quello di stimare il parametro incognito θ bensì quello di prevedere il risultato aleatorio Y di una successiva estrazione. Assumendo noto il valore θ, la distribuzione di Y è ancora data da

$$p_\theta(y) = \theta^y(1-\theta)^{1-y} \qquad (y = 0, 1;\ \theta \in [0,1]).$$

In altri termini l'esperimento "futuro" che genera Y ha la stessa struttura dell'esperimento "passato" che ha generato $X_1 = 0$, $X_2 = 0$, $X_3 = 1$, risultato che indicheremo in modo più compatto con $Z = (0,0,1)$. Nello schema decisionale sia lo spazio degli stati di natura, che questa volta è costituito dai valori possibili di Y, sia lo spazio delle decisioni sono rappresentati dall'insieme $\{0,1\}$; la previsione, che indicheremo con δ, sarà valutata per fissare le idee con la perdita $W_\delta(y) = |y - \delta|$, per cui la perdita è nulla quando la previsione è esatta e vale 1 quando la previsione è sbagliata.

Le probabilità degli stati di natura, tenendo conto della informazione campionaria, sono espresse da $\mathrm{prob}(Y = y \mid Z = z_0)$, con $z_0 = (0,0,1)$. La maniera più semplice di calcolare tale distribuzione, che è la cosiddetta distribuzione *predittiva finale*, è di prendere in esame la v.a. $(\Theta, X_1, X_2, X_3, Y)$ (o più semplicemente (Θ, Z, Y)); useremo ancora una densità Beta(2,3) come densità finale di Θ. Si ha:

$$\mathrm{prob}\,(Y = y \mid Z = z_0) =$$
$$= \int_0^1 \mathrm{prob}(Y = y \mid \Theta = \theta, Z = z_0)\pi(\theta \mid Z = z_0)\,\mathrm{d}\theta.$$

Ma la distribuzione di Y condizionata a Θ non dipende per costruzione dalle X_i, per cui:

$$\mathrm{prob}\big(Y = y \mid \Theta = \theta, Z = z_0\big) = \mathrm{prob}(Y = y \mid \Theta = \theta) = p_\theta(y) \, ,$$

e la formula precedente diventa

$$\mathrm{prob}\big(Y = y \mid Z = z_0\big) = \int_0^1 p_\theta(y) \cdot \pi\big(\theta \mid Z = z_0\big)\mathrm{d}\theta =$$

$$= 12 \int_0^1 \theta^{1+y}(1 - \theta)^{3-y}\mathrm{d}\theta = 12 \, B(2 + y, 4 - y) = \frac{(1 + y)!(3 - y)!}{10} =$$

$$= \begin{cases} 0.6 \text{ se } y = 0 \\ 0.4 \text{ se } y = 1 \end{cases} .$$

Applicando il criterio del valore atteso alla decisione $\delta = 0$ troviamo

$$\mathbb{E}\big(W_\delta(Y)|Z = z_0\big) = \mathrm{prob}\big(Y = 1|Z = z_0\big) = 0.4$$

e similmente, con riferimento alla decisione $\delta = 1$,

$$\mathbb{E}\big(W_\delta(Y)|Z = z_0\big) = \mathrm{prob}\big(Y = 0|Z = z_0\big) = 0.6 \, .$$

La migliore previsione di Y, nelle condizioni in cui ci siamo posti, è quindi $\delta = 0$, (cioè Y non sarà un successo). Considerata la completa simmetria delle perdite e della distribuzione iniziale di Θ, il risultato campionario non poteva che privilegiare questa conclusione.

Il calcolo della distribuzione predittiva presuppone evidentemente l'uso di probabilità sul parametro, quindi una analisi di tipo bayesiano. Fuori della impostazione bayesiana è in generale difficile esprimere l'informazione che gli eventi $X_i = x_i$ forniscono su Y; infatti se, come nello schema frequentista, si ragiona solo condizionatamente a $\Theta = \theta$, le X_i e Y sono indipendenti e il loro legame viene nascosto. È principalmente per questa difficoltà che i problemi di tipo previsivo hanno ricevuto in generale poca attenzione nella letteratura non bayesiana, a favore di quelli, detti strutturali o ipotetici, in cui lo stato di natura è soltanto il parametro incognito.   ◇

Esempio 1.10. (*Dimensione ottima del campione*) Consideriamo il problema di scegliere la dimensione del campione con riferimento ad un problema di stima come quello considerato negli esempi 1.7 e 1.8. Si ha quindi un problema in due stadi: al primo stadio si sceglie n e si ottiene un determinato risultato $z_n = (x_1, x_2, ..., x_n)$; al secondo stadio si deve elaborare in modo ottimale il campione z_n per avere una stima di θ. Vista a priori, l'elaborazione al secondo stadio richiede quindi di scegliere una funzione di decisione $d : \{0, 1\}^n \to [0, 1]$. Per formalizzare il problema in termini decisionali, la generica decisione è la coppia (n, d) mentre il generico stato di natura è la coppia (θ, z_n); siamo quindi nel caso asimmetrico rappresentato dalla formula (1.5) in quanto lo spazio dei risultati dipende dalla scelta di n. Per non complicare le formule, useremo nello stato di natura al posto del vettore $z_n = (x_1, x_2, \ldots x_n)$ la somma dei successi $s_n = \sum x_i$ (la nozione di statistica sufficiente, che richiameremo in seguito, assicura l'equivalenza della procedura). Come funzione di perdita considereremo la somma di due componenti, una di carattere *informativo*, che esprime la qualità della stima, e una di carattere *economico*, che rappresenta il costo dell'esperimento e che possiamo supporre proporzionale al numero delle osservazioni. Possiamo quindi porre:

$$W_{n,d}(\theta, s_n) = \big(\theta - d(s_n)\big)^2 + cn;$$

nella impostazione bayesiana si deve considerare la distribuzione iniziale congiunta

$$p(\theta, s_n) = \pi(\theta) p_\theta(s_n) = m(s_n)\pi(\theta; s_n)$$

dove, scegliendo ancora $\pi(\theta) = 1_{[0,1]}(\theta)$, è facile verificare (v. esercizio 1.22) che $\pi(\theta; s_n)$ è la distribuzione Beta$(1 + s_n, n + 1 - s_n)$ e che $m(s_n) = 1/(n+1)$ per $s_n = 0, 1, \ldots, n$.

Usando il criterio del valore atteso si deve quindi minimizzare, scegliendo la coppia (n, δ) l'espressione

$$\frac{1}{n+1} \sum_{s_n=0}^{1} \int_0^1 (\theta - d(s_n))^2 \frac{\theta^{s_n}(1-\theta)^{n-s_n}}{B(s_n+1, 1+n-s_n)} d\theta + cn.$$

Con riferimento alla formula precedente si osservi che, qualunque sia n, la scelta ottimale della funzione di decisione $d(s_n)$ è il valore atteso della distribuzione Beta$(1 + s_n, 1 + n - s_n)$, cioè:

$$d^*(s_n) = \frac{1 + s_n}{2 + n},$$

e che l'integrale risulta quindi eguale alla varianza della stessa distribuzione, cioè:

$$\frac{(1 + s_n)(1 + n - s_n)}{(n + 3)(n + 2)^2}.$$

È quindi sufficiente minimizzare rispetto a n l'espressione

$$\rho(n) = \mathbb{E}W_{n,d^*} = \frac{1}{n+1} \sum_{s_n=0}^{n} \frac{(1 + s_n)(n + 1 - s_n)}{(n + 3)(n + 2)^2} + cn.$$

Sviluppando i calcoli abbiamo

$$\rho(n) = \frac{(n+1)^2 + n\sum_{s_n} s_n - \sum_{s_n} s_n^2}{(n+1)(n+3)(n+2)^2} + cn.$$

Poiché

$$\sum_{s_n=0}^{n} s_n = \tfrac{1}{2}n(n+1), \quad \sum_{s_n=0}^{n} s_n{}^2 = \tfrac{1}{2}n(n+1)(2n+1)$$

si trova infine

$$\rho(n) = \frac{1}{6(2+n)} + cn.$$

Trattando n come una variabile reale, osserviamo che $\rho(n)$ prima decresce fino a un punto di stazionarietà e poi cresce, e che la derivata si annulla in

$$n^* = \frac{1}{\sqrt{6c}} - 2\,;$$

cercando tra gli interi più vicini a n^* si trova la soluzione ottima. Si noti che se $c > 1/24$, n^* è negativo e quindi non conviene comunque procedere al campionamento.

Non volendo adottare una impostazione bayesiana, si può considerare che, in base ad argomentazioni accettabili in ambito non bayesiano, una plausibile funzione di decisione ottima è $d^*(x_1, x_2, ..., x_n) = \sum x_i/n$, cui corrisponde un rischio

$$R(\theta, d^*) = \frac{1}{n}\,\theta(1 - \theta).$$

Al posto di $\rho(n)$ si potrebbe quindi considerare un'espressione come

$$\frac{\theta(1 - \theta)}{n} + cn\,.$$

Resta però, come è caratteristico delle impostazioni non bayesiane, il problema di eliminare θ per poter scegliere n; si può naturalmente individuare un ottimo "locale", cioè corrispondente a qualche congettura $\theta = \tilde{\theta}$. In alcuni casi si suggerisce addirittura di considerare il valore più sfavorevole di θ, che è $\theta = 0.25$; naturalmente il contesto applicativo potrebbe essere tale da rendere irragionevole questa procedura.

$\diamond$

Esercizi

1.16. Si rielabori l'esempio 1.5 facendo riferimento a quest'altra funzione di perdita:

$$W_\delta(\varepsilon_t) = \begin{cases} 1 + c\delta^2 & \text{se } |x_{t+1} - \tau| > k \\ c\delta^2 & \text{se } |x_{t+1} - \tau| \le k \end{cases}$$

dove k è un valore prefissato e va minimizzato il valore atteso. Questa funzione ha il senso di penalizzare la possibilità che $|x_{t+1} - \tau|$ sia troppo grande.

Si risolva numericamente il caso in cui $\sigma = 1$, $x_t = 1.5$, $\tau = 2$, $k = 0.1$ e, separatamente, $c = 0.1$ e $c = 0.5$.

[Soluzione. Si trova rispettivamente $\delta^* = 0.40$ e $\delta^* = 0.22$]

1.17. Si rielabori l'esempio 1.7 usando la funzione di perdita $L(\theta, a) = |\theta - a|$ e si determini la decisione terminale ottima.

[Sol. È la mediana della distribuzione finale $\pi(\theta; z)$, che va calcolata numericamente. Se la distribuzione finale di Θ è del tipo Beta(2,3) la soluzione è 0.39]

1.18. Con riferimento all'esempio 1.8 dimostrare che la funzione $(1 + \sum x_i)/5$ minimizza il funzionale $r(d)$, avendo utilizzato per $\pi(\theta)$ la densità uniforme su $[0,1]$.

[Sugg. Si ricordi che, per qualunque risultato osservabile z, vale l'identità

$$p_0(z)\pi(\theta) = m(z)\pi(\theta; z) \,,$$

dove $m(z)$ è la densità marginale del risultato osservabile. Si sostituisce quindi nella espressione di $r(d)$ e si inverte l'ordine di integrazione e somma]

1.19. Sempre con riferimento all'esempio 1.8 si verifichi che l'uso della (1.13) comporta, usando formalmente il teorema di Bayes, la soluzione ottima $d^*(x_1, x_2, x_3) = \sum x_i/3$.

1.20. Il problema dell'esempio 1.8, ripreso nei precedenti esercizi 1.18 e 1.19, può essere esteso senza difficoltà al caso di una dimensione generica n del campione. Si dimostri che, in tal caso, assumendo una distribuzione iniziale uniforme, la funzione di decisione $d(x_1, x_2, \ldots, x_n) = (n\bar{x} + 1)/(n+2)$, dove $\bar{x}$ è la media campionaria, minimizza il funzionale $r(d)$, e che, assumendo invece la distribuzione iniziale di Haldane, si ottiene allo stesso modo la decisione ottima $d(x_1, x_2, \ldots, x_n) = \bar{x}$.

1.21. Con riferimento all'esempio 1.9, calcolare la distribuzione predittiva del numero Y di successi in successive m prove ripetute (l'esempio citato considera solo il caso $m = 1$)

[Sol. Si ottiene una distribuzione Beta-binomiale (v. § C.2)]

1.22. Con riferimento all'esempio 1.9, verificare che la densità $\pi(\theta; s_n)$ è del tipo Beta$(1 + s_n, 1 + n - s_n)$ e che $m(s_n) = 1/(n+1)$ per $s_n = 0, 1, \ldots, n$.

1.5 Valutazione di esperti

1.5.1 Probabilità di un singolo evento

Prendiamo in considerazione due tipi di problemi, tra loro collegati. Un "esperto" deve esprimere la sua valutazione di probabilità su un evento A; quindi un osservatore deve valutare la capacità dell'esperto, per esempio nel quadro di un confronto con altri esperti. Questo tipo di situazione si può presentare in diversi contesti; il più classico è quello delle previsioni meteorologiche, ma evidentemente potremmo anche riferirci ad un quadro economico (previsioni di borsa, ecc.), dove gli esperti potrebbero essere perfino dei modelli econometrici.

Consideriamo innanzitutto il problema di decisione che deve essere affrontato dall'esperto. Denotiamo con $\delta \in [0, 1]$ le decisioni possibili, cioè i possibili valori della probabilità dell'evento A che l'esperto dichiarerà. Con $W_\delta(\omega)$, dove $\omega \in \{A, \bar{A}\}$, indichiamo la perdita che l'esperto subisce quando ha dichiarato la probabilità δ e si è verificato l'evento ω che può essere sia A sia la sua negazione $\bar{A}$. Ci sono diverse strutture possibili per $W_\delta(\omega)$, ma ragionevolmente possiamo assumere che siano date due funzioni $g(\cdot)$ e $h(\cdot)$, rispettivamente decrescente e crescente, tali che

$$W_\delta(\omega) = \begin{cases} g(\delta) & \text{se } \omega = A \\ h(\delta) & \text{se } \omega = \bar{A} \end{cases} \qquad (g(1) = h(0) = 0). \qquad (1.14)$$

In questo modo, quando A si verifica viene penalizzata di più una valutazione di probabilità piccola, e viceversa. Come scegliere δ? Lo schema non costringe affatto l'esperto a scegliere come decisione ottima proprio la probabilità che soggettivamente egli attribuisce ad A; indicando con p tale probabilità soggettiva, è però interessante capire quando la decisione ottima δ^* coincide con p. È facile vedere che ciò dipende dalla struttura delle perdite; diremo che la funzione di perdita è *propria* se il valore atteso

$$\mathbb{E}W_\delta = p \cdot g(\delta) + (1 - p) \cdot h(\delta),$$

come funzione di δ, ha un minimo nel punto $\delta^* = p$, e che è *strettamente propria* se tale minimo è unico.

Una delle funzioni di perdita più note, che tra l'altro ha origine proprio nel problema delle previsioni del tempo, è la cosiddetta *regola di Brier*:

$$W_\delta(\omega) = \begin{cases} (1 - \delta)^2 & \text{se } \omega = A \\ \delta^2 & \text{se } \omega = \bar{A} \end{cases}. \qquad (1.15)$$

Si ha $\mathbb{E}W_\delta = (\delta - p)^2 + p(1 - p)$, da cui $\delta^* = p$; pertanto la (1.15) rappresenta una perdita strettamente propria.

Si consideri invece la regola lineare

$$W_\delta(\omega) = \begin{cases} 1 - \delta & \text{se } \omega = A \\ \delta & \text{se } \omega = \bar{A} \end{cases}. \qquad (1.16)$$

Poiché $\mathbb{E}W_\delta = p + (1 - 2p)\delta$, si ha:

$$\delta^* = \begin{cases} 0 & \text{se } p < 1/2 \\ 1 & \text{se } p > 1/2 \end{cases}$$

e δ^* arbitrario se $p = \frac{1}{2}$, per cui è chiaro che non si tratta di una perdita propria. Più esattamente è una struttura di perdita che induce a "esagerare", modificando la valutazione effettiva. Con una funzione di perdita propria, invece, all'esperto converrà essere "sincero", cioè dichiarare come probabilità di A nient'altro che la propria probabilità soggettiva di A, indicata con p.

Passiamo ora al problema di valutare le capacità dell'esperto. Se la capacità che interessa è quella di prevedere, conviene fare riferimento ad una perdita strettamente propria; utilizzeremo perciò la (1.14). L'osservatore che vuole valutare l'esperto può basarsi su una successione di prove in ciascuna delle quali l'evento A si può o meno verificare e l'esperto fornisce (a priori) la sua valutazione p. Sia $\mathcal{X}$ l'insieme in cui può essere scelta la probabilità soggettiva dell'evento A; in linea teorica l'insieme $\mathcal{X}$ dovrebbe essere costituito dall'intervallo $[0, 1]$, ma in pratica non sarà mai consentito di esprimere una probabilità con infiniti decimali. Per realismo e semplicità, quindi, assumeremo che $\mathcal{X}$ sia finito. La coppia di funzioni:

$\nu(p)$, $p \in \mathcal{X}$: frequenza relativa della valutazione p da parte dell'esperto

$\rho(A|p)$, $p \in \mathcal{X}$: frequenza relativa di A quando l'esperto ha valutato p

caratterizza il comportamento dell'esperto e determina una misura discreta F su $\{A, \bar{A}\} \times \mathcal{X}$; si noti che dal punto di vista formale F può anche vedersi come una misura di probabilità. In queste condizioni l'osservatore, per calcolare la perdita media dell'esperto, condizionata alla valutazione p dell'esperto stesso, deve considerare che quando si verifica A (il che ha frequenza $\rho(A|p)$), l'esperto perde $g(p)$, mentre quando si verifica $\bar{A}$ (il che ha frequenza $1 - \rho(A|p)$), l'esperto perde $h(p)$. Tale perdita media è quindi espressa da:

$$L(p) = \rho(A|p)g(p) + (1 - \rho(A|p))h(p),$$

mentre la perdita media totale è

$$L_{tot} = \sum_{p \in \mathcal{X}} \nu(p) \cdot L(p).$$

Ad esempio, usando per W_δ la formula di Brier, si ottiene

$$L(p) = \rho(A|p)(1 - p)^2 + \left(1 - \rho(A|p)\right)p^2$$

da cui

$$L_{tot} = \sum_{p \in \mathcal{X}} \nu(p) \cdot \left(\rho(A|p)(1 - p)^2 + (1 - \rho(A|p))p^2\right).$$

Sommando e sottraendo dentro la parentesi quadra $\rho^2(A|p)$ e sviluppando, si trova subito

$$L_{tot} = \sum_{p \in \mathcal{X}} \nu(p)\left(p - \rho(A|p)\right)^2 + \sum_{p \in \mathcal{X}} \nu(p)\rho(A|p)\left((1 - \rho(A|p))\right). \qquad (1.17)$$

Le due componenti al secondo membro della (1.17) meritano un commento. La prima esprime la cosiddetta *calibrazione* dell'esperto; si intende che un esperto è perfettamente calibrato (dal punto di vista dell'osservatore) se

$$\rho(A|p) = p \quad \text{per ogni } p \text{ tale che } \nu(p) > 0.$$

La formula precedente esprime il fatto che la frequenza relativa di A quando l'esperto ha dichiarato p è proprio p, qualunque sia p. La seconda componente del secondo membro della (1.17) esprime invece la *definizione* dell'esperto ("definizione" nel senso in cui ad esempio una immagine su uno schermo è più o meno bene definita), in quanto si tratta di una quantità che è piccola solo se, per p fissato e $\nu(p) > 0$, $\rho(A|p)$ è sempre vicina a 0 o a 1. In altri termini, l'esperto è ben definito se, noto il valore dichiarato p, si può quasi sempre dire quale dei due eventi A e $\bar{A}$ si verifica. Gli esercizi 1.24 e 1.25 chiariscono ulteriormente il significato di calibrazione e definizione.

1.5.2 Distribuzioni di probabilità

Esaminiamo il caso in cui l'incertezza riguardi un numero reale incognito $\omega \in \Omega$ per il quale si deve scegliere una densità di probabilità $\delta(\cdot)$. Una funzione di perdita molto usata, in sostanza una estensione al caso in esame della formula quadratica (v. esercizio 1.27 per la versione discreta), è

$$W_\delta(\omega) = \int_\Omega \delta^2(\theta)\mathrm{d}\theta - 2\delta(\omega). \tag{1.18}$$

Il corrispondente valore atteso, rispetto alla densità di probabilità $p(\cdot)$ valutata soggettivamente dal decisore, è

$$\mathbb{E}W_\delta = \int_\Omega \delta^2(\theta)\mathrm{d}\theta - 2\int_\Omega \delta(\theta)p(\theta)\mathrm{d}\theta = \int_\Omega \left(\delta^2(\theta) - 2\delta(\theta)p(\theta)\right)\mathrm{d}\theta.$$

Sommando e sottraendo $p^2(\theta)$ entro la parentesi si ha

$$\mathbb{E}W_\delta = \int_\Omega \left(\delta(\theta) - p(\theta)\right)^2\mathrm{d}\theta - \int_\Omega p^2(\theta)\mathrm{d}\theta$$

e quindi la decisione ottima è proprio $\delta(\theta) = p(\theta)$. È così verificato che la funzione di perdita (1.18) è propria.

In taluni casi, poiché l'obiettivo della scelta di $\delta(\cdot)$ è una previsione sull'incognito valore ω, può essere naturale assumere che la funzione di perdita $W_\delta(\omega)$ dipenda in realtà solo dalla probabilità assegnata in un intorno sufficientemente piccolo di ω e non dalla probabilità assegnata a valori lontani da ω. Assumendo la continuità della densità, possiamo far intervenire direttamente nella funzione di perdita il valore di densità $\delta(\omega)$, sicché la struttura della perdita potrebbe essere:

$$W_\delta(\omega) = f\big(\delta(\omega), \omega\big) \tag{1.19}$$

dove f è una funzione opportuna. Se vale la (1.19) la funzione di perdita si dice *locale*. È ovvio allora cosa si debba intendere per funzione di utilità propria e locale; un interessante teorema (Bernardo, 1979) prova che, in condizioni di regolarità, le funzioni di utilità proprie e locali sono tutte e sole quelle con struttura

$$U(\delta(\cdot), \omega) = a \cdot \log \delta(\omega) + b(\omega)\,, \tag{1.20}$$

dove la costante $a > 0$ e la funzione $b(\cdot)$ sono arbitrarie. Una funzione di utilità del tipo (1.20) viene chiamata *logaritmica*.

Esercizi

1.23. Con riferimento alla formula (1.14), si consideri la regola logaritmica

$$W_\delta(\omega) = \begin{cases} -\log \delta & \text{se } \omega = A \\ -\log (1 - \delta) & \text{se } \omega = \bar{A} \end{cases}.$$

Si verifichi che si tratta di una perdita strettamente propria.

1.24. Un "esperto" fornisce sempre una stessa valutazione $p = c$. Verificare che, se la frequenza relativa di A è c, l'esperto è perfettamente calibrato.

[Oss. Evidentemente questo esperto è perfettamente inutile, malgrado la calibrazione]

1.25. Verificare che $L_{tot} = 0$ se e solo se l'esperto è perfettamente calibrato e perfettamente definito, nel senso che, per ogni p, si ha $\rho(A|p) = 0$ oppure $\rho(A|p) = 1$.

1.26. Si considerino 2 esperti che forniscono in 5 prove le valutazioni di probabilità indicate nella tabella seguente:

prova	evento	p_1	p_2
1	A	0.9	0.8
2	$\bar{A}$	0.9	0.8
3	A	0.9	0.8
4	A	0.9	0.8
5	$\bar{A}$	0.2	0.2

Si verifichi che l'esperto n.2 è meglio calibrato ma egualmente definito rispetto all'esperto n.1.

1.27. Se la previsione riguarda una partizione $(A_1, A_2, \ldots, A_k)$ dell'evento certo e l'esperto deve scegliere le corrispondenti probabilità $\delta_1, \delta_2, \ldots, \delta_k$, una estensione della (1.15) è

$$W_\delta(\omega) = \sum_{i=1}^{k} (|A_i| - \delta_i)^2,$$

dove $|A_i|$ vale 1 se l'evento A_i si verifica e $=$ se non si verifica, δ è il vettore $(\delta_1, \delta_2, \ldots, \delta_k)$ e ω è uno degli eventi A_i. Si verifichi che

(a) indicando con A_j l'evento (non noto) che si verifica, si può scrivere in modo equivalente

$$W_\delta(A_j) = 1 - 2\delta_j + \sum_j \delta_j^2;$$

(b) si tratta di una perdita strettamente propria, nel senso che il minimo del valore atteso della perdita si ha per $\delta_i = p_i$ $(i = 1, 2, \ldots, k)$ dove p_i è la probabilità soggettiva che l'esperto assegna all'evento A_i.

1.28. * Nel problema della scelta della densità si verifichi che, se si usa la formula logaritmica, la differenza di utilità attesa per la densità effettivamente valutata $p(\cdot)$ rispetto alla decisione $\delta(\cdot)$ è

$$a \int_\Omega p(\theta) \log \frac{p(\theta)}{\delta(\theta)} \, d\theta \; .$$

[Oss. L'espressione trovata, a parte il coefficiente a, è nota come divergenza di Kullback-Leibler di $p(\cdot)$ da $\delta(\cdot)$ e viene spesso indicata con il simbolo $D(p, \delta)$. Una applicazione interessante di questa procedura nel campo inferenziale si ha quando si vuole calcolare il guadagno atteso in utilità passando da una distribuzione iniziale $\pi(\cdot)$ alla distribuzione finale $\pi(\cdot; z)$. Ovviamente si ottiene così una quantità proporzionale a $D(\pi(\cdot; z), \pi(\cdot))]$

1.29. Se $p_1(\cdot)$ è la densità $N(\mu_1, \sigma_1^2)$ e $p_0(\cdot)$ è la densità $N(\mu_0, \sigma_0^2)$ si verifichi che la divergenza di Kullback-Leibler (v. esercizio 1.28) è

$$D(p_1, p_0) = \log \frac{\sigma_0}{\sigma_1} + \frac{1}{2}\left(\frac{\sigma_1^2}{\sigma_0^2} - 1\right) + \left(\frac{\mu_1 - \mu_0}{2\sigma_0^2}\right)^2 \; .$$

[Oss. Se in particolare si ha $\sigma_1 = \sigma_0$ si ottiene il risultato particolarmente intuitivo $D(p_1, p_0) = (\mu_1 - \mu_0)^2/(2\sigma_0^2)]$.

1.30. Considerate due qualsiasi densità $p(\cdot)$ e $q(\cdot)$, si dimostri che $D(p, q) \geq 0$ (notazione dell'esercizio precedente).

[Sugg. Si osservi che $\log(p/q) = -\log(q/p)$ e si applichi la diseguaglianza di Jensen]

1.6 Un problema di decisione clinica

Il settore medico-clinico costituisce uno dei più importanti campi di applicazione della teoria delle decisioni. Lo schema decisionale aiuta a focalizzare gli elementi principali nel quadro di problemi complessi e fornisce una guida per l'acquisizione e lo scambio delle informazioni pertinenti.

Riprendiamo un esempio, con qualche ulteriore semplificazione e rielaborazione, da un testo dedicato ai problemi di decisione clinica (Weinstein e Fineberg, 1984). Un individuo si presenta all'ospedale con un dolore addominale acuto. Dopo una prima analisi dei sintomi, i medici valutano che vi sono 3 possibili spiegazioni, di gravità crescente:

a) dolore addominale non specifico;

b) appendice infiammata;

c) appendice perforata.

Si deve decidere se operare o no, eventualmente dopo una attesa di 6 ore per seguire l'evoluzione dei sintomi.

La situazione può essere rappresentata graficamente (figura 1.1) da un albero di decisione, una tecnica molto utile ogni volta che la decisione (in un qualunque contesto) vada presa in più stadi.

Nella figura 1.1, seguendo le convenzioni correnti, i *nodi decisionali*, che rappresentano le scelte del decisore, sono rappresentati da quadrati, e i *nodi aleatori*, che rappresentano alternative non controllate (quindi scelte della natura, con il linguaggio usuale) da circoli. Alcuni dei nodi sono numerati, per comodità di riferimento. L'albero si legge da sinistra a destra; gli esiti possibili (in questo esempio schematizzato) sono S=sopravvivenza e M=morte. La figura fornisce una rappresentazione puramente qualitativa, che dà un'idea chiara della situazione ma non di come procedere nell'analisi. Occorre a questo scopo inserire le informazioni disponibili e procedere ad alcune elaborazioni essenziali.

In generale le informazioni di base riguardano:

– la valutazione numerica degli esiti;

– le probabilità dei rami che escono dai nodi aleatori;

mentre le elaborazioni riguardano:

– la valutazione dei nodi sia decisionali che aleatori;

– la determinazione della strategia ottima.

Nell'esempio in questione, trattandosi di 2 soli esiti (S e M), i nodi aleatori finali (non numerati nella figura) possono essere sostituiti dalle probabilità di morte di un individuo nelle condizioni corrispondenti, cioè calcolate sulla base delle informazioni precedentemente acquisite. La tabella 1.1 fornisce i dati necessari; per comodità useremo come valutazioni degli esiti le probabilità moltiplicate per 1000.

Le probabilità dei rami uscenti dai nodi aleatori 4 e 5 sono riportate nella tabella 1.2. Le probabilità delle diverse evoluzioni dei sintomi, che servono nei rami che escono dal nodo 3, sono date nella tabella 1.3. Infine la tabella 1.4 espone le probabilità dei diversi stati dell'individuo subordinatamente alle possibili evoluzioni; questi dati servono nei rami che escono dai nodi successivi ai nodi 6,7,8. Le tabelle 1.1, 1.2, 1.3, 1.4 esauriscono i dati necessari in ingresso (anzi la tabella 1.2 può essere ricavata dalle altre). Ciò consente di presentare un albero "quantificato" (figura 1.2). Nella stessa figura sono indicate (e sottolineate) anche le valutazioni numeriche dei nodi, che vanno effettuate muovendo da destra verso sinistra, seguendo i criteri che ora saranno esposti.

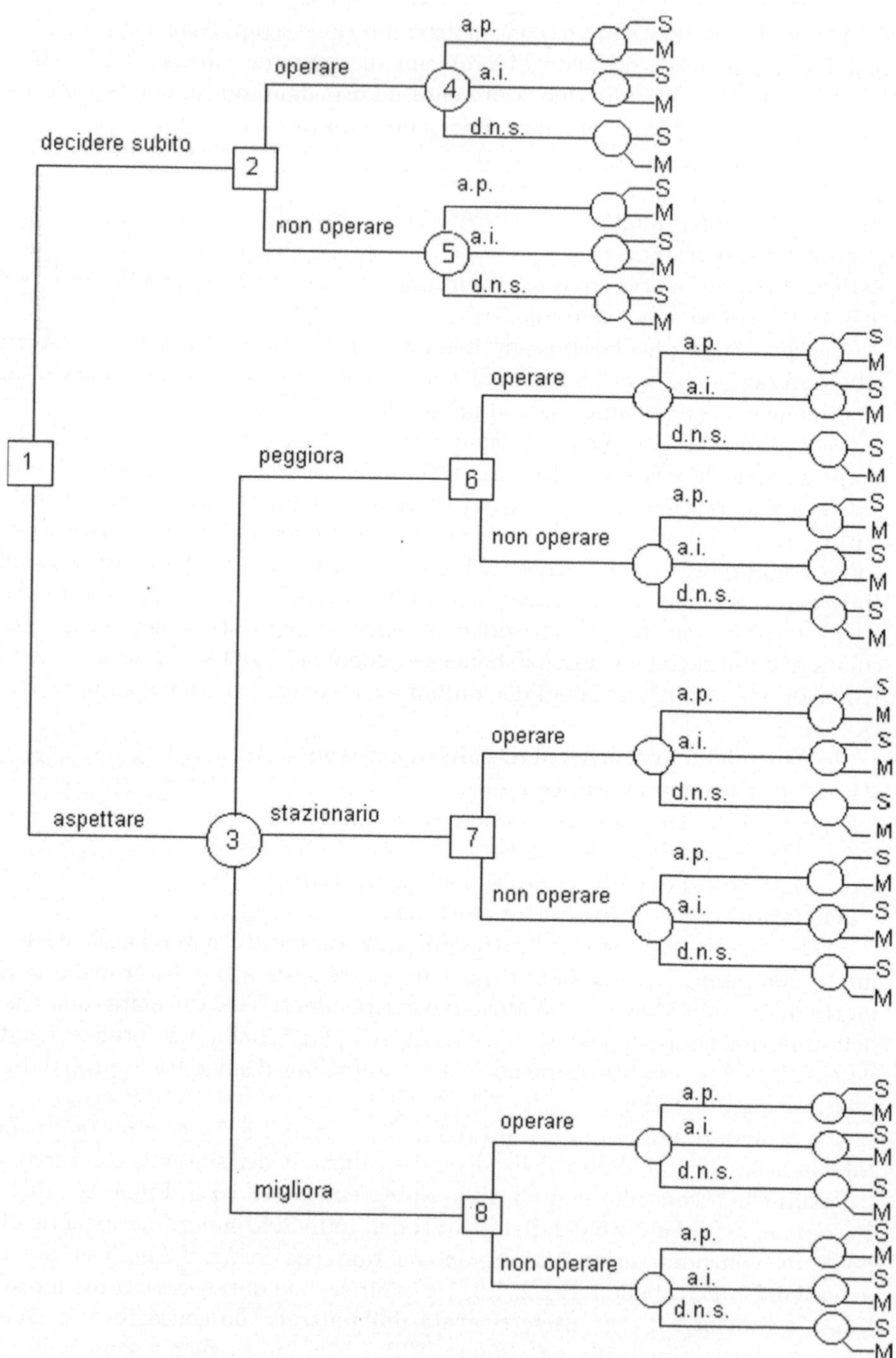

Figura 1.1. Albero di decisione (senza quantificazione)

Tabella 1.1. Probabilità di morte in diverse condizioni

Condizioni	*Probabilità × 1000*
operato su appendice perforata	27
operato su appendice infiammata	1
operato su appendice sana	0.7
non operato, con appendice perforata	500
non operato, con appendice infiammata	500
non operato, con appendice sana	0

Tabella 1.2. Probabilità iniziali degli stati dell'individuo

Evento	*Probabilità*
l'individuo ha un'appendice perforata	0.03
l'individuo ha un'appendice infiammata	0.13
l'individuo ha un dolore non specifico	0.84

Tabella 1.3. Probabilità delle possibili evoluzioni dei sintomi

Evoluzione	*Probabilità*
peggioramento	0.13
stazionarietà	0.36
miglioramento	0.51

Tabella 1.4. Probabilità degli stati di salute, nota l'evoluzione dei sintomi

Stati di salute	*Informazione acquisita*		
	peggioramento	*stazionarietà*	*miglioramento*
appendice perforata	0.195	0.013	0
appendice infiammata	0.805	0.073	0
dolore non specifico	0	0.914	1

Per i nodi aleatori si calcola il valore atteso. Ad esempio, nella parte alta della figura, dal nodo aleatorio 4 partono i rami *appendice perforata, appendice infiammata, dolore non specifico* che conducono agli esiti 27, 1, 0.7 con probabilità, rispettivamente, 0.03, 0.13, 0.84. Pertanto la valutazione del nodo è $27 \times 0.03 + 1 \times 0.13 + 0.7 \times 0.84$. Per i nodi decisionali si procede scegliendo il ramo più favorevole. Ad esempio dal nodo decisionale 2 escono i rami *operare* e *non operare*. Questi portano ai nodi aleatori che valgono rispettivamente 1.53 e 80, e quindi il nodo 2 vale $\min\{1.53, 80\} = 1.53$. Una volta completata la quantificazione dell'albero di decisione, si determina facilmente la strategia ottimale leggendo da sinistra a destra, e scegliendo via via l'alternativa più favorevole. Nel nostro caso al nodo 1 si deve scegliere *attendere*; se si va ai

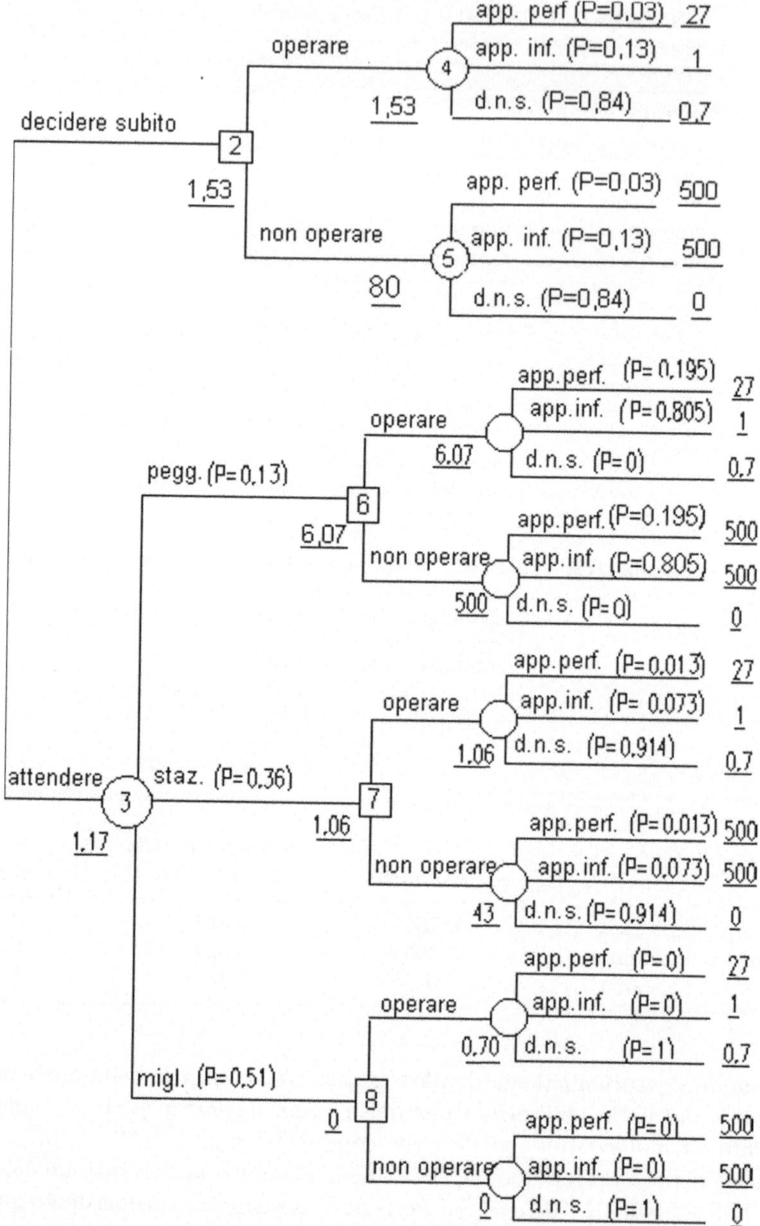

Figura 1.2. Albero di decisione con le valutazioni numeriche

nodi 6 o 7 (cioè se l'individuo non migliora) si sceglie *operare*; se si va invece al nodo 8 (cioè se l'individuo è migliorato) si sceglie *non operare*.

In pratica, le valutazioni numeriche utilizzate non saranno perfettamente precise e attendibili. I confronti possono però mettere in luce quali valutazioni sono critiche e richiedono quindi particolare attenzione. Per esempio anche con dati diversi è praticamente impossibile che la scelta ottima al nodo 2 possa diventare *non operare*, mentre al nodo 1 la scelta tra *decidere subito* e *attendere* può essere facilmente influenzata anche da piccole modifiche delle informazioni di base. Si noti di passaggio che l'attesa ha qui il ruolo logico dell'acquisizione di nuova informazione; poiché procura un vantaggio di $1.53 - 1.17 = 0.36$, quest'ultimo numero può considerarsi una valutazione dell'"esperimento" implicitamente eseguibile. Peraltro la valutazione è positiva *a priori* (è un valore atteso sui risultati possibili), ma se *a posteriori* il paziente peggiora, la decisione di attendere si rivela invece sfavorevole.

Come si è ricordato sopra, la tecnica degli alberi di decisione è particolarmente adeguata ai casi in cui le decisioni si prendono in più stadi. Possono tuttavia presentarsi difficoltà; ad esempio, considerando una partita a scacchi come un problema di decisione in cui la natura è l'avversario, si potrebbe in teoria utilizzare la rappresentazione ad albero. Si vede subito, però, che l'ampiezza dell'albero è così esplosiva che, in pratica, un'analisi di questo genere risulterebbe proibitiva. Perché la tecnica sia realizzabile, quindi, occorre che la situazione non superi certi livelli di complessità.

Esercizi

1.31. Le tabelle 1.2, 1.3 e 1.4 non sono tra loro indipendenti e l'effettivo processo di acquisizione delle informazioni, nella maggior parte dei casi, seguirà uno schema diverso. Le informazioni di base acquisite consentono di redigere una tabella come la 1.5. Si verifichi che i dati della tabella 1.5, insieme con i dati della tabella 1.2, consentono di produrre i dati esposti nelle tabelle 1.3 e 1.4.

Tabella 1.5. Probabilità dei sintomi per le diverse malattie

Sintomi	Malattie		
	app.perf.	*app.inf.*	*dolore n.s.*
peggioramento	0.84	0.80	0
stazionarietà	0.16	0.20	0.39
miglioramento	0	0	0.61

1.32. Rappresentare mediante un albero di decisione il problema della scelta della dimensione dell'esperimento, trattato nell'esempio 1.10, facendovi figurare anche il processo di scelta dell'azione terminale.

[Oss. La schematizzazione è inevitabilmente sommaria poiché in alcuni nodi occorrerebbe considerare una infinità continua di rami]

1.7 Problemi di arresto ottimo

I problemi di arresto ottimo formano la base dei problemi di decisione sequenziale, che hanno grande rilievo sia nella teoria che nelle applicazioni. Nei problemi di arresto ottimo la scelta è limitata alla *regola d'arresto* nel processo di osservazione. Lo schema sarà ripreso successivamente (sezione 8.6) per essere inserito in una problematica statistica che in questa sezione non viene affrontata.

È data una successione $\{X_n, n = 1, 2, \cdots\}$ di variabili aleatorie, tutte definite sullo stesso spazio di probabilità $(\Omega, \mathcal{A}_\Omega, P)$ e aventi il significato di osservazioni potenziali. Ad ogni $\omega \in \Omega$ corrisponde quindi una particolare realizzazione $(x_1, x_2, \ldots)$ del processo. Per semplicità, identificheremo senz'altro le traiettorie complete con i punti ω, sicché $\Omega = \mathbb{R}^\infty$. Le X_n in generale non saranno indipendenti; la misura P determina comunque le distribuzioni di tutti i segmenti iniziali $Z_n = (X_1, X_2, \ldots, X_n)$ e le distribuzioni condizionate di Z_m rispetto a Z_n (m, n qualsiasi, con $m > n$). Per chiarezza, nella esposizione generale useremo la notazione corrispondente al caso che le Z_n siano assolutamente continue con densità $f_n(z_n)$; le modifiche per gli altri casi possibili, in particolare per il caso discreto, sono ovvie.

Si assume che le variabili $X_1, X_2, \ldots$ siano osservabili sequenzialmente, una dopo l'altra, e che ad ogni passo si debba decidere se fermarsi o continuare. Se ci si ferma dopo avere osservato $Z_n = z_n$, si subisce una perdita certa $L_n(z_n)$. Ovviamente si assume dato anche l'insieme di funzioni $\{L_n, n = 1, 2, \ldots\}$.

La decisione di fermarsi o meno può essere rappresentata da un *tempo di arresto*, che è un'applicazione $t \colon \Omega \to \mathbb{N}$ tale che:

(a) ogni insieme del tipo $A_{(n)} = \{\omega \colon t(\omega) = n\}$, per $n = 1, 2, \ldots$, appartiene alla σ-algebra generata da $X_1, X_2, \ldots, X_n$;

(b) $P\{\omega \colon t(\omega) < \infty\} = 1$.

La condizione (a), essenziale, esprime il fatto che si può decidere di fermarsi dopo n passi solo sulla base di un evento osservato fino a quel momento, e quindi rappresentabile mediante le v.a. $X_1, X_2, \ldots, X_n$. Ad esempio una condizione del tipo $X_{n+1} > X_n$ non potrebbe essere utilizzata per l'arresto al tempo n perché il valore di X_{n+1} non è noto fino al tempo $n + 1$. Gli insiemi $A_{(n)} \subseteq \Omega$, $n \in \mathbb{N}$, sono costituiti da "cilindri" con una determinata "base" $A_n \subseteq \mathbb{R}^n$ in quanto la condizione $\omega \in A_{(n)}$ equivale alle condizioni $z_n \in A_n, x_{n+i} \in \mathbb{R}$ per $i \geq 1$. Sia gli insiemi $A_{(n)}$ che gli insiemi A_n vengono chiamati *insiemi di arresto*. La decisione di arresto è quindi caratterizzata in modo equivalente con il tempo d'arresto t o con le famiglie $\{A_{(n)}, n = 1, 2, \ldots\}$ o $\{A_n, n = 1, 2, \ldots\}$ degli insiemi d'arresto.

La condizione (b), comoda ma non essenziale, assicura che l'evento $\{\omega \colon t(\omega) = \infty\}$, corrispondente al fatto che l'osservazione prosegua indefinitamente, ha probabilità zero. Conseguentemente $\{A_{(n)}, n = 1, 2, \ldots\}$ può considerarsi una partizione di Ω a meno di eventi di probabilità nulla. Non è d'altra parte pensabile che una regola che non soddisfi la condizione (b) possa avere interesse pratico.

A questo punto il problema della scelta dell'arresto può essere rappresentato come un problema di decisione in forma canonica e simmetrica. Lo spazio degli stati di natura è lo spazio Ω delle traiettorie complete, lo spazio delle decisioni è una classe T di tempi d'arresto (per esempio tutti quelli che soddisfano le precedenti condizioni (a) e (b)), la perdita è espressa da

$$W_t(\omega) = L_{t(\omega)}(x_1, x_2, ..., x_{t(\omega)}) = \sum_{n=1}^{\infty} L_n(z_n)1_{A_n}(z_n). \qquad (1.21)$$

Si noti che all'ultimo membro della (1.21), fissato $\omega \in \Omega$ e trascurando eventi di probabilità nulla, uno ed uno solo dei valori $1_{A_n}(z_n)$ vale 1 mentre gli infiniti altri sono nulli. Il valore atteso della perdita, intuitivamente, può essere calcolato come

$$\mathbb{E}W_t = \sum_{n=1}^{\infty} \int_{A_n} L_n(z_n) f_n(z_n) \mathrm{d}z_n \,, \qquad (1.22)$$

dove $\mathrm{d}z_n$ sta per $\mathrm{d}x_1 \mathrm{d}x_2 ... \mathrm{d}x_n$. La (1.22) si può peraltro ottenere in modo rigoroso, sotto opportune condizioni di regolarità per le L_n.

Determinare le regole d'arresto ottime, cioè le regole $t^* \in T$ tali che

$$\mathbb{E}W_{t^*} \leq \mathbb{E}W_t \qquad \forall\, t \in T, \qquad (1.23)$$

è però in generale molto difficile. Soluzioni operative sono note solo in condizioni particolari; una di queste, efficace e realistica, è il *troncamento*. Si tratta allora di decidere che l'osservazione non può essere costituita da un numero di passi superiore a un intero prefissato m; ciò equivale a porre $A_m = A_{m-1}^c \times \mathbb{R}^1$ (dove A^c denota l'insieme complementare ad A). Se T_m è la classe delle procedure troncate nel modo detto, una soluzione ottima in T_m si può sempre determinare, almeno in linea di principio, ricorrendo al cosiddetto *metodo dell'induzione retroattiva*. Tale metodo è già stato sostanzialmente usato nella quantificazione dell'albero di decisione nella § 1.6, in una forma particolarmente semplice. Qui se ne dà una formulazione di tipo più analitico.

Al solito, si comincia dalla fine, supponendo di avere osservato $Z_m = z_m$. Allora non ci sono più scelte possibili e si subisce la perdita $L_m(z_m)$.

Supponiamo adesso di aver osservato $Z_{m-1} = z_{m-1}$; si hanno perciò 2 possibilità:
– fermarsi, subendo la perdita $L_{m-1}(z_{m-1})$;
– proseguire, subendo la perdita aleatoria $L_m(z_{m-1}, X_m)$ la cui valutazione è data dal valore atteso $\mathbb{E}\big(L_m(Z_m) \mid Z_{m-1} = z_{m-1}\big)$.

La valutazione del nodo decisionale corrispondente è quindi:

$$\rho_1(z_{m-1}) = \min\{L_{m-1}(z_{m-1}),\, \mathbb{E}[L_m(Z_m) \mid Z_{m-1} = z_{m-1}]\} \,, \qquad (1.24)$$

dove l'indice 1 nel simbolo $\rho_1(z_{m-1})$ ricorda che è disponibile al massimo un altro passo. Proseguendo a ritroso, al nodo decisionale che segue immediatamente l'osservazione $Z_{m-2} = z_{m-2}$ si hanno le due possibilità:
– fermarsi, subendo la perdita $L_{m-2}(z_{m-2})$;
– proseguire, subendo la perdita aleatoria $\rho_1(z_{m-2}, X_{m-1})$ che può essere valutata con il valore atteso $\mathbb{E}[\rho_1(Z_{m-1}) \mid Z_{m-2} = z_{m-2}]$, dove la funzione $\rho_1(\cdot)$ è determinata dalla (1.24).

Pertanto la valutazione del nodo è:

$$\rho_2(z_{m-2}) = \min\{L_{m-2}(z_{m-2}), \ \mathbb{E}(\rho_1(Z_{m-1}) \mid Z_{m-2} = z_{m-2})\}.$$

È ora chiaro che la formula generale, riferita al generico nodo che si ha dopo l'osservazione $Z_n = z_n$ ($n = 1, 2, ..., m - 1$) è:

$$\rho_{m-n}(z_n) = \min\{L_n(z_n), \ \mathbb{E}(\rho_{m-n-1}(Z_{n+1}) \mid Z_n = z_n)\}.$$

Eseguendo il calcolo a ritroso per tutte le possibili traiettorie troncate $x_1, x_2, ...,$ x_m, la regola ottimale è facilmente determinata, a parte l'eventuale lunghezza delle elaborazioni. In particolare, gli insiemi di arresto ottimali si possono formalmente esprimere come:

$$A_n^* = \{z_n : \rho_{m-n}(z_n) = L_n(z_n), \rho_{m-k}(z_k) < L_k(z_k) \text{ per } k < n\}. \quad (1.25)$$

Finora si è assunto che il processo di osservazione abbia comunque inizio (si è posto infatti $t \geq 1$). Una valutazione complessiva della procedura sequenziale è data da:

$$\mathbb{E}\rho_{m-1}(X_1); \quad (1.26)$$

questo è il valore da confrontare con la perdita che si subisce se non si procede all'osservazione, per decidere se iniziare o meno il processo stesso.

Esempio 1.11. Consideriamo un caso, particolarmente semplice, in cui le X_i possono assumere solo i valori 0 e 1, e $m = 2$. Allora sono possibili solo 4 traiettorie (x_1, x_2), cioè $(0, 0)$, $(0, 1)$, $(1, 0)$, $(1, 1)$. Le probabilità delle traiettorie siano, rispettivamente, 0.474, 0.186, 0.186, 0.154. Le perdite siano espresse da:

$$L_1(x_1) = \begin{cases} 22.80, & x_1 = 0 \\ 5.72, & x_1 = 1 \end{cases}, \quad L_2(x_1, x_2) = \begin{cases} 20.96, & (x_1, x_2) = (0, 0) \\ 18, & (x_1, x_2) = (0, 1) \text{ o } (1, 0) \\ 3.04, & (x_1, x_2) = (1, 1) \end{cases}.$$

Visto il troncamento in $m = 2$, la regola d'arresto ottimale è rappresentabile in definitiva dal solo insieme A_1^*. Si tratta quindi di calcolare la quantità

$$\rho_1(x_1) = \min\{L_1(x_1), \mathbb{E}(L_2(X_1, X_2) \mid X_1 = x_1)\}$$

per $x_1 = 0$ e $x_1 = 1$. Si ha ovviamente:

$$\mathrm{prob}(X_2 = x_2 \mid X_1 = x_1) = \frac{\mathrm{prob}(X_1 = x_1, X_2 = x_2)}{\mathrm{prob}(X_1 = x_1, X_2 = 0) + \mathrm{prob}(X_1 = x_1, X_2 = 1)},$$

sicché

$$\mathrm{prob}(X_2 = x_2 \mid X_1 = 0) = \begin{cases} 0.718, & x_2 = 0 \\ 0.282, & x_2 = 1 \end{cases}$$

$$\mathrm{prob}(X_2 = x_2 \mid X_1 = 1) = \begin{cases} 0.547, & x_2 = 0 \\ 0.453, & x_2 = 1 \end{cases}.$$

Sotto la condizione $X_1 = 0$ la v.a. $L_2(X_1, X_2)$ vale quindi $L_2(0,0)$ con probabilità 0.718 e $L_2(0,1)$ con probabilità 0.282. Quindi:

$$\mathbb{E}\big(L_2(X_1, X_2) \mid X_1 = 0\big) = 20.96 \times 0.718 + 18 \times 0.282 = 20.13.$$

Inoltre, nelle stesse condizioni, si ha $L_1(x_1) = L_1(0) = 22.80$, per cui

$$\rho_1(0) = \min\{22.80, 20.13\} = 20.13.$$

Il valore $x_1 = 0$ non appartiene a A_1^* visto che $\rho_1(0) < L_1(0)$. Consideriamo ora la condizione $X_1 = 1$. Con lo stesso ragionamento si ha

$$\mathbb{E}\big(L_2(X_1, X_2) \mid X_1 = 1\big) = 18 \times 0.547 + 3.04 \times 0.453 = 11.22.$$

D'altra parte $L_1(1) = 5.72$, sicché

$$\rho_1(1) = \min\{5.72, 11.22\} = 5.72.$$

Poiché in questo caso $\rho_1(x_1) = L_1(x_1)$, il valore $x_1 = 1$ appartiene a A_1^*, di cui risulta anzi l'unico elemento. La regola d'arresto ottima consiste quindi nel

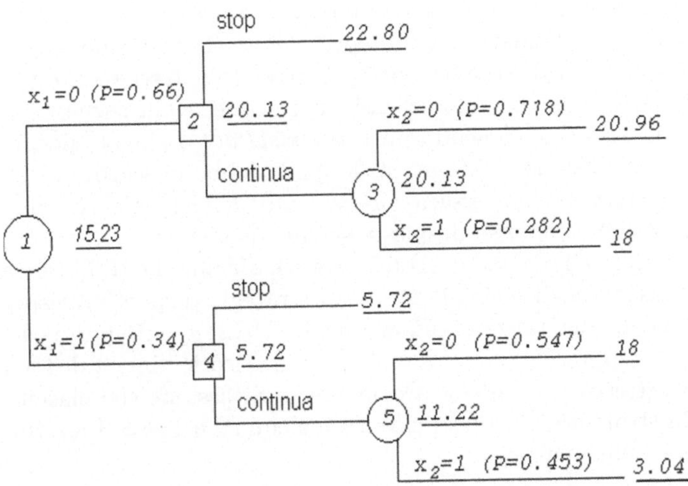

Figura 1.3. Albero di decisione per l'esempio 1.11

fermarsi (dopo aver osservato $X_1 = x_1$) se e solo se $x_1 = 1$. Se invece $x_1 = 0$, si osserverà anche il valore di X_2. La valutazione complessiva della procedura sequenziale ottima (formula (1.26)) è, osservato che $\text{prob}(X_1 = 0) = 0.66$ e $\text{prob}(X_1 = 1) = 0.34$,

$$\mathbb{E}\rho_1(X_1) = 20.13 \times 0.66 + 5.72 \times 0.34 = 15.23.$$

Qui l'esempio è puramente aritmetico. Vedremo nel cap.8 come lo stesso esempio possa avere una interessante interpretazione statistica come test sequenziale di ipotesi. Anche per questi problemi può risultare molto utile il ricorso alla tecnica degli alberi di decisione. L'esempio trattato è rappresentato nella figura 1.11. Al solito i nodi decisionali (quadrati) richiedono il calcolo del minimo tra più valori, mentre i nodi aleatori (circoli) richiedono il calcolo di valori attesi.

$\diamond$

Esercizi

1.33. Calcolare il valore di tutte le possibili regole sequenziali per l'esempio 1.11.

1.8 Relazioni con la teoria dei giochi

La teoria delle decisioni, soprattutto in alcuni aspetti formali, si presenta strettamente collegata alla teoria dei giochi di von Neumann e Morgenstern. Molti aspetti sostanziali restano però diversi e, negli ultimi decenni, le due discipline si sono sviluppate autonomamente l'una dall'altra. In questa sezione daremo una informazione di base sulla teoria classica dei giochi.

L'obiettivo fondamentale della teoria dei giochi è di rappresentare formalmente le situazioni di conflitto nei più diversi contesti (economici, militari, ecc.). Ciò si ottiene con uno schema in cui due o più soggetti (i *giocatori*) giocano una *partita*, ottenendo un certo *risultato*. I singoli giocatori dispongono ciascuno di varie *strategie*, tra le quali debbono sceglierne una, che non viene conosciuta dall'avversario; il risultato della partita è completamente determinato dal complesso di queste scelte.

Consideriamo il caso di due soli giocatori, diciamo I e II. Matematicamente il gioco consiste degli insiemi X e Y di strategie disponibili rispettivamente per I e II e delle due funzioni di pagamento $M_1(x, y)$ e $M_2(x, y)$ (dove $(x, y) \in X \times Y$) che rappresentano su una scala numerica le vincite di I e di II per la partita caratterizzata dalle strategie x e y. Si assume che ciascun giocatore conosca la struttura del gioco, cioè gli insiemi X e Y e le funzioni M_1 e M_2. Se vale la condizione

$$M_1(x, y) + M_2(x, y) \quad \forall\, x \in X,\ \forall\, y \in Y, \tag{1.27}$$

la contrapposizione dei giocatori è totale, in quanto la vincita dell'uno coincide esattamente con la perdita dell'altro. Tali giochi vengono detti *a somma zero*. Tratteremo principalmente dei giochi tra due persone e a somma zero; in tal caso scriveremo $M(x, y)$ al posto di $M_1(x, y)$, sicché la funzione di pagamento rappresenta simultaneamente la vincita di I e la perdita di II. Si noti che se X e Y sono finiti, diciamo con m e n elementi rispettivamente, la funzione M può essere guardata come una matrice numerica $m \times n$.

È già chiara, a questo punto, l'analogia formale con i problemi di decisione in condizioni di incertezza. Il giocatore I è la natura, il giocatore II è il decisore, la funzione dei pagamenti è $W_\delta(\omega)$, vista come applicazione $\Omega \times \Delta \to \mathbb{R}^1$. Dal punto di vista sostanziale, però, ha poco senso considerare la natura come un giocatore totalmente contrapposto al decisore e prendere troppo sul serio l'analogia formale può portare ad analisi inappropriate.

Il concetto chiave della teoria dei giochi è quello di *punto di equilibrio*. La teoria si interessa prioritariamente di illustrare il concetto di equilibrio e poi di determinare quali giochi posseggano o meno un punto di equilibrio, ricercando le condizioni sufficienti su X, Y, M perché ciò avvenga.

Definizione 1.4. *Dato un gioco a somma zero* $G = (X, Y, M)$ *si dice che* $(\bar{x}, \bar{y}) \in X \times Y$ *è un* punto di equilibrio *se valgono le condizioni*

$$M(\bar{x}, \bar{y}) \geq M(x, \bar{y}) \quad \forall\, x \in X \qquad\qquad (1.28)$$

$$M(\bar{x}, \bar{y}) \leq M(\bar{x}, y) \quad \forall\, y \in Y. \qquad\qquad (1.29)$$

È facile constatare (v. esercizio 1.35) che la coppia di relazioni (1.28) e (1.29) equivale alla relazione

$$M(\bar{x}, \bar{y}) = \inf_{y \in Y} M(\bar{x}, y) = \sup_{x \in X} M(x, \bar{y}) \qquad\qquad (1.30)$$

e determina la particolare configurazione geometrica (trattando per un momento $X \times Y$ come $\mathbb{R}^2$) detta *punto di sella*. Se la funzione M è rappresentata come matrice, in cui il giocatore I sceglie la riga e il giocatore II sceglie la colonna, la (1.28) significa che $(\bar{x}, \bar{y})$ è un punto ottimale per I data la colonna $\bar{y}$ e la (1.29) che $(\bar{x}, \bar{y})$ è un punto ottimale per II data la riga $\bar{x}$. In ogni caso si vede che sia I che II perdono se si allontanano singolarmente dal punto di equilibrio, mentre uno dei due può guadagnare solo se *entrambi* si allontanano dal punto stesso.

Esempio 1.12. Verifichiamo che esistono giochi senza punti di equilibrio e giochi con un punto di equilibrio. Consideriamo le matrici dei pagamenti:

$$M' = \begin{bmatrix} 1 & 2 & 3 \\ 2 & 3 & 5 \\ 3 & 4 & 0 \end{bmatrix}, \quad M'' = \begin{bmatrix} 1 & 2 & 3 \\ 2 & 3 & 5 \\ 1 & 4 & 0 \end{bmatrix};$$

si vede facilmente che M' non ha punti di equilibrio, mentre M'' ammette come punto di equilibrio (x_2, y_1), corrispondente alla scelta della seconda riga da parte di I e della prima colonna da parte di II.   ◇

Vi sono stretti legami tra punti di equilibrio e strategie minimax. Introduciamo le cosiddette *funzioni di garanzia* dei due giocatori, cioè

$$L_1(x) = \inf_{y \in Y} M(x, y), \quad L_2(y) = \sup_{x \in X} M(x, y). \tag{1.31}$$

La quantità $L_1(x)$ rappresenta la minima vincita assicurata a I se questi sceglie la strategia x, qualunque sia la strategia adottata da II; del tutto analogo è il significato di $L_2(y)$, in termini di massima perdita. Le strategie minimax dei due giocatori, indicate con x^* e y^*, sono per definizione quelle caratterizzate dalle proprietà

$$L_1(x^*) \geq L_1(x) \quad \forall x \in X, \qquad L_2(y^*) \leq L_2(y) \quad \forall y \in Y. \tag{1.32}$$

Ovviamente tali strategie, per giochi in cui X o Y non sono finiti, possono non esistere. Si noti che, a parte la diversa simbologia, il concetto espresso dalle (1.32) è lo stesso espresso con la minimizzazione della (1.7). Il contesto dei giochi a somma zero, peraltro, rende più naturale questo tipo di considerazioni che presuppone un avversario ostile. Il principale risultato per quanto riguarda il rapporto tra punti di equilibrio e strategie minimax è il seguente:

Teorema 1.2. *Ogni coppia di equilibrio $(\bar{x}, \bar{y})$ è costituita da strategie minimax.*

Dimostrazione. Dalla (1.31) e dalla (1.30) si trae:

$$L_1(\bar{x}) = \inf_{y \in Y} M(\bar{x}, y) = M(\bar{x}, \bar{y}); \tag{1.33}$$

quindi, applicando la (1.28), abbiamo:

$$L_1(\bar{x}) \geq M(x, \bar{y}) \quad \forall x \in X.$$

Ma ovviamente vale la diseguaglianza

$$M(x, \bar{y}) \geq \inf_{y \in Y} M(x, y) \quad \forall x \in X,$$

e poiché la quantità al secondo membro coincide con $L_1(x)$, si ha la prima delle (1.32) (con $\bar{x}$ al posto di x^*). Per $L_2(\bar{y})$ si può svolgere un ragionamento analogo. $\square$

Il reciproco non è necessariamente vero: in altri termini se x^* e y^* sono strategie minimax, rispettivamente per I e per II, non è detto che (x^*, y^*) sia un punto di equilibrio. Per approfondire la questione, introduciamo i concetti di valore inferiore e valore superiore di un gioco.

Definizione 1.5. *Dato un gioco $G = (X, Y, M)$, si chiamano rispettivamente valore inferiore e valore superiore le quantità*

$$V_1 = \sup_{x \in X} L_1(x), \quad V_2 = \inf_{y \in Y} L_2(y). \tag{1.34}$$

Se esistono strategie minimax x^* e y^*, si ha quindi $V_1 = L_1(x^*)$ e $V_2 = L_2(y^*)$. Se in particolare $V_1 = V_2$, questo valore comune si chiama semplicemente *valore del gioco*. È chiaro che i valori inferiore e superiore sono ben definiti per qualunque gioco, anche quando non esistono le strategie minimax. Inoltre si ha il seguente

Teorema 1.3. *Per ogni gioco* $G = (X, Y, M)$ *si ha*

$$V_1 \le V_2. \tag{1.35}$$

Dimostrazione. Per ogni coppia $(x, y) \in X \times Y$ vale ovviamente la doppia diseguaglianza:

$$\inf_{y \in Y} M(x, y) \le M(x, y) \le \sup_{x \in X} M(x, y),$$

ossia

$$L_1(x) \le M(x, y) \le L_2(y).$$

Considerando gli estremi (rispettivamente superiore e inferiore) delle funzioni al primo e al terzo membro, le diseguaglianze deboli si mantengono, da cui la tesi. $\square$

Possiamo ora formulare il seguente risultato:

Teorema 1.4. *Dato un gioco* $G = (X, Y, M)$ *in cui entrambi i giocatori posseggono strategie minimax (non necessariamente uniche)* x^* *e* y^*, *le possibili coppie* (x^*, y^*) *sono punti di equilibrio se e solo se* $V_1 = V_2$, *cioè se il gioco ha un valore. In tal caso il valore è* $V = M(x^*, y^*)$.

La dimostrazione è lasciata come esercizio (v. esercizio 1.36).

Esempio 1.13. Riprendiamo in esame l'esempio 1.12. Nel gioco caratterizzato dalla matrice M' le strategie minimax sono $x^* = x_2$ per il giocatore I e $y^* = y_1$ per il giocatore II, ed è $V_1 = 2 < V_2 = 3$. Infatti (x_2, y_1) non è un punto di equilibrio perché non è un punto di massimo della colonna.

Nel gioco caratterizzato dalla matrice M'' le strategie minimax sono ancora $x^* = x_2$ per il giocatore I e $y^* = y_1$ per il giocatore II, ed è $V_1 = 2 = V_2$. Infatti questa volta, come si è già rilevato, (x_2, y_1) è un punto di equilibrio. $\diamond$

L'utilità principale del teorema 1.4 sta nella indicazione costruttiva di come determinare gli eventuali punti di equilibrio di un gioco. Si tratta cioè di determinare le strategie minimax, che è un problema di ottimizzazione in molti casi semplicemente risolubile, e di confrontare V_1 e V_2. Si osservi che le strategie minimax, pur avendo in quanto tali una certa plausibilità dal punto di vista della teoria delle decisioni, se non vanno a costituire un punto di equilibrio, non godono di tutte le proprietà che caratterizzano i punti di equilibrio (v. esercizio 1.34).

Molti giochi si svolgono in pratica in modo sequenziale, come una successione di mosse alternativamente eseguite dai due giocatori. Questo accade, per esempio, in molti giochi in senso stretto, come i più comuni giochi di carte, il gioco degli scacchi, ecc. In questi casi la rappresentazione più comoda del gioco è quella ad albero, che abbiamo già utilizzato per diversi problemi di decisione. Anche un gioco tra 2 giocatori rappresentato mediante un albero (o, come si dice, in forma *estensiva*) può essere descritto in forma *normale* (o *strategica*), cioè come una terna (X, Y, M). Al solito, vi è la difficoltà pratica derivante da un numero spesso esorbitante di strategie, considerando che ogni strategia deve specificare a priori tutte le mosse del giocatore in corrispondenza a tutte le possibili situazioni in cui si può trovare. I concetti fin qui introdotti sono comunque perfettamente applicabili anche a questi giochi. Accade però che molti di questi risultino, dal punto di vista teorico, privi di interesse. Questo vale per i cosiddetti giochi finiti (cioè con un numero massimo finito di mosse per ciascun giocatore) e a informazione perfetta, cioè tali che la totalità delle mosse precedentemente eseguite dai due giocatori sia nota prima di ogni mossa. Il gioco degli scacchi, se si introduce una regola che limita il numero delle mosse, rientra quindi in questa categoria, con molti altri giochi comuni. È facile dimostrare che tutti questi giochi posseggono un punto di equilibrio (v. esercizio 1.37), sicché ogni giocatore è in grado di assicurarsi il valore V del gioco qualunque sia il comportamento dell'avversario. In gran parte di questi giochi i valori possibili saranno -1 (sconfitta), 0 (pareggio), 1 (vittoria) e la conoscenza delle strategie di equilibrio renderebbe lo sviluppo del gioco del tutto pleonastico. Tuttavia tale conoscenza è disponibile solo per giochi relativamente semplici e non certo, ad esempio, per il gioco degli scacchi.

Rinunciamo ora alla condizione (1.27), cioè al fatto che il gioco sia a somma zero. In questo caso dovremo ragionare con due funzioni di pagamento, M_1 e M_2 (con l'intesa che ciascun giocatore deve massimizzare la propria), e assoceremo a ciascuna coppia di strategie (x, y) la coppia di risultati $(M_1(x, y), M_2(x, y))$. Il concetto di equilibrio che viene usualmente considerato (equilibrio *nel senso di Nash*) è il seguente:

Definizione 1.6. *Dato un gioco* $G = (X, Y, M_1, M_2)$ *si dice che* $(\bar{x}, \bar{y}) \in X \times Y$ *è* un punto di equilibrio nel senso di Nash *se valgono le condizioni*

$$M_1(\bar{x}, \bar{y}) \geq M_1(x, \bar{y}) \quad \forall x \in X \tag{1.36}$$

$$M_2(\bar{x}, \bar{y}) \geq M_2(\bar{x}, y) \quad \forall y \in Y. \tag{1.37}$$

Questo significa che ad ogni singolo giocatore non conviene abbandonare unilateralmente (cioè senza assumere un cambiamento di strategia anche da parte dell'avversario) il punto in questione. Va sottolineato che le condizioni (1.36) e (1.37) sono nel complesso piuttosto deboli, benché siano simili a (1.28) e (1.29); la differenza fondamentale è che qui le condizioni di ottimalità sono riferite a funzioni di pagamento distinte. In particolare può accadere che le strategie che costituiscono un punto di equilibrio secondo Nash non siano nemmeno strategie minimax per i singoli giocatori.

Esempio 1.14. Un esempio classico, molto interessante da un punto di vista teorico e formulato, come spesso accade, con riferimento (piuttosto scherzoso) ad una situazione reale molto particolare e di scarso interesse per le applicazioni della matematica, è il cosiddetto *dilemma del prigioniero*. Si assume che due individui, I e II, si siano resi responsabili di una rapina, ma siano al momento solo sospettati perché trovati in possesso delle armi. Ognuno dei due può confessare o non confessare. Se nessuno confessa, saranno condannati a 2 anni di prigione per il possesso di armi (i valori numerici sono grossolani, ma rilevanti solo in termini di confronto); se uno solo confessa, l'altro sarà condannato a 10 anni e chi ha confessato, per premio, soltanto a 1 anno; se entrambi confessano saranno condannati entrambi a 8 anni (con un lieve premio per la confessione, rispetto alla eventuale condanna in base a testimonianza altrui). La tabella dei pagamenti, qui da intendersi come perdite anziché come vincite, sarà perciò:

	II confessa	II non confessa
I confessa	$(8, 8)$	$(1, 10)$
I non confessa	$(10, 1)$	$(2, 2)$

È immediato constatare, verificando le relazioni (1.36) e (1.37) (con $\leq$ al posto di $\geq$) per i 4 punti possibili, che l'unico punto di equilibrio è quello che prevede la confessione di entrambi, da cui segue il pagamento $(8, 8)$. Se poi elaboriamo il problema separatamente per i due individui, vediamo facilmente (esercizio 1.40) che la strategia di confessare è per entrambi la strategia minimax. Molti autori sostengono, pertanto, che la scelta di confessare è una corretta applicazione, su scala individuale, di un principio di comportamento razionale. Giova osservare che se fosse consentito un accordo tra i due, la scelta ottimale, o almeno una scelta "equilibrata" più favorevole, sarebbe stata di non confessare entrambi. Si ha quindi in questo problema (ed è uno dei motivi di interesse) che una scelta razionale dei singoli individui comporta una conseguenza praticamente pessima per la collettività costituita dagli individui stessi. ◇

Non ci tratterremo sulle estensioni al caso di n giocatori. Ai fini della applicazione a situazioni reali, questa generalizzazione accresce l'interesse dello schema ma ovviamente le difficoltà matematiche aumentano notevolmente. Se si esclude la possibilità di accordo tra i giocatori (come nel dilemma del prigioniero) la estensione del concetto di equilibrio secondo Nash è banale e costituisce il cuore della teoria generale dei giochi cosiddetti non-cooperativi. Se invece si considera la possibilità di costituire coalizioni, e quindi, in senso lato, di ripartire successivamente i pagamenti acquisiti, il problema si arricchisce in modo considerevole. Le principali indicazioni che emergono da questo genere di analisi sono però di tipo negativo, cioè tendono ad escludere l'esistenza di punti di equilibrio per il fatto che i membri di coalizioni "perdenti" hanno convenienza ad accettare ripartizioni anche poco favorevoli pur di entrare a far parte di coalizioni "vincenti". In questi sviluppi le analogie con la teoria delle decisioni, e soprattutto con le applicazioni statistiche della teoria delle decisioni, si vanno perdendo e diventa invece più rilevante definire in modo concreto e realistico il contesto di riferimento, limitando le possibilità puramente astratte.

Esercizi

1.34. La coppia (x_2, y_1), nella matrice M' dell'esempio 1.12, è costituita da strategie minimax ma non è un punto di equilibrio. Verificare che x_2 non è la migliore strategia di I contro la scelta y_1 di II.

1.35. Dimostrare l'equivalenza dei sistemi di relazioni costituiti dalle formule (1.28) e (1.29) e dalla formula (1.30).

1.36. * Dimostrare il teorema 1.4.

[Sugg. Per dimostrare che se (x^*, y^*) è un punto di equilibrio allora $V_1 = V_2$, si applichi la (1.30) alla coppia (x^*, y^*). Per il reciproco, si noti che l'ipotesi $V_1 = V_2$ implica che la (1.36) vale per la coppia (x^*, y^*) con il segno di eguaglianza, e coincide quindi con la (1.30) per il punto in esame]

1.37. * Dimostrare che i giochi finiti a informazione perfetta hanno un punto di equilibrio.

[Sugg. Usare il metodo dell'induzione. Indicando con G_n un gioco in cui il numero totale di mosse sia $\leq n$, basta osservare che G_1 ha sicuramente un punto di equilibrio e dimostrare che se G_{n-1} ha un punto di equilibrio, lo ha anche G_n. Infatti se, iniziando un gioco G_n, consideriamo le mosse possibili per il giocatore che deve scegliere per primo, otteniamo altrettanti giochi $G_{n-1}, \ldots$ Si noti il carattere assolutamente non costruttivo di questo teorema: non si può dedurre nulla su come ricercare le strategie di equilibrio]

1.38. Un gioco a somma zero spesso considerato nella letteratura viene citato come "problema del colonnello Blotto" (un personaggio di pura fantasia). Il colonnello Blotto dispone di 2 battaglioni e fronteggia il nemico in due valichi di montagna. Può inviare entrambi i battaglioni allo stesso valico oppure mandarne uno a ciascun valico. Le sue strategie sono quindi rappresentabili con (i, j) dove i e j indicano quanti battaglioni vengono inviati al primo e al secondo valico, per cui $i \in \{0, 1, 2\}$, $j \in \{0, 1, 2\}$ e $i + j = 2$. Il nemico è nelle identiche condizioni. La tabella delle perdite, che sono facilmente giustificabili in modo intuitivo, è:

	$(2, 0)$	$(1, 1)$	$(0, 2)$
$(2, 0)$	0	1	0
$(1, 1)$	-1	0	-1
$(0, 2)$	0	1	0

Dimostrare che i punti di equilibrio sono 4, tutti quelli in cui entrambi i contendenti raggruppano i battaglioni in uno solo dei valichi.

1.39. Il colonnello Blotto è citato in letteratura anche per un altro problema, in cui il nemico è inferiore per forze. Con la stessa notazione dell'esercizio precedente, e facendo figurare il colonnello Blotto come giocatore I, la matrice dei pagamenti è:

	(3,0)	(2,1)	(1,2)	(0,3)
(4,0)	4	2	1	0
(3,1)	1	3	0	−1
(2,2)	−2	2	2	−2
(1,3)	−1	0	3	1
(0,4)	0	1	2	4

Calcolare i valori inferiore e superiore del gioco e dimostrare che non esistono punti di equilibrio.

1.40. Con riferimento all'esempio 1.14 verificare che la scelta di confessare è una strategia minimax per entrambi i giocatori singolarmente presi.

1.9 Analisi dell'ordinamento delle decisioni

In questa sezione si presenteranno alcuni approfondimenti relativi allo studio delle relazioni $\succ$ e $\succeq$ su Δ, introdotte nella §1.2, e delle corrispondenti relazioni su $\mathcal{W}$. Tale studio può essere chiamato *analisi preottimale* in quanto si tratta delle elaborazioni teoriche che sono effettuabili su un problema di decisione senza ricorrere ad un esplicito criterio di ottimalità. Poiché, prescindendo dalla teoria dell'utilità (v. cap. 2), qualsiasi criterio di ottimalità è in una certa misura discutibile e riduttivo, eventuali conclusioni basate sulle sole relazioni citate sono particolarmente utili. In particolare quando la struttura del problema di decisione è sufficientemente complessa, come accade per esempio per molti problemi di decisione statistica, l'analisi preottimale può fornire risultati di rilievo.

Dato un problema di decisione in forma canonica $(\Omega, \Delta, W_\delta(\omega), K)$, un primo obiettivo è quello di ridurre la classe Δ e quindi di semplificare il problema stesso.

Definizione 1.7. *Una classe di decisioni $C \subseteq \Delta$ si dice* completa *(rispettivamente:* essenzialmente completa*) se per ogni $\delta \notin C$ esiste $\delta' \in C$ tale che $\delta' \succ \delta$ (rispettivamente: $\delta' \succeq \delta$).*

Limitare lo studio ad una classe completa, od anche solo essenzialmente completa, costituisce una semplificazione legittima perché vengono escluse solo decisioni che sono dominate (strettamente o debolmente) da altre che rimangono invece in esame.

Si osservi che la completezza è una proprietà di una *classe* di decisioni, e che l'appartenenza di una decisione ad una classe completa non le garantisce alcuna proprietà favorevole. La famiglia di tutte le classi complete di decisioni verrà denotata con $\mathcal{C}$. La famiglia $\mathcal{C}$ non è vuota perché contiene almeno la classe Δ che è, banalmente, completa.

La massima semplificazione del problema di decisione si ottiene quando ci si riconduce alla classe completa più piccola. Il concetto può essere precisato come segue:

Definizione 1.8. *Una classe completa (essenzialmente completa) si dice minimale se non contiene sottoclassi complete (essenzialmente complete).*

Veniamo ora ad una importante proprietà delle singole decisioni.

Definizione 1.9. *Una decisione $\delta \in \Delta$ si dice* ammissibile *se non esistono decisioni δ' tali che $\delta' \succ \delta$.*

La classe delle decisioni ammissibili verrà denotata con Δ^+. Evidentemente un'analisi preottimale non potrà scartare decisioni ammissibili. Come vedremo, non si può però pensare, in generale, di ridursi all'esame della sola classe Δ^+, perché la classe Δ^+ non è sempre completa.

Esempio 1.15. Sia $\Omega = \{\omega_1,\omega_2\}$, $\Delta = \{\delta_1,\delta_2,\delta_3,\delta_4\}$ e le perdite $W_\delta(\omega)$ siano espresse da

	δ_1	δ_2	δ_3	δ_4
ω_1	1	0	2/3	1
ω_2	0	1	1/3	1/2

Si vede subito che $\Delta^+ = \{\delta_1,\delta_2,\delta_3\}$ e che $\Delta^+ \in \mathcal{C}$. In questo esempio sarebbe possibile semplificare il problema di decisione sostituendo Δ con Δ^+. $\diamond$

Esempio 1.16. Sia $\Omega = \{\omega_1,\omega_2\}$, $\Delta = \{\delta_0, \delta_1, ..., \delta_n, ...\}$ e le perdite siano espresse da

$$W_{\delta_0}(\omega) = \begin{cases} 0 & \text{se } \omega = \omega_1 \\ 1 & \text{se } \omega = \omega_2 \end{cases}, \quad W_{\delta_n}(\omega) = \begin{cases} 1 & \text{se } \omega = \omega_1 \\ 1/n & \text{se } \omega = \omega_2 \end{cases} \quad (n = 1, 2, ...).$$

Si vede immediatamente che $\Delta^+ = \{\delta_0\}$ e $\Delta^+ \notin \mathcal{C}$, sicché una riduzione alla sola classe Δ^+ non sarebbe accettabile. Sono ad esempio classi complete tutte quelle del tipo $C_k = \{\delta_0, \delta_k, \delta_{k+1}, ...\}$ dove k è un intero arbitrario. $\diamond$

Il legame principale fra i concetti di ammissibilità (di una decisione) e di completezza (di una classe di decisioni) è espresso dal seguente

Teorema 1.5. *La classe Δ^+ delle decisioni ammissibili è l'intersezione di tutte le classi complete.*

Dimostrazione. Posto per comodità di notazione $I = \bigcap_{C \in \mathcal{C}} C$, vogliamo dimostrare che $\Delta^+ = I$. Dimostriamo anzitutto che $\Delta^+ \subseteq I$. Supponiamo, per assurdo, che esista un $\delta \in \Delta^+ - C$ per una opportuna classe completa C.

Poiché $\delta \notin C$ e C è completa, C deve contenere un $\delta' \succ \delta$. Questo è incompatibile con l'assunzione $\delta \in \Delta^+$; si ha perciò $\Delta^+ \subseteq C$ per ogni $C \in \mathcal{C}$, e quindi $\Delta^+ \subseteq I$.

Dimostriamo ora che $I \subseteq \Delta^+$. Supponiamo, per assurdo, che esista $\delta \in I - \Delta^+$. Allora, poiché δ non è ammissibile, esiste un $\delta' \succ \delta$. Consideriamo una qualunque classe completa C. Possiamo allora costruire una nuova classe C' togliendo da C la decisione δ ed introducendo δ'. Formalmente si può scrivere:

$$C' = (C - \{\delta\}) \cup \{\delta'\}.$$

Poiché C' differisce da C solo per la sostituzione di δ con δ', anche C' è completa. Ma C', per costruzione, non contiene δ e questo è incompatibile con l'assunzione $\delta \in I$. Pertanto è $I \subseteq \Delta^+$. I due risultati $\Delta^+ \subseteq I$ e $I \subseteq \Delta^+$ assicurano in conclusione che è $\Delta^+ = I$. $\square$

Dimostriamo infine il

Teorema 1.6. *Se Δ^+ è completa è anche minimale. Se esiste una classe completa minimale M, si ha $M = \Delta^+$.*

Dimostrazione. Nessun sottoinsieme proprio Δ' di Δ^+ può essere completo, perché le decisioni in $\Delta^+ - \Delta'$ non sono dominate; ciò prova la prima parte del teorema. Per la seconda parte, osserviamo che per il teorema 1.5 è $\Delta^+ \subseteq M$. Basta quindi dimostrare che $M \subseteq \Delta^+$. Sia per assurdo $\delta \in M - \Delta^+$; allora esiste $\delta' \succ \delta$. Pertanto M contiene, in quanto completa, o δ' oppure un $\delta'' \succ \delta'$. In ogni caso M non è minimale perché può essere privata di δ. Quindi $M \subseteq \Delta^+$, da cui la tesi. $\square$

Esercizi

1.41. Dimostrare che, se C è completa, ogni classe C' contenente C è a sua volta completa.

1.42. Dimostrare che se δ_1 e δ_2 sono entrambe ammissibili saranno tra loro o equivalenti o inconfrontabili.

1.43. Nel problema dell'esempio 1.15 lo spazio delle decisioni Δ ammette 16 sottoinsiemi. Individuare la famiglia $\mathcal{C}$ delle classi complete e verificare il teorema 1.5.

1.44. Verificare il teorema 1.5 con riferimento all'esempio 1.16.

1.10 Rappresentazione geometrica

Se Ω è finito, il problema di decisione ammette una rappresentazione geometrica semplice e utile. Sia dunque

$$\Omega = \{\omega_1, \omega_2, ..., \omega_m\},$$

dove m è un qualunque intero ≥ 2. Allora ogni $\delta \in \Delta$ è rappresentata dal vettore $x^\delta = \left(W_\delta(\omega_1), W_\delta(\omega_2), ..., W_\delta(\omega_m)\right)$. Sia poi $S_\Delta = \{x^\delta : \delta \in \Delta\}$ l'insieme che rappresenta Δ. Si noti che decisioni equivalenti, cioè con la stessa funzione di perdita, sono rappresentate dallo stesso punto.

Proprietà come l'ammissibilità e l'ottimalità rispetto a criteri specificati, in particolare il criterio del valor medio e a quello del minimax, sono immediatamente rappresentabili. Alcuni importanti risultati in proposito potranno appoggiarsi proprio a considerazioni geometriche.

Dato un punto $y = (y_1, y_2, ..., y_m) \in \mathbb{R}^m$, chiameremo *quadrante inferiore di vertice* y l'insieme

$$Q(y) = \{x = (x_1, x_2, ..., x_m) \in \mathbb{R}^m : x_i \leq y_i, \ i = 1, 2, ..., m\} \tag{1.38}$$

(vedi figura 1.4a per il caso $m = 2$) che è un insieme chiuso (infatti il suo complementare è aperto). Se $x^\delta \in S_\Delta$, l'insieme $Q(x^\delta) \cap S_\Delta$ contiene, oltre a x^δ, ogni $x^{\delta'}$ tale che $\delta' \succ \delta$. Pertanto l'ammissibilità di $\delta \in \Delta$ può essere caratterizzata come segue:

$$\delta \in \Delta^+ \quad \Leftrightarrow \quad Q(x^\delta) \cap S_\Delta = \{x^\delta\}, \tag{1.39}$$

dove, al solito, la notazione $\{x^\delta\}$ indica l'insieme costituito dal solo punto x^δ. La fig. 1.4b mostra ad esempio (tratto ingrossato) le decisioni ammissibili nel problema rappresentato. È intuitivo che le decisioni ammissibili figurano necessariamente sulla frontiera di S_Δ. La classe Δ^+ sarà per esempio vuota quando S_Δ è aperto; senza specificare condizioni su $\mathcal{W}$, d'altra parte, S_Δ può risultare aperto, chiuso o né aperto né chiuso.

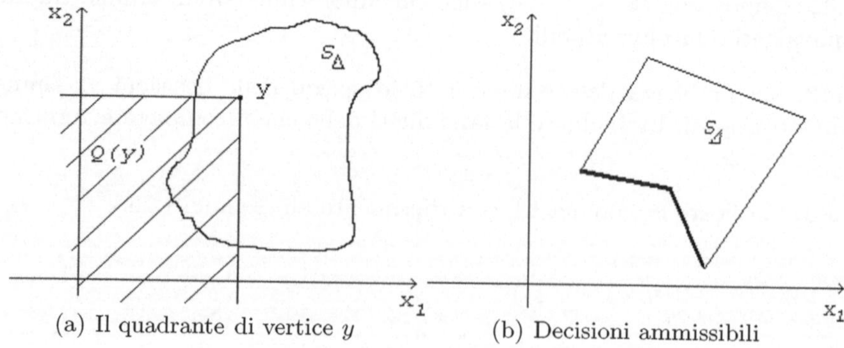

(a) Il quadrante di vertice y (b) Decisioni ammissibili

Figura 1.4. Ammissibilità

Rappresentiamo ora la ricerca delle decisioni ottime secondo il criterio del valore atteso, cioè la ricerca delle soluzioni di

$$\sum_{i=1}^{m} p_i\, x_i = \text{ minimo per } x \in S_\Delta\,,$$

dove $p_1, p_2, ..., p_m$ ($p_i \geq 0$, $i = 1, 2, ..., m$) sono le probabilità date su Ω. Osserviamo anzitutto che i luoghi di equivalenza per il criterio sono del tipo:

$$\sum_{i=1}^{m} p_i\, x_i = c, \quad x \in S_\Delta\,, \tag{1.40}$$

dove c è una determinata costante, cioè appartengono a piani di giacitura assegnata (per $m = 2$ rette di inclinazione assegnata, e, con linguaggio geometrico più preciso, iperpiani per $m > 3$). Poiché i p_i sono tutti non negativi, i piani considerati staccano segmenti dello stesso segno sugli assi coordinati. Per determinare il valore della perdita attesa corrispondente ad una determinata decisione $\delta \in \Delta$, basta considerare il piano (1.40) passante per x^δ, cioè il piano di equazione:

$$\sum_{i=1}^{m} p_i(x_i - x_i^\delta) = 0\,, \tag{1.41}$$

ed intersecarlo con la bisettrice

$$x_1 = x_2 = ... = x_m. \tag{1.42}$$

Considerando il sistema costituito da (1.41) e (1.42), si ha infatti come soluzione il punto di coordinate $x_1 = x_2 = ... = x_m = \sum p_i x_i^\delta$ ($= \mathbb{E}W_\delta$). Si noti che tale punto (indicato con P nelle figure 1.5a e 1.5b) non rappresenta necessariamente una decisione. La figura 1.5a mostra il caso di $p_1 = \frac{2}{3}$, $p_2 = \frac{1}{3}$, e sono indicate (con tratto ingrossato) tutte le decisioni con la stessa perdita attesa di δ. Per minimizzare $\mathbb{E}W_\delta$ basta cercare il piano con la stessa giacitura di (1.41) e più vicino all'origine, pur toccando S_Δ. Graficamente (fig.1.5b) si individua subito la decisione ottima δ^* e l'intersezione con la bisettrice determina il punto P le cui coordinate valgono

$$\beta = \inf_{\delta \in \Delta} \mathbb{E}W_\delta. \tag{1.43}$$

Ovviamente, β esiste anche quando δ^* non esiste (ad esempio perché S_Δ è aperto), e può comunque essere determinato.

Una procedura analoga si può realizzare per il criterio del minimax, cioè per la ricerca delle soluzioni di

$$\max_{1 \leq i \leq m} x_i = \text{ minimo per } x \in S_\Delta.$$

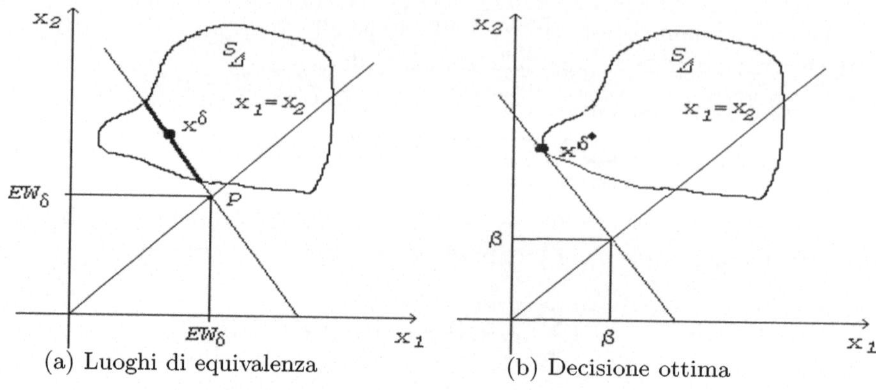

(a) Luoghi di equivalenza   (b) Decisione ottima

Figura 1.5. Il criterio del valore atteso

Osserviamo che in questo caso i luoghi di equivalenza sono caratterizzati da

$$\max_{1\le i\le m} x_i = c \quad x \in S_\Delta,$$

con c costante arbitraria. Nelle figure 1.6a e 1.6b si vede che i luoghi di equivalenza possono essere scritti come $\mathcal{F}Q(c, c, ..., c) \cap S_\Delta$, dove $\mathcal{F}A$ è la frontiera dell'insieme A e naturalmente $Q(c, c, ..., c)$ è il quadrante inferiore di vertice $(c, c, ..., c)$.

Per determinare l'ottimo occorre individuare il minimo valore c tale che $\mathcal{F}Q(c, c, ..., c)$ abbia intersezione non vuota con S_Δ, diciamo c^*. Nel problema rappresentato dalla figura 1.6b si hanno per esempio infinite soluzioni.

Se S_Δ è aperto non ci possono essere soluzioni esattamente ottime. In tutte le figure di questa sezione, se si intende che S_Δ contiene la propria frontiera, si vede che Δ^+ è completa. Il risultato ha carattere generale:

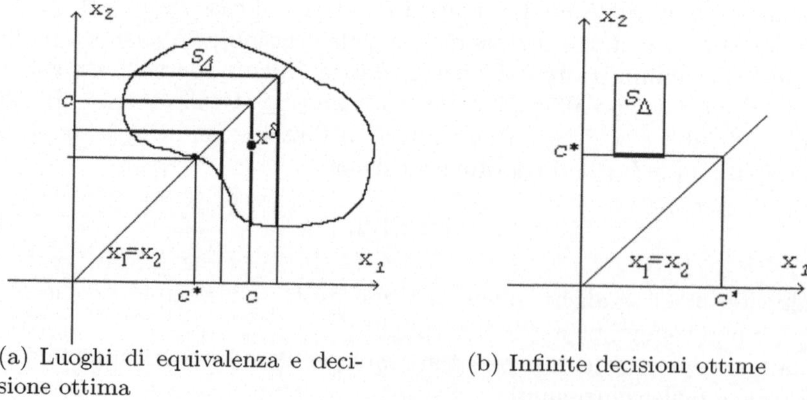

(a) Luoghi di equivalenza e decisione ottima   (b) Infinite decisioni ottime

Figura 1.6. Il criterio del minimax

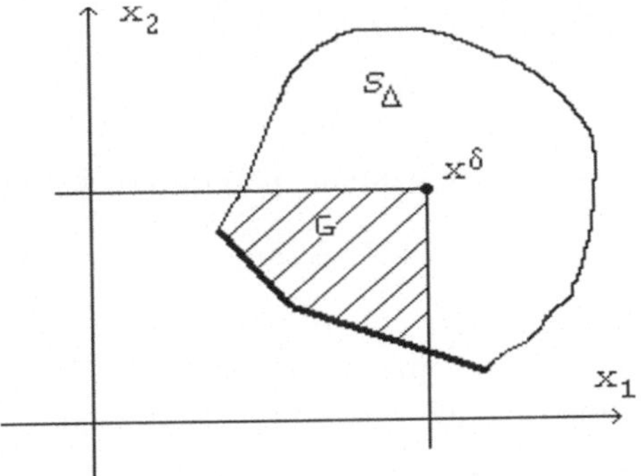

Figura 1.7. Completezza della classe delle decisioni ammissibili

Teorema 1.7. *Se Ω è finito e S_Δ è chiuso e limitato, Δ^+ è una classe completa.*

Dimostrazione. Poniamo $\Omega = \{\omega_1, \omega_2, \dots, \omega_m\}$. Preso un qualunque $\delta \notin \Delta^+$, si deve dimostrare che Δ^+ contiene una decisione $\delta^* \succ \delta$. Consideriamo l'insieme $G = Q(x^\delta) \cap S_\Delta$ che contiene, oltre a x^δ, tutti i punti corrispondenti alle decisioni che dominano strettamente δ (v. figura 1.7). Verifichiamo anzitutto che G è un insieme chiuso e limitato. Che sia limitato è ovvio perché è un sottoinsieme di un insieme limitato; inoltre è l'intersezione di due insiemi chiusi, sicché risulta esso stesso chiuso. Per il teorema di Weierstrass la funzione continua $f(x) = \sum x_i$ ammette un minimo x^* in G, sicché:

$$\sum_{i=1}^{m} x_i^* \le \sum_{i=1}^{m} x_i \quad \forall\, x \in G. \tag{1.44}$$

Tutti i punti di G rappresentano decisioni, quindi esiste in Δ anche una decisione δ^* rappresentata da x^*. Dimostriamo che $\delta^* \in \Delta^+$. La decisione δ^* non può essere dominata da decisioni rappresentate da punti in $S_\Delta - G$ perché questi hanno almeno una coordinata maggiore. Inoltre δ^* non può essere dominata da una decisione δ' rappresentata da un punto $(x_1', x_2', \dots, x_m') \in G$, perché allora si avrebbe $\sum x_i' < \sum x_i^*$, contro la (1.44). Pertanto δ^* è ammissibile. Inoltre, poiché $x^* \in Q(x^\delta)$, si ha anche $\delta^* \succeq \delta$; d'altra parte δ^* non è equivalente a δ, perché quest'ultima non è ammissibile, e quindi si ha $\delta^* \succ \delta$. Ciò dimostra la completezza di Δ^+. $\square$

Un altro modo per costruire classi complete è di individuare le decisioni che sono ottime condizionatamente alle valutazioni di perdita in corrispondenza di uno stato di natura prefissato. Il caso particolare $m = 2$, che considereremo d'ora in poi, è interessante sia per la sua semplicità sia perché fornisce la struttura del classico problema dei test statistici.

Poniamo:

$$\Delta_x = \{\delta : W_\delta(\omega_1) = x\} \tag{1.45}$$

e denotiamo i corrispondenti ottimi condizionati con:

$$\Delta_x^* = \{\delta^* \in \Delta_x : W_{\delta^*}(\omega_2) \leq W_\delta(\omega_2), \forall \delta \in \Delta_x\};$$

la classe di tutti gli ottimi condizionati può quindi scriversi come:

$$\Delta^C = \bigcup_x \Delta_x = \{\delta^* : \exists\, x \text{ tale che } \delta^* \in \Delta_x^*\}.$$

È facile dimostrare che, sotto opportune condizioni, la classe Δ^C è completa. Indichiamo con $\mathcal{X}$ l'insieme dei valori x possibili, cioè:

$$\mathcal{X} = \{x \in \mathbb{R}^1 : \exists\, \delta \text{ tale che } W_\delta(\omega_1) = x\};$$

vale allora il seguente teorema:

Teorema 1.8. *Se $\Delta_x^* \neq \emptyset$ per ogni $x \in \mathcal{X}$, la classe Δ^C degli ottimi condizionati è completa.*

Dimostrazione. Sia $\delta \notin \Delta^C$, con $W_\delta(\omega_1) = x$. Allora per ogni $\delta_x \in \Delta_x^*$ si ha per costruzione:

$$W_{\delta_x}(\omega_1) = W_\delta(\omega_1) = x, \quad W_{\delta_x}(\omega_1) \leq W_\delta(\omega_1).$$

Se però nella seconda relazione valesse il segno $=$, sarebbe $\delta_x \sim \delta$ e quindi $\delta \in \Delta^C$ contro l'ipotesi. Pertanto sarà $\delta_x \succ \delta$. $\square$

Come ovvia conseguenza si ha che $\Delta^+ \subseteq \Delta^C$; tuttavia, in generale, non vale l'eguaglianza $\Delta^+ = \Delta^C$ (v. esercizio 1.50). Si noterà che la condizione $\Delta_x^* \neq \emptyset$ per ogni x è soddisfatta, tra l'altro, quando S_Δ è un insieme chiuso e limitato per cui, essendo Δ^C un sottoinsieme di Δ^+, il teorema 1.8 è quasi una variante del teorema 1.7.

L'interesse della costruzione di Δ^C sta nel fatto che la specificazione di un valore x per la perdita condizionata allo stato di natura ω_1 e una successiva ottimizzazione possono in un certo senso sostituire la scelta di un criterio di ottimalità. L'intera argomentazione si potrebbe naturalmente anche estendere al caso di m generale, ma si perderebbe molto in semplicità applicativa.

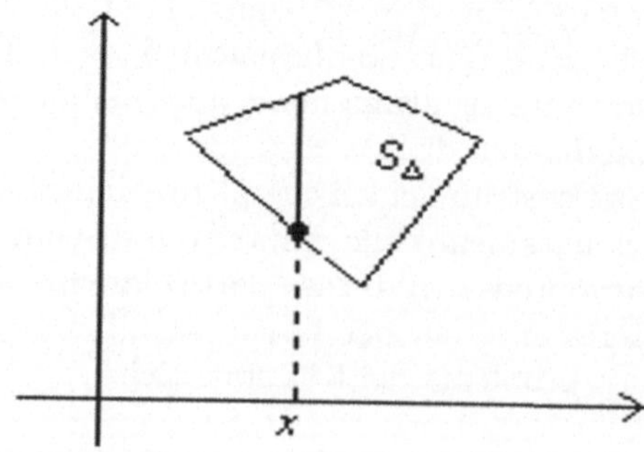

Figura 1.8. Immagine di Δ_x (tratto verticale) e del relativo ottimo

Esercizi

1.45. Rappresentare geometricamente il problema dell'esempio 1.15.

1.46. Rappresentare geometricamente il problema dell'esempio 1.16. Si verifichi in particolare che, in questo caso, S_Δ non è chiuso.

1.47. Assumendo che $S_\Delta = \{(x_1, x_2): (x_1 - 1)^2 + (x_2 - 1)^2 \leq 1\}$, e fissato $p_1 = \frac{2}{3}$, $p_2 = \frac{1}{3}$, calcolare $\beta = \min_\delta \mathbb{E}W_\delta$.

1.48. Assumendo che $S_\Delta = \{(x_1, x_2): (x_1 - 1)^2 + (x_2 - 1)^2 \leq 1\}$, calcolare $\mu = \min_\delta \max_\omega W_\delta(\omega)$.

1.49. Assumendo che $S_\Delta = \{(x_1, x_2) : 1 \leq x_1 \leq 2, 1 < x_2 < 2\}$ si verifichi che Δ^+ e B^+ (ma non B) sono vuote.

1.50. Si consideri il problema di decisione rappresentato sulle perdite

	δ_1	δ_2	δ_3	δ_4
ω_1	1	2	1	2
ω_2	1	1	2	2

si verifichi che $\Delta^\dagger = \{\delta_1\}, \Delta_1 = \{\delta_1\}, \Delta_2 = \{\delta_2\}, \Delta^C = \{\delta_1, \delta_2\}$ dove Δ_1 e Δ_2 sono classi definite in conformità alla 1.45.

[Oss. Δ^C è ovviamente completa ma non minimale]

1.51. Si determini la rappresentazione geometrica della classe Δ^C con riferimento all'insieme S_Δ dell'esercizio 1.47.

[Oss. Questa volta, a differenza di quanto accade nell'esercizio 1.50, Δ^C risulta completa e minimale]

1.11 Casualizzazione

Dato un problema di decisione $(\Omega, \Delta, W_\delta(\omega), K)$ è sempre possibile ampliare formalmente l'insieme delle scelte con il meccanismo detto di *casualizzazione* o *randomizzazione*. Indichiamo con:

$$\tilde{\delta} = \begin{pmatrix} \delta_1, \delta_2, \ldots, \delta_k \\ \lambda_1, \lambda_2, \ldots \lambda_k \end{pmatrix}, \tag{1.46}$$

dove $0 \leq \lambda_i \leq 1$, $\sum \lambda_i = 1$, k arbitrario, una decisione aleatoria, che assume i "valori" $\delta_1, \delta_2, \ldots, \delta_k$ con probabilità $\lambda_1, \lambda_2, \ldots, \lambda_k$. I casi $\lambda_i = 0$ potrebbero qui venire esclusi ma conviene per il seguito utilizzare una notazione elastica. Scegliendo $\lambda_1, \lambda_2, \ldots, \lambda_k$ in tutti i modi possibili, ma sempre rispettando il vincolo che si tratti formalmente di una distribuzione di probabilità, otteniamo una classe $\tilde{\Delta}$ di decisioni aleatorie (dette anche *miste*, in contrapposizione alle originarie $\delta \in \Delta$ che vengono dette *pure*). In sostanza, cioè trascurando eventi di probabilità nulla, possiamo considerare che $\widetilde{\Delta}$ sia un ampliamento di Δ; ciò è giustificato dal fatto di poter identificare una determinata decisione pura δ con la decisione mista che assume il "valore" δ con probabilità 1.

Si tratta ora di definire le perdite associate alle decisioni miste. La soluzione corrente è di porre:

$$W_{\widetilde{\delta}}(\omega) = \sum_{i=1}^{k} \lambda_i W_{\delta_i}(\omega). \tag{1.47}$$

In altri termini, alle decisioni miste viene associata la perdita media corrispondente. La (1.47) permette di passare dall'insieme $\mathcal{W} = \{W_\delta : \delta \in \Delta\}$ all'insieme più ampio $\widetilde{\mathcal{W}} = \{W_{\widetilde{\delta}} : \widetilde{\delta} \in \widetilde{\Delta}\}$. Il criterio di ottimalità K dovrà quindi essere esteso anche a $\widetilde{\mathcal{W}}$; di solito questo non crea problemi perché l'ampliamento ottenuto con la (1.47) non introduce usualmente funzioni di perdita intrattabili.

Ricordando che sia $\mathcal{W}$ che $\widetilde{\mathcal{W}}$ sono sottoinsiemi dello spazio lineare di tutte le applicazioni $\Omega \to \mathbb{R}^1$, dimostriamo il seguente risultato.

Teorema 1.9. *L'insieme $\widetilde{\mathcal{W}}$ è convesso.*

Dimostrazione. Prendiamo 2 decisioni miste qualunque, diciamo $\widetilde{\delta}_1$ e $\widetilde{\delta}_2$, e siano $\delta_1, \delta_2, \ldots, \delta_k$ le decisioni pure che figurano nel supporto di almeno una tra $\widetilde{\delta}_1$ e $\widetilde{\delta}_2$. Possiamo scrivere:

$$\widetilde{\delta}_1 = \begin{pmatrix} \delta_1, \delta_2, \ldots, \delta_k \\ \lambda_1, \lambda_2, \ldots \lambda_k \end{pmatrix} \quad e \quad \widetilde{\delta}_2 = \begin{pmatrix} \delta_1, \delta_2, \ldots, \delta_k \\ \mu_1, \mu_2, \ldots \mu_k \end{pmatrix};$$

si deve dimostrare che per ogni $\alpha \in (0,1)$ anche $\widetilde{W} = \alpha W_{\widetilde{\delta}_1} + (1-\alpha) W_{\widetilde{\delta}_2}$ appartiene a $\widetilde{\mathcal{W}}$.

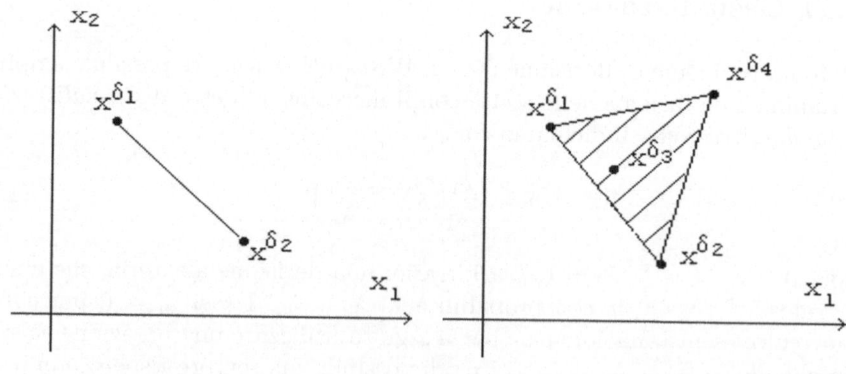

(a) L'insieme $S_{\widetilde{\Delta}}$ se $\Delta = \{\delta_1, \delta_2\}$ (b) L'insieme $S_{\widetilde{\Delta}}$ se $\Delta = \{\delta_1, \delta_2, \delta_3, \delta_4\}$

Figura 1.9. Insiemi di decisioni randomizzate

Applicando la (1.47) si trova

$$\widetilde{W} = \alpha W_{\widetilde{\delta}_1} + (1-\alpha)W_{\widetilde{\delta}_2} = \alpha \sum_{i=1}^{k} \lambda_i W_{\delta_i} + (1-\alpha)\sum_{j=1}^{h} \mu_i W_{\delta_i} =$$

$$= \sum_i \big((\alpha\lambda_i + (1-\alpha)\mu_i)W_{\delta_i}\big).$$

Pertanto $\widetilde{W}$ risulta la funzione di perdita corrispondente alla decisione mista

$$\begin{pmatrix} \delta_1, \ \delta_2, \ \ldots, \ \delta_k \\ \gamma_1, \ \gamma_2, \ \ldots, \ \gamma_k \end{pmatrix},$$

dove $\gamma_i = \alpha\lambda_i + (1-\alpha)\mu_i$ $(i = 1, 2, \ldots, k)$, da cui la tesi . $\square$

Ovviamente, se Ω contiene m elementi, si ha che $S_{\widetilde{\Delta}}$ è un insieme convesso di $\mathbb{R}^m$. Più precisamente (v. Appendice B) $S_{\widetilde{\Delta}}$ è l'involucro convesso di S_Δ, cioè il più piccolo insieme convesso contenente S_Δ. Nella figura 1.9a si ha $S_\Delta = \{x^{\delta_1}, \ x^{\delta_2}\}$, sicché $S_{\widetilde{\Delta}}$ diventa l'intero segmento da x^{δ_1} a x^{δ_2}. Nella figura 1.9b si ha $S_\Delta = \{x^{\delta_1}, \ x^{\delta_2}, \ x^{\delta_3}, \ x^{\delta_4}\}$; in questo caso $S_{\widetilde{\Delta}}$ diventa il triangolo di vertici $x^{\delta_1}, \ x^{\delta_2}, \ x^{\delta_4}$.

La posizione (1.47) appare naturale, ed in letteratura non sono presenti alternative. Tuttavia in questo modo si dà implicitamente per scontato che in una situazione di incertezza l'equivalente certo di una perdita aleatoria sia sempre il valore atteso corrispondente. Questo introduce, nelle stesse perdite, un elemento convenzionale che può togliere all'analisi preottimale quel carattere di assoluta accettabilità che si è finora presupposto. Inoltre, questo tipo di atteggiamento di fronte all'incertezza può contrastare, intuitivamente, con l'atteggiamento che si concretizza nella scelta del funzionale K. Se per esempio K è il criterio del minimax, per cui $K(W_{\widetilde{\delta}}) = \sup_\omega W_{\widetilde{\delta}}(\omega)$, sapere che $K(W_{\widetilde{\delta}}) = c$ non implica più che in ogni caso la perdita non supererà c, ma solo che in ogni caso la perdita *attesa* non supererà c. Il carattere prudenziale del criterio del minimax viene così molto indebolito; si noti tra l'altro che non si ha nessun controllo sulla variabilità delle perdite.

Il passaggio da Δ a $\widetilde{\Delta}$ costituisce dunque una modifica non banale del problema di decisione, e non un semplice ampliamento. Una riprova è fornita dalla figura 1.9b; ivi è $\delta_3 \in \Delta^+$, cioè δ_3 è ammissibile nel problema originario (in cui erano presenti le sole decisioni δ_1, δ_2, δ_3, δ_4) mentre, se passiamo a considerare $\widetilde{\Delta}$, δ_3 non è più ammissibile, perché sono tali solo le decisioni rappresentate sul segmento da x^{δ_1} a x^{δ_2}. Ragionando sulla estensione mista del problema, pertanto, δ_3 viene eliminata perché non ammissibile (entro $\widetilde{\Delta}$) ed infatti esiste (sempre in $\widetilde{\Delta}$) una classe completa minimale che non la contiene. Questa eliminazione non appare logicamente obbligatoria come quella di δ_4, che non è ammissibile già nel problema originario Δ, e la possibilità di situazioni di questo genere è una ulteriore e importante controindicazione rispetto all'uso della casualizzazione.

Ci si può chiedere poi in che misura la casualizzazione influenzi la soluzione del problema di ottimo. Può essere in particolare:

$$\inf_{\widetilde{\delta}\in\widetilde{\Delta}} K(W_{\widetilde{\delta}}) < \inf_{\delta\in\Delta} K(W_\delta) \ ? \tag{1.48}$$

Per una categoria di criteri di ottimalità, cui appartiene il criterio del valore atteso, la risposta alla (1.48) è negativa, in quanto il passaggio a $\widetilde{\Delta}$ può al massimo aggiungere ulteriori soluzioni ottime equivalenti alle preesistenti. Ricordiamo preliminarmente che un'applicazione $K: \mathcal{W} \to \mathbb{R}^1$, dove $\mathcal{W}$ è un qualunque spazio di funzioni, si dice *lineare* se, comunque scelte in $\mathcal{W}$ k funzioni $W_1, W_2, ..., W_k$ e k costanti $c_1,\ c_2,...,c_k$, si ha $K(\sum c_i W_i) = \sum c_i K(W_i)$. Tornando alla questione principale, si ha il seguente teorema:

Teorema 1.10. *Se il criterio* $K: \widetilde{\mathcal{W}} \to \mathbb{R}^1$ *è lineare, presa comunque* $\widetilde{\delta} \in \widetilde{\Delta}$, *esiste sempre* $\delta \in \Delta$ *tale che*

$$K(W_\delta) \leq K(W_{\widetilde{\delta}}).$$

Dimostrazione. Sia

$$\widetilde{\delta} = \begin{pmatrix} \delta_1, \delta_2, \ldots, \delta_k \\ \lambda_1, \lambda_2, \ldots \lambda_k \end{pmatrix}, \quad \text{con } \lambda_i \geq 0,\ i = 1, 2, ..., k$$

e quindi, introducendo la perdita media ρ,

$$K(W_{\widetilde{\delta}}) = K\Big(\sum_{i=1}^{k} \lambda_i W_{\delta_i} \Big) = \sum_{i=1}^{k} \lambda_i K(W_{\delta_i}) = \rho. \tag{1.49}$$

Se $\rho=+\infty$ il teorema è banalmente vero. Assumiamo ora che $\rho < \infty$. Se per assurdo fosse $K(W_{\delta_i}) > \rho$, per $i = 1, 2, ..., k$, si avrebbe, per la linearità di K,

$$K(W_{\widetilde{\delta}}) = K\Big(\sum_{i=1}^{k} \lambda_i W_{\delta_i} \Big) = \sum_{i=1}^{k} \lambda_i K(W_{\delta_i}) > \rho,$$

contro la (1.49). $\square$

La figura 1.10a mostra un problema in cui $\Delta = \{\delta_1,\ \delta_2,\ \delta_3,\ \delta_4\}$ e le decisioni ottime, con il criterio del valore atteso, sono δ_1 e δ_2. Ampliando il campo delle decisioni possibili a $\widetilde{\Delta}$ risultano ottime tutte le decisioni miste del tipo:

$$\begin{pmatrix} \delta_1 & \delta_2 \\ \lambda & 1-\lambda \end{pmatrix} \quad (0 \leq \lambda \leq 1),$$

cioè δ_1, δ_2 e tutte le loro misture. Introducendo la casualizzazione, quindi, si vengono in questo caso ad aggiungere infinite altre decisioni ottime, tutte equivalenti alle decisioni ottime del problema originario. La figura 1.10b mostra un problema in cui $\Delta = \{\delta_1, \delta_2, \delta_3, \delta_4\}$ e le decisioni ottime, con il criterio

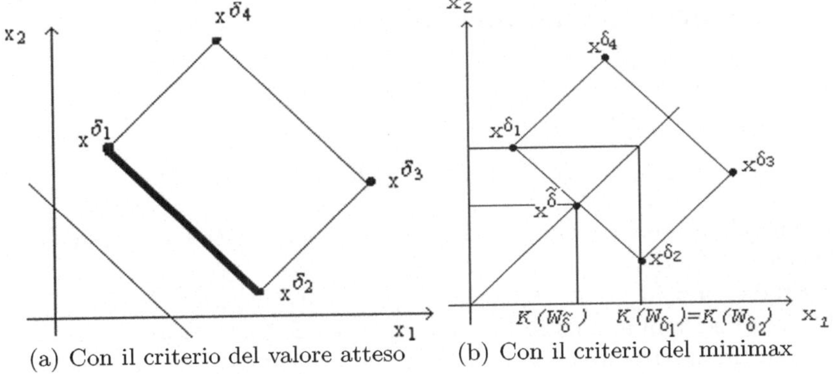

(a) Con il criterio del valore atteso   (b) Con il criterio del minimax

Figura 1.10. Decisioni ottime in $\widetilde{\Delta}$

del minimax, sono δ_1 e δ_2. Con l'estensione a $\widetilde{\Delta}$ risulta ottima soltanto la particolare decisione mista:

$$\widetilde{\delta} = \begin{pmatrix} \delta_1 & \delta_2 \\ 1/2 & 1/2 \end{pmatrix},$$

in quanto $K(W_{\widetilde{\delta}}) < K(W_{\delta_1}) = K(W_{\delta_2})$. In questo esempio quindi vale la (1.48).

Questa caratteristica del minimax è in realtà all'origine del metodo della casualizzazione, che è stato introdotto nell'ambito della teoria dei giochi. Passando alle strategie miste i valori inferiore e superiore del gioco, infatti, si avvicinano e si può anzi dimostrare (*teorema del minimax*) che nell'estensione mista di qualunque gioco finito tali valori coincidono per cui in questi casi c'è sempre un punto di equilibrio, anche quando il gioco iniziale non ne è dotato.

Esercizi

1.52. Dimostrare che il criterio del minimax non è lineare.

1.53. Sia $\Omega = \{\omega_1, \omega_2\}$ e $\Delta = \{\delta_1, \delta_2, \delta_3\}$ con:

$$W_{\delta_1}(\omega) = \begin{cases} 1, & \omega = \omega_1 \\ 0, & \omega = \omega_2 \end{cases}, \quad W_{\delta_2}(\omega) = \begin{cases} 0, & \omega = \omega_1 \\ 1, & \omega = \omega_2 \end{cases}, \quad W_{\delta_3}(\omega) = \begin{cases} 1, & \omega = \omega_1 \\ 1, & \omega = \omega_2 \end{cases}.$$

Determinare l'insieme $S_{\widetilde{\Delta}}$ e, con riferimento ad esso:
(a) calcolare la decisione minimax, verificando che è una decisione mista;
(b) calcolare la decisione in Δ che minimizza la perdita attesa per una data probabilità p di ω_1, al variare di $p \in [0, 1]$ e verificare graficamente quali sono le decisioni randomizzate che minimizzano la stessa perdita attesa;
(c) determinare il valore di p per cui la decisione minimax minimizza anche $\mathbb{E}W_\delta$.

1.12 Ottimalità e ammissibilità

Se K è un qualsiasi criterio di ottimalità, denoteremo con $\Delta^*(K)$ l'insieme delle decisioni ottime, cioè:

$$\Delta^*(K) = \{\delta^* : K(W_{\delta^*}) \leq K(W_\delta), \quad \forall\, \delta \in \Delta\}. \tag{1.50}$$

In generale è possibile sia che $\Delta^*(K)$ sia vuoto, sia che contenga uno o più elementi.

Studieremo in questa sezione i rapporti fra le classi $\Delta^*(K)$ e la classe Δ^+ delle decisioni ammissibili, assumendo per K solo proprietà relativamente generali (in particolare la monotonia). I casi speciali corrispondenti al criterio del valore atteso e al criterio del minimax verranno approfonditi nelle sezioni successive. Tornando per esempio alla figura 1.6b, pur essendo il minimax un criterio monotono, si vede che $\Delta^*(K) \nsubseteq \Delta^+$. La questione chiave è la unicità della soluzione.

Teorema 1.11. *Se K è monotono e $\Delta^*(K)$ contiene un solo elemento δ^*, allora $\delta^* \in \Delta^+$.*

Dimostrazione. Sia per assurdo $\delta^* \notin \Delta^+$. Allora esiste $\delta \succ \delta^*$ e quindi, per la monotonia di K, $K(W_\delta) \leq K(W_{\delta^*})$. Ma non può valere il segno $<$ (per l'ipotesi $\delta^* \in \Delta^*(K)$), né il segno $=$ (per l'ipotesi di unicità), da cui la tesi. $\square$

Peraltro relazioni del tipo $\Delta^*(K) \subseteq \Delta^+$ si possono ottenere anche ammettendo la pluralità delle decisioni ottime ma restringendo simultaneamente la caratterizzazione del criterio. Sono significativi in proposito i seguenti due teoremi:

Teorema 1.12. *Se K è strettamente monotono, allora $\Delta^*(K) \subseteq \Delta^+$.*

Dimostrazione. Sia per assurdo $\delta^* \in \Delta^*(K) - \Delta^+$. Allora esiste $\delta \succ \delta^*$ e quindi, per la stretta monotonia di K, $K(W_\delta) < K(W_{\delta^*})$ contro l'ipotesi di ottimalità di δ^*. $\square$

L'applicazione più ovvia del teorema 1.12 è al caso del criterio del valore atteso, con Ω finito e P tale da assegnare probabilità positiva a tutti i punti di Ω. Tutte le decisioni ottime sono allora ammissibili. Il criterio del minimax, invece, non è strettamente monotono e il teorema non si applica.

Teorema 1.13. *Se*
(a) Ω è un intervallo di $\mathbb{R}^k$, con $k \geq 1$ intero arbitrario;
(b) le W_δ sono continue in ω per ogni $\delta \in \Delta$;
(c) K è monotono rispetto ad una misura μ su $(\Omega, \mathcal{A}_\Omega)$ avente supporto Ω (dove $\mathcal{A}_\Omega$ è la σ-algebra generata dagli intervalli di Ω);
allora $\Delta^*(K) \subseteq \Delta^+$.

Dimostrazione. In base al teorema 1.1, nelle condizioni indicate, il criterio K è anche strettamente monotono e si può applicare il teorema 1.12. $\square$

L'applicazione più ovvia (vedi esempio 1.4) è al caso del criterio del valore atteso, dove la densità $p(\cdot)$ associata alla misura di probabilità P su $(\Omega, \mathcal{A}_\Omega)$ soddisfi quasi ovunque la condizione $p(\omega) > 0$ per ogni $\omega \in \Omega$. Sotto l'ulteriore condizione di continuità per le W_δ, si ha quindi che tutte le soluzioni di

$$\int_\Omega W_\delta(\omega)p(\omega)\mathrm{d}\omega = \text{minimo per } \delta \in \Delta$$

sono ammissibili.

Sia il teorema 1.12 che il teorema 1.13 indicano che se la legge P assegna probabilità zero a sottoinsiemi non trascurabili di Ω, decisioni ottime in corrispondenza a P possono non essere ammissibili. È ovvio infatti che un cattivo comportamento limitato a tali casi non ha alcun effetto sul valore del criterio, pur influendo sulla valutazione di ammissibilità.

Esercizi

1.54. Si consideri il problema di decisione

	δ_1	δ_2	δ_3	δ_4
ω_1	2	3	3	1
ω_2	2	5	1	5

Assegnando probabilità $1/2$ a ciascuno stato di natura, si verifichi che, se K è il criterio del valore atteso, si ha $\Delta^*(K) = \{\delta_1, \delta_3\}$ e che, in accordo con il teorema 1.12, è $\Delta^*(K) \subset \Delta^+$.

1.55. Con gli stessi dati dell'esercizio precedente si adoperi il criterio media-varianza (formula (1.8)). Si verifichi che, con tali dati, il criterio è monotono per ogni $\alpha \in (0, \frac{1}{3}]$, che la soluzione ottima è unica, ammissibile e non dipendente da α; si verifichi inoltre che la decisione inammissibile δ_2 viene preferita alla decisione ammissibile δ_4, che addirittura la domina, se $\alpha > 1/3$.

1.13 Decisioni bayesiane

Nella terminologia corrente viene chiamata *bayesiana* una decisione che minimizza il valore atteso della perdita, in corrispondenza ad almeno una misura di probabilità P su $(\Omega, \mathcal{A}_\Omega)$. Ricordiamo una volta di più che, se le conseguenze non sono misurate in termini di utilità, non c'è alcun privilegio logico per il criterio del valore atteso rispetto ad altri possibili criteri, pur nell'ambito di impostazioni che si possono sempre chiamare bayesiane in quanto basate sull'uso della misura P.

Introduciamo una simbologia specifica. Fissata una misura di probabilità P su $(\Omega, \mathcal{A}_\Omega)$, poniamo anzitutto (generalizzando un po' la notazione usata nella formula (1.43)):

$$\beta(P) = \inf_{\delta \in \Delta} \int_{\Omega} W_{\delta} \, \mathrm{d}P, \tag{1.51}$$

assumendo naturalmente che tutte le W_{δ} siano integrabili. Pertanto la classe delle corrispondenti decisioni ottime può scriversi:

$$B(P) = \left\{ \delta : \int_{\Omega} W_{\delta} \, \mathrm{d}P = \beta(P) \right\}. \tag{1.52}$$

Indichiamo poi con $\mathbb{P}(\Omega)$ la classe di *tutte* le misure di probabilità su $(\Omega, \mathcal{A}_{\Omega})$ e con $\mathbb{P}^{+}(\Omega)$ la classe delle misure di probabilità su $(\Omega, \mathcal{A}_{\Omega})$ aventi per supporto tutto Ω. Quest'ultimo concetto è chiaro e ben noto almeno nei casi in cui Ω è numerabile o è un intervallo di $\mathbb{R}^{h}$, $h \geq 1$; può essere esteso a casi più generali, ma questi non saranno utilizzati nel seguito. La condizione che il supporto di P sia Ω, d'altra parte, significa semplicemente che la modellizzazione di base del problema è coerente con le informazioni iniziali su Ω. Si noti che ciascuna legge di probabilità $P \in \mathbb{P}(\Omega)$ comporta inevitabilmente una perdita almeno pari a $\beta(P)$. È quindi logico chiamare *distribuzione massimamente sfavorevole* la legge P^{*} per cui:

$$\beta(P^{*}) \geq \beta(P) \quad \forall P \in \mathbb{P}(\Omega). \tag{1.53}$$

Le classi di decisioni bayesiane nel senso indicato all'inizio sono quindi:

$$B = \bigcup_{P \in \mathbb{P}(\Omega)} B(P), \qquad B^{+} = \bigcup_{P \in \mathbb{P}^{+}(\Omega)} B(P). \tag{1.54}$$

Sia nel caso che Ω sia finito, sia nel caso che sia un intervallo di $\mathbb{R}^{k}$ ($k \geq 1$), con poche e già viste condizioni aggiuntive, possiamo dire, applicando i teoremi 1.12 e 1.13 simultaneamente a tutte le classi $B(P)$ con $P \in \mathbb{P}^{+}(\Omega)$, che

$$B^{+} \subseteq \Delta^{+}. \tag{1.55}$$

Nella figura 1.11a si mostra che in (1.55) l'inclusione può essere stretta. Infatti δ è ottima (minimizza il valore atteso) rispetto alla distribuzione degenere $p_0 = 0$, $p_1 = 1$, ma solo ad essa, ed è simultaneamente ammissibile. Quindi $\delta \in \Delta^{+} - B^{+}$. La figura 1.11b mostra un caso in cui vale la catena di inclusioni:

$$B^{+} \subseteq \Delta^{+} \subseteq B. \tag{1.56}$$

Si noti che sia B^{+} che Δ^{+} sono rappresentati dal segmento di estremi x^{δ_2} e x^{δ_3} mentre B è rappresentato dall'intera frontiera inferiore da x^{δ_1} a x^{δ_4} (estremi inclusi). Tuttavia la condizione $\Delta^{+} \subseteq B$ non è generale. Un controesempio era già stato mostrato nella figura 1.9b ragionando sul solo insieme Δ, poiché evidentemente $\delta_3 \notin B$. Se Ω è finito, una condizione sufficiente perché $\Delta^{+} \subseteq B$ è la convessità di S_{Δ}, che è in realtà una condizione restrittiva (a meno che non si introduca la casualizzazione). Si ha infatti il seguente teorema:

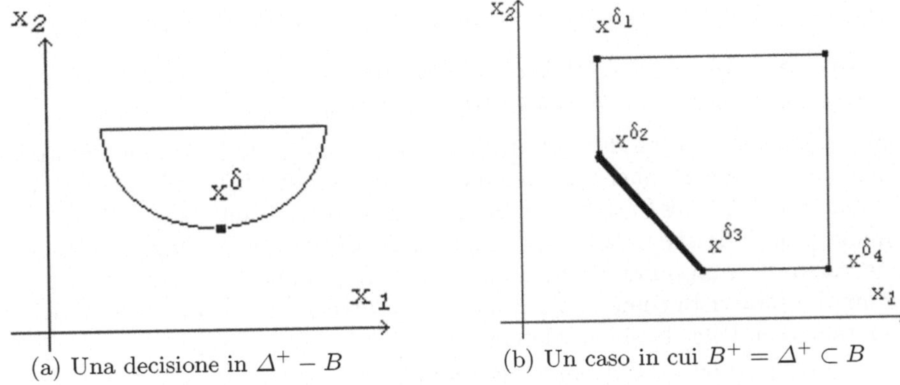

Figura 1.11. Alcune situazioni particolari

Teorema 1.14. *Se* $\Omega = \{\omega_1,\omega_2,...,\omega_m\}$ *e* S_Δ *è convesso, si ha* $\Delta^+ \subseteq B$.

Dimostrazione. Sia $\delta \in \Delta^+$. Allora gli insiemi $Q^0 = Q(x^\delta)-\{x^\delta\}$ (il quadrante inferiore di vertice x^δ, ma privato di x^δ) e S_Δ sono convessi e disgiunti. Per il teorema del piano (o iperpiano) separatore (v. §B.2) esiste un piano π, rappresentato da un'equazione $\sum \alpha_i x_i = \alpha_0$, che li separa. Poiché Q^0 deve stare tutto da una parte rispetto al piano π, i segmenti staccati da π sugli assi coordinati hanno necessariamente estremi dello stesso segno e i coefficienti $\alpha_1, \alpha_2, ..., \alpha_m$ devono essere concordi. Ponendo:

$$p_i = \frac{\alpha_i}{\alpha_1 + \alpha_2 + ... + \alpha_m} \quad (i = 1, 2, ..., m)$$

otteniamo, formalmente, una distribuzione di probabilità $p_1, p_2, ..., p_m$. Poiché x^δ è in comune tra le frontiere di Q^0 e di S_Δ, π dovrà passare per x^δ, altrimenti tutto un intorno di x^δ starebbe dalla stessa parte rispetto al piano e non ci sarebbe la separazione tra Q^0 e S_Δ. Il piano π può quindi scriversi:

$$\sum p_i(x_i - x_i^\delta) = 0$$

e la proprietà di separazione diventa:

$$\begin{cases} \sum p_i(x_i - x_i^\delta) \leq 0 & \text{per } x \in Q^0 \\ \sum p_i(x_i - x_i^\delta) \geq 0 & \text{per } x \in S_\Delta \end{cases} . \tag{1.57}$$

Si noti che il segno della diseguaglianza è determinato dal fatto che i p_i sono tutti non negativi, per cui $\sum p_i x_i$ è illimitatamente piccolo quando x varia in Q^0. La seconda delle (1.57) diventa:

$$\sum p_i x^{\delta_i} \leq \sum p_i x_i \quad \text{per } x \in S_\Delta,$$

cioè proprio la condizione $\delta \in B(P)$ dove P è la misura di probabilità determinata dal vettore $(p_1, p_2, ..., p_m)$. $\square$

Possiamo riassumere alcuni dei risultati già ottenuti formulando il seguente

Teorema 1.15. *Se Ω è finito e S_Δ è chiuso, limitato e convesso, Δ^+ è una classe completa minimale e B è una classe completa.*

Si ha così un esempio di risultato che assegna un ruolo formalmente privilegiato alla classe B, anche a prescindere dalla disponibilità "filosofica" a probabilizzare Ω. Si osservi infatti che la completezza di una classe di decisioni è una proprietà importante ma indipendente dal ricorso ad una impostazione bayesiana. Da un punto di vista non bayesiano, l'impostazione bayesiana può quindi essere vista come uno strumento per arrivare ad una caratterizzazione matematica delle classi complete.

In alcuni casi risulta opportuno ampliare la classe B, in un certo senso chiudendola, cioè allargandola fino ad includerne i limiti. Un procedimento semplice per arrivare alla classe B^e delle cosiddette *decisioni bayesiane in senso esteso* è il seguente. Fissato un $\varepsilon \geq 0$, sia

$$B_\varepsilon = \left\{ \delta \colon \, \exists P \, \text{ tale che } \, \int_\Omega W_\delta \, \mathrm{d}P \leq \beta(P) + \varepsilon \right\}. \tag{1.58}$$

Si osservi che, se ε è piccolo, le decisioni in B_ε sono "quasi bayesiane". Le classi B_ε possono avere quindi un proprio interesse autonomo, ad esempio quando S_Δ è aperto e quindi B è vuota. Osserviamo che la famiglia $\{B_\varepsilon, \, \varepsilon > 0\}$ decresce con ε, e quindi si può definire:

$$B^e = \lim_{\varepsilon \to 0} B_\varepsilon = \bigcap_{\varepsilon > 0} B_\varepsilon. \tag{1.59}$$

Pertanto si può dire che $\delta \in B^e$ se $\delta \in B_\varepsilon$ per ogni $\varepsilon > 0$. È ovvio che $B \subseteq B^e$. Mediante un esempio vedremo successivamente che B e B^e possono non coincidere (v. esempio 7.5). Soprattutto con i problemi di decisione più complessi (che tratteremo nei capitoli successivi) può capitare che B^e, più di B, risulti una classe completa.

Esercizi

1.56. Con riferimento al problema di decisione caratterizzato da

$$W_{\delta_1}(\omega) = \begin{cases} 2 & \omega = \omega_1 \\ 0 & \omega = \omega_2 \end{cases}, \quad W_{\delta_2}(\omega) = \begin{cases} 2 & \omega = \omega_1 \\ 3 & \omega = \omega_2 \end{cases}, \quad W_{\delta_3}(\omega) = \begin{cases} 0 & \omega = \omega_1 \\ 3 & \omega = \omega_2 \end{cases},$$

denotata con p la probabilità di ω_1, si determini la funzione $\beta(p)$ (nel senso della formula 1.51) e la distribuzione massimamente sfavorevole.

[Sugg. Costruire il grafico di $\mathbb{E}W_{\delta_i}$ in funzione di p]

1.57. Verificare mediante esempi che se nel teorema 1.15 si rinuncia anche ad una sola delle condizioni di chiusura, limitatezza e convessità di S_Δ la classe B può risultare non completa.

1.58. Assumendo che S_Δ sia rappresentato dall'insieme aperto $\{(x_1, x_2) : 1 < x_1 < 2, 1 < x_2 < 2\}$, verificare che, per $\varepsilon > 0$, la classe B_ε è rappresentata dall'insieme $\{(x_1, x_2) : 1 < x_1 \le 1 + \varepsilon, \ 1 < x_2 \le 1 + \varepsilon\}$.

1.14 Decisioni minimax

Nell'ambito delle impostazioni non bayesiane il criterio di ottimalità del minimax è il più considerato. Si è però già notato il suo carattere piuttosto accademico e quindi la sua scarsa importanza pratica quando le decisioni così ottenute non abbiano anche altre giustificazioni. La tendenza caratteristica delle impostazioni non bayesiane è del resto quella di sfruttare solo il preordinamento naturale sulle decisioni, qui sempre indicato con $\succeq$, arrivando ad una decisione dominante unica mediante la restrizione ad una opportuna sottoclasse $\Delta_0 \subset \Delta$, introdotta secondo il tipo di problema considerato.

Vedremo comunque in questa sezione alcune tecniche per determinare le decisioni ottime secondo il criterio del minimax (dette più semplicemente decisioni minimax).

In questo quadro conviene vedere il problema di decisione come un gioco $G = (\mathbb{P}(\Omega), \Delta, \mathbb{E}_P W_\delta)$, in cui la natura (I giocatore) adotta la casualizzazione. Al solito non prenderemo in esame la casualizzazione dal punto di vista dello statistico (II giocatore), anche se questo sarebbe possibile ed è anzi usuale. I corrispondenti valori inferiore e superiore sono quindi:

$$V_1 = \sup_P \inf_\delta \mathbb{E}_P W_\delta, \qquad V_2 = \inf_\delta \sup_P \mathbb{E}_P W_\delta$$

e per essi vale naturalmente al solito la relazione $V_1 \le V_2$. Una strategia minimax δ^* per il giocatore II nel gioco G è una soluzione di:

$$\sup_P \mathbb{E}_P W_\delta = \text{ minimo per } \delta \in \Delta; \tag{1.60}$$

ma è facile vedere (esercizio 1.59) che:

$$\sup_P \mathbb{E}_P W_\delta = \sup_\omega W_\delta(\omega) \quad \forall \delta \in \Delta, \tag{1.61}$$

sicché l'operazione (1.60) determina anche la decisione minimax dello statistico nel senso della formula (1.7). Va poi osservato che la strategia minimax della natura, se esiste, non è altro che la distribuzione massimamente sfavorevole P^* in quanto risolve il problema:

$$\inf_\delta \mathbb{E}_P W_\delta = \text{ massimo per } P \in \mathbb{P}(\Omega).$$

È però difficile che tale massimizzazione possa essere affrontata direttamente e con successo. Si può spesso procedere indirettamente, partendo da una decisione bayesiana, ottima rispetto ad una determinata P^*, e poi verificare se è anche minimax. Vale in proposito il seguente

Teorema 1.16. *Se*
(a) $\delta^* \in B(P^*)$
(b) $W_{\delta^*}(\omega) \leq \beta(P^*)$ per ogni ω,
allora P^* è una distribuzione massimamente sfavorevole e δ^* è minimax.

Dimostrazione. Verificheremo che il gioco G ha un punto di equilibrio in (P^*, δ^*) e che quindi è applicabile il teorema 1.2, che porta direttamente alla tesi. Ricordando la formula (1.30), si tratta perciò di dimostrare che:

$$\mathbb{E}_{P^*} W_{\delta^*} = \inf_\delta \mathbb{E}_{P^*} W_\delta = \sup_P \mathbb{E}_P W_{\delta^*}. \tag{1.62}$$

L'assunzione (a) equivale a:

$$\mathbb{E}_{P^*} W_{\delta^*} = \inf_\delta \mathbb{E}_{P^*} W_\delta \tag{1.63}$$

e cioè alla prima delle eguaglianze (1.62). L'assunzione (b) comporta, passando ai valori attesi con una qualunque $P \in \mathbb{P}(\Omega)$:

$$\mathbb{E}_P W_{\delta^*} \leq \beta(P^*) = \inf_\delta \mathbb{E}_{P^*} W_\delta$$

e quindi anche

$$\sup_P \mathbb{E}_P W_{\delta^*} \leq \inf_\delta \mathbb{E}_{P^*} W_\delta;$$

tenendo conto della (1.63), si ottiene così:

$$\sup_P \mathbb{E}_P W_{\delta^*} \leq \mathbb{E}_{P^*} W_{\delta^*}.$$

Ma per la definizione di estremo superiore nella formula precedente deve valere l'eguaglianza, e se ne deriva la seconda della eguaglianze in (1.62). $\square$

Giova osservare che la condizione (b) del teorema sembra molto pesante in quanto, essendo $\beta(P^*) = \int_\Omega W_{\delta^*} dP^*$, implica che $W_{\delta^*}(\omega)$ sia costante $(= \beta(P^*))$ per $\omega \in \Omega^*$, dove Ω^* è tale che $P^*(\Omega^*) = 1$. La costanza quasi certa della perdita è però una caratteristica comune delle decisioni minimax, almeno quando esistono punti di equilibrio, come mostra il seguente teorema.

Teorema 1.17. *Se il gioco $G = (\mathbb{P}(\Omega), \Delta, \mathbb{E}_P W_\delta)$ ha un punto di equilibrio (P^*, δ^*) con valore V, si ha, per un Ω^* tale che $P^*(\Omega^*)=1$:*

$$W_{\delta^*}(\omega) = V \qquad \forall \omega \in \Omega^*. \tag{1.64}$$

Dimostrazione. Poiché V è il valore del gioco si ha $W_{\delta^*}(\omega) \leq V$, $\forall \omega \in \Omega$. Ma allora, applicando la (1.62) al caso in esame, possiamo scrivere:

$$0 = V - \mathbb{E}_{P^*} W_{\delta^*} = \int_\Omega \left(V - W_{\delta^*}(\omega)\right) dP^*. \tag{1.65}$$

Poiché $W_{\delta^*} \leq V$, la (1.65), per una nota proprietà della integrazione, può valere solo se l'insieme $\{\omega : V > W_{\delta^*}(\omega)\}$ ha probabilità nulla, cioè se vale la (1.64). $\square$

Da un punto di vista geometrico, e quindi nel caso di Ω finito, situazioni di questo genere si erano peraltro già presentate (v. esercizio 1.60). Emerge da tutto ciò il suggerimento di prendere in considerazione, come punto di partenza per la ricerca delle decisioni minimax, decisioni bayesiane che rispettino una condizione del tipo (1.64).

Quando lo spazio Δ ha una struttura molto semplice questi risultati non sono particolarmente utili. Il loro ruolo si rivela però quando Δ ha una struttura complicata, per esempio quando è uno spazio di funzioni come accade in molti problemi di statistica matematica. Applicazioni interessanti di questo genere saranno accennate nel cap.7.

Esercizi

1.59. Si dimostri formalmente la (1.61).

[Sugg. Si dimostri separatamente che il primo membro è sia $\geq$ che $\leq$ del secondo. Per quest'ultima parte, si scriva $\mathbb{E}_P W_\delta$ come integrale e si maggiori l'integrando con $\sup_\omega W_\delta$]

1.60. Si prenda in considerazione la figura 1.6b, assumendo che $c^* = 1$ e che il rettangolo S_Δ abbia come base inferiore il segmento di estremi $(0.25, 1)$ e $(0.75, 1)$. Applicando il teorema 1.16 si dimostri che per tale problema la distribuzione P^* rappresentata dal vettore $[0, 1]$ è massimamente sfavorevole, e che qualunque decisione δ^* appartenente alla predetta base inferiore è minimax.

[Oss. Quest'ultimo aspetto è evidente già dalla figura]

1.61. Proseguendo l'esercizio precedente, si dimostri che il gioco G associato allo stesso problema ha come punto di equilibrio, di valore 1, la coppia (P^*, δ^*).

[Oss. è quindi applicabile anche il teorema 1.17; in questo caso è $\Omega^* = \{\omega\}$]

1.62. Verificare, con riferimento all'esercizio 1.56, che il valore atteso rispetto alla distribuzione di probabilità massimamente sfavorevole è minimizzato da due decisioni, una sola delle quali è minimax.

[Oss. Non si entra in contraddizione con il teorema 1.16 perché non vale la condizione (b); è facile inoltre constatare che il corrispondente gioco G non ha un punto di equilibrio, quindi non c'è contraddizione nemmeno con il teorema 1.17]

1.15 Decisioni multicriterio in condizioni di certezza

In molte situazioni reali una conseguenza va valutata sotto diversi aspetti e quindi utilizzando una molteplicità di criteri. Anche se nel caso studiato in questa sezione non viene coinvolto il concetto di incertezza, i risultati esposti finora suggeriscono alcune considerazioni interessanti e operative. Supponiamo quindi che ad ogni decisione $\delta \in \Delta$ corrispondano *con certezza* un certo numero m di attributi quantitativi $W_1(\delta), W_2(\delta), \ldots, W_m(\delta)$. Per omogeneità con la trattazione generale, assumeremo che i valori $W_i(\delta)$ debbano essere minimizzati. Per esempio, la scelta di un personal computer richiede la valutazione di diversi aspetti, come potenza di calcolo, disponibilità di memoria, prezzo, livello di assistenza tecnica e così via.

Possiamo quindi applicare, anche a questo caso, le argomentazioni sviluppate nelle sezioni 1.9 e 1.10 fondate sul preordine parziale sullo spazio Δ indotto dagli m attributi $W_1, W_2, \ldots, W_m$ e sull'analisi geometrica dell'insieme $S_\Delta = \{x^\delta = \big(W_1(\delta), W_2(\delta), \ldots, W_m(\delta)\big) : \delta \in \Delta\}$. Valgono quindi anche i risultati già esposti e in particolare, assumendo S_Δ chiuso e limitato, la completezza della classe Δ^+ delle decisioni ammissibili e l'ammissibilità di tutte le decisioni che minimizzano un'espressione del tipo $\sum_{i=1}^{m} p_i W_i(\delta)$, dove $(p_1, p_2, \ldots, p_m)$ è un vettore che soddisfa le condizioni:

$$0 \le p_i \le 1, \quad \sum_{i=1}^{m} p_i = 1. \tag{1.66}$$

Si noti che il vettore $(p_1, p_2, \ldots, p_m)$ non è qui interpretabile come una distribuzione di probabilità ma semplicemente come un vettore di *pesi* per i diversi attributi.

Nello stesso ordine di idee, sotto l'ulteriore (ma restrittiva) condizione che S_Δ sia convesso, si ha che la classe B delle decisioni che minimizzano $\sum_{i=1}^{m} p_i W_i(\delta)$, dove $(p_1, p_2, \ldots, p_m)$ soddisfa le condizioni (1.66), contiene tutto Δ^+ ed è a sua volta una classe completa. Le classi B^+ e B, di cui si è messa in luce l'importanza, sono costituite in questo contesto dalle decisioni che ottimizzano una opportuna combinazione convessa degli attributi. Nei casi in cui B è completa si può dire che il modo corretto per gestire la molteplicità di obiettivi è quello di introdurre, almeno implicitamente, una opportuna ponderazione. L'uso di una ponderazione non è tuttavia un soluzione completamente generale perché la classe B, senza l'assunzione di convessità di S_Δ, potrebbe non essere completa. È la situazione rappresentata nella figura 1.9b in cui δ_3 (nell'ambito dell'insieme Δ ma non della estensione mista $\widetilde{\Delta}$) è ammissibile pur non minimizzando alcun valor medio.

La teoria delle decisioni multicriterio ha naturalmente una ricchezza di sviluppi specifici che non rientrano nel tema di questo volume e per i quali si rinvia alla letteratura citata in bibliografia.

Esercizi

1.63. Si deve scegliere una stampante, tenendo conto della velocità di stampa (V) e del prezzo (P). Si hanno le seguenti possibilità:

stampante	velocità	prezzo
δ_1	12	100
δ_2	20	300
δ_3	8	300
δ_4	12	400

Considerare come criteri (sempre da minimizzare) $W_1 = 30 - V$ e $W_2 = P$. Determinare la classe delle decisioni ammissibili e verificare che si tratta di una classe completa.

Teoria dell'utilità

2.1 La funzione di utilità

Si è assunto in precedenza che ad ogni decisione $\delta \in \Delta$ sia associata una applicazione $C_\delta \colon \Omega \to \Gamma$ dove Γ è uno spazio, non necessariamente numerico, di "conseguenze". Nella impostazione sviluppata nel cap. 1 le conseguenze vengono quantificate mediante un'ulteriore applicazione $f \colon \Gamma \to \mathbb{R}^1$; in questo modo si è potuto tradurre il problema della scelta di una decisione nel problema della scelta di una funzione a valori reali $W_\delta = f \circ C_\delta$, che è il prodotto di composizione delle funzioni C_δ e f.

Nel cap.1 la problematica della valutazione numerica delle conseguenze è stata data per risolta, ma senza affrontare esplicitamente il problema di come determinare la funzione f. Come effetto di questa indeterminazione si ha, come abbiamo più volte sottolineato, una indeterminazione nella scelta del criterio di ottimalità.

Sappiamo che, se si adotta una impostazione bayesiana, a ciascuna $\delta \in \Delta$ corrisponde una particolare distribuzione di probabilità su Γ, denotata con Q_δ; in questo contesto le Q_δ vengono usualmente chiamate *lotterie*, per mettere in evidenza il fatto che l'esito finale resta incerto. Esiste allora una soluzione perfettamente rigorosa secondo la quale, avendo assunto come dato iniziale un sistema "coerente" di preferenze sulle lotterie (il significato di *coerente* verrà naturalmente precisato), resta determinata una particolare $f^* \colon \Gamma \to \mathbb{R}^1$ (nell'ambito di una certa classe di equivalenza $\mathcal{F}^*$) che costringe all'uso del valore atteso di $f^* \circ C_\delta$ come criterio di ottimalità. Alla base di tutto questo sta la celebre *Teoria dell'utilità* che J. von Neumann e O. Morgenstern hanno sviluppato negli anni '40 del secolo scorso riprendendo e arricchendo una impostazione solo abbozzata da Daniele Bernoulli nel '700. La problematica trattata da D. Bernoulli viene bene sintetizzata in un celebre esempio, noto come *paradosso di San Pietroburgo* perché pubblicato nel 1738 dalla locale Accademia delle Scienze.

Piccinato L: Metodi per le decisioni statistiche. 2ᵃ edizione.
© Springer-Verlag Italia, Milano 2009

Esempio 2.1. Un soggetto di nome Paolo si trova di fronte la seguente scommessa. Si lancia ripetutamente una moneta, assumendo che la probabilità di testa sia $\frac{1}{2}$ in ogni lancio e che i risultati siano indipendenti. Se la prima testa esce al primo lancio (probabilità$=\frac{1}{2}$), Paolo riceve 1 ducato; se la prima testa esce al secondo lancio (probabilità$=\frac{1}{4}$), Paolo riceve 2 ducati, e così via, sempre raddoppiando le vincite fino alla prima uscita di testa. Quale "valore" dare alla scommessa, cioè quanti ducati converrebbe pagare per partecipare? La vincita media è:

$$1 \cdot \frac{1}{2} + 2 \cdot \frac{1}{2^2} + 2^2 \cdot \frac{1}{2^3} + ... + 2^n \cdot \frac{1}{2^{n+1}} + ... = +\infty$$

e questo sembrerebbe giustificare qualsiasi prezzo. Ma si vince un numero di ducati non superiore a 16 con una probabilità superiore a 0.96 e non è certo realistico pensare che qualcuno possa valutare tanto questa scommessa.

Il senso dell'esempio è che il guadagno medio (o *speranza matematica* del guadagno) non può in generale essere utilizzato come valutazione complessiva delle conseguenze aleatorie. Operativamente, Bernoulli propone di valutare la vincita di 2^n ducati, o meglio la situazione ottenuta sommando la vincita al capitale iniziale, con una quantità $U(n)$ tale che la valutazione possa esprimersi come un valor medio del tipo:

$$\sum_{n=1}^{\infty} U(n) \cdot \frac{1}{2^n},$$

cioè con la cosiddetta *speranza morale* del risultato. Assumendo (in modo un po' tortuoso) che la funzione $U(n)$ sia di tipo di tipo logaritmico, Bernoulli ottiene un valor medio finito, quindi molto più realistico. $\diamond$

Un altro esempio analogo, sempre di D.Bernoulli, è quello dell'assicurazione: il guadagno medio di chi si assicura è certo negativo perché i premi debbono coprire nel lungo periodo, come minimo, anche le spese dell'assicuratore.

Gli esempi citati suggeriscono due punti importanti: (a) per la valutazione di una decisione con conseguenze monetarie aleatorie conviene considerare le situazioni complessive che si vengono a determinare nei diversi casi, anziché i semplici guadagni (positivi o negativi) aggiuntivi; (b) per la quantificazione delle conseguenze conviene utilizzare non i valori monetari ma una loro opportuna trasformazione; per questi valori trasformati parleremo di "utilità".

Passando alla impostazione moderna, assumiamo che gli stati di natura siano probabilizzati e che perciò si debba scegliere entro una classe $\mathcal{Q}_\Delta$ di lotterie, quelle lotterie che corrispondono alle decisioni $\delta \in \Delta$. Per semplicità ci limitiamo a trattare il caso in cui Γ è finito, diciamo:

$$\Gamma = \{\gamma_1, \gamma_2, ..., \gamma_h\}. \tag{2.1}$$

La generica lotteria, adottando la stessa notazione della §1.11, può quindi scriversi

$$Q = \begin{pmatrix} \gamma_1 \; \gamma_2 \; \cdots \; \gamma_h \\ q_1 \; q_2 \; \cdots \; q_h \end{pmatrix} \qquad \text{con } q_i \geq 0, \; \sum_i q_i = 1.$$

Le stesse conseguenze certe γ_i possono essere viste come casi particolari di lotterie, identificando naturalmente ogni conseguenza γ_i con la lotteria in cui alla conseguenza γ_i è assegnata probabilità 1. La teoria è estendibile a situazioni più generali, ma la (2.1) semplifica notevolmente la trattazione e permette egualmente di mettere in luce la sostanza della problematica. Assumeremo come dato iniziale un preordinamento totale, rappresentativo delle preferenze del soggetto e denotato con $\succeq$, sullo spazio $\mathbb{P}(\Gamma)$ di tutte le distribuzioni di probabilità su Γ; in questa fase non distinguiamo tra le lotterie che rappresentano decisioni (la classe Q_Δ) e quelle che invece non rappresentano decisioni e che quindi non interesserà mai valutare realmente. Con $Q' \sim Q''$ si intende che è sia $Q' \succeq Q''$ sia $Q'' \succeq Q'$; con $Q' \succ Q''$ si intende che è $Q' \succeq Q''$ ma non $Q' \sim Q''$ (*preferenza stretta*). Si noti che lo stesso spazio Γ, che per quanto sopra osservato può essere visto come un sottoinsieme di $\mathbb{P}(\Gamma)$, risulta a sua volta totalmente preordinato.

Definizione 2.1. *Un'applicazione* $U : \Gamma \to \mathbb{R}^1$ *si chiama* funzione di utilità *(rispetto a un dato preordinamento totale* $\succeq$ *su* $\mathbb{P}(\Gamma)$*) se, considerate due lotterie qualunque:*

$$Q' = \begin{pmatrix} \gamma_1 \; \gamma_2 \; \cdots \; \gamma_h \\ q_1' \; q_2' \; \cdots \; q_h' \end{pmatrix}, \quad Q'' = \begin{pmatrix} \gamma_1 \; \gamma_2 \; \cdots \; \gamma_h \\ q_1'' \; q_2'' \; \cdots \; q_h'' \end{pmatrix},$$

soddisfa la condizione:

$$Q' \succeq Q'' \quad \Leftrightarrow \quad \sum_{i=1}^{h} q_i' \, U(\gamma_i) \geq \sum_{i=1}^{h} q_i'' \, U(\gamma_i). \tag{2.2}$$

Per semplicità, quantità come quelle che figurano al secondo membro della equivalenza (2.2) saranno indicate con $\mathbb{E}(U \mid Q')$ e $\mathbb{E}(U \mid Q'')$. Una immediata conseguenza della definizione precedente è la monotonia della funzione $U(\gamma)$ rispetto al preordinamento totale sulle conseguenze (determinato naturalmente dal preordinamento totale sulle lotterie). Infatti se nella (2.2) al posto di Q' e Q'' consideriamo le lotterie che concentrano l'intera probabilità, rispettivamente, sulle conseguenze γ' e γ'', abbiamo proprio:

$$\gamma' \succeq \gamma'' \Leftrightarrow U(\gamma') \geq U(\gamma''). \tag{2.3}$$

Osserviamo inoltre che dalla definizione 2.1 segue subito che le funzioni di utilità sono definite a meno di una trasformazione lineare. Infatti se U è una funzione di utilità, lo è anche $V = a\,U + b$ purché $a > 0$, in quanto:

$$\sum_{i=1}^{h} q_i' \, U(\gamma_i) \geq \sum_{i=1}^{h} q_i'' \, U(\gamma_i) \Leftrightarrow \sum_{i=1}^{h} q_i' \, V(\gamma_i) \geq \sum_{i=1}^{h} q_i'' \, V(\gamma_i).$$

Vale anche il risultato reciproco, cioè il

Teorema 2.1. *Se U e V sono funzioni di utilità che rappresentano lo stesso sistema di preferenze su $\mathbb{P}(\Gamma)$, esistono costanti $a > 0$ e $b \in \mathbb{R}$ tali che:*

$$V(\gamma) = a\,U(\gamma) + b, \quad \forall \gamma \in \Gamma. \tag{2.4}$$

Dimostrazione. Se Γ contiene solo 2 elementi non equivalenti, diciamo γ_1 e γ_2, la proprietà è ovvia. Ponendo infatti γ_1 e γ_2 al posto di γ nella (2.4), si ottiene il sistema:

$$\begin{cases} aU(\gamma_1) + b = V(\gamma_1) \\ aU(\gamma_2) + b = V(\gamma_2) \end{cases},$$

che ha determinante non nullo (perché $U(\gamma_1) \neq U(\gamma_2)$ per ipotesi) e quindi ammette una ed una sola soluzione (a, b), come si voleva. Passiamo ora al caso generale, e siano $\gamma_1, \gamma_2, \gamma_3$ tali che $\gamma_3 \succ \gamma_2 \succ \gamma_1$. Assumiamo che:

$$U(\gamma_i) = u_i, \quad V(\gamma_i) = v_i \quad (i = 1, 2, 3),$$

dove, per la proprietà di monotonia, i valori u_i e v_i soddisfano le diseguaglianze $u_1 < u_2 < u_3$ e $v_1 < v_2 < v_3$, e dimostriamo anche in questo caso che vale la (2.4) per una opportuna coppia (a, b) e considerando al posto di γ una qualunque delle γ_i. Poniamo:

$$q = \frac{u_2 - u_1}{u_3 - u_1};$$

allora $q \in (0, 1)$ e possiamo prendere in considerazione la lotteria

$$Q = \begin{pmatrix} \gamma_3 & \gamma_1 \\ q & 1 - q \end{pmatrix}.$$

Abbiamo quindi:

$$\mathbb{E}(U \mid Q) = q\,u_3 + (1 - q)\,u_1 = \frac{u_2 - u_1}{u_3 - u_1}u_3 + \frac{u_3 - u_2}{u_3 - u_1}u_1 = u_2 \tag{2.5}$$

$$\mathbb{E}(V \mid Q) = q\,v_3 + (1 - q)\,v_1. \tag{2.6}$$

Dalla (2.5) si ricava $Q \sim \gamma_2$; ma tale equivalenza si deve verificare anche facendo riferimento alla funzione V, per cui deve essere $\mathbb{E}(V \mid Q) = v_2$. A questo punto le relazioni (2.5) e (2.6) possono essere riscritte in termini vettoriali, ottenendo:

$$\begin{bmatrix} u_2 \\ v_2 \end{bmatrix} = q \begin{bmatrix} u_3 \\ v_3 \end{bmatrix} + (1 - q) \begin{bmatrix} u_1 \\ v_1 \end{bmatrix};$$

questo dimostra che i vettori $[u_i, v_i]$ sono allineati. Data l'arbitrarietà della terna $(\gamma_1, \gamma_2, \gamma_3)$ ciò equivale alla validità generale della (2.4). $\square$

Nella § 2.2 vedremo, su una base intuitiva, come si può costruire in pratica la funzione U. Successivamente saranno precisati gli aspetti riguardanti la giustificazione rigorosa della procedura.

2.2 Costruzione effettiva della funzione di utilità

Poiché lo spazio Γ è finito e totalmente ordinato, sono sempre individuabili le conseguenze estreme γ^+ e γ^-, non necessariamente uniche, per le quali si ha:

$$\gamma^+ \succeq \gamma \succeq \gamma^-, \quad \forall \gamma \in \Gamma. \tag{2.7}$$

Posto ora:

$$M_u = \begin{pmatrix} \gamma^+ & \gamma^- \\ u & 1-u \end{pmatrix},$$

consideriamo la classe di lotterie (misture delle sole conseguenze estreme)

$$\mathcal{M} = \{M_u : 0 \le u \le 1\},$$

che verrà in sostanza impiegata come sistema di riferimento. È chiaro che

$$u > v \quad \Leftrightarrow \quad M_u \succ M_v,$$

cioè che la lotteria di riferimento M_u è tanto più preferibile quanto più u è vicino a 1. Se u diminuisce, M_u diventa sempre meno preferibile, fino a coincidere con γ^- (quasi certamente) per $u = 0$. Data una qualsiasi $\gamma \in \Gamma$, possiamo aspettarci che esista $u \in [0, 1]$ tale che:

$$\gamma \sim M_u, \tag{2.8}$$

e porremo allora:

$$U(\gamma) = u. \tag{2.9}$$

Come casi particolari, la (2.9) implica che

$$U(\gamma^+) = 1, \quad U(\gamma^-) = 0.$$

La possibilità di realizzare in ogni caso la (2.8), con un opportuno valore di u, sarà dimostrata nella §2.4. Per ora procediamo assumendo per valida questa proprietà, e quindi la costruzione (2.9), che permette di determinare la funzione U punto per punto.

Si deve ora dimostrare che la funzione $U(\gamma)$ data dalla (2.9) è una funzione di utilità nel senso della definizione 2.1. Nella trattazione che segue verranno utilizzate anche le cosiddette *lotterie composte* . Per esempio

$$Q = \begin{pmatrix} Q_1 & Q_2 \\ q & 1-q \end{pmatrix}, \tag{2.10}$$

dove

$$Q_1 = \begin{pmatrix} \gamma_1 & \gamma_2 \\ q_1 & 1-q_1 \end{pmatrix}, \qquad Q_2 = \begin{pmatrix} \gamma_2 & \gamma_3 \\ q_2 & 1-q_2 \end{pmatrix}$$

è una lotteria composta, nel senso che, con probabilità rispettivamente q e $1-q$, si hanno come esiti non conseguenze certe ma nuovamente lotterie, cioè Q_1 e Q_2. Assumiamo che la (2.10) sia equivalente alla lotteria "semplice":

$$Q' = \begin{pmatrix} \gamma_1 & \gamma_2 & \gamma_3 \\ qq_1 & q(1-q_1) + (1-q)q_2 & (1-q)(1-q_2) \end{pmatrix}. \qquad (2.11)$$

Si osservi che, in effetti, la conseguenza γ_1 si può ottenere come risultato in Q solo se si ha come risultato intermedio la lotteria Q_1 (e con probabilità q_1 in tali condizioni) e che la lotteria Q_1 si ottiene in Q con probabilità q. La probabilità qq_1 assegnata a γ_1 in Q' deriva quindi da una semplice applicazione della regola delle probabilità composte. Per γ_3 il ragionamento è del tutto simile. Per γ_2 va notato che la stessa conseguenza si può ottenere sia con Q_1 che con Q_2, che sono risultati incompatibili, per cui si ha infine una somma di probabilità. La regola per cui si assume l'equivalenza $Q \sim Q'$ viene chiamata *Principio della riduzione delle lotterie*, e naturalmente si applica in generale.

Prendiamo ora una generica lotteria

$$Q = \begin{pmatrix} \gamma_1 & \gamma_2 & \cdots & \gamma_h \\ q_1 & q_2 & \cdots & q_h \end{pmatrix}, \qquad \text{con } q_i \geq 0, \ \sum_i q_i = 1.$$

Se ad ogni γ_i sostituiamo la lotteria di riferimento equivalente, diciamo M_{u_i} (quindi per costruzione $\gamma_i \sim M_{u_i}, i = 1, 2, ..., h$), otteniamo:

$$Q \sim \begin{pmatrix} M_{u_1} & M_{u_2} & \cdots & M_{u_h} \\ q_1 & q_2 & \cdots & q_h \end{pmatrix}$$

e quindi, applicando il principio della riduzione delle lotterie, abbiamo:

$$Q \sim \begin{pmatrix} \gamma^+ & \gamma^- \\ \sum u_i q_i & 1 - \sum u_i q_i \end{pmatrix}.$$

Poiché $\sum u_i q_i = \sum U(\gamma_i) q_i = \mathbb{E}(U \mid Q)$, resta dimostrata per la funzione U la validità della formula (2.2) e cioè il fatto che U è una funzione di utilità.

Un interessante caso particolare si ha se si assume che tra le conseguenze $\gamma, \gamma_1, \gamma_2, ..., \gamma_k$ si abbia una relazione del tipo:

$$\gamma \sim \begin{pmatrix} \gamma_1 & \gamma_2 & \cdots & \gamma_k \\ q_1 & q_2 & \cdots & q_k \end{pmatrix}, \qquad \text{con } q_i \geq 0, \ \sum_i q_i = 1. \qquad (2.12)$$

Sostituendo a γ_i la lotteria corrispondente M_{u_i}, si trova nello stesso modo:

$$\gamma \sim \begin{pmatrix} \gamma^+ & \gamma^- \\ \sum u_i q_i & 1 - \sum u_i q_i \end{pmatrix}$$

e quindi:

$$U(\gamma) = \sum q_i U(\gamma_i). \qquad (2.13)$$

Questa proprietà viene chiamata *linearità* della funzione di utilità ed equivale a stabilire che l'utilità di una conseguenza, che sia a sua volta una mistura di conseguenze, è una combinazione lineare (e convessa) delle utilità corrispondenti. È importante osservare che la (2.13) resta valida per qualunque funzione di utilità. Infatti, considerata la (2.12) ed una generica trasformazione lineare $V(\gamma) = a\,U(\gamma) + b$ con $a > 0$, e operando in (2.13) la sostituzione $U(\gamma) = [b - V(\gamma)]/a$, si ha proprio:

$$V(\gamma) = \sum q_i V(\gamma_i).$$

2.3 Utilità e problemi di decisione

Consideriamo un problema di decisione in cui sia $\Omega = \{\omega_1, \omega_2, ..., \omega_m\}$ e $\Delta = \{\delta_1, \delta_2, ..., \delta_k\}$. Allora le conseguenze costituiscono l'insieme $\Gamma = \{C_{\delta_i}(\omega_j) : i = 1, 2, ..., k; \ j = 1, 2, ..., m\}$, che conterrà $h \leq km$ elementi distinti. Denotando con $p_1, p_2, \ldots, p_m$ le probabilità degli stati di natura, le decisioni possono essere scritte come misture di conseguenze, cioè lotterie, nel modo seguente:

$$\begin{pmatrix} C_{\delta_i}(\omega_1) & C_{\delta_i}(\omega_2) & \ldots & C_{\delta_i}(\omega_m) \\ p_1 & p_2 & \ldots & p_m \end{pmatrix}.$$

La totalità delle decisioni disponibili costituisce un sottoinsieme $\mathcal{Q}_\Delta$ di $\mathbb{P}(\Gamma)$. Si rientra quindi pienamente nello schema descritto nella § 2.2, anche se le lotterie che non rientrano in $\mathcal{Q}_\Delta$, e che quindi non rappresentano decisioni, non hanno alcun interesse operativo. La quantificazione delle conseguenze, nei problemi di decisione, avviene secondo lo schema $W_\delta(\omega) = f(C_\delta(\omega))$, sicché, assumendo di essere in grado di valutare l'utilità con la procedura basata sulla formula (2.8) per ogni conseguenza $\gamma \in \mathcal{Q}_\Delta$, basta porre:

$$f(\gamma) = -U(\gamma) \quad \text{per } \gamma \in \mathcal{Q}_\Delta. \tag{2.14}$$

In queste condizioni la ricerca delle soluzioni ottime del problema di decisione è espressa necessariamente da $\mathbb{E}(W_\delta) = $ minimo per $\delta \in \Delta$.

Qualunque altro criterio di ottimalità, qualora non fosse riconducibile a questo mediante opportune trasformazioni, entrerebbe in contrasto con il preordinamento $\succeq$ incorporato nella costruzione di U. Abbiamo quindi dimostrato la conclusione già annunciata che, facendo ricorso alla teoria dell'utilità, l'unico criterio di ottimalità accettabile è quello del valore atteso.

Esempio 2.2. Riprendiamo l'esempio 1.1 e cerchiamo di valutare in modo plausibile le conseguenze. Partendo dallo schema della tabella (2.1) è ragionevole porre $\gamma^+ = \gamma_1$, $\gamma^- = \gamma_3$. Pertanto $U(\gamma_1) = 1$, $U(\gamma_3) = 0$. I valori $U(\gamma_2)$ e $U(\gamma_4)$ vanno invece determinati utilizzando il confronto con le lotterie di riferimento:

$$Q_u = \begin{pmatrix} \gamma_1 & \gamma_3 \\ u & 1-u \end{pmatrix}.$$

Tabella 2.1. Un problema di decisione

	δ_0=niente ombrello	δ_1=ombrello
ω_0=non piove	γ_1	γ_2
ω_1=piove	γ_3	γ_4

Tabella 2.2. Lo stesso problema con la specificazione delle utilità

	δ_0	δ_1
ω_0	1	0.9
ω_1	0	0.7

Questa valutazione è strettamente soggettiva, anche se prevedibilmente per qualsiasi soggetto sarebbe $U(\gamma_2) > U(\gamma_4)$. Poniamo per esempio:

$$U(\gamma_2) = 0.9, \quad U(\gamma_4) = 0.7\,; \tag{2.15}$$

il che porta alla tabella 2.2. Se ora la probabilità di pioggia (cioè di ω_1) viene fissata in p=0.40, le utilità attese sono $\mathbb{E}(U|\delta_0) = 1 - 0.40 = 0.60$, $\mathbb{E}(U|\delta_1) = 0.9 \times 0.6 + 0.7 \times 0.4 = 0.82$. La scelta coerente con le preferenze (2.15) è quindi $\delta^* = \delta_1$, cioè prendere l'ombrello. La motivazione di questo comportamento prudente sta evidentemente nel fatto che la conseguenza γ_2 non viene molto penalizzata rispetto alla conseguenza ottimale γ_1 e che l'evento "pioggia" ha una probabilità consistente.

Se si vuole procedere in termini di perdite basta ricorrere alle (2.14), e cioè cambiare di segno i valori dell'utilità. Dovendo minimizzare, la decisione ottima ovviamente non cambia.

◇

Esempio 2.3. Consideriamo un problema di decisione clinica (tratto dal testo di Weinstein e Fineberg citato in bibliografia) piuttosto schematizzato. Un paziente si presenta all'ospedale con una infezione ad un piede; si ritiene possibile un successivo sviluppo di una cancrena. Il medico può o procedere ad una immediata amputazione sotto il ginocchio oppure rinviare l'intervento e cercare di salvare la gamba. Se però, in questo periodo di cure, si presenta la cancrena si dovrà amputare sopra il ginocchio. L'albero di decisione è rappresentato nella figura 2.1. Si noterà che gli esiti possibili sono S (sopravvivenza, con la gamba amputata sotto il ginocchio), M (morte), G (guarigione), S' (sopravvivenza, con la gamba amputata sopra il ginocchio). Come quantificare le conseguenze S, M, S', G ? È evidente che $U(G) = 1$ e che, presumibilmente, $U(M) = 0$. Molto più complicato è valutare gli esiti intermedi, cioè determinare i valori $U(S) = u$ e $U(S') = u'$, per i quali vale certamente la relazione $u > u'$. Procediamo nell'elaborazione mantenendo u e u' indeterminati. La figura 2.2 mette in luce i pochi calcoli algebrici necessari, basati sullo stesso schema descritto analiticamente nella § 1.6. Il problema è in definitiva la valutazione del nodo decisionale 1; risulta che la decisione di amputare subito è

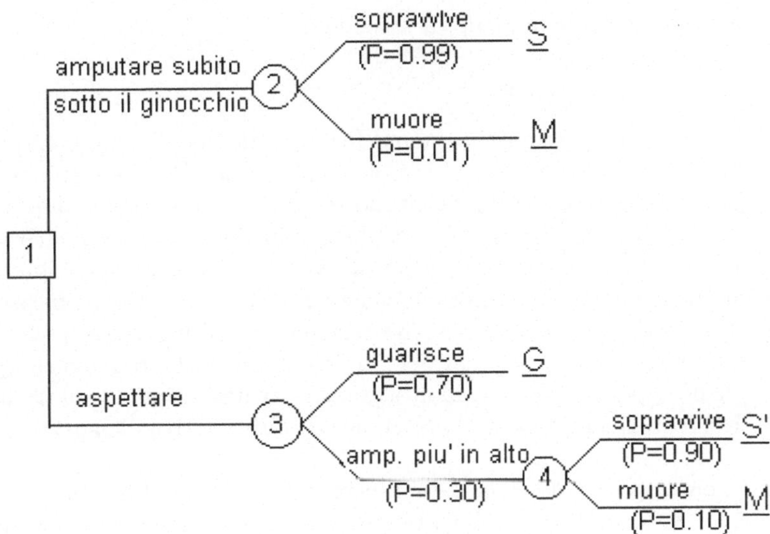

Figura 2.1. Un problema di decisione clinica

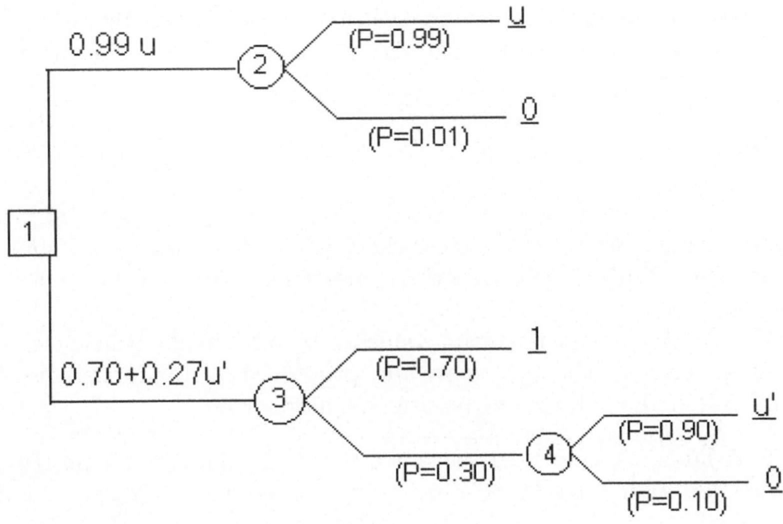

Figura 2.2. L'albero quantificato

strettamente preferibile a quella di attendere se:

$$0.99u > 0.70 + 0.27u'. \tag{2.16}$$

La (2.16) merita un'attenta riflessione. Per capirne bene il significato analizziamo due casi particolari: (a) u' è molto vicino a u; (b) u' è vicino a 0. Nel caso (a) il paziente non distingue troppo tra S e S' e opta per l'amputazione solo se u è molto grande (se $u \cong u'$, la condizione è approssimativamente $u > 0.97$). In questo caso infatti la sopravvivenza, anche in condizioni menomate, è molto preferibile alla morte e viene scartata l'alternativa, più rischiosa, di aspettare. Nel caso (b), invece, che corrisponde ad un paziente che considera insopportabile la conseguenza S', la (2.16) indica che conviene amputare subito anche quando u non è molto grande, al limite quando $u > 0.70$ se $u' = 0$. Evidentemente, trattando S' come M, l'alternativa di aspettare perde valore.

Lo schema appare logicamente soddisfacente e capace di rappresentare situazioni anche complesse. Nella pratica, in un problema come questo, una difficoltà rilevante è che la procedura di analisi deve basarsi su elementi molto soggettivi del paziente (le valutazioni di preferibilità), di non facile accertamento. Al contrario le probabilità non sono qui un punto particolarmente delicato perché l'informazione in proposito, disponibile per il medico, è generalmente ampia. Questi aspetti sono ulteriormente approfonditi nel testo citato che suggerisce comunque di seguire proprio la falsariga della teoria dell'utilità, ricavando le informazioni essenziali da colloqui specifici con il paziente.   ◇

Esercizi

2.1. Si verifichi che le decisioni casualizzate (§ 1.11) possono essere viste formalmente come lotterie composte e che, se $W_\delta(\omega)$ (cambiata di segno) viene trattata come l'utilità della generica conseguenza (ω, δ), la formula (1.47) è obbligata.

[Oss. Se le conseguenze sono valutate in termini di utilità viene a cadere una delle critiche principali alla procedura di randomizzazione, cioè l'artificiosità della valutazione basata sul valore atteso]

2.2. Si rielabori l'esempio 2.2 senza specificare il valore p della probabilità di pioggia. Per quali valori di p, e utilizzando le assunzioni (2.15), δ_1 è ancora preferibile?

[Sol. Si trova $p > \frac{1}{8}$]

2.3. Si rielabori ancora l'esempio 2.2 con riferimento alla tabella 2.1 e indicando con p la probabilità di pioggia. Con quale probabilità δ_0 produce una conseguenza preferibile a quella prodotta da δ_1 ? (si assuma che $\gamma_1 \succ \gamma_2 \succ \gamma_3 \succ \gamma_4$).

[Oss. È ovvio che la probabilità richiesta è $1 - p$; è interessante però osservare che, con i valori numerici delle utilità indicati nell'esercizio precedente, quando $\frac{1}{8} < p < \frac{1}{2}$ risulta più probabile proprio lo stato di natura (ω_0) rispetto al quale la decisione ottima (δ_1) risulta peggiore della decisione non ottima (δ_0). La ragione di questo aspetto un po' sorprendente sta nel fatto che, scegliendo δ_1, ω_0 produce una conseguenza solo di poco peggiore, mentre se si sceglie δ_0 la conseguenza prodotta da ω_1 sarebbe disastrosa]

2.4 Assiomatizzazione

Precisiamo qui le assunzioni che giustificano rigorosamente la costruzione descritta nella §2.2. Gli assiomi su cui si basa la teoria (che presentiamo sostanzialmente nella versione di von Neumann e Morgenstern) sono 3; peraltro anche il *Principio della riduzione delle lotterie* (§2.2) potrebbe essere a rigore considerato un assioma.

Assioma 1. *L'insieme $\mathbb{P}(\Gamma)$ delle lotterie è dotato di un preordinamento totale, denotato con $\succeq$.*

L'interpretazione da dare a questo preordinamento è naturalmente quello della preferenza (in senso debole). Quindi la struttura delle preferenze è assunta come un dato; l'obiettivo è una rappresentazione numerica, capace di facilitare l'elaborazione e la comunicazione.

Assioma 2 (*indipendenza*). *Siano Q, Q', Q'' tre lotterie arbitrarie. Allora:*

$$Q'' \succ Q' \Leftrightarrow \begin{pmatrix} Q'' & Q \\ q & 1-q \end{pmatrix} \succ \begin{pmatrix} Q' & Q \\ q & 1-q \end{pmatrix} \qquad \forall\, q \in (0,1). \qquad (2.17)$$

L'assioma 2 richiede quindi che il confronto di preferenza tra Q' e Q'' sia indipendente dalla introduzione di una terza lotteria Q "di disturbo", che compaia però sempre con la stessa probabilità $1-q$.

Assioma 3 (*continuità*). *Siano Q, Q', Q'' tre lotterie arbitrarie per le quali valga la relazione $Q'' \succ Q \succ Q'$. Allora esistono nell'intervallo $(0,1)$ due numeri s, t tali che:*

$$Q \succ \begin{pmatrix} Q'' & Q' \\ s & 1-s \end{pmatrix}, \qquad \begin{pmatrix} Q'' & Q' \\ t & 1-t \end{pmatrix} \succ Q. \qquad (2.18)$$

Questo assioma assicura in un certo senso la comparabilità di tutte le prospettive. Nessuna può essere tanto gradita (o tanto sgradita) da non poter comparire in lotterie peggiori (o migliori) di un'altra; in termini sintetici, si può dire che l'assioma 3 esclude dalla teoria la presenza di conseguenze "infinitamente" gradite o sgradite.

Dimostriamo ora il risultato principale:

Teorema 2.2. (*della lotteria equivalente*). *Siano γ, γ', γ'' conseguenze qualsiasi tali che $\gamma'' \succ \gamma \succ \gamma'$. Allora esiste ed è unico il valore $u \in (0,1)$ per cui:*

$$\gamma \sim \begin{pmatrix} \gamma'' & \gamma' \\ u & 1-u \end{pmatrix}. \qquad (2.19)$$

Dimostrazione. Per ogni $u \in (0,1)$ poniamo:

$$Q_u = \begin{pmatrix} \gamma'' & \gamma' \\ u & 1-u \end{pmatrix}$$

e introduciamo la classe di lotterie $\mathcal{G} = \{Q_v: \ Q_v \prec \gamma\}$. Osserviamo che per l'assioma 3 la classe $\mathcal{G}$ è sicuramente non vuota. Sia ora:

$$u = \sup\{v : Q_v \in \mathcal{G}\}; \tag{2.20}$$

vedremo che tale valore (che esiste in quanto estremo superiore di un insieme non vuoto) soddisfa la (2.19). Procediamo per assurdo:

(a) se $Q_u \prec \gamma$ siamo nel caso $\gamma'' \succ \gamma \succ Q_u$ ed esiste per l'assioma 3 una lotteria:

$$Q^* = \begin{pmatrix} \gamma'' & Q_u \\ s & 1-s \end{pmatrix}$$

con $0 < s < 1$ e tale che $Q^* \prec \gamma$. Quindi $Q^* \in \mathcal{G}$; ma, riducendo a forma semplice, risulta:

$$Q^* \sim \begin{pmatrix} \gamma'' & \gamma' \\ s + (1-s)u & (1-s)(1-u) \end{pmatrix}$$

e, poiché $s + (1-s)u = u + s(1-u) > u$, ne risulterebbe che per u non vale la definizione (2.20), il che è assurdo;

(b) se invece $Q_u \succ \gamma$ siamo nel caso $Q_u \succ \gamma \succ \gamma'$ ed esiste:

$$Q^{**} = \begin{pmatrix} Q_u & \gamma' \\ t & 1-t \end{pmatrix}$$

con $0 < t < 1$ tale che $Q^{**} \succ \gamma$. Quindi $Q^{**} \notin \mathcal{G}$; ma riducendo a forma semplice la lotteria Q^{**} si trova:

$$Q^{**} \sim \begin{pmatrix} \gamma'' & \gamma' \\ tu & 1-tu \end{pmatrix},$$

dove naturalmente $tu < u$. Ciò contraddice la (2.20), perché in questo caso l'estremo superiore dell'insieme $\{v: \ Q_v \in \mathcal{G}\}$ sarebbe inferiore a u. Poiché non valgono né (a) né (b), può valere solo la (2.19). $\square$

Esercizi

2.4. Dimostrare il teorema 2.2 sostituendo alla (2.20) la posizione $u = \inf\{v : Q_v \in \mathcal{H}\}$ dove $\mathcal{H} = \{Q_v : Q_v \succ \gamma\}$.

2.5 Cambiamento del riferimento

Nella costruzione considerata nella §2.2 ci si è basati sulla coppia di conseguenze estreme (γ^+, γ^-). Si noti che non è nemmeno necessario che tali conseguenze siano effettivamente possibili nel problema di decisione dato; basta che $\gamma^+ \succeq \gamma \succeq \gamma^-$ per ogni $\gamma \in \Gamma$. Vogliamo ora estendere la costruzione al caso che si prenda come riferimento una qualunque coppia (γ'', γ') con $\gamma'' \succ \gamma'$. Se indichiamo con U^* la nuova funzione di utilità da costruire, possiamo adottare la stessa procedura della §2.2 per ogni γ tale che $\gamma'' \succeq \gamma \succeq \gamma'$; in tali casi U^* resta definita da:

$$\gamma \sim \begin{pmatrix} \gamma'' & \gamma' \\ U^*(\gamma) & 1 - U^*(\gamma) \end{pmatrix} \tag{2.21}$$

e naturalmente si ha:

$$U^*(\gamma'') = 1 \qquad U^*(\gamma') = 0. \tag{2.22}$$

Per valutare le conseguenze meno preferibili di γ' o più preferibili di γ'' faremo ricorso alla proprietà di linearità (2.13) con riferimento alla funzione U^*. Come vedremo, questo determina i valori $U^*(\gamma)$ per tutte le conseguenze γ.

Sia $\gamma \succ \gamma''$. Poiché allora $\gamma \succ \gamma'' \succ \gamma'$, per il teorema della lotteria equivalente esiste $s \in (0, 1)$ tale che:

$$\gamma'' \sim \begin{pmatrix} \gamma & \gamma' \\ s & 1 - s \end{pmatrix}.$$

Applicando la proprietà di linearità (2.13) abbiamo:

$$U^*(\gamma'') = sU^*(\gamma) + (1 - s)U^*(\gamma')$$

e quindi, per la (2.22):

$$U^*(\gamma) = \frac{1}{s}. \tag{2.23}$$

Si noti che $U^*(\gamma) > 1$.

Sia invece $\gamma \prec \gamma'$. Poiché allora $\gamma'' \succ \gamma' \succ \gamma$, esiste, sempre per il teorema della lotteria equivalente, $t \in (0, 1)$ tale che:

$$\gamma' \sim \begin{pmatrix} \gamma'' & \gamma \\ t & 1 - t \end{pmatrix}.$$

Applicando ancora la (2.13) abbiamo:

$$U^*(\gamma') = tU^*(\gamma'') + (1 - t)U^*(\gamma)$$

e quindi, per la (2.22):

$$U^*(\gamma) = \frac{t}{t - 1}. \tag{2.24}$$

Si noti che in questo caso $U^*(\gamma) < 0$. Le formule (2.21), (2.23) e (2.24) completano la descrizione punto per punto della funzione U^*. Si può dimostrare (esercizio 2.5) che tra la funzione U^*, costruita prendendo come riferimento le coppie (γ'',γ'), e la funzione di utilità U, costruita prendendo come riferimento la coppia estrema (γ^+, γ^-), sussiste una relazione lineare del tipo:

$$U^*(\gamma) = aU(\gamma) + b\,,$$

dove a $(a > 0)$ e b sono opportuni coefficienti. Pertanto si ha la verifica che anche U^* è una funzione di utilità, a prescindere dalla sua costruzione diretta a partire da γ' e γ''. Appare inoltre chiaro che, all'interno della classe delle trasformazioni lineari (con coefficiente positivo) di una determinata funzione di utilità, la scelta dei parametri a, b che individuano la trasformazione è il corrispondente della scelta delle conseguenze di riferimento.

Esempio 2.4. Può essere interessante, dato un problema in cui le valutazioni delle conseguenze sono espresse con una funzione di utilità qualunque, diciamo $U^*(\gamma)$, riportare la valutazione ad una utilità $U(\gamma)$ costruita con riferimento alle conseguenze estreme. Le valutazioni espresse in questo modo si prestano infatti meglio a chiarire le preferenze sottostanti e ad eseguire confronti fra elaborazioni alternative. Riprendiamo in esame l'esercizio 1.9, che presenta una quantificazione per il problema trattato negli esempi 1.1 e 2.2. In termini di utilità (per cui l'utilità associata alla conseguenza $C_\delta(\omega)$ è $-W_{\delta_i}(\omega_i)$) si ha lo schema della tabella 2.3. Cerchiamo ora i valori di utilità che si avrebbero se si adottasse la costruzione della § 2.2, cioè se si prendesse come riferimento la classe delle misture delle conseguenze estreme, $C_{\delta_0}(\omega_0)$ e $C_{\delta_0}(\omega_1)$. Indicando con U^* la funzione di utilità esposta nella tabella 2.3, si tratta di determinare la funzione

$$U(\gamma) = aU^*(\gamma) + b\,, \tag{2.25}$$

tale che

$$U\big(C_{\delta_0}(\omega_0)\big) = 1, \quad U\big(C_{\delta_0}(\omega_1)\big) = 0.$$

È facile vedere che si deve porre $a = \frac{1}{3}$, $b = 1$. Pertanto, rappresentando il problema con la funzione di utilità $U(\gamma)$, si ha la tabella 2.4. Questa valutazione può essere confrontata con quella presentata nella tabella 2.2. Se il soggetto che ha formulato le valutazioni dell'esercizio 1.9 ha effettivamente applicato la teoria dell'utilità (questo non può essere stabilito guardando i numeri, ma lo

Tabella 2.3. Utilità per il problema dell'esempio 1.1

	δ_0	δ_1
ω_0	0	-1
ω_1	-3	-2

Tabella 2.4. Utilità trasformate per lo stesso problema

	δ_0	δ_1
ω_0	1	2/3
ω_1	0	1/3

abbiamo presupposto quando abbiamo utilizzato la trasformazione (2.25)), si vede che per lui, in confronto con le valutazioni espresse nelle formule (2.15), è più fastidioso portare l'ombrello, quale che sia lo stato di natura.   ◇

L'assunzione che l'insieme Γ sia finito risulta restrittiva per alcune delle applicazioni della teoria dell'utilità, in particolare nel contesto teorico della statistica matematica. Questo vincolo, che assicura l'esistenza delle conseguenze estreme e quindi la possibilità della costruzione secondo la § 2.2, potrebbe essere rimosso, al prezzo di una trattazione alquanto più complessa. Tra l'altro, in una trattazione completamente generale, occorrerebbe distinguere in $\mathbb{P}(\Gamma)$ le distribuzioni dotate di valore atteso da quelle che non lo sono, e queste ultime dovrebbero essere assiomaticamente escluse. Nei suoi aspetti principali, la teoria rimarrebbe comunque sostanzialmente la stessa qui delineata.

Esercizi

2.5. Con riferimento all'argomento trattato nella § 2.4 verificare che $U(\gamma) = (U(\gamma'') - U(\gamma'))U^*(\gamma) + U(\gamma')$.

[Sugg. Distinguere i casi $\gamma \succ \gamma''$, $\gamma'' \succeq \gamma \succeq \gamma'$, $\gamma \prec \gamma'$. Si osservi che in questo modo si ottiene una interpretazione della formula (2.4): come si è già osservato, trasformare linearmente una funzione di utilità corrisponde a cambiare la coppia di conseguenze di riferimento]

2.6. * Nel testo si è trattato il caso in cui Γ è finito ed è quindi ovvio che qualunque funzione di utilità U è limitata. Questa limitatezza è però direttamente una conseguenza degli assiomi, indipendente dalla natura di Γ. Si dimostri, sulla base degli assiomi e della proprietà di linearità, che per ogni problema di decisione esiste $M > 0$ tale che $| U(\gamma) | \leq M$ per ogni $\gamma \in \Gamma$.

[Sugg. Se U non è limitata, per ogni $M > 0$ esiste γ_M tale che $U(\gamma_M) > M$. Prendiamo allora γ_1 e γ_2 tali che $\gamma_M \succ \gamma_2 \succ \gamma_1$ e quindi, per l'assioma 3, un $q \in (0,1)$ tale che $U(\gamma_2) > qU(\gamma_M) + (1 - q)U(\gamma_1)$. Ne segue una limitazione superiore per $(U\gamma_M)$, indipendente da M, il che contrasta con quanto osservato sopra. In modo analogo si può argomentare per escludere che U sia illimitata inferiormente]

2.6 Il paradosso di Allais

Gli assiomi presentati nella § 2.4 sembrano a prima vista del tutto convincenti e tali da formalizzare un quadro ideale di razionalità. In realtà soprattutto l'assioma di indipendenza è stato sottoposto a critiche che hanno poi dato luogo a teorie dell'utilità alternative, o semplicemente più generali, di quella di von Neumann e Morgenstern. Non entreremo nell'esame di queste teorie ma presentiamo un celebre esempio (detto *paradosso di Allais*, dal nome dell'economista francese che lo pubblicò negli anni '50). Questo esempio mette in luce che molti individui in pratica si comportano in modo non conforme agli assiomi di von Neumann e Morgenstern; ciò non è sufficiente a far rifiutare l'impostazione predetta, che ha esplicitamente un carattere *normativo* e non *descrittivo* (gli errori di aritmetica degli scolari, altrimenti, dovrebbero mettere in crisi l'aritmetica stessa!) ma illustra la difficoltà di modellizzare in modo coerente e realistico i problemi di decisione in generale, e suggerisce l'esistenza di aspetti che possono aver bisogno di ulteriore riflessione. Consideriamo i due problemi di decisione rappresentati nella figura 2.3. Con una traduzione dall'originale fedele nello spirito ma aggiornata sui cambi, esprimiamo le conseguenze come vincite misurate in milioni di euro (M). Nel problema A la decisione δ_1 ha come conseguenza certa la vincita di 1M; la decisione δ_2 ha invece conseguenze aleatorie e può essere rappresentata con:

$$\delta_2 = \begin{pmatrix} 5M & 1M & 0M \\ 0.10 & 0.89 & 0.01 \end{pmatrix}.$$

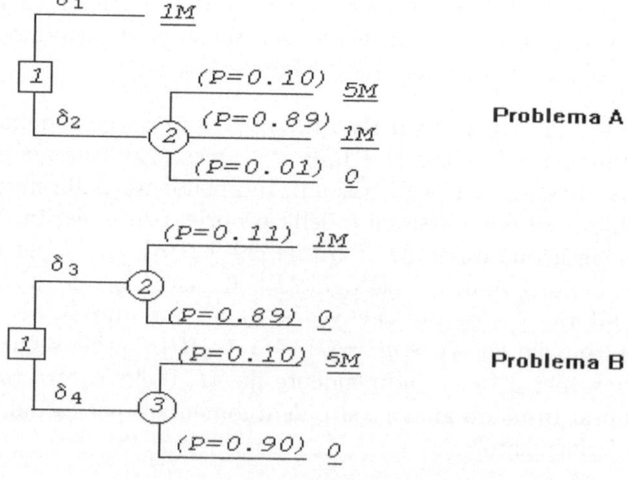

Figura 2.3. Il paradosso di Allais

Molti soggetti, richiesti di esprimere la loro preferenza in questa ipotetica situazione decisionale, dichiarano $\delta_1 \succ \delta_2$, presumibilmente perché chi sceglie δ_2, al contrario di chi sceglie δ_1, non è sicuro di vincere comunque una somma notevole. Naturalmente la scelta opposta, cioè $\delta_2 \succ \delta_1$, è perfettamente legittima (nel quadro dell'assiomatizzazione considerata) ed esprime semplicemente una diversa struttura (soggettiva) delle preferenze. Nel problema B molti valutano $\delta_4 \succ \delta_3$. Si noti che in entrambi i casi si rischia di non vincere nulla, ma δ_4 consente di sperare in una vincita superiore in cambio di un piccolo aumento della probabilità di non vincere affatto. Anche la scelta $\delta_3 \succ \delta_4$ sarebbe al solito egualmente legittima, e, sperimentalmente, risulta abbastanza frequente. Spesso accade che dei soggetti esprimano entrambe le preferenze $\delta_1 \succ \delta_2$ e $\delta_4 \succ \delta_3$; d'altra parte, a prima vista, sembra una valutazione non assurda, anche se non necessariamente condivisibile. In realtà la doppia valutazione $\delta_1 \succ \delta_2$ e $\delta_4 \succ \delta_3$ è incompatibile con l'assioma di indipendenza. Per rendercene conto, costruiamo anzitutto la funzione di utilità $U(\gamma)$ per $\gamma \in \{0M,$ $1M, 5M\}$. Possiamo assumere che le conseguenze estreme siano $\gamma^- = 0M$ e $\gamma^+ = 5M$. Resta quindi da valutare $U(1M)$. Poniamo $U(1M) = u$; la precisazione numerica di u non è necessaria per la nostra discussione. Abbiamo dunque:

$$\mathbb{E}(U|\delta_1) = u, \ \mathbb{E}(U|\delta_2) = 0.10 + 0.89u, \ \mathbb{E}(U|\delta_3) = 0.11u, \ \mathbb{E}(U|\delta_4) = 0.10.$$

Quindi:

$$\delta_1 \succ \delta_2 \Leftrightarrow u > \frac{10}{11} \qquad e \qquad \delta_4 \succ \delta_3 \Leftrightarrow u < \frac{10}{11}$$

e ciò dimostra la incoerenza (rispetto agli assiomi) della doppia valutazione $\delta_1 \succ \delta_2$ e $\delta_4 \succ \delta_3$, indipendentemente dal valore u.

Per chiarire che il nodo del problema sta nell'assioma di indipendenza, consideriamo la lotteria

$$Q = \begin{pmatrix} 5M & 0M \\ 10/11 & 1/11 \end{pmatrix},$$

che non corrisponde ad alcuna decisione, e supponiamo che sia, per un determinato soggetto,

$$\delta_1 \succ Q. \tag{2.26}$$

Per l'assioma 2, introducendo un'altra qualunque lotteria Q^*, vale l'equivalenza

$$\delta_1 \succ Q \quad \Leftrightarrow \quad \begin{pmatrix} \delta_1 & Q^* \\ 0.11 & 0.89 \end{pmatrix} \succ \begin{pmatrix} Q & Q^* \\ 0.11 & 0.89 \end{pmatrix}. \tag{2.27}$$

Mostriamo ora che specificando Q^* in due modi opportuni si ottiene che le preferenze tra δ_1 e δ_2 e tra δ_3 e δ_4 sono strettamente collegate. Per prima cosa poniamo $Q^* = \delta_1$ (cioè la conseguenza certa o quasi certa 1M), ottenendo quindi:

$$\delta_1 \succ Q \quad \Leftrightarrow \quad \begin{pmatrix} \delta_1 \\ 1 \end{pmatrix} \succ \begin{pmatrix} Q & \delta_1 \\ 0.11 & 0.89 \end{pmatrix}, \tag{2.28}$$

poiché

$$\begin{pmatrix} Q & \delta_1 \\ 0.11 & 0.89 \end{pmatrix} \sim \begin{pmatrix} 5M & 1M & 0M \\ 0.10 & 0.89 & 0.01 \end{pmatrix} = \delta_2,$$

la (2.28) diventa:

$$\delta_1 \succ Q \quad \Leftrightarrow \quad \delta_1 \succ \delta_2. \tag{2.29}$$

Ponendo invece nella (2.27) al posto di Q^* la conseguenza 0M (certa o quasi certa), si trova nello stesso modo:

$$\delta_1 \succ Q \quad \Leftrightarrow \quad \delta_3 \succ \delta_4. \tag{2.30}$$

Riunendo (2.29) e (2.30) si ha infine:

$$\delta_1 \succ \delta_2 \quad \Leftrightarrow \quad \delta_3 \succ \delta_4. \tag{2.31}$$

Lo stesso risultato (2.31), con la relazione di preferenza invertita, si sarebbe trovato considerando nella (2.26) $Q \succ \delta_1$ anziché $\delta_1 \succ Q$. Abbiamo così ottenuto un'ulteriore verifica della necessaria corrispondenza tra $\delta_1 \succ \delta_2$ e $\delta_3 \succ \delta_4$; inoltre nella elaborazione non è stato mai utilizzato l'assioma 3 ma solo l'assioma 2, che risulta quindi quello messo in discussione dall'esempio.

Esercizi

2.7. Si verifichi che lo schema seguente (in cui i valori sono vincite)

	δ_1	δ_2	δ_3	δ_4	prob.
ω_1	1	5	1	5	0.10
ω_2	1	0	1	0	0.01
ω_3	1	1	0	0	0.89

genera come casi particolari i problemi A e B del testo. Verificare poi che (δ_1, δ_2) e (δ_3, δ_4) sono coppie di decisioni inconfrontabili.

2.8. Si dimostri che se nella formula (2.26) si sostituisce $Q \succ \delta_1$ a $\delta_1 \succ Q$ si ricava l'equivalenza $\delta_2 \succ \delta_1 \Leftrightarrow \delta_4 \succ \delta_3$.

2.9. È stato proposto (da T.Leonard e J.S.J.Hsu) il ricorso ad una "utilità attesa modificata" secondo lo schema:

$$\mathbb{E}^*(U|\delta) = \mathbb{E}(U|\delta) + \varepsilon \cdot \min_\omega U(C_\delta(\omega)) \qquad (\varepsilon > 0) \ .$$

Il termine di correzione $\min_\omega U(C_\delta(\omega))$, opportunamente pesato con il valore ε, serve a favorire le decisioni che garantiscono un minimo migliore (al variare dello stato di natura). Si verifichi che usando tale formula, a seconda del valore di u e qualunque sia $\varepsilon > 0$, nel problema di Allais possono risultare ottime le coppie δ_2 e δ_4, δ_1 e δ_4, δ_1 e δ_3.

  [Oss. Si ha $\min_\omega U(C_\delta(\omega)) = u$ per $\delta = \delta_1$ e $\min_\omega U(C_\delta(\omega)) = 0$ altrimenti. Il criterio di Leonard e Hsu viola evidentemente gli assiomi di von Neumann e Morgenstern, ma è conforme ad altre impostazioni proposte in letteratura]

2.7 Il paradosso di Ellsberg

Si estrae a caso una pallina da un'urna con 90 palline, delle quali 30 sono rosse e 60 sono nere e gialle, ma in proporzione non nota. Denoteremo con p la proporzione di palline nere in queste 60. Prendiamo in considerazione due problemi, A e B, in ciascuno dei quali va scelta una decisione, cioè δ_1 o δ_2 nel problema A e δ_3 o δ_4 nel problema B. La vincita, a seconda della decisione e del colore della pallina estratta, sarà di 0 oppure 1000 euro. La figura 2.4 chiarisce tutti i dettagli; in parentesi quadra sono indicate le probabilità dei rami. Per il calcolo delle utilità attese occorre assegnare le probabilità dei diversi rami dei due alberi. Se, come è ragionevole in questo contesto, si identificano le probabilità con le percentuali di palline del colore corrispondente, si ha che la probabilità di pallina rossa è 1/3, la probabilità di pallina nera è $(2/3)p$ e la probabilità di pallina gialla è $(2/3)(1-p)$. L'utilità delle possibili vincite può essere posta eguale a 0 (nel caso di vincita nulla) e a 1 (nel caso di vincita di 1000 euro). In queste condizioni abbiamo:

$$\mathbb{E}(U|\delta_1) = \frac{1}{3}, \quad \mathbb{E}(U|\delta_2) = \frac{2}{3}p, \quad \mathbb{E}(U|\delta_3) = 1 - \frac{2}{3}p, \quad \mathbb{E}(U|\delta_4) = \frac{2}{3}.$$

Nelle sperimentazioni pratiche dello schema accade spesso che si preferisca δ_1 a δ_2 e δ_4 a δ_3. Tuttavia, confrontando le utilità attese, vediamo che:

$$\delta_1 \succ \delta_2 \Leftrightarrow \frac{1}{3} > \frac{2}{3}p \, ,$$

cioè $p < \frac{1}{2}$, e:

$$\delta_4 \succ \delta_3 \Leftrightarrow \frac{2}{3} > 1 - \frac{2}{3}p \, ,$$

cioè $p < \frac{1}{2}$. Ancora una volta, come nel paradosso di Allais, chi preferisce δ_1 a δ_2 deve per coerenza preferire δ_3 a δ_4 , e viceversa.

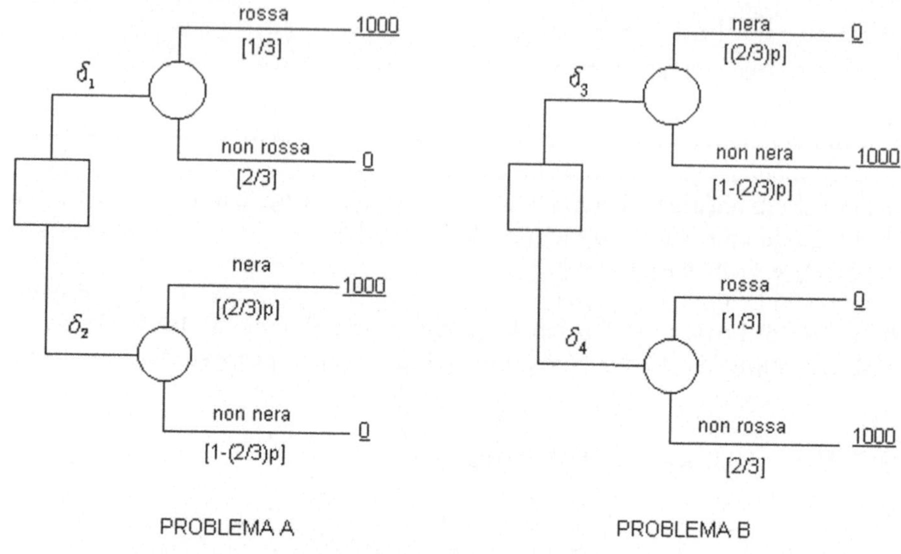

Figura 2.4. Il paradosso di Ellsberg

La spiegazione usuale di questa "incoerenza pratica" non fa riferimento tanto agli assiomi della utilità quanto alla differenza di sicurezza nella valutazione delle probabilità secondo che la composizione dell'urna sia nota o incognita. Il privilegio di δ_1 e δ_4, intuitivamente, è dovuto proprio al fatto che la probabilità dell'evento favorevole (che la pallina estratta sia rossa o non rossa) sfrutta la conoscenza completa della composizione dell'urna. Nel caso di δ_2 e δ_3, invece, è rilevante la probabilità assegnata alla estrazione di una pallina nera, e non è disponibile un riferimento a conoscenze "oggettive". È perciò abbastanza usuale interpretare questo "paradosso" (pubblicato da D.Ellsberg nel 1961) in termini di superiorità delle probabilità "oggettive" rispetto alle probabilità "soggettive".

In realtà questa spiegazione, benché legittima, non è realmente obbligata. Notiamo infatti che quando si assegna una probabilità all'uscita di pallina rossa o all'uscita di pallina nera ci si basa in questo esempio su un'informazione rispettivamente maggiore e minore, secondo che si conosca o meno la composizione dell'urna, e questo può creare una interferenza con le preferenze, indipendentemente dal fatto che l'informazione maggiore sia qualificabile come oggettiva e quella minore come soggettiva. In generale, cioè, una valutazione di probabilità basata su una informazione più ricca va ragionevolmente considerata più stabile, e operativamente più attendibile, rispetto ad una informazione caratterizzata da un minore supporto (e quindi, per usare un termine corrente nella letteratura, più "ambigua"). La scarsa propensione a basarsi su probabilità "instabili" può quindi essere interpretata come una ulteriore manifestazione di avversione al rischio. Si noti poi che in questo contesto il termine "stabile" risulta particolarmente giustificato per il fatto che la valutazione di probabilità di estrazione di pallina rossa non è modificabile da eventuali ulteriori informazioni realisticamente acquisibili.

2.8 Conseguenze numeriche e approssimazioni

Assumiamo in questa sezione che le conseguenze siano direttamente espresse in termini numerici, cioè che

$$\Gamma \subseteq \mathbb{R}^1;$$

questo è tipico, ovviamente, dei problemi di decisione in un contesto economico-finanziario. In queste condizioni l'insieme di funzioni $\{C_\delta : \delta \in \Delta\}$ potrebbe venire direttamente impiegato al posto di $\mathcal{W}$ nella definizione della forma canonica dei problemi di decisione (vedi § 1.2). Resta però, concettualmente, il problema di scegliere un criterio di ottimalità; una trasformazione dei valori numerici in valori di utilità ha quindi ancora senso perché la scelta in condizioni di incertezza sia elaborata in modo coerente con l'intero sistema delle preferenze (soggettive, ovviamente). Tratteremo in questa sezione due problemi: in che misura la stessa funzione $C_\delta(\omega)$ possa essere vista come una funzione di utilità, e come ricavare, da un esame della funzione di utilità, le caratteristiche del comportamento rispetto al rischio del decisore considerato.

Supponiamo che le conseguenze $C_\delta(\omega)$, in un determinato problema di decisione, siano decomponibili secondo la formula:

$$C_\delta(\omega) = x_0 + y, \tag{2.32}$$

dove x_0 è una costante, indipendente dal problema di decisione, e y è il valore assunto da una variabile aleatoria $Y = Y_\delta(\omega)$. Ovviamente Y è una variabile aleatoria quanto funzione di $\omega \in \Omega$, e la sua distribuzione di probabilità dipenderà da δ. La (2.32) può essere interpretata nel senso che la combinazione (ω, δ) provoca un allontanamento di valore y, in più o in meno, da un capitale base di valore x_0. Se y è piccola rispetto a x_0, si può fare ricorso (sotto opportune condizioni di regolarità che sottointenderemo) alle classiche formule approssimate di Taylor. La più semplice (cioè del primo ordine) è:

$$U(x_0 + y) \cong U(x_0) + y \cdot U'(x_0), \tag{2.33}$$

dove $U'(x) = \mathrm{d}U(x)/\mathrm{d}x$. È naturale assumere che U sia una funzione continua, derivabile e strettamente crescente, per cui $U'(x) > 0$ per ogni x. A meno dell'approssimazione introdotta, possiamo allora trasformare linearmente la funzione U, passando ad una nuova funzione di utilità U^* definita da

$$U^*(x_0 + y) = y,$$

che rappresenta in sostanza la stessa struttura di preferenze. Supponiamo ora che una qualche decisione δ comporti i possibili scarti $y_1, y_2, ..., y_k$ (tutti piccoli rispetto a x_0) con probabilità, rispettivamente, $p_1, p_2, ..., p_k$. Possiamo scrivere allora:

$$\delta = \begin{pmatrix} x_0 + y_1 & x_0 + y_2 & ... & x_0 + y_k \\ p_1 & p_2 & ... & p_k \end{pmatrix}$$

e quindi

$$\mathbb{E}(U^* \mid \delta) = \sum p_i U^*(x_0 + y_i) = \sum p_i y_i. \tag{2.34}$$

Abbiamo così ottenuto una giustificazione approssimata dell'uso del valor medio calcolato direttamente sulle conseguenze numeriche. Tale criterio può quindi venire preso in considerazione in tutti i problemi di decisione in cui le conseguenze finanziarie sono poco rilevanti rispetto al capitale.

Esempio 2.5. Consideriamo un ordinario contratto di assicurazione dal punto di vista della società assicuratrice. Le decisioni possibili sono: $\delta_0 =$ non stipulare il contratto, $\delta_1 =$ stipulare il contratto; gli stati di natura sono: $\omega_0 =$ non si verifica il sinistro, $\omega_1 =$ si verifica il sinistro. Ipotizziamo che la somma da pa-

Tabella 2.5. Guadagni monetari della società assicuratrice

	δ_0	δ_1	prob
ω_0	0	P	$1-q$
ω_1	0	$P-S$	q

gare nel caso di sinistro sia S, che il premio che l'assicurato paga comunque sia P e che la probabilità del sinistro (secondo la società) sia q. La tabella schematizza la situazione. Usando l'approssimazione lineare (2.33) (sicuramente valida visto che il decisore è la società assicuratrice) si ha:

$$\mathbb{E}(U^* \mid \delta_0) = 0, \quad \mathbb{E}(U^* \mid \delta_1) = (1-q)P + q(P-S) = P - qS.$$

Pertanto la stipula del contratto risulta conveniente (per la società assicuratrice) se

$$P > qS, \tag{2.35}$$

cioè, come è intuitivo, se il premio è sufficientemente grande.

2.8.1 L'approssimazione quadratica

Ovviamente, sempre assumendo che la realizzazione y sia piccola in confronto a x_0, invece della approssimazione lineare (2.33) possiamo prendere in considerazione una approssimazione quadratica, cioè:

$$U(x_0 + y) \cong U(x_0) + yU'(x_0) + \frac{1}{2}y^2 U''(x_0). \tag{2.36}$$

Riordinando i termini e dividendo per $U'(x_0)$ otteniamo:

$$\frac{U(x_0 + y)}{U'(x_0)} - \frac{U(x_0)}{U'(x_0)} \cong y + \frac{1}{2}y^2 \frac{U''(x_0)}{U'(x_0)}.$$

Ponendo ora:

$$r(x_0) = -\frac{U''(x_0)}{U'(x_0)} \tag{2.37}$$

e utilizzando, come in precedenza, una opportuna trasformazione lineare della funzione di utilità originaria, cioè:

$$U^*(x_0 + y) = \frac{U(x_0 + y)}{U'(x_0)} - \frac{U(x_0)}{U'(x_0)},$$

otteniamo una nuova funzione di utilità (approssimativamente equivalente):

$$U^*(x_0 + y) \cong y - \frac{1}{2}y^2 r(x_0). \tag{2.38}$$

La quantità $r(x_0)$ può essere sia positiva che negativa; avendo assunto $U'(x) > 0$ per ogni x, possiamo affermare che $r(x_0)$ ha il segno opposto di $U''(x_0)$. Se ad esempio $U''(x_0) < 0$ (cioè se $U(x)$ è strettamente concava, v. Appendice B) si ha $r(x_0) > 0$ e quindi, dalla 2.37, si trae che per il decisore l'utilità della decisione che porta al risultato x_0+y (dove y è la realizzazione di una variabile aleatoria) è minore di y di una quantità proporzionale a $r(x_0)$. Pertanto $r(x_0)$, quando è positivo, può essere interpretato come una misura di *avversione al rischio* (nel punto x_o); dal nome degli studiosi che lo hanno introdotto viene anche chiamato *indice di Arrow-Pratt*. Ovviamente, se $r(x_0) < 0$ si ha una situazione di *propensione al rischio*.

Esempio 2.6. Riprendiamo l'esempio 2.5, ma ponendoci dal punto di vista del cliente, che deve decidere se stipulare (δ_1) o non stipulare (δ_0) l'assicurazione. Assumiamo poi che l'eventuale rimborso S del danno sia esattamente pari al valore del danno stesso. I guadagni monetari del cliente sono espressi, per i diversi casi, nella tabella 2.6. Si noti che nel caso di stipula del contratto il cliente perde comunque soltanto il premio P, perché l'eventuale danno (se si verifica ω_1) viene completamente rimborsato dall'assicurazione. Assumiamo innanzitutto (un po' forzatamente) che anche per il cliente valga un'approssimazione lineare, per cui i valori della tabella 2.6 sarebbero direttamente interpretabili come valori di una sua funzione di utilità V^*.

Tabella 2.6. Guadagni monetari del cliente

	δ_0	δ_1	prob
ω_0	0	$-P$	$1 - q$
ω_1	$-S$	$-P$	q

Tabella 2.7. Approssimazione quadratica dell'utilità del cliente

	δ_0	δ_1	prob
ω_0	0	$-P - \frac{1}{2}rP^2$	$1-q$
ω_1	$-S - \frac{1}{2}rS^2$	$-P - \frac{1}{2}rP^2$	q

Allora si avrebbe:

$$\mathbb{E}(V^* \mid \delta_0) = -qS, \quad \mathbb{E}(V^* \mid \delta_1) = -P$$

da cui

$$\mathbb{E}(V^* \mid \delta_0) > \mathbb{E}(V^* \mid \delta_1) \Leftrightarrow -P > -qS \Leftrightarrow P < qS. \tag{2.39}$$

Ricordando la condizione (2.35) (che assicura la convenienza del contratto per la società assicuratrice) vediamo che, con le assunzioni fatte, il contratto non può essere simultaneamente conveniente per la società assicuratrice e per il cliente.

Tuttavia è più ragionevole assumere che per il cliente le somme coinvolte (in particolare S) non siano irrilevanti rispetto al patrimonio e che quindi l'approssimazione lineare non sia adeguata e sia invece più opportuna nel suo caso una approssimazione quadratica del tipo (2.38). Indicato con r l'indice di Arrow-Pratt corrispondente al capitale iniziale del cliente, i valori della nuova approssimazione quadratica (che indicheremo con V^{**}) sono rappresentati nella tabella (2.7). Ne viene:

$$\mathbb{E}(V^{**} \mid \delta_0) = -qS - \frac{1}{2}qrS^2$$

$$\mathbb{E}(V^{**} \mid \delta_1) = -P - \frac{1}{2}rP^2 \,,$$

da cui

$$\mathbb{E}(V^{**} \mid \delta_1) - \mathbb{E}(V^{**} \mid \delta_0) = (qS - P) + \frac{r}{2}(qS^2 - P^2) \,. \tag{2.40}$$

È facile rendersi conto che, se l'avversione al rischio è sufficientemente alta, la (2.40) può mostrare che, per il cliente, l'utilità attesa di δ_1 è maggiore dell'utilità attesa di δ_0 anche quando $P > qS$ (cioè quando, con l'approssimazione lineare, il contratto è conveniente per la società assicuratrice). Per esempio, se il valore assicurato è $S = 1000$, la probabilità del sinistro (su cui si assume una eguale valutazione da parte della società e del cliente) è $q=0.001$ e il premio è $P=2$, si ha $P - qS = 1 > 0$ (convenienza per la società assicuratrice) e

$$(qS - P) + \frac{1}{2}r(qS^2 - P^2) = -1 + \frac{1}{2}r(1000 - 4) = 502r - 1 \,,$$

dove l'ultima quantità è positiva se $r > 1/502$ ($\cong 0.002$). Il contratto può quindi risultare conveniente per entrambi i soggetti quando si adotti l'approssimazione lineare per la società assicuratrice e l'approssimazione quadratica (con una avversione al rischio sufficientemente elevata) per il cliente.   ◇

Esercizi

2.10. Una importante proprietà dell'indice di Arrow-Pratt, definito dalla (2.37) come una funzione $r(x)$ del capitale di base x, è che esso caratterizza il sistema di preferenze $\succeq$ su cui si basa la funzione di utilità. Si dimostri che:
(a) se $U_2 = aU_1 + b$, i corrispondenti indici $r_1(x)$ e $r_2(x)$ coincidono;
(b) se $r_1(x) = r_2(x)$ per ogni x, allora esistono costanti a e b tali che $U_2 = aU_1 + b$.

[Sugg. Per (b) si osservi che $r(x) = -\mathrm{d}\log U'(x)/\mathrm{d}x$ e si integri 2 volte; si vede che $r(x)$ determina $U(x)$ a meno di una trasformazione lineare crescente]

2.9 Caratterizzazione generale del comportamento rispetto al rischio

Sempre nel caso di conseguenze numeriche è possibile fornire una caratterizzazione generale del comportamento rispetto al rischio, per quanto riguarda l'*avversione* o la *propensione* al rischio di una decisione le cui conseguenze siano valutate tramite una determinata funzione di utilità.

L'impostazione descritta in questa sezione è completamente generale in quanto non fa riferimento ad approssimazioni più o meno adeguate della funzione di utilità e nemmeno a condizioni di regolarità di queste ultime. Si noti in proposito che l'indice di Arrow-Pratt potrebbe perfino non essere definibile, in quanto la sua costruzione presuppone che la funzione di utilità possa essere definita su tutto un intervallo reale e che su esso sia due volte derivabile. Basta richiedere che lo spazio delle conseguenze numeriche sia discreto (come in realtà è logico, rinunciando alla usuale approssimazione continua) e la costruzione della sezione precedente perde legittimità, almeno da un punto di vista formale. Come vedremo, tuttavia, l'impostazione generale non contraddice le conclusioni che si traggono dal calcolo dell'indice di Arrow-Pratt.

Consideriamo una qualunque lotteria

$$Q = \begin{pmatrix} x_1 & x_2 & \cdots & x_k \\ q_1 & q_2 & \cdots & q_k \end{pmatrix}, \qquad \text{con } q_i \geq 0, \ \sum_i q_i = 1. \qquad (2.41)$$

La sua valutazione in termini di utilità è:

$$\mathbb{E}(U \mid Q) = \sum_{i=1}^{h} q_i U(x_i),$$

mentre il guadagno atteso associato alla stessa lotteria è:

$$\bar{x} = \sum_{i=1}^{h} q_i x_i.$$

Poniamo ora la seguente

Definizione 2.2. *Il decisore si dice* avverso al rischio *se per ogni possibile lotteria Q si ha*

$$U(\bar{x}) \geq \mathbb{E}(U \mid Q); \tag{2.42}$$

si dice invece propenso al rischio *se*

$$U(\bar{x}) \leq \mathbb{E}(U \mid Q). \tag{2.43}$$

Per definizione, quindi, i decisori avversi al rischio preferiscono ottenere il guadagno medio invece che partecipare alla lotteria, e viceversa per i decisori propensi al rischio. Ricordando la diseguaglianza di Jensen (v. § B.3), è immediato rendersi conto che la (2.42) corrisponde alla concavità della funzione U. Più precisamente, considerando la (2.42) limitatamente al caso di $h = 2$, si ha la definizione stessa di concavità e viceversa, se U è concava, la (2.42) discende dalla diseguaglianza di Jensen. Restano così dimostrate le equivalenze:

$$\text{avversione al rischio} \quad \Leftrightarrow \quad \text{concavità di } U$$
$$\text{propensione al rischio} \quad \Leftrightarrow \quad \text{convessità di } U.$$

Ovviamente le funzioni di utilità potrebbero non essere dappertutto convesse o dappertutto concave. Per esempio è nota la congettura di Friedman e Savage (risalente agli anni '50) secondo cui molte funzioni di utilità "reali" avrebbero un tratto iniziale convesso (propensione al rischio per valori x relativamente piccoli) seguito da un tratto concavo (avversione al rischio per valori x maggiori).

È ora chiaro perché l'impostazione generale sia coerente con le valutazioni basate sull'indice di Arrow-Pratt. Riferiamoci alla formula (2.37), assumendo le necessarie condizioni sulla funzione $U(x)$; poiché $U(x)$ è strettamente crescente, si ha $U'(x_0) > 0$, per cui la condizione $r(x_0) > 0$ equivale alla condizione $U''(x_0) < 0$, cioè (vedi § B.3) alla concavità di $U(x)$ nell'intorno di x_0.

È interessante presentare un ulteriore modo per caratterizzare il comportamento del decisore rispetto al rischio, ragionando sull'asse delle conseguenze numeriche anziché sull'asse delle utilità (si segua l'argomentazione sulla figura 2.5). Introduciamo preliminarmente il concetto di *equivalente certo* di una qualunque lotteria.

Definizione 2.3. *Data una lotteria Q del tipo (2.41) si dice suo* equivalente certo *il valore x_c tale che*

$$U(x_c) = \mathbb{E}(U \mid Q). \tag{2.44}$$

Pertanto per il decisore sono indifferenti la lotteria Q e il suo equivalente certo x_c. Data la lotteria Q si chiama poi *costo del rischio* (talvolta, con linguaggio assicurativo, *premio del rischio*) la quantità

$$k = \bar{x} - x_c, \tag{2.45}$$

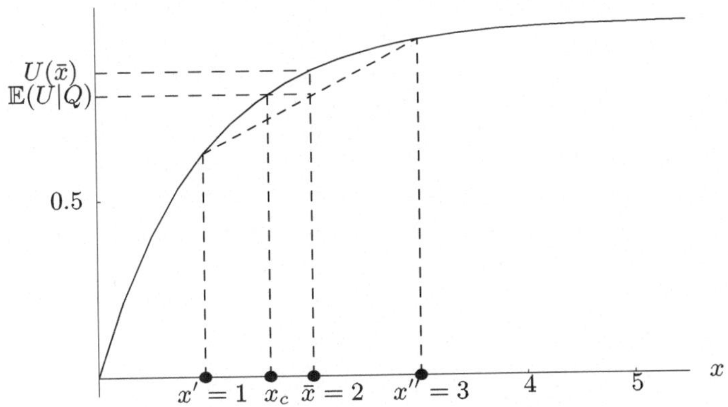

Figura 2.5. La funzione concava $U(x) = 1 - e^{-x}$

dove $\bar{x}$ al solito è il guadagno atteso della lotteria. Il segno di k caratterizza il comportamento di fronte al rischio; infatti si ha il

Teorema 2.3. *Se U è una funzione di utilità non decrescente, si ha $k \geq 0$ $[k \leq 0]$ per qualunque lotteria se e solo se il decisore è avverso al rischio [propenso al rischio].*

Dimostrazione. Dal punto di vista grafico (v. figura 2.5) la proprietà è evidente; procediamo tuttavia anche in modo analitico. Per la non decrescenza di U, la relazione $\bar{x} \geq x_c$ è equivalente a $U(\bar{x}) \geq U(x_c)$, cioè, per la (2.44), alla relazione $U(\bar{x}) \geq \mathbb{E}(U|Q)$ per qualunque lotteria Q; ricordando la (2.42), tale relazione corrisponde proprio all'avversione al rischio. Per il caso $\bar{x} \leq x_c$ il ragionamento è analogo. $\square$

Esempio 2.7. Una famiglia parametrica di funzioni molto usata per le funzioni di utilità è:

$$U(x; a) = 1 - e^{-ax}, \quad a > 0.$$

Si tratta di funzioni strettamente crescenti e strettamente concave, in quanto

$$\frac{\mathrm{d}^2}{\mathrm{d}x^2} U(x) = -a^2 e^{-ax} < 0.$$

La figura 2.5 mostra il caso $a = 1$, con la verifica grafica della relazione (2.42) per una lotteria del tipo

$$Q = \begin{pmatrix} x' & x'' \\ 0.5 & 0.5 \end{pmatrix}$$

per la quale risulta $\mathbb{E}(U|Q) \cong 0.79$. È anche indicato l'equivalente certo x_c ($\cong 1.57$), per cui resta bene individuato sull'asse delle ascisse il segmento di lunghezza $k = \bar{x} - x_c$. $\qquad \diamond$

Esercizi

2.11. Si verifichi che

$$U(x) = a \cdot \log x + b \qquad (x > 0,\ a > 0)$$

è una funzione crescente e concava e che, interpretata come funzione di utilità, ha un indice di avversione al rischio positiva ma decrescente.

[Oss. Infatti si trova $r(x) = 1/x$. Quest'ultima proprietà non è necessariamente irrealistica, in quanto la disponibilità di un capitale base elevato può consentire di affrontare rischi maggiori, pur nel quadro di una permanente avversione al rischio]

2.12. Si verifichi che

$$U(x) = x - \frac{a}{2}x^2 \qquad \left(0 < x < \frac{1}{a},\ a < 0\right)$$

è una funzione crescente e concava e che, interpretata come funzione di utilità, ha un indice di avversione al rischio crescente.

2.13. Un soggetto ha un patrimonio di valore $s + 1$ e vuole investire una somma unitaria per un anno, in uno dei seguenti modi:

δ_1: in buoni del tesoro al 3%, ricavandone una somma certa $Y_1 = 1.03$;

δ_2: in azioni, ricavandone una somma aleatoria Y_2 cui assegna una legge di probabilità esponenziale negativa di media (nota) m.

Si chiede:

(a) per quali valori di m il ricavo atteso con δ_2 supera il ricavo ottenibile con δ_1?

(b) per quali valori di m si ha $\mathrm{prob}(Y_2 > Y_1) > 0.5$?

(c) se si usa la funzione di utilità $U(x) = 1 - \exp(-x)$, per quali valori di m l'utilità attesa di δ_2 supera l'utilità (certa) di δ_1 ?

[Oss. È un problema simile a quello dell'esempio 1.6, ma con una diversa formalizzazione della parte aleatoria]

2.14. Denotiamo con X_δ il guadagno aleatorio associato alla decisione δ. Si verifichi che se $U(x)$ è crescente e concava si ha:

$$\mathbb{E}U(X_\delta) \cong U(\mathbb{E}X_\delta) + \frac{1}{2}U''(\mathbb{E}X_\delta) \cdot \mathbb{V}X_\delta\,,$$

dove $\mathbb{V}X_\delta$ è la varianza di X_δ.

[Sugg. Considerare lo sviluppo di Taylor fino al secondo grado, con origine $\mathbb{E}X_\delta$. Si noti che $U''(x)$ è negativa, per cui la scelta ottimale richiede simultaneamente la massimizzazione di $\mathbb{E}X_\delta$ e la minimizzazione di $\mathbb{V}X_\delta$]

2.15. Applicare la procedura del precedente esercizio alla funzione di utilità quadratica $U(x) = x - \frac{a}{2}x^2$.

[Oss. Si ottiene la formula esatta $\mathbb{E}U(X_\delta) = U(\mathbb{E}X_\delta) - \frac{a}{2} \cdot \mathbb{V}X_\delta$. Si ha così una giustificazione approssimata del criterio media-varianza introdotto nella §1.3]

2.10 Alternative all'uso della teoria dell'utilità

Continuando ad assumere che lo spazio Ω degli stati di natura sia dotato di una legge di probabilità P e che le conseguenze delle decisioni siano numeriche (cioè $C_\delta(\omega) \in \mathbb{R}^1$ per ogni δ e ω), è chiaro che le conseguenze di ogni $\delta \in \Delta$ sono aleatorie; possiamo rappresentare questo aspetto sia come una funzione $C_\delta(\omega)$ sullo spazio di probabilità $(\Omega, \mathcal{A}_\Omega, P)$ sia, più direttamente (ma rinunciando a collegare la conseguenza con gli stati di natura), da una variabile aleatoria X_δ, dotata di una propria funzione di ripartizione $F_\delta(\cdot)$. Come osservato già nella § 1.1, il legame tra i due modi di formalizzare il problema è espresso dalla formula

$$F_\delta(x) = \mathrm{prob}(X_\delta \le x) = P\{\omega : C_\delta(\omega) \le x\}. \tag{2.46}$$

Assumiamo inoltre che X_δ sia interpretabile come un guadagno (e quindi sia da massimizzare) e che media e varianza esistano finite e siano espresse da μ_δ e da σ_δ^2.

In particolare nel campo delle applicazioni economico-finanziarie non tutti gli studiosi hanno ritenuto di proporre come criterio di elaborazione quello basato sulla teoria dell'utilità. Ai tentativi di "correggere" la teoria di von Neumann e Morgenstern si è fatto solo un breve accenno nella § 2.6; qui diamo notizia di procedure che hanno o hanno avuto una certa popolarità nello specifico ambito applicativo e che sono invece basate sulla utilizzazione di opportuni ordinamenti parziali. Nella misura in cui questo tipo di analisi è utile, è estendibile naturalmente anche fuori dell'originario ambito economico-finanziario.

2.10.1 L'ordinamento media-varianza

Un tipo di ordinamento (o più esattamente di preordinamento) storicamente importante è il cosiddetto *ordinamento media-varianza*.

Definizione 2.4. *Si dice che δ domina debolmente δ' nel senso MV, e si scrive*

$$\delta \succeq_{MV} \delta' \tag{2.47}$$

se si ha simultaneamente

$$\mu_\delta \ge \mu_{\delta'} \quad e \quad \sigma_\delta^2 \le \sigma_{\delta'}^2 \quad . \tag{2.48}$$

Se nella (2.48) almeno una delle diseguaglianze è stretta, si parlerà di *dominanza forte nel senso MV* (spesso in letteratura la dominanza senza aggettivi è in realtà la dominanza forte), e si scriverà $\delta \succ_{MV} \delta'$.

L'idea di fondo è naturalmente quella di privilegiare le decisioni che producono un guadagno atteso elevato in condizioni di minore variabilità. È ovvio che il semplice preordinamento naturale $\succeq$ permette solo di scartare decisioni intuitivamente assurde, ma lascia usualmente, nei diversi possibili problemi di decisione, una classe completa di decisioni inconfrontabili. Il criterio MV può però rendere confrontabili coppie di decisioni che non lo sarebbero con l'ordinamento naturale. La tabella seguente

$C_\delta(\omega)$	δ	δ'	prob
ω_1	2	1	0.5
ω_2	2	3	0.5

mostra un caso in cui δ e δ' non sono confrontabili con $\succeq$ ma, essendo $\mu_\delta = \mu_{\delta'}$ e $\sigma_\delta^2 < \sigma_{\delta'}^2$ si ha $\delta \succ_{MV} \delta'$.

Tuttavia si può dare anche il caso opposto, in cui δ e δ' sono confrontabili con $\succeq$ ma non con $\succeq_{MV}$. Un esempio è mostrato in quest'altra tabella

$C_\delta(\omega)$	δ	δ'	prob
ω_1	1	1	0.5
ω_2	2	1	0.5

in cui $\delta \succ \delta'$ ma, essendo, $\mu_\delta > \mu_{\delta'}$ e $\sigma_\delta^2 > \sigma_{\delta'}^2$, viene meno la confrontabilità nel senso MV.

In esempi di quest'ultimo tipo l'ordinamento MV può considerarsi potenzialmente fuorviante. Si noti la stretta analogia con la discussione del criterio media-varianza della sezione 1.3. Va comunque tenuto presente che l'ordinamento MV richiede soltanto la conoscenza delle distribuzioni di X_δ per ogni δ, mentre lo studio dell'ordinamento naturale presuppone di conoscere la matrice dei valori $C_\delta(\omega)$, il che implica in particolare la conoscenza della distribuzione congiunta di tutte le variabili aleatorie X_δ .

2.10.2 La semivarianza

Se X_δ va vista come un guadagno, non ha molto senso penalizzare gli scarti positivi dal valore atteso. La varianza non è quindi una misura adatta quando ci si vuole difendere essenzialmente dagli scarti negativi ed è stata introdotta per questi casi (da H.Markowitz) la cosiddetta *semivarianza*. Considerata la nuova variabile T_δ rappresentata da

$$T_\delta = \begin{cases} X_\delta - \mu_\delta & \text{se } X_\delta < \mu_\delta \\ 0 & \text{se } X_\delta \geq \mu_\delta \end{cases} \tag{2.49}$$

si definisce semivarianza il valore atteso $\tau_\delta^2 = \mathbb{E}(T_\delta^2)$. Come si vede, nel calcolo della semivarianza entrano soltanto gli scarti dalla media di segno negativo.

A questo punto è naturalmente possibile introdurre un ordinamento media-semivarianza con la semplice sostituzione, nella formula (2.48), delle semivarianze alle varianze. Un ulteriore raffinamento è possibile se nella (2.49), al posto di μ_δ, si considera un valore prefissato, diciamo ξ. In tal caso la semivarianza (relativa a ξ) penalizza il mancato raggiungimento del livello ξ.

2.10.3 L'ordinamento stocastico

Un secondo importante tipo di ordinamento è il cosiddetto ordinamento *stocastico*.

Definizione 2.5. *Si dice che δ domina debolmente δ' in senso stocastico, e si scrive*

$$\delta \succeq_{ST} \delta' , \tag{2.50}$$

se si ha:

$$F_\delta(x) \le F_{\delta'}(x) \quad \forall x \in \mathbb{R} . \tag{2.51}$$

Se nella (2.51) si ha la diseguaglianza stretta per almeno un valore x, si parlerà al solito di *dominanza forte*.

Il significato intuitivo della (2.51) è chiaro: F_δ, rispetto a $F_{\delta'}$ presenta la massa della probabilità spostata verso i valori maggiori della variabile. Una importante conseguenza è espressa dal seguente teorema:

Teorema 2.4. *Se G è una qualunque funzione crescente e integrabile si ha:*

$$\delta \succeq_{ST} \delta' \Leftrightarrow \int_\mathbb{R} G(x)\,dF_\delta(x) \ge \int_\mathbb{R} G(x)\,dF_{\delta'}(x) \tag{2.52}$$

dove l'integrale è del tipo di Stieltjes (vedi § A.3). Dato il carattere intuitivo del risultato, una dimostrazione formale può essere omessa. È chiaro infatti che, negli integrali al secondo membro dell'equivalenza, il sistema di pesi determinato da F_δ, rispetto a quello determinato da $F_{\delta'}$, favorisce i valori maggiori di x e quindi anche di $G(x)$. Le conseguenze della (2.52) sono però notevoli: la (2.52) può leggersi nel senso che, comunque si scelga la funzione di utilità (purché crescente e integrabile), la utilità attesa di δ è maggiore o uguale a quella di δ'. La dominanza stocastica è quindi una relazione che da una parte, quando si verifica, è molto convincente ma che, proprio per la sua proprietà di "robustezza" rispetto alla funzione di utilità, non sarà verificabile molto spesso, per cui ci dovremo sempre aspettare (nei problemi reali) l'esistenza di coppie di decisioni non confrontabili. Osserviamo infine che l'ordinamento stocastico $\succeq_{ST}$ non contraddice l'ordinamento di base $\succeq$. Vale infatti la proprietà

$$\delta \succeq \delta' \Rightarrow \delta \succeq_{ST} \delta' \tag{2.53}$$

(vedi esercizio 2.19). È possibile però (come si vedrà nell'esempio successivo) che coppie di decisioni non confrontabili rispetto a $\succeq$ diventino confrontabili con $\succeq_{ST}$.

Esempio 2.8. Consideriamo la tabella seguente

$C_\delta(\omega)$	δ	δ'	prob
ω_1	2	1	1/3
ω_2	4	3	1/3
ω_3	3	4	1/3

relativa ad un fittizio problema di decisione in cui le conseguenze sono numeriche e hanno la natura di guadagni. Innanzitutto è chiaro che, rispetto all'ordinamento $\succeq$, δ e δ' sono inconfrontabili; p.es. δ è preferibile sotto ω_1 ma è peggiore sotto ω_3. Poiché F_δ ha salti di valore $1/3$ nei punti $2, 3, 4$ e $F_{\delta'}$ ha salti dello stesso valore nei punti $1, 3, 4$, si ha $F_\delta \le F_{\delta'}$, cioè $\delta \succeq_{ST} \delta'$. Quindi rispetto all'ordinamento $\succeq_{ST}$ δ e δ' sono confrontabili (e viene preferita δ). Infine, poiché

$$\mu_\delta = 3, \quad \mu_{\delta'} = \frac{8}{3}, \quad \sigma_\delta^2 = \frac{2}{3}, \quad \sigma_{\delta'}^2 = \frac{14}{9},$$

rispetto all'ordinamento media-varianza δ e δ' risultano ancora confrontabili e viene preferita nuovamente δ. $\diamond$

Esercizi

2.16. Dimostrare che se X ha media μ, varianza σ^2 e una densità $f(x)$ simmetrica rispetto alla media, allora la semivarianza è $\tau^2 = \frac{\sigma^2}{2}$.

2.17. Dimostrare, con riferimento alla tabella seguente,

$C_\delta(\omega)$	δ	δ'	prob
ω_1	16	15	0.70
ω_2	22	6	0.10
ω_3	25	12	0.20

che δ e δ' sono inconfrontabili secondo l'ordinamento MV ma $\delta \succeq_{MS} \delta'$ dove con $\succeq_{MS}$ si intende l'ordinamento costruito su medie e semivarianze.

[Oss. X_δ è più variabile di $X_{\delta'}$, ma gli scarti negativi sono meno "pesanti"]

2.18. Dimostrare, con riferimento alla tabella seguente,

$C_\delta(\omega)$	δ	δ'	prob
ω_1	15	6	0.90
ω_2	6	7	0.05
ω_3	12	20	0.05

che δ e δ' sono confrontabili secondo l'ordinamento media-varianza ma non lo sono nell'ordinamento media-semivarianza.

[Oss. $X_{\delta'}$ ha una variabilità maggiore di X_δ con uno degli scarti molto positivo; questo fatto penalizza δ' nell'ordinamento media-varianza, facendo preferire δ, ma δ' viene recuperata nell'ordinamento media-semivarianza secondo il quale risulta inconfrontabile con δ]

2.19. Verificare che $\delta \succeq \delta' \Rightarrow \delta \succeq_{ST} \delta'$.

2.20. Verificare che $\delta \succeq_{ST} \delta' \Rightarrow \mu_\delta \le \mu_{\delta'}$.

[Oss. È un caso particolare della (2.52), ma si può dimostrare direttamente partendo dalla nota formula

$$\mu = \int_{-\infty}^{+\infty} \left(1 - F(x) - F(-x)\right) \mathrm{d}x \ \ ]$$

Parte II

Inferenza statistica

Esperimenti statistici

3.1 Il concetto di esperimento statistico

Gran parte delle applicazioni concrete della statistica matematica hanno come riferimento fondamentale lo schema formale di *esperimento statistico*. Questo schema, che è ovviamente restrittivo se prendiamo in considerazione il ragionamento probabilistico in generale, costituisce la base teorica più naturale per un inquadramento essenziale della tematica dell'inferenza statistica.

La statistica elabora metodi utili per analizzare dei dati, provenienti da osservazioni o sperimentazioni, con l'obiettivo di acquisire conoscenze relative a fenomeni cui i dati in qualche modo si ricollegano. Si tratta in questi casi di problemi *post-sperimentali*. Inoltre la statistica si occupa di *come* procedere alla sperimentazione od osservazione, ed affronta quindi problemi di progettazione degli esperimenti; tali problemi hanno ovviamente natura *pre-sperimentale*. Sia gli uni che gli altri problemi possono essere trattati come problemi di decisione. Va precisato che il termine *esperimento* va inteso nel senso più lato: anche l'osservazione di dati selezionati in un insieme potenzialmente disponibile va riguardata come un *esperimento* nel senso qui considerato.

Prima di eseguire l'esperimento (o più semplicemente prima di conoscerne l'esito) i risultati possibili costituiscono un determinato insieme, che denoteremo con $\mathcal{Z}$; l'esperimento fornisce, quando viene realizzato, un risultato particolare $z_0 \in \mathcal{Z}$.

Il fenomeno che mediante l'esperimento si intende studiare avrà in generale aspetti non noti. Tutte le alternative possibili devono venire specificate in un modello matematico, che le formalizza come punti, indicati con θ, di un insieme a sua volta indicato con Ω. Un termine corrente per denotare i punti $\theta \in \Omega$ è quello di *ipotesi*. Si usa spesso anche il termine *parametro*; questa denominazione è però più appropriata quando si parla di scalari o vettori, mentre θ non è necessariamente tale. Nel modello è implicitamente previsto che una ed una sola delle ipotesi $\theta \in \Omega$ possa considerarsi come la descrizione esatta, cioè la spiegazione *vera*, del fenomeno; si deve intendere che la sua

Piccinato L: Metodi per le decisioni statistiche. 2ª edizione.
© Springer-Verlag Italia, Milano 2009

individuazione è il massimo di conoscenza acquisibile con il metodo statistico sulla struttura del fenomeno stesso.

In generale un esperimento può dare informazioni su un fenomeno in quanto esiste un legame tra ipotesi e risultati sperimentali. Questo legame viene formalizzato esplicitando, in corrispondenza ad ogni $\theta \in \Omega$, una misura di probabilità P_θ su $(\mathcal{Z}, \mathcal{A}_\mathcal{Z})$, dove $\mathcal{A}_\mathcal{Z}$ è una σ-algebra di sottoinsiemi di $\mathcal{Z}$ introdotta per poter rientrare nella consueta architettura degli spazi di probabilità. In questo modo, per ogni ipotesi $\theta \in \Omega$, possiamo dire quali risultati sono più o meno probabili.

Riassumiamo i concetti sopra esposti:

Definizione 3.1. *Un esperimento statistico è una famiglia di spazi di probabilità* $e= \{(\mathcal{Z}, \mathcal{A}_\mathcal{Z}, P_\theta), \theta \in \Omega\}$.

Si intende che Ω (spazio delle ipotesi) è a sua volta un insieme ben determinato e che, per ogni $\theta \in \Omega$, $(\mathcal{Z}, \mathcal{A}_\mathcal{Z}, P_\theta)$ è uno spazio di probabilità in cui la componente $(\mathcal{Z}, \mathcal{A}_\mathcal{Z})$ (spazio dei risultati) è indipendente da θ. Un *esperimento statistico realizzato* è una coppia (e, z_0) dove $z_0 \in \mathcal{Z}$. Per semplicità useremo spesso la notazione abbreviata $e = (\mathcal{Z}, P_\theta, \theta \in \Omega)$.

Alcuni aspetti del concetto richiedono ulteriore riflessione. Una prima osservazione è che, anche se l'ipotesi vera, diciamo θ^*, fosse nota, le assunzioni fatte non determinano esattamente il risultato dell'esperimento ma si limitano ad indicare la misura di probabilità P_{θ^*} da associare a $(\mathcal{Z}, \mathcal{A}_\mathcal{Z})$ e quindi il livello di variabilità che caratterizza il risultato stesso. Non è quindi in generale pensabile di risalire *con certezza* dal risultato osservato z_0 all'ipotesi vera θ^*. Questo è appunto il carattere *statistico* del tipo di esperimento preso in esame. L'incertezza residua, in altri termini, deve potersi considerare sostanzialmente inevitabile in quanto determinata da fattori puramente *accidentali* e comunque incontrollabili.

È chiaro già da qui che lo schema basato sull'esperimento non può essere considerato del tutto generale rispetto ad un qualsiasi processo di acquisizione ed elaborazione di informazioni. Si tratta di uno schema ampio ma pur sempre in una certa misura restrittivo. La possibilità di trattare situazioni che non rientrano nel quadro descritto dipende in modo essenziale dal tipo di trattamento dell'incertezza che si adotta. I limiti cui si allude sono facilmente superabili, in particolare, se si adotta una concezione *soggettivista* della probabilità. Altre osservazioni pertinenti al tema in questione saranno esposte nella § 4.4.

Una seconda osservazione è che, nella quasi totalità delle applicazioni, l'esperimento e è concettualmente ripetibile nelle stesse condizioni. In tali casi le misure di probabilità P_θ sono interpretabili, se si vuole, anche in termini frequentisti.

Nella impostazione soggettivista anche le ipotesi sono, a loro volta, eventi incerti ed in linea di principio si può assegnare loro una probabilità. Quando si utilizzano oltre a probabilità su $(\mathcal{Z}, \mathcal{A}_\mathcal{Z})$ anche probabilità su $(\Omega, \mathcal{A}_\Omega)$ (dove $\mathcal{A}_\Omega$ sarà una opportuna σ-algebra di sottoinsiemi di Ω) si parla di *metodi bayesiani.* L'approfondimento preliminare sul concetto e sull'uso degli esperimenti statistici, senza coinvolgere misure di probabilità su Ω, si spiega sia con la diffusione pratica di procedure di questo genere, sia con l'opportunità, che si riscontra spesso anche in una impostazione bayesiana, di separare per quanto possibile l'analisi delle informazioni sperimentali (cioè prodotte dall'esperimento) dall'analisi di quelle pre-sperimentali (cioè indipendenti dalla realizzazione dell'esperimento stesso).

Esempio 3.1. (*Estrazione con ripetizione*). Consideriamo un insieme di h elementi dei quali $h\theta$ (dove $\theta \in [0,1]$ è incognito) posseggono una determinata caratteristica. Estraiamo n elementi con ripetizione e poniamo $X_i = 1$ oppure 0 ($i = 1, 2, ..., n$) secondo che nella i-esima estrazione si sia ottenuto un successo (l'elemento estratto possiede la caratteristica) oppure un insuccesso. Trattando θ come noto, le v.a. X_i sono somiglianti (cioè hanno la stessa distribuzione) e stocasticamente indipendenti e la v.a. multipla $(X_1, X_2, ..., X_n)$ ha distribuzione

$$P_\theta(X_1 = x_1, X_2 = x_2, ..., X_n = x_n) = \theta^{\Sigma x_i}(1 - \theta)^{n - \Sigma x_i}, \qquad (3.1)$$

con $x_i = 0, 1$ ($i = 1, 2, ..., n$). Nel linguaggio corrente una determinazione $(x_1, x_2, ..., x_n)$ di $(X_1, X_2, ..., X_n)$ viene detta un *campione casuale semplice di dimensione* n estratto da una popolazione binomiale elementare con parametro θ, cioè dalla distribuzione Bin$(1, \theta)$.

Quanto sopra descritto consente di definire in tutti i dettagli l'esperimento statistico $(\mathcal{Z}, P_\theta, \theta \in \Omega)$ dove $\mathcal{Z} = \{0,1\}^n$, $\Omega = [0,1]$ e P_θ è caratterizzata dalla (3.1). Si noti che la specificazione di Ω non è del tutto fedele allo schema fisico descritto in quanto dovrebbe essere piuttosto $\Omega = \{0, \frac{1}{h}, \frac{2}{h}, ..., \frac{h-1}{h}, 1\}$; la scelta fatta, conforme all'uso, privilegia la comodità matematica.

Come si è già osservato nella trattazione generale, è a rigore scorretto affermare che la (3.1) è "la" distribuzione di probabilità di $(X_1, X_2, ..., X_n)$; essa rappresenta infatti una classe di distribuzioni dipendenti dal parametro θ. Se si tratta quest'ultimo come una v.a., denotata con Θ, la (3.1) andrebbe necessariamente interpretata come la distribuzione di X condizionata a $\Theta = \theta$.

Il modello binomiale è largamente usato ogni volta che il risultato è di tipo dicotomico (si/no), o comunque quando il risultato è ricondotto a tale forma (valori numerici superiori o no ad una determinata soglia, ecc.). La *popolazione* (l'insieme degli h individui) può a volte non essere ben definita o essere addirittura infinita, in quanto il valore h non ha alcun ruolo e non compare nel modello matematico. Si pensi per esempio al problema del collaudo di pezzi prodotti in serie in grandi quantità, alla prova di efficacia di farmaci su cavie, ecc.. In questi casi le popolazioni non sono definite in modo veramente preciso ma, se si può sempre assumere la somiglianza e l'indipendenza (condizionata al parametro) delle X_i, la struttura matematica dell'esperimento resta quella sopra descritta.   ◇

Esempio 3.2. (*Errori accidentali*). Rifacendoci al noto schema della teoria degli errori di misura, possiamo pensare ad n misure ripetute $x_1, x_2, ..., x_n$ di una grandezza di valore incognito μ. Se lo strumento di misura induce errori accidentali stocasticamente indipendenti e con distribuzione $N(0,\sigma^2)$, con σ noto, si ottiene un modello statistico con $\mathscr{Z} = \mathbb{R}^n$, $\theta = \mu$, $\Omega = \mathbb{R}$ (supposto che su μ non si debbano introdurre vincoli, p.es. di essere positivo), mentre P_μ è la densità multinormale

$$\left(\frac{1}{\sigma\sqrt{2\pi}}\right)^n \exp\left\{-\frac{1}{2\sigma^2}\sum(x_i-\mu)^2\right\} \qquad (x_i \in \mathbb{R}). \qquad (3.2)$$

Se invece anche σ è incognito, si ha $\theta = (\mu,\sigma)$ e $\Omega = \mathbb{R} \times (0,\infty)$.

La stessa modellizzazione si ha naturalmente nei casi in cui la variabilità non è riconducibile all'uso degli strumenti di misura ma è propria del fenomeno. Come si è ricordato, la diffusione della metodologia statistica nel campo sperimentale (medico, biologico, agronomico, ecc.), in cui sono le singole unità (individui, piante, parcelle di terreno, ...) a presentare una variabilità "accidentale", è basata in larga misura proprio su questo modello. Con un certo abuso terminologico si parla anche in questi casi di campioni casuali semplici "estratti" da popolazioni; nel caso della (3.2), per esempio, si parlerebbe di campioni di una "popolazione normale".   ◇

Esempio 3.3. (*Confronto fra popolazioni normali*). Estendiamo l'esempio precedente considerando la misurazione di due grandezze di valore incognito (non necessariamente lo stesso). Indicando con $(x_1, x_2, ..., x_n)$ e $(y_1, y_2, ..., y_m)$ le corrispondenti serie di misure, ed applicando ancora il classico schema gaussiano si ha, se non si assume di conoscere le varianze, l'esperimento statistico caratterizzato da uno spazio di risultati $\mathscr{Z} = \mathbb{R}^{m+n}$, uno spazio delle ipotesi $\Omega = \mathbb{R}^2 \times (0,\infty)^2$, il cui elemento generico è $\theta = (\mu_X, \mu_Y, \sigma_X, \sigma_Y)$, e una classe di distribuzioni di probabilità espresse dalle densità:

$$\left(\frac{1}{\sqrt{2\pi}}\right)^{n+m}\left(\frac{1}{\sigma_X}\right)^n\left(\frac{1}{\sigma_Y}\right)^m\exp\left\{-\frac{1}{2\sigma_X^2}\sum(x_i-\mu_X)^2-\frac{1}{2\sigma_Y^2}\sum(y_j-\mu_Y)^2\right\},$$

$x_i, y_j \in \mathbb{R}$. Il problema tipico collegato a questi modelli è quello del confronto tra μ_X e μ_Y (fra grandezze, fra effetti di trattamenti terapeutici diversi, fra rese di varietà diverse nella sperimentazione agraria, ecc.). Spesso si assume la restrizione $\sigma_X = \sigma_Y$, che riduce la dimensione di Ω e soprattutto semplifica molte elaborazioni; l'unica giustificazione legittima sarebbe ovviamente il realismo nella rappresentazione del fenomeno, ma va tenuto presente che il caso generale è piuttosto difficile da trattare, in particolare con i metodi non bayesiani.   ◇

Esempio 3.4. (*Modello esponenziale*) Supponiamo che le durate di funzionamento $X_1, X_2, ..., X_n$ di n macchinari identici, dato il valore di un parametro incognito μ, si possano considerare stocasticamente indipendenti e con densità esponenziale di media μ (sinteticamente: $EN(1/\mu)$). Se si progetta di eseguire la prova consistente nel porre in funzione n macchinari ed osservare gli n tempi $x_1, x_2, ..., x_n$, si ha un esperimento statistico in cui $\mathscr{Z} = \mathbb{R}^n_+$, $\Omega = (0,\infty)$ e P_θ è rappresentato dalla densità multipla:

$$\frac{1}{\mu^n} \exp\left(-\frac{1}{\mu}\sum x_i\right) \qquad (x_i \in \mathbb{R}_+).$$

Questa modellizzazione è connessa alla proprietà, che è caratteristica della distribuzione esponenziale negativa, di assenza di memoria. Dalla relazione

$$\mathrm{prob}(X > x + c \mid X > x) = \mathrm{prob}(X > c) \tag{3.3}$$

si ricava infatti (esercizio 3.7) che X ha una distribuzione di tipo EN. D'altra parte la (3.3) esprime proprio il fatto che l'ipotesi di aver funzionato per un tempo di lunghezza x non altera la legge di probabilità per il funzionamento in un successivo periodo di lunghezza c, e quindi esprime l'assenza di usura del macchinario. Pertanto, studiando i tempi di funzionamento di sistemi in cui l'usura può essere considerata irrilevante, la modellizzazione precedente è sostanzialmente obbligata.   ◇

Esempio 3.5. (*Modelli per l'affidabilità*). Se X è una v.a. di tipo continuo che rappresenta la durata di funzionamento di un macchinario, e F è la sua funzione di ripartizione, si indica con

$$R(x) = \mathrm{prob}(X > x) = 1 - F(x)$$

la cosiddetta funzione di *affidabilità* (R dall'inglese *reliability*). In un contesto non tecnologico ma epidemiologico si usa invece il termine "funzione di sopravvivenza". L'affidabilità al tempo x è quindi la probabilità che il macchinario funzioni per un intervallo di tempo di durata superiore a x. La funzione R è particolarmente significativa ai fini della caratterizzazione dei tempi aleatori di funzionamento e vi si fa spesso ricorso per definire opportuni modelli di esperimenti statistici.

Uno strumento equivalente e altrettanto espressivo è il cosiddetto *tasso di avaria* (o *forza di mortalità*), denotato spesso con $h(x)$. Assumendo che la v.a. X sia assolutamente continua con densità $f(x) = \mathrm{d}F(x)/\mathrm{d}x$, si ha:

$$\mathrm{prob}(x \le X < x + \mathrm{d}x \mid X > x) = \frac{\mathrm{prob}(x < X < x + \mathrm{d}x)}{\mathrm{prob}(X > x)} \cong \frac{f(x)\mathrm{d}x}{R(x)}$$

dove la relazione di eguaglianza approssimata vale a meno di infinitesimi di ordine superiore a $\mathrm{d}x$. Si pone quindi, per definizione:

$$h(x) = \frac{f(x)}{R(x)} = \frac{f(x)}{1 - F(x)}. \tag{3.4}$$

Pertanto $h(x)\mathrm{d}x$ è (approssimativamente) la probabilità di guasto immediato di un macchinario che abbia funzionato fino all'istante x.

Un modello statistico per problemi di affidabilità può essere caratterizzato anche precisando l'andamento della funzione $h(\cdot)$, invece delle funzioni $f(\cdot)$ oppure $R(\cdot)$. Un esempio importante è:

$$h(x) = \alpha x^{\beta - 1} \qquad (x, \alpha, \beta > 0). \tag{3.5}$$

La parametrizzazione più usuale fa però intervenire un parametro $\lambda > 0$ tale
che

$$\alpha = \lambda^\beta \beta. \tag{3.6}$$

La (3.5) e la (3.6) determinano (esercizio 3.8) la densità

$$f(x) = \lambda\beta(\lambda x)^{\beta-1} \exp\left\{-(\lambda x)^\beta\right\} \tag{3.7}$$

che è del tipo detto *di Weibull* (v. Appendice C.3). Si osservi che per $\beta = 1$ si ottiene la distribuzione $\mathrm{EN}(\lambda)$, per $\beta > 1$ si ha una distribuzione con tasso di avaria crescente, per $\beta < 1$ si ha una distribuzione con tasso di avaria decrescente (molto inusuale in pratica!). Considerando come risultato di un esperimento per esempio una durata di funzionamento, la corrispondente formalizzazione porta al modello sperimentale con $\mathcal{Z} = \mathbb{R}^1_+$, $\theta = (\lambda, \beta) \in (0, \infty)^2$, P_θ espressa dalla densità (3.7). $\diamond$

Esempio 3.6. (*Modelli non parametrici*). Quando Ω non è un sottoinsieme di uno spazio $\mathbb{R}^k$, si parla di modelli non parametrici. Un classico esempio di modello non parametrico è $e = (\mathbb{R}^n, \mathcal{B}^{(n)}, \mathcal{P})$ dove $\mathcal{P}$ è la classe di tutte le misure di probabilità su $\mathbb{R}^n$ la cui funzione di ripartizione F soddisfi la condizione

$$F(x_1, x_2, \ldots, x_n) = F^*(x_1) \cdot F^*(x_2) \cdot \ldots \cdot F^*(x_n) \tag{3.8}$$

in cui F^* è una funzione di ripartizione qualsiasi. In altri termini è come assumere che il risultato sia una v.a. multipla $(X_1, X_2, ..., X_n)$ con componenti indipendenti (subordinatamente a F^*) e somiglianti, ma con distribuzione per altro incognita. Sia per realismo che per comodità matematica, spesso ci si limita a considerare il caso che F^* sia assolutamente continua.

Apparentemente si tratta di un modello generalissimo, applicabile a n prove ripetute, ma tale da non richiedere assunzioni veramente restrittive. Proprio per tale generalità questo tipo di modello viene particolarmente adoperato nelle applicazioni in cui c'è un minor livello di controllo sperimentale (per esempio nelle ricerche psico-sociologiche); è però opportuno richiamare l'attenzione su alcuni aspetti problematici. Negli esempi precedenti il parametro incognito ha una natura fisica sufficientemente chiara e definita e l'incertezza riguarda non l'esistenza delle ipotesi potenzialmente esplicative ma semplicemente una loro precisazione numerica. Perché il modello adottato abbia un effettivo significato e non si riduca ad una nozione formale e sostanzialmente inutilizzabile, occorre che anche in questo caso le ipotesi (cioè gli elementi $P \in \mathcal{P}$) mantengano il loro ruolo esplicativo del processo di generazione dei dati. Osserviamo che, con la (3.8), si assume la persistenza dello stesso modello probabilistico per tutte le potenziali osservazioni X_i. Quest'ultima assunzione, che assicura un'importanza per così dire strutturale alla misura P, risulta un punto critico e di validità niente affatto scontata nelle diverse applicazioni.

Sono diventati spesso importanti, soprattutto in applicazioni più moderne, modelli detti *semiparametrici*. Un esempio classico è il modello di Cox detto "dei rischi proporzionali" che serve a studiare l'effetto di determinate variabili osservabili $v_1, v_2, ..., v_k$ (le cosiddette *variabili prognostiche*) sul tempo di sopravvivenza di un individuo (l'applicazione più tradizionale è proprio agli studi di statistica medica). Si tratta di assumere come forza di mortalità (v. esempio 3.5) l'espressione

$$h(x) = h_0(x) \exp\left\{ \sum_{i=1}^{k} \beta_i\, v_i \right\} \tag{3.9}$$

dove il parametro è costituito dal vettore $(\beta_1, \beta_2, ..., \beta_k)$ dei coefficienti di regressione e da una funzione incognita $h_0(\cdot)$, quest'ultima sottoposta a pochi vincoli "qualitativi" (non negatività, eventualmente non decrescenza, ecc.). Un obiettivo caratteristico, una volta assunta tale modellizzazione, è di effettuare inferenze sui β_i indipendentemente dalla forma di $h(\cdot)$; ciò rimanda alla tematica della eliminazione dei parametri di disturbo, di cui ci occuperemo ampiamente in seguito. $\diamond$

Un ulteriore approfondimento sul concetto di esperimento statistico, basato sulla nozione di scambiabilità, sarà delineato nella § 4.4. Proprio nei casi concettualmente più delicati può essere opportuno ricorrere a tali affinamenti dell'analisi.

Dato un qualunque esperimento statistico $e = (\mathcal{Z}, P_\theta,\ \theta \in \Omega)$, ogni applicazione (misurabile) $T\colon \mathcal{Z} \to \mathcal{T}$, dove $\mathcal{T}$ è uno spazio (misurabile) qualsiasi, viene detta una *statistica*. Ogni statistica può quindi essere vista come una v.a. in ciascuno degli spazi di probabilità considerati nel modello e tale da assumere valori calcolabili (non dipendenti cioè da quantità non note) non appena si realizza l'esperimento. Denotiamo con P_θ^T la misura di probabilità indotta da T su $\mathcal{T}$ dato $\theta \in \Omega$ (detta usualmente *distribuzione campionaria di T*), e con $\mathbb{E}_\theta T$ e $\mathbb{V}_\theta T$ il valore atteso e la varianza calcolati con la legge P_θ (o, che è lo stesso, con P_θ^T). In molti casi sia $\mathcal{Z}$ che $\mathcal{T}$ sono spazi euclidei e il calcolo della distribuzione campionaria di T si può eseguire con tecniche semplici e ben note.

Esempio 3.7. Con riferimento all'esempio 3.1, statistiche usualmente utilizzate sono $S = \sum X_i$ e $\overline{X} = \sum X_i/n$. È noto che la distribuzione campionaria di S è $\mathrm{Bin}(n, \theta)$, da cui $\mathbb{E}_\theta S = n\theta$ e $\mathbb{V}_\theta S = n\theta(1 - \theta)$, mentre per $\overline{X}$ basta osservare che

$$P_\theta(\overline{X} = \bar{x}) = P_\theta\left(\sum X_i = n\bar{x} \right) = \binom{n}{n\bar{x}} \theta^{n\bar{x}} (1 - \theta)^{n(1-\bar{x})},$$

dove $\bar{x} = 0, \frac{1}{n}, ..., \frac{n-1}{n}, 1$. $\diamond$

Un altro strumento cui talvolta si deve ricorrere sono le applicazioni del tipo $Q: \mathcal{Z} \times \Omega \to \mathcal{Q}$ dove $\mathcal{Q}$ è uno spazio qualsiasi. Questa volta i valori di Q non sono "calcolabili" neanche dopo la realizzazione dell'esperimento, perché dipendono dal parametro indeterminato $\theta \in \Omega$, tuttavia (sotto le ovvie condizioni di misurabilità) è ancora possibile parlare della distribuzione campionaria di Q, che indicheremo naturalmente con P_θ^Q. Alcuni esempi importanti sia di statistiche che di v.a. di quest'ultimo tipo saranno visti negli esercizi.

Esercizi

3.1. Si fornisca una approssimazione, per n grande, della distribuzione campionaria del totale dei successi $S = \sum X_i$, della frequenza relativa $\overline{X} = S/n$ e di $Q = (\overline{X} - \theta)/\sqrt{\theta(1 - \theta)/n}$ (che non è una statistica).

[Sugg. Usare il teorema centrale di convergenza]

3.2. Con riferimento all'esempio 3.2, si verifichi che la distribuzione campionaria delle quantità

$$\overline{X} = \frac{\sum X_i}{n}, \quad V = \frac{\sum (X_i - \mu)^2}{n}$$

è rispettivamente di tipo $N(\mu, \frac{\sigma^2}{n})$ e di tipo Gamma$(\frac{n}{2}, \frac{n}{2\sigma^2})$.

[Sugg. Usare la funzione generatrice dei momenti]

3.3. * Proseguendo l'esercizio precedente, si dimostri che, fissati i parametri μ e σ, le v.a. $\overline{X}$ e $D = \sum (X_i - \overline{X})^2$ sono indipendenti e che D ha distribuzione campionaria di tipo Gamma$(\frac{n-1}{2}, \frac{1}{2\sigma^2})$. Se ne deduca quindi che le distribuzioni campionarie di

$$Q = \frac{D}{\sigma^2}, \quad S^2 = \frac{D}{n}, \quad \overline{S}^2 = \frac{D}{n-1}$$

sono rispettivamente Chi$^2(n-1)$, Gamma$(\frac{n-1}{2}, \frac{n}{2\sigma^2})$, Gamma$(\frac{n-1}{2}, \frac{n-1}{2\sigma^2})$.

[Sugg. Conviene trasformare la v.a. $X = (X_1, X_2, ..., X_n)$ nella v. a. $Y = (Y_1, Y_2, ..., Y_n)$ con una rotazione $X = AY$, dove A è una matrice ortogonale $n \times n$ la cui ultima colonna è $(1/\sqrt{n}, 1/\sqrt{n}, \ldots, 1/\sqrt{n})$. Osservando che $D = Y_1^2 + Y_2^2 + ... + Y_{n-1}^2$ e che $Y = A^\top X$ è a sua volta multinormale, si ricava l'indipendenza di $\overline{X}$ e D. Per le distribuzioni campionarie conviene introdurre le variabili standardizzate $U_i = (X_i - \mu)/\sigma$ e applicare a queste la rotazione]

3.4. Con riferimento all'esempio 3.2, si verifichi che la distribuzione campionaria della quantità $T = (\overline{X} - \mu)/(\overline{S}/\sqrt{n})$ è la distribuzione di Student con $n - 1$ gradi di libertà.

[Sugg. Scrivere T come $U/\sqrt{W}$ dove $U = (\overline{X} - \mu)/(\sigma/\sqrt{n})$ e $W = \overline{S}^2/\sigma^2$, e ricordare la proprietà (a) della distribuzione di Student (§ C.3)]

3.5. * Con riferimento all'esempio 3.3, assumendo $\sigma_X = \sigma_Y$, con $(\overline{X}, \overline{S}_X^2)$ e con $(\overline{Y}, \overline{S}_Y^2)$ intendiamo le statistiche vettoriali citate nell'esercizio 3.3 e associate ai due campioni, e poniamo:

$$\overline{S}^2 = \frac{(n-1)\overline{S}_X^2 + (m-1)\overline{S}_Y^2}{(n+m-2)}, \qquad T = \frac{\overline{X} - \overline{Y} - (\mu_X - \mu_Y)}{\overline{S}\sqrt{\frac{1}{n} + \frac{1}{m}}}.$$

Si dimostri che T ha una distribuzione campionaria di tipo Student con $n + m - 2$ gradi di libertà.

3.6. * Con riferimento all'esempio 3.4, determinare la distribuzione campionaria di $S = \sum X_i$ e di $T = 1/S$.

3.7. Dimostrare che la proprietà (3.3) implica che X abbia una distribuzione del tipo EN.

[Sugg. Si sfrutti il fatto che l'equazione funzionale $\varphi(x + y) = \varphi(x)\varphi(y)$, con x e y reali, ha come soluzioni continue, oltre alla funzione identicamente nulla, tutte e sole le funzioni del tipo $\varphi(x) = \exp\{\lambda x\}, \lambda \in \mathbb{R}$]

3.8. Con riferimento all'esempio 3.5, si dimostri che, posto

$$H(x) = \int_0^x h(t)\mathrm{d}t,$$

si ha $R(x) = \exp(-H(x))$. Sfruttando questo risultato generale, si verifichi che l'assunzione (3.5) determina la densità (3.7).

[Sugg. Si integri la (3.4) sull'intervallo $(0, x)$]

3.9. Nel caso considerato nell'esempio 3.6, una importante statistica è la cosiddetta *funzione di ripartizione empirica* $F_n(\cdot)$ che assegna massa $1/n$ a ciascuno dei valori osservati. Denotando con $x_{(1)}, x_{(2)}, ..., x_{(n)}$ i valori campionari riordinati in senso crescente, si può scrivere

$$F_n(x) = \frac{1}{n} \sum_{i=1}^n 1_{(0,\infty)}(x - x_{(i)}).$$

Calcolare la distribuzione campionaria di $F_n(x)$ in corrispondenza ad un generico valore x prefissato.

[Oss. Si noti che i "valori" di tale statistica sono in realtà funzioni, e più esattamente funzioni di ripartizione discrete in $\mathbb{R}$ con al più n salti di valore $1/n$ o multiplo di $1/n$; fissare x riporta però il problema allo studio di una statistica a valori reali]

3.10. Sia $\{p_\theta(\cdot), \theta \in \Omega\}$ una classe di distribuzioni di probabilità discrete o di densità di probabilità su $\mathbb{R}^1$. Se $\Omega \subseteq \mathbb{R}^1$ si dice che θ è un *parametro di posizione* se esiste una funzione f tale che

$$p_\theta(x) = f(x - \theta) \qquad \forall x, \theta.$$

Si dice invece che θ è un *parametro di scala* se esiste una funzione f tale che

$$p_\theta(x) = \frac{1}{\theta}\, f\!\left(\frac{x}{\theta}\right) \qquad \forall x, \theta.$$

Se è $\Omega \subseteq \mathbb{R}^2$ e $\theta = (\theta_1, \theta_2)$, si dice che θ è un *parametro di posizione-scala* se esiste una funzione f tale che

$$p_\theta(x) = \frac{1}{\theta_2} f\!\left(\frac{x - \theta_1}{\theta_2}\right) \qquad \forall x, \theta.$$

Verificare che:
(a) nelle classi di distribuzioni $\{N(\theta, \sigma^2),\ \theta \in \mathbb{R}^1\}$, $\{\text{StudentGen}(\alpha,\ \theta, \sigma^2),$ $\theta \in \mathbb{R}^1\}$ θ è un parametro di posizione;
(b) nelle classi $\{N(0, \theta^2),\ \theta > 0\}$, $\{\text{StudentGen}(\alpha, 0, \theta^2),\ \theta > 0\}$, $\{\text{EN}(1/\theta),$ $\theta > 0\}$, $\{\text{Gamma}(\delta,\ 1/\theta),\ \theta > 0\}$ θ è un parametro di scala;
(c) nelle classi $\{N(\theta_1, \theta_2^2),\ \theta_1 \in \mathbb{R},\ \theta_2 > 0\}$ e $\{\text{StudentGen}(\alpha, \theta_1, \theta_2^2),\ \theta_1 \in$ $\mathbb{R},\ \theta_2 > 0\}$ $(\theta_1,\ \theta_2)$ è un parametro di posizione-scala.

3.11. Sia $\{p_{\theta_1, \theta_2}(\cdot)\}$ una famiglia di posizione-scala (v. esercizio precedente). Si verifichi che la distribuzione campionaria di $(X - \theta_1)/\theta_2$ ha densità o probabilità discrete espresse da $f(\cdot)$.

3.2 Disegno sperimentale e modello

Riesaminando gli esempi della sezione precedente si vede che il modello dell'esperimento incorpora in pratica due aspetti concettualmente diversi anche se non sempre facili da isolare.

Il primo è, in senso lato, la descrizione di uno stato di fatto reale, che, almeno in parte, prescinde dal modo con cui procederà poi l'esperimento. Se, per esaminare un caso concreto, ci riferiamo all'esempio 3.2, rientrano in questo aspetto il fatto che la grandezza sottoposta a misura ha un valore reale μ che resta invariato nelle diverse prove, che l'errore accidentale è di tipo gaussiano e opera in modo additivo, che misurazioni diverse hanno errori stocasticamente indipendenti, ecc.. A stretto rigore, naturalmente, gli elementi riportati esprimono soltanto (ed eventualmente con qualche semplificazione) le informazioni sulla realtà stessa che consideriamo acquisite. In molti casi tali assunzioni determinano un vero e proprio *modello di base*, che potrebbe anche essere riferito ad una sola, ipotetica, osservazione.

Nella gran parte delle applicazioni che ci interessano tale modello di base, che indicheremo con $(\mathcal{X}, P_\theta, \theta \in \Omega)$, appartiene ad una delle seguenti categorie:
(a) $\mathcal{X}$ è un insieme finito o numerabile e le P_θ hanno il medesimo supporto;
(b) $\mathcal{X}$ è un intervallo ad una o più dimensioni e le P_θ sono assolutamente continue (per cui posseggono una funzione di densità).

Per maggiori precisazioni su queste condizioni di regolarità si veda il concetto di *modello dominato* nella § C.6.

Il secondo aspetto è invece la descrizione della procedura sperimentale, cioè del modo usato (o da usare) per acquisire l'informazione empirica, i *dati*. In tutti gli esempi finora citati questa procedura è in definitiva la semplice ripetizione delle prove in condizioni identiche, di modo che il risultato sperimentale può vedersi a priori come un vettore di variabili aleatorie, che, per ogni valore del parametro incognito θ, vanno considerate indipendenti e somiglianti. In termini più sintetici si tratta, come si è già ricordato, del cosiddetto campionamento casuale semplice. Benché questo sia forse il caso più importante, non è certo l'unico, come si vedrà nei prossimi esempi.

Esempio 3.8. Riprendiamo l'esempio 3.4 ed assumiamo che l'esperimento consista nel sottoporre contemporaneamente a prova n macchine, ma seguendo questa volta la regola di terminare la prova non appena si sia verificata la k-esima avaria, dove k $(1 \leq k \leq n)$ è un intero prefissato. Il vantaggio di questa procedura, chiamata *censura di II tipo*, è naturalmente una durata più breve dell'esperimento. Indichiamo con $X_{(1)}, X_{(2)}, \ldots$ i successivi istanti in cui si verificano le avarie (si intende che le macchine non vengono via via riattivate), cioè i tempi di funzionamento dei congegni, posti in ordine crescente. L'osservazione fornita dall'esperimento è quindi semplicemente $(X_{(1)}, X_{(2)}, \ldots, X_{(k)})$, la cui distribuzione campionaria è facilmente calcolabile (esercizio 3.12) Per rientrare nella formalizzazione $e = (\mathcal{Z}, P_\mu, \mu \in \Omega)$ basta quindi porre $\mathcal{Z} = \mathbb{R}^k$, $\Omega = (0, \infty)$ e precisare che P_μ è rappresentato dalla densità

$$[n]_k \, \mu^{-k} \exp\left\{ - \frac{1}{\mu}\left(\sum_{i=1}^{k} t_i + (n-k)t_k \right)\right\}, \quad (t_1 \leq t_2 \leq \ldots \leq t_k) \quad (3.10)$$

dove t_i è il valore assunto da $X_{(i)}$ e $[n]_k = n(n-1)\ldots(n-k+1)$ è il cosiddetto fattoriale discendente.

Avere adottato come risultato dell'esperimento le variabili ordinate $X_{(i)}$ fa perdere l'informazione circa il comportamento dei singoli macchinari. Ai fini della inferenza sul parametro incognito tale perdita è però irrilevante (come si vedrà meglio trattando del concetto di sufficienza) e d'altra parte contribuisce a rendere più scorrevole la trattazione (volendo, tale perdita si può tuttavia evitare, v. esercizio 3.13).

È evidente, se $k < n$, che l'esperimento così descritto ha una struttura ben diversa da quella associata al campionamento casuale semplice, pur restando vero che si può distinguere una parte descrittiva del fenomeno reale (il modello di base che potrebbe riferirsi ad un singolo tempo di funzionamento con distribuzione $\mathrm{EN}(1/\mu)$ e osservato completamente) ed una parte descrittiva della procedura sperimentale (la "censura" alla k-esima avaria).   ◇

Esempio 3.9. Nel contesto già considerato nell'esempio precedente, le cosiddette prove di affidabilità, è in uso anche una diversa procedura sperimentale, nota come *censura di I tipo*. Si tratta di fissare a priori un tempo $t > 0$ (partendo da un'origine 0 corrispondente all'inizio del funzionamento per tutte le macchine) e di terminare la prova all'istante t prefissato, quale che sia il risultato osservato fino a quel punto. La durata della prova sarà la v.a. $T = \min\{t, X_{(n)}\}$. Il numero delle avarie osservate, diciamo M, è questa volta aleatorio e può assumere a priori tutti i valori interi tra 0 e n . Il risultato generico, a priori, è del tipo $(X_{(1)}, X_{(2)}, \ldots, X_{(M)})$ dove le $X_{(i)}$ sono ancora le variabili ordinate ma il loro numero, M, è noto solo dopo l'esecuzione dell'esperimento. Si può dimostrare che la densità corrispondente a $X_{(1)} = t_1, X_{(2)} = t_2, \ldots, X_{(M)} = t_m$, dove m è il valore osservato di M e $\mu > 0$ è fissato, è

$$[n]_m \, \mu^{-m} \exp\left\{ -\frac{1}{\mu}\left(\sum_{i=1}^{m} t_i + (n-m)t_m \right) \right\}, \tag{3.11}$$

dove $t_1 \leq t_2 \leq \ldots \leq t_m$ e $m \leq n$. Riportarsi alla forma standard per l'esperimento non è immediato come nel caso precedente, visto che è addirittura la dimensione del vettore-risultato ad essere aleatoria; il problema resta però risolubile in modo sostanzialmente elementare (v. esercizio 3.15). $\diamond$

Una categoria molto importante di possibili procedure sperimentali è quella delle cosiddette *regole sequenziali*. Per trattare un caso relativamente semplice, assumiamo di poter eseguire un numero arbitrario di osservazioni, rappresentate da una successione di variabili aleatorie $X_1, X_2, \ldots$ e che, assumendo θ dato, tali variabili aleatorie siano indipendenti e somiglianti con probabilità (o densità) $p_\theta(\cdot)$, $\theta \in \Omega$. Dopo aver osservato $X_1 = x_1$, si deve decidere se proseguire e così via. I criteri che saranno adottati per queste scelte saranno in sostanza legati alla valutazione se l'informazione fino ad allora acquisita è sufficiente.

Formalmente possiamo rappresentare l'esperimento sequenziale esplicitando il modello di base $(\mathbb{R}^1, p_\theta(\cdot), \theta \in \Omega)$ ed una *regola d'arresto* (vedi § 1.7), costituita da una famiglia di insiemi $\{A_n \subseteq \mathbb{R}^n; n = 1, 2, \ldots\}$ tali che si ha l'arresto dopo le n osservazioni $x_1, x_2, \ldots, x_n$ non appena $(x_1, x_2, \ldots, x_n) \in A_n$. Il numero delle prove che saranno effettivamente eseguite (diciamo N) è evidentemente aleatorio e il risultato finale generico può essere indicato con $(X_1, X_2, \ldots, X_N)$. Fissato θ e un qualunque boreliano $B_n \in \mathcal{B}^{(n)}$, si ha nel caso discreto:

$$P_\theta((X_1, X_2, \ldots, X_N) \in B_n) = \sum_{B_n \cap A_n} p_\theta(x_1)p_\theta(x_2)\ldots p_\theta(x_n),$$

dove la somma è estesa ai punti $(x_1, x_2, \ldots, x_n) \in B_n \cap A_n$, oppure, nel caso continuo:

$$P_\theta((X_1, X_2, \ldots, X_N) \in B_n) = \int_{B_n \cap A_n} p_\theta(x_1)p_\theta(x_2)\ldots p_\theta(x_n)\mathrm{d}x_1\mathrm{d}x_2\ldots\mathrm{d}x_n.$$

Si può quindi dire che ad ogni punto $(x_1, x_2, \ldots, x_n) \in B_n$ è associata una probabilità o una densità

$$1_{A_n}(x_1, x_2, \ldots, x_n)p_\theta(x_1)p_\theta(x_2)\cdots p_\theta(x_n). \tag{3.12}$$

Ciò basta a determinare la legge di probabilità dell'intero processo (o meglio della famiglia di processi).

Esempio 3.10. Consideriamo un modello di base $(\mathbb{R}^1, \mathrm{P}_\theta, \theta \in \Omega)$ dove le P_θ sono misure di probabilità dotate di una densità $f_\theta(\cdot)$. Assumiamo che siano osservabili soltanto valori che siano superiori ad una costante τ, ad esempio per una caratteristica dello strumento di rilevazione. Se si ha un campione casuale ottenuto sotto tale vincolo, la effettiva distribuzione di provenienza del campione ha una legge esprimibile con la densità

$$f_\theta^*(x) = \text{cost} \cdot f_\theta(x), \quad x \geq \tau$$

e quindi, specificando la costante di normalizzazione,

$$f_\theta^*(x) = \frac{f_\theta(x)}{\int_\tau^\infty f_\theta(x)\mathrm{d}x}, \quad x \geq \tau. \tag{3.13}$$

Un esempio ben noto è l'analisi delle altezze della popolazione di uno stato basata sulla misurazione alla leva. Allora f_θ modellizza la incognita distribuzione nella intera popolazione, τ è l'altezza minima per l'arruolamento, f_θ^* è la distribuzione selezionata, che va a costituire il modello concretamente usato. In altre applicazioni τ può essere incognito; allora il modello ottenuto con la (3.13), che rientra nei cosiddetti *modelli di selezione*, ha come parametro effettivo il vettore (θ, τ). Anche nei modelli di selezione, quindi, sono ben distinguibili due aspetti, la descrizione di una situazione reale e un vincolo esterno che produce una selezione. ◇

Esercizi

3.12. Con riferimento all'esempio 3.8, dimostrare che la (3.10) è la distribuzione campionaria della statistica $(X_{(1)}, X_{(2)}, \ldots, X_{(k)})$.

3.13. Se nell'esempio 3.8 si vuole mantenere nel risultato il riferimento ai singoli macchinari, conviene considerare come risultato generico:

$$\left(X_{i_1} = x_1, X_{i_2} = x_2, \ldots, X_{i_k} = x_k, X_{i_{k+1}} > x_{\max}, \ldots, X_{i_n} > x_{\max}\right),$$

dove $x_{\max} = \max\{x_1, x_2, \ldots, x_k\}$ e $(i_1, i_2, \ldots, i_k)$ è una opportuna permutazione di $(1, 2, \cdots, k)$. Si verifichi che la densità di $(X_{i_1}, X_{i_2}, \ldots, X_{i_k})$ è, per ogni $\mu > 0$:

$$\mu^{-k} \exp\left\{ -\frac{1}{\mu}\left(\sum_{i=1}^k x_i + (n-k)x_{\max}\right)\right\}, \quad (x_1, x_2, \ldots, x_k) \in \mathbb{R}^k.$$

3.14. Determinare la distribuzione campionaria della statistica M dell'esempio 3.9.

3.15. * Con riferimento all'esempio 3.9 si consideri che, se x_i è il tempo di funzionamento della macchina i-esima, il risultato della prova sperimentale (con riferimento alla sola macchina i-esima) può scriversi come (y_i, a_i) dove $y_i = \min\{x_1, t\}$ e:

$$a_i = \begin{cases} 1 & \text{se } x_i \leq t \\ 0 & \text{se } x_i > t \end{cases}.$$

Si noti che la variabile aleatoria (Y_i, A_i), che è di tipo misto, ha come supporto l'insieme sconnesso:

$$\{(y_i, a_i) : 0 \leq y_i \leq t, a_i = 1\} \cup \{(y_i, a_i) : y_i = t, a_i = 0\}$$

e che, se $f(x)$ è la densità di probabilità del tempo di funzionamento e $R(x)$ la funzione di affidabilità, si ha:

$$\text{prob}(Y_i = t, A_i = 0) = R(t)$$

e, per $y_i \leq t$:

$$\text{prob}(y_i \leq Y_i < y_i + \mathrm{d}y_i, A_i = 1) \cong f(y_i)\mathrm{d}y_i.$$

Se ne derivi una espressione per la legge di probabilità di $(Y_1, Y_2, \ldots, Y_n)$ e di $(X_{(1)}, X_{(2)}, \ldots, X_{(M)})$. Si verifichi infine la formula (3.11), specificando opportunamente le funzioni $f(x)$ e $R(x)$.

[Oss. La legge di probabilità di (Y_i, A_i) può scriversi in modo compatto come $\left(f(y_i)\right)^{a_i} \left(R(t)\right)^{1-a_i}$]

3.16. In un esperimento sequenziale si adotti la seguente regola di arresto: fissato un valore m, ci si fermi non appena $(x_1 + x_2 + \ldots + x_n)/n \geq m$. Si scrivano i corrispondenti insiemi di arresto A_n.

[Oss. La condizione indicata, da sola, non è sufficiente: bisogna che si sia potuti arrivare fino alla n-esima prova ...]

3.17. Si dimostri che, se $\{A_n,\ n = 1, 2, ...\}$ è una successione di insiemi di arresto per un problema sequenziale, si ha $A_n \cap (A_i \times \mathbb{R}^{n-i}) = \emptyset$ per ogni n e ogni $i = 1, 2, \ldots, n - 1$.

3.3 Sguardo preliminare ai problemi inferenziali

Consideriamo un qualunque esperimento $e = (\mathcal{Z}, P_\theta, \theta \in \Omega)$; poiché, come si è detto, l'insieme Ω contiene un punto θ^* che corrisponde alla "vera" struttura del fenomeno, è chiaro che una prima ed importante categoria di problemi inferenziali è costituita dai problemi detti *ipotetici* (o anche *strutturali*) per i quali l'obiettivo è di acquisire informazioni, sulla base del risultato osservato $z_0 \in \mathcal{Z}$, circa l'incognito "valore" θ^*. Tale informazione può però articolarsi secondo quadri differenti; la suddivisione tradizionale distingue:

(a) i problemi di *stima puntuale*, in cui si ricerca direttamente una valutazione di θ^* mediante una opportuna *stima t* che, salvo eccezioni molto particolari, sarà ancora un punto di Ω;

(b) i problemi di *stima mediante insiemi*, in cui si ricerca un insieme $S \subseteq \Omega$ (dipendente dal risultato z) che, sperabilmente, contenga l'incognito θ^*; si tratta in questo caso di un obiettivo un po' più debole (e simultaneamente più realistico) in quanto si accetta a priori una certa approssimazione nella conclusione;

(c) i problemi di *scelta tra ipotesi* (o di *test* di ipotesi) nei quali è predefinita una partizione (Ω_0, Ω_1) di Ω e si cerca di stabilire, sempre sulla base del risultato z_0, se $\theta^* \in \Omega_0$ oppure $\theta^* \in \Omega_1$. Quando Ω_0 e Ω_1 contengono più di un elemento vengono chiamate *ipotesi composte*, altrimenti vengono dette *ipotesi semplici* (abbiamo già ricordato il nome di ipotesi per i singoli punti di Ω, il che è sostanzialmente coerente con la terminologia usuale ora introdotta).

Una seconda categoria di problemi inferenziali è quella dei *problemi predittivi*. Consideriamo un ulteriore esperimento $e' = (\mathcal{Z}', P'_\theta, \theta \in \Omega)$ (si noti che lo spazio delle ipotesi è lo stesso dell'esperimento e), che va pensato come un esperimento da eseguire successivamente ad e, ed in cui l'ipotesi "vera" θ^* è ancora la stessa. L'obiettivo è di utilizzare l'informazione fornita da $z_0 \in \mathcal{Z}$ per prevedere il risultato futuro $z' \in \mathcal{Z}'$. Si assume poi che, per un valore prefissato di θ, le variabili Z e Z' siano indipendenti e quindi che la distribuzione campionaria di $Z' \mid Z$ coincida con quella di Z'. Anche in questo caso si possono distinguere i problemi del tipo (a), (b), (c) come si è fatto sopra, ma qui naturalmente con riferimento al risultato futuro.

La principale differenza tra i problemi ipotetici e quelli predittivi risiede quindi nel fatto che oggetto di incertezza nel primo caso è un parametro incognito, non osservabile, mentre nel secondo è una variabile effettivamente osservabile anche se solo successivamente alla operazione di inferenza. Come vedremo nel cap. 4, questa differenza può risultare molto o poco rilevante per quanto riguarda le procedure adottate a seconda della teoria inferenziale cui si fa riferimento.

Le questioni finora delineate presuppongono che sia dato un esperimento statistico e ed una sua realizzazione z_0. A monte, nella gran parte dei casi, è stato affrontato e risolto un altro problema: in una classe $\mathcal{E}$ di esperimenti possibili se ne doveva scegliere uno ed è stato selezionato proprio e. Basti pensare, come esempi, alla scelta del numero di unità del campione, alla scelta di una regola di arresto sequenziale, alla scelta delle caratteristiche di una procedura censurata, ecc.... Alcuni dei problemi principali relativi alla *scelta dell'esperimento* nel senso detto e in vista di obiettivi inferenziali saranno trattati direttamente in termini decisionali nel cap. 8.

Un problema di tipo differente è infine quello del *controllo del modello*. In sostanza, si tratta di verificare il realismo delle assunzioni introdotte nel modello matematico dell'esperimento, con riguardo anche alla parte di modello (la prima, nell'analisi sopra esposta) che cerca di rappresentare la struttura propria del fenomeno. Ciò include tra l'altro il fatto che Ω contenga effettivamente la descrizione "vera" θ^*, e che P_{θ^*} abbia la forma esplicitata. Per esempio, in un problema come quello dell'esempio 3.4 si vorrebbe controllare se effettivamente $(X_1, X_2, ..., X_n)$ può essere trattato come un campione casuale di una distribuzione esponenziale negativa, e in particolare, tra i tanti elementi che si potrebbero prendere in esame, se è vero che manca nella realtà ogni possibile interazione tra il funzionamento delle diverse macchine. La metodologia in proposito è ancora oggetto di ricerche e non può considerarsi consolidata. Alcuni elementi verranno presentati nelle sezioni 4.8 e 6.8; per una introduzione alle ricerche più moderne si rimanda alla nota bibliografica.

3.4 La funzione di verosimiglianza

La funzione di verosimiglianza può essere vista come il principale strumento concettuale per analizzare il risultato di un esperimento. Come vedremo meglio in seguito, il suo ruolo è diverso a seconda dell'impostazione logica adottata.

3.4.1 Il caso discreto

Diamo anzitutto la definizione fondamentale, anche se in un caso particolare.

Definizione 3.2. *Se $e = (\mathcal{Z}, P_\theta, \theta \in \Omega)$ è un esperimento statistico tale che P_θ sia discreta per ogni θ, si chiama funzione di verosimiglianza associata al risultato $z_0 \in \mathcal{Z}$ l'applicazione $\ell\colon \Omega \to [0, 1]$ definita da:*

$$\ell\colon \quad \theta \mapsto P_\theta\{z_0\}. \tag{3.14}$$

In altri termini, in presenza di un esperimento realizzato (e, z_0), con probabilità discrete, la verosimiglianza $\ell(\theta)$ di una qualunque ipotesi $\theta \in \Omega$ è la probabilità che si assegnerebbe a priori al risultato z_0 se si assumesse che θ fosse l'ipotesi vera.

Dal punto di vista del significato si deve considerare che ogni ipotesi θ, con la realizzazione dell'esperimento, riceve un "supporto sperimentale" misurato da $\ell(\theta)$. Alcune ipotesi vengono quindi più rafforzate di altre, in seguito all'esperimento, e un confronto fra le ipotesi stesse, diciamo fra θ e θ', può basarsi sul calcolo dei *rapporti di verosimiglianza* $\ell(\theta)/\ell(\theta')$. Per semplificare queste elaborazioni comparative conviene introdurre la cosiddetta *funzione di verosimiglianza relativa*, cioè:

$$\bar{\ell}(\theta) = \frac{\ell(\theta)}{\sup_{\theta \in \Omega} \ell(\theta)}, \tag{3.15}$$

per la quale si ha:

$$0 \leq \bar{\ell}(\theta) \leq 1 \qquad \forall \theta \in \Omega.$$

Nei casi più semplici esiste un punto di massimo $\theta = \widehat{\theta}$ per $\ell(\theta)$, sicché si può scrivere più semplicemente

$$\bar{\ell}(\theta) = \frac{\ell(\theta)}{\ell(\widehat{\theta})}. \tag{3.16}$$

Il calcolo di $\bar{\ell}(\cdot)$ mediante la (3.16) sostituisce evidentemente il calcolo dei rapporti di verosimiglianza in quanto permette di confrontare direttamente ogni ipotesi con quella privilegiata dal risultato sperimentale. La (3.15) resta necessaria quando quando $\ell(\theta)$ ha un estremo superiore che non è anche un punto di massimo, ma vale un ragionamento nella sostanza simile anche se il termine di riferimento non è a rigore un valore effettivo della verosimiglianza.

Poiché in ogni caso la funzione di verosimiglianza costituisce un sistema di pesi e viene elaborata tipicamente mediante il calcolo dei rapporti, una qualunque funzione $\widetilde{\ell}(\theta) = c \cdot \ell(\theta)$ (dove c è una quantità indipendente da θ) è sostituibile a $\ell(\theta)$ a tutti gli effetti. Una tale funzione $\widetilde{\ell}(\theta)$ viene detta un *nucleo* della funzione di verosimiglianza.

Va infine sottolineato, anche per evitare un fraintendimento piuttosto comune, che $\ell(\theta)$ non può essere interpretata come la probabilità da assegnare a θ visto il risultato z_0; dalla definizione si vede che $\ell(\theta)$ è effettivamente una probabilità, ma relativa all'evento $Z = z_0$, non all'ipotesi θ. Quando si vuole ricordare la dipendenza della verosimiglianza dai risultati si usa la notazione $\ell(\theta; z)$.

Esempio 3.11. Riprendiamo l'esempio binomiale 3.1. Avendo posto $n = 5$ e considerando il risultato $X_1 = 1, X_2 = 0, X_3 = 1, X_4 = 0, X_5 = 1$, abbiamo

$$\ell(\theta) = \theta^3 (1 - \theta)^2 \qquad \theta \in [0, 1].$$

Poiché esiste uno ed un solo punto di massimo in $\theta = 0.6$, si ha:

$$\bar{\ell}(\theta) = \left(\frac{\theta}{0.6} \right)^3 \left(\frac{1 - \theta}{0.4} \right)^2.$$

Se, mantenendo la stessa proporzione di successi, passiamo al caso $n = 50$ e $\sum X_i = 30$, si ottiene come funzione di verosimiglianza relativa

$$\bar{\ell}(\theta) = \left(\frac{\theta}{0.6} \right)^{30} \left(\frac{1 - \theta}{0.4} \right)^{20}.$$

Naturalmente non è possibile dare un criterio assoluto per stabilire quando una ipotesi θ riceve "molto" o "poco" supporto; tuttavia è chiaro dai valori numerici che la differenziazione dei pesi non è molto pronunciata nel primo caso, in un intervallo centrale abbastanza ampio. La figura 3.1 mostra le due funzioni e mette in evidenza come la maggior quantità di informazioni sperimentali incorporata nella verosimiglianza relativa al caso $n = 50$ (linea tratteggiata) renda i valori molto più concentrati intorno al punto di massimo $\widehat{\theta} = 0.6$. In ogni caso, per costruzione, si ha $\bar{\ell}(0.6) = 1$. $\diamond$

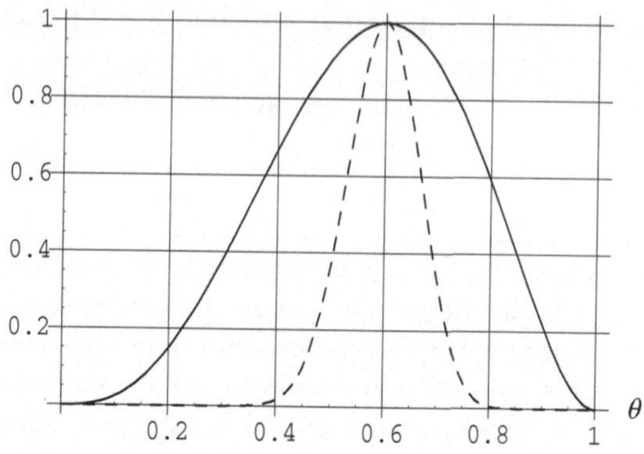

Figura 3.1. Verosimiglianze binomiali relative per $(n, s) = (5, 3)$ e $(50, 30)$

L'analisi della verosimiglianza non è di per sé una procedura di tipo decisionale o comunque conclusivo, a meno di adottare convenzioni *ad hoc*, come per esempio "scartare" le ipotesi θ tali che $\bar{\ell}(\theta) < \varepsilon$ con ε prefissato e ovviamente abbastanza piccolo. Nell'esempio con $n = 50$, trascurando per ora una certa opinabilità della procedura, ha presumibilmente rilievo pratico osservare che per molti valori di θ (tra cui tutti quelli inferiori o uguali a 0.3 e quelli superiori o uguali a 0.9) la verosimiglianza relativa è addirittura inferiore a 10^{-4}. Tali ipotesi, si può dire, escono dall'esperimento molto indebolite.

È intuitivo che, al crescere di n, ci si deve aspettare un processo di concentrazione della verosimiglianza sulla ipotesi "vera"; su ciò si tornerà in modo più dettagliato nella prossima sezione.

Due punti particolari richiedono un approfondimento specifico. Anzitutto, poiché la funzione $\ell(\cdot)$ viene adoperata come un sistema di pesi, un qualunque suo nucleo $\widetilde{\ell}(\theta)$ fornisce la stessa informazione. Molti Autori definiscono addirittura la funzione di verosimiglianza a meno di un fattore costante; ciò comporta una certa pesantezza formale (o almeno linguistica) e non abbiamo adottato tale terminologia, ma la equivalenza "inferenziale" di funzioni di verosimiglianza proporzionali è un concetto da tenere ben presente.

Una seconda questione riguarda la possibilità di assegnare un valore di verosimiglianza anche ad ipotesi composte, cioè ad un qualunque sottoinsieme non singolare Ω_0 di Ω. Per come è stata introdotta, la funzione di verosimiglianza è una funzione di punto (definita sui punti di Ω) non una misura in senso matematico; pertanto la procedura di *sommare* (o *integrare*) i valori $\ell(\theta)$ per $\theta \in \Omega_0$ è ingiustificata e il risultato dell'operazione sarebbe privo di una interpretazione logica soddisfacente. Una procedura più largamente adoperata è di usare come valutazione del supporto inferenziale da assegnare a Ω_0 la quantità

$$\sup_{\theta \in \Omega_0} \ell(\theta). \tag{3.17}$$

È chiaro che se tale valore è molto piccolo tutte le ipotesi semplici in Ω_0 sono "poco verosimili" e l'informazione acquisita può essere praticamente utile. La questione sarà comunque ripresa nella § 3.7.

3.4.2 Il caso continuo

Passiamo ora a definire la funzione di verosimiglianza nel caso continuo.

Definizione 3.3. *Se* $e = (\mathcal{Z}, P_\theta, \theta \in \Omega)$ *è un esperimento statistico in cui* $\mathcal{Z} = \mathbb{R}^m$ *per* $m \geq 1$ *e* P_θ *ammette una densità* f_θ, *si chiama* funzione di *verosimiglianza associata al risultato* $z_0 \in \mathcal{Z}$ *(ammesso che questo sia un punto di continuità per* f_θ*) l'applicazione* $\ell\colon\ \Omega \to \mathbb{R}^1_+$ *definita da*

$$\ell\colon\quad \theta \mapsto f_\theta(z_0). \tag{3.18}$$

La definizione 3.3 è un po' più complicata della definizione 3.2, pur conservandone lo spirito. Il problema è che con modelli di probabilità continui si ha $P_\theta(Z = z) = 0$ per ogni z e θ, sicché la (3.14), presa alla lettera, sarebbe nel caso in esame una definizione del tutto vuota. È chiaro che la stranezza è una conseguenza della convenzione (poco realistica ma comoda) di considerare a priori come osservabili anche eventi di probabilità nulla. Per giustificare la (3.18) riferiamoci provvisoriamente, come risultati osservabili, a sottoinsiemi $E \subseteq \mathcal{Z}$ m-dimensionali di volume strettamente positivo. Per il teorema della media si ha:

$$P_\theta(Z \in E) = \int_E f_\theta(z)\mathrm{d}z = f_\theta(\bar{z}) \cdot \mathrm{mis}(E)\,,$$

dove il punto $\bar{z}$ è un opportuno punto di E (il differenziale $\mathrm{d}z$ va inteso, qui e in seguito, come $\mathrm{d}x_1, \mathrm{d}x_2 ... \mathrm{d}x_m$ qualora $z \in \mathbb{R}^m$). Pensando a insiemi E sufficientemente piccoli, la regola (3.18) fornisce allora, con buona approssimazione, una funzione proporzionale a quella che potremmo chiamare funzione di verosimiglianza "associata al risultato E" (cioè l'applicazione $\theta \mapsto P_\theta(E)$) e che quindi gode sostanzialmente della stessa interpretazione logica della (3.14). Le situazioni previste dalle definizioni 3.2 e 3.3 coprono le applicazioni più usuali; più in generale la funzione di verosimiglianza può essere introdotta ogni volta che il modello statistico sia dominato (nel senso spiegato nella § C.6); nel seguito questa condizione sarà sottintesa.

Esempio 3.12. Sia $(x_1, x_2, ..., x_n)$ la realizzazione di un campione casuale tratto da una distribuzione $N(\mu, \sigma_0^2)$ dove $\mu \in \mathbb{R}$ è incognito e $\sigma_0^2 > 0$ è noto. La funzione di verosimiglianza risulta quindi

$$\ell(\mu) = \left(\frac{1}{\sigma_0\sqrt{2\pi}}\right)^n \exp\left\{-\frac{1}{2\sigma_0^2}\sum_{i=1}^n (x_i - \mu)^2\right\}, \qquad \mu \in \mathbb{R}$$

da cui, aggiungendo e sottraendo $\bar{x} = \sum x_i/n$ entro la sommatoria,

$$\ell(\mu) = c \cdot \exp\left\{ -\frac{n}{2\sigma_0^2}(\mu - \bar{x})^2 \right\}, \qquad \mu \in \mathbb{R},$$

dove c è una quantità non dipendente da μ. Poiché il massimo si ha per $\mu = \bar{x}$, si ottiene infine

$$\bar{\ell}(\mu) = \exp\left\{ -\frac{n}{2\sigma_0^2}(\mu - \bar{x})^2 \right\}, \qquad \mu \in \mathbb{R}. \tag{3.19}$$

Si osserverà che $\bar{\ell}(\cdot)$ è proporzionale ad una densità $\mathrm{N}\big(\bar{x}, \frac{\sigma_0^2}{n}\big)$ sull'asse μ (naturalmente il riferimento ad una probabilizzazione del parametro μ è solo formale); come al solito la costante di normalizzazione è diversa. La forma della funzione di verosimiglianza è dunque la classica gaussiana, tanto più concentrata quanto più è grande n, a parità di σ_0^2. Si ha in altri termini lo stesso fenomeno di concentrazione al crescere della quantità di informazione che si è già rilevato, graficamente, nell'esempio binomiale. $\diamond$

Esempio 3.13. Trattiamo il problema dell'esempio precedente, senza assumere la conoscenza della varianza della "popolazione". Il parametro incognito, di tipo vettoriale, è quindi $\theta = (\mu, \sigma)$ e si ha:

$$\ell(\mu, \sigma) = \left(\frac{1}{\sigma\sqrt{2\pi}}\right)^n \exp\left\{ -\frac{1}{2\sigma^2} \sum_{i=1}^{n}(x_i - \mu)^2 \right\} =$$

$$= \left(\frac{1}{\sigma\sqrt{2\pi}}\right)^n \exp\left\{ -\frac{n}{2\sigma^2}\left(s^2 + (\mu - \bar{x})^2\right) \right\},$$

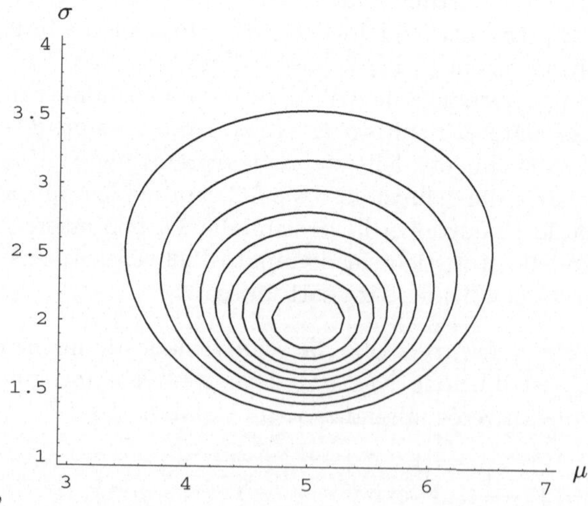

Figura 3.2. Curve di livello per la verosimiglianza normale con $n = 10$, $\bar{x}=5$, $s=2$)

dove $s^2 = \sum(x_i - \bar{x})^2/n$. Con calcoli banali (v. esercizio 3.20) si dimostra che il punto di massimo della funzione di verosimiglianza è $\widehat{\theta} = (\bar{x}, s)$, da cui

$$\bar{\ell}(\mu, \sigma) = \left(\frac{s}{\sigma}\right)^n \exp\left\{-\frac{n}{2\sigma^2}\left(s^2 - \sigma^2 + (\mu - \bar{x})^2\right)\right\}, \quad \mu \in \mathbb{R}, \ \sigma > 0. \quad (3.20)$$

In questo caso l'esame grafico della funzione di verosimiglianza è reso un po' più complicato dal fatto che lo spazio dei parametri ha dimensione 2 anziché 1; resta comunque semplice, volendo, determinare numericamente le curve di livello (v. figura 3.2). Si osservi poi che se in (3.20) si pone $\gamma = 1/\sigma^2$, la (3.20) stessa risulta proporzionale ad una densità normale-gamma nelle variabili μ e γ. $\diamond$

Un modo semplice per sintetizzare una funzione di verosimiglianza (implicitamente accennato poco sopra) è quello di determinare degli *insiemi di verosimiglianza di livello* q, per opportuni valori di $q \in [0,1]$, cioè i sottoinsiemi di Ω espressi da:

$$L_q = \{\theta \colon \bar{\ell}(\theta) \geq q\}. \quad (3.21)$$

Da un punto di vista geometrico, si tratta di considerare il grafico della funzione $y = \bar{\ell}(\theta)$, come nella figura 3.1, e operare un "taglio" orizzontale con una retta del tipo $y = q$. Un insieme L_q contiene tutte e sole quelle ipotesi la cui verosimiglianza relativa è uguale o superiore a q; se q è "piccolo", possiamo considerare che l'insieme residuo $\Omega - L_q$ conterrà solo ipotesi che hanno ricevuto uno scarso supporto sperimentale e sono quindi candidate ad essere trascurate. La questione presenta anche aspetti delicati, e una trattazione più completa sarà possibile solo dopo la introduzione dei metodi bayesiani.

Esempio 3.14. Calcoliamo alcuni insiemi di verosimiglianza per gli esempi 3.11, 3.12, 3.13. Fissiamo, a titolo illustrativo, $q = 0.10$ e $q = 0.01$. Per il caso binomiale (esempio 3.11), se $n = 5$ e $s = 3$, si trova con pochi calcoli numerici $L_{0.10} = [0.17, 0.93]$, $L_{0.01} = [0.07, 0.98]$; se invece $n = 50$ e $s = 30$ si trova $L_{0.10} = [0.45, 0.74]$, $L_{0.01} = [0.39, 0.79]$. L'ampiezza degli intervalli diminuisce al crescere di n per il già ricordato processo di concentrazione; quando n è piccolo, inevitabilmente gli insiemi di verosimiglianza sono ampi e praticamente poco utilizzabili.

Per il caso normale con un solo parametro (esempio 3.12) si può procedere elementarmente in termini generali, e si trova:

$$L_q = \left[\bar{x} - \frac{\sigma_0}{\sqrt{n}}\sqrt{-2\log q}, \quad \bar{x} + \frac{\sigma_0}{\sqrt{n}}\sqrt{-2\log q}\right]. \quad (3.22)$$

Per il caso normale con 2 parametri (esempio 3.13) è ancora necessario ricorrere ad elaborazioni numeriche. Graficamente, nella figura 3.2 che si riferisce al caso $n = 10$, $\bar{x} = 5$, $s = 2$, gli insiemi L_q per $q = 0.1, 0.2, \ldots, 0.9$ sono le regioni delimitate dalle curve di livello rappresentate, dalla più grande alla più piccola. $\diamond$

È chiaro che un insieme di verosimiglianza costituisce un *insieme di stima* per il parametro incognito. In molte occasioni non si ha interesse proprio al parametro θ ma ad una sua trasformazione $\lambda = g(\theta)$. Se g è invertibile non vi è difficoltà ad operare la sostituzione $\theta = g^{-1}(\lambda)$ nella funzione di verosimiglianza riportandosi in questo modo al caso da cui siamo partiti. Un problema più serio si pone però quando g non è invertibile, per esempio quando θ è un vettore e λ una sua componente (potrebbe essere il caso dell'esempio 3.13, se si ha interesse a valutare il parametro μ ma non il parametro σ). Ciò porta al cosiddetto problema della *eliminazione dei parametri di disturbo* che riprenderemo nella § 3.7.

Molti problemi inferenziali possono dunque venire elaborati basandosi sul solo esame della funzione di verosimiglianza. A procedure di questo tipo ci si riferisce anche con l'espressione *metodo del supporto*. Le relazioni tra il metodo del supporto e le altre metodologie inferenziali verranno esaminate in modo più approfondito nel prossimo capitolo.

Esercizi

3.18. Verificare che la funzione di verosimiglianza relativa per un problema del tipo dell'esempio 3.11 in corrispondenza ad un generico risultato $(x_1, x_2, ..., x_n)$ è:

$$\bar{\ell}(\theta) = \left(\frac{\theta}{\widehat{\theta}}\right)^s \left(\frac{1-\theta}{1-\widehat{\theta}}\right)^{n-s}, \qquad \theta \in [0,1],$$

dove $s = \sum x_i$ e $\widehat{\theta} = s/n$.

[Oss. La funzione $\bar{\ell}$ risulta proporzionale ad una densità Beta$(s+1, n-s+1)$]

3.19. Si calcoli la funzione di verosimiglianza relativa associata al risultato $(x_1, x_2, ..., x_n)$, ottenuto come realizzazione di un campione casuale da una distribuzione di Poisson con media θ.

3.20. Con riferimento all'esempio 3.13, si verifichi che $\widehat{\theta} = (\bar{x}, s)$.

3.21. In una prova di affidabilità strutturata secondo un piano censurato di I o II tipo (esempi 3.8 e 3.9) si assume che le durate di funzionamento seguano la legge EN$(1/\mu)$. Verificare che, indicando con s il tempo totale di funzionamento e con d il numero dei congegni entrati in avaria, si ha in ogni caso la funzione di verosimiglianza:

$$\text{cost} \cdot \mu^{-d} \exp\left\{-\frac{s}{\mu}\right\}, \quad \mu \geq 0$$

e determinare la funzione di verosimiglianza relativa.

3.22. Sia f_θ la densità della distribuzione $R(\theta, \theta+1)$. Calcolare la funzione di verosimiglianza associata ad un determinato $x \in \mathbb{R}$.

3.23. Sia $(3.1, 2.7, 3.9, 5.2, 4.1)$ il risultato di un campionamento casuale da una distribuzione $\mathrm{EN}(1/\mu)$. Calcolare gli insiemi di verosimiglianza $L_{0.50}$ e $L_{0.10}$ per μ.

[Sugg. Conviene procedere numericamente dopo aver calcolato l'espressione di $\bar{\ell}$]

3.24. Il problema dell'esercizio precedente può essere riferito (cambiando la parametrizzazione) alla distribuzione $\mathrm{EN}(\theta)$. Calcolare la funzione di verosimiglianza relativa e gli insiemi di verosimiglianza di livello 0.50 e 0.10 per θ.

[Oss. Tali insiemi possono anche essere ricavati operando la sostituzione $\theta = 1/\mu$ direttamente sugli insiemi di verosimiglianza determinati nell'esercizio precedente. È un aspetto della importante, anche se ovvia, proprietà di invarianza rispetto alla parametrizzazione di cui godono i metodi basati sulla funzione di verosimiglianza]

3.25. Dato l'esperimento $(\mathcal{Z}, P_\theta, \theta \in \Omega)$, in cui P_θ è rappresentata da una funzione di densità p_θ, si consideri una trasformazione biunivoca dei dati $y = g(z)$. Questo definisce un nuovo modello $(\mathcal{Y}, Q_\theta, \theta \in \Omega)$; si precisi l'espressione di $\mathcal{Y}$ e di Q_θ rispetto all'esperimento iniziale e si verifichi che, qualunque sia il risultato osservato, le funzioni di verosimiglianza associate nei due esperimenti a risultati corrispondenti sono equivalenti.

3.5 Approssimazione normale

Sia ℓ la funzione di verosimiglianza associata ad un determinato esperimento realizzato (e, z) con $\Omega \subseteq \mathbb{R}^1$. Se ℓ, e quindi anche $\log \ell$, ammettono un punto di massimo $\widehat{\theta}$ interno a Ω e $\log \ell$ può essere sviluppata con la formula di Taylor almeno fino al termine di secondo grado (è il caso che nella letteratura viene chiamato *funzione di verosimiglianza regolare*), si ha la relazione approssimata

$$\log \ell(\theta) \cong \log \ell(\widehat{\theta}) + (\theta - \widehat{\theta})\left[\frac{\mathrm{d}\,\log \ell(\theta)}{\mathrm{d}\theta}\right]_{\theta=\widehat{\theta}} + \frac{1}{2}(\theta - \widehat{\theta})^2\left[\frac{\mathrm{d}^2 \log \ell(\theta)}{\mathrm{d}\theta^2}\right]_{\theta=\widehat{\theta}} \cdot \quad (3.23)$$

Alcune delle quantità che compaiono nella (3.23) hanno nella letteratura nomi e ruoli particolari; si chiama *punteggio* (in inglese *score*) la funzione

$$S(\theta, z) = \frac{\mathrm{d}}{\mathrm{d}\theta} \log \ell(\theta), \quad (3.24)$$

mentre si chiama *funzione di informazione* (talvolta *informazione di Fisher*, ma non va confusa con la quantità che sarà indicata con $I(\theta)$) la funzione

$$I(\theta, z) = -\frac{\mathrm{d}^2}{\mathrm{d}\theta^2} \log \ell(\theta) = -\frac{\mathrm{d}}{\mathrm{d}\theta} S(\theta, z). \quad (3.25)$$

La (3.23) può quindi riscriversi come:

$$\log \ell(\theta) \cong \log \ell(\widehat{\theta}) + (\theta - \widehat{\theta})S(\widehat{\theta}, z) - \frac{1}{2}(\theta - \widehat{\theta})^2 I(\widehat{\theta}, z). \qquad (3.26)$$

Essendo $\widehat{\theta}$ per ipotesi un punto di massimo, si ha poi:

$$S(\widehat{\theta}, z) = 0, \quad I(\widehat{\theta}, z) \geq 0, \qquad (3.27)$$

sicché la (3.26), assumendo $I(\widehat{\theta}, z) > 0$, diventa infine:

$$\ell(\theta) \cong c \cdot \exp\left\{ -\frac{1}{2}(\theta - \widehat{\theta})^2 I(\widehat{\theta}, z) \right\}, \qquad (3.28)$$

dove c è una quantità indipendente da θ. In altri termini, se $I(\widehat{\theta}, z) > 0$, $\ell(\theta)$ è approssimativamente proporzionale ad una densità del tipo $N(\widehat{\theta}, [I(\widehat{\theta}, z)]^{-1})$. La verosimiglianza relativa (sempre approssimata) si ottiene per $c = 1$. La quantità $I(\widehat{\theta}, z)$, che non dipende dal parametro, viene chiamata *informazione di Fisher osservata*. Più essa è grande più (se l'approssimazione è buona) la verosimiglianza è concentrata intorno al suo punto di massimo perché la varianza è piccola; il termine di "informazione" ha quindi una chiara giustificazione intuitiva. Una terza variante della informazione di Fisher (la cosiddetta *informazione attesa*), cioè $I(\theta) = \mathbb{E}_\theta I(\theta, Z)$, verrà introdotta tra breve.

Esempio 3.15. Sia $z = (x_1, x_2, ..., x_n)$ un campione casuale di una distribuzione di tipo Poisson(θ), con $\theta > 0$ incognito. Indicando con ℓ_N l'approssimazione normale della verosimiglianza, e sopralineando le versioni relative, si ha (conviene utilizzare il risultato dell'esercizio 3.26):

$$S(\theta, z) = \frac{n}{\theta}(\bar{x} - \theta), \quad I(\theta, z) = \frac{n\bar{x}}{\theta^2}, \quad I(\widehat{\theta}, z) = I(\bar{x}, z) = \frac{n}{\bar{x}}$$

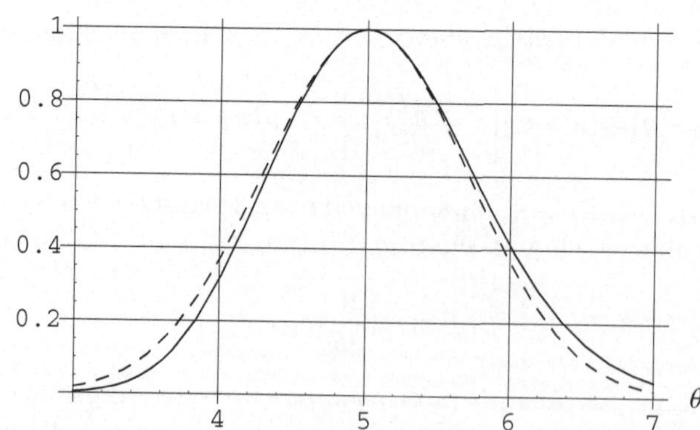

Figura 3.3. Verosimiglianza esatta (linea continua) e approssimata (linea tratteggiata) per campioni poissoniani con $n = 10$ e $\bar{x} = 5$

e quindi:

$$\bar{\ell}_N(\theta) = \exp\left\{ -\frac{n}{2\bar{x}}(\theta - \bar{x})^2 \right\}.$$

La formula esatta è invece:

$$\bar{\ell}(\theta) = \left(\frac{\theta}{\bar{x}}\right)^{n\bar{x}} \exp\left\{ -n(\theta - \bar{x}) \right\}.$$

Un confronto grafico per $n = 10$ e $\bar{x} = 5$ compare nella figura 3.3. Com'era da attendersi, l'approssimazione è migliore intorno a $\widehat{\theta} = 5$; al crescere di n la qualità dell'approssimazione migliorerebbe ulteriormente.   ◇

3.5.1 Comportamento asintotico della funzione di verosimiglianza

L'approssimazione (3.28) può ovviamente essere insoddisfacente; è chiaro comunque che essa è plausibile solo per i θ abbastanza vicini a $\widehat{\theta}$. Di fronte a specifici esperimenti realizzati (e, z) è peraltro sempre possibile un controllo numerico; inoltre in una importante classe di casi (campioni casuali) la restrizione dell'interesse al solo intorno di $\widehat{\theta}$ è sostanzialmente giustificato già a priori, come vedremo subito, da considerazioni di tipo asintotico.

Sia dunque $z = (x_1, x_2, ..., x_n)$ un campione casuale da una distribuzione rappresentata da una legge di probabilità (o densità) $p_\theta(\cdot)$. Poiché prenderemo in esame ciò che ci dobbiamo aspettare al crescere di n, dobbiamo trattare i risultati come variabili aleatorie; inoltre indicheremo al solito con θ^* l'incognito valore vero del parametro. In condizioni sostanzialmente generali si ha il risultato:

$$\lim_{n\to\infty} P_{\theta^*}\left\{ z \in \mathbb{R}^n : \ell(\theta^*; z) > \ell(\theta; z) \right\} = 1 \tag{3.29}$$

per ogni $\theta \neq \theta^*$ e qualunque sia θ^*. In altri termini è asintoticamente quasi certo che il vero valore θ^* del parametro sarà il punto di massimo della funzione di verosimiglianza.

Dimostrazione. La diseguaglianza $\ell(\theta^*; z) > \ell(\theta; z)$ può essere scritta come:

$$\sum_{i=1}^{n} \log \frac{p_\theta(x_i)}{p_{\theta^*}(x_i)} < 0. \tag{3.30}$$

Se ora guardiamo alle variabili aleatorie

$$Y_i = \log \frac{p_\theta(X_i)}{p_{\theta^*}(X_i)} \qquad (i = 1, 2, ..., n)$$

possiamo osservare che, con riferimento alla legge P_{θ^*}, si tratta di v.a. somiglianti e stocasticamente indipendenti. Inoltre il loro valore atteso è negativo (o eventualmente $-\infty$) in quanto, per la diseguaglianza di Jensen, si ha (usando la notazione delle densità e assumendo, qui e in seguito, l'esistenza dei valori medi):

$$\mathbb{E}_{\theta^*} Y_i < \log \mathbb{E}_{\theta^*} \frac{p_\theta(X_i)}{p_{\theta^*}(X_i)} = \log \int_{\mathbb{R}} \frac{p_\theta(x_i)}{p_{\theta^*}(x_i)} \, p_{\theta^*}(x_i) \mathrm{d}x_i = \log 1 = 0.$$

Per la successione $\{Y_i, i = 1, 2, ..., n\}$ vale quindi la legge forte dei grandi numeri sicché, con probabilità 1, $\sum_{i=1}^{n} Y_i/n$ converge a $\mathbb{E}_{\theta^*} Y_i$; ne segue che $\sum_{i=1}^{n} Y_i$ diverge a $-\infty$ e la probabilità della diseguaglianza (3.30), che è un evento asintoticamente quasi certo, tende necessariamente a 1, come previsto dalla (3.29). $\square$

La stessa dimostrazione si applica evidentemente anche nel caso discreto; in ogni caso non vengono posti vincoli sulla natura di Ω. Se in particolare Ω è finito, si può dimostrare un risultato ancora più conclusivo della (3.29) (v. esercizio 3.30). Inoltre è interessante rilevare che il punto di massimo della funzione di verosimiglianza, che in questo contesto denoteremo con $\widehat{\theta}(Z)$ per sottolinearne il carattere di variabile aleatoria dipendente dal risultato, converge (quasi certamente sotto P_{θ^*}) al valore vero θ^*. Approfondimenti analoghi quando Ω è multidimensionale sono considerati nell'esercizio 3.31.

Rispetto all'obiettivo posto inizialmente, giustificare lo studio di $\ell(\theta)$ essenzialmente intorno al suo punto di massimo $\widehat{\theta}$, i risultati teorici sopra esposti o delineati portano una garanzia un po' indiretta e, per loro natura, di tipo aprioristico. In sintesi: poiché ci dobbiamo aspettare che $\widehat{\theta}(Z)$ sia "vicino" all'incognito θ^*, allora siamo naturalmente indotti a prevedere che sia opportuno approfondire lo studio di $\ell(\theta)$ soprattutto intorno a $\widehat{\theta}$, che è un ovvio candidato come "stima" di θ^*.

3.5.2 Alcuni aspetti frequentisti

Osserviamo infine che in questa sezione si è utilizzato un punto di vista che non è standard per i metodi di analisi basati sulla funzione di verosimiglianza, cioè la considerazione aprioristica dei risultati come variabili aleatorie, anziché come costanti del problema. Peraltro questo tipo di considerazioni serve a suggerire tecniche di elaborazione la cui congruità può sempre essere sottoposta a controllo ad esperimento realizzato. Più importante è il loro ruolo nel quadro dei metodi frequentisti, di cui si descriverà la natura generale nella § 4.5.

Un risultato notevole, di particolare rilievo nell'ambito frequentista ma di interesse anche generale, è fornito da una diversa lettura della formula (3.28). Nel secondo membro, infatti, possiamo sostituire alla informazione osservata $I(\widehat{\theta}, z)$ la informazione attesa:

$$I(\theta) = \mathbb{E}_\theta I(\theta, Z) = \int_{\mathcal{Z}} \left(- \frac{\mathrm{d}^2}{\mathrm{d}\theta^2} \log \ell(\theta) \right) \mathrm{d}P_\theta \,, \tag{3.31}$$

dove $\mathrm{d}P_\theta$ indica una somma o un integrale ordinario secondo la natura della misura P_θ. L'approssimazione resta ancora giustificata e nella (3.28) figurano i dati solo tramite l'ipotesi di massima verosimiglianza $\widehat{\theta}$. Trattando quest'ultima come una variabile aleatoria, in quanto dipendente dal risultato campionario, si può dimostrare che, in condizioni di regolarità, è dotata di una distribuzione campionaria di tipo approssimativamente $N(\theta, 1/I(\theta))$ (v. esercizio 3.34). Se poi l'esperimento considerato e è costituito da n prove ripetute di un esperimento "elementare" $e_1 = (\mathcal{X}, p_\theta(\cdot), \theta \in \Omega)$, dove p_θ è una densità o una probabilità puntuale, allora (v. esercizio 3.26) si ha $I(\theta) = n \cdot I_1(\theta)$ (dove $I_1(\theta)$ è l'informazione attesa riferita a e_1) e $\widehat{\theta}(Z)$ risulta distribuita approssimativamente secondo la legge $N\left(\theta, \left(nI_1(\theta)\right)^{-1}\right)$. Ciò mette in luce la *consistenza* della stessa $\widehat{\theta}(Z)$ (sotto le solite condizioni di regolarità), cioè il fatto che, con riferimento alla legge P_θ, $\widehat{\theta}(Z)$ converge in probabilità a θ per ogni $\theta \in \Omega$.

Esercizi

3.26. Si dimostri che $S(\theta, z)$ e $I(\theta, z)$ (formule (3.24) e (3.25)) godono di una proprietà additiva: se $z - (x_1, x_2, ..., x_n)$ è un campione casuale, si ha:

$$S(\theta, z) = \sum_{i=1}^{n} S(\theta, x_i), \qquad I(\theta, z) = \sum_{i=1}^{n} I(0, x_i),$$

dove $S(\theta, x_i)$ e $I(\theta, x_i)$ si intendono calcolate sulla base del solo risultato x_i.

[Oss. Se indichiamo ancora con $I_1(\theta)$ l'informazione attesa riferita all'esperimento e_1 basato su una sola osservazione, ne segue la formula $I(\theta) = n \times I_1(\theta)$]

3.27. Si verifichi che un insieme di verosimiglianza approssimato, per una verosimiglianza tale da soddisfare la (3.28), è:

$$L_q = \left\{ \theta : \widehat{\theta} - \sqrt{(-2\log q)I(\widehat{\theta}, z)} \leq \theta \leq \widehat{\theta} + \sqrt{(-2\log q)I(\widehat{\theta}, z)} \right\}.$$

3.28. Dimostrare che se $\theta \in \mathbb{R}^1$ si ha, in condizioni di regolarità:

$$\mathbb{E}_\theta S(\theta, Z) = 0, \quad \mathbb{V}_\theta S(\theta, Z) = I(\theta) .$$

[Sugg. Fare uso del fatto che

$$\int_{\mathcal{Z}} p_\theta(z)\mathrm{d}z = 1 \quad \Rightarrow \quad \int_{\mathcal{Z}} p'_\theta(z)\mathrm{d}z = 0$$

e che

$$I(\theta, z) = -\frac{\mathrm{d}}{\mathrm{d}\theta} \frac{p'_\theta(z)}{p_\theta(z)} = \frac{(p'_\theta(z))^2 - p_\theta(z)p''_\theta(z)}{(p_\theta(z))^2}$$

da cui, integrando, l'identità

$$\mathbb{E}_\theta\Big(-\frac{\mathrm{d}^2}{\mathrm{d}\theta^2}\log p_\theta(Z)\Big) = \mathbb{E}_\theta\Big(\frac{\mathrm{d}}{\mathrm{d}\theta}\log p_\theta(Z)^2\Big).$$

Questo risultato consente di costruire in modo intuitivo un test di una ipotesi H_0: $\theta = \theta_0$, nel caso in cui z sia una campione casuale $(x_1, x_2, \ldots, x_n)$. Infatti, sotto H_0, $S(\theta_0, Z)/\sqrt{I(\theta_0)}$ ha una distribuzione campionaria asintoticamente N(0,1) per cui una plausibile zona di rifiuto di H_0 sarà dal tipo $\{z : |S(\theta_0, z)| > u_{1-\alpha/2}\sqrt{I(\theta_0)}\}$. Il test in questione è noto come *test del punteggio* (in inglese *score test* o test di Rao)]

3.29. Si verifichi numericamente che, per il caso considerato nella figura 3.3 $(n = 10, \bar{x} = 5)$, l'intervallo di verosimiglianza $L_{0.50}$ è $[4.21, 5.88]$, mentre il corrispondente intervallo approssimato (calcolato su $\bar{\ell}_N$ ricordando la formula (3.22)) è $[4.17, 5.83]$.

3.30. Dimostrare che se Ω è finito e, per ogni n, $(X_1, X_2, ..., X_n)$ è un campione casuale relativo ad una densità (o probabilità) $p_\theta(\cdot)$, è quasi certo che la funzione di verosimiglianza ℓ sarà asintoticamente concentrata sull'ipotesi vera θ^*, cioè che ha probabilità 1 (secondo la legge $P_{\theta*}$, qualunque sia θ^*) l'evento

$$\lim_{n\to\infty} \bar{\ell}(\theta; X_1, X_2, ..., X_n) = \begin{cases} 1 & \text{per } \theta = \theta^* \\ 0 & \text{per } \theta \neq \theta^* \end{cases}.$$

[Oss. Come conseguenza, è quasi certo anche l'evento

$$\lim_{n\to\infty} \widehat{\theta}(X_1, X_2, .., X_n) = \theta^*.$$

Per la dimostrazione conviene riferirsi ad una normalizzazione inconsueta, cioè $\ell(\theta)/\sum_\theta \ell(\theta)$, e usare, come nella dimostrazione della (3.29), la legge forte dei grandi numeri]

3.31. * Sia $\Omega \subseteq \mathbb{R}^k$, con $k > 1$. Posto:

$$S(\theta, z) = \Big[\frac{\partial}{\partial\theta_1}\log\ell(\theta), \frac{\partial}{\partial\theta_2}\log\ell(\theta), ..., \frac{\partial}{\partial\theta_k}\log\ell(\theta)\Big]$$

$$I(\theta, z) = \Big[I^{(i,j)}(\theta, z)\Big] \quad (i, j = 1, 2, ..., k), \quad \text{dove } I^{(i,j)}(\theta, z) = -\frac{\partial}{\partial\theta_i}\frac{\partial}{\theta_j}\log\ell(\theta),$$

si verifichi che vale l'approssimazione

$$\ell(\theta) \cong c\cdot\exp\Big\{-\frac{1}{2}(\theta - \widehat{\theta})^T I(\widehat{\theta}, z)(\theta - \widehat{\theta})\Big\},$$

dove al solito $\widehat{\theta} \in \mathbb{R}^k$ è il punto di massima verosimiglianza (assunto unico e interno a Ω).

[Oss. Quindi ℓ_N è proporzionale ad una densità $N_k(\widehat{\theta}, I^{-1}(\widehat{\theta}, z))$; si noti che la matrice di covarianza è la inversa di $I(\widehat{\theta}, z)$. La matrice

$$I(\theta) = \left[\mathbb{E}_\theta I^{(i,j)}(\theta, Z) \right] \qquad (i, j = 1, 2, \ldots, k)$$

è quindi la versione multidimensionale della informazione attesa di Fisher]

3.32. * Completando l'esercizio 3.31, estendere l'approssimazione normale per la distribuzione campionaria di $\widehat{\theta}(Z)$ al caso in cui $\Omega \subseteq \mathbb{R}^k$ con $k > 1$ e determinare una distribuzione campionaria approssimata per $(\widehat{\theta}_1(Z), \widehat{\theta}_2(Z), \ldots, \widehat{\theta}_h(Z))$ dove $h < k$, e cioè di un generico sottovettore di $\widehat{\theta}(Z)$.

3.33. Si consideri un campione casuale $(x_1, x_2, \ldots, x_n)$ proveniente dalla distribuzione $R(0, \theta)$, $\theta > 0$. Si determini la stima di massima verosimiglianza $\widehat{\theta}$ e si verifichi che non sono soddisfatte le usuali condizioni di regolarità.

[Oss. Il punto critico sta nel fatto che in questo caso la funzione di verosimiglianza ha il massimo per $\widehat{\theta} = x_{(n)}$, che non è un punto interno al suo dominio]

3.34. Si consideri un campione casuale $(x_1, x_2, \ldots, x_n)$ proveniente dalla distribuzione $p_\theta(x)$ (θ reale) e si dimostri, assumendo tutte le condizioni di regolarità necessarie, che la distribuzione asintotica di $\widehat{\theta}$ è $N(\theta, \frac{1}{nI_1(\theta)})$.

[Sugg. L'approssimazione lineare di $S(\theta, z)$, come funzione di θ, intorno al valore vero θ^* è $S(\theta, z) \cong S(\theta^*, z) - (\theta - \theta^*)I(\theta^*, z)$. Si consideri il caso $\theta = \widehat{\theta}$ e si faccia ricorso al teorema di Slutsky (§ A.4)]

3.6 Sufficienza

Dato un qualsiasi esperimento $e = (\mathcal{Z}, P_\theta, \theta \in \Omega)$, cerchiamo di caratterizzare le statistiche $T \colon \mathcal{Z} \to \mathcal{T}$, dove $\mathcal{T}$ è uno spazio arbitrario, tali che la conoscenza del "valore" assunto dalla statistica, diciamo $T(z) = t$, sia del tutto equivalente, ai fini della inferenza su θ, alla conoscenza del risultato nel suo complesso (cioè z); in tal caso si dirà che T è una statistica *sufficiente*.

È opportuno sottolineare che in pratica z sarà, nella maggior parte dei casi, un oggetto strutturalmente abbastanza complesso (per esempio $z \in \mathbb{R}^n$, nel caso di campioni casuali), mentre ci aspettiamo che $\mathcal{T}$ possa ridursi nei casi più comuni a $\mathbb{R}^1$ oppure $\mathbb{R}^2$; in altri termini la sostituzione della statistica $T(z)$ al risultato z può determinare una rilevante semplificazione di alcuni aspetti pratici del problema, anche a parte l'interesse concettuale della questione.

Definizione 3.4. *Dato l'esperimento* $e = (\mathcal{Z}, P_\theta, \theta \in \Omega)$ *si dice che la statistica* $T \colon \mathcal{Z} \to \mathcal{T}$ *è* sufficiente *se esistono due applicazioni* $\varphi \colon \Omega \times \mathcal{T} \to \mathbb{R}^1$ *e* $\gamma \colon \mathcal{Z} \to \mathbb{R}^1$ *tali che sia:*

$$\ell(\theta; z) = \gamma(z) \cdot \varphi(\theta, T(z)) \qquad \forall (\theta, z) \in \Omega \times \mathcal{Z}. \tag{3.32}$$

Operativamente, la (3.32) assicura che, conoscendo $T(z) = t$, si può "ricostruire" la funzione di verosimiglianza $\ell(\,\cdot\,;z)$ a meno di un inessenziale fattore indipendente da θ (cioè se ne può identificare un nucleo) e che, a parità di valore t della statistica sufficiente, si ottengono nuclei proporzionali e quindi verosimiglianze equivalenti. La definizione risulta quindi coerente con il ruolo fondamentale che si dà nella presente esposizione alla funzione di verosimiglianza. Sostanzialmente allo stesso concetto di sufficienza si perviene anche, come si vedrà, partendo da definizioni diverse, ispirate ad altri punti di vista; sotto ampie condizioni tali definizioni risultano alla fine equivalenti.

Esempio 3.16. Sia $z = (x_1, x_2, ..., x_n)$ la realizzazione di un campione casuale della distribuzione di Poisson con media incognita θ. Prendendo in esame le statistiche:

$$T_1(z) = (x_{(1)}, x_{(2)}, ..., x_{(n)}), \quad T_2(z) = \Big(\sum_{i=1}^{n} x_i, \sum_{i=1}^{n} x_i^2 \Big), \quad T_3(z) = \sum_{i=1}^{n} x_i,$$

$$T_4(z) = \sum_{i=1}^{n-1} x_i, \quad T_5(z) = \sum_{i=1}^{n} x_i^2$$

possiamo verificare facilmente che T_1, T_2, T_3 sono sufficienti mentre T_4 e T_5 non lo sono. Essendo infatti:

$$\ell(\theta; z) = \frac{1}{x_1!x_2!...x_n!} e^{-n\theta} \theta^{\Sigma x_i},$$

per T_1 si può porre:

$$\varphi(\theta, T_1(z)) = \ell(\theta; z) \quad \text{e} \quad \gamma(z) = 1.$$

Per T_2 si può porre invece:

$$\varphi(\theta, T_2(z)) = e^{-n\theta} \theta^{\Sigma x_i} \quad \text{e} \quad \gamma(z) = \frac{1}{x_1!x_2!...x_n!}.$$

Per T_3 si ha la stessa struttura di T_2. Per T_4 e T_5, infine, è evidente che non può essere determinato nessun nucleo di $\ell(\,\cdot\,;z)$ (cioè nessuna funzione eguale o proporzionale a $\ell(\,\cdot\,;z)$) che sia dipendente dai dati solo tramite T_4 o T_5. In conclusione, la conoscenza dei valori assunti nel campione da T_1 o T_2 o T_3 permette comunque di ritrovare un nucleo della funzione di verosimiglianza; con T_4 e T_5 ciò invece non è possibile. $\diamond$

Esempio 3.17. Sia $z = (x_1, x_2, ..., x_n)$ la realizzazione di un campione casuale di una distribuzione $N(\mu, \sigma^2)$ con entrambi i parametri incogniti. Verifichiamo la sufficienza delle statistiche vettoriali $T_1(z) = (\bar{x}, s^2)$ e $T_2(z) = \big(\sum x_i, \sum x_i^2 \big)$, dove $\bar{x} = \sum x_i/n$ e $s^2 = \sum(x - \bar{x})^2/n$.

Abbiamo già visto (esempio 3.13) che in questo caso

$$\ell(\mu,\sigma) = \Big(\frac{1}{\sigma\sqrt{2\pi}}\Big)^n \exp\Big\{ -\frac{n}{2\sigma^2}\big(s^2 + (\mu-\bar{x})^2\big)\Big\}$$

e la sufficienza di T_1 segue immediatamente. Per T_2 basta introdurre le sostituzioni

$$\sum x_i = n\bar{x} \quad \text{e} \quad \sum x_i^2 = ns^2 + \frac{1}{n}\Big(\sum x_i\Big)^2$$

nella stessa $\ell(\mu,\sigma)$.

Più in generale conviene ricordare che se T è una statistica sufficiente, anche qualunque trasformazione biunivoca di T determina a sua volta un'altra statistica sufficiente, come risulta ovvio direttamente dalla definizione. Nel nostro caso T_1 e T_2 si corrispondono biunivocamente sicché la verifica di sufficienza per l'una assicura la sufficienza anche all'altra.

Quest'ultima considerazione serve anche a cancellare l'impressione, sostanzialmente errata, che, in presenza di parametri e statistiche vettoriali e con lo stesso numero di componenti, ciascuna componente della statistica sufficiente fornisca separatamente informazioni sulla corrispondente componente del parametro. In qualche modo, nell'esempio, questo può sembrare vero per T_1 ma certo non lo è per T_2. In generale, comunque, non vi è nessuna corrispondenza del genere tra le componenti del parametro e le componenti della statistica sufficiente. $\diamond$

Tornando sull'esempio 3.16, si nota una differenza fra T_2 e T_3. Mentre per ricostruire un nucleo di ℓ la conoscenza di T_3 è necessaria, la conoscenza di T_2 (pur sufficiente) non lo è; la sua seconda componente, infatti (cioè $\sum x_i^2$), può essere tranquillamente ignorata. In un certo senso, quindi, T_2 non fornisce la massima riduzione possibile, nell'ambito della sufficienza o, come si dice con un termine tecnico, non è *minimale*.

Definizione 3.5. *Dato un esperimento* $e = (\mathcal{Z}, P_\theta, \theta \in \Omega)$, *una statistica sufficiente* T *si dice* minimale *se la funzione di verosimiglianza è la stessa, a meno di fattori costanti, per tutti e soli i punti z tali che* $T(z) = t$, *comunque si fissi* $t \in \mathcal{T}$.

Di per sé la sufficienza richiede che la funzione di verosimiglianza sia la stessa (a meno di fattori inessenziali) per *tutti* i punti degli insiemi di livello $\mathcal{Z}_t = \{z\colon T(z) = t\}$; la minimalità richiede che ciò si verifichi per i *soli* punti di ogni insieme di livello. In altri termini, se T è sufficiente e minimale, i punti appartenenti a insiemi di livello diversi producono funzioni di verosimiglianza non equivalenti.

Esempio 3.18. Riprendendo l'esempio 3.16, si vede subito che solo T_3 è sufficiente minimale. Nell'esempio 3.17, invece, sono sufficienti minimali sia T_1 che T_2. $\diamond$

È chiaro che per ogni esperimento è possibile definire una statistica sufficiente minimale, basta considerare come statistica la stessa funzione di verosimiglianza $\ell(\,\cdot\,;z)$, che ha valori nello spazio $\mathbb{R}^\Omega$ (cioè nello spazio delle funzioni reali definite su Ω), ricordando naturalmente che funzioni di verosimiglianza proporzionali vanno considerate equivalenti. Un problema di esistenza si pone invece se il concetto di statistica viene ristretto alle sole funzioni con valori reali o vettoriali; può accadere infatti che la cardinalità dell'insieme $\{\ell(\,\cdot\,;z),\ z \in \mathcal{Z}\}$, pur tenendo conto delle equivalenze sopra citate, non consenta una corrispondenza biunivoca con i punti di un sottoinsieme di $\mathbb{R}^m$, con m fissato.

Tra le caratterizzazioni più interessanti delle statistiche sufficienti c'è la seguente proprietà che anzi, in molte trattazioni, viene usata addirittura per definire la sufficienza (in tal caso la precedente definizione 3.4 diventerebbe il *criterio di fattorizzazione di Neyman*). Premettiamo l'osservazione che se una statistica S ha una distribuzione campionaria che non dipende da θ, i suoi valori non forniscono alcuna informazione su θ (tale statistica viene allora detta *ancillare*); in certo senso, l'ancillarità può quindi essere vista come l'opposto della sufficienza.

Teorema 3.1. *Dato un esperimento $e = (\mathcal{Z},\ P_\theta,\ \theta \in \Omega)$ la statistica T è sufficiente se e solo se la distribuzione di probabilità su $\mathcal{Z}$ condizionata a $T = t$ (per qualunque $t \in \mathcal{T}$) non dipende da θ.*

Intuitivamente la proprietà assicura che tutta l'informazione sul parametro è contenuta nella statistica T, in quanto, una volta noto che $T = t$, non c'è più niente da imparare dal risultato per quanto concerne θ. Si assumono implicitamente le condizioni di regolarità che garantiscono di poter trattare delle distribuzioni condizionate.

Dimostrazione. Prendiamo in esame, per semplicità, soltanto il caso in cui le P_θ siano tutte discrete. Se vale la (3.32), cioè se

$$P_\theta(Z = z) = \gamma(z) \cdot \varphi\big(\theta, T(z)\big) \tag{3.33}$$

per una opportuna coppia di funzioni φ e γ, allora si ha, se $t = T(z)$:

$$P_\theta(Z = z \mid T = t) = \frac{P_\theta(Z = z, T = t)}{P_\theta(T = t)} = \frac{P_\theta(Z = z)}{P_\theta(T = t)}.$$

Sommando direttamente la (3.33) è chiaro che:

$$P_\theta(T = t) = \sum_{T(z)=t} \gamma(z)\varphi\big(\theta, T(z)\big) = \bar{\gamma}(t) \cdot \varphi(\theta, t), \tag{3.34}$$

dove $\bar{\gamma}$ è una opportuna funzione, e da ciò scende

$$P_\theta(Z = z \mid T = t) = \frac{\gamma(z)}{\bar{\gamma}(t)}, \tag{3.35}$$

cioè la preannunciata indipendenza da θ della distribuzione di $Z \mid T$.

Viceversa se, per una qualche funzione γ e per ogni coppia (z, t) con $t = T(z)$, si ha:

$$P_\theta(Z = z \mid T = t) = \gamma(z),$$

allora, ricordando la definizione di probabilità condizionata, si ottiene:

$$P_\theta(Z = z) = P_\theta(Z = z \mid T = t) \cdot P_\theta(T = t) = \gamma(z) \cdot P_\theta(T = t)$$

che è una fattorizzazione del tipo (3.32). $\square$

La questione delle condizioni di regolarità, da affrontare negli altri casi, è piuttosto delicata perché, se per esempio T è assolutamente continua, la distribuzione risultante di $Z \mid T$ è inevitabilmente di tipo residuo, in quanto tutta la distribuzione risulta concentrata su un insieme del tipo $T(z) = t$, che ha misura nulla. Una strada alternativa per evitare tale ostacolo è quella di riferirsi non alla distribuzione di $Z \mid T$ ma a quella di $Y \mid T$ dove (Y, T) è una trasformazione invertibile di Z opportunamente scelta (v. esercizio 3.45). In termini più generali, e con metodi matematici più avanzati, la proprietà si può dimostrare assumendo che $\{P_\theta, \theta \in \Omega\}$ sia una classe di misure "dominate", cioè assolutamente continue rispetto ad una stessa misura di riferimento (con il che si copre sia il caso continuo che il caso discreto), oltre a presupporre nella definizione che φ e γ siano opportunamente misurabili.

Esempio 3.19. Con riferimento all'esempio 3.16, calcoliamo la distribuzione di $Z \mid T_3$. Si ha:

$$P_\theta(Z = z) = \frac{1}{x_1! x_2! ... x_n!} \, e^{-n\theta} \, \theta^{\Sigma x_i}$$

e, ricordando la proprietà additiva della distribuzione di Poisson,

$$P_\theta\left(\sum X_i = t\right) = \frac{1}{t!} \, e^{-n\theta} \, (n\theta)^t.$$

Pertanto, per $t = \sum x_i$,

$$P_\theta\left(Z = z \mid \sum X_i = t\right) = \frac{t!}{x_1! x_2! ... x_n! n^t}.$$

Come previsto dal teorema 3.1, questa distribuzione è indipendente da θ. $\diamond$

Ricordiamo infine il legame esistente fra la proprietà di sufficienza e le cosiddette famiglie esponenziali (si legga preliminarmente l'Appendice C.6). Assumiamo che nell'esperimento $e = (\mathcal{Z}, P_\theta, \theta \in \Omega)$ le misure di probabilità P_θ siano rappresentate con densità o probabilità puntuali del tipo:

$$p_\theta(z) = A(z) \, B(\theta) \, \exp\left\{ \sum_{i=1}^{s} \lambda_i(\theta) \cdot T_i(z) \right\} \tag{3.36}$$

per una opportuna scelta delle funzioni A, B, $\lambda_1, \lambda_2, ..., \lambda_s, T_1, T_2, ..., T_s$, dove $s \geq 1$. Un semplice esame della (3.36) mostra che $(T_1, T_2, ..., T_s)$ è una statistica sufficiente per θ. Pertanto quando una densità o probabilità è scritta in forma esponenziale è immediato riconoscere la struttura della (o meglio di una) statistica sufficiente. A questo scopo, nel caso di campioni casuali, riesce anche particolarmente utile la proprietà 3 della § C.6. Se poi la rappresentazione (3.36) ha rango pieno, si può dimostrare (ed è abbastanza intuitivo) che la statistica $(T_1, T_2, ..., T_s)$ è addirittura sufficiente minimale.

Esercizi

3.35. Verificare che, per il problema dell'esempio 3.9, una statistica sufficiente è $\left(m, \sum_{i=1}^m t_i\right)$.

[Oss. In questo caso la statistica sufficiente ha dimensione 2 mentre il parametro è scalare]

3.36. Dimostrare che, per campioni casuali della distribuzione $\mathrm{Bin}(1, \theta)$, $\theta \in [0, 1]$, una statistica sufficiente è il totale dei successi $\sum x_i$.

3.37. Dimostrare che per campioni casuali della distribuzione $\mathrm{Beta}(\alpha, \beta)$, con parametro vettoriale $\theta = (\alpha, \beta)$, una statistica sufficiente è $\left(\prod x_i, \prod(1 - x_i)\right)$, e che se invece sono noti, rispettivamente, α o β, sono statistiche sufficienti, rispettivamente, $\prod(1 - x_i)$ e $\prod x_i$.

3.38. Dimostrare che per campioni casuali della distribuzione $\mathrm{EN}(\theta)$ una statistica sufficiente è $\sum x_i$.

3.39. Dimostrare che per campioni casuali della distribuzione $\mathrm{N}(\mu, \sigma^2)$ in cui siano noti, rispettivamente, σ oppure μ, sono statistiche sufficienti, nell'ordine, $\sum x_i$ e $\sum(x_i - \mu)^2$.

3.40. Verificare che le statistiche sufficienti indicate nei precedenti esercizi 3.35−3.39 sono tutte minimali.

3.41. Sia $z = (x_1, x_2, ..., x_n)$ un campione casuale della distribuzione $\mathrm{R}(0, \theta)$, $\theta > 0$. Verificare che una statistica sufficiente minimale è $T(z) = x_{(n)}$.

3.42. Sia $z = (x_1, x_2, ..., x_n)$ un campione casuale della distribuzione $\mathrm{R}(\theta - 1, \theta + 1)$. Verificare che una statistica sufficiente minimale è $T(z) = (x_{(1)}, x_{(n)})$.

3.43. Sia $z = \left((x_1, y_1), (x_2, y_2), ..., (x_n, y_n)\right)$ un campione casuale di una distribuzione

$$\mathrm{N}_2\left([0 \; 0], \begin{bmatrix} 1 & \rho \\ \rho & 1 \end{bmatrix}\right), \quad \rho \in (-1, 1).$$

Verificare che la statistica $\left(\sum x_i y_i, \sum(x_i^2 + y_i^2)\right)$ è sufficiente minimale per il parametro ρ.

3.44. * Dato un esperimento $e = (\mathcal{Z}, P_\theta, \theta \in \Omega)$, ogni statistica $T\colon \mathcal{Z} \to \mathcal{T}$ determina su $\mathcal{Z}$ la partizione $\{\mathcal{Z}_t, t \in \mathcal{T}\}$ dove

$$\mathcal{Z}_t = \{z\colon T(z) = t\} \qquad \left(\text{quindi } \bigcup_t \mathcal{Z}_t = \mathcal{Z}\right).$$

Si chiama *sufficiente* (*sufficiente minimale*) una partizione che sia indotta da una statistica sufficiente (sufficiente minimale). Osservato che tutte le statistiche sufficienti minimali inducono la stessa partizione, si verifichi che la partizione indotta da una statistica sufficiente ma non minimale è sempre più fine di quella indotta da una statistica sufficiente minimale, e che quindi una statistica sufficiente minimale può sempre scriversi come funzione di qualunque statistica sufficiente.

[Oss. Ragionare sulle partizioni non è fondamentalmente diverso dal ragionare sulle statistiche ed anzi talvolta (si veda la definizione 3.5) riesce perfino più naturale. L'unica differenza è che vengono ignorati i "valori" assunti dalle statistiche, di cui si prendono in esame soltanto gli insiemi di livello]

3.45. * Dimostrare che se T è sufficiente per l'esperimento $e = (\mathcal{Z}, P_\theta, \theta \in \Omega)$, con P_θ discreta, e (Y, T) è una trasformazione invertibile di Z, allora $Y \mid T$ ha una distribuzione indipendente da θ, e viceversa.
[Oss. Una caratterizzazione molto simile a questa è quella usata originariamente da J. Neyman (includendo il caso continuo), prima che l'argomento fosse completamente riorganizzato con una applicazione rigorosa della teoria della misura]

3.46. Con riferimento all'esempio 3.6, assumendo che le funzioni di ripartizione considerate siano tutte assolutamente continue oppure tutte discrete, verificare che, se $z = (x_1, x_2, ..., x_n)$ è un campione casuale di dimensione prefissata, sono statistiche sufficienti sia la statistica ordinata $(x_{(1)}, x_{(2)}, ..., x_{(n)})$ sia la funzione di ripartizione empirica $F_n(\cdot)$.

3.47. Rielaborare gli esempi 3.16 e 3.17 scrivendo P_θ sotto forma esponenziale. Verificare che anche in questo modo si può stabilire che quelle già indicate sono statistiche sufficienti minimali.

3.48. Risolvere i precedenti esercizi 3.37 3.38 e 3.39 ponendo P_θ sotto forma esponenziale e determinando la statistica $(T_1, T_2, ..., T_s)$ (notazione della formula (3.36)).

3.49. Dimostrare che se nell'esperimento $e = (\mathcal{Z}, P_\theta, \theta \in \Omega)$ tutte le P_θ sono assolutamente continue con supporto indipendente da θ, e se T è una statistica sufficiente, si ha $p_\theta^T(t) = c(t)\varphi(\theta, t)$ dove $c(t)$ è una quantità indipendente da θ.
[Oss. questo risultato estende la (3.34) al caso continuo; si consideri a questo scopo che nel calcolo di:

$$P_\theta(t_1 \leq T < t_2) = \int_{\mathcal{T}} \ell(\theta; z)\mathrm{d}z, \quad \text{dove } \mathcal{T} = \{z\colon T(z) \in (t_1, t_2)\},$$

il fattore $\varphi(\theta, T(z))$ resta approssimativamente costante se t_2 è vicino a t_1]

3.7 Parametri di disturbo ed esperimenti derivati

3.7.1 Parametri di disturbo

In molti casi l'interesse del ricercatore verte non sull'intero parametro θ che governa l'esperimento ma su una sua trasformazione $\lambda = g(\theta)$. Il problema che ne deriva è sicuramente non banale quando g non è invertibile; un caso particolarmente comune è quello in cui θ è un vettore e λ una componente, diciamo per esempio $\theta = (\lambda, \gamma)$; in tal caso γ viene chiamato *parametro di disturbo*. Naturalmente λ e γ, a loro volta, possono essere vettori.

Un punto che merita attenzione è che mentre λ, il *parametro di interesse*, è ben definito dal contesto del problema, lo stesso non si può dire del parametro di disturbo. Così, in $\theta = (\lambda, \gamma)$ possiamo sostituire a γ un'altra funzione parametrica $\tau = h(\lambda, \gamma)$ purché si mantenga una corrispondenza biunivoca tra (λ, γ) e (λ, τ), e proseguire l'elaborazione con riferimento alla parametrizzazione con (λ, τ). Se sono disponibili metodi validi per mettere in luce l'informazione riguardante λ, e quindi (come si usa dire) "eliminare" il parametro di disturbo, la funzione h può essere scelta *ad hoc*, eventualmente con il solo obiettivo di semplificare l'elaborazione stessa.

Introduciamo una definizione formale.

Definizione 3.6. *Dato l'esperimento $e = (\mathcal{Z}, P_\theta, \theta \in \Omega)$, si dice che $\lambda = g(\theta)$ e $\gamma = h(\theta)$ sono* parametri complementari *se si ha una corrispondenza biunivoca fra gli insiemi Ω e $\Omega' = \{(\lambda, \gamma): \lambda = g(\theta), \gamma = h(\theta), \theta \in \Omega\}$. Si dice poi che λ e γ sono a* variazione indipendente *se è $\Omega' = g(\Omega) \times h(\Omega)$ dove $g(\Omega)$ e $h(\Omega)$ sono i campi di variazione, rispettivamente, di λ e γ.*

Esempio 3.20. Considerando il modello $(\mathbb{R}^1, \mathrm{N}(\mu, \sigma^2), \mu \in \mathbb{R}^1, \sigma > 0)$, sia i parametri μ e σ che i parametri

$$\lambda_1 = \frac{\mu}{\sigma^2} \quad \text{e} \quad \lambda_2 = -\frac{1}{2\sigma^2}$$

(vedi esercizio C.19), che sono i parametri "naturali" scrivendo il modello in forma esponenziale, possono vedersi come parametri complementari a variazione indipendente.

Considerando invece il modello $(\mathbb{R}^1, R(\lambda, \gamma), \lambda \in \mathbb{R}^1, \gamma \geq \lambda)$, i parametri λ e γ non sono a variazione indipendente. $\qquad\diamond$

3.7.2 Separazione dell'informazione sperimentale

Affrontiamo il problema di capire sotto quali condizioni la funzione di verosimiglianza permette di isolare l'informazione relativa alle diverse componenti del parametro multidimensionale.

Definizione 3.7. *Dato l'esperimento* $e = (\mathcal{Z}, P_{(\lambda,\gamma)}, (\lambda, \gamma) \in \Omega'$ *i parametri complementari* λ *e* γ *si dicono* L-indipendenti *se esistono due funzioni* ℓ_1 *e* ℓ_2 *tali che, per ogni* $z \in \mathcal{Z}$, *sia:*

$$\ell(\lambda, \gamma; z) = \ell_1(\lambda; z) \cdot \ell_2(\gamma; z). \tag{3.37}$$

Il termine di L-indipendenza ("L" da Likelihood) richiama il fatto che la proprietà si presenta formalmente come una indipendenza espressa in termini di verosimiglianza. Si osservi che, non essendo λ e γ probabilizzati, non avrebbe senso parlare di indipendenza *stocastica* di λ e γ. Qualche Autore usa invece il termine di *ortogonalità*, che rischia però di essere confuso con accezioni differenti (per esempio si usa anche dire che sono ortogonali due parametri reali quando la corrispondente matrice dell'informazione attesa è diagonale). Se vale la (3.37), in un certo senso l'informazione sperimentale relativa a λ e γ è effettivamente separata. Per esempio è chiaro che $\ell_1(\cdot)$ può essere usata come una specie di funzione di verosimiglianza per λ: se presi due qualunque valori λ' e λ'' in $g(\Omega)$ consideriamo il rapporto delle verosimiglianze in (λ'', γ) e (λ', γ), troviamo

$$\frac{\ell(\lambda'', \gamma; z)}{\ell(\lambda', \gamma; z)} - \frac{\ell_1(\lambda''; z)}{\ell_1(\lambda'; z)}$$

qualunque sia $\gamma \in h(\Omega)$. Perciò $\ell_1(\cdot)$, per conto suo, fornisce una misura del "supporto sperimentale" a ciascun valore $\lambda \in g(\Omega)$, indipendentemente dal valore γ.

La situazione di L-indipendenza è piuttosto estrema; si verifica per esempio quando l'esperimento si compone sostanzialmente di 2 esperimenti completamente distinti (v. esercizio 3.51). Tuttavia si può verificare anche nell'ambito di uno stesso esperimento, quando i parametri si riferiscono ad aspetti che non interferiscono tra loro (v. esercizio 3.52).

3.7.3 Verosimiglianze massimizzate

Se è dato l'esperimento $e = (\mathcal{Z}, P_\theta, \theta \in \Omega)$ ed interessano le inferenze su $\lambda = g(\theta)$, dove g tipicamente non è invertibile, un'altra possibile procedura è di calcolare, fissato z e per ogni λ, il valore massimo di $\ell(\theta)$, diciamo $\ell_{\max}(\lambda)$. Tale funzione viene chiamata *funzione di verosimiglianza massimizzata* (o anche *profilo della verosimiglianza*). Per assicurare l'esistenza di $\ell_{\max}(\lambda)$ per ogni λ, conviene porre più precisamente:

$$\ell_{\max}(\lambda) = \sup_{g(\theta)=\lambda} \ell(\theta). \tag{3.38}$$

Al solito, se $\ell_{\max}(\lambda)$ ammette un punto di massimo λ^+, si può ragionare sulla versione relativa:

$$\bar{\ell}_{\max}(\lambda) = \frac{\ell_{\max}(\lambda)}{\ell_{\max}(\lambda^+)}. \tag{3.39}$$

È facile verificare (esercizio 3.53) che se $\widehat{\theta}$ massimizza $\ell(\theta)$, allora $g(\widehat{\theta})$ massimizza $\ell_{\max}(\lambda)$, per cui si ha $\lambda^+ = g(\widehat{\theta})$. Formalmente è come se la proprietà di invarianza rispetto alla parametrizzazione (v. esercizio 3.24) valesse anche per la trasformazione non biunivoca.

Per interpretare la funzione $\bar{\ell}_{\max}(\cdot)$ conviene ricordare che essa indica il *massimo supporto* per ogni λ, al variare di θ. Se pertanto $\bar{\ell}_{\max}(\lambda)$ è "piccolo" per un determinato λ, siamo certi che tutte le ipotesi θ compatibili con λ hanno ricevuto dai dati un supporto corrispondentemente "piccolo". Si noti che stiamo qui applicando lo stesso concetto che si era concretizzato nella formula (3.17) per il calcolo della verosimiglianza di un'ipotesi composta.

Anche per le verosimiglianze massimizzate si possono introdurre degli insiemi $L_{\max,q}$ analoghi agli insiemi L_q (formula (3.21)), cioè:

$$L_{\max,q} = \{\lambda \colon \bar{\ell}_{\max}(\lambda) \geq q\}. \tag{3.40}$$

Naturalmente, in pratica, converrà spesso individuare un parametro $\gamma = h(\theta)$ complementare a λ (di modo che θ può essere direttamente sostituito con (λ, γ)), dopo di che si avrà:

$$\ell_{\max}(\lambda) = \sup_\gamma \ell(\lambda, \gamma).$$

È interessante osservare che la scelta del parametro γ (cioè della funzione h) non cambia i valori $\ell_{\max}(\lambda)$, sicché γ può essere scelto nel modo strumentalmente più conveniente (v. esercizio 3.55).

Esempio 3.21. Consideriamo n repliche dell'esperimento $(\mathbb{R}^1, \, N(\mu, \sigma^2), \mu \in \mathbb{R}^1, \sigma > 0)$ per cui la verosimiglianza completa è:

$$\ell(\mu, \sigma) = \Big(\frac{1}{\sigma\sqrt{2\pi}}\Big)^n \exp\Big\{-\frac{1}{2\sigma^2}\sum(x_i - \mu)^2\Big\}.$$

Consideriamo due casi:
(a) μ è il parametro di interesse e σ il parametro di disturbo;
(b) σ è il parametro di interesse e μ il parametro di disturbo.
Per il caso (a) dobbiamo massimizzare $\ell((\mu, \sigma)$ rispetto a σ, trattando inizialmente μ come noto. Si ha una piccola semplificazione se si massimizza invece (ma il punto di massimo è lo stesso) la trasformazione logaritmica, cioè:

$$\log\ell(\mu, \sigma) = n\log\frac{1}{\sigma} + n\log\frac{1}{\sqrt{2\pi}} - \frac{\sum(x_i - \mu)^2}{2\sigma^2}.$$

Annullando la derivata parziale rispetto a σ si trova la soluzione:

$$\sigma_\mu = \sqrt{\frac{\sum(x_i - \mu)^2}{n}},$$

per cui si ottiene:

$$\ell_{\max}(\mu) = \ell(\mu, \sigma_\mu) = \Big(\frac{n}{2\pi e \sum(x_i - \mu)^2}\Big)^{\frac{n}{2}}.$$

Il punto di massimo è evidentemente $\mu^+ = \bar{x}$ per cui si ha infine, con i soliti simboli:

$$\bar{\ell}_{\max}(\mu) = \frac{\ell_{\max}(\mu)}{\ell_{\max}(\bar{x})} = \left(\frac{ns^2}{\sum(x_i - \mu)^2}\right)^{\frac{n}{2}}. \tag{3.41}$$

Per il caso (b) è immediato vedere che $\ell(\mu, \sigma)$ è massima, al variare di μ, per $\mu_\sigma = \bar{x}$ (si noti che questa volta il punto di massimo non dipende dal parametro di interesse) e che si ottiene quindi:

$$\ell_{\max}(\sigma) = \ell(\bar{x}, \sigma) = \left(\frac{1}{\sigma\sqrt{2\pi}}\right)^n \exp\left\{\frac{-ns^2}{2\sigma^2}\right\}.$$

Si può verificare direttamente che $\ell_{\max}(\cdot)$ è massima per $\sigma = s$ e che la verosimiglianza massimizzata relativa risulta infine:

$$\bar{\ell}_{\max}(\sigma) = \frac{\ell_{\max}(\sigma)}{\ell_{\max}(s)} = \left(\frac{s}{\sigma}\right)^n \exp\left\{-\frac{n}{2}\left(\frac{s^2}{\sigma^2} - 1\right)\right\}. \tag{3.42}$$

◇

La massimizzazione non è l'unica operazione sulla verosimiglianza completa che sia stata proposta per mettere in luce il ruolo dei parametri di interesse, anche se è sicuramente la più comune e la più facilmente interpretabile. Conviene citare in proposito almeno l'idea di integrare la verosimiglianza completa rispetto al parametro di disturbo ed usando una opportuna funzione di peso, tecnica su cui torneremo trattando dei metodi bayesiani. Per un cenno ad altre proposte rinviamo alla nota bibliografica.

3.7.4 Esperimenti marginali

Definizione 3.8. *Dato un esperimento $e = (\mathcal{Z}, P_\theta, \theta \in \Omega)$ ed una qualunque statistica $T\colon \mathcal{Z} \to \mathcal{T}$, si chiama esperimento marginale basato su T l'esperimento $e^T = (\mathcal{T}, P_\theta^T, \theta \in \Omega)$ dove P_θ^T è la legge di probabilità indotta su $\mathcal{T}$ da P_θ.*

In pratica, si prende in esame un esperimento marginale quando si considera come risultato non $z_0 \in \mathcal{Z}$ ma il valore $t_0 = T(z_0) \in \mathcal{T}$. La funzione di verosimiglianza associata all'esperimento realizzato (e^T, t_0) viene chiamata verosimiglianza *marginale*, per distinguerla dalla funzione di verosimiglianza "completa" che è quella associata all'esperimento realizzato (e, z_0). A meno che la statistica T non sia sufficiente per θ nell'esperimento e, le funzioni di verosimiglianza completa e marginale sono differenti, quindi la marginalizzazione comporta in generale una perdita di informazione. D'altra parte spesso si prende in considerazione un esperimento marginale proprio perché la corrispondente verosimiglianza ha come unico argomento il parametro di interesse. Quando una statistica T è tale che la sua distribuzione campionaria P_θ^T dipende solo da una funzione parametrica $\lambda = g(\theta)$ (e non dal parametro complessivo θ) si dice che T è *orientata* a λ.

Esempio 3.22. Considerate n repliche dell'esperimento $(\mathbb{R}^1,\, \mathrm{N}(\mu, \sigma^2),\, \mu \in \mathbb{R}^1,\, \sigma > 0)$, sappiamo che la statistica

$$S^2 = \frac{\sum(X_i - \overline{X})^2}{n}$$

ha una distribuzione campionaria del tipo $\mathrm{Gamma}(\frac{n-1}{2}, \frac{n}{2\sigma^2})$, per cui la verosimiglianza associata all'esperimento marginale (e^{S^2}, s^2) è

$$\mathrm{cost} \cdot \left(\frac{1}{\sigma}\right)^{n-1} \exp\left\{ -\frac{ns^2}{2\sigma^2} \right\} \tag{3.43}$$

e perciò non dipende effettivamente da μ. Il punto di massimo si ha in $\sigma^2 = \bar{s}^2 = \sum(x_i - \bar{x})^2/(n-1)$. La verosimiglianza marginale relativa risulta quindi:

$$\bar{\ell}_{\mathrm{marg}}(\sigma) = \left(\frac{\bar{s}}{\sigma}\right)^{n-1} \exp\left\{ -\frac{n-1}{2}\left(\frac{\bar{s}^2}{\sigma^2} - 1\right) \right\}. \tag{3.44}$$

In queste condizioni, se il parametro di interesse è σ, l'esame della (3.44) può fornire informazioni più facilmente utilizzabili, in quanto non dipendenti da μ come si sarebbe ottenuto riferendosi alla verosimiglianza completa (3.20). Confrontata con la verosimiglianza massimizzata (3.42), la (3.44) risulta diversa, anche se, in pratica, spesso in modo non troppo rilevante.

Se il parametro di interesse fosse invece μ avrebbe poco senso prendere in considerazione l'esperimento marginale $(e^{\overline{X}}, \bar{x})$ perché la distribuzione campionaria di $\overline{X}$ è di tipo $\mathrm{N}(\mu, \sigma^2/n)$ per cui la corrispondente verosimiglianza marginale sarebbe:

$$\ell_{\mathrm{marg}}(\mu) = \frac{\sqrt{n}}{\sqrt{2\pi}\sigma} \exp\left\{ -\frac{(\bar{x} - \mu)^2}{2\sigma^2} \right\},$$

e quindi risulterebbe ancora dipendente dal parametro di disturbo σ.   ◇

La letteratura riporta numerosi tentativi intesi ad identificare i casi in cui la marginalizzazione non comporta in sostanza una perdita di informazione per quanto riguarda il solo parametro di interesse. Assumiamo ora per semplicità $\theta = (\lambda, \gamma)$ dove $\lambda \in g(\Omega)$ e $\gamma \in h(\Omega)$ sono a variazione indipendente e λ è il parametro di interesse.

Definizione 3.9. *Si dice che la statistica T è* parzialmente sufficiente *rispetto a λ se valgono le due proprietà seguenti:*
(a) T è orientata a λ, cioè $P^T_{(\lambda, \gamma)}$ non dipende effettivamente da γ;
(b) T è sufficiente per tutti gli esperimenti $e(\gamma) = \left(\mathcal{Z},\, P_{(\lambda, \gamma)},\, \lambda \in g(\Omega)\right)$, detti esperimenti sezione, *dove si intende che γ è formalmente trattato come noto.*

La proprietà (a) assicura che l'esperimento marginale e^T fornisce informazioni esclusivamente su λ, mentre la condizione (b) assicura, almeno intuitivamente, che, qualunque sia il valore di γ, T contiene tutta l'informazione riguardante λ. Il concetto di sufficienza parziale così introdotto appare quindi sostanzialmente adeguato agli obiettivi posti; sfortunatamente è raro che tale situazione si presenti in pratica. Guardando le proprietà (a) e (b) da un altro punto di vista se ne deduce che la statistica T non incorpora informazioni relative a γ; si dice allora che T è *parzialmente ancillare rispetto a* γ.

Esempio 3.23. Riprendendo il caso dell'esempio 3.22, si vede che $\bar{S}^2$ soddisfa (a) ma non (b); nell'esperimento $e(\mu)$ una statistica sufficiente è per esempio $\sum(X_i - \mu)^2$, ma la stessa quantità non è più una statistica se riferita all'esperimento e, perché nell'esperimento e, a differenza che nell'esperimento $e(\mu)$, μ è un parametro incognito. Invece la statistica $\overline{X}$ non soddisfa la proprietà (a) mentre soddisfa la proprietà (b).   ◇

Esempio 3.24. Assumiamo che X_1 e X_2 siano v.a. con distribuzione, rispettivamente, Poisson(θ_1) e Poisson(θ_2), dove θ_1 e θ_2 sono incogniti, e che siano indipendenti per θ_1 e θ_2 fissati. Sia poi:

$$\lambda = \theta_1 + \theta_2, \quad \gamma = \frac{\theta_1}{\theta_1 + \theta_2}. \tag{3.45}$$

Allora è chiaro che $T = X_1 + X_2$ ha una distribuzione campionaria del tipo Poisson(λ), e che l'esperimento marginale e^T fornisce esclusivamente informazioni su λ. Consideriamo ora l'esperimento $e(\gamma)$, e calcoliamo la corrispondente verosimiglianza. Con la parametrizzazione originaria si ha:

$$p_{\theta_1,\theta_2}(x_1, x_2) = \frac{\theta_1^{x_1}\,\theta_2^{x_2}}{x_1!x_2!} \exp\{-(\theta_1 + \theta_2)\};$$

per la (3.45) si ha $\theta_2 = \lambda(1 - \gamma)$, $\theta_1 = \lambda\gamma$, da cui la verosimiglianza:

$$\frac{\gamma^{x_1}(1 - \gamma)^{x_2}}{x_1!x_2!} e^{-\lambda}\lambda^{x_1+x_2}. \tag{3.46}$$

Trattando γ come noto, e quindi con riferimento all'esperimento sezione $e(\gamma)$, una statistica sufficiente è proprio $T = X_1 + X_2$. Essendo soddisfatte le proprietà (a) e (b) di cui alla definizione 3.9, possiamo quindi dire che T è parzialmente sufficiente rispetto a λ, cioè che contiene sostanzialmente tutta l'informazione disponibile su λ.

Riflettendo sugli aspetti intuitivi dell'esempio, questa conclusione appare ovvia; questo rassicura sulla validità logica del concetto, sia pure in una situazione piuttosto semplice. Va poi osservato che la funzione di verosimiglianza dell'esperimento completo e, cioè la (3.46), riguardando anche γ come variabile, presenta una struttura particolare, cioè si presenta come un prodotto di una funzione del solo γ e di una funzione del solo λ. Questo aspetto ha, come si vedrà subito, carattere generale.   ◇

Notiamo un importante collegamento tra il concetto di sufficienza parziale e quello di L-indipendenza. Infatti, se per un dato esperimento $e = (\mathcal{Z}, P_{(\lambda,\gamma)}, (\lambda,\gamma) \in \Omega')$ esiste una statistica T parzialmente sufficiente rispetto a λ, allora λ e γ sono L-indipendenti. Limitando la verifica al caso discreto, si osservi che la proprietà (a) implica, preso un qualunque valore $t \in \mathcal{T}$:

$$\mathrm{prob}(T = t; \lambda, \gamma) = p(t, \lambda),$$

dove $p(t, \lambda)$ è una quantità indipendente da γ, mentre (b) implica:

$$\mathrm{prob}(Z = z \mid T = t; \lambda, \gamma) = q(z, \gamma),$$

dove $q(z, \gamma)$ è indipendente da λ. Ne viene, considerando un valore t compatibile con il risultato complessivo z (cioè tale che $t = T(z)$):

$$\ell(\lambda, \gamma) = \mathrm{prob}(Z = z; \lambda, \gamma) = \mathrm{prob}(Z = z \text{ e } T(Z) = t; \lambda, \gamma) =$$
$$= \mathrm{prob}(T = t; \lambda, \gamma) \cdot \mathrm{prob}(Z = z \mid T = t; \lambda, \gamma) = p(t, \lambda) \cdot q(z, \gamma)$$

come si era annunciato. per il caso continuo si rinvia all'esercizio 3.58.

3.7.5 Esperimenti condizionati

Definizione 3.10. *Dato un esperimento $e = (\mathcal{Z}, P_\theta, \theta \in \Omega)$ e una qualunque statistica $T \colon \mathcal{Z} \to \mathcal{T}$, si chiama esperimento condizionato a T l'esperimento aleatorio $e_T = (\mathcal{Z}, P_{\theta,T}, \theta \in \Omega)$ dove $P_{\theta,T}$ è la legge di probabilità su $\mathcal{Z}$ calcolata per θ fissato e condizionatamente al valore di T.*

Si osservi che la struttura di e_T risulta determinata come quella di un esperimento ordinario solo dopo che l'esperimento e viene realizzato e si osserva il corrispondente risultato $z_0 \in \mathcal{Z}$; allora e_T assumerebbe la struttura standard in quanto il condizionamento a $T = T(z_0)$ definisce univocamente la famiglia $\{P_{\theta,T}, \theta \in \Omega\}$. Considerando al solito classi $\{P_\theta, \theta \in \Omega\}$ di misure discrete o assolutamente continue, non vi saranno complicazioni particolari nell'introduzione di probabilità condizionate. La funzione di verosimiglianza associata a (e_T, z_0) verrà naturalmente chiamata funzione di verosimiglianza *condizionata* (a T).

In alcuni casi il condizionamento viene introdotto quasi tacitamente, come un modo per garantire una migliore adeguatezza del modello alla realtà che si vuole descrivere. Si veda il prossimo esempio.

Esempio 3.25. Sia e l'esperimento costituito da n repliche di

$$\left(\mathbb{R}^2, \mathrm{N}\left(\begin{bmatrix}\mu_X \\ \mu_Y\end{bmatrix}\begin{bmatrix}\sigma_X^2 & \rho\sigma_X\sigma_Y \\ \rho\sigma_X\sigma_Y & \sigma_Y^2\end{bmatrix}\right), (\mu_X, \mu_Y, \rho, \sigma_X, \sigma_Y) \in \mathbb{R}^2 \times (-1, 1) \times (0, +\infty)^2\right)$$

in cui quindi il risultato è un vettore $((x_1, y_1), (x_2, y_2), ..., (x_n, y_n))$ e il parametro complessivo è $\theta = (\mu_X, \mu_Y, \rho, \sigma_X, \sigma_Y)$. Quando l'interesse verte sulle relazioni tra le componenti del generico risultato aleatorio (X, Y), si prende usualmente in esame la statistica vettoriale $T = (X_1, X_2, ..., X_n)$ e il corrispondente esperimento condizionato. In particolare si sta implicitamente considerando un esperimento condizionato se si intende che la distribuzione campionaria della statistica Y_i è di tipo $N(\alpha + \beta x_i, \sigma^2)$ dove

$$\alpha = \mu_Y - \rho \frac{\sigma_Y}{\sigma_X} \mu_X, \quad \beta = \rho \frac{\sigma_Y}{\sigma_X}, \quad \sigma^2 = \sigma_Y^2 (1 - \rho^2).$$

Più esattamente, la struttura dell'esperimento condizionato (in cui per semplicità conviene fin dal principio considerare aleatorie solo $Y_1, Y_2, ..., Y_n$ visto che $X_1, X_2, ..., X_n$ sono oggetto del condizionamento) è $(\mathbb{R}^n, N(\alpha 1_n + \beta x, \sigma^2 I_n),$ $\alpha \in \mathbb{R}^1, \beta \in \mathbb{R}^1, \sigma^2 > 0)$ dove 1_n è il vettore colonna costituito da n unità, x è il vettore colonna di elementi $x_1, x_2, ..., x_n$ ed infine I_n è la matrice identità di dimensione $n \times n$.

Qualora si considerasse l'esperimento nel suo complesso, la distribuzione campionaria di Y_i sarebbe semplicemente $N(\mu_Y, \sigma_Y^2)$, che è la distribuzione marginale della variabile aleatoria doppia (X_i, Y_i), e naturalmente non presenterebbe alcun interesse ai fini dello studio delle relazioni tra X e Y. Si noti che questo condizionamento elimina 2 dei 5 parametri originari.   ◇

Esempio 3.26. Riprendiamo l'esempio 3.24, ma consideriamo come parametri di interesse e di disturbo, rispettivamente:

$$\lambda = \frac{\theta_1}{\theta_2}, \quad \gamma = \theta_2.$$

Condizionando rispetto alla statistica $T = X_1 + X_2$, si può osservare che:

$$P_{\theta,T}(x_1, x_2) = \mathrm{prob}(X_1 = x_1, X_2 = x_2 \mid X_1 + X_2 = t, \theta) =$$
$$= \frac{\mathrm{prob}(X_1 = x_1, X_2 = x_2, X_1 + X_2 = t; \theta)}{\mathrm{prob}(X_1 + X_2 = t; \theta)}.$$

Essendo $t = x_1 + x_2$ si ottiene, osservando che in tal caso $(X_1 = x_1, X_2 = x_2)$ è un evento incluso in $(X_1 + X_2 = t)$,

$$P_{\theta,T}(x_1, x_2) = \frac{\mathrm{prob}(X_1 = x_1, X_2 = x_2; \theta)}{\mathrm{prob}(X_1 + X_2 = t; \theta)} = \frac{e^{-\theta_1} e^{-\theta_2} \theta_1^{x_1} \theta_2^{x_2} t!}{x_1! x_2! \, e^{-(\theta_1 + \theta_2)} (\theta_1 + \theta_2)^t} =$$
$$= \binom{t}{x_1} \left(\frac{\lambda}{1 + \lambda} \right)^{x_1} \left(1 - \frac{\lambda}{1 + \lambda} \right)^{t - x_1}.$$

In altri termini, l'esperimento e_T può vedersi come il modello di una prova binomiale con risultato aleatorio X_1 e parametri T e $\lambda/(1 + \lambda)$. Il condizionamento ha eliminato γ in quanto la verosimiglianza condizionata contiene solo il parametro di interesse λ.   ◇

Se assumiamo come dato un determinato esperimento e, il passare a considerare uno degli esperimenti "derivati" (cioè marginale o condizionato) appare, almeno a prima vista, notevolmente arbitrario. La questione si pone in modo un po' diverso per il condizionamento e la marginalizzazione. In un certo senso tutti gli esperimenti sono marginali, poiché, nella fase di costruzione del modello matematico dell'esperimento, necessariamente si opera una scelta tra i molti aspetti imprevedibili della realtà, alcuni dei quali vanno a costituire il "risultato osservabile"; un margine di arbitrarietà è quindi inevitabile e un esperimento che sia marginale rispetto ad un qualunque esperimento originario ha comunque una propria legittimità. Il solo problema che può sorgere è se (o quanto) la marginalizzazione abbia distrutto informazioni rilevanti.

Il condizionamento è sotto certi aspetti un'operazione più sofisticata, anche se una verosimiglianza condizionata può ancora considerarsi una "vera" verosimiglianza in quanto sempre riferibile ad un esperimento effettivamente realizzato. Il punto critico, difficile da valutare una volta per tutte, è ovviamente stabilire quando il condizionamento soltanto parziale migliori l'adeguatezza alla realtà e quando invece produca semplicemente una distorsione arbitraria dell'informazione. Ci sono esempi (ne vedremo nella § 4.6) in cui il condizionamento sembra necessario ai fini di una caratterizzazione realistica dell'esperimento stesso. Si tocca però qui un'altra questione rilevante, cioè il tipo di logica inferenziale adottata, e su quest'ultima problematica torneremo in modo approfondito nel prossimo capitolo. A parte ciò, il ruolo di queste tecniche, nell'ambito delle procedure sostanzialmente basate sulla funzione di verosimiglianza, è soprattutto quello di suggerire metodi di sintesi, anche approssimati, per rappresentare l'informazione strettamente "sperimentale".

Esercizi

3.50. Si dimostri che, per $t_0 = T(z_0)$, le funzioni di verosimiglianza associate a (e, z_0) e a (e^T, t_0) sono proporzionali se e solo se T è sufficiente per θ.

3.51. * Siano dati due esperimenti $e_i = (\mathcal{Z}_i, P_{\theta_i}, \theta_i \in \Omega_i)$, $i = 1,2$, ed un terzo esperimento $e^* = (\mathcal{Z}, P_\theta, \theta \in \Omega)$ tale che

$$\mathcal{Z} = \mathcal{Z}_1 \times \mathcal{Z}_2, \quad \Omega = \Omega_1 \times \Omega_2, \quad P_{(\theta_1,\theta_2)}(S) = P_{\theta_1}(S_1) \cdot P_{\theta_2}(S_2)$$

per ogni evento $S = S_1 \times S_2$ di $\mathcal{Z}$. Assumendo per semplicità che le misure di probabilità siano tutte assolutamente continue, si verifichi che θ_1 e θ_2, nell'esperimento e^*, sono L-indipendenti.

3.52. Un'urna contiene palline bianche, gialle e rosse in proporzioni incognite che denoteremo con β, γ, ρ ($\beta + \gamma + \rho = 1$). Si eseguono n estrazioni con ripetizione, con l'obiettivo di acquisire informazioni su β. Usando come parametri complementari β e γ (essendo $\rho = 1 - \beta - \gamma$), si calcoli la funzione di verosimiglianza associata ad un risultato generico (diciamo l'uscita di b palline bianche, g palline gialle, r palline rosse, con $b + g + r = n$) e si verifichi che β e γ non sono L-indipendenti. Si riformuli quindi il problema con la coppia di parametri complementari β e τ, dove $\tau = \gamma/(1 - \beta)$, e si verifichi che β e τ sono L-indipendenti.

[Oss. Volendo informazioni su β, la parametrizzazione iniziale è mal scelta, perché β e γ sono inevitabilmente legati. Invece τ, che è la proporzione di palline gialle tra tutte le palline non bianche, rappresenta un aspetto che non interferisce con la proporzione di palline bianche. Si noti che $\ell_1(\beta)$ equivale alla verosimiglianza binomiale che si otterrebbe fin da principio se si distinguesse solo tra bianco e non bianco, come è ragionevole se è chiaro fin dal principio che interessa solo β]

3.53. * Dimostrare che se $\widehat{\theta}$ massimizza $\ell(\theta)$, e $\lambda = g(\theta)$, $g(\widehat{\theta})$ massimizza $\ell_{\max}(\lambda)$.

[Oss. Se abbiamo $\theta=(\lambda,\gamma)$ e si è ottenuto $\widehat{\theta}=(\widehat{\lambda},\widehat{\gamma})$, ciò vuol dire che possiamo porre $\lambda^+=\widehat{\lambda}$. Questo giustifica perfino l'unica notazione $\widehat{\lambda}$ per i due significati, in sé diversi, di componente della stima di massima verosimiglianza e di punto di massimo della verosimiglianza massimizzata]

3.54. * Posto $e = (\mathcal{Z},\, P_{(\lambda,\gamma)},\, (\lambda,\gamma) \in \Omega')$, consideriamo l'insieme

$$G_q = \{\lambda\colon\ \exists\,\gamma \text{ tale che } \bar{\ell}(\lambda,\gamma) \geq q\},$$

che può vedersi come la proiezione di L_q sull'"asse" λ. Dimostrare che, se $\bar{\ell}$ è continua e gli insiemi $\Omega_\lambda = \{(\lambda,\gamma)\colon \ell(\lambda,\gamma) \geq q\}$ per ogni λ e per il valore considerato di q sono chiusi e limitati, allora $G_q = L_{\max,q}$ $(\forall\, q \in (0,1))$.

[Oss. Il risultato è utile perché suggerisce una costruzione alternativa per gli insiemi $L_{\max,q}$]

3.55. * Siano (λ,γ) e (λ,δ) due coppie di parametri complementari tali che per l'esperimento $e = (\mathcal{Z},\, P_\theta,\, \theta \in \Omega)$ si abbia $\theta = f_1(\lambda,\gamma)$ e $\theta = f_2(\lambda,\delta)$, dove f_1 e f_2 sono entrambe invertibili. Allora la funzione di verosimiglianza può scriversi sia come $\ell(f_1(\lambda,\gamma))$ che come $\ell(f_2(\lambda,\delta))$. Dimostrare che, posto:

$$\ell^1_{\max}(\lambda) = \sup_\gamma \ell\big(f_1(\lambda,\gamma)\big), \quad \ell^2_{\max}(\lambda) = \sup_\delta \ell\big(f_2(\lambda,\delta)\big)$$

si ha $\ell^1_{\max}(\lambda) = \ell^2_{\max}(\lambda)$, $\forall\lambda$.

[Oss. Il punto fondamentale è che (λ,γ) e (λ,δ), tramite θ, si corrispondono biunivocamente. Questa proprietà verifica l'affermazione del testo secondo cui la scelta del parametro di disturbo non cambia la verosimiglianza massimizzata riferita al parametro di interesse]

3.56. Con riferimento all'esempio 3.21, verificare che la verosimiglianza massimizzata relativa riferita a μ, trattando σ come parametro di disturbo, può scriversi anche come:

$$\bar{\ell}_{\max}(\mu) = \left(1 + \left(\frac{\mu - \bar{x}}{s}\right)^2\right)^{-\frac{n}{2}}$$

e si verifichi che si tratta di una funzione proporzionale alla densità Student$(n-1)$, considerando come variabile $\tau = (\mu - \bar{x})/(\bar{s}/\sqrt{n})$, dove $\bar{s}^2 = ns^2/(n - 1)$.

3.57. Si abbiano 2 campioni casuali $x = (x_1, x_2, ..., x_n)$ e $y = (y_1, y_2, ..., y_m)$ provenienti rispettivamente da popolazioni $N(\mu_X, \sigma^2)$ e $N(\mu_Y, \sigma^2)$. Si verifichi che, prendendo in esame l'esperimento avente come risultato complessivo (x, y), la verosimiglianza massimizzata relativa per (μ_X, μ_Y) è:

$$\bar{\ell}_{\max}(\mu_X, \mu_Y) = \left(\frac{d_x + d_y}{d_x + d_y + n(\mu_X - \bar{x})^2 + m(\mu_Y - \bar{y})^2} \right)^{\frac{n+m}{2}},$$

dove $d_x = \sum(x_i - \bar{x})^2$ e $d_y = \sum(y_i - \bar{y})^2$.

3.58. Sia $e = (\mathcal{Z}, P_{(\lambda, \gamma)}, (\lambda, \gamma) \in \Omega')$ un esperimento in cui le leggi di probabilità $P_{(\lambda, \gamma)}$ sono tutte assolutamente continue e si possa scrivere $Z = (T, S)$. Si verifichi che vale una fattorizzazione del tipo

$$\ell(\lambda, \gamma; t, s) = f^T(t; \lambda, \gamma) \cdot f_T(s; t, \lambda, \gamma),$$

dove le funzioni f^T e f_T sono opportune funzioni di densità (rispettivamente marginale e condizionata rispetto alla v.a. T).

[Oss. Se T è parzialmente sufficiente rispetto a λ, da f^T scompare γ e da f_T scompare λ]

3.59. Siano X_1 e X_2 v.a. indipendenti con distribuzione, rispettivamente, $Bin(n_1, \theta_1)$ e $Bin(n_2, \theta_2)$. Si consideri l'esperimento e il cui risultato aleatorio è $X = (X_1, X_2)$; posto $S = X_1 + X_2$, si determini la legge di probabilità dell'esperimento condizionato e_S, e si verifichi che questa dipende solo dal "rapporto incrociato" $\psi = \big(\theta_1(1 - \theta_2)\big) / \big((1 - \theta_1)\theta_2\big)$. È consigliabile trattare come risultato aleatorio di e_S soltanto X_1 anzichè (X_1, X_2) (in effetti il condizionamento annulla l'aleatorietà di X_2, noto X_1).

[Oss. Problemi di confronto fra campioni binomiali, in cui interessa confrontare i parametri incogniti θ_1 e θ_2 sono molto comuni nelle applicazioni. In questo caso un opportuno condizionamento elimina un parametro di disturbo lasciando in gioco solo ψ. Si noti che $(\theta_1 \geq \theta_2) \Leftrightarrow (\psi \geq 1)$, cosicché una valutazione di ψ serve almeno a stabilire il segno della differenza $\theta_1 - \theta_2$]

3.60. Verificare che l'esempio 3.26 e l'esercizio 3.59 possono vedersi come applicazioni particolari della proprietà 2 delle famiglie esponenziali (v. § C.6).

3.61. Nell'esempio 3.24 la statistica $T = X_1 + X_2$ era parzialmente sufficiente rispetto a $\lambda = \theta_1 + \theta_2$. Considerando, per lo stesso problema, la nuova parametrizzazione $\lambda = \theta_1 + \theta_2$, $\sigma = \theta_2$, si verifichi che T non è più parzialmente sufficiente rispetto a λ.

[Oss. La sufficienza parziale dipende dalla parametrizzazione complessiva usata]

3.62. Un modo grossolano per eliminare il parametro di disturbo γ in una verosimiglianza $\ell(\lambda, \gamma)$ è di sostituire γ con la sua stima di massima verosimiglianza $\widehat{\gamma}$ e di considerare quindi la funzione $\ell(\lambda, \widehat{\gamma})$. Questo metodo viene chiamato, in inglese, *plug-in*. Calcolare le funzioni $\ell(\mu, \widehat{\sigma})$ e $\ell(\widehat{\mu}, \sigma)$ con riferimento alla verosimiglianza normale e le corrispondenti verosimiglianze relative.

[Oss. Si ottiene:

$$\bar{\ell}(\mu, \widehat{\sigma}) = \left\{ -\frac{n}{2s^2}(\mu - \bar{x})^2 \right\}, \quad \bar{\ell}(\widehat{\mu}, \sigma) = \left(\frac{s}{\sigma}\right)^n \exp\left\{ \frac{n}{2}\left(1 - \frac{s^2}{\sigma^2}\right) \right\}$$

per cui $\bar{\ell}(\widehat{\mu}, \sigma)$ coincide con $\bar{\ell}_{\max}(\sigma)$. Ovviamente la semplice sostituzione del parametro di disturbo con la sua stima produce una sottovalutazione della variabilità che la funzione di verosimiglianza dovrebbe sintetizzare]

4

Logiche inferenziali

4.1 Il principio della verosimiglianza

L'importanza della funzione di verosimiglianza nel ragionamento statistico, frutto di una profonda intuizione di R.A.Fisher (1890-1962) negli anni '20, è stata riconfermata in tempi più recenti anche in una prospettiva bayesiana, pur non avendo conseguito un riconoscimento unanime nella letteratura scientifica. Basandoci sullo schema esposto nel capitolo 3, diciamo che il ruolo dell'esperimento è proprio quello di attribuire alle diverse ipotesi possibili un "peso", determinato completamente ed esclusivamente dal risultato; in definitiva, il risultato dell'esperimento è la funzione di verosimiglianza stessa.

Allo scopo di rendere precise le discussioni e i confronti sui fondamenti logici delle diverse procedure inferenziali, è stato anche formalmente definito (da A. Birnbaum, 1962) un *Principio della verosimiglianza* che esprime in modo particolarmente chiaro ed operativo il concetto della centralità della funzione di verosimiglianza nel senso sopra delineato.

__Principio della verosimiglianza.__ Siano dati due esperimenti $e' = (\mathcal{Z}',$ $P'_\theta,\ \theta \in \Omega)$ ed $e'' = (\mathcal{Z}'',\ P''_\theta,\ \theta \in \Omega)$ in cui l'ipotesi vera sia la stessa. Se per due risultati $z' \in \mathcal{Z}'$ e $z'' \in \mathcal{Z}''$ le corrispondenti funzioni di verosimiglianza ℓ' e ℓ'' sono proporzionali, cioè soddisfano la condizione di equivalenza:

$$\ell'(\theta) = c \cdot \ell''(\theta), \qquad \theta \in \Omega, \tag{4.1}$$

dove c può dipendere da z' e z'' ma non da θ, gli esperimenti realizzati (e',z') e (e'',z'') forniscono la stessa informazione riguardo alle ipotesi.

Si osservi che il termine di *informazione* è qui del tutto generico e non presuppone specifici tipi di misurazione; molti Autori usano in proposito l'espressione di "evidenza rispetto al parametro θ". L'idea sostanziale è comunque chiara: la funzione di verosimiglianza, nel quadro del modello adottato, incorpora *tutta* l'informazione prodotta dall'esperimento relativamente alle ipotesi θ. Il principio non dice invece - e resta un problema aperto - *come* vada elaborata tale informazione per risolvere i problemi inferenziali. Avvertiamo qui, ma non faremo particolare uso di questo concetto, che è stata

Piccinato L: Metodi per le decisioni statistiche. 2ª edizione.
© Springer-Verlag Italia, Milano 2009

proposta anche una versione "debole" del precedente principio; in tale versione si assume che l'esperimento sia unico, sicché la 4.1 esprimerebbe solo il fatto che, all'interno di uno stesso modello, due risultati z' e z'' con verosimiglianze proporzionali forniscono la stessa informazione su θ. È chiaro che la versione "forte" implica quella "debole" e non viceversa.

Le conseguenze della adozione del Principio della verosimiglianza sono più notevoli di quanto appare a prima vista. Una delle implicazioni principali è la cosiddetta *irrilevanza delle regole di arresto*. Se infatti si considera un risultato ottenuto mediante un campionamento sequenziale governato da una determinata regola di arresto (vedi § 3.1), si capisce subito che quest'ultima influisce sulla verosimiglianza solo per un fattore indipendente da θ (cioè $1_{A_n}(x_1, x_2, \dots, x_n)$ nel caso della formula (3.12)) e che perciò la verosimiglianza stessa è proporzionale a quella ottenuta nel caso di campionamento casuale di dimensione prefissata. In altri termini, a parità di risultato $(x_1, x_2, \dots, x_n)$ e ai fini della inferenza su θ, non ha interesse sapere quale regola d'arresto è stata usata, sempre che questa sia del tipo descritto nella § 3.2, cioè determinata esclusivamente dai risultati via via osservati. Il classico esempio che segue descrive una situazione in cui si può porre il problema della eventuale irrilevanza della regola di arresto in un contesto particolarmente semplice e potenzialmente concreto.

Esempio 4.1. Consideriamo un modello di base $(\mathcal{X}, P_\theta, \theta \in [0,1])$ di tipo bernoulliano, cioè:

$$\mathcal{X} = \{0, 1\}, \quad P_\theta(A) = \sum_{x \in A} \theta^x (1 - \theta)^{1-x}, \quad 0 \le \theta \le 1.$$

A questo possiamo per esempio associare la classica regola del campionamento casuale semplice (o binomiale), espressa dagli insiemi di arresto:

$$A_n^{(B)} = \left\{ (x_1, x_2, \dots, x_n) : \; x_i = 0, 1, \; n = \bar{n} \right\}$$

($\bar{n}$ prefissato) oppure la regola del campionamento inverso (o di Pascal), caratterizzata da:

$$A_n^{(P)} = \left\{ (x_1, x_2, \dots, x_n) : \; x_i = 0, 1, \; \sum_{i=1}^{n} x_i = \bar{s}, \; \sum_{i=1}^{m} x_i < \bar{s} \text{ se } m < n \right\}$$

($\bar{s}$ prefissato). Ne vengono due esperimenti e^B e e^P, di cui il primo non è sequenziale in modo effettivo ma solo formale (nel senso che la corrispondente procedura può essere comunque descritta mediante gli insiemi di arresto). Il confronto fra i due esperimenti risulta facilitato se, in corrispondenza alla generica sequenza di osservazioni $(x_1, x_2, \dots, x_n)$, consideriamo in entrambi i casi come risultato la statistica sufficiente costituita dalla coppia $z = (s, n)$, dove $s = \sum x_i$ è il numero dei successi e n è il numero delle prove. Scrivendo $e^B = (\mathcal{Z}^B, P_\theta^B, \theta \in [0, 1])$ e $e^P = (\mathcal{Z}^P, P_\theta^P, \theta \in [0, 1])$, si ha così:

$$\mathcal{Z}^B = \left\{(s,n) : 0 \leq s \leq n,\ n = \bar{n}\right\},\quad P_\theta^B(s,n) = \binom{n}{s}\theta^s(1-\theta)^{n-s}$$

$$\mathcal{Z}^P = \left\{(s,n) : s = \bar{s}, n = s, s+1, s+2, \ldots\right\},\quad P_\theta^P(s,n) = \binom{n-1}{s-1}\theta^s(1-\theta)^{n-s}.$$

Per la dimostrazione dell'ultima formula si osservi che il risultato (s,n) si può considerare ottenuto combinando una sequenza di $n-1$ prove binomiali indipendenti con $s-1$ successi (quindi con probabilità $\binom{n-1}{s-1}\theta^{s-1}(1-\theta)^{n-s}$) e un'ultima prova in cui si ha necessariamente un successo (quindi con probabilità θ). La diversità dei due esperimenti si rileva già confrontando gli spazi dei risultati $\mathcal{Z}^B$ e $\mathcal{Z}^P$, il primo essendo finito e il secondo numerabile. Si noti che, se si fissa $\bar{s} \leq \bar{n}$, i due spazi hanno intersezione non vuota.

Supponiamo ora che di un certo risultato, diciamo per esempio ($s = 3$, $n = 5$), si sappia che o è stato ottenuto secondo la regola di Bernoulli (esperimento e^B con $n = 5$ prefissato) o è stato ottenuto secondo la regola di Pascal (esperimento e^P con $s = 3$ prefissato). Le funzioni di verosimiglianza risultano nei due casi:

$$\ell^B(\theta) = \binom{5}{3}\theta^3(1-\theta)^2,\quad \ell^P(\theta) = \binom{4}{2}\theta^3(1-\theta)^2 \qquad (0 \leq \theta \leq 1)$$

e sono quindi proporzionali. In base al Principio della verosimiglianza sarebbe irrilevante, per le inferenze su θ, sapere se lo sperimentatore si è fermato perché era arrivato al 5° risultato o perché era arrivato al 3° successo.

Riflettendo su questa conseguenza, il Lettore può stabilire in proprio se accettare o meno il Principio; chi scrive ritiene fondamentale il fatto che le operazioni fisiche condotte dallo sperimentatore siano in entrambi i casi identiche, e che l'unica differenza indotta dal piano sperimentale stia nelle intenzioni dello sperimentatore stesso che, in presenza di risultati diversi, si sarebbe comportato diversamente nel quadro di e^B o di e^P. Negare il principio della verosimiglianza implica quindi di dare importanza al differente comportamento potenziale, a parità di risultati effettivamente osservati.

Va sottolineato che questo esempio è in un certo senso critico: benché gli aspetti matematici non siano ovviamente controversi, sono diffuse nella letteratura impostazioni logiche che imporrebbero di valutare come differenti le informazioni prodotte nel nostro caso dagli esperimenti realizzati $(e^B, (3, 5))$ e $(e^P, (3, 5))$, proprio sulla base dei diversi comportamenti potenziali. Su ciò si tornerà nella § 4.5.   ◇

Esercizi

4.1. Verificare che la legge di probabilità $P_\theta^P(s,n)$ dell'esempio 4.1 assegna alla variabile aleatoria $N - \bar{s}$ (numero delle prove aggiuntive rispetto al minimo prefissato) una distribuzione binomiale negativa con parametri $\bar{s}$ e θ.

4.2. Con riferimento all'esempio 4.1 dimostrare che nel caso del campionamento inverso si ha $\mathbb{E}_\theta(S/N) > \theta$.

[Sugg. Si ricordi la diseguaglianza di Jensen]

4.2 Il metodo bayesiano

4.2.1 Inferenze ipotetiche

Si usa intitolare a Bayes qualunque metodo di analisi statistica che presupponga una assegnazione di probabilità a *tutti* gli eventi incerti. Per i problemi inferenziali delineati nella § 3.2, si tratta quindi di definire una misura di probabilità Π su Ω in modo che resti determinata una ed una sola legge di probabilità Ψ su $\Omega \times \mathcal{Z}$.

Nei casi più semplici, cui in pratica ci riferiremo sempre, i punti di Ω e $\mathcal{Z}$ sono scalari o vettori e il problema sarà trattabile in modo elementare con riferimento ad una v.a. (Θ, Z) di cui (θ, z) sarà la generica realizzazione. Le probabilità P_θ, $\theta \in \Omega$ che compaiono nel modello matematico dell'esperimento debbono allora essere pensate come le distribuzioni di probabilità di Z condizionate a $\Theta = \theta$. Casi più generali (in cui per esempio $\mathcal{Z}$ è l'insieme delle possibili traiettorie di un processo stocastico) possono essere sviluppati in modo logicamente simile, ma con un apparato matematico più complesso. Talvolta lo spazio di probabilità $(\Omega \times \mathcal{Z}, \mathcal{A}_{\Omega \times \mathcal{Z}}, \Psi)$, dove $\mathcal{A}_{\Omega \times \mathcal{Z}}$ è una opportuna σ-algebra di sottoinsiemi di $\Omega \times \mathcal{Z}$, viene chiamato *modello bayesiano completo* dell'esperimento .

Nello schema bayesiano la risposta ad ogni tipo di problema inferenziale sarà una legge di probabilità. In presenza di incertezza, la esplicitazione di probabilità direttamente riferite agli eventi di interesse costituisce il tipo di asserzione più conclusiva possibile, a meno di non svisare la natura stessa del problema affrontato. Così, la "soluzione" ai problemi inferenziali di tipo ipotetico sarà il calcolo della legge di probabilità di Θ condizionata ai possibili risultati $z \in \mathcal{Z}$. Ad esempio, se (Θ, Z) è assolutamente continua, $\pi(\cdot)$ è la densità marginale di Θ e $p_\theta(\cdot)$ è la densità associata a P_θ, si ha, per il ben noto teorema di Bayes (v. A.3):

$$\pi(\theta; z) = \frac{\pi(\theta)p_\theta(z)}{\int_\Omega \pi(\theta)p_\theta(z)\mathrm{d}\theta}, \tag{4.2}$$

dove $\pi(\cdot; z)$ è la densità di Θ condizionata a $Z = z$. Comunemente $\pi(\cdot)$ si chiama legge di probabilità *iniziale* (o *a priori*) e $\pi(\cdot; z)$ legge di probabilità *finale* (o *a posteriori*). Ricordando la definizione di funzione di verosimiglianza e introducendo una costante di normalizzazione c, la (4.2) può scriversi più semplicemente:

$$\pi(\theta; z) = c \cdot \pi(\theta) \cdot \ell(\theta; z). \tag{4.3}$$

Quando serve, si potrà ricordare che $c = 1/m(z)$, dove

$$m(z) = \int_{\Omega} \pi(\theta) p_{\theta}(z) \mathrm{d}\theta \tag{4.4}$$

è la densità marginale di Z, detta anche *distribuzione predittiva iniziale*.

Va da sé che la procedura ha un carattere dinamico: se si esegue un nuovo esperimento la precedente legge finale, espressa da $\pi(\cdot; z)$, diventa iniziale e quindi soggetta ad ulteriore aggiornamento con il crescere dell'informazione.

Per i problemi di stima puntuale, l'intera funzione $\pi(\cdot; z)$ è significativa; naturalmente può essere opportuno, secondo i casi, sintetizzarla con uno o più parametri (valore atteso, mediana, moda, ecc.).

Per i problemi di stima mediante insiemi è naturale fare ricorso ad insiemi $S \subseteq \Omega$ del tipo

$$S = \{\theta : \pi(\theta; z) \geq h\}, \tag{4.5}$$

scegliendo opportunamente la costante h. La classe degli insiemi S del tipo (4.5) ottenuti al variare di $h \in \mathbb{R}_+$ (detti *insiemi di massima densità*, o *probabilità finale*, in inglese HPD=*highest posterior density*) sarà denotato con $\mathcal{H}$. Un criterio molto usato è quello di fissare h in modo che S abbia una pre-assegnata probabilità $1 - \alpha$, ovviamente secondo la legge espressa da $\pi(\cdot; z)$. Più in generale un qualunque insieme S che soddisfi la condizione

$$\int_{\Omega} \pi(\theta; z) \mathrm{d}z = 1 - \alpha \tag{4.6}$$

viene chiamato *insieme di credibilità* di livello $1\text{-}\alpha$.

Per i problemi di scelta tra ipotesi si tratterà di calcolare e confrontare i valori:

$$\mathrm{prob}(\Theta \in \Omega_0 \mid Z = z) = \int_{\Omega_0} \pi(\theta; z) \mathrm{d}\theta$$

$$\mathrm{prob}(\Theta \in \Omega_1 \mid Z = z) = \int_{\Omega_1} \pi(\theta; z) \mathrm{d}\theta.$$

Formule simili valgono naturalmente anche nel caso che (Θ, Z) sia discreta o mista; è comune ad esempio il caso che Θ sia continua e $Z \mid \Theta$ discreta. In particolare la (4.2) resta valida quando $\pi(\cdot)$ e/o $p_{\theta}(\cdot)$ rappresentano probabilità concentrate su un punto; se Θ è discreta, al denominatore ci sarà una somma.

Esempio 4.2. Riprendiamo l'esempio binomiale 1.7 e sviluppiamo secondo lo schema dell'inferenza bayesiana il problema della stima del parametro incognito θ e il problema del test di $H_0: \ \theta \leq \frac{1}{2}$ contro $\theta > \frac{1}{2}$. Adottando una distribuzione iniziale per Θ uniforme e con il campione $z = (0, 0, 1)$ si trova, come abbiamo visto, la distribuzione finale:

$$\pi(\theta; z) = 12\theta(1 - \theta)^2.$$

È la distribuzione nel suo complesso che risolve il problema dell'inferenza su θ; si osservi che si tratta di una densità Beta(2,3). Volendo sintetizzare il risultato per arrivare ad una stima puntuale, se ne può prendere la media ($= 0.40$) oppure la moda ($\cong 0.33$) (per le relative formule si veda l'Appendice C.3). Per la stima mediante insiemi si può considerare l'insieme

$$S = \{\theta : 12\theta(1 - \theta)^2 \geq h\}\,, \tag{4.7}$$

dove h è un valore opportuno. Per fissare h in modo ragionevole, imponiamo ad esempio la condizione:

$$\int_S \pi(\theta; z)\mathrm{d}\theta = 0.95. \tag{4.8}$$

Il modo più semplice per trovare la soluzione è di procedere numericamente, studiando la funzione $\pi(\theta; z)$ e i suoi integrali. Conviene tenere presente che, essendo S un intervallo del tipo $[\theta', \theta'']$ la condizione (4.8) va utilizzata insieme con la condizione:

$$\pi(\theta'; z) = \pi(\theta''; z). \tag{4.9}$$

Si trova (approssimativamente) $S = (0.044, 0.770)$.

Infine, possiamo calcolare

$$\mathrm{prob}(H_0 \mid z) = 12 \int_0^{0.5} \theta(1 - \theta)^2 \mathrm{d}\theta = I_{0.5}(2, 3)\,,$$

dove $I_{0.5}(2,3)$ è la funzione beta incompleta normalizzata (v. Appendice C.1). Si trova, facendo ricorso a tavole numeriche o ad un software appropriato (per esempio MATHEMATICA, ma attenzione alla simbologia inusuale) $I_{0.5}(2, 3) = 0.69$. Si noti che il risultato sperimentale favorisce H_0 rispetto ad H_1 ed era quindi da attendersi un valore della probabilità finale superiore alla probabilità iniziale (qui 0.50). $\diamond$

Come si vede, l'adozione del metodo bayesiano si integra perfettamente con il metodo del supporto, intendendo quest'ultimo come l'analisi della sola informazione sperimentale nel quadro dell'esperimento dato (quindi della funzione di verosimiglianza); l'elaborazione bayesiana completa produce invece una sintesi dell'informazione sperimentale (concretizzata nella funzione $\ell(\cdot; z)$) e dell'informazione pre-sperimentale (concretizzata in $\pi(\cdot)$). Si deve osservare peraltro che anche il metodo bayesiano rispetta automaticamente il Principio della verosimiglianza, in quanto i dati osservati compaiono esclusivamente per il tramite della funzione di verosimiglianza. Una caratteristica comune con il metodo del supporto è inoltre che le elaborazioni si eseguono sempre con riferimento allo spazio Ω; si noterà per esempio come l'insieme S della (4.5) sia costruito in modo matematicamente analogo agli insiemi di verosimiglianza (formula (3.21)). Di sostanzialmente nuovo c'è solo il fatto che nello schema bayesiano Ω è probabilizzato e ha quindi senso eseguirvi integrali o somme. Ovviamente questa probabilizzazione è il punto più discusso; la problematica della scelta della distribuzione iniziale sarà esaminata nella § 4.3.

4.2.2 Inferenze predittive

Per i problemi predittivi, in cui oltre al modello di un esperimento $e = (\mathcal{Z}, P_\theta, \theta \in \Omega)$ è dato anche un esperimento "futuro" $e' = (\mathcal{Z}', P'_\theta, \theta \in \Omega)$ in cui il valore vero θ^* è lo stesso di e, conviene rifarsi, usando lo stesso schema di prima, ad una v.a. (Θ, Z, Z'). La formulazione di e ed e' determina le distribuzioni di $Z \,|\Theta$ e $Z'\,|\Theta$, diciamo le densità p_θ e p'_θ per ogni $\theta \in \Omega$, ed inoltre è naturale assumere che, fissato $\Theta = \theta$, Z e Z' siano stocasticamente indipendenti. Pertanto, con le usuali notazioni, la funzione

$$\pi(\theta) \cdot p_\theta(z) \cdot p'_\theta(z')$$

rappresenta la densità congiunta di (Θ, Z, Z'). Questa volta però la distribuzione finale che interessa è quella di $Z'|Z$. Se la corrispondente densità è denotata con $m(z'; z)$ si ha:

$$m(z'; z) = \int_\Omega f(\theta, z'; z)\mathrm{d}\theta = \int_\Omega \pi(\theta; z) f(z'; \theta, z)\mathrm{d}\theta\,,$$

dove $f(\theta, z'; z)$ e $f(z'; \theta, z)$ sono rispettivamente le densità di $(\Theta, Z')|Z$ e di $Z'|(\Theta, Z)$. Per quanto sopra detto quest'ultima coincide con la densità di $Z'|\Theta$, già indicata con $p'_\theta(z')$. Ne viene perciò:

$$m(z'; z) = \int_\Omega \pi(\theta; z) p'_\theta(z')\mathrm{d}\theta. \tag{4.10}$$

I problemi predittivi possono quindi essere elaborati in modo del tutto analogo a quello già visto per i problemi ipotetici. La (4.10) viene chiamata *distribuzione predittiva finale* e va considerata come l'aggiornamento della distribuzione predittiva iniziale (4.4).

Esempio 4.3. Costruiamo la distribuzione predittiva finale per lo schema binomiale. Sia quindi, in corrispondenza al campione casuale $z = (x_1, x_2, \ldots, x_n)$,

$$p_\theta(z) = \theta^s (1 - \theta)^{n-s}$$

dove $s = \sum x_i$, e sia $\pi(\theta)$ la distribuzione iniziale per Θ. Denotiamo con e' un secondo esperimento binomiale, indipendente dal primo subordinatamente a $\Theta = \theta$, e relativo a n' prove. Se s' è il totale dei successi nell'esperimento e', si ha:

$$p'_\theta(s') = \binom{n'}{s'} \theta^{s'} (1 - \theta)^{n'-s'}$$

e

$$m(s'; z) = \frac{\binom{n'}{s'} \int_0^1 \pi(\theta)\theta^{s+s'}(1-\theta)^{n-s+n'-s'}\mathrm{d}\theta}{\int_0^1 \pi(\theta)\theta^s(1-\theta)^{n-s}\mathrm{d}\theta}.$$

Assumendo per esempio $\pi(\theta) = 1_{[0,1]}(\theta)$, si trova:

$$m(s'; z) = \binom{n'}{s'} \frac{B(s + s' + 1, n - s + n' - s' + 1)}{B(s + 1, n - s + 1)} \qquad (s' = 0, 1, \ldots, n')$$

che è una distribuzione beta-binomiale con parametri $n', s + 1, n - s + 1$. Si noti tra l'altro che il valor medio è:

$$\mathbb{E}(S' \mid Z = z) = \mathbb{E}(S' \mid S = s) = \frac{n'(s + 1)}{n + 2}.$$

Un caso particolare con $n' = 1$ era già stato esaminato come esempio 1.9. ◇

Un punto interessante, soprattutto nel confronto con le altre impostazioni, è la possibilità di isolare l'informazione riferita ad aspetti del parametro o del risultato futuro rappresentati da trasformazioni non biunivoche. Consideriamo al solito il caso che sia $\theta = (\theta_1, \theta_2)$ con $\Omega = \Omega_1 \times \Omega_2$. Allora si può calcolare

$$\pi_1(\theta_1; z) = \int_{\Omega_2} \pi(\theta_1, \theta_2; z) \mathrm{d}\theta_2 \tag{4.11}$$

e limitare l'interesse alla sola densità marginale $\pi_1(\cdot; z)$. Naturalmente considerazioni analoghe valgono per qualsiasi funzione $g(\theta)$ o $g(z')$ dell'elemento incerto che interessa.

4.2.3 Robustezza

La possibilità di elicitare perfettamente tutte le probabilità ha una natura più teorica che pratica e in molte situazioni concrete non risulta opportuno condurre un'analisi bayesiana completa, fissando esattamente la misura di probabilità su $\Omega \times \mathcal{Z}$ (o su $\Omega \times \mathcal{Z} \times \mathcal{Z}'$) e traendone tutte le conseguenze alla luce del risultato osservato. D'altra parte se le valutazioni risultano strettamente soggettive, nel senso di essere variabili da soggetto a soggetto, o addirittura controverse, anche l'elaborazione che ne segue potrebbe avere solo un interesse limitato. Non sempre, inoltre, le elaborazioni statistiche sono effettuate in vista di una conclusione o decisione *personale*, ma spesso sono invece fasi di un processo di comunicazione di informazioni. Ciò può riguardare ovviamente sia le probabilità su $\mathcal{Z}$ che le probabilità su Ω; fornire valutazioni meno precise ma più largamente condivisibili è un'alternativa da tenere presente in molte situazioni concrete.

Una tecnica rilevante a questo proposito è l'analisi della *robustezza*. Si tratta di variare alcuni costituenti del problema (in particolare, nei problemi di inferenza strutturale, la misura di probabilità Ψ introdotta su $\Omega \times \mathcal{Z}$) e verificare le conseguenze di tali modifiche sui risultati inferenziali. Se tali conseguenze sono poco rilevanti, possiamo asserire che le conclusioni sono robuste, nel senso che non vengono messe in crisi da scelte anche abbastanza diverse nell'ambito considerato. In pratica non è allora necessaria una piena sicurezza e precisione nel processo di elicitazione e risulta invece tollerabile una certa approssimazione. Questa tematica è molto impegnativa dal punto di vista dell'elaborazione, perché propone in sostanza problemi di analisi funzionale, spesso non elementari, ma nello stesso tempo ha grande importanza anche pratica per le applicazioni. Un caso semplice è mostrato nell'esempio che segue.

Esempio 4.4. Riprendiamo l'esempio 4.2 ed assumiamo che l'informazione iniziale su Θ sia rappresentabile con una densità Beta(α, β) con parametri α e β da specificare. Assumiamo poi a priori una simmetria rispetto al punto $\theta = 0.5$, evitando però che la concentrazione intorno a $\theta = 0.5$ sia troppo grande o troppo piccola. Precisiamo quest'ultima condizione imponendo il vincolo

$$0.40 \leq \text{prob}\big(\Theta \in (0.3, 0.7)\big) \leq 0.90.$$

La condizione di simmetria implica $\alpha = \beta$ e la formula precedente diventa:

$$0.40 \leq \frac{1}{B(\alpha, \alpha)} \int_{0.30}^{0.70} \theta^{\alpha-1}(1-\theta)^{\alpha-1} d\theta \leq 0.90$$

che è una condizione del tipo $\alpha \in (\alpha', \alpha'')$. Operando numericamente troviamo approssimativamente $\alpha' = 1.0$, $\alpha'' = 8.0$. Abbiamo così identificato una classe $\mathcal{D}$ di densità su Ω compatibili con le assunzioni iniziali, e costituita da una particolare sottoclasse delle densità di tipo Beta. Data la simmetria, la probabilità iniziale di $\Theta \leq 0.5$ è comunque $1/2$; la probabilità finale, per il risultato già considerato, è:

$$P = \frac{1}{B(\alpha+1, \alpha+2)} \int_0^{0.5} \theta^{\alpha}(1-\theta)^{\alpha+1} d\theta = I_{0.5}(\alpha+1, \alpha+2).$$

Sfruttando un software adeguato, una analisi numerica mostra che (approssimativamente)

$$\underline{P} = \inf_{\pi \in \Gamma} P = 0.593, \quad \overline{P} = \sup_{\pi \in \Gamma} P = 0.687;$$

l'intervallo $(\underline{P}, \overline{P})$ appare dunque relativamente piccolo e la conclusione inferenziale è sufficientemente robusta. Peraltro se il campione fosse più numeroso il ruolo della distribuzione iniziale sarebbe ulteriormente ridotto. Supponiamo ad esempio che il campione sia costituito da 30 prove con 10 successi e 20 insuccessi; allora:

$$P = \frac{1}{B(\alpha+10, \alpha+20)} \int_0^{0.5} \theta^{\alpha+9}(1-\theta)^{\alpha+19} d\theta = I_{0.5}(\alpha+10, \alpha+20)$$

e, sempre con elaborazioni numeriche, $\underline{P} = 0.947$, $\overline{P} = 0.973$. L'importanza pratica di una elicitazione più precisa all'interno della classe $\mathcal{D}$ apparirebbe ora sicuramente trascurabile. ◇

Esercizi

4.3. Considerare un campione casuale di dimensione n da una distribuzione $N(\mu, \sigma_0^2)$ con σ_0 noto e calcolare la distribuzione finale di μ assumendo come distribuzione iniziale $N(\alpha, 1/\beta)$ con α e β dati.

[Oss. Il valore atteso corrispondente è $(\beta\alpha + nh\bar{x})/(\beta + nh)$ dove $h = 1/\sigma_0^2$. Questo valore coincide con la stima di massima verosimiglianza, $\bar{x}$, solo per $\beta \to 0$, cioè se la distribuzione iniziale tende a diventare uniforme. Si noti che tale limite della distribuzione iniziale è però improprio. Qualche Autore suggerisce l'uso di σ_0^2/n_0 al posto di $1/\beta$; questo complica lievemente le formule ma consente di interpretare la varianza della distribuzione iniziale; per esempio ponendo $n_0 = 1$ la varianza della distribuzione iniziale corrisponde alla varianza di una sola osservazione aleatoria]

4.4. Con riferimento al problema dell'esercizio 4.3, si determini l'insieme che soddisfa la (4.5) e che ha probabilità finale $1 - \alpha$.

4.5. Con riferimento al problema dell'esercizio 4.3, confrontare le probabilità finali delle ipotesi $\Omega_0 = \{\mu: \ \mu \leq 0\}$ e $\Omega_1 = \{\mu: \ \mu > 0\}$. Per quali risultati campionari Ω_0 è più probabile di Ω_1?

4.6. Dimostrare la (4.7).

4.7. Thomas Bayes, nel suo famoso saggio pubblicato postumo nel 1763, immaginò una tavola di biliardo perfettamente quadrata su cui viene fatta rotolare una palla. Il punto ha una legge di probabilità uniforme sul quadrato e si indica con Θ la sua ascissa. Una seconda palla viene fatta rotolare n volte, con prove indipendenti, e si considera un successo quando la seconda palla si colloca a sinistra della prima. Denotando con X il numero dei successi e fissati due reali a e b, con $0 \leq a < b \leq 1$, si calcolino, ripetendo la elaborazione di Bayes (quindi assumendo per Θ una distribuzione $R(0,1)$ e per $X|\Theta$ una distribuzione binomiale):

(a) $\text{prob}(a < \Theta < b, X = x)$;

(b) $\text{prob}(X = x)$;

(c) $\text{prob}(a < \Theta < b \mid X = x)$.

Sviluppare i calcoli per $n = 1$ ed indicare le soluzioni nel caso generale facendo ricorso alla funzione Beta incompleta (v. § C.1).

[Oss. Il modello fisico preso in esame sembra imporre l'uso di una distribuzione uniforme per Θ. Ma lo stesso Bayes aggiunge una nota per giustificare l'uso della distribuzione uniforme anche in altri casi. Egli osserva che, quando in un caso reale non si conosce il valore di Θ, la legge di probabilità da assegnargli è quella che rende gli eventi $X = x$ per $x = 0, 1, \ldots, n$ equiprobabili; ciò si ha proprio assumendo Θ equidistribuito su $[0, 1]$. Si può ulteriormente osservare che, fissato un particolare n, questa non è l'unica soluzione, ma diventa unica se si impone che l'argomentazione valga per ogni n. Molti Autori, a cominciare dal Fisher, hanno invece attribuito a Bayes il "postulato" della distribuzione uniforme per Θ, direttamente giustificata dal fatto che su Θ non si hanno informazioni. Come si vede, l'argomentazione originale di Bayes è molto più sottile, è basata sulle aspettative relative ad eventi osservabili, e non è generalizzabile in modo ovvio a schemi diversi da quello binomiale]

4.8. Sono dati un primo esperimento e, costituito da un campione casuale di dimensione n da una distribuzione Poisson(θ), ed un secondo esperimento e' costituito da un campione di dimensione 1 dalla stessa distribuzione. Calcolare la distribuzione predittiva finale adottando per il parametro aleatorio una distribuzione iniziale EN(1).

[Sol. Si trova una distribuzione binomiale negativa]

4.9. Con riferimento all'esempio 4.2, verificare che per i due esperimenti realizzati (e^P, z) e (e^B, z), supposto $z \in \mathcal{Z}^P \cap \mathcal{Z}^B$, la forma della distribuzione finale è la stessa.

[Oss. Il metodo bayesiano rispetta automaticamente la regola della irrilevanza della regola di arresto]

4.10. Sia dato un campione casuale $(x_1, x_2, \ldots, x_n)$ dalla distribuzione EN(θ) che rappresenta i tempi di funzionamento di un determinato macchinario. Assumendo per il parametro aleatorio Θ una distribuzione iniziale EN(1), calcolare la distribuzione del tempo di funzionamento Y di un ulteriore macchinario, simile ai precedenti. Posto che $n = 5$, $\sum x_i = 10$, si calcoli la probabilità che $Y > 1$.

[Sol. A meno di una traslazione la distribuzione di Y condizionata ai risultati è di Pareto]

4.11. * Dimostrare che se un esperimento $e = (\mathcal{Z}, P_\theta, \theta \in \Omega)$ ammette una statistica sufficiente T e le P_θ sono discrete, allora:
(a) le distribuzioni di $\Theta|Z$ e $\Theta|T$ coincidono, quale che sia la distribuzione iniziale adottata;
(b) se esistono una statistica S e una distribuzione iniziale per Θ tali che la distribuzione di $\Theta|Z$ e di $\Theta|S$ coincidono, allora S è sufficiente.

[Oss. Sulla base di questo esercizio si può dare una caratterizzazione di tipo bayesiano delle statistiche sufficienti. Naturalmente la proprietà vale anche nel caso che le P_θ siano assolutamente continue; la corrispondente dimostrazione è banale se si assume di poter sempre scrivere il risultato come una v.a. assolutamente continua (Y, T) dove T è sufficiente]

4.12. La determinazione degli insiemi HPD è spesso faticosa perché difficilmente la coppia di condizioni del tipo (4.8) e (4.9) consente di trovare soluzioni esplicite. Una procedura alternativa, più semplice ma approssimata, è di sostituire la condizione (4.9) con la condizione

$$\int_{\theta < \theta'} \pi(\theta; z)\mathrm{d}z = \int_{\theta > \theta''} \pi(\theta; z)\mathrm{d}z = \frac{\alpha}{2}$$

(*intervalli di credibilità con code equiprobabili*). La sostituzione è naturalmente sensata se, pur senza essere esattamente simmetriche, le code sono comunque costitute da valori meno probabili. Applicare questa procedura al caso dell'esempio 4.2, con $\alpha=0.05$.

[Sol. Si trova $\theta'=0.098$ e $\theta''=0.751$. La distribuzione finale in esame non è molto simmetrica per cui l'approssimazione risulta abbastanza grossolana]

4.13. * Dimostrare la seguente e interessante proprietà di invarianza per gli intervalli di credibilità con code equiprobabili (v. esercizio precedente): se (θ', θ'') è l'intervallo costruito a partire dalla distribuzione finale $\pi(\theta; z)$, $\theta \in \Omega$ e $\lambda = g(\theta)$ è una trasformazione biunivoca del parametro, allora, a parità di livello di probabilità, l'intervallo di credibilità con code equiprobabili è (λ', λ'') con $\lambda' = g(\theta')$ e $\lambda'' = g(\theta'')$.

4.14. * Dimostrare che, dato un modello con un parametro reale θ, per gli insiemi HPD non vale in generale la proprietà di invarianza (v. esercizio precedente).

[Oss. Con trasformazioni g non lineari la proprietà (4.9), se vale per θ' e θ'' non può valere in generale anche per $g(\theta')$ e $g(\theta'')$]

4.3 Scelta delle probabilità iniziali

Le probabilità iniziali devono costituire la sintesi delle informazioni effettivamente disponibili sul parametro incognito, in relazione alle specifiche circostanze affrontate. In generale non può quindi esserci nessuna regola che prescriva una determinata forma matematica per la legge di probabilità del parametro, che denoteremo con Π. Si tratta di un elemento che va determinato caso per caso, ponendo attenzione essenzialmente al contenuto del problema specifico più che alla sua trascrizione formale. È quindi naturale che questa fase determini una difficoltà pratica, soprattutto quando l'utilizzatore di metodi statistici si illude che l'applicazione del formalismo statistico-probabilistico ai fenomeni reali sia per così dire automatico e non richieda invece un'attenta calibrazione.

È opportuno ricordare un aspetto di carattere concettuale: l'adozione di una concezione strettamente frequentista della probabilità, se è compatibile con l'uso delle tecniche basate sulla funzione di verosimiglianza, non lo è, salvo situazioni particolari, con l'uso dei metodi bayesiani perché solo raramente la misura di probabilità Π può godere di una interpretazione frequentista. In tali casi, anzi, il metodo bayesiano sembra considerato quasi universalmente ideale; ma, nell'ambito frequentista (la questione è esaminata con più dettaglio nell'Appendice A.1), è del tutto comune che non siano probabilizzabili anche eventi su cui c'è incertezza, e in particolare gli eventi rappresentati da sottoinsiemi di Ω.

Talvolta il rifiuto di usare probabilità soggettive viene motivato con la volontà di non introdurre elementi estranei alla evidenza sperimentale, elementi che potrebbero in qualche modo viziare la correttezza scientifica dell'analisi. Questa posizione è sostanzialmente ingenua: la sola evidenza sperimentale non è comunque in grado di produrre conclusioni, ed elementi di natura extra-sperimentale vengono recuperati, in modo più o meno esplicito, in tutte le impostazioni. Pertanto, il solo modo di legittimare una qualunque procedura dal punto di vista della correttezza scientifica è di fare in modo che le assunzioni siano chiare e controllabili, rinunciando all'illusione che possano essere "oggettive". Sotto questo profilo non è certo la teoria bayesiana a presentare i maggiori problemi, vista la sua semplicità strutturale e quindi la sua leggibilità. Peraltro, una valida tecnica di confronto fra le diverse impostazioni si può basare proprio sulla esplorazione dei legami tra i diversi sistemi di assunzioni extra-sperimentali.

Va ribadito che l'elemento da fissare a priori, nello schema che abbiamo adottato, è la misura di probabilità Ψ su $\Omega \times \mathcal{Z}$. Spesso ciò avviene fissando separatamente le funzioni $\pi(\theta)$ e $p_\theta(z)$, ma a volte potrebbe essere preferibile assegnare preliminarmente la distribuzione predittiva iniziale $m(z)$ e di qui, se è data anche $p_\theta(z)$, ricavare $\pi(\theta)$. Si veda in proposito l'esempio che segue.

Esempio 4.5. Assumiamo che la durata di vita X di un congegno elettronico segua la legge EN(θ), dove θ è un parametro incognito. Per fissare la legge di probabilità iniziale del parametro aleatorio Θ, decidiamo di scegliere entro la classe delle distribuzioni Gamma(δ,λ), con $\delta > 0$ e $\lambda > 0$. Il presente esempio è una semplice estensione dell'esercizio 4.10, ma per scegliere il valore di δ e λ (che in questo caso vengono chiamati iperparametri, in quanto individuano la distribuzione iniziale del parametro Θ nell'ambito della classe data) seguiremo una via del tutto diversa. In pratica, è un po' tortuoso scegliere δ e λ pensando alla distribuzione di probabilità di Θ, che è l'inverso della vita attesa, non tanto a causa dell'inversione (perché si potrebbe anche ragionare su $1/\Theta$) ma soprattutto perché si tratta di informazioni riguardanti una grandezza non effettivamente osservabile. L'elicitazione delle probabilità iniziali è più semplice, e più facilmente eseguibile da esperti del campo non familiari con i metodi statistici, se si riesce a riferirsi a grandezze almeno potenzialmente osservabili e quindi più vicine all'esperienza comune. Se $\Theta \sim$ Gamma(δ, λ), la distribuzione predittiva iniziale di X è:

$$m(x) = \int_0^\infty \psi(\theta, x)\mathrm{d}\theta = \int_0^\infty \pi(\theta)p_\theta(x)\mathrm{d}\theta = \frac{\lambda^\delta}{\Gamma(\delta)} \int_0^\infty \theta^\delta \exp\{-\theta(\lambda + x)\}\mathrm{d}\theta \, ;$$

osservando che la funzione integranda è un nucleo della densità Gamma$(\delta+1, \lambda+x)$, abbiamo infine:

$$m(x) = \frac{\lambda^\delta}{\Gamma(\delta)} \frac{\Gamma(\delta+1)}{(\lambda + x)^{\delta+1}} = \frac{\delta\lambda^\delta}{(\lambda + x)^{\delta+1}} = \frac{\delta}{\lambda(1 + \frac{x}{\lambda})^{\delta+1}} \, .$$

Il risultato può sintetizzarsi dicendo che la distribuzione predittiva di X è di tipo Gamma-Gamma$(\delta,\lambda,1)$, oppure che la distribuzione predittiva di

$V = 1 + \frac{X}{\lambda}$ è di tipo Pareto(δ,1). Ricordando quanto riportato nella Appendice C.3, abbiamo:

$$\mathbb{E}X = \frac{\lambda}{\delta - 1} \ \text{(purché } \delta > 1), \quad \mathbb{V}X = \frac{\lambda^2 \delta}{(\delta - 1)^2(\delta - 2)} \ \text{(purché } \delta > 2).$$

Ricavando λ dalla prima condizione e sostituendo nella seconda, si ottiene facilmente:

$$\delta = \frac{2\mathbb{V}X}{\mathbb{V}X - (\mathbb{E}X)^2}, \qquad \lambda = \frac{\mathbb{E}X\big(\mathbb{V}X + (\mathbb{E}X)^2\big)}{\mathbb{V}X - (\mathbb{E}X)^2}.$$

L'esperto può quindi fissare ad esempio soltanto $\mathbb{E}X$ e $\mathbb{V}X$, che rappresentano aspettative sui tempi di funzionamento, più facili da esplicitare; il valore degli iperparametri δ e λ resta determinato in corrispondenza.   ◇

4.3.1 Classi coniugate

Per esplicitare la legge di probabilità Π su Ω si fa spesso uso di prefissate classi parametriche. Sia $\mathcal{D} = \{\Pi_\alpha, \ \alpha \in A\}$ una classe di misure di probabilità su $(\Omega, \mathcal{A}_\Omega)$. Se $\mathcal{D}$ è sufficientemente ampia da contenere la distribuzione che si vuole elicitare, o almeno distribuzioni molto vicine a questa, la scelta della distribuzione iniziale si riduce alla scelta di un opportuno valore α_0 dell'iperparametro α. Una ulteriore semplificazione si ha se $\mathcal{D}$ è una classe coniugata al modello considerato, nel senso chiarito dalla definizione che segue.

Definizione 4.1. *Dato il modello $e = (\mathcal{Z}, P_\theta, \theta \in \Omega)$, una classe $\mathcal{D}$ di distribuzioni su Ω si dice coniugata al modello se, prendendo in $\mathcal{D}$ la distribuzione iniziale, anche la corrispondente distribuzione finale, qualunque sia $z \in \mathcal{Z}$, appartiene a $\mathcal{D}$.*

Se α è reale o vettoriale, il teorema di Bayes farà quindi passare da un valore iniziale $\alpha_0 \in A$ ad un valore finale $\alpha_1 \in A$. Questa trasformazione è in generale più semplice da interpretare e descrivere che non una trasformazione da una misura di probabilità ad un'altra.

Esempio 4.6. Consideriamo un campione casuale $z = (x_1, x_2, \ldots, x_n)$ proveniente da un esperimento binomiale con parametro incognito $\theta \in [0, 1]$. Sia $\mathcal{D}$ la classe di tutte le densità Beta(α,β) ($\alpha > 0$, $\beta > 0$). Applicando il teorema di Bayes, poiché la funzione di verosimiglianza è

$$\ell(\theta) = \theta^{\sum x_i}(1 - \theta)^{n - \sum x_i}$$

la densità finale risulta

$$\pi(\theta; z) = c\,\theta^{\alpha + \sum x_i - 1}(1 - \theta)^{\beta + n - \sum x_i - 1}$$

e quindi del tipo Beta$(\alpha + \sum x_i, \beta + n - \sum x_i)$. La classe delle densità di tipo Beta è quindi coniugata al modello binomiale con parametro incognito θ. Per esempio il valore atteso di Θ passa dal valore iniziale $\mathbb{E}\Theta = \frac{\alpha}{\alpha+\beta}$ al valore finale

$$\mathbb{E}(\Theta \mid Z = z) = \frac{\alpha + \sum x}{\alpha + \beta + n} = \frac{(\alpha + \beta)\frac{\alpha}{\alpha + \beta} + n\bar{x}}{\alpha + \beta + n}.$$

L'ultima espressione si presenta come una media ponderata della media iniziale e del valore di massima verosimiglianza $(\hat{\theta} = \bar{x})$ con pesi, rispettivamente, $(\alpha+\beta)$ e n. Risulta quindi chiara anche a priori, per esempio, l'importanza crescente del risultato sperimentale all'aumentare della dimensione del campione, e viene suggerita in modo naturale una interpretazione di $(\alpha+\beta)$ come "analogo" della dimensione n per la informazione a priori. Sotto questo aspetto una scelta di "minima informazione iniziale" può essere quella di porre $\alpha = \beta = 0$, il che porta alla cosiddetta *densità di Haldane*

$$\pi(\theta) = \frac{c}{\theta(1 - \theta)}$$

che è evidentemente impropria.

Un'altra possibile lettura delle formule precedenti è questa: la densità finale ha la stessa struttura matematica della funzione di verosimiglianza, ma con l'aggiunta di $\alpha - 1$ successi e $\beta - 1$ insuccessi. L'uso della classe coniugata consente quindi di interpretare gli iperparametri come osservazioni aggiuntive, in corrispondenza ad un numero virtuale di prove eguale a $\nu = \alpha + \beta - 2$. Se per esempio assumiamo $\nu = 0$ (imponendo anche una simmetria tra successi e successi, cioè $\alpha = \beta = 1$) vuol dire che le informazioni virtuali corrispondono a 0 prove additive; questo porta alla densità uniforme $1_{[0,1]}(\theta)$.

Un'altra plausibile assunzione è $\nu = 1$ che, insieme con la posizione $\alpha = \beta$, porta alla cosiddetta *densità di Jeffreys*, cioè

$$\pi(\theta) = \frac{c}{\sqrt{\theta(1 - \theta)}}$$

che è propria (con $c = 1/\pi$) e che ritroveremo come soluzione di altri problemi. Quest'ultimo criterio è simile da un punto di vista intuitivo all'idea (in sé un po' vaga) di scegliere una distribuzione iniziale che abbia una concentrazione analoga a quella di una sola osservazione (si parla in questo caso di distribuzione *con informazione unitaria*, in inglese *unit information prior*). Un esempio standard è stato accennato nel commento all'esercizio 4.31.

Le precedenti argomentazioni esemplificano la tematica delle distribuzioni iniziali cosidette "non informative" su cui torneremo tra breve in modo più ampio.   ◇

4.3.2 Il principio della misurazione precisa

Una considerazione importante e di rilievo pratico è quella, legata al nome di L.J.Savage, che si basa sul cosiddetto *Principio della misurazione preci-*

sa. Riprendendo in esame il teorema di Bayes (formula (4.3)) e ricordando quanto visto nella §3.5 sul comportamento asintotico della funzione di verosimiglianza al crescere della quantità di informazione, si vede subito che mentre $\ell(\cdot\,; z)$ diventa sempre più concentrata, l'effetto di $\pi(\cdot)$, in senso strettamente matematico, diventa sempre più trascurabile. Sarà allora valida una approssimazione del tipo

$$\pi(\theta) = \text{costante} \quad (\theta \in \Omega). \tag{4.12}$$

Se p.es. $\Omega = \mathbb{R}$ oppure $\mathbb{R}_+$, la (4.12) non è a rigore una densità, perché ha integrale infinito, ma la qualità dell'approssimazione resta sostanzialmente identica se si pone $\pi(\theta) = 0$ fuori di un insieme limitato $\Omega^* \subset \Omega$, tale che la verosimiglianza per $\theta \in \Omega - \Omega^*$ sia trascurabile (si usa in questi casi la dizione di densità *localmente uniforme*). Si può osservare di passaggio che molti Autori usano liberamente come funzioni di densità, chiamandole *distribuzioni improprie*, delle funzioni non negative con integrale infinito (ma, generalmente, con integrali finiti su sottoinsiemi limitati); una giustificazione pratica è che in molti casi, applicando il teorema di Bayes, la distribuzione finale generata a partire da una distribuzione impropria è invece propria. Approfondimenti del problema hanno evidenziato i rilevanti problemi di coerenza provocati dalle distribuzioni improprie nell'ambito della assiomatizzazione corrente e appare consigliabile trattare comunque la (4.12) come una formula di larga approssimazione, cioè come una scelta che può non essere ulteriormente precisata solo perché priva di influenza effettiva (controllando però che questo sia vero). Sempre in termini euristici, va sottolineata una conseguenza della (4.12), insieme con la normalità asintotica della funzione di verosimiglianza: anche la distribuzione finale di Θ, nelle stesse condizioni, sarà asintoticamente normale. Una precisazione di questi risultati ha però un carattere molto specialistico e non sviluppiamo l'argomento.

In conclusione, quando l'informazione prodotta dall'esperimento è soverchiante rispetto a quella inizialmente disponibile, la conclusione inferenziale è *robusta* rispetto alla scelta della distribuzione iniziale, nel senso già discusso nella §4.2. Ovviamente le condizioni per l'applicabilità dell'argomentazione andranno controllate caso per caso. L'esempio 4.7 mostra numericamente quanto sia operante il principio della misurazione precisa.

Esempio 4.7. Consideriamo un campione casuale $z = (x_1, x_2, \ldots, x_n)$ proveniente da una distribuzione Bin(1,θ). Esaminiamo 5 diverse distribuzioni iniziali, e cioè

$$\pi_1(\theta) = 1_{[0,1]}(\theta), \quad \pi_2(\theta) = \frac{1}{\theta(1-\theta)}1_{[0,1]}(\theta), \quad \pi_3(\theta) = \frac{1}{\pi\sqrt{\theta(1-\theta)}}1_{[0,1]}(\theta),$$

$$\pi_4(\theta) = 30\theta^4(1-\theta)1_{[0,1]}(\theta), \quad \pi_5(\theta) = 30\theta(1-\theta)^4 1_{[0,1]}(\theta),$$

(π_2 è impropria) e confrontiamo le corrispondenti distribuzioni finali assumendo per esempio di avere $n = 25$, $\sum x_i = 15$ (quindi $\widehat{\theta} = 0.6$).

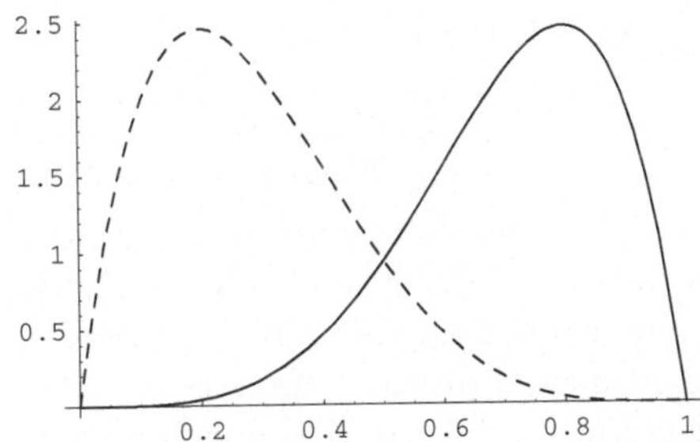

Figura 4.1. Le densità iniziali π_4 (linea continua) e π_5 (linea a tratti) dell'esempio 4.7

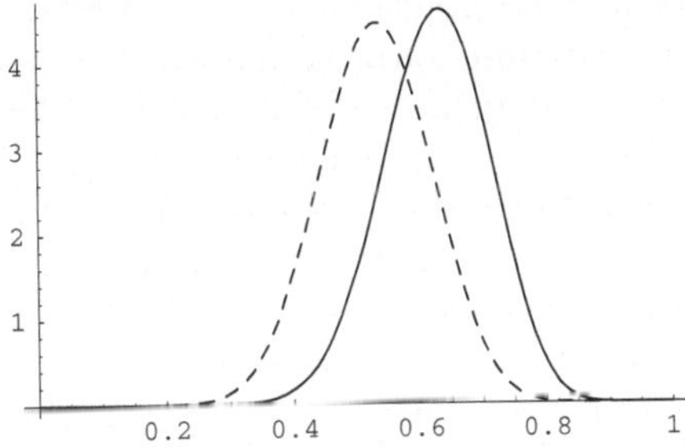

Figura 4.2. Le densità finali corrispondenti alle densità iniziali π_4 e π_5 dell'esempio 4.7

Distr. iniz.	Distr. finale	I Quart.	Mediana	III Quart.
π_1	Beta$(16, 11)$	0.59	0.66	0.53
π_2	Beta$(15, 10)$	0.54	0.60	0.67
π_3	Beta$(15.5, 10.5)$	0.53	0.60	0.66
π_4	Beta$(20, 12)$	0.57	0.63	0.68
π_5	Beta$(17, 15)$	0.47	0.53	0.59

Si noti che in particolare π_5 è notevolmente in contrasto con il risultato sperimentale, perché implica $\mathbb{E}\Theta = 0.29$, mentre le altre 4 densità iniziali producono in pratica quasi la stessa distribuzione finale. La figura 4.1 rappresenta le distribuzioni iniziali più lontane π_4 e π_5 e la figura 4.2 le corrispondenti distribuzioni finali, molto più ravvicinate.   ◇

Una tematica tradizionale nella inferenza bayesiana è quella della ricerca di distribuzioni iniziali "non informative", cioè corrispondenti ad uno stato di "non informazione" sul fenomeno in esame. Se preso troppo alla lettera questo concetto è contraddittorio: ogni distribuzione di probabilità rappresenta infatti una informazione, sia pure parziale e incompleta. Tuttavia può avere interesse cercare di caratterizzare in modo formale le situazioni che, sia pure con una certa approssimazione, possono essere presentate come situazioni di totale incertezza. Alcune di queste proposte saranno esposte qui di seguito.

4.3.3 Distribuzioni non informative

I tentativi di individuare una distribuzione di probabilità sullo spazio dei parametri tale da poter essere considerata "non informativa" sono stati numerosi, ingegnosi, ma mai completamente convincenti. La difficoltà, come si è accennato, è nel concetto stesso di non informatività; tuttavia molte delle proposte si fondano su criteri plausibili, anche se parziali, e quindi potenzialmente utilizzabili in situazioni pratiche. Lo stesso termine "non informativo" viene spesso ormai evitato a favore di espressioni meno impegnative come "distribuzione di riferimento" o di *default*.

Se, dato un qualunque modello statistico $e = (\mathcal{Z}, P_\theta, \theta \in \Omega)$, ci fosse un modo per individuare una distribuzione non informativa, questo modo potrebbe essere formalmente rappresentato da una applicazione $\rho : \mathcal{E} \to \mathbb{P}(\Omega)$, dove $\mathcal{E}$ è la classe dei possibili modelli e, al solito, $\mathbb{P}(\Omega)$ è lo spazio delle distribuzioni di probabilità su Ω. Per semplicità assumeremo sempre che $\Omega \subseteq \mathbb{R}^k$. Se siamo in grado di attribuire alle distribuzioni non informative determinate proprietà, queste assunzioni si rifletteranno sull'applicazione ρ, e ci aiuteranno a precisarne la struttura. Ad H. Jeffreys si deve l'introduzione in questo contesto (negli anni '30) del concetto di *invarianza*.

Osserviamo preliminarmente che se $g : \Omega \to \Lambda$ è una trasformazione biunivoca, il modello $\widetilde{e} = (\mathcal{Z}, \widetilde{P}_\lambda, \lambda \in \Lambda)$ dove

$$\widetilde{P}_\lambda(S) = P_{g^{-1}(\lambda)}(S) \quad \forall S \in \mathcal{A}_{\mathcal{Z}}, \forall \lambda \in \Lambda$$

è del tutto equivalente al precedente. Vista la corrispondenza biunivoca fra θ e λ è infatti indifferente individuare le misure di probabilità con θ o con λ. Supponiamo ora, applicando la trasformazione ρ ai modelli e ed $\widetilde{e}$, di aver ottenuto rispettivamente come risultato le misure di probabilità $\Pi = \rho(e)$, $\widetilde{\Pi} = \rho(\widetilde{e})$. Se vale la condizione

$$\widetilde{\Pi}\{\lambda : \lambda \in \Lambda_0\} = \Pi\{\theta : g(\theta) \in \Lambda_0\} \quad \forall \Lambda_0 \text{ misurabile} \subseteq \Lambda, \qquad (4.13)$$

si dice che la regola ρ è *invariante*. La (4.13) esprime proprio il fatto che $\widetilde{\Pi}$ e Π rappresentano in definitiva la stessa legge di probabilità, anche se l'espressione formale è diversa in quanto sono misure di probabilità riferite a spazi diversi. Nel caso che $\rho(e)$ rappresenti la distribuzione non informativa da associare all'esperimento e, sarebbe perciò naturale attendersi che ρ sia una regola invariante.

Esempio 4.8. Supponiamo che $\Omega = \{1, 2\}$, che Π assegni probabilità $1/3$ e $2/3$ ai punti $\theta = 1$ e $\theta = 2$, e che $g(\theta) = \theta^2$. La distribuzione corrispondente per l'esperimento trasformato deve assegnare probabilità $1/3$ e $2/3$ ai punti $\lambda = 1^2 = 1$ e $\lambda = 2^2 = 4$. Si noti che Π e $\widetilde{\Pi}$, se pensate come misure sull'asse reale, non sono misure eguali; tuttavia si corrispondono data la trasformazione $\lambda = \theta^2$. $\diamond$

Nelle applicazioni che ci interessano le misure di probabilità Π e $\widetilde{\Pi}$ sono dotate di densità $\pi(\theta)$ e $\widetilde{\pi}(\lambda)$. Al posto della (4.13) avremo allora, se g è sufficientemente regolare e se Ω e Λ sono sottoinsiemi di $\mathbb{R}^1$,

$$\widetilde{\pi}(\lambda) = \pi(g^{-1}(\lambda)) \left| \frac{dg^{-1}(\lambda)}{d\lambda} \right|. \tag{4.14}$$

Se invece Ω e Λ sono sottoinsiemi di $\mathbb{R}^k$, con $k > 1$, avremo

$$\widetilde{\pi}(\lambda_1, \lambda_2, \ldots, \lambda_k) = \pi(g^{-1}(\lambda_1, \lambda_2, \ldots, \lambda_k)) \left| \frac{\partial g^{-1}(\lambda_1, \lambda_2, \ldots, \lambda_k)}{\partial \lambda_1 \partial \lambda_2 \ldots \partial \lambda_k} \right|, \tag{4.15}$$

dove l'ultimo fattore è lo Jacobiano della trasformazione inversa g^{-1}. È facile dimostrare (esercizio 4.25) che, posto $e = (\mathcal{Z}, P_\theta, \theta \in \Omega)$, la regola

$$\rho(e) = \text{cost} \cdot \sqrt{I(\theta)}, \tag{4.16}$$

dove $I(\theta)$ è l'informazione attesa di Fisher (formula 3.31 ed esercizio 3.28), è invariante rispetto a trasformazioni $g : \Omega \to \Lambda$ invertibili e regolari. Si deve osservare che la misura ottenuta con (4.16) è una misura di probabilità in senso stretto solo se (assumendo θ reale)

$$\int_\Omega \sqrt{I(\theta)}\,d\theta < \infty,$$

il che non sempre avviene. Per l'applicazione pratica della regola, è utile tener conto della proprietà additiva illustrata nell'esercizio 4.26.

Esempio 4.9. Consideriamo un esperimento $e = (\mathbb{N}_0, p_\theta, \theta > 0)$, dove

$$p_\theta(x) = \frac{\theta^x}{x!} \exp\{-\theta\} \quad x = 0, 1, 2, \ldots \tag{4.17}$$

per cui il modello è di Poisson. Applichiamo la regola (4.16); si trova:

$$\frac{d^2}{d\theta^2} \log \ell(\theta) = -\frac{x}{\theta^2}$$

e quindi

$$I(\theta) = \mathbb{E}_\theta \left(\frac{X}{\theta^2} \right) = \frac{1}{\theta}.$$

La (4.16) fornisce pertanto la densità impropria

$$\text{cost} \cdot \frac{1}{\sqrt{\theta}} \quad (\theta > 0).$$

Prendiamo ora in esame una diversa parametrizzazione, basata su $\lambda = 1/\theta$. Al posto della (4.17) abbiamo allora

$$\widetilde{p}_\lambda(x) = \frac{1}{x!\,\lambda^x} \exp\left\{ -\frac{1}{\lambda} \right\}, \quad x = 0, 1, 2, \ldots; \ \lambda > 0. \tag{4.18}$$

Evidentemente il modello è cambiato solo in senso strettamente formale. Quindi, poiché

$$\frac{\mathrm{d}^2}{\mathrm{d}\lambda^2} \log \ell(\lambda) = \frac{x}{\lambda^2} - \frac{2}{\lambda^3},$$

la nuova informazione di Fisher è

$$\widetilde{I}(\lambda) = \mathbb{E}_\lambda \left(\frac{2}{\lambda^3} - \frac{X}{\lambda^2} \right) = \frac{1}{\lambda^3}$$

e si ha:

$$\widetilde{\pi}(\lambda) = \mathrm{cost} \cdot \lambda^{-3/2},$$

che è ancora una densità impropria. Poiché

$$\frac{\mathrm{d}g^{-1}(\lambda)}{\mathrm{d}\lambda} = \frac{\mathrm{d}}{\mathrm{d}\lambda}\left(\frac{1}{\lambda}\right) = -\frac{1}{\lambda^2}$$

da cui:

$$\pi\left(\frac{1}{\lambda}\right)\left| -\frac{1}{\lambda^2} \right| = \mathrm{cost} \cdot \lambda^{1/2} \cdot \lambda^{-2} = \mathrm{cost} \cdot \lambda^{-3/2},$$

vale la (4.14) e la regola (4.16) risulta effettivamente invariante per la trasformazione considerata. $\diamond$

La regola (4.16) può essere estesa al caso di parametri vettoriali $\theta = (\theta_1, \theta_2, \ldots, \theta_k) \in \mathbb{R}^k$, $k > 1$, facendo ricorso alla matrice dell'informazione $I(\theta)$ (vedi esercizio 3.31 e la relativa osservazione). Si pone allora

$$\rho(e) = \mathrm{cost} \cdot \sqrt{\det I(\theta)}. \tag{4.19}$$

Un classico problema creato dalla (4.19) è esposto nell'esercizio 4.28.

Un'altra impostazione molto conosciuta è quella (di G.Box e G.C.Tiao) basata sul concetto di "verosimiglianza traslata dai dati". Si dice che un modello ha una verosimiglianza traslata dai dati se nella classe delle verosimiglianze a priori possibili $\{\ell(\,\cdot\,; z) : z \in \mathcal{Z}\}$ ogni elemento si ottiene dagli altri mediante una traslazione sull'asse θ. In questo modo spetta al risultato osservato z_0 determinare sull'asse la localizzazione della funzione di verosimiglianza, ferma restando la sua "forma". In queste condizioni Box e Tiao propongono di dare un peso costante a tutti i valori θ, usando la densità

$$\pi(\theta) = \mathrm{costante}. \tag{4.20}$$

Nel caso che Ω sia illimitato la (4.20) è una densità impropria; Box e Tiao suggeriscono però l'interpretazione della (4.20) come di una densità solo localmente uniforme.

Esempio 4.10. Consideriamo un campione casuale tratto da una distribuzione N(θ,1). Si ha:

$$\ell(\theta) = \text{cost} \cdot \exp\left\{ -\frac{n}{2}(\theta - \bar{x})^2 \right\},$$

quindi è vero che modificando i dati (cioè la media campionaria $\bar{x}$) le verosimiglianze subiscono semplicemente una traslazione. La densità "non informativa" da adottare sarebbe quindi la tradizionale densità impropria $\pi(\theta) =$ costante. $\diamond$

Quando il modello non presenta direttamente la proprietà in questione, si può cercare una riparametrizzazione $\lambda = g(\theta)$ tale che il modello trasformato (usando cioè λ come parametro) goda della proprietà stessa. È facile convincersi che ciò avviene se e solo se esistono due funzioni φ e γ tali che

$$\ell(\theta) = \varphi\big(g(\theta) - \gamma(z)\big). \tag{4.21}$$

L' esercizio 4.29 mostra un caso del genere. Infine, per i casi in cui non si riesce a ricondursi ad un modello con verosimiglianze traslate, si può dimostrare che una soluzione approssimata è fornita dalla regola invariante di Jeffreys (formule (4.16) e (4.19)).

L'ultimo criterio di cui tratteremo è quello, sviluppato più recentemente da J.Berger e JM.Bernardo e ormai privilegiato dalla letteratura, delle cosiddette *distribuzioni iniziali di riferimento* (in inglese: *reference priors*). Consideriamo un qualunque funzionale $D(\varphi,\psi)$, dove φ e ψ sono funzioni di densità o di probabilità con supporto contenuto in Ω, che rappresenti in qualche senso una distanza tra φ e ψ. Siano poi $\pi(\cdot)$ e $\pi(\cdot\,; z)$ le densità o probabilità iniziali e finali per l'esperimento realizzato (e, z_0). Allora la quantità

$$\mathcal{I}_D(\pi) = \mathbb{E}D(\pi(\cdot\,; Z), \pi) = \int_{\mathcal{Z}} m(z)D\big(\pi(\cdot\,; z), \pi\big)\,\mathrm{d}z, \tag{4.22}$$

che è il valore atteso (a priori) di tale distanza, rappresenta l'informazione mediamente acquisita su Θ quando si parte dalla legge iniziale $\pi(\cdot)$. La scelta corrente di D è la cosiddetta *divergenza di Kullback-Leibler*, definita da:

$$D(\varphi, \psi) = \mathbb{E}_\varphi \log \frac{\varphi(\Theta)}{\psi(\Theta)} = \begin{cases} \int_\Omega \varphi(\theta) \log\dfrac{\varphi(\theta)}{\psi(\theta)}\mathrm{d}\theta & \text{(caso continuo)} \\[2ex] \sum_\theta \varphi(\theta) \log\dfrac{\varphi(\theta)}{\psi(\theta)} & \text{(caso discreto)} \end{cases} \tag{4.23}$$

e già introdotta negli esercizi 1.28, 1.29 e 1.30. Usando la (4.23), scriveremo per chiarezza $\mathcal{I}_{KL}$. In questo contesto espressioni del tipo $0 \cdot \log(0)$ vengono poste eguali a 0 (perché il primo zero è il peso assegnato all'insieme su cui considerare l'espressione logaritmica, e prevale sul valore dell'espressione stessa). Ricordiamo che, per la (4.23), è $D(\varphi, \psi) \geq 0$, con il segno $=$ solo se φ e ψ coincidono.

Intuitivamente, la quantità $\mathcal{I}_{KL}(\pi)$ può essere utilizzata in diversi modi per arrivare a definire una distribuzione di riferimento. Alcuni di questi si rivelano subito inadeguati, anche se è interessante discuterli; l'idea più semplice sarebbe di determinare una legge π^* tale che

$$\mathcal{I}_{KL}(\pi^*) \geq \mathcal{I}_{KL}(\pi) \quad \text{per ogni } \pi. \tag{4.24}$$

In questo caso π^* risulterebbe la legge iniziale per cui è massimo il guadagno atteso di informazione su Θ prodotto dall'esperimento. Si può però dimostrare che, in condizioni "regolari", se esiste una legge π^* che soddisfa la (4.24), essa è necessariamente di tipo discreto, anche quando Ω è un intervallo reale; questo aspetto non viene considerato accettabile. Per concretizzare la stessa idea, ma evitando l'inconveniente rilevato, Berger e Bernardo suggeriscono un procedimento indiretto che si basa sulla considerazione ipotetica di k repliche identiche dello stesso esperimento, e quindi di un risultato $(z_1, z_2, \ldots, z_k)$ al posto di z. Ripetendo l'elaborazione con $(z_1, z_2, \ldots, z_k)$ al posto di z, si ottiene un nuovo funzionale $\mathcal{I}_{KL}(k, \pi)$; massimizzando $\mathcal{I}_{KL}(k, \pi)$ rispetto a π per $k = 1, 2, 3, \ldots$ si trova (se tutto va bene) una successione $\pi_1^*, \pi_2^*, \pi_3^*, \ldots$ della quale va calcolato un particolare tipo di limite (detto *limite informazionale*) che denoteremo con π^* e che rappresenta la distribuzione iniziale di riferimento cercata. Non entriamo nei dettagli della determinazione di tale "limite", ma elenchiamo alcune proprietà importanti. Anzitutto, nel caso di parametri reali e sotto condizioni di regolarità che includono la normalità asintotica della distribuzione finale di Θ, si ha che

$$\pi^*(\theta) = \text{cost} \cdot \sqrt{I(\theta)}, \tag{4.25}$$

cioè che la distribuzione di riferimento nel senso di Berger e Bernardo è la stessa ottenuta con la regola di Jeffreys (e può quindi, come sappiamo, risultare impropria). Altre proprietà interessanti sono:

(a) nel caso di campioni casuali la distribuzione di riferimento è indipendente dalla numerosità del campione;

(b) se Ω è finito la distribuzione di riferimento è quella uniforme;

(c) il risultato dell'esperimento può essere sostituito da una qualsiasi statistica sufficiente;

(d) la regola è invariante per trasformazioni biunivoche del parametro θ, nel caso che sia $\theta \in \mathbb{R}^1$.

Applicando la regola ad alcuni casi comuni si ottengono i seguenti risultati, molti dei quali sono già prevedibili, vista la (4.25) (al solito il parametro incognito, reale o vettoriale, è denotato con lettere greche).

Modello	*Densità di riferimento*
$\mathrm{Bin}(1,\theta)$	$\dfrac{1}{\pi\sqrt{\theta(1-\theta)}}$, $\theta \in (0,1)$ (propria)
$\mathrm{Poisson}(\theta)$	$\dfrac{1}{\sqrt{\theta}}$, $(\theta > 0)$ (impropria)
$\mathrm{N}(\theta,\frac{1}{h})$	costante, $\theta \in \mathbb{R}^1$ (impropria)
$\mathrm{EN}(\theta), R(0,\theta)$	$\frac{1}{\theta}$, $(\theta > 0)$ (impropria)
$\mathrm{N}(m,\frac{1}{\theta}), \mathrm{N}(m,\theta), \mathrm{N}(m,\theta^2)$	$\frac{1}{\theta}$, $(\theta > 0)$ (impropria)
$\mathrm{N}(\mu,\frac{1}{\gamma})$	$\frac{1}{\gamma}$, $\mu \in \mathbb{R}^1, \gamma > 0$ (impropria)
$\mathrm{N}_k(\mu,\frac{1}{\gamma}I_k)$	$\frac{1}{\gamma}$, $\mu \in \mathbb{R}^k, \gamma > 0$ (impropria)

Una caratteristica generale della procedura, nel caso di parametri multidimensionali, è la dipendenza della legge di riferimento dall'ordine in cui vengono prese in considerazione le componenti del parametro. Se per esempio il parametro è $\theta = (\lambda, \gamma)$ si deve procedere in due tappe: prima si elabora il modello statistico trattando λ come fosse noto, e determinando quindi la distribuzione di riferimento condizionata $\pi^*(\gamma; \lambda)$; quindi si determina la distribuzione di riferimento marginale $\pi^*(\lambda)$. La distribuzione congiunta $\pi^*(\lambda)\pi^*(\gamma; \lambda)$ dipende però in generale dall'ordine con cui si è attuata l'operazione. Il suggerimento, nel caso in cui λ sia il parametro di interesse e γ il parametro di disturbo, è di eliminare per primo il parametro di disturbo, condizionatamente al parametro di interesse. Nei casi normale e multinormale considerati nell'elenco precedente la distribuzione di riferimento congiunta dei due parametri μ e γ resta però la stessa indipendentemente dall'ordine.

L'applicazione pratica di questa procedura è di solito piuttosto complicata e non approfondiremo ulteriormente. Conviene solo richiamare l'attenzione su due aspetti: il metodo è molto largamente applicabile, almeno in linea di principio, e fornisce una ulteriore giustificazione, su una base intuitiva del tutto nuova, alla classica regola di Jeffreys, almeno nel caso unidimensionale.

Esercizi

4.15. Dimostrare che i modelli sottoelencati, in cui figura sempre un parametro reale (denotato con una lettera greca) ammettono la classe coniugata specificata a lato, verificando il calcolo della distribuzione finale. Si assume sempre la disponibilità di un campione casuale di n elementi.

Modello di base	Classe coniugata	Distribuzione finale del parametro
a) $\mathrm{Bin}(1,\theta)$	$\mathrm{Beta}(\alpha,\beta)$	$\mathrm{Beta}(\alpha+\sum x_i,\beta+n-\sum x_i)$
b) $\mathrm{N}(\theta,\frac{1}{h})$	$\mathrm{N}(\alpha,\frac{1}{\beta})$	$\mathrm{N}\!\left(\dfrac{\beta\alpha+nh\bar{x}}{\beta+nh},\dfrac{1}{\beta+nh}\right)$
c) $\mathrm{N}(m,\frac{1}{\tau})$	$\mathrm{Gamma}(\delta,\lambda)$	$\mathrm{Gamma}(\delta+\frac{1}{2}n,\lambda+\frac{1}{2}\sum(x_i-m)^2)$
d) $\mathrm{N}(m,\theta)$	$\mathrm{GammaInv}(\delta,\lambda)$	$\mathrm{GammaInv}(\delta+\frac{1}{2}n,\lambda+\frac{1}{2}\sum(x_i-m)^2)$
e) $\mathrm{Poisson}(\theta)$	$\mathrm{Gamma}(\delta,\lambda)$	$\mathrm{Gamma}(\delta+\sum x_i,\lambda+n)$
f) $\mathrm{EN}(\theta)$	$\mathrm{Gamma}(\delta,\lambda)$	$\mathrm{Gamma}(\delta+n,\lambda+\sum x_i)$
g) $\mathrm{EN}(1/\mu)$	$\mathrm{GammaInv}(\delta,\lambda)$	$\mathrm{GammaInv}(\delta+n,\lambda+\sum x_i)$
h) $\mathrm{R}(0,\theta)$	$\mathrm{Pareto}(\alpha,\xi)$	$\mathrm{Pareto}(\alpha+n,w)$, dove $w=\max\{\xi,x_{(n)}\}$

[Oss. Le coppie di modelli (c)-(d) e (f)-(g) differiscono solo per la parametrizzazione; le assunzioni iniziali sono equivalenti]

4.16. Similmente a quanto visto nell'esercizio precedente, si verifichi che le classi sottoindicate sono coniugate rispetto al modello normale, con le due parametrizzazioni $\theta=(\mu,\sigma^2)$ e $\theta=(\mu,\gamma)$ dove σ^2 è la varianza e γ la precisione. Si assuma sempre di avere un campione casuale di dimensione n.

Modello di base	Classe coniugata	Distribuzione finale Del parametro
A) $\mathrm{N}(\mu,\sigma^2)$	$\mathrm{NGammaInv}(\alpha,\tau,\delta,\lambda)$	$\mathrm{NGammaInv}(\alpha_1,\tau_1,\delta_1,\lambda_1)$
B) $\mathrm{N}(\mu,\frac{1}{\gamma})$	$\mathrm{NGamma}(\alpha,\tau,\delta,\lambda)$	$\mathrm{NGamma}(\alpha_1,\tau_1,\delta_1,\lambda_1)$

dove

$$\alpha_1=\frac{n\bar{x}+\tau\alpha}{n+\tau},\ \tau_1=\tau+n,\ \delta_1=\delta+\frac{n}{2},\ \lambda_1=\lambda+\frac{ns^2}{2}+\frac{n\tau(\alpha-\bar{x})^2}{2(n+\tau)}$$

e

$$s^2=\frac{1}{n}\sum(x_i-\bar{x})^2.$$

[Oss. I due modelli differiscono solo per la parametrizzazione; le assunzioni iniziali sono equivalenti. Se si pone formalmente $\tau=0,\lambda=0,\delta=-1/2$, le densità iniziali (improprie) corrispondenti ai modelli A e B sono:

$$\pi(\mu,\sigma^2)=\frac{\mathrm{cost}}{\sigma^2},\ \pi(\mu,\gamma)=\frac{\mathrm{cost}}{\gamma}\quad(\text{entrambe equivalenti a }\pi(\mu,\sigma)=\frac{\mathrm{cost}}{\sigma}).$$

La distribuzione finale, con $\alpha_1=\bar{x}$, $\tau_1=n$, $\delta_1=\frac{n-1}{2}$, $\lambda_1=\frac{ns^2}{2}$, è tale che

$$M|(\Sigma^2, Z) \sim \mathrm{N}\Big(\bar{x}, \frac{\sigma^2}{2}\Big), \quad M|(\Gamma, Z) \sim \mathrm{N}\Big(\bar{x}, \frac{1}{n\gamma}\Big),$$

$$\Sigma^2|Z \sim \mathrm{GammaInv}\Big(\frac{n-1}{2}, \frac{n}{2}s^2\Big), \quad \Gamma|Z \sim \mathrm{Gamma}\Big(\frac{n-1}{2}, \frac{n}{2}s^2\Big),$$

$$M|Z \sim \mathrm{StudentGen}\Big(n-1, \bar{x}, \frac{s^2}{n-1}\Big)\,]$$

4.17. L'uso di classi coniugate spesso semplifica anche il calcolo delle distribuzioni predittive iniziali e finali. Verificare il calcolo delle distribuzioni predittive nei casi seguenti, dove per semplicità gli esperimenti sono riferiti a statistiche sufficienti anziché ai campioni casuali completi. Vengono riportate le corrispondenti distribuzioni campionarie e si intende che $k = n$ per l'esperimento passato e $k = n'$ per l'esperimento futuro. Le classi coniugate utilizzate per ciascun modello sono quelle dell'esercizio 4.15.

Modello e statistica	Distribuzione campion.	Distribuzione pred. iniziale	Distribuzione pred. finale
a) $\begin{cases} \mathrm{Bin}(1,\theta) \\ S = \sum X_i \end{cases}$	$\mathrm{Bin}(k, \theta)$	$\mathrm{BetaBin}(n, \alpha, \beta)$	$\mathrm{BetaBin}(n', \alpha + s, \beta + n - s)$
b) $\begin{cases} \mathrm{N}(\theta, \frac{1}{h}) \\ \bar{X} = \frac{1}{n}\sum X_i \end{cases}$	$\mathrm{N}(\theta, \frac{1}{kh})$	$\mathrm{N}(\alpha, \frac{1}{\beta} + \frac{1}{nh})$	$\mathrm{N}(\frac{\beta\alpha + nh\bar{x}}{\beta + nh}, \frac{1}{\beta + nh} + \frac{1}{n'h})$
c) $\begin{cases} \mathrm{N}(m, \frac{1}{\theta}) \\ T = \sum(X_i - m)^2 \end{cases}$	$\mathrm{G}(\frac{k}{2}, \frac{\theta}{2})$	$\mathrm{GG}(\delta, 2\lambda, \frac{1}{2}n)$	$\mathrm{GG}(\delta + \frac{1}{2}n, 2\lambda + t, \frac{1}{2}n')$
d) $\begin{cases} \mathrm{Poisson}(\theta) \\ S = \sum X_i \end{cases}$	$\mathrm{Poisson}(k\theta)$	$\mathrm{BinNeg}(\delta, \frac{\lambda}{n+\lambda})$	$\mathrm{BinNeg}(\delta + s, \frac{\lambda + n}{\lambda + n + n'})$
e) $\begin{cases} \mathrm{EN}(\theta) \\ S = \sum X_i \end{cases}$	$\mathrm{G}(k, \theta)$	$\mathrm{GG}(\delta, \lambda, n)$	$\mathrm{GG}(\delta + n, \lambda + s, n')$

[Oss. I casi (d) e (g) dell'esercizio 4.15 non sono presenti perché dal punto di vista predittivo sono identici ai casi (c) ed (e) qui considerati. Per il caso (b) può essere utile ricorrere alla *formula della ricomposizione del quadrato*, per cui, se $A + B \neq 0$, si ha:

$$A(x - a)^2 + B(x - b)^2 = (A + B)(x - c)^2 + \frac{AB}{A + B}(a - b)^2,$$

dove

$$c = (Aa + Bb)/(A + B).]$$

4.18. Verificare che nel caso B dell'esercizio 4.16 le distribuzioni predittive iniziale e finale (dato un campione casuale di n elementi) di un singolo risultato futuro X sono rispettivamente del tipo $\mathrm{StudentGen}(2\delta, \alpha, \frac{\tau+1)\lambda}{\tau\delta})$ e $\mathrm{StudentGen}(2\delta_1, \alpha_1, \frac{\tau_1+1)\lambda_1}{\tau_1\delta_1})$ (notazioni dell'esercizio 4.16).

4.19. Completando ed ampliando l'esempio 4.6, si verifichi che, usando le distribuzioni coniugate presentate nell'esercizio 4.15, nel caso dei modelli $\mathrm{Bin}(1,\theta)$ e $\mathrm{N}(\theta, 1/h)$ la media finale si presenta come una media ponderata della media iniziale e della stima di massima verosimiglianza. Dimostrare inoltre che, scegliendo gli iperparametri in modo da annullare il peso della media iniziale, si ottengono rispettivamente, come casi limite, le distribuzioni iniziali improprie

$$\pi(\theta) = \text{cost} \cdot \theta^{-1}(1-\theta)^{-1}, \quad \pi(\theta) = \text{cost}.$$

[Oss. È uno dei modi tradizionali per attuare un criterio di "non informatività"]

4.20. Sia dato un esperimento in cui $\Omega = (0,1)$. Confrontare le distribuzioni iniziali ottenute assumendo la equidistribuzione del parametro Θ e della sua trasformazione biunivoca $\Lambda = \log\left(\Theta/(1-\Theta)\right)$.

[Oss. Se effettivamente l'ignoranza fosse rappresentata dalla equidistribuzione, allora saremmo ignoranti se usassimo come parametro Θ e non lo saremmo se usassimo invece come parametro Λ; il paradosso è che Θ e Λ si corrispondono biunivocamente e che quindi dovremmo essere in ogni caso egualmente ignoranti o informati]

4.21. Dimostrare che la classe di distribuzioni iniziali (densità o probabilità)

$$\pi(\theta) = B_0(\theta) \exp\left\{ \sum_{i=1}^{s} c_i \lambda_i(\theta) \right\},$$

dove $c_1, c_2, \ldots, c_s$ e la funzione B_0 sono iperparametri, è coniugata a qualsiasi modello costituito da una famiglia esponenziale caratterizzata dagli s parametri $\lambda_1(\theta), \lambda_2(\theta), \ldots, \lambda_s(\theta)$]

4.22. Sia $e = (\mathcal{Z}, P_\theta, \theta \in \Omega)$ un modello statistico per il quale esiste una classe coniugata $\mathcal{D}$ di distribuzioni iniziali, il cui elemento generico sarà indicato con $\pi_\alpha(\cdot)$, $\alpha \in A$. Dimostrare che, se $\gamma(\theta)$ è una qualsiasi funzione positiva (e regolare) su Ω, allora anche la classe $\mathcal{D}^* = \{\pi_\alpha^*(\cdot) : \pi_\alpha^*(\theta) = c \cdot \gamma(\theta) \cdot \pi_\alpha(\theta), \theta \in \Omega\}$ (dove c è il fattore di normalizzazione) è coniugata al modello dato.

4.23. Sia $e = (\mathcal{Z}, P_\theta, \theta \in \Omega)$ un modello statistico per il quale esiste una classe coniugata $\mathcal{D}$ di densità. Dimostrare che, prendendo

$$\pi(\theta) = p \cdot \pi^1(\theta) + (1-p) \cdot \pi^2(\theta), \quad 0 < p < 1$$

dove sia π^1 che π^2 appartengono a $\mathcal{D}$ e p è una costante nota, la distribuzione finale è del tipo:

$$\pi(\theta; z) = q \cdot \pi^1(\theta; z) + (1-q) \cdot \pi^2(\theta; z),$$

dove $q \in (0,1)$ è una costante opportuna e al secondo membro compaiono le densità finali corrispondenti all'uso di π^1 e π^2 come densità iniziali.

[Oss. Questo semplice risultato mostra che si ottengono procedure di calcolo semplici anche ampliando una classe coniugata con combinazioni convesse]

4.24. * In molte situazioni pratiche è utile assegnare le probabilità iniziali dei parametri in modo gerarchico, cioè anzitutto ai potenziali risultati subordinatamente ai parametri (I stadio), poi ai parametri condizionatamente al valore di certi iperparametri (II stadio), e infine agli stessi iperparametri (III stadio). Supponiamo di avere una matrice di dati x_{ij} $(i = 1, 2, \ldots, k; j = 1, 2, \ldots, n_0)$ e che per ogni coppia (i, j) valgano le relazioni:

$$x_{ij} = \theta_i + \varepsilon_{ij} \, ,$$

dove gli ε_{ij} sono realizzazioni di variabili aleatorie indipendenti con distribuzione $N(0, \sigma_0^2)$, con σ_0^2 noto. È il classico modello per la risposta quantitativa a k trattamenti, in presenza di errori accidentali (v. esempio 3.2) che corrisponde, in una impostazione non bayesiana, allo schema detto dell'analisi della varianza. Se a priori riteniamo che i parametri aleatori Θ_i siano scambiabili (v. § A.3), il che corrisponde ad una informazione a priori simmetrica rispetto ai trattamenti, possiamo formalizzare tale valutazione imponendo che $\Theta_1, \Theta_2, \ldots, \Theta_k$ siano indipendenti subordinatamente ad un iperparametro Λ, cui a sua volta va assegnata una distribuzione iniziale. Assumiamo per esempio che ogni $\Theta_i | \Lambda$ $(i = 1, 2, \ldots, k)$ abbia una distribuzione $N(\Lambda, 1/g)$, con g noto, e che Λ abbia distribuzione uniforme (impropria). Dimostrare (applicando formalmente il teorema di Bayes anche alle densità improprie) che in queste condizioni la distribuzione di $(\Theta_1, \Theta_2, \ldots, \Theta_k)$ è multinormale.

[Oss. Posto $h = 1/\sigma_0^2$, è facile verificare che

$$\pi(\theta_1, \theta_2, \ldots, \theta_k; z) = \text{cost} \cdot \exp\left\{ -\frac{n_0 h}{2} \sum (\theta_i - \bar{x}_i)^2 - \frac{g}{2} \sum (\theta_i - \bar{\theta})^2 \right\},$$

dove $\bar{\theta} = \frac{1}{k} \sum \theta_i$; poiché l'esponente è una forma quadratica negativa, l'esercizio è risolto. Con calcoli molto più laboriosi (converrebbe anzi ricorrere al calcolo matriciale) si può portare l'esponente alla forma standard; si vede allora che le componenti Θ_i non sono indipendenti (ma non lo sono nemmeno a priori) e che

$$\mathbb{E}(\Theta_i \mid z) = \frac{n_0 h \bar{x}_i + g \bar{x}}{n_0 h + g} \, ,$$

dove $\bar{x}_i = \sum_j x_{ij}/n_0$, $\bar{x} = \sum \bar{x}_i/k$. Quindi nel calcolo della media finale di Θ_i non entra solo $\bar{x}_i$, ma entrano anche tutte le altre medie campionarie, con un peso che cresce con g che è, intuitivamente, una misura della concentrazione delle Θ_i]

4.25. Dimostrare che se Π e $\widetilde{\Pi}$ sono assolutamente continue la regola (4.16) è invariante.

[Sugg. Seguire la traccia dell'esempio 4.9]

4.26. Dimostrare che se $\pi(\cdot)$ è la densità ottenuta applicando la (4.16) ad un esperimento $e_1 = (\mathbb{R}^1, p_\theta(\cdot), \theta \in \Omega)$, la stessa regola applicata all'esperimento ottenuto replicando n volte e_1 (campioni casuali) è ancora $\pi(\cdot)$.

[Oss. È una immediata conseguenza della proprietà additiva di cui all'esercizio 3.26]

4.27. Dimostrare che dato il modello $(\{0,1\}, p_\theta(x) = \theta^x(1-\theta)^{1-x}, \theta \in [0,1])$ la regola invariante produce la densità di Jeffreys (propria):

$$\pi(\theta) = \frac{1}{\pi\sqrt{\theta(1-\theta)}} \,.$$

4.28. Dimostrare:
(a) che per l'esperimento $(\mathbb{R}^1, \mathrm{N}(\mu, 1/h), \mu \in \mathbb{R}^1)$, dove h è noto, la regola invariante di Jeffreys produce la densità impropria $\pi(\mu) = \mathrm{cost}$;
(b) che per l'esperimento $(\mathbb{R}^1, \mathrm{N}(m, \sigma^2), \sigma > 0)$, dove m è noto, la stessa regola produce la densità impropria $\pi(\sigma) = \mathrm{cost}/\sigma$;
(c) che per l'esperimento $(\mathbb{R}^1, \mathrm{N}(\mu, \sigma^2), \mu \in \mathbb{R}^1, \sigma > 0)$, trattando (μ,σ) come parametro vettoriale e ricordando l'esercizio 3.31, la regola di Jeffreys produce la densità impropria $\pi(\mu, \sigma) = \mathrm{cost}/\sigma^2$.

[Oss. È un po' imbarazzante che, se si assume l'indipendenza stocastica dei parametri del modello, e si opera separatamente su μ e σ, si trova come densità congiunta $\pi(\mu,\sigma) = \mathrm{cost}/\sigma$, mentre se si opera sul vettore (μ,σ) si trovi ancora una legge per cui i parametri sono a priori stocasticamente indipendenti, ma che è diversa - sia pure di poco - dalla precedente]

4.29. Dato un campione casuale di n elementi dalla popolazione $\mathrm{N}(0, \theta^2)$ si dimostri:
(a) che le verosimiglianze, funzioni del parametro θ, non sono traslate dai dati;
(b) che lo divengono ponendo $\lambda = \log\theta$, con $\varphi(\omega) = \exp\left\{n\omega - \exp\{2\omega\}\right\}$ e $\gamma(z) = \log(\sum x_i^2)$;
(c) che la densità non informativa nel senso di Box e Tiao può essere scritta come $\pi(\theta) = \mathrm{cost}/\theta$.

4.30. * Un criterio possibile di "non informatività" consiste nel cercare una distribuzione iniziale tale che, qualunque sia il risultato, la distribuzione predittiva finale sia "conservatrice", nel senso che ammette come previsione ottima la ripetizione del risultato già osservato. Questo criterio generale si può attuare in diversi modi. Si consideri per esempio un problema di previsione come quello dell'esempio 4.3, con $n' = n$ e una distribuzione iniziale per Θ del tipo $\mathrm{Beta}(\alpha, \beta)$. Si osservi poi che l'identità

$$s = \mathbb{E}(S' \mid S = s) \quad (s = 0, 1, \dots, n)$$

rappresenta intuitivamente il fatto che la miglior stima del risultato futuro S', almeno in un certo senso, è ancora il corrispondente risultato osservato s. Dimostrare che, nell'ambito della classe delle Beta, l'unica densità iniziale che realizza la precedente identità è (prendendo in considerazione anche le densità improprie) la densità $\pi(\theta) = \text{cost} \cdot \theta^{-1}(1 - \theta)^{-1}$.

[Sugg. Fare uso dei risultati dell'esercizio 4.17]

4.31. * In molte situazioni si deve analizzare un esperimento conoscendo i risultati di esperimenti simili ma non perfettamente equivalenti all'esperimento in corso. Supponiamo per esempio che si debba sperimentare un nuovo farmaco che, in un esperimento precedente, ha dato 8 successi in 20 prove ripetute; l'oggetto della inferenza è la probabilità incognita θ di successo. Una tecnica usata in letteratura per costruire una distribuzione iniziale capace di tener conto di tale informazione (detta in inglese *power prior*), è:

$$\pi^F(\theta; a_0) = c \cdot \pi_0(\theta) \cdot \Big(\ell_0(\theta)\Big)^{a_0},$$

dove $\pi_0(\cdot)$ è una densità iniziale in qualche senso non informativa (per esempio la densità di Jeffreys), $\ell_0(\theta)$ è la funzione di verosimiglianza prodotta dall'esperimento precedente e a_0 è un parametro che determina il peso assegnato all'esperimento passato. Si noti che se $a_0 = 1$ l'esperimento passato è trattato alla pari rispetto all'esperimento in esame, mentre se $a_0 = 0$ l'esperimento passato è del tutto trascurato. Per rendere operativa la procedura si deve scegliere a_0 oppure, come suggeriscono alcuni Autori (ma con una procedura di tipo randomizzazione non molto convincente), si deve scegliere una distribuzione di probabilità per a_0 e poi calcolare la corrispondente media dei valori $\pi^P(\theta; a_0)$. Si confrontino le densità $\pi^P(\theta; a_0 = 0.5)$ e $\pi^P(\theta; a_0 = 0.1)$ usando la distribuzione di Jeffreys e si verifichi che che l'intervallo $(0.3, 0.5)$ (favorito dalla funzione di verosimiglianza "passata" $\ell(\theta_0)$) ha una probabilità maggiore nel primo caso.

[Oss. Serve un software per i calcoli che coinvolgono la funzione Beta. Si trova che l'intervallo $(0.3, 0.5)$ ha probabilità 0.50 se $a_0 = 0.5$ e probabilità 0.26 se $a_0 = 0.1$]

4.4 L'impostazione completamente predittiva

L'impostazione descritta nella sezione precedente è quella più diffusa nell'ambito della scuola "bayesiana", anche a livello internazionale. Alcuni studiosi, nello spirito di una prosecuzione ed un approfondimento delle idee di B. de Finetti (1906-1985), hanno però sviluppato una impostazione che è diversa per alcuni aspetti importanti, pur non essendo propriamente in contrasto con quella sopra descritta.

Riprendendo in esame un generico esperimento statistico, $e = (\mathcal{Z}, P_\theta, \theta \in \Omega)$, sappiamo che il metodo bayesiano richiede di assegnare preliminarmente una legge di probabilità allo spazio Ω delle ipotesi. Vi è qui una certa forzatura nella applicazione della probabilità soggettiva: è ben noto che degli eventi cui si vuole assegnare una probabilità si deve poter controllare in linea di principio se sono veri o falsi. Può essere considerata legittima la introduzione di probabilità per degli eventi, le ipotesi, che non potranno mai rivelarsi veri o falsi? La principale giustificazione per poter rispondere affermativamente è che, replicando indefinitamente l'esperimento, il valore di θ verrebbe al limite individuato. Anzi, in una eventuale assiomatizzazione della sperimentazione statistica, questa potrebbe essere la condizione per la "legittimità" di una ipotesi; nelle applicazioni più comuni, vedi per esempio la § 3.1, ciò è senz'altro vero. È chiaro che una tale argomentazione ha natura molto teorica e poco operativa; quello di *esperimento statistico* è in effetti un modello matematico della realtà, che inevitabilmente fornisce una rappresentazione semplificata, e la stessa probabilità soggettiva che vi si applica va quindi adattata allo schema convenzionale adottato.

L'impostazione "completamente predittiva" che ora brevemente delineeremo riesce a liberare completamente lo schema tradizionale da questo elemento di astrattezza. Poiché lo schema completamente predittivo risulta sotto opportune condizioni equivalente allo schema ordinario, basato sul concetto di esperimento, il suo interesse è duplice: da un lato è un modo di per sé interessante di inquadrare il problema della inferenza statistica, dall'altro consente una rilettura rigorosa, da una diversa angolazione, delle stesse procedure bayesiane standard.

Il punto nodale è di considerare probabilizzabili esclusivamente i risultati delle potenziali osservazioni, evitando quindi di introdurre parametri incogniti. Il problema generale dell'inferenza viene formalizzato introducendo un processo stocastico $X_1, X_2, \ldots, X_i, \ldots$ in cui le X_i rappresentano le diverse osservazioni potenziali; assumendo di avere rilevato i risultati $X_1 = x_1, X_2 = x_2, \ldots, X_n = x_n$, l'obiettivo è di calcolare la legge di probabilità di $X_{n+1}, X_{n+2}, \ldots$ (o qualche funzionale della stessa sequenza) condizionatamente al risultato osservato. Ogni inferenza risulta quindi direttamente una previsione e le leggi di probabilità introdotte riguardano esclusivamente eventi concretamente osservabili.

Apparentemente questa formulazione del problema inferenziale è molto meno articolata di quella abituale, ma ciò è vero solo in parte. Si è già sottolineato che anche lo schema bayesiano classico utilizza *una sola* legge di probabilità su $\mathcal{Z}$, che è la marginale della misura di probabilità su $\Omega \times \mathcal{Z}$, cioè della misura già indicata con Ψ. In secondo luogo si può osservare che in molti casi la formulazione di tipo ipotetico è introdotta un po' a forza proprio per rispettare la tradizione; nell'esempio binomiale 3.1 si è citato, fra i vari casi, quello in cui l'ipotesi θ rappresenta l'"efficacia" di un farmaco, espressa come una probabilità oggettiva incognita. È chiaro che considerare invece come obiettivo dell'inferenza il calcolo della probabilità di successo di un farmaco in una ben specificata prova futura dà luogo ad una modellizzazione realistica e naturale.

Il principale legame della impostazione completamente predittiva con quella ipotetica è espresso da un celebre teorema, di B. de Finetti (1937), detto *teorema di rappresentazione*. Nella sua formulazione più generale il teorema afferma che se le X_i sono *scambiabili* (v. § A.3), cioè se la distribuzione di un qualsiasi sottoinsieme $X_{i_1}, X_{i_2}, \ldots, X_{i_n}$ dipende da n ma non da quali siano le variabili scelte (cioè dagli indici $i_1, i_2, \ldots, i_n$) , allora esiste un oggetto aleatorio Θ tale che, condizionatamente a questo, ogni n-pla $(X_1, X_2, \ldots, X_n)$ può considerarsi costituita da variabili aleatorie indipendenti e con la stessa distribuzione. In pratica, la condizione di scambiabilità consente di formalizzare anche in questa impostazione la classica situazione dell'acquisizione di informazione tramite prove ripetute e di trattare quindi le n-ple $(X_1, X_2, \ldots, X_n)$ come ordinari campioni casuali di una "popolazione" avente caratteristiche parzialmente incognite. L'oggetto aleatorio condizionante Θ resta definito, insieme con la sua legge di probabilità, dal processo stesso; si rende così manifesto (almeno in teoria, perché le formule non sono sempre semplici) il legame tra il processo nel suo complesso e il "parametro" incognito. Il teorema di rappresentazione riesce quindi a "spiegare" il significato del parametro sulla base delle caratteristiche assunte circa le variabili osservabili, proprio perché questo, o meglio la sua distribuzione, viene definito per mezzo delle v.a. osservabili.

Il caso particolare in cui le X_i possono assumere solo i valori 0 e 1 è il più semplice da approfondire e permette ulteriori significative riflessioni.

Esempio 4.11. Sia $\{X_i, i \in \mathbb{N}\}$ un processo stocastico in cui le v.a. siano scambiabili e possano assumere solo i valori 0 e 1; sia inoltre P la misura di probabilità che lo governa. Si può pensare, come esempio, ad una successione di prove in cui il risultato può essere "successo" o "insuccesso". La versione corrispondente del teorema di rappresentazione di de Finetti assicura allora che esiste una funzione di ripartizione F tale che, per ogni $n \in \mathbb{N}$ e ogni $(x_1, x_2, \ldots, x_n) \in \{0, 1\}^n$, si ha

$$P(X_1 = x_1, X_2 = x_2, \ldots, X_n = x_n) = \int_0^1 \theta^{\sum x_i}(1 - \theta)^{n - \sum x_i} \mathrm{d}F(\theta). \quad (4.26)$$

La funzione F risulta poi specificata dalla condizione

$$F(\theta) = \lim_{n \to \infty} P\Big(\frac{1}{n} \sum_{i=1}^{n} X_i < \theta\Big). \quad (4.27)$$

Le formule (4.26) e (4.27) richiedono qualche commento. La (4.26) è di immediata interpretazione: assumere la scambiabilità di $\{X_i, i \in \mathbb{N}\}$, nel nostro caso, è come assumere, nel linguaggio tradizionale, che le X_i siano un campione casuale della distribuzione Bin(1,θ) e che il parametro incognito abbia una distribuzione iniziale rappresentata dalla funzione di ripartizione F. È ciò che si avrebbe, per esempio, in una successione di prove ripetute da un'urna con composizione incognita θ, della quale composizione è data la distribuzione iniziale. La novità di questo punto di vista è che la legge iniziale F per il parametro θ non è un oggetto introdotto a priori (come nelle usuali descrizioni degli esperimenti statistici) ma risulta determinata dal processo stesso per il tramite della (4.27). La (4.27), si noti, "spiega" il significato di F: infatti F rappresenta ciò che ci attendiamo al limite per $n \to \infty$ come comportamento della frequenza relativa dei successi $\frac{1}{n} \sum X_j$. Se, trattando per semplicità un caso particolare, il valore del salto di $F(\theta)$ in $\theta = \theta_j$ è p_j, possiamo dire che p_j, che avrebbe il ruolo di probabilità iniziale di $\Theta = \theta_j$ nella impostazione tradizionale, è per la (4.27) la probabilità limite che assegneremmo al fatto che la frequenza relativa valga esattamente θ_j. L'esame della (4.27) riesce quindi utile anche al fine di caratterizzare operativamente il significato della scelta delle probabilità iniziali.

◇

Pur partendo da una potenziale "critica" all'impostazione bayesiana tradizionale, si approda così in definitiva proprio ad una giustificazione e comunque ad una valutazione più approfondita dello schema classico. Tale giustificazione permette anzi di risolvere una questione lasciata un po' in ombra: nell'esempio 3.1 si era parlato di campioni casuali derivanti da "popolazioni mal definite"; questo è un problema molto comune nelle applicazioni, in particolare quando il campione non è un campione fisicamente "estratto" da un insieme più grande; in tal caso infatti l'analogia con le estrazioni da urne non appare meccanicamente utilizzabile. Un ovvio esempio è il caso già citato delle ricerche sulla efficacia di un farmaco (ma lo stesso si potrebbe dire per molte altre situazioni, nella sperimentazione agraria o nelle ricerche in ambito tecnologico): l'idea sottointesa è che i pazienti trattati siano in qualche modo rappresentativi di "popolazioni" molto ampie, certo più dell'insieme di individui da cui il campione proviene effettivamente. D'altra parte il ruolo dell'estrazione in sé, anche se perfettamente casuale, ai fini di legittimare l'inferenza non deve essere sopravalutato; ma su questa particolare questione si tornerà nella § 4.7. Ci rendiamo conto, in conclusione, che la definizione più corretta di "popolazione", dato un campione $X_1 = x_1, X_2 = x_2, \ldots, X_n = x_n$ in cui $X_1, X_2, \ldots, X_n$ sono a priori scambiabili, è l'insieme di tutti gli individui i cui potenziali risultati possono essere considerati scambiabili tra loro e con quelli del campione. Da un lato possiamo così disporre di un concetto veramente generale di "popolazione", dall'altro il fondamento di questo concetto si rivela come strettamente soggettivo, in quanto legato alle caratteristiche della legge di probabilità P. Ovviamente ciò presuppone di avere impiegato dall'inizio la probabilità come strumento di rappresentazione e comunicazione della informazione soggettivamente disponibile.

Ciò che colpisce nel teorema di rappresentazione è che poche assunzioni, e di tipo qualitativo, su P ne determinano così a fondo la struttura. È chiaro che, prendendo in esame anche osservazioni con valori in $\mathbb{R}^1$, si possono ottenere in modo analogo rappresentazioni che coinvolgono anche gli altri modelli (p. es. il modello normale). Sfortunatamente, in questi casi più complessi, fare "emergere" i parametri incogniti dalle caratteristiche di P comporta problemi piuttosto difficili che non possiamo affrontare. Altri importanti temi teorici possono esser studiati nel quadro completamente predittivo: riprendendo in esame la (4.26), si vede che ciò che dei risultati già acquisiti occorre ricordare, anche ai fini previsivi, è soltanto il valore di $T = X_1 + X_2 + \cdots + X_n$. Si intravede qui il nucleo di una teoria delle statistiche sufficienti a fini predittivi. Un ulteriore spunto offerto dalla impostazione completamente predittiva riguarda la "costruzione" dei modelli: si noti che, in un certo senso, lo stesso teorema di rappresentazione "crea" un modello di esperimento statistico. È facile rendersi conto che gli studi in questione sono complessi; indicazioni per eventuali approfondimenti sono fornite nella nota bibliografica.

L'uso pratico della impostazione completamente predittiva è limitato (o almeno lo è stato finora) da un lato dalle difficoltà matematiche che si incontrano nell'applicare il teorema di rappresentazione fuori dello schema binomiale e dall'altro dal fatto che in numerosi e importanti problemi inferenziali l'esistenza di un parametro incognito, come assunzione iniziale, resta "naturale". Basta pensare per esempio ai problemi di misura di una grandezza incognita (vedi esempio 3.2). D'altra parte la nozione di variabilità accidentale è uno dei caposaldi del modo di pensare statistico e se è vero che è proprio di ogni impostazione bayesiana rivendicare il ruolo e la possibilità di formalizzare esplicitamente l'incertezza in tutti i suoi aspetti, non per questo è sicuramente opportuno assorbire in quest'ultima, in modo indistinto, tutte le sue determinanti.

Un'altra considerazione "pratica" è che, nel contesto reale della comunicazione scientifica, è quasi sempre conveniente analizzare più che sia possibile l'informazione nelle sue componenti distinguibili. Non vi è dubbio che questa decomposizione è facilitata dall'uso (quando giustificato) del modello matematico degli esperimenti e delle funzioni di verosimiglianza. Nemmeno l'impostazione completamente predittiva, d'altra parte, può costituire lo schema generale di *qualunque* inferenza. L'unico strumento veramente generale per le inferenze in condizioni di incertezza è la valutazione probabilistica applicata agli eventi incerti; qualunque ulteriore specificazione presuppone situazioni per qualche aspetto particolari e in qualche modo schematizzate.

4.5 Il Principio del campionamento ripetuto

La più importante alternativa rispetto allo schema Verosimiglianza-Bayes fin qui descritto, e probabilmente ancora la più diffusa (almeno mettendo insieme le diverse varianti), è quella che si può ricondurre dal punto di vista logico al cosiddetto *Principio del campionamento ripetuto*. Alcuni elementi di base, essenzialmente l'idea di trattare il risultato sperimentale, e non il parametro incognito, come ente aleatorio, si trovano già nel primo dei volumi pubblicati da R.A.Fisher (1925). Tale opera, che ebbe all'epoca grande influenza in tutto il mondo, mirava esplicitamente (come si legge nella introduzione) a rovesciare l'uso del paradigma bayesiano, che allora costituiva uno standard essendo però utilizzato nella forma che privilegia le distribuzioni iniziali uniformi. Tuttavia, la costruzione di uno schema logico organico e coerentemente basato su questi principi deve molto all'insieme di ricerche iniziate congiuntamente negli anni '30 da J.Neyman e E.S.Pearson. Negli anni '40 A.Wald ha formulato uno schema unificante basato sulla sua teoria delle decisioni statistiche ed ha così completato le linee fondamentali di un edificio teorico che può dirsi tutt'ora operante su quelle stesse basi, anche se naturalmente ricco di numerosi risultati acquisiti successivamente.

Il Principio del campionamento ripetuto, pur costituendo una nozione corrente nella letteratura teorica, viene di fatto più ricavato a posteriori dall'insieme delle procedure operative che presentato in termini assiomatici. Adottiamo la seguente formulazione:

Principio del campionamento ripetuto. *Le procedure statistiche debbono essere valutate per il loro comportamento in ripetizioni ipotetiche dell'esperimento che si suppongono eseguite sempre nelle stesse condizioni.*

Per chiarire la questione, e la fondamentale differenza con le procedure conformi al Principio della verosimiglianza, conviene portare l'attenzione su problemi inferenziali specifici, sempre con riferimento ad un determinato esperimento $e = (\mathcal{Z}, P_\theta, \theta \in \Omega)$.

Nei problemi di stima parametrica, se si vuole una stima del vero valore di $\lambda = g(\theta)$, si cercherà una statistica T^*, detta in questo contesto uno *stimatore* per distinguere la v.a. dai valori assunti (le *stime*), tale che per ogni $\theta \in \Omega$ ci si possa aspettare (secondo P_θ) che T^* sia "vicina" a $g(\theta)$. Questo è ancora un orientamento generale, che può essere concretizzato in diversi modi. Uno dei più comuni si basa sulla coppia di condizioni

$$T^* \in \mathcal{U}_g, \qquad \mathbb{V}_\theta T^* \leq \mathbb{V}_\theta T, \ \forall T \in \mathcal{U}_g, \tag{4.28}$$

dove

$$\mathcal{U}_g = \{T : \mathbb{E}_\theta T = g(\theta), \ \forall \theta \in \Omega\} \tag{4.29}$$

è la cosiddetta classe degli stimatori *non distorti* rispetto alla funzione parametrica g (si userà semplicemente il simbolo $\mathcal{U}$ se g è l'identità). In altri termini le condizioni (4.28) assicurano che T^* è lo stimatore di minima varianza tra tutti quelli che hanno valore atteso $g(\theta)$, e tutto ciò qualunque sia θ. Naturalmente non sempre esistono soluzioni, qualche volta invece queste, pur esistendo, sono migliorabili secondo plausibili criteri alternativi, ecc. Su questo si tornerà nel capitolo 7, ma quanto sopra è sufficiente ad illustrare una tipica soluzione del problema della stima parametrica, nell'ambito della scuola considerata.

È chiaro che la procedura sopra esposta si conforma al Principio del campionamento ripetuto. Si osservi che l'attenzione viene attirata solo sulla *variabile aleatoria T^**, non sul *valore certo $T^*(z_0)$*, dove z_0 è il risultato effettivamente osservato, anche se, una volta determinata una qualche procedura accettabile T^*, questa verrà applicata al risultato osservato z_0 e si perverrà alla stima $T^*(z_0)$. In altri termini l'elaborazione riguarda l'esperimento e, eventualmente ancora da eseguire, piuttosto che l'esperimento realizzato (e, z_0); perciò le conseguenze delle scelte risultano leggibili principalmente in chiave frequentista, facendo riferimento cioè alle frequenze con cui si potrebbero verificare, nelle ripetizioeni ideali della prova, i diversi eventi di interesse. Si noterà che il termine *frequentista* ha un significato non univoco in quanto, oltre che un criterio connesso con le procedure induttive - che è l'aspetto discusso in queste pagine - la stessa parola denota una delle più diffuse concezioni sulla probabilità (vedi § A.1). In molti casi a posizioni frequentiste nel campo della probabilità fanno riscontro posizioni frequentiste anche nel campo della logica induttiva, ma si tratta comunque di aspetti distinti e di connessioni non obbligatorie.

Per i problemi di stima mediante insiemi, si tratta di determinare una regola $C\colon \mathcal{Z} \to \mathcal{P}(\Omega)$ (dove $\mathcal{P}(\Omega)$ è l'insieme di potenza di Ω) tale che, per gran parte dei risultati $z \in \mathcal{Z}$, $C(z)$ sia un ragionevole insieme di stima per $\lambda^* = g(\theta^*)$. In questo caso si cercherà di fare in modo che $P_\theta\{z\colon \lambda \in C(z)\}$ sia un valore elevato per ogni θ, e quindi in particolare per il valore θ^* che caratterizza il fenomeno. Se per esempio C è tale che

$$P_\theta\{z : \lambda \subset C(z)\} = 1 - \alpha \quad \forall \theta \in \Omega, \tag{4.30}$$

allora C verrà detta una *regola di confidenza per λ di livello* $1-\alpha$. Il termine di *confidenza*, in contrapposizione a *probabilità*, è in uso da tempo per evitare una confusione piuttosto comune: se C ha confidenza $1-\alpha$, non possiamo dire che, se z_0 è il risultato osservato, l'evento $\lambda \in C(z_0)$ ha probabilità $1-\alpha$ perché, anzi, tale evento non è dotato di una probabilità. Questa distinzione è chiara anche nella simbologia se la (4.30) viene scritta come $P_\theta(\lambda \in C(Z)) = 1 - \alpha$, mettendo così in evidenza che la relazione coinvolge il risultato aleatorio Z e non il risultato osservato z_0.

Infine, per i problemi di test, si deve scegliere una partizione $(\mathcal{Z}_0^*, \mathcal{Z}_1^*)$ di $\mathcal{Z}$ con l'intesa che se $z \in \mathcal{Z}_i^*$ si opta per la conclusione $\theta^* \in \Omega_i$ $(i = 0, 1)$. Si cerca allora, se possibile, che la funzione (detta *funzione di potenza*)

$$\eta(\theta) = P_\theta\{z : z \in \mathcal{Z}_1^*\} \tag{4.31}$$

sia piccola quando $\theta \in \Omega_0$ e grande quando $\theta \in \Omega_1$. È chiaro infatti che, rispettivamente nei due casi, $\eta(\theta)$ e $1-\eta(\theta)$ (le probabilità dei cosiddetti *errori di I e II specie*) sono le probabilità, sempre riferite al risultato aleatorio, di pervenire ad una conclusione sbagliata. Ancora una volta l'obiettivo è generico e va precisato; in diversi casi, come vedremo nel cap. 7, è comunque possibile arrivare a formulazioni concrete e, nel quadro concettuale adottato, soddisfacenti.

I problemi predittivi non sono suscettibili, nell'impostazione basata sul principio del campionamento ripetuto, di una trattazione veramente generale. Infatti, denotando al solito con Z e Z' i risultati degli esperimenti e ed e', visti come oggetti aleatori, non vi è usualmente modo di far comparire la dipendenza stocastica di Z' da Z, che è appunto quella che permette di fare previsioni su Z' considerando noto Z. Le uniche misure di probabilità utilizzabili sono le P_θ e le P'_θ, ma, per θ fissato, è usuale che Z e Z' siano indipendenti e quindi tali leggi risultano inutili ai fini di prevedere Z' sulla base di Z. In termini generali il problema può quindi essere affrontato solo indirettamente: in una prima fase, sulla base di (e, z), stimare θ^* e in una seconda fase utilizzare questa stima per prevedere il risultato futuro. Metodi più diretti sono possibili però in casi particolari, per esempio nei problemi di regressione. Sempre, peraltro, il problema di previsione deve essere riportato ad un problema di tipo strutturale.

Fissare l'attenzione non sulle stime $T(z_0)$, dove z_0 è il risultato osservato, ma sugli stimatori $T(\cdot)$, a prescindere dall'osservazione effettiva, sembra corrispondere, almeno in prima istanza, ad un prudente riconoscimento della fallibilità delle inferenze: non potendo pretendere di individuare una procedura che sia esatta sempre, ci si accontenta di una procedura che vada bene spesso, o almeno in media. Ma la portata logica del Principio del campionamento ripetuto va oltre questo atteggiamento di "prudenza metodologica": il punto critico è che nella scelta dello stimatore si tiene conto esclusivamente di ciò che potrebbe succedere ripetendo la prova, senza dare alcun rilievo particolare a ciò che si è effettivamente osservato. Non viene evidentemente rispettato, in generale, il principio della verosimiglianza; una delle conseguenze più notevoli, anche perché costituisce una totale contrapposizione con quanto accade nello schema Verosimiglianza-Bayes, è la *rilevanza* delle regole di arresto, a parità di risultato osservato. Si veda il seguente esempio.

Esempio 4.12. Riprendiamo l'esempio 4.1 e cerchiamo uno stimatore ottimale del parametro θ basandoci sul criterio (4.28). Osserviamo anzitutto che, nel caso e^B, uno stimatore non distorto è $T_1(z) = \frac{s}{n}$, cioè la frequenza relativa dei successi. Si può dimostrare che T_1 soddisfa le (4.28), ma con tecniche che saranno trattate solo nel cap.7. Per l'esperimento e^P uno stimatore non distorto è $T_2(z) = \dfrac{s-1}{n-1}$, che soddisfa anch'esso le (4.28). Per una verifica parziale si veda l'esercizio 4.36.

Nel caso numerico esposto, le corrispondenti stime sarebbero quindi 0.60 nel caso e^B e 0.50 nel caso e^P. La diversità degli stimatori, e quindi generalmente delle stime, dipende come è chiaro dal fatto che sono diverse le classi $\{P_\theta^B,\ \theta \in [0,1]\}$ e $\{P_\theta^P,\ \theta \in [0,1]\}$ e perfino gli stessi spazi $\mathcal{Z}^B$ e $\mathcal{Z}^P$. Il criterio adottato impone che la forma dello stimatore sia completamente determinata da ciò che si potrebbe osservare nelle ripetizioni ipotetiche della prova. Osserviamo che, dato un qualunque risultato (s_0, n_0), non possiamo distinguere quale delle due regole di arresto sia stata usata, e il tipo di esperimento adottato non ha influenzato la sequenza dei "fatti" osservati ma solo le intenzioni, poi non realizzate, dello sperimentatore. Ciò tuttavia resta un aspetto rilevante, in questa impostazione, perché, ripetendo indefinitamente la prova, tale influenza prevedibilmente si manifesterebbe.

In questo classico esempio il riferirsi al comportamento a lungo andare entra in diretto conflitto con l'analisi del caso specifico, che richiederebbe, a parità di fatti, le stesse conclusioni inferenziali. Poiché non c'è, ovviamente, nessuna controversia sugli aspetti matematici, l'esempio fornisce un'occasione di riflessione puramente logica sui principi a confronto; marginalmente, illustra anche come sia semplicistico, quali che siano le conclusioni che se ne traggono, vedere il contrasto tra le diverse impostazioni in chiave di *soggettività/oggettività*, se si intendono questi termini non nel senso tecnico della teoria della probabilità, ma nell'accezione di *arbitrario/non arbitrario*.   ◇

In linea generale è inevitabile che principi logici diversi possano condurre a procedure statistiche diverse, e non è disponibile in modo naturale un riferimento comune tale che l'una o l'altra procedura possa essere direttamente qualificata come "sbagliata". Si possono però aggiungere due osservazioni: la prima è che, nel quadro della teoria delle decisioni statistiche, le differenze tra le impostazioni (almeno quelle traducibili in termini decisionali) emergono in maniera più netta, e rivelano più chiaramente una significativa diversità nei rispettivi obiettivi. La seconda osservazione è che differenze che possono essere molto importanti dal punto di vista logico possono non essere altrettanto rilevanti dal punto di vista pratico; nell'esempio precedente si ha $T_2 = \frac{n}{n-1}\left(T_1 - \frac{1}{n}\right)$ che diventa quasi un'eguaglianza quando n non è piccolo. Questa stabilità delle conclusioni pratiche rispetto alla logica adottata non è affatto generale, ma è una possibilità che consiglia di tenere ben distinti, e controllare caso per caso, i piani della teoria e della applicazione.

Esercizi

4.32. Sia $z = (x_1, x_2, \ldots, x_n)$ un campione casuale di una distribuzione $N(\mu, \sigma_0^2)$ con σ_0 noto e $\mu \in \mathbb{R}$ incognito. Dimostrare che $T^*(z) = \bar{x}$ minimizza la varianza nell'ambito degli stimatori non distorti e "lineari", cioè del tipo $T(z) = \sum a_i x_i$, essendo gli a_i coefficienti arbitrari.

[Oss. Questo risultato è naturalmente più debole della ottimalità di T^* entro la più ampia classe $\mathcal{U}$, che si vedrà nel cap.7]

4.33. Si dimostri che, nelle stesse condizioni dell'esercizio 4.32:

$$C(z) = \left\{ \mu : \bar{x} - u_{1-\alpha/2}\frac{\sigma_0}{\sqrt{n}} \leq \mu \leq \bar{x} + u_{1-\alpha/2}\frac{\sigma_0}{\sqrt{n}} \right\}$$

è un intervallo di confidenza di livello $1-\alpha$.

4.34. I precedenti esercizi 4.32 e 4.33 corrispondono agli esercizi 4.3 e 4.4. Esiste una distribuzione iniziale per il parametro tale che le soluzioni siano algebricamente coincidenti?

[Oss. Il significato logico delle soluzioni resta diverso; è tuttavia interessante sapere sotto quali condizioni le soluzioni frequentiste vengono prodotte, esattamente o approssimativamente, anche nello schema bayesiano]

4.35. Nelle stesse condizioni dell'esercizio 4.32, si considerino le ipotesi $\Omega_0 = \{\mu : \mu \leq 0\}$ e $\Omega_1 = \{\mu : \mu > 0\}$. Si determini l'espressione della funzione di potenza $\eta(\mu)$ associata alla partizione $(\mathcal{Z}_0, \mathcal{Z}_1)$, dove $\mathcal{Z}_0 = \{z: \bar{x} \leq 0\}$ e $\mathcal{Z}_1 = \{z : \bar{x} > 0\}$ e si verifichi che $\eta(\mu)$ cresce con μ.

4.36. Con riferimento all'esempio 4.12, dimostrare che T_1 e T_2 sono stimatori non distorti rispettivamente in e^B e e^P.

4.6 Il condizionamento parziale

4.6.1 Condizionamento rispetto alle statistiche ancillari

Nella impostazione della scuola di Neyman e Pearson il modello matematico dell'esperimento deve rispecchiare la procedura *effettivamente* seguita. Apparentemente questa posizione è molto chiara, ma in talune applicazioni si rivela piuttosto problematica. L'elaborazione statistica, infatti, usualmente viene eseguita *dopo* l'esperimento e la ricostruzione *ex post* della procedura può presentare aspetti dubbi. Quali sono, nelle ipotetiche ripetizioni, gli elementi che comunque resterebbero fissi e quali invece si debbono pensare come variabili? Questo è uno dei punti nodali di una vivace polemica sviluppatasi negli anni '50 tra Fisher da una parte e Neyman e Pearson dall'altra, molto utile per individuare il profilarsi di problematiche tutt'ora per molti aspetti aperte. Nella impostazione di Fisher, almeno in quel periodo, le tecniche fondate sul campionamento ripetuto avevano un'importanza piuttosto circoscritta (principalmente nell'ambito della teoria della *significatività pura*, v. § 4.8); inoltre, e soprattutto, la ripetizione ipotetica dell'esperimento doveva essere pensata nel quadro di un *insieme di riferimento* ("*reference set*") da specificare volta per volta, che aveva il compito di garantire una sostanziale "similarità" dei risultati considerati come possibili rispetto a quello effettivamente osservato. Nelle applicazioni, non sempre chiarissime, di questo principio, tale insieme di riferimento viene creato in pratica con un condizionamento mediante una opportuna statistica che denoteremo con A; se $P_{\theta,a}$ è la misura di probabilità su $\mathcal{Z}$ definita da:

$$P_{\theta,a}(B) = P_\theta(B \mid A(z) = a), \qquad (4.32)$$

si introduce un esperimento condizionato (vedi § 3.7) del tipo $e_A = (\mathcal{Z}, P_{\theta,A}, \theta \in \Omega)$ in cui la stessa classe di leggi di probabilità che si considereranno per le ripetizioni ideali dipende dal risultato osservato (la notazione $P_{\theta,A}$ vuole mettere in luce proprio il carattere a priori aleatorio della misura). L'elaborazione inferenziale viene quindi effettuata con metodi di tipo frequentista (v. § 4.5), ma sulla base delle leggi di probabilità $P_{\theta,a}$ (variabili con il risultato) e non delle leggi P_θ inizialmente considerate nel modello.

Nella formulazione di Cox e Hinkley (1974), ripresa poi da Cox (2006), in cui si recupera esplicitamente la tematica fisheriana, la statistica A dovrebbe soddisfare le seguenti condizioni:

I) P_θ^A (legge di probabilità di A per θ fissato) non dipende effettivamente da θ;

II) esiste una statistica sufficiente minimale di forma (A, T).

Diremo in questo caso che A è *ancillare in senso stretto*. In molte applicazioni la II viene trascurata; se è garantita solo la I, diremo, come già si è indicato nella § 3.6, che A è *ancillare* (si badi che la terminologia corrente è piuttosto variabile: ad esempio a volte, circa la condizione II, si chiede anche che $T = \widehat{\theta}$). Per procedure di questo genere, Cox ha introdotto l'espressione *riduzione Fisheriana* dell'esperimento.

La giustificazione logica di tale regola di condizionamento non appare ovvia, e non a caso è controversa all'interno della stessa scuola frequentista; in particolare non è del tutto convincente, a parte esempi specifici, che in questo modo si assicuri una omogeneità dei risultati ipotetici futuri rispetto a quello osservato. In generale I e II assicurano che A è parte essenziale del risultato ma che nello stesso tempo non contiene informazioni direttamente riguardanti il parametro; in molti casi A dà invece informazioni sulla precisione dell'operazione di stima nel quadro dell'esperimento e. Alcuni esempi classici sono interessanti e suggeriscono che per questa strada si possono introdurre validi correttivi ad una applicazione letterale del Principio del campionamento ripetuto.

Esempio 4.13. Questo esempio, introdotto da D.R.Cox addirittura nel 1958, è stato trascurato nella letteratura per molti anni, ma è particolarmente efficace nel riproporre la tematica fisheriana dell'insieme di riferimento come un oggetto da definire in termini diversi dalla ipotetica ripetizione dell'esperimento stesso. Nella letteratura contemporanea viene talvolta citato come *paradosso di Cox*.

Si deve misurare un grandezza, di valore incognito μ, secondo l'usuale modello $x = \mu + \varepsilon$ dove ε è l'errore sperimentale (vedi esempio 3.2). Sono disponibili, in alternativa, due strumenti di misura, 1 e 2, che forniscono rispettivamente misure secondo le leggi $N(\mu, \sigma_1^2)$ e $N(\mu, \sigma_2^2)$, con σ_1^2 e σ_2^2 parametri noti. L'esperimento e si effettua scegliendo con probabilità eguali uno dei due strumenti ed eseguendo una misurazione. Il risultato generico è quindi (j, x), dove $j \in \{1, 2\}$ indica lo strumento estratto e $x \in \mathbb{R}$ indica il risultato della misurazione con lo strumento j. Denotando con φ_j la densità $N(\mu, \sigma_j^2)$ è chiaro che la distribuzione campionaria di X è la mistura

$$p_\mu(x) = \frac{1}{2}\,\varphi_1(x) + \frac{1}{2}\,\varphi_2(x),$$

da cui si ricava facilmente che $\mathbb{E}_\mu X = \mu$ e $\mathbb{V}_\mu X = \frac{1}{2}(\sigma_1^2 + \sigma_2^2)$.

Usando X come stimatore di μ, la sua attendibilità, se applichiamo rigidamente il principio del campionamento ripetuto, è misurata da $\mathbb{V}_\mu X$ (o dalla sua radice quadrata). Ora può apparire paradossale che l'attendibilità della misura presa con uno degli strumenti venga a dipendere anche dalla precisione dello strumento non usato; si ha qui un evidente caso di contrasto fra ciò che accade "a lungo andare" (perché X sarà ottenuto, nelle ipotetiche ripetizioni, qualche volta con uno strumento e qualche volta con l'altro) e ciò che il risultato specifico può dire circa il parametro incognito μ. È vero che i metodi del campionamento ripetuto hanno per costruzione la caratteristica di valutare le procedure complessive, non i singoli risultati; ma resta il dubbio che nell'uso pratico abituale tale distinzione sia veramente tenuta in considerazione.

Consideriamo ora la statistica ancillare (in senso stretto) J e il corrispondente esperimento condizionato e_j. Allora la distribuzione da utilizzare come distribuzione campionaria risulta $N(\mu, \sigma_j^2)$ e lo strumento non usato non viene preso in considerazione; si torna quindi in pratica semplicemente allo schema dell'esempio 3.2, cioè al caso di misure ripetute, effettuate in condizioni costanti.

$\diamond$

Questo celebre problema dei due strumenti mostra in modo molto chiaro che un opportuno ricorso al condizionamento parziale può eliminare un paradosso; a maggior ragione naturalmente ciò accade qualora ci si basi direttamente sulla funzione di verosimiglianza (v. esercizio 4.39). Resta peraltro aperta la questione di quanto sia generalizzabile un tipo di soluzione basato esclusivamente sul condizionamento a determinate statistiche, non equivalenti alla funzione di verosimiglianza.

Un caso importante, matematicamente simile all'esempio appena esposto, è presentato nell'esercizio 4.38. Un altro esempio interessante è il seguente, dovuto a J.Berger.

Esempio 4.14. Si abbia un campione casuale (X_1, X_2) della distribuzione discreta data da:

valori	probabilità
$\theta - 1$	$1/2$
$\theta + 1$	$1/2$

con $\theta \in \mathbb{R}$. Osserviamo che, posto:

$$T(x_1, x_2) = \begin{cases} (x_1 + x_2)/2 & \text{se } x_1 \neq x_2 \\ x_1 - 1 & \text{se } x_1 = x_2 \end{cases}$$

si ha:

$$P_\theta(T = \theta) = P_\theta(X_1 \neq X_2)P_\theta(T = \theta \mid X_1 \neq X_2) +$$
$$+ P_\theta(X_1 = X_2)P_\theta(T = \theta \mid X_1 = X_2) = \frac{1}{2} \times 1 + \frac{1}{2} \times \frac{1}{2} = \frac{3}{4},$$

cioè, in altri termini, T determina un insieme di confidenza per θ, di un solo punto, di livello 0.75. Riflettendo su come si determina qui una confidenza del 75%, vediamo che conviene distinguere i due casi: $x_1 \neq x_2$ e $x_1 = x_2$. Nel primo caso si ha (per ogni θ) $T = \theta$ con probabilità 1; nel secondo caso lo stesso evento ha probabilità $1/2$; dunque sarebbe più realistico dichiarare una confidenza 100% se $x_1 \neq x_2$ e del 50% se $x_1 = x_2$. È un altro esempio in cui, se si condiziona opportunamente, la valutazione della procedura appare più adeguata: che senso avrebbe, se $x_1 \neq x_2$, trascurare il fatto che si può essere (quasi) certi che l'incognito parametro vale $(x_1 + x_2)/2$?

In termini più formali, posto $\mathcal{S}_1 = \{(x_1, x_2) : x_1 \neq x_2\}$ e $\mathcal{S}_2 = \{(x_1, x_2) : x_1 = x_2\}$, si dice che la partizione di $\mathcal{Z}$ costituita da $(\mathcal{S}_1, \mathcal{S}_2)$ è formata da insiemi *rilevanti*, in quanto, condizionatamente ad uno qualsiasi di essi, si ha un livello di confidenza distinto dagli altri (e, naturalmente, sempre indipendente da θ). Benché la presentazione sia differente, questo esempio può essere riportato alla logica dell'esempio 4.13; condizionare ad un sottoinsieme rilevante coincide in questo caso con l'operazione di condizionamento alla statistica ancillare $1_{|X_1-X_2|=0}$ (esercizio 4.41).   ◇

Va comunque precisato che il tipo di situazione descritta nell'esempio è abbastanza particolare e non può presentarsi almeno nei problemi inferenziali più semplici. In particolare per modelli statistici di tipo esponenziale con rango pieno, le statistiche sufficienti sono stocasticamente indipendenti dalle statistiche ancillari (condizionatamente al parametro). Questo risultato è espresso dall'importante teorema di Basu che sarà presentato e dimostrato nella § 7.3 e garantisce che, nei casi in questione, l'eventuale condizionamento ad una statistica ancillare non comporta alcuna modifica nelle distribuzioni campionarie utilizzate.

Tra le difficoltà che si presentano nell'applicazione del metodo, e che rendono quindi difficile una organica teorizzazione, va ricordato il fatto che in un determinato esperimento possono esistere più statistiche ancillari, e che la scelta tra queste può a sua volta risultare influente. Un celebre esempio di D. Basu è riportato come esercizio 4.42. Alcuni Autori tendono ad accettare, ai fini del condizionamento, solo le statistiche ancillari che chiamano "sperimentali" (nell'esempio 4.13 la statistica ancillare J rispecchia effettivamente una parte dell'esperimento) e non quelle che chiamano "matematiche", che sono solo particolarità delle leggi P_θ non interpretabili sperimentalmente. A parte l'ambiguità della distinzione, è certo vero che le prime richiedono attenzione: nell'esempio 4.13 anche il più rigido dei frequentisti, probabilmente, eviterebbe di far comparire nel modello dell'esperimento la scelta dello strumento, e opererebbe direttamente sull'esperimento condizionato pure senza definirlo come tale (risolvendo quindi il paradosso in fase di modellizzazione anziché in fase di inferenza). Resta però aperto il caso dell'esempio 4.14, in cui il sistema inferenziale frequentista (che esclude l'uso di livelli di confidenza dipendenti dal risultato) praticamente distrugge una informazione ovvia e determinante. Come si è detto, il dibattito sulla questione è tutt'ora ampio e rinviamo alla nota bibliografica per altre indicazioni.

4.6.2 Eliminazione dei parametri di disturbo

Come si è visto nella § 3.7 un problema specifico in cui si fa spesso uso della tecnica del condizionamento è quello della eliminazione dei parametri di disturbo. Sempre sulla base delle giustificazioni logiche sopra esaminate, ma eventualmente forzandole al punto di condizionare rispetto a statistiche che non sono nemmeno ancillari, è talvolta possibile determinare esperimenti condizionati e_T la cui legge di probabilità dipende solo dal parametro di interesse. Oltre agli esempi ed esercizi già visti nella § 3.7, un caso classico è quello presentato nell'esercizio 4.43. Un ulteriore approfondimento della teoria viene poi delineato negli esercizi 4.44 e 4.45.

Esercizi

4.37. Verificare il calcolo di $\mathbb{E}_\mu X$ e di $\mathbb{V}_\mu X$ nell'esempio 4.13.

4.38. (*Dimensione aleatoria del campione*). Supponiamo che un esperimento sia costituito da due stadi: I) si determina una realizzazione $N = n$ di una variabile aleatoria N che assume i valori 5 e 10 con probabilità $1/2$; II) si eseguono n estrazioni da un'urna contenente una proporzione incognita θ di palline bianche. Si verifichi che nell'esperimento considerato, il cui risultato generico è $z = (n, x_1, x_2, .., x_n)$, la statistica $\overline{X} = \sum X_i/N$ ha valore atteso $\mathbb{E}_\theta \overline{X} = \theta$ e varianza $\mathbb{V}_\theta \overline{X} = 3\theta(1-\theta)/20$. Si osservi poi che N è una statistica ancillare in senso stretto e che l'esperimento condizionato risulta un semplice esperimento binomiale con dimensione fissa.

[Oss. Questo schema non è irrealistico: è possibile in pratica che la dimensione di un esperimento sia aleatoria ma determinata da fattori estranei all'oggetto della ricerca. Il metodo del condizionamento giustifica anche in questi casi una elaborazione in accordo con l'ipotesi di dimensione prefissata, e quindi la considerazione di una v.a. $\overline{X}$ con caratteristiche diverse secondo che $N = 5$ oppure $N = 10$]

4.39. Con riferimento all'esempio 4.13, costruire la funzione di verosimiglianza associata ad un generico risultato $z = (j, x)$ e verificare che le caratteristiche dello strumento non usato non hanno alcuna influenza sulla inferenza riguardante μ. Verificare inoltre che il modello utilizzato non è di tipo esponenziale.

4.40. Sia dato un qualunque esperimento e, in cui il risultato sia rappresentabile con (A, T) dove A è ancillare e T qualsiasi, ma tale che (A, T) sia o discreta o assolutamente continua. Dimostrare che la verosimiglianza marginale associata all'esperimento e_A^T (marginale rispetto a T e condizionato rispetto ad A) è proporzionale alla verosimiglianza dell'esperimento completo e.

4.41. Dimostrare, nell'esempio 4.14, che la statistica $Y = X_1 - X_2$ è ancillare e che quindi lo è anche la statistica $W = 1_{|Y|=0}(X_1, X_2)$.

4.42. * Consideriamo un esperimento $e = (\mathcal{Z}, P_\theta, \theta \in \Omega)$, dove $\mathcal{Z} = \{1, 2, 3, 4, 5, 6\}$, $\Omega = [0, 1]$ e $P_\theta\{z\} = (1 - \theta)/12$, $(2 - \theta)/12$, $(3 - \theta)/12$, $(1 + \theta)/12$, $(2 + \theta)/12$, $(3 + \theta)/12$ rispettivamente per $z = 1, 2, 3, 4, 5, 6$. Sia ora A_i $(i = 1, 2, \ldots, 6)$ la statistica che assume, per $z = 1, 2, 3, 4, 5, 6$, i valori $0, 1, 2, j, h, k$ dove j, h, k è una qualsiasi permutazione di $0, 1, 2$. Si verifichi che le statistiche $A_1, A_2, \ldots, A_6$ sono tutte ancillari e che le distribuzioni di probabilità condizionate da A_i sono in generale diverse.

[Oss. In questo esempio, dovuto a D.Basu, se si vuole condizionare a una statistica ancillare, non si sa quale scegliere tra le 6 disponibili e d'altra parte la scelta è influente]

4.43. Consideriamo un variabile aleatoria $(N_{11}, N_{12}, N_{21}, N_{22})$ con distribuzione multinomiale e parametri n, $\theta_{11} = \alpha\beta$, $\theta_{12} = \alpha(1 - \beta)$, $\theta_{21} = (1 - \alpha)\beta$, $\theta_{22} = (1 - \alpha)(1 - \beta)$. Per riferirci alla applicazione più importante, assumiamo che N_{ij} rappresenti la frequenza che compare nella cella (i, j) di una tabella di contingenza 2×2 in cui le due classificazioni corrispondenti alle righe e alle colonne siano stocasticamente indipendenti (questo è reso evidente dalla parametrizzazione con α e β). Dimostrare che la distribuzione di N_{11} condizionata ai totali marginali, cioè a $N_{11} + N_{12} = n_{1+}$, $N_{21} + N_{22} = n_{2+}$, $N_{11} + N_{21} = n_{+1}$, $N_{12} + N_{22} = n_{+2}$, è indipendente dai parametri α e β.

[Oss. È notevole che, nel caso di indipendenza, il condizionamento elimini la dipendenza di N_{11} da qualunque parametro. Con pochi altri calcoli si vede che la distribuzione di N_{11} è ipergeometrica; questo risultato è la base del celebre "test esatto" di Fisher]

4.44. * Dato un esperimento $e = (\mathcal{Z}, P_\theta, \theta \in \Omega)$ in cui P_θ sia rappresentato da densità (o probabilità puntuali) p_θ, si introduca una trasformazione biunivoca del tipo $T(z) = (r_1, s_1, r_2, s_2, \ldots, r_m, s_m)$, con $m \geq 1$. Si dimostri che, ponendo:

$$R^{(j)} = (R_1, R_2, \ldots, R_j), \quad S^{(j)} = (S_1, S_2, \ldots, S_j),$$

$$\ell_{(1)}(\theta) = \prod_{j=1}^{m} f_\theta^{R_j | R^{(j-1)}, S^{(j-1)}}(r_j; r^{(j-1)}, s^{(j-1)}),$$

$$\ell_{(2)}(\theta) = \prod_{j=1}^{m} f_\theta^{S_j | R^{(j-1)}, S^{(j-1)}}(s_j; r^{(j)}, s^{(j-1)})$$

(con l'intesa che R_0 e S_0 coincidono con l'evento certo), si ha $\ell(\theta) = \ell_{(1)}(\theta) \times \ell_{(2)}(\theta)$.

[Oss. Questa fattorizzazione della funzione di verosimiglianza, introdotta da Cox (1975), viene utilizzata in particolare quando si ha interesse solo alla componente θ_1 del parametro $\theta = (\theta_1, \theta_2)$ e $\ell_{(2)}(\theta)$ risulta funzione solo di θ_1. In tal caso $\ell_{(2)}$ viene chiamata verosimiglianza *parziale* basata su $S_1, S_2, \ldots, S_m$ e $\ell_{(1)}$ verosimiglianza residua (sfortunatamente è difficile che quest'ultima non dipenda sia da θ_1 che da θ_2, sicché c'è usualmente una perdita di informazione). Se si adopera nelle elaborazioni proprio la distribuzione di probabilità su $\mathscr{Z}$ cui è associata la verosimiglianza parziale, il parametro di disturbo è eliminato. Una importante applicazione di questo schema si ha nell'analisi dei dati di sopravvivenza]

4.45. Proseguendo l'esercizio precedente, si assuma che $z = (x, y)$ e si ponga $m = 1$, $R_1 = X$, $S_1 = Y$. Si verifichi che la verosimiglianza parziale basata su Y coincide con la verosimiglianza condizionata rispetto a X. Si verifichi poi che, ponendo invece $m = 2$, $R_1 = 1$, $S_1 = X$, $R_2 = Y$, $S_2 = 1$, la verosimiglianza parziale basata su X coincide con la verosimiglianza marginale di X.

[Oss. Pur non presentandosi direttamente come una verosimiglianza associata ad un determinato esperimento, la verosimiglianza parziale si configura in questo modo come una specie di estensione della verosimiglianza associata agli esperimenti derivati]

4.7 Campioni da popolazioni identificate

4.7.1 Il modello matematico dell'esperimento e la funzione di verosimiglianza

La *teoria dei campioni* in senso stretto (detta anche *teoria delle rilevazioni parziali*) studia come arrivare ad inferenze relative alle caratteristiche di una popolazione, fisicamente esistente, sulla base della conoscenza delle caratteristiche di un suo sottoinsieme, detto *campione*. Non solo si tratta di una problematica ben nota a tutti, e che si presenta in molte situazioni reali, ma è anche lo schema che (come già si è rilevato) ha fornito almeno parzialmente la nomenclatura per le situazioni che si sono sintetizzate e formalizzate nel concetto di *esperimento statistico*. In realtà, la possibilità di vedere i principali problemi della teoria delle rilevazioni parziali come casi particolari dell'analisi degli esperimenti statistici come sopra definiti è controversa e, di fatto, la teoria dei campioni si è sviluppata, e viene spesso presentata, come qualcosa di distinto dalla teoria dell'inferenza statistica in generale.

Cercheremo di dimostrare che lo schema che abbiamo adottato per i problemi inferenziali è abbastanza ampio e flessibile per accogliere anche la problematica della teoria dei campioni. Vi sono tuttavia alcuni aspetti particolari che richiedono un esame specifico, dato il rilievo concettuale (oltre che pratico) delle questioni coinvolte, che toccano anche la tematica dei fondamenti dell'inferenza.

Poiché le popolazioni di cui si tratta hanno una effettiva esistenza fisica, debbono essere finite. Di per sé questo non introduce una particolarità veramente significativa e in molti degli esempi trattati finora questa caratteristica era già presente. Si ha invece una novità essenziale, quella che mette a prova lo schema concettuale fin qui adoperato, quando si assume una ulteriore condizione, cioè che gli individui siano *distinguibili,* ossia abbiano ciascuno un "nome". Osserviamo che questa condizione è usualmente presente in applicazioni come i sondaggi di opinione, i controlli fiscali, ecc., mentre non lo è in altri casi, p.es. in alcuni schemi di controllo della qualità della produzione industriale, oppure quando si esamina, nell'ambito di un'indagine sull'inquinamento, un campione di pesci in un lago, ecc.. Questi ultimi casi, almeno per un inquadramento teorico, non richiedono alcuna integrazione rispetto a quanto svolto nelle sezioni precedenti, e nel seguito ci occuperemo solo dei primi, cioè del caso che viene chiamato di popolazioni "identificate".

Con il termine *popolazione identificata* intendiamo quindi un insieme U di N individui (N noto), ciascuno dei quali è individuabile mediante un nome. Senza perdita in generalità possiamo porre $U = \{1, 2, \ldots, N\}$. A ciascun individuo $i \in U$ è associato una coppia (u_i, θ_i) di caratteristiche qualitative o quantitative di cui alcune (denotate con u_i, che può essere a sua volta un vettore) sono note a priori, sulla sola base del nome, ed altre (denotate con θ_i) diventano note solo se l'individuo viene specificamente esaminato. Si osservi a questo punto che la popolazione viene descritta in modo completo solo se è dato il vettore $\theta = (\theta_1, \theta_2, \ldots, \theta_N)$; perciò θ può venire chiamato *parametro* del modello. Per semplicità assumeremo $\theta_i \subset \mathbb{R}$ per ogni $i \in U$ e quindi $\Omega - \mathbb{R}^N$. Non faremo ricorso nel seguito al vettore noto $u = (u_1, u_2, \ldots, u_N)$ perché limiteremo la disamina del problema ai soli casi più elementari.

Con il termine *campione* intendiamo in questa sezione un qualunque sottoinsieme di U, diciamo $s = \{i_1, i_2, \ldots, i_n\}$ ($0 \le n \le N$); i numeri $i_1, i_2, \ldots, i_n$ vengono chiamati *etichette* delle unità della popolazione. Per semplicità prenderemo in esame solo campioni estratti senza ripetizione, in cui quindi le n unità sono necessariamente distinte (si noti che, diversamente, si dovrebbero rappresentare i campioni stessi come vettori, non come sottoinsiemi). La classe $\mathcal{S}$ dei possibili campioni, includendo sia il campione vuoto che il campione coincidente con U, in questo caso non è altro che l'insieme di potenza $\mathcal{P}(U)$.

Un *piano di campionamento probabilistico* è una legge di probabilità P su $\mathcal{S}$, o meglio, volendo essere precisi, sullo spazio misurabile $(U, \mathcal{S})$. La scelta di un qualunque piano di campionamento (o di un *disegno,* come si usa anche dire) determina, per ciascun campione $s \in \mathcal{S}$, la corrispondente probabilità di essere estratto. Considereremo nel seguito principalmente la forma di campionamento detta *semplice* e con dimensione n prefissata (oltre che, come già detto, senza ripetizione), che è rappresentata da:

$$P(s) = \begin{cases} \dbinom{N}{n}^{-1} & \text{se } s \text{ ha } n \text{ elementi} \\ \\ 0 & \text{altrimenti} \end{cases} . \tag{4.33}$$

Mettendo in opera un piano di campionamento P si ottiene un determinato campione $s = \{i_1, i_2, \ldots, i_n\} \in \mathcal{S}$ dove in generale il valore n può essere o meno prefissato. Il risultato acquisito, nel suo complesso, sarà allora rappresentato dall'insieme

$$z = \{(i_1, y_1), (i_2, y_2), \ldots, (i_n, y_n)\} \tag{4.34}$$

dove i valori osservati $y_1, y_2, \ldots, y_n$ coincidono (per ipotesi senza errore) con le corrispondenti componenti $\theta_{i_1}, \theta_{i_2}, \ldots, \theta_{i_n}$ del parametro θ. La (4.34) ci dice solo, banalmente, che l'esame del campione di n elementi ci fa conoscere i corrispondenti n valori (o meglio componenti) della caratteristica sotto esame, rappresentata dal vettore θ, inizialmente del tutto incognito.

Si noterà, in questo contesto, la insolita ma necessaria distinzione tra *campione* (inteso come sottoinsieme della popolazione) e *risultato* (inteso come complesso delle informazioni acquisite dal campione stesso). È chiaro che tale distinzione è possibile esclusivamente trattando di popolazioni costituite da individui identificati; negli altri casi campione e risultato sono necessariamente sinonimi.

Su queste basi è facile ricondursi allo schema dell'esperimento statistico. Come si è detto è $\Omega \subseteq \mathbb{R}^N$ (modifiche sarebbero ovviamente possibili, senza mutare niente di essenziale); il più delle volte l'interesse inferenziale verterà su opportune funzioni di θ, per esempio il totale $\tau = \sum \theta_i$ oppure la media $\mu = \sum \theta_i / N$. Lo spazio $\mathcal{Z}$ dei risultati è la classe dei possibili insiemi del tipo (4.34), prendendo p.es. $y_j \in \mathbb{R}$ per ogni $j = 1, 2, \ldots, n$, con n variabile o meno secondo le caratteristiche del piano di campionamento. Le leggi di probabilità P_θ su $\mathcal{Z}$ sono semplici da determinare (si veda il successivo esempio) e risultano ovviamente di tipo discreto. Fissato θ, conviene distinguere per ogni $z \in \mathcal{Z}$ se θ e z sono compatibili (cioè se θ contiene $y_1, y_2, \ldots, y_n$ come componenti in corrispondenza con le etichette $i_1, i_2, \ldots, i_n$) oppure no; nel primo caso la probabilità di osservare quel risultato $z \in \mathcal{Z}$ è la stessa con cui il piano di campionamento genera il corrispondente $s \in \mathcal{S}$, cioè $P(s)$, e nel secondo è nulla trattandosi di un risultato impossibile per quel valore del parametro. Quindi:

$$P_\theta(z) = \begin{cases} P(s) & \text{se } \theta \text{ e } z \text{ sono compatibili} \\ 0 & \text{altrimenti} \end{cases} . \tag{4.35}$$

Dalla (4.35) si ricava facilmente la funzione di verosimiglianza. Posto:

$$\Omega_z = \{\theta \in \mathbb{R}^N : \theta_{i_1} = y_1, \ldots, \theta_{i_n} = y_n, \; \theta_i \in \mathbb{R} \text{ per } i \notin s\}, \tag{4.36}$$

per cui Ω_z è il sottoinsieme di Ω costituito dai vettori parametrici compatibili con il risultato, si ha

$$\ell(\theta; z) = \begin{cases} P(s) & \text{se } \theta \in \Omega_z \\ 0 & \text{se } \theta \notin \Omega_z \end{cases} . \tag{4.37}$$

Come si vede, la funzione di verosimiglianza è costante su Ω_z e nulla altrove. Il suo esame consente quindi di restringere l'attenzione da Ω a Ω_z, ma non a differenziare in qualunque modo *entro* Ω_z; tra l'altro è esclusa, se il campione non coincide con la popolazione intera, l'unicità della ipotesi di massima verosimiglianza. Si noti poi che il piano di campionamento non ha alcun effetto sulle inferenze basate sulla funzione di verosimiglianza; possiamo ricordare, come una stretta analogia, l'irrilevanza della regola d'arresto discussa nella § 4.1. Alcuni studiosi sostengono che, almeno in questo caso, la funzione di verosimiglianza è poco utile ai fini inferenziali e anzi che proprio questa applicazione suggerisce l'inadeguatezza generale dello stesso principio della verosimiglianza. A nostro avviso invece questa applicazione della funzione di verosimiglianza dà risultati certamente ovvi ma corretti, ed anzi mette in luce la insufficienza del tipo di modellizzazione correntemente adottata per queste situazioni. Come vedremo, anche se muovendo da una prospettiva particolare, questa considerazione aiuta a spiegare perché la teoria dei campioni abbia visto negli ultimi decenni dei tentativi di radicale ristrutturazione, basati per esempio sul concetto di superpopolazione. Per semplificare la discussione, basiamoci su di un semplice esempio.

Esempio 4.15. Consideriamo un caso con $N = 3$ e un piano di campionamento del tipo (4.33) con $n = 2$. La totalità dei campioni a priori possibili (a prescindere dal piano di campionamento) è costituita da 8 elementi, cioè:

$$\emptyset, \{1\}, \{2\}, \{3\}, \{1,2\}, \{1,3\}, \{2,3\}, \{1,2,3\} = U.$$

Il piano di campionamento scelto assegna probabilità $\frac{1}{3}$ a $\{1,2\}, \{1,3\}, \{2,3\}$ e probabilità nulla a tutti gli altri. Lo spazio dei risultati $\mathcal{Z}$ deve prendere in considerazione come elementi tutti gli insiemi di 2 elementi del tipo

$$\{(i_1, y_1), (i_2, y_2)\}$$

con $i_1, i_2 \in U$ (ma $i_1 \neq i_2$) e $y_1, y_2 \in \mathbb{R}$. Per ogni vettore parametrico $\theta = (\theta_1, \theta_2, \theta_3)$, la legge P_θ assegna probabilità $\frac{1}{3}$ ai risultati:

$$z_1 = \{(2, \theta_2), (3, \theta_3)\}, \quad z_2 = \{(1, \theta_1), (3, \theta_3)\}, \quad z_3 = \{(1, \theta_1), (2, \theta_2)\},$$

cioè:

$$P_\theta(z) = \begin{cases} \dfrac{1}{3} & \text{se } z = z_1 \text{ oppure } z_2 \text{ oppure } z_3 \\ 0 & \text{altrimenti} \end{cases}$$

come è previsto dalla (4.35).

Si osservi che la struttura di $\mathcal{Z}$ è decisamente inusuale, rispetto agli esempi più spesso trattati, ma che l'elaborazione probabilistica è particolarmente semplice perché P_θ, per qualunque $\theta \in \mathbb{R}^3$, concentra comunque la probabilità su soli 3 punti. Se per esempio si è osservato $z_3 = \{(1, y_1), (2, y_2)\}$, la funzione di verosimiglianza è

$$\ell(\theta; z_3) = \begin{cases} \dfrac{1}{3} & \text{per } \theta_1 = y_1, \theta_2 = y_2, \theta_3 \in \mathbb{R} \\ 0 & \text{altrimenti} \end{cases}$$

sicché ricevono un eguale e positivo supporto sperimentale le sole ipotesi del tipo $(\theta_1 = y_1,\ \theta_2 = y_2,\ \theta_3$ arbitrario), cioè i punti dell'insieme Ω_{z_3}, in accordo con la definizione (4.36). In pratica, l'esame del campione determina esattamente θ_1 e θ_2 ma non fornisce alcuna informazione su θ_3.

Giova osservare che queste conclusioni sono ovvie, ma che d'altra parte conclusioni diverse sarebbero del tutto arbitrarie. Può sorprendere che il calcolo della funzione di verosimiglianza, in questo tipo di applicazione, dica così poco, ma la ragione non è difficile da individuare: nel modello matematico adottato *non è introdotto alcun elemento che istituisca una qualche relazione (certa o incerta) tra gli incogniti valori θ_1, θ_2, θ_3*. Poiché la funzione di verosimiglianza non introduce informazioni nascoste, è inevitabile che, quando il campione non contiene θ_3, su θ_3 non si sappia proprio nulla e quindi non si possano fare inferenze. La poca utilità della funzione di verosimiglianza va dunque spiegata con la povertà del modello usato, non con la presunta inadeguatezza del principio della verosimiglianza, almeno in questo contesto. Vedremo nel seguito come, arricchendo il modello, emergano procedure operativamente molto più conclusive.

◇

Il modello adottato non permette dunque di collegare le informazioni acquisite su alcune componenti del parametro alle restanti componenti, non osservate nel campione. In realtà, nella gran parte dei problemi di campionamento, è implicita o esplicita una condizione di "omogeneità" della popolazione, in qualche senso da precisare meglio, ma comunque tale che, per esempio, non è affatto paradossale, da un punto di vista intuitivo, considerare la media del campione $\left(\bar{y} = \sum_{j=1}^{n} y_j/n\right)$ una stima ragionevole della media della popolazione $\left(\mu = \sum_{i=1}^{N} \theta_i/N\right)$. È appena il caso di sottolineare come, facendo riferimento alla sola funzione di verosimiglianza (4.37), una tale valutazione sia totalmente ingiustificata. Si può arrivare a risultati del tipo accennato seguendo diverse strade. Una via maestra è anzitutto quella di tipo bayesiano, che delineeremo subito. Di alcune alternative si dirà successivamente.

4.7.2 Il metodo bayesiano

Mettendoci dunque in uno schema pienamente bayesiano (introdotto da W.A.Ericson) denotiamo con $\Theta = (\Theta_1, \Theta_2, \ldots, \Theta_N)$ il "parametro" (che ora diventa un vettore aleatorio) e formalizziamo la omogeneità di cui sopra con una assunzione di scambiabilità di $\Theta_1, \Theta_2, \ldots, \Theta_N$. Un modo pratico per scegliere una distribuzione scambiabile per le componenti di Θ (visto in un altro contesto nell'esercizio 4.24) è di introdurre un iperparametro α (eventualmente vettoriale) e di considerare i Θ_i somiglianti e indipendenti subordinatamente ad α; poiché il valore dell'iperparametro α è a sua volta incognito, dobbiamo introdurre anche per esso una legge di probabilità, per esempio espressa da una funzione di densità $h(\alpha)$. Indicando con g_α la densità comune delle Θ_i (per α fissato), si ha così:

$$\pi(\theta_1, \theta_2, \ldots, \theta_N) \;=\; \int_{\mathcal{A}} g_\alpha(\theta_1) g_\alpha(\theta_2) \cdots g_\alpha(\theta_N) h(\alpha) \mathrm{d}\alpha, \qquad (4.38)$$

dove $\mathcal{A}$ è il supporto della densità h.

Combinando ora la (4.38) con la (4.37) si ottiene una legge di probabilità finale per Θ, che sarà di tipo singolare (vedi Appendice A.3) data la natura di Ω_z. Se è ancora la (4.34) a rappresentare i dati, tale legge sarà concentrata sul sottospazio definito da $\theta_{i_1} = y_1, \theta_{i_2} = y_2, \ldots, \theta_{i_n} = y_n$, ma in generale non sarà uniforme rispetto alle rimanenti variabili $\theta_{i_{n+1}}, \theta_{i_{n+2}}, \ldots, \theta_{i_N}$, sicché (a parte le inevitabili complicazioni legate all'uso di distribuzioni singolari) anche l'operazione di stima dei parametri non osservati si può svolgere in modo naturale. Per questa via, dunque, l'informazione acquisita con il campionamento risulta concretamente utile per la stima di *tutte* le componenti del parametro incognito.

Esempio 4.16. Ecco un esempio costruito secondo l'impostazione di Ericson basata sulla scambiabilità. Assumiamo dunque che $\Theta_1, \Theta_2, \ldots, \Theta_N$, condizionatamente ad un iperparametro (α, β), siano indipendenti e somiglianti con distribuzione del tipo $\mathrm{N}(\alpha, 1/\beta)$, e che (α, β) si possa vedere come la realizzazione di una v.a. (A, B) con densità $h(\alpha, \beta)$ proporzionale a $1/\beta$ per $\alpha \in \mathbb{R}$ e $\beta > 0$. Formalmente quest'ultima distribuzione è impropria, e corrisponde all'assunzione che A e $\log(1/B)$ siano a priori stocasticamente indipendenti e uniformi. Al solito può essere vista come una formula approssimata, che sostituisce una legge propria ma analiticamente poco maneggevole. In questo caso particolare si potrebbe fare riferimento per (A, B) alle densità normali-gamma di cui quella impropria sopra indicata costituisce in un certo senso un caso particolare in quanto si ottiene assegnando opportuni valori (naturalmente non ammissibili) ai parametri.

Se la funzione parametrica che ci interessa è $\mu = (\theta_1 + \theta_2 + \ldots + \theta_N)/N$, diventa importante determinare la distribuzione di probabilità di $(\Theta_1 + \Theta_2 + \ldots + \Theta_N)/N$ condizionatamente al risultato z, espresso dalla (4.34). Posto

$$\bar{y} = \frac{1}{n} \sum_{j=1}^{n} y_j, \qquad \bar{s}^2 = \frac{1}{n-1} \sum_{j=1}^{n} (y_j - \bar{y})^2,$$

si può dimostrare, con calcoli piuttosto laboriosi, che tale distribuzione è del tipo $\mathrm{StudentGen}\left(n-1, \bar{y}, \dfrac{N-n}{N} \dfrac{\bar{s}^2}{n}\right)$ sicché gli insiemi di stima corrispondenti (insiemi di massima densità finale) sono del tipo:

$$\bar{y} \pm k \cdot \sqrt{\frac{N-n}{N}} \, \frac{\bar{s}}{\sqrt{n}}, \qquad (4.39)$$

dove k, che può essere scelto a piacere in funzione della probabilità richiesta, risulterà un opportuno quantile della distribuzione $\mathrm{Student}(n-1)$, e più precisamente il quantile di livello $1 - \frac{1}{2}\alpha$ se si vuole la probabilità $1 - \alpha$. La soluzione (4.39) corrisponde largamente all'intuizione (e, come vedremo, anche all'uso frequentista).   ◇

4.7.3 Il metodo delle verosimiglianze marginali

Abbiamo visto, nella teoria e nell'esempio, che l'analisi bayesiana è in grado di fornire conclusioni soddisfacenti anche in questo tipo di problemi, malgrado sembri venuto meno il ruolo abitualmente preminente della funzione di verosimiglianza. In realtà è possibile riformulare il problema nel suo complesso ed ottenere una funzione di verosimiglianza effettivamente significativa. Si tratterà però, come vedremo, di una verosimiglianza *marginale*; questa è una delle alternative sopra accennate.

Assumiamo che siano dati a priori i valori possibili $\xi_1, \xi_2, \ldots, \xi_H$ della variabile la cui misura, nell'unità i, è θ_i. In questo modo la popolazione resta caratterizzata dal vettore di interi non negativi $\nu = (\nu_1, \nu_2, \ldots, \nu_H)$, le frequenze assolute dei valori $\xi_1, \xi_2, \ldots, \xi_H$ (dove naturalmente $\nu_1 + \nu_2 + \ldots + \nu_H = N$) e a sua volta il risultato sperimentale dal vettore di interi non negativi $(n_1, n_2, \ldots, n_H)$, le analoghe frequenze assolute osservate (quindi $n_1 + n_2 + \ldots + n_H = n$). Come è ben noto, con un piano di campionamento del tipo (4.33), si avrà:

$$P_\nu(n_1, n_2, \ldots, n_H) = \frac{\binom{\nu_1}{n_1}\binom{\nu_2}{n_2} \cdots \binom{\nu_H}{n_H}}{\binom{N}{n}} \qquad (4.40)$$

sotto le condizioni

$$0 \le n_h \le \nu_h \quad (h = 1, 2, \ldots, H), \qquad \sum_{h=1}^{H} n_h = n \qquad (4.41)$$

e ovviamente $P_\nu(n_1, n_2, \ldots, n_H) = 0$ in tutti gli altri casi. Se ne ricava una funzione di verosimiglianza $\ell(\nu_1, \nu_2, \ldots, \nu_H; n_1, n_2, \ldots, n_H)$ che questa volta non è costante a tratti ed anzi risulta utilizzabile proprio come negli esempi più correnti trattati nella §3.4. Tale funzione di verosimiglianza si presenta in una forma poco comoda per lo studio analitico; comunque è possibile dimostrare che, se $r = H/n$ è intero, allora il punto di massimo $\widehat{\nu} = (\widehat{\nu}_1, \widehat{\nu}_2, \ldots, \widehat{\nu}_H)$ è dato da:

$$\widehat{\nu}_h = r \cdot n_h \qquad (h = 1, 2, \ldots, H).$$

Si noti che, in tali condizioni, la stima di massima verosimiglianza di $\mu = \sum \theta_i / N$ risulta:

$$\widehat{\mu} = \sum_{h=1}^{H} \xi_h \widehat{\nu}_h \qquad (4.42)$$

e coincide con la moda della distribuzione finale nel caso di una elaborazione bayesiana come nell'esempio 4.16.

Anche il metodo della verosimiglianza appena visto porta dunque ad un risultato simile al metodo bayesiano di Ericson (applicato naturalmente con particolari distribuzioni iniziali). Osserviamo che $(\nu_1, \nu_2, \ldots, \nu_H)$ può vedersi come una trasformazione, generalmente non invertibile, del parametro originario $\theta = (\theta_1, \theta_2, \ldots, \theta_N)$ e che la funzione di verosimiglianza ottenuta può considerarsi una verosimiglianza marginale rispetto a quella originaria, del tipo (4.37), dove la marginalità scende dal fatto che si passa dall'esame dell'esperimento completo il cui risultato è z (formula (4.34)) all'esame dell'esperimento il cui risultato è $(n_1, n_2, \ldots, n_H)$. In questa operazione di marginalizzazione viene perduto, per costruzione, il riferimento alle etichette delle unità, e le unità stesse vengono semplicemente raggruppate badando esclusivamente al valore assunto dalla variabile. Giudicare logicamente legittima questa operazione (ignorare le etichette) è nella sostanza analogo ad una assunzione di scambiabilità. In altri termini, ciò che nella inferenza bayesiana si può fare con una opportuna scelta della distribuzione iniziale, si può fare nella inferenza con il metodo del supporto mediante il ricorso ad un opportuno esperimento derivato. Benché, come al solito, l'inferenza bayesiana sia particolarmente "trasparente", anche nell'inferenza con il metodo del supporto l'esplicitazione della assunzioni viene resa necessaria, in quanto si deve giustificare l'uso di una verosimiglianza marginale al posto di quella completa.

4.7.4 Il metodo della superpopolazione

Un'ulteriore alternativa, su cui però non ci tratteniamo, è di considerare la stessa popolazione come un campione casuale da una determinata "superpopolazione", caratterizzata (di solito) da parametri incogniti. In questo modo si viene a proporre, in definitiva, un modello statistico ad un livello superiore (popolazione–superpopolazione anziché campione–popolazione) ed in un certo senso si recupera lo schema tradizionale. Se è certo vero che una modellizzazione più ricca è necessaria per garantire che l'informazione campionaria possa riflettersi sull'intera popolazione, sembra anche chiaro che, se si esclude l'uso delle probabilità soggettive che rappresentano una informazione comunque acquisita, risulta piuttosto artificiale l'aleatorietà cui sarebbero soggetti gli elementi della popolazione. Ma per un approfondimento di questi temi conviene rivolgersi alla letteratura specializzata.

4.7.5 Il metodo frequentista tradizionale

Tutta la elaborazione svolta finora è largamente influenzata dalla ristrutturazione teorica dovuta principalmente a V.P. Godambe (cui si deve anche la riproposizione del concetto di superpopolazione), basata sulla introduzione esplicita dei "nomi" o etichette delle unità e della funzione di verosimiglianza mediante la formula (4.37). È il caso di ricordare che l'impostazione più tradizionale, in cui lo stesso Neyman ha avuto un ruolo di primo piano, è molto diversa e si appoggia dal punto di vista logico ad una diretta applicazione del principio del campionamento ripetuto. Un breve esame comparativo risulta perciò interessante.

In tale impostazione, come nei problemi usuali della statistica, non c'è distinzione tra *campione* e *risultato*; in ogni caso ci si riferisce così ad una n-pla $(y_1, y_2, \ldots, y_n)$ dove y_i è la misurazione effettuata sulla i-esima unità estratta. Ovviamente $(y_1, y_2, \ldots, y_n)$ viene visto come la realizzazione di una v.a. $(Y_1, Y_2, \ldots, Y_n)$ le cui proprietà dipendono dalle caratteristiche della popolazione (cioè i valori $\theta_1, \theta_2, \ldots, \theta_N$) e dalle caratteristiche del piano di campionamento. Se il parametro di interesse è un certo $\lambda = \lambda(\theta_1, \theta_2, \ldots, \theta_N)$, si cercherà di determinare qualche funzione dei dati, diciamo $T = g(Y_1, Y_2, \ldots, Y_n)$ tale che la distribuzione campionaria di T dipenda soltanto da λ, in modo che le operazioni inferenziali possano procedere esattamente come negli esempi già trattati nella § 4.5. In questo modo, almeno per i fondamenti dell'inferenza, non sembrerebbe vi sia bisogno di un qualche adeguamento del quadro generale.

Giova richiamare l'attenzione sul fatto che se l'unità i-esima non figura nel campione, il valore incognito θ_i ad essa associato resta comunque stimabile (in questa impostazione) per il solo fatto che l'unità i-esima *avrebbe potuto* figurare nel campione, e probabilmente vi figurerebbe, prima o poi, ripetendo il campionamento. Si badi che questa considerazione è del tutto indipendente dalla natura concreta del problema, non essendo altro che la diretta applicazione del principio del campionamento ripetuto. Le sole caratteristiche della procedura, in particolare il sorteggio casuale, impongono in questo quadro una condizione di "trasferibilità" della informazione da unità ad unità che, nelle altre impostazioni, richiede invece una valutazione specifica, legata al problema concreto. Va inoltre considerato che la qualità delle inferenze, nell'approccio frequentista, è legato alla variabilità dei valori θ_i che peraltro è stimabile mediante il campione. Una elevata variabilità rende pressoché irrilevante la trasferibilità dell'informazione, e recupera un ruolo per la specificità del contesto.

Come spesso accade, il principio del campionamento ripetuto produce qui procedure matematicamente simili a procedure derivanti da differenti premesse logiche, ma incorpora anche assunzioni sostanziali che in pratica rischiano di restare nascoste. È vero tuttavia che l'assunzione di omogeneità della popolazione si può presumibilmente considerare realistica nella gran parte delle applicazioni pratiche (salvo qualche aggiustamento per la eventuale stratificazione), per cui, ancora una volta, le conclusioni operative non sono necessariamente contrastanti come i principi logici presupposti.

Esempio 4.17. Consideriamo il campionamento semplice senza ripetizione e il problema della stima della media della popolazione $\mu = \sum_{i=1}^{N} \theta_i / N$. È conveniente osservare che per qualunque Y_j $(j = 1, 2, \ldots, n)$ si può scrivere:

$$Y_j = \sum_{i=1}^{N} A_{ij} \theta_i \,,$$

dove A_{ij} assume il valore 1 se nella j-esima estrazione è uscita l'unità i-esima, e il valore 0 altrimenti. Si noti che $(A_{1j}, A_{2j}, \ldots, A_{Nj})$ è una v.a. ipergeometrica (o multinomiale) relativa ad 1 sola prova, e che

$$P_\theta(A_{1j} = a_1, A_{2j} = a_2, \ldots, A_{Nj} = a_N) =$$
$$= \begin{cases} \dfrac{1}{N} & \text{se uno degli } a_i \text{ vale 1 e tutti gli altri 0} \\ 0 & \text{altrimenti} \end{cases}.$$

Quindi si ha, ponendo $A_i = \sum_{j=1}^{n} A_{ij}$,

$$\overline{Y} = \frac{1}{n} \sum_{j=1}^{n} Y_j = \frac{1}{n} \sum_{j=1}^{n} \sum_{i=1}^{N} A_{ij} \theta_i = \frac{1}{n} \sum_{i=1}^{N} A_i \theta_i$$

dove $(A_1, A_2, \ldots, A_N)$, per θ fissato, ha una distribuzione ipergeometrica multipla (vedi § C.3) con parametri $\alpha_1 = \alpha_2 = \ldots = \alpha_N = 1$, $\nu = n$, per cui

$$\mathbb{E}_\theta(A_i) = \frac{n}{N}, \qquad \mathbb{V}_\theta(A_i) = \frac{n(N-n)}{N^2}, \qquad \mathbb{C}_\theta(A_i, A_j) = -\frac{n(N-n)}{N^2(N-1)}.$$

Ne segue:

$$\mathbb{E}_\theta \overline{Y} = \frac{1}{n} \sum_{i=1}^{N} \theta_i \mathbb{E}_\theta(A_i) = \frac{1}{n} \sum_{i=1}^{N} \theta_i \left(\frac{n}{N}\right) = \frac{1}{N} \sum_{i=1}^{N} \theta_i = \mu$$

$$\mathbb{V}_\theta \overline{Y} = \frac{1}{n^2} \sum_{i=1}^{N} \theta_i^2 \mathbb{V}_\theta(A_i) + \frac{1}{n^2} \sum\sum_{i \neq k} \theta_i \theta_k \mathbb{C}_\theta(A_i, A_k) =$$
$$= \frac{N-n}{N-1} \frac{1}{nN^2} \left((N-1) \sum_i \theta_i^2 - \sum\sum_{i \neq k} \theta_i \theta_k \right);$$

osservando che:

$$\sum\sum_{i \neq k} \theta_i \theta_k = \left(\sum \theta_i \right)^2 - \sum \theta_i^2$$

e ponendo:

$$\bar{\sigma}^2 = \frac{1}{N-1} \sum (\theta_i - \mu)^2,$$

si ha infine:

$$\mathbb{V}_\theta \overline{Y} = \left(1 - \frac{n}{N}\right) \frac{\bar{\sigma}^2}{n}.$$

Ricorrendo ad una approssimazione normale per $\overline{Y}$ (spesso usata ma discutibile) e sostituendo $\bar{\sigma}^2$ con la sua stima banale $\bar{s}^2 = \sum(y_j - \bar{y})^2/(n-1)$, abbiamo per μ un intervallo di confidenza approssimato di livello $1-\alpha$:

$$\bar{y} \pm u_{1-\frac{\alpha}{2}} \sqrt{1 - \frac{n}{N}} \, \frac{\bar{s}}{\sqrt{n}} \, , \qquad (4.43)$$

dove $u_{1-\frac{\alpha}{2}}$ è un quantile della distribuzione N(0,1).

È chiaro che, in pratica, la (4.43) risulta pressoché identica alla (4.39). Rispetto alla impostazione bayesiana si ha la differenza (importante concettualmente e potenzialmente influente anche nelle applicazioni) che la validità della (4.43), approssimazione a parte, è vista come generale e non vincolata alle condizioni di scambiabilità e alle altre assunzioni da cui si è derivata la (4.39). $\diamond$

4.8 Teoria della significatività pura

4.8.1 Definizioni generali e primi esempi

Consideriamo un qualunque esperimento $e = (\mathcal{Z}, P_\theta, \theta \in \Omega)$ ed una ipotesi semplice o composta $H_0 = \{\theta : \theta \in \Omega_0\}$ dove $\Omega_0 \subset \Omega$. Numerosi metodi di analisi statistica sono stati creati o utilizzati per verificare la compatibilità di un determinato risultato $z_0 \in \mathcal{Z}$ con l'ipotesi H_0. Si badi che questo problema è diverso da quello del *test*, o scelta tra ipotesi, delineato all'inizio del §3.3; in quel caso, infatti, si cerca di stabilire se l'ipotesi vera θ^* appartiene a Ω_0 oppure a $\Omega_1 = \Omega - \Omega_0$, e quindi si affronta in modo esplicito un *confronto* tra le ipotesi Ω_0 e Ω_1. Nel nostro caso, invece, si punta ad una valutazione *assoluta* di Ω_0, alla luce di z_0. In questo modo la conclusione dell'analisi va intesa come una affermazione per sua natura più debole della scelta tra le proposizioni $\theta^* \in \Omega_0$ e $\theta^* \in \Omega_1$; in particolare la compatibilità di z_0 con Ω_0 non esclude affatto la compatibilità anche con altre ipotesi contenute in $\Omega - \Omega_0$. Esiste quindi una asimmetria tra le due conclusioni possibili, espressa in una famosa frase di Fisher: "ogni esperimento ha il compito di dare ai fatti la possibilità di respingere l'ipotesi nulla" (Fisher, 1950, pag.16).

Come molte idee base della metodologia statistica, la teoria della significatività, riformulata e precisata successivamente da G.Pompilj (1913-1968) che ha introdotto il termine, giustamente meno ambizioso, di teoria della *conformità*, è tradizionalmente oggetto di controversie. Argomentazioni con la logica della "significatività statistica" sono conosciute già in Autori del XVIII secolo; la versione moderna della teoria deve diffusione e successo all'opera di R.A.Fisher (in particolare al volume del 1925), ma ciò non è avvenuto senza rilevanti oscillazioni concettuali. La stessa teoria del test di ipotesi di Neyman e Pearson si è proposta inizialmente come uno sviluppo della teoria della significatività fisheriana, ereditandone tra l'altro parte della terminologia (tra cui lo stesso termine di *significativo*) e delle procedure operative.

Facendo riferimento ad una sistemazione più recente (dovuta a D.R.Cox) caratterizzeremo i metodi di analisi della significatività pura come segue:

(a) è dato un ordinamento dei punti di $\mathcal{Z}$ in base alla maggiore o minore compatibilità dei punti stessi rispetto ad H_0. Tale ordinamento viene rappresentato mediante una statistica $D : \mathcal{Z} \to \mathbb{R}^1_+$, tale che $D(z') > D(z'')$ indica che z' è più "lontano" di z'' da H_0;

(b) la misura della conformità del risultato osservato z_0 rispetto ad H_0, che è anche vista come misura della evidenza sperimentale a favore di H_0, è il cosiddetto *livello di significatività osservato*, (detto anche valore P) cioè:

$$P_{\text{oss}} = P_\theta \left(D \geq D(z_0) \right) \quad \text{per } \theta \in \Omega_0. \tag{4.44}$$

In generale, nella (4.44), se Ω_0 non è semplice P_{oss} dipende da θ, ma i metodi usuali sono tali che questa dipendenza di fatto non figura, nel senso che P_{oss} avrebbe lo stesso valore, almeno approssimativamente, per ogni $\theta \in \Omega_0$. Ancora circa la (4.44) va osservato che la tradizione suggerisce di limitarsi a confrontare P_{oss} con valori predeterminati, di solito $\alpha = 0.05, 0.01, 0.001$. Quando si trova $P_{\text{oss}} \leq \alpha$ si dice allora che si ha una deviazione dall'ipotesi che è *statisticamente significativa al livello* α. Questa pratica si è peraltro stabilita quando i calcoli numerici erano molto più disagevoli di oggi; nulla, nella logica della conformità, spinge a stabilire una soglia tale che *prima* si abbia conformità e *dopo* si abbia non conformità. Questa è una differenza importante rispetto alla teoria di Neyman e Pearson, in cui il *test* - come vedremo - è una vera e propria decisione.

La traduzione operativa della procedura, espressa dalla (4.44), mostra come sia ufficialmente secondario il ruolo delle ipotesi in $\Omega - \Omega_0$; tuttavia è difficile che la costruzione dell'ordinamento (o se si preferisce la introduzione della statistica D) non rispecchi in qualche modo le alternative possibili.

Una delle applicazioni più importanti dei metodi della conformità è quella del controllo della distribuzione (*goodness of fit*), come per esempio il controllo della normalità quando si intende procedere con i metodi validi per campioni di popolazioni normali. In questo caso va osservato che tali procedure si possono pensare riferite a modelli statistici *incompleti*, in quanto mancanti della specificazione dettagliata ed esaustiva delle possibili ipotesi semplici, alternative incluse. Sotto questo aspetto, se consideriamo nel modello e una classe $\{P_\theta, \ \theta \in \Omega\}$ costituita da *tutte* le possibili distribuzioni di probabilità su $\mathcal{Z}$ (o di tutte quelle assolutamente continue, o simili), abbiamo una situazione non sostanzialmente diversa da quella descritta, data la vaghezza e la pratica inesplorabilità (per eccesso di ampiezza) delle alternative.

È chiaro che, dal punto di vista logico, i metodi della conformità rientrano in sostanza nella prospettiva nel campionamento ripetuto; la più ovvia interpretazione di un valore "piccolo" di P_{oss} (e quindi di un valore "grande" di $D(z_0)$) è infatti che, ripetendo indefinitamente il campione e supposto che sia vera H_0, solo di rado si otterrebbero risultati altrettanto o più lontani da H_0 del risultato osservato; in questo caso si potrebbero considerare favorite le alternative ad H_0 (tacitamente considerate esistenti e in qualche modo plausibili).

Una argomentazione così indiretta è inevitabilmente debole; tuttavia si deve osservare che, almeno quando Ω non è definito o è definito "troppo ampio", la funzione di verosimiglianza non è determinabile, almeno in pratica. Perciò, in tal caso, la debolezza della logica potrebbe essere vista essenzialmente come una conseguenza della povertà del sistema di assunzioni entro cui ci si muove.

Questo tipo di considerazioni dipende naturalmente dal problema concreto formulato; è chiaro che l'alternativa di basarsi sulla funzione di verosimiglianza (introducendo o no, poi, le probabilità iniziali delle ipotesi), o anche di ricorrere ai metodi di Neyman e Pearson, è facilmente praticabile in alcuni casi, per esempio problemi parametrici in cui il parametro è un vettore con poche componenti, ma può presentare serie difficoltà negli altri (pensiamo per esempio ai problemi di verifica complessiva del modello), ed allora i metodi di analisi della conformità vengono talvolta recuperati come strumenti di una prima elaborazione di massima.

Esempio 4.18. *(Ipotesi sulle medie con campioni normali)*. Consideriamo l'esperimento basato su un campione casuale $z = (x_1, x_2, \ldots, x_n)$ tratto da una distribuzione $N(\mu, \sigma_0^2)$ con σ_0 noto. Sia $H_0 : \mu = \mu_0$ dove μ_0 è naturalmente prefissato. In altri termini, si tratta di valutare la conformità dei dati all'ipotesi che la "popolazione", assunta normale, abbia media μ_0. Si usa la statistica:

$$U(x_1, x_2, \ldots, x_n) = \frac{\bar{x} - \mu_0}{\sigma_0/\sqrt{n}} \tag{4.45}$$

(dove $\bar{x}$ è la media campionaria) e si pone $D = |U|$. I punti di $\mathcal{Z} = \mathbb{R}^n$ vengono quindi ordinati secondo la differenza in valore assoluto tra $\bar{x}$ e μ_0. Sotto la condizione H_0 si ha $U \sim N(0,1)$ (e questo è il motivo pratico per introdurre la standardizzazione nella (4.45)); pertanto:

$$P_{\text{oss}} = \text{prob}\left\{ D \geq D(z_0) \mid H_0 \right\} = \text{prob}\left\{ |U| \geq \frac{|\bar{x} - \mu_0|}{\sigma_0/\sqrt{n}} \Big| H_0 \right\}$$

$$= 2\left(1 - \Phi\left(\frac{|\bar{x} - \mu_0|}{\sigma_0/\sqrt{n}} \right) \right) \tag{4.46}$$

dove Φ è, come sempre, la funzione di ripartizione di $N(0,1)$. Si osservi che, com'era da aspettarsi, P_{oss} decresce al crescere di $|\bar{x} - \mu_0|$ (si ricordi che P_{oss} misura l'evidenza a favore di H_0).

In molte applicazioni pratiche non è nota la varianza della popolazione. Basta allora sostituirle la statistica:

$$\bar{s}^2 = \frac{\sum (x_i - \bar{x})^2}{n - 1}$$

e calcolare il celebre indice di Student:

$$T(x_1, x_2, \ldots, x_n) = \frac{\bar{x} - \mu_0}{\bar{s}/\sqrt{n}} \; ; \tag{4.47}$$

si pone quindi $D = |T|$. Sfruttando risultati noti (esercizio 3.4) possiamo dire che, sotto la condizione H_0, si ha $T \sim \text{Student}(n - 1)$. Pertanto, indicando con Φ_{n-1} la funzione di ripartizione della stessa distribuzione, otteniamo, con le stesse argomentazioni che portano alla (4.46):

$$P_{\text{oss}} = 2\left(1 - \Phi_{n-1}\left(\frac{|\bar{x} - \mu_0|}{\bar{s}/\sqrt{n}}\right)\right). \tag{4.48}$$

$\diamond$

Esempio 4.19. *(Confronto di medie con campioni normali).* Consideriamo 2 distinti campioni casuali $x = (x_1, x_2, \ldots, x_n)$ e $y = (y_1, y_2, \ldots, y_m)$ tratti rispettivamente da distribuzioni $\text{N}(\mu_1, \sigma_0^2)$ e $\text{N}(\mu_2, \sigma_0^2)$ dove σ_0 è noto. Sia $H_0 : \mu_1 = \mu_2$. Per valutare la conformità dei dati ad H_0 si può prendere in esame la statistica

$$U(x, y) = \frac{\bar{x} - \bar{y}}{\sigma_d} \qquad \text{dove } \sigma_d = \sigma_0\sqrt{\frac{1}{n} + \frac{1}{m}}$$

e porre $D = |U|$. È chiaro che, sotto H_0, si ha $U \sim \text{N}(0,1)$ sicché si ottiene

$$P_{\text{oss}} = 2\left(1 - \Phi\left(\frac{\bar{x} - \bar{y}}{\sigma_d}\right)\right). \tag{4.49}$$

Se σ_0 non è noto, lo si può sostituire con la quantità

$$s_0 = \sqrt{\frac{(n-1)s_1^2 + (m-1)s_2^2}{n + m - 2}},$$

dove

$$s_1^2 = \frac{\sum(x_i - \bar{x})^2}{n - 1}, \quad s_2^2 = \frac{\sum(y_i - \bar{y})^2}{m - 1}.$$

Dopo aver quindi calcolato

$$T(x, y) = \frac{\bar{x} - \bar{y}}{s_d} \qquad \text{dove } s_d = s_0\sqrt{\frac{1}{n} + \frac{1}{m}},$$

si pone $D = |T|$ e si osserva (esercizio 3.5) che, sotto H_0, è $T \sim \text{Student}(n + m - 2)$. Indicando con Φ_{n+m-2} la corrispondente funzione di ripartizione, si ottiene

$$P_{\text{oss}} = 2\left(1 - \Phi_{n+m-2}\left(\frac{\bar{x} - \bar{y}}{s_d}\right)\right). \tag{4.50}$$

$\diamond$

4.8.2 Dati di frequenza

Molte volte il risultato $z = (x_1, x_2, \ldots, x_n)$ di un campione casuale viene elaborato in termini di frequenze; determinata cioè una partizione $(\mathcal{C}_1, \mathcal{C}_2, \ldots, \mathcal{C}_k)$ dell'insieme $\mathcal{X}$ dei possibili "valori" delle X_i (che non sono necessariamente numeriche), si denota con n_i $(i = 1, 2, \ldots, k)$ il numero di unità campionarie che appartiene a $\mathcal{C}_i$ ed il risultato viene ripresentato come $(n_1, n_2, \ldots, n_k)$ dove $n_i \in \mathbb{N}_0$ e vale il vincolo $\sum n_i = n$. Il modello dell'esperimento, diciamo e, determina un vettore di probabilità $(p(1; \theta), p(2; \theta), \ldots, p(k; \theta))$ associate alle diverse classi $\mathcal{C}_i$, dipendente ovviamente da un parametro incognito $\theta \in \Omega$. Possiamo ricordare, come esempio di elaborazioni di questo tipo, alcune di quelle esaminate nella § 4.7 a proposito di campioni da popolazioni finite.

Se le X_i sono qualitative (e si parla allora di variabili *categoriche*) questo tipo di elaborazione è pressoché obbligata. Se sono numeriche (scalari o vettoriali) è un tipo di elaborazione spesso utile; in quest'ultimo caso, se per esempio il modello e assegna alle X_i una densità $p_\theta(\cdot)$, si avrà:

$$p(i; \theta) = \int_{\mathcal{C}_i} p_\theta(x)\mathrm{d}x.$$

In definitiva l'effettivo esperimento cui ci si riferisce può scriversi nella forma $e^* = (\mathbb{N}_0^k, [p(1; \theta), p(2; \theta), \ldots, p(k; \theta)], \theta \in \Omega)$. Come si è già avuto occasione di osservare nella § 4.7, e^* può vedersi rispetto ad e come un esperimento marginale.

Supponiamo di avere interesse ad una ipotesi semplice $\theta = \theta_0$; a questa resta associata la distribuzione di probabilità $\{p(i; \theta_0), i = 1, 2, \ldots, k\}$ e conseguentemente l'insieme delle *frequenze attese* $\{\nu_i(\theta_0) = np(i; \theta_0), i = 1, 2, \ldots, k\}$. Una classica "distanza" tra H_0 e i dati, nota come statistica di Pearson (si intende Karl Pearson, 1857-1936), è:

$$\chi^2 = \sum_{i=1}^{k} \frac{(n_i - \nu_i(\theta_0))^2}{\nu_i(\theta_0)}. \tag{4.51}$$

Naturalmente il valore χ^2 dato dalla (4.51) deve vedersi come la realizzazione di una variabile aleatoria X^2, funzione di $(N_1, N_2, \ldots, N_k)$, con distribuzione (in generale) dipendente da θ oltre che dalle frequenze attese. Si può tuttavia dimostrare che, se è vera H_0, tale distribuzione (discreta) è bene approssimata dalla distribuzione (continua) $\mathrm{Chi}^2(k - 1)$. La validità della approssimazione richiede che i valori $\nu_i(\theta_0)$ non siano troppo piccoli; una regola pratica, ma piuttosto restrittiva, chiede che siano tutti ≥ 5. Giova rilevare che l'uso dello stesso nome per la statistica (eccezionalmente simboleggiata con una lettera greca) e per la sua distribuzione campionaria approssimata è infelice ma tradizionale. La validità della approssimazione citata è chiara per $k = 2$ (esercizio 4.58) ma più complicata da dimostrare nel caso generale.

Un tipo di applicazione più interessante e realistico si ha quando l'ipotesi H_0 è composta, diciamo di tipo $\theta \in \Omega_0$ con $\Omega_0 \subset \mathbb{R}^s, s < k$. In tal caso, se si riesce a determinare la stima di massima verosimiglianza $\widehat{\theta}_0$, calcolata nelle condizioni H_0 sulla base dei dati $n_1, n_2, \ldots, n_k$, si può nuovamente considerare la (4.51) con $\nu_i(\widehat{\theta}_0)$ al posto di $\nu(\theta_0)$ e tenere conto che la corrispondente distribuzione approssimata, sempre sotto H_0, è del tipo $\text{Chi}^2(k - s - 1)$.

Esempio 4.20. *(Controllo di normalità)*. Si abbia il campione casuale $(x_1, x_2, \ldots, x_n)$ e si voglia controllare l'ipotesi che la distribuzione della popolazione sia normale, con parametri non specificati. Occorre preliminarmente fissare una partizione su $\mathcal{Z} = \mathbb{R}^1$, diciamo mediante i valori divisori $\xi_1, \xi_2, \ldots, \xi_{k-1}$, da cui $\mathcal{C}_1 = (-\infty, \xi_1), \mathcal{C}_2 = [\xi_1, \xi_2), \ldots, \mathcal{C}_k = [\xi_{k-1}, +\infty)$ e calcolare le stime di massima verosimiglianza $\widehat{\mu}$ e $\widehat{\sigma}$ dei parametri incogniti che compaiono sotto H_0. Si possono allora determinare le frequenze attese stimate

$$\nu_i(\widehat{\mu}, \widehat{\sigma}) = \frac{1}{\widehat{\sigma}\sqrt{2\pi}} \int_{\mathcal{C}_i} \exp\left\{ -\frac{1}{2\widehat{\sigma}^2}(x - \widehat{\mu})^2 \right\} dx = \Phi\left(\frac{\xi_i - \widehat{\mu}}{\widehat{\sigma}} \right) - \Phi\left(\frac{\xi_{i-1} - \widehat{\mu}}{\widehat{\sigma}} \right)$$

per $i = 1, 2, \ldots, k$ (dove $\xi_0 = -\infty$, $\xi_k = +\infty$) e procedere ancora con la (4.51). La distribuzione approssimata sotto H_0 è, per quanto già detto, del tipo $\text{Chi}^2(k - 3)$. $\diamond$

Esempio 4.21. *(Tabelle di contingenza)*. In molte applicazioni interessanti i valori delle X_i sono classificati simultaneamente secondo 2 o più criteri e l'interesse verte proprio sulle loro relazioni, in particolare sulla indipendenza stocastica degli eventi corrispondenti. Trattiamo per semplicità il caso di 2 criteri e siano $(\mathcal{A}_1, \mathcal{A}_2, \ldots, \mathcal{A}_r)$ e $(\mathcal{B}_1, \mathcal{B}_2, \ldots, \mathcal{B}_c)$ le 2 partizioni definite su $\mathcal{X}$. Prendendole in esame simultaneamente si determina una partizione prodotto il cui elemento generico è $\mathcal{A}_i \times \mathcal{B}_j$ con $i = 1, 2, \ldots, r$ e $j = 1, 2, \ldots, c$. Supposto che l'esperimento originale derivi da n repliche dell'esperimento elementare $e_1 = (\mathcal{X} = \mathbb{R}^1, P_\theta, \theta \in \Omega)$, l'ipotesi di indipendenza può scriversi, in termini probabilistici, come:

$$P_\theta(\mathcal{A}_i \times \mathcal{B}_j) = P_\theta(\mathcal{A}_i) \cdot P_\theta(\mathcal{B}_j) \tag{4.52}$$

per ogni $\theta \in \Omega$, $i = 1, 2, \ldots, r$ e $j = 1, 2, \ldots, c$. Se ora passiamo all'esperimento e^* riformulato in termini di frequenze, vediamo che questo introduce il risultato come una variabile aleatoria discreta con rc componenti, che rappresenteremo con la matrice $[N_{ij}]$, e che a $[N_{ij}]$ resta associata una legge di probabilità multinomiale di parametri n e θ_{ij} dove $\theta_{ij} = P_\theta(\mathcal{A}_i \times \mathcal{B}_j)$. Posto ora:

$$\theta_{i+} = \sum_{j=1}^{c} \theta_{ij}, \quad \theta_{+j} = \sum_{i=1}^{r} \theta_{ij}$$

la (4.52) può riscriversi, riferendoci ora direttamente al modello e^*, come

$$\theta_{ij} = \theta_{i+} \cdot \theta_{+j} \qquad \text{per } i = 1, 2, \ldots, r; \, j = 1, 2, \ldots, c. \tag{4.53}$$

Se H_0 è proprio l'ipotesi di indipendenza rappresentata dalle (4.53), i parametri da stimare effettivamente sono solo $\theta_{1+}, \theta_{2+}, \ldots, \theta_{r-1,+}, \theta_{+1}, \theta_{+2}, \ldots,$ $\theta_{+,c-1}$ (perché θ_{r+} e θ_{+c} restano determinati dal vincolo che la somma è 1) e quindi il loro numero effettivo è $r + c - 2$. Posto ancora:

$$n_{i+} = \sum_{j=1}^{c} n_{ij}, \quad n_{+j} = \sum_{i=1}^{r} n_{ij}$$

è intuitivo che le stime di massima verosimiglianza, sotto H_0, dei parametri incogniti sono:

$$\widehat{\theta}_{i+} = \frac{n_{i+}}{n}, \quad \widehat{\theta}_{+j} = \frac{n_{+j}}{n} \qquad (i = 1, 2, \ldots, r; j = 1, 2, \ldots, c)$$

sicché le frequenze attese stimate risultano:

$$\widehat{\nu}_{ij} = n \cdot \widehat{\theta}_{i+} \cdot \widehat{\theta}_{+j} = \frac{n_{i+}n_{+j}}{n}.$$

La (4.51) diventa così:

$$\chi^2 = \sum_i \sum_j \frac{(n_{ij} - \widehat{\nu}_{ij})^2}{\widehat{\nu}_{ij}} \tag{4.54}$$

e la corrispondente distribuzione campionaria (sempre approssimata e calcolata sotto la condizione H_0), poiché vale l'identità $rc - (r + c - 2) - 1 = (r - 1)(c - 1)$, è $\mathrm{Chi}^2((r - 1)(c - 1))$. Qualche volta, soprattutto nel caso delle tabelle 2×2, nella formula (4.54) viene introdotta una "correzione per la continuità" (o correzione di Yates), il cui effetto è però controverso.   ◇

Naturalmente il metodo del χ^2 non è l'unico applicabile al caso di dati di frequenza, anche se è certamente il più comune; per le alternative esistenti (tra cui quelle presentate negli esercizi 4.55 e 4.56) si rimanda però alle indicazioni della nota bibliografica.

4.8.3 Versione bayesiana del valore P

L'esempio 4.20 ha presentato un caso di controllo del modello; la prova di significatività riguardava infatti l'assunzione che i dati fossero generati da una qualunque distribuzione normale.

In generale la scelta del modello si basa prima di tutto sulle caratteristiche teoriche e pratiche, disponibili a priori, sul fenomeno osservato. È tuttavia pensabile anche di sfruttare gli stessi dati osservati ai fini di una valutazione della adeguatezza del modello adottato. Nell'esempio 4.20 tale controllo era formalizzato in modo preciso. Spesso la tecnica è di inserire il modello nel quadro di un modello più ampio e tale per esempio che la nullità di alcuni parametri implichi la validità del modello in esame. In altri casi il controllo è molto informale, eventualmente anche su base grafica.

Il problema è evidentemente rilevante per qualsiasi analisi statistica ed è stato affrontato anche nel quadro della impostazione bayesiana rielaborando l'idea del valore-P. Uno schema interessante e notevolmente generale, a parte possibili difficoltà nell'elaborazione numerica, è stato sostenuto da G.Box che ha adottato il termine di *critica del modello*. Lo prendiamo sinteticamente in esame qui perché può essere visto come un metodo di ispirazione bayesiana per l'analisi della conformità dei dati ad un determinato modello.

Sia dato un esperimento $e = (\mathcal{Z}, P_\theta, \theta \in \Omega)$ il cui modello si vuole controllare. Come sappiamo, nella usuale impostazione bayesiana ci si basa su una distribuzione

$$\psi(\theta, z) = m(z) \cdot \pi(\theta; z) \,, \tag{4.55}$$

dove $m(\cdot)$ è la distribuzione predittiva iniziale e $\pi(\cdot; z)$ è la distribuzione finale del parametro. Se z_0 è il risultato osservato, una misura intuitiva collegata alla plausibilità del modello e è

$$M_{\mathrm{oss}} = \mathrm{prob}\{z : m(Z) \le m(z_0)\} \,, \tag{4.56}$$

dove il simbolo M_{oss} qui adottato richiama la quantità P_{oss}, espresso dalla formula 4.44 cui la (4.56) assomiglia. Si noti che la (4.56) corrisponde alla (4.44) purché si ponga $D(z) = 1/m(z)$ e si usi la distribuzione predittiva iniziale al posto della distribuzione campionaria condizionata all'ipotesi nulla. Un valore piccolo di M_{oss} evidenzia un risultato sorprendente, sulla base delle osservazioni fatte, e può quindi essere interpretabile come un indizio sperimentale contro le assunzioni presupposte; si badi comunque che nelle assunzioni implicitamente sottoposte a controllo figurano sia il modello dell'esperimento sia la legge di probabilità iniziale. In definitiva i due fattori al secondo membro della (4.55) avrebbero distinte funzioni: il primo, $m(z)$, consentirebbe di controllare il modello e il secondo, $\pi(\theta; z)$, di stimare il parametro sotto l'assunzione di validità del modello. Come rileva lo stesso Box, non è nuova l'idea di controllare il modello tramite la "sorpresa" procurata dai dati; nella classica analisi dei residui, per esempio, è analogo l'atteggiamento con cui (se $z \in \mathbb{R}^n$) si esaminano i residui espressi dal vettore $z_0 - \hat{z}$, dove $\hat{z}$ è il valore "teorico" per z, cioè $\mathbb{E}_{H_0}(Z)$ (supposto ben definito).

In una impostazione bayesiana rigorosa anche questo tipo di analisi sarebbe comunque esposto a critiche: se si è incerti tra più modelli $e, e', \ldots$ occorrerebbe assegnare le rispettive probabilità iniziali e calcolare le corrispondenti probabilità finali. Su ciò si tornerà nel cap. 6. È chiara tuttavia l'esigenza, nella proposta di Box, di prospettare una soluzione operativa relativamente alla fase di costruzione del modello, in cui una completa formalizzazione delle alternative può non ritenersi agibile.

Si individuano però, nella procedura in esame, alcune difficoltà. Dal punto di vista teorico rimane il fatto di prendere in esame la probabilità (iniziale) di un evento diverso da quello effettivamente osservato, in quanto si è osservato $Z = z_0$ e non $\{z : m(z) \le m(z_0)\}$. Questa obiezione, ovviamente, coinvolge tutte le possibili varianti di valori-P in quanto basati sul calcolo di probabilità di "code" di distribuzioni di opportune statistiche.

Una seconda difficoltà, che possiamo definire pratica e non teorica, è che la distribuzione iniziale del parametro, cioè $\pi(\theta)$, deve essere propria, altrimenti non è garantito che sia propria la distribuzione predittiva marginale $m(z)$; senza una tale condizione la (4.56) sarebbe priva di senso. Per superare quest'ultima difficoltà sono state proposte diverse procedure. La più semplice è di considerare non la distribuzione predittiva iniziale $m(z)$ ma la distribuzione predittiva finale $m(z; z_0)$. La (4.56) sarebbe così sostituita da

$$M'_{\text{oss}} = \text{prob}\big(D(Z) \geq D(z_0) \mid Z = z_0\big). \tag{4.57}$$

Il vantaggio di passare alla distribuzione predittiva finale è che, essendo questa una trasformazione della distribuzione finale del parametro $\pi(\theta; z_0)$, l'eventuale carattere improprio di $\pi(\theta)$ non comporta automaticamente che $m(z)$ sia a sua volta impropria. D'altra parte, di fronte al problema di valutare se il modello è adeguato, appare naturale fare ricorso ad una delle cosiddette distribuzioni non informative (spesso improprie) per i parametri previsti dal modello stesso. La logica sottostante la formula (4.57) è ancora più elaborata della logica sottostante la formula (4.56); non può stupire che siano stati costruiti esempi in cui il risultato della procedura è contro-intuitivo (si veda per questo Bayarri e Berger, 1998).

Una ulteriore variante, matematicamente più complicata, ma che evita il sospetto di un doppio uso dei dati (il risultato z_0, nella formula (4.57), viene utilizzato sia per determinare la distribuzione predittiva finale sia per individuare la coda la cui probabilità va calcolata) è stata proposta da Bayarri e Berger. L'idea è di operare il condizionamento non rispetto all'intero risultato $Z = z_0$ ma a $U(Z) = u_0$, dove $U(z)$ è una opportuna statistica, per cui si avrebbe

$$M''_{\text{oss}} = \text{prob}\big(D(Z) \geq D(z_0) \mid U(Z) = u_0\big). \tag{4.58}$$

Per approfondimenti sul tema, anche in relazione alla scelta delle statistiche $D(z)$ e $U(z)$ si rimanda alla letteratura citata in bibliografia.

Esercizi

4.46. Sia D una statistica utilizzata per una prova di conformità, e $d_{1-\alpha}$ un valore per cui:

$$\text{prob}(D \geq d_{1-\alpha} \mid \theta) = P_\theta\{z : D(z) \geq d_{1-\alpha}\} = \alpha, \quad \theta \in \Omega_0 \,,$$

dove $\alpha \in (0, 1)$. Si verifichi che

$$P_{\text{oss}} \leq \alpha \quad \Leftrightarrow \quad D(z_0) \geq d_{1-\alpha}.$$

[Oss. Per le tabulazioni vengono di solito pubblicati i valori $d_{1-\alpha}$, detti valori critici, in corrispondenza a valori α predeterminati, in particolare 0.05, 0.01, 0.001. La notazione sopra usata ricorda che $d_{1-\alpha}$ non è altro che un opportuno quantile della distribuzione campionaria di D, sotto la condizione H_0]

4.47. Supponiamo che nella (4.44) P_{oss} sia indipendente da θ, per $\theta \in \Omega_0$. Si dimostri allora che P_{oss}, che è a priori una variabile aleatoria in quanto dipendente dai dati, ha per $\theta \in \Omega_0$ una distribuzione campionaria di tipo R(0,1).

[Sugg. Adoperare il risultato dell'esercizio precedente]

4.48. Applicando all'esempio 4.18 le nozioni dell'esercizio 4.46, si verifichi che la condizione $P_{\text{oss}} \leq \alpha$ equivale, nei due casi considerati, a:

$$\mid \bar{x} - \mu_0 \mid \geq \frac{\sigma_0}{\sqrt{n}}\, u_{1-\alpha/2}, \quad \mid \bar{x} - \mu_0 \mid \geq \frac{\bar{s}}{\sqrt{n}}\, t_{1-\alpha/2},$$

dove $u_{1-\alpha/2}$ e $t_{1-\alpha/2}$ sono gli opportuni quantili di N(0,1) e Student$(n-1)$.

4.49. Nell'esempio 4.18 si è tacitamente assunto che $\Omega = \{\mu : \mu \in \mathbb{R}^1\}$. Si sostituisca questa assunzione con $\Omega = \{\mu : \mu \geq \mu_0\}$ con μ_0 noto (è il caso detto di alternativa unidirezionale) e si ricalcolino le formule per P_{oss} e per i valori critici della distanza (v. esercizio 4.46).

4.50. * Sia H_0 un'ipotesi semplice, diciamo del tipo $\theta = \theta_0$. Allora, usando il metodo del supporto, $\bar{\ell}(\theta_0)$ può vedersi come una misura dell'evidenza a favore di H_0, e costituisce una alternativa (con una diversa giustificazione teorica) del livello di probabilità osservato P_{oss}. Verificare che anche P_{oss} può essere interpretato come una verosimiglianza relativa (marginale) riferita non al risultato $z_0 \in \mathcal{Z}$ ma al risultato $E_0 = \{z : D(z) \geq D(z_0)\} \subset \mathcal{Z}$, purché valga la condizione:

$$\sup_{\theta \in \Omega} P_\theta(E_0) = 1.$$

Verificare poi che la condizione di sopra è soddisfatta per esempio nei casi previsti dall'esempio 4.18.

[Oss. La marginalizzazione consiste nell'aggiungere al risultato z_0 l'intera coda dei risultati elementari ancora più contrari ad H_0. C'è quindi da aspettarsi che, almeno quando già z_0 è contrario ad H_0 (cioè quando $D(z_0)$ è "grande"), valga la relazione $P_{\text{oss}} < \bar{\ell}(\theta_0)$, come spesso accade in pratica. In tali casi l'uso del valore-P tenderà ad "esagerare" il contrasto fra l'ipotesi e i dati]

4.51. Completando l'esempio precedente, verificare che nel caso di campioni casuali dalla distribuzione N(μ, σ_0^2), σ_0 noto, e considerando l'ipotesi $\mu = \mu_0$, si ha, posto:

$$u = \frac{\mid \bar{x} - \mu_0 \mid}{\sigma_0/\sqrt{n}},$$

$P_{\text{oss}} = 2\left(1 - \Phi(u)\right)$, $\bar{\ell}(\mu_0) = \sqrt{2\pi}\,\varphi(u)$. Verificare quindi numericamente che per $u > 1$ si ha sempre $P_{\text{oss}} < \bar{\ell}(\mu_0)$.

4.52. Nell'esempio 4.18 sarebbe intuitivamente giustificata, al posto di U, anche la statistica:

$$U'(z) = \frac{\sum (x_i - \mu_0)^2}{\sigma_0^2}.$$

Verificare che si ha in corrispondenza

$$P_{\text{oss}} = 1 - \Phi_n\left(\frac{\sum (x_i - \mu_0)^2}{\sigma_0^2}\right),$$

dove Φ_n è la funzione di ripartizione della distribuzione $\text{Chi}^2(n)$.

[Oss. Viene spontaneo chiedersi come confrontare U e U'; la via più naturale è di adottare esplicitamente lo schema di Neyman e Pearson e calcolare le rispettive funzioni di potenza (§4.5), a parità di errore di I specie (queste procedure verranno comunque esaminate in dettaglio nel cap.7. Già ora però si intuisce che U' è peggiore, in quanto non è basata sulla statistica sufficiente]

4.53. * (*Analisi della varianza*). Consideriamo k campioni casuali $(x_{11}, x_{12}, \ldots, x_{1n_0})$, $(x_{21}, x_{22}, \ldots, x_{2n_0})$, $\ldots$, $(x_{k1}, x_{k2}, \ldots, x_{kn_0})$, per i quali valga il modello:

$$x_{ij} = \mu_i + \xi_{ij}, \quad (i = 1, 2, \ldots, k; \ j = 1, 2, \ldots, n_0),$$

dove $\mu_1, \mu_2, \ldots, \mu_k$ sono costanti incognite e gli ξ_{ij}, da interpretare come errori accidentali, sono determinazioni di variabili aleatorie $N(0, \sigma^2)$ indipendenti, con σ^2 incognito. Il parametro complessivo è $\theta = (\mu_1, \mu_2, \ldots, \mu_k, \sigma^2)$; l'ipotesi che interessa è $H_0 : \mu_1 = \mu_2 = \ldots = \mu_k$, cioè la omogeneità dei gruppi. Questo schema estende in sostanza quello dell'esempio 4.19. Le numerosità dei k campioni sono assunte eguali per semplificare i calcoli. Posto $\bar{x}_i = \sum_j x_{ij}/n_0$, $\bar{x} = \sum_i \bar{x}_i/k$ e $n = kn_0$,
(a) verificare che vale l'identità

$$\sum_i \sum_j (x_{ij} - \bar{x})^2 = \sum_i \sum_j (x_{ij} - \bar{x}_i)^2 + n_0 \sum_i (\bar{x}_i - \bar{x})^2;$$

(b) dimostrare che, denotando con Q_1 e Q_2 le v.a. che hanno come realizzazioni le quantità al secondo membro della formula precedente (dette rispettivamente, nella letteratura italiana, devianza *entro* i campioni e devianza *tra* i campioni), si ha:

$$\mathbb{E}_\theta(Q_1) = (n - k)\sigma^2, \quad \mathbb{E}_\theta(Q_2) = (k - 1)\sigma^2 + n_0 \sum_i (\mu_i - \bar{\mu})^2,$$

dove $\bar{\mu} = \sum \mu_i/k$. Questo risultato precisa la valutazione intuitiva che Q_1 è esclusivamente legata alla variabilità accidentale, mentre Q_2 dipende anche dalla eventuale diversità dei parametri μ_i;

(c) dando per dimostrato che Q_1 e Q_2 sono indipendenti dato θ, verificare che la statistica

$$F = \frac{Q_2}{k-1} \bigg/ \frac{Q_1}{n-k}$$

ha, sotto H_0, una distribuzione campionaria del tipo $F(k-1, n-k)$. Valori alti della statistica F costituiscono quindi un indizio contro H_0.

[Oss. L'indipendenza delle v.a. Q_1 e Q_2 è intuitiva se si osserva che (v. esercizio 3.3) la statistica $Q_1(i) = \sum_j (X_{ij} - \overline{X}_i)^2$ è indipendente (sempre per θ dato) da $\overline{X}_i$ ($i = 1, 2, \ldots, k$) e che Q_1 si ottiene solo dalle $Q_1(i)$ mentre Q_2 si ottiene solo dalle $\overline{X}_i$. Si può dimostrare una proprietà più forte, che implica (b) e (c): la distribuzione campionaria di F (senza condizionamenti) è di tipo $\text{FNC}(k-1, n-k, \lambda)$ dove $\lambda = n_0 \sum_i (\mu_i - \bar{\mu})^2 / \sigma^2$. Il metodo dell'analisi della varianza è straordinariamente diffuso nelle applicazioni, soprattutto di tipo tecnologico e sperimentale, perché con semplici elaborazioni si riesce ad affrontare un problema per sua natura piuttosto complesso, simile a quello affrontato, in tutt'altro modo, nell'esercizio 4.24. Peraltro la semplificazione è largamente dovuta al fatto che si elabora in definitiva solo un esperimento marginale, quello basato sulla statistica non sufficiente F]

4.54. Si verifichi che, se $k = 2$, il metodo dell'analisi della varianza coincide con il metodo della T di Student esposto nell'esempio 4.19.

4.55. * Sia dato l'esperimento $e = (\mathcal{Z}, P_\theta, \theta \in \Omega)$ con $\Omega \subseteq \mathbb{R}^1$. Un metodo generale per una prova di conformità ad una determinata ipotesi semplice $H_0 : \theta = \theta_0$ è di considerare la statistica (detta del rapporto delle verosimiglianze)

$$G^2 = -2 \log \frac{\ell(\theta_0; z)}{\ell(\widehat{\theta}; z)} = -2 \log \bar{\ell}(\theta_0; z).$$

Valori grandi di G^2 corrispondono a campioni che associano a θ_0 una verosimiglianza piccola, sicché G^2 ha plausibilmente il ruolo richiesto per la statistica D. Dimostrare che nell'esempio 4.18 (caso di σ noto) la procedura coincide con quella indicata e che, sotto la condizione H_0, $G^2 \sim \text{Chi}^2(1)$.

[Oss. Se la quantità G^2 è vista come funzione del parametro θ_0, oltre che dei valore campionari, viene chiamato in inglese *devianza*, con qualche confusione con la terminologia (solo italiana) dell'esercizio 4.53]

4.56. * Giustificare in modo euristico ma generale (in condizioni di regolarità) che G^2 (esercizio precedente), sotto la condizione H_0, ha una distribuzione approssimativamente eguale a $\text{Chi}^2(1)$.

[Oss. In modo simile, se $\Omega \subseteq \mathbb{R}^k$ e l'ipotesi nulla è puntuale, si può giustificare la proprietà $G^2 \approx \text{Chi}^2(k)$]

4.57. * La procedura dell'esercizio 4.55 può essere estesa. Sia dato l'esperimento $e = (\mathcal{Z}, P_\theta, \theta \in \Omega)$ con $\Omega \subseteq \mathbb{R}^k$; un metodo generale per provare la conformità ad una ipotesi composta del tipo

$$H_0 : \theta_1 = \theta_1^0, \theta_2 = \theta_2^0, \ldots, \theta_h = \theta_h^0 \quad (h < k;\ \theta_1^0, \theta_2^0, \ldots, \theta_h^0 \text{ dati})$$

è di basarsi sulla "distanza":

$$G^2 = -2 \log \frac{\ell(\widehat{\theta}_0; z)}{\ell(\widehat{\theta}; z)} = -2 \log \bar{\ell}(\widehat{\theta}_0; z),$$

dove $\widehat{\theta}_0$ è la soluzione di:

$$\ell(\theta_1, \theta_2, \ldots, \theta_k; z) = \max \text{ per } \theta \in \mathbb{R}^k \cap H_0$$

(trattando per semplicità H_0 come un sottoinsieme di Ω). Confrontare questa procedura con quella usata nell'esempio 4.18 nel caso di σ incognito.

[Oss. Si può poi dimostrare che, subordinatamente ad H_0, $G^2 \approx \mathrm{Chi}^2(h)$]

4.58. Verificare euristicamente che l'indice di Pearson ha, sotto H_0, una distribuzione approssimata di tipo $\mathrm{Chi}^2(1)$ quando $k = 2$.

4.59. Verificare che la 4.51 può scriversi:

$$\chi^2 = \sum_{i=1}^{k} \frac{n_i^2}{\nu_i(\theta_0)} - n.$$

4.60. Sia $e = (\mathcal{Z}, P_\theta, \theta \in \Omega)$ un modello per cui $z = (x_1, x_2, \ldots, x_n)$ è un campione casuale da una distribuzione $\mathrm{N}(\theta, 1/h)$ con h noto. Come distribuzione iniziale per Θ si assuma poi la legge $\mathrm{N}(\alpha, 1/\beta)$. Verificare che

$$M_\mathrm{oss} = 1 - \Phi_n \left(\frac{\beta nh}{\beta + nh} (\bar{x} - \alpha)^2 + h \sum (x_i - \bar{x})^2 \right),$$

dove Φ_n è la funzione di ripartizione della distribuzione $\mathrm{Chi}^2(n)$.

[Sugg. Si applichi la proprietà (c) della distribuzione normale multipla alla legge predittiva iniziale di $(X_1, X_2, \ldots, X_n)$. Ne segue che $m(Z) = \mathrm{cost} \cdot \exp(-Y_n^2/2)$ dove

$$Y_n^2 = \left(\frac{\beta nh}{\beta + nh} (\overline{X} - \alpha)^2 + h \sum (X_i - \bar{x})^2 \right) \sim \mathrm{Chi}^2(n)]$$

4.61. Invece che mediante la formula (4.58), la plausibilità di un modello, alla luce dei dati, può essere valutata con il rapporto $R = m(z_0)/(\sup_z m(z))$, la cui interpretazione è simile a quella di M_oss, anche se non coinvolge le "code" della distribuzione predittiva iniziale. Calcolare il valore di R per il problema dell'esercizio 4.60.

[Oss. Si trova $R = \exp\left\{ -\frac{1}{2} \left(\frac{\beta nh}{\beta + nh} (\bar{x} - \alpha)^2 + h \sum (x_i - \bar{x})^2 \right) \right\}$, sicché M_oss risulta in questo caso funzione monotona di R]

Parte III

Decisioni statistiche

5

Decisioni statistiche: quadro generale

5.1 Problemi di decisione statistica

Si ha un problema di decisione statistica quando un modello di decisione viene collegato formalmente ad un esperimento statistico che ha il compito di fornire informazioni sullo "stato di natura". In tal caso il processo di elaborazione della informazione diventa un momento esplicitamente strumentale ai fini di una scelta ottimale in un quadro definito. Prenderemo in considerazione 3 categorie di problemi.

La prima è costituita dai problemi cosiddetti *ipotetici* (o *strutturali*), nei quali si ha un esperimento $e = (\mathcal{Z},\, P_\theta,\, \theta \in \Omega)$ il cui parametro incognito è anche lo stato di natura in un determinato problema di decisione $(\Omega, A, L(\theta, a), K)$; in quest'ultimo modello A è lo spazio delle *azioni* (o *decisione terminale*) e K è il criterio di ottimalità, che può presupporre o meno l'uso di una misura di probabilità Π su Ω. La notazione $L(\theta, a)$ per le perdite è usata perché si intende che il problema decisionale è sempre in forma simmetrica; è quindi più comodo (e più usuale) trattare le perdite come generate da una sola funzione $L\colon \Omega \times A \to \mathbb{R}^1$. Assumeremo inoltre che esista una costante c (nei casi più comuni $c = 0$) tale che

$$L(\theta, a) \geq c\,; \tag{5.1}$$

pertanto il calcolo dei valori attesi delle perdite (considerando aleatorio uno qualsiasi degli argomenti) non potrà mai dar luogo a espressioni indeterminate del tipo $+\infty - \infty$.

La seconda categoria è costituita dai cosiddetti problemi *predittivi*, in cui l'esperimento $e = (\mathcal{Z}, P_\theta, \theta \in \Omega)$ fornisce informazioni sul risultato di un esperimento futuro $e' = (\mathcal{Z}', P'_\theta, \theta \in \Omega)$ che ha lo stesso spazio dei parametri (dal solo punto di vista inferenziale la questione è stata trattata nella § 4.2); il problema decisionale collegato ha quindi una struttura $(\mathcal{Z}', A, L(z', a), K)$, sicché è il risultato futuro (non ancora osservato) $z' \in \mathcal{Z}'$ che svolge il ruolo di stato di natura.

Piccinato L: Metodi per le decisioni statistiche. 2ª edizione.
© Springer-Verlag Italia, Milano 2009

In entrambe le categorie si possono avere come casi particolari i problemi di stima e di test relativi al parametro incognito (nel primo caso) o al risultato futuro (nel secondo caso). Questa ulteriore classificazione dei problemi dipende essenzialmente dalla natura dello spazio A e dalla funzione L. Su ciò torneremo nei capitoli successivi. Salvo indicazioni specifiche, assumeremo poi tacitamente che $\mathcal{Z}$ e Ω siano sottoinsiemi di spazi $\mathbb{R}^k$; estensioni (ad esempio al caso di spazi funzionali) sono possibili (anche se meno sistematicamente sviluppate nella letteratura del settore), seguono la stessa logica generale, ma ovviamente sono più complesse dal punto di vista matematico.

La terza categoria è costituita dai problemi di *scelta dell'esperimento*. In questo caso è data una classe $\mathcal{E}$ di possibili esperimenti tra i quali se ne deve selezionare uno che andrà realizzato, eventualmente allo scopo di risolvere un altro specifico problema decisionale oppure per acquisire informazioni statistiche in un quadro semplicemente inferenziale. Questa problematica sarà trattata nel cap. 8. Si osservi che questa è una categoria di problemi molto diversa dalle precedenti in quanto la scelta avviene a priori rispetto all'osservazione dei risultati; nei primi due casi si parla di problemi *post-sperimentali*, e in quest'ultimo di problemi *pre-sperimentali*.

5.2 Analisi in forma estensiva dei problemi parametrici

Nel quadro di una impostazione bayesiana i problemi parametrici possono essere analizzati secondo due distinti schemi procedurali, chiamati nella letteratura *analisi in forma estensiva* e *analisi in forma normale*. L'analisi in forma estensiva è più semplice dal punto di vista pratico ma può essere effettuata esclusivamente in ambito bayesiano. L'analisi in forma normale, invece, pur portando in pratica, a parità di assunzioni iniziali, alle stesse conclusioni della precedente, è più complicata dal punto di vista matematico ma ha la caratteristica di essere almeno in parte eseguibile anche senza introdurre leggi di probabilità sui parametri. Il termine "normale", che è corrente, si deve al fatto che la procedura utilizza gli stessi concetti di base della impostazione frequentista tradizionale. In definitiva, quindi, la forma estensiva è consigliabile per l'applicazione diretta dell'analisi decisionale bayesiana, mentre la forma normale è particolarmente interessante ai fini del confronto fra le diverse impostazioni, oltre che per la pratica dell'analisi decisionale frequentista.

In questa sezione tratteremo l'analisi in forma estensiva. Consideriamo quindi i due modelli

$$\big(\Omega, A, L(\theta, a), K\big), \quad e = \big(\mathcal{Z}, p_\theta(z), \theta \in \Omega\big) \tag{5.2}$$

che, presi congiuntamente, costituiscono un *modello di decisione statistica*. Nella (5.2) il criterio di ottimalità K può basarsi, a priori, su una distribuzione iniziale espressa per esempio da una densità $\pi(\cdot)$ su Ω (indipendente dall'esperimento e); nella componente sperimentale, $p_\theta(\cdot)$ è una densità su $\mathcal{Z}$

per ogni $\theta \in \Omega$. Se sono presenti leggi di probabilità discrete sono necessari piccoli adattamenti anche di simbologia (ma non appesantiremo il discorso con le corrispondenti precisazioni). L'esperimento statistico produce un risultato $z \in \mathcal{Z}$ e l'azione a viene scelta in corrispondenza, trattando il risultato come noto. Il principio base dell'analisi estensiva è che l'informazione sperimentale serve ad aggiornare la densità iniziale $\pi(\cdot)$. Il teorema di Bayes fornisce infatti la densità finale:

$$\pi(\theta; z) = \text{cost} \cdot \pi(\theta) \cdot p_\theta(z) \tag{5.3}$$

e su questa si dovrà basare il criterio di ottimalità K che figura nella (5.2). Il problema viene quindi elaborato secondo gli schemi usuali dell'analisi decisionale (cap. 1), fatto salvo l'aggiornamento di K.

In particolare le (eventuali) decisioni ottime sono le soluzioni di:

$$K(L(\cdot, a)) = \text{ minimo per } a \in A. \tag{5.4}$$

Il tipo di criterio K più spesso usato, anche a prescindere da una eventuale valutazione in termini di utilità, è il valore atteso. In tal caso la (5.4) rappresenta la minimizzazione della perdita attesa finale; più precisamente, posto:

$$\rho(a; z) = \mathbb{E}\big(L(\Theta, a) \mid Z = z\big) = \int_\Omega L(\theta, a)\pi(\theta; z)\mathrm{d}\theta, \tag{5.5}$$

si tratta di risolvere il problema:

$$\rho(a; z) = \text{ minimo per } a \in A. \tag{5.6}$$

Altri criteri validi potrebbero naturalmente essere utilizzati, come particolarizzazione della (5.4). Si noti che le soluzioni ottime di (5.4) o di (5.6) (ammessane l'esistenza) dipendono in generale dal risultato z; pertanto, applicando la (5.4) o la (5.6) a tutti i risultati possibili, otteniamo una funzione (od eventualmente più funzioni), diciamo $d^*(z)$. Poiché questo tipo di funzioni ha un ruolo essenziale in tutta la teoria delle decisioni statistiche, ne formalizziamo la definizione.

Definizione 5.1. *Dato un problema di decisione statistica del tipo (5.2), le applicazioni* $d\colon \mathcal{Z} \to A$ *vengono chiamate* funzioni di decisione *e la loro classe viene denotata con* D.

Resta sottinteso che le funzioni di decisione devono essere misurabili rispetto alle σ-algebre $\mathcal{A}_\mathcal{Z}$ e $\mathcal{A}_A$ di cui sono dotati gli spazi $\mathcal{Z}$ (come è implicito nella sua probabilizzazione) e A. Pertanto se $\mathcal{Z}$ e A sono finiti o numerabili D contiene tutte le possibili funzioni, mentre negli altri casi D contiene solo funzioni sufficientemente "regolari". Questa assunzione implicita è un po' più restrittiva del necessario, in teoria, ma evita possibili complicazioni che sarebbero generalmente prive di interesse pratico.

Che l'analisi estensiva sia incompatibile con le impostazioni di carattere non bayesiano, cioè tali da non consentire l'uso di misure di probabilità sullo spazio dei parametri Ω, è evidente per il fatto che senza di queste non si può applicare la (5.3) e quindi arrivare al modello decisionale finale. Inoltre è chiaro che, qualunque sia K, viene rispettato il Principio della verosimiglianza, in quanto l'influenza dell'esperimento si realizza solo per il tramite della (5.3) e quindi della funzione di verosimiglianza. A parità delle altre condizioni, due esperimenti realizzati e con funzioni di verosimiglianza proporzionali portano cioè necessariamente ad una identica struttura decisionale.

Esempio 5.1. Sviluppiamo un esempio numerico. Specifichiamo i modelli della (5.2) come segue:

	$L(\theta, a)$		$\pi(\theta)$	$p_\theta(z)$	
	a_1	a_2		z_1	z_2
θ_1	0	1	0.9	0.7	0.3
θ_2	4	0	0.1	0.2	0.8

intendendo quindi che $\Omega = \{\theta_1, \theta_2\}$, $A = \{a_1, a_2\}$, $\mathcal{Z} = \{z_1, z_2\}$. Le probabilità introdotte su $\mathcal{Z}$ e Ω sono qui discrete. Applicando la (5.5) si calcolano immediatamente le probabilità e le perdite attese finali corrispondenti ai possibili risultati z_1 e z_2. Operativamente, se l'analisi viene eseguita quando il risultato è noto, p. es. z_1, basta confrontare i valori $\rho(a_1; z_1)$ e $\rho(a_2; z_1)$ e determinare quindi l'azione ottimale. Solo per completezza riportiamo una elaborazione che tiene conto di tutti i risultati possibili (con qualche approssimazione numerica)

	$\pi(\theta; z)$	
	z_1	z_2
θ_1	0.97	0.77
θ_1	0.03	0.23

	$\rho(a; z)$	
	z_1	z_2
a_1	0.12	0.92
a_2	0.97	0.77

La funzione di decisione ottima risulta quindi:

$$d^*(z) = \begin{cases} a_1, & \text{se } z = z_1 \\ a_2, & \text{se } z = z_2 \end{cases}.$$

Per un confronto, si osservi che le perdite medie iniziali (cioè non condizionate al risultato) sono:

$$\mathbb{E}L(\Theta, a_1) = 0.40, \qquad \mathbb{E}L(\Theta, a_2) = 0.90$$

sicché, senza informazioni sperimentali, la decisione terminale ottima sarebbe stata a_1. Se si osserva z_2, questa scelta viene modificata a posteriori. Si noti dalla tabella della verosimiglianza $\ell(\theta) = p_\theta(z)$ che l'osservazione di z_2 favorisce l'ipotesi θ_2, e che in corrispondenza a θ_2 la decisione terminale ottima è proprio a_2. È quindi naturale che l'osservazione $z = z_2$ modifichi la scelta da a_1 ad a_2.   ◇

Esercizi

5.1. Si rielabori il problema di decisione della §1.6 prendendo in esame solo la ramificazione che parte dal nodo aleatorio 3 (figura 1.2), applicando l'analisi in forma estensiva. Si indichino con θ_1, θ_2, θ_3 gli stati di natura costituiti dallo stato reale del paziente (rispettivamente: appendice perforata, appendice infiammata, dolore non specifico) e con z_1, z_2, z_3 l'osservazione sperimentale (rispettivamente: peggioramento, stazionarietà, miglioramento), e si calcolino quindi le perdite attese finali $\rho(a_i; z_j)$ dove a_1=operare e a_2=non operare. Si verifichi che le perdite attese minimali sono proprio le valutazioni dei nodi decisionali 6, 7, 8 e che la funzione di decisione ottima è quella indicata nel testo, cioè operare se $z = z_1$ oppure $z = z_2$ e non operare se $z = z_3$.

[Oss. Se ci si basa sul modello dell'esperimento statistico cambia la presentazione delle informazioni disponibili, ma la conclusione è identica]

5.3 Analisi in forma normale dei problemi parametrici

Per descrivere l'analisi in forma normale si parte ancora dai modelli decisionale e statistico come nella formula (5.2), ma l'elaborazione da eseguire è del tutto differente. L'idea essenziale è di effettuare la scelta non nell'ambito delle azioni (o decisioni terminali), cioè dello spazio A, ma nell'ambito delle funzioni di decisione, cioè delle applicazioni $\mathcal{Z} \to A$. Ricordiamo che D è la classe di tutte le possibili funzioni di decisione. Scegliere una particolare $d \in D$ significa quindi che se si ottiene il risultato sperimentale $z \in \mathcal{Z}$ si adotterà l'azione $d(z) \in A$. Ogni $d \in D$ viene valutata mediante la *funzione di rischio*:

$$R(\theta, d) = \mathbb{E}_\theta L\big(\theta, d(Z)\big) = \int_{\mathcal{Z}} L\big(\theta, d(z)\big) p_\theta(z) \mathrm{d}z \qquad (5.7)$$

dove si è ancora utilizzata (in particolare all'ultimo membro) la simbologia della formula (5.2). Condizioni di regolarità a parte, la (5.7) ha valore generale; l'integrale sarebbe al solito sostituito da una somma qualora P_θ fosse discreta. Per evitare confusioni con altri tipi di rischi (quantità diverse ma chiamate con lo stesso nome) ci riferiremo talvolta ai valori (5.7) come ai *rischi normali*. A questo punto si è ottenuto un modello di decisione in forma canonica:

$$\big(\Omega, D, R(\theta, d), K\big) \qquad (5.8)$$

dove K, che è il criterio di ottimalità, può eventualmente basarsi su una distribuzione iniziale $\pi(\cdot)$ su Ω. È quindi nel quadro del modello sopra scritto che potrà essere effettuata l'analisi preottimale, nella quale, in questo caso, i fondamentali concetti di ammissibilità di una decisione e di completezza di una classe di decisioni vanno riferite alle funzioni di decisione, valutate tramite i rischi normali. Le funzioni di decisione ottime, se esistono, sono le soluzioni del problema:

$$K(R(\cdot, d)) = \text{ minimo per } d \in D. \tag{5.9}$$

Se in particolare K è il valor medio, posto

$$r(d) = \int_\Omega R(\theta, d)\pi(\theta)\mathrm{d}\theta, \tag{5.10}$$

si tratta di risolvere il problema:

$$r(d) = \text{ minimo per } d \in D. \tag{5.11}$$

La quantità $r(d)$ viene chiamata *rischio di Bayes*; si noti che si tratta di un rischio iniziale, cioè non condizionato al risultato $Z = z$. Vedremo nella prossima sezione gli stretti legami tra le soluzioni di (5.11) e le soluzioni di (5.6). Conviene subito ribadire che l'uso tipico della forma canonica (5.8) non è quello sopra delineato, cioè un'analisi completamente bayesiana, ma un'analisi non bayesiana per cui non figura nessuna distribuzione iniziale su Ω, e K, se introdotto, non è comunque il valore atteso (che non si potrebbe calcolare in assenza di probabilità su Ω). La tecnica più usuale è quella di individuare, in base a considerazioni extra-decisionali, una sottoclasse $D_0 \subset D$ e determinare, se esistono, le funzioni di decisione $d^* \in D_0$ tali che

$$R(\theta, d^*) \le R(\theta, d) \quad \forall \theta \in \Omega, \quad \forall d \in D_0. \tag{5.12}$$

Ciò determina in un certo senso dei sub-ottimi la cui qualità dipende essenzialmente da due aspetti: (a) la validità della restrizione alla classe D_0; (b) la capacità della (5.7) di valutare in modo adeguato le funzioni di decisione.

Il punto (a) verrà discusso nelle singole applicazioni. Circa il punto (b) osserviamo che per costruzione la (5.7) valuta la funzione di decisione d non in corrispondenza di un esperimento realizzato (e, z) ma in corrispondenza di un esperimento e e con un risultato aleatorio Z. La costruzione della funzione di rischio normale (5.7) viola palesemente il Principio della verosimiglianza, perché ignora del tutto la distinzione tra risultato osservato e risultati non osservati, e la sua possibile giustificazione può basarsi in definitiva solo sul Principio del campionamento ripetuto. La connessa problematica logica è stata ampiamente illustrata nel cap.4; qui cercheremo di mettere in luce le conseguenze concrete dell'adozione dell'uno o dell'altro principio.

Esempio 5.2. Riprendiamo l'esempio 5.1. A priori le funzioni di decisione possibili sono:

$$d_1(z) = \begin{cases} a_1, & \text{se } z = z_1 \\ a_2, & \text{se } z = z_2 \end{cases}, \quad d_2(z) = \begin{cases} a_2, & \text{se } z = z_1 \\ a_1, & \text{se } z = z_2 \end{cases}, \quad d_3(z) \equiv a_1, \quad d_4(z) \equiv a_2.$$

Per il calcolo dei rischi normali si osservi che, per esempio:

$$R(\theta_1, d_1) = L(\theta_1, d_1(z_1))p_{\theta_1}(z_1) + L(\theta_1, d_1(z_2))p_{\theta_1}(z_2) =$$
$$= L(\theta_1, a_1)p_{\theta_1}(z_1) + L(\theta_1, a_2)p_{\theta_1}(z_2) = 0 \times 0.7 + 1 \times 0.3 = 0.3.$$

Completando i calcoli si trova:

$$R(\theta, d)$$

	d_1	d_2	d_3	d_4
θ_1	0.3	0.7	0	1
θ_2	0.8	3.2	4	0

Si noti che la parte destra della tabella dei rischi coincide con la tabella delle perdite; questo scende dal fatto che d_3 e d_4 sono funzioni di decisione costanti. La funzione di decisione d_2 risulta non ammissibile, naturalmente nell'ambito dello schema (5.8), in quanto dominata strettamente dalla funzione di decisione d_1. Applicando la (5.10) si trova poi:

$$r(d_1) = 0.35, \;\; r(d_2) = 0.95, \;\; r(d_3) = 0.40, \;\; r(d_4) = 0.90$$

da cui segue che la funzione di decisione ottima, nel senso di minimizzare il rischio di Bayes, è d_1, proprio come si era ottenuto con l'analisi in forma estensiva. $\diamond$

Come si vede, una impostazione bayesiana può essere realizzata sia mediante l'analisi in forma estensiva, la più naturale, sia mediante l'analisi in forma normale. Che la soluzione ottima, nell'esempio considerato, sia la stessa è un fatto sostanzialmente generale; per un più completo confronto fra i due schemi procedurali occorre però vedere le prossime due sezioni. Una impostazione frequentista deve invece basarsi sull'analisi in forma normale, ovviamente senza arrivare fino al calcolo dei rischi di Bayes non potendo disporre di probabilità iniziali.

Nel cap.4 si è presa in considerazione anche l'impostazione parzialmente condizionata. Per semplificare, supponiamo che il risultato aleatorio sia $Z = (U, V)$, che la statistica condizionante sia U, che le probabilità campionarie siano di tipo continuo. Sia $p_\theta(v; u)$ la densità di V condizionata a $U = u$, quando naturalmente il valore del parametro è θ. Allora, in corrispondenza del risultato osservato $z_0 = (u_0, v_0)$, l'impostazione parzialmente condizionata richiede di considerare un'analisi in forma normale del tipo:

$$\big(\Omega, D, R(\theta, d; u_0), K\big) \tag{5.13}$$

in cui i rischi sono calcolati secondo la formula:

$$R(\theta, d; u_0) = \int_{\mathcal{V}} L\big(\theta, d(u_0, v)\big)\, p_\theta(v; u_0) dv, \tag{5.14}$$

dove $\mathcal{V}$ è l'insieme dei possibili valori della statistica V. In molti casi, come sappiamo dal cap. 4, se $\theta = (\lambda, \gamma)$ e interessa solo λ, il condizionamento è introdotto allo scopo di avere $p_\theta(v; u_0)$ dipendente da θ solo tramite λ. Il fatto che γ non interessi si traduce, in termini decisionali, nell'assunzione che anche $L(\theta, a)$ dipende da θ solo tramite λ, sicché in definitiva in tali casi la (5.14) potrà direttamente scriversi con λ al posto di θ. È importante osservare che in questa impostazione la valutazione dei rischi non si può effettuare prima dell'esperimento, perché è la valutazione stessa che dipende dal risultato tramite la statistica U.

Esercizi

5.2. Riprendere gli esempi 1.7 e 1.8 e verificare che si tratta nel primo caso di una applicazione dell'analisi in forma estensiva e nel secondo caso di una applicazione dell'analisi in forma normale.

5.3. Rappresentare graficamente il problema degli esempi 5.1 e 5.2, verificando in particolare, con la tecnica della § 1.10, che d_2 è inammissibile.

5.4. Riprendendo l'esercizio 5.1, si consierino le funzioni di decisione

$$d^*(z) = \begin{cases} a_1, & \text{se } z = z_1, z_2 \\ a_2, & \text{se } z = z_3 \end{cases}, \qquad d'(z) = \begin{cases} a_1, & \text{se } z = z_1 \\ a_2, & \text{se } z = z_2, z_3 \end{cases}.$$

Calcolare $R(\theta, d^*)$ e $R(\theta, d')$ e verificare che, con le probabilità iniziali indicate, è $r(d^*) < r(d')$.

[Sugg. Utilizzare la tabella dell'esercizio 1.31]

5.5. Completando l'esercizio precedente calcolare la funzione $R(\theta, d)$ per le 8 possibili funzioni di decisione e determinare la classe completa minimale.

[Sol. Si ottiene la classe $\{d^*, d'\}$]

5.4 Relazioni fra forma estensiva e forma normale

Dimostreremo in questa sezione che le funzioni di decisione che sono ottime nel senso dell'analisi estensiva risultano in sostanza ottime anche nel senso dell'analisi normale, e viceversa. Sotto questo profilo, le due forme di analisi risultano equivalenti, anche se in pratica l'analisi estensiva è più semplice in quanto minimizzare sullo spazio A è generalmente più agevole che minimizzare sullo spazio funzionale D. Sotto altri aspetti, però, le due forme di analisi possono suggerire valutazioni in un certo senso contrastanti; di questo si tratterà nella § 5.5.

Dato un problema di decisione statistica caratterizzato dai due modelli che figurano nella formula (5.2), denotiamo con D_E^* e D_N^* le classi di funzioni di decisione ottime nel senso dell'analisi estensiva e, rispettivamente, nel senso dell'analisi normale. Più precisamente, con i soliti simboli, sia:

$$d^* \in D_E^* \quad \Leftrightarrow \quad \rho(d^*(z); z) \le \rho(a; z) \ \forall a \in A, \ \forall z \in \mathcal{Z} \qquad (5.15)$$

$$d^* \in D_N^* \quad \Leftrightarrow \quad r(d^*) \le r(d) \ \forall d \in D. \qquad (5.16)$$

Distingueremo il caso in cui Ω e $\mathcal{Z}$ sono finiti dal caso generale perché quest'ultimo richiede alcune limitazioni particolari.

Teorema 5.1. *Se $\Omega = \{\theta_1, \theta_2, ..., \theta_m\}$, $\mathcal{Z} = \{z_1, z_2, ..., z_k\}$, $prob(Z = z_h) > 0$ per $h = 1, 2, ..., k$, si ha $D_E^* = D_N^*$.*

Dimostrazione. Possiamo scrivere:

$$r(d) = \sum_{i=1}^{m} \sum_{h=1}^{k} L\big(\theta_i, d(z_h)\big) p_{\theta_i}(z_h)\pi(\theta_i) = \sum_{i=1}^{m} \sum_{h=1}^{k} L\big(\theta_i, d(z_h)\big)\pi(\theta_i; z_h)m(z_h) =$$

$$= \sum_{h=1}^{k} \rho(d(z_h); z_h)m(z_h) \tag{5.17}$$

dove le $m(z_h) = \mathrm{prob}(Z = z_h)$ $(h = 1, 2, ..., k)$ sono le probabilità predittive iniziali. Poiché si è assunto $m(z_h) > 0$ per ogni h, risultano equivalenti le procedure:

(a) minimizzare direttamente $r(d)$ per $d \in D$, determinando la funzione di decisione ottima d^*;

(b) minimizzare $\rho(a; z_h)$ rispetto ad $a \in A$ $(h = 1, 2, ..., k)$, determinando gli ottimi $a_1^*, a_2^*, ..., a_k^*$ in corrispondenza di $z_1, z_2, ..., z_k$, e porre $d^*(z_h) = a_h^*$.

Ne segue la tesi. Si noti che se si avesse, per qualche z_h, $m(z_h) = 0$, la scelta dell'azione terminale $d(z_h)$ sarebbe irrilevante. $\square$

La condizione $m(z_h) > 0$ per $h = 1, 2, ..., k$ merita un ulteriore commento. Tale condizione è soddisfatta se e solo se in corrispondenza ad ogni possibile risultato z_h esiste un θ_i tale che

$$\pi(\theta_i) > 0, \quad p_{\theta_i}(z_h) > 0,$$

e quindi esiste una coppia (θ_i, z_h), $i = 1, 2, ..., m$, con probabilità strettamente positiva. Ciò accade in qualunque modellizzazione ragionevole, perché non avrebbe senso introdurre risultati sperimentali che abbiano probabilità nulla per ogni θ_i considerato possibile.

Passando al caso generale, premettiamo che saranno ancora usate, per semplicità, le notazioni del continuo; tutte le argomentazioni sono facilmente estendibili, con adattamenti minimi, agli altri casi. Al solito (v. cap. 4) denotiamo con $\psi(\theta, z)$ la densità di (Θ, Z), con $\pi(\theta)$ e $m(z)$ le densità marginali, con $\pi(\theta; z)$ e $p_\theta(z)$ le densità condizionate. Assumiamo poi alcune condizioni di regolarità: per tutte le $d \in D$ deve essere possibile invertire l'ordine di integrazione nel calcolo del rischio di Bayes $r(d)$; si può cioè scrivere:

$$r(d) = \int_{\Omega \times \mathcal{Z}} L\big(\theta, d(z)\big)\psi(\theta, z)\mathrm{d}\theta\mathrm{d}z = \int_{\mathcal{Z}} \Big(\int_{\Omega} L\big(\theta, d(z)\big)\pi(\theta; z)\mathrm{d}\theta \Big)m(z)\mathrm{d}z =$$

$$= \int_{\mathcal{Z}} \rho(d(z); z)m(z)\mathrm{d}z = \int_{\Omega} \Big(\int_{\mathcal{Z}} L\big(\theta, d(z)\big)p_\theta(z)\mathrm{d}z \Big)\pi(\theta)\mathrm{d}\theta =$$

$$= \int_{\Omega} R(\theta, d)\pi(\theta)\mathrm{d}\theta. \tag{5.18}$$

Definiamo ora la classe $\widetilde{D}_E$ delle funzioni di decisione quasi certamente ottime in senso estensivo, ponendo:

$$\widetilde{d} \in \widetilde{D}_E \Leftrightarrow \exists\, d_E^* \in D_E^* \text{ tale che } \widetilde{d}(z) = d_E^*(z) \text{ per } z \in \mathcal{Z} - \mathcal{N} \tag{5.19}$$

dove $\mathcal{N}$ è un sottoinsieme di $\mathcal{Z}$, in generale dipendente da $\tilde{d}$, tale che $\mathrm{prob}(Z \in \mathcal{N}) = 0$. È evidente che $D_E^* \subseteq \tilde{D}_E$. Possiamo ora stabilire il teorema di equivalenza nella forma più ampia:

Teorema 5.2. *Se $D_E^* \neq \emptyset$ ed esiste $d \in D$ tale che $r(d) < +\infty$, allora si ha:*

$$\tilde{D}_E = D_N^*. \tag{5.20}$$

Dimostrazione. Verifichiamo anzitutto che $\tilde{D}_E \subseteq D_N^*$. Prendiamo una qualunque $d_E^* \in D_E^*$ (che esiste per ipotesi). Allora si ha, per definizione:

$$\rho\big(d_E^*(z); z\big) \leq \rho(a; z) \quad \forall\, a \in A, \ \ \forall\, z \in \mathcal{Z}$$

e quindi

$$\rho\big(d_E^*(z); z\big) \leq \rho\big(d(z); z\big) \quad \forall\, d \in D, \ \ \forall\, z \in \mathcal{Z}. \tag{5.21}$$

Integrando membro a membro la (5.21) rispetto a $m(z)$, e ricordando le (5.18), si ha:

$$r(d_E^*) = \int_{\mathcal{Z}} \rho\big(d_E^*(z); z\big) m(z)\mathrm{d}z \leq \int_{\mathcal{Z}} \rho\big(d(z); z\big) m(z)\mathrm{d}z = r(d) \quad \forall\, d \in D$$

da cui $d_E^* \in D_N^*$. Questo dimostra che $D_E^* \subseteq D_N^*$. Per definizione (formula (5.19)), se $d_E^* \in D_E^*$, una qualunque $\tilde{d} \in \tilde{D}_E$ è tale che

$$r(\tilde{d}) = r(d_E^*)$$

sicché risulta anche vero che $\tilde{D}_E \subseteq D_N^*$.

Resta da dimostrare che $D_N^* \subseteq \tilde{D}_E$ e cioè che, presa una qualunque $d_N^* \in D_N^*$ si ha necessariamente $d_N^* \in \tilde{D}_E$, e quindi

$$\rho\big(d_N^*(z); z\big) = \rho\big(d_E^*(z); z\big) \ \text{ per } z \in \mathcal{Z} - \mathcal{N},$$

dove d_E^* esiste per ipotesi e $\int_{\mathcal{N}} m(z)\mathrm{d}z = 0$. Il comportamento di $\rho\big(d_N^*(z); z\big)$ è espresso da un sistema di relazioni del tipo

$$\begin{cases} \rho\big(d_E^*(z); z\big) = \rho\big(d_N^*(z); z\big) \ \text{ per } z \in \mathcal{Z}^* \\ \rho\big(d_E^*(z); z\big) < \rho\big(d_N^*(z); z\big) \ \text{ per } z \in \mathcal{Z}^{**} \end{cases} \tag{5.22}$$

dove $(\mathcal{Z}^*, \mathcal{Z}^{**})$ è una opportuna partizione di $\mathcal{Z}$. Ma si vede subito che $\mathcal{Z}^{**}$ è trascurabile; supponiamo per assurdo che sia:

$$\int_{\mathcal{Z}^{**}} m(z)dz > 0; \tag{5.23}$$

allora, integrando le (5.22) su tutto $\mathcal{Z}$ con la densità $m(z)$ e usando le (5.18) si ottiene:

$$r(d_N^*) > r(d_E^*) \tag{5.24}$$

contro l'ipotesi $d_N^* \in D_N^*$. La (5.23) è quindi falsa, l'insieme $\mathcal{Z}^{**}$ ha probabilità nulla e risulta provata la tesi $d_N^* \in \tilde{D}_E$. Si noti che abbiamo fatto implicitamente uso dell'assunzione $r(d_N^*) < +\infty$; senza questa assunzione nella (5.24) si potrebbe scrivere solo $\geq$, e ciò non produrrebbe alcuna contraddizione. $\square$

5.5 Il preordinamento parziale indotto dai rischi normali

Il principale motivo di interesse dell'analisi in forma normale non sta nella sua utilizzazione nel quadro bayesiano in alternativa all'analisi estensiva (il che, come abbiamo visto, sarebbe quasi sempre più complicato) ma nel suo impiego in un quadro non bayesiano. Si tratta cioè di riferirsi alla forma canonica (5.8) ignorando però la componenti K e la distribuzione iniziale $\pi(\cdot)$. Il modo di operare è stato sinteticamente delineato nella stessa §5.3, e verrà ripreso con molto più dettaglio nel cap.7, con riferimento a problemi ben specificati.

Mantenendoci in un quadro generale, vogliamo valutare in questa sezione alcuni aspetti delle tipiche elaborazioni dell'analisi normale. Applicando le procedure descritte nel cap.1, il modello (5.8) introduce un preordinamento parziale nello spazio D delle funzioni di decisione, ottenuto esaminando i rischi normali. Si può quindi svolgere un'analisi preottimale, basata al solito sui concetti fondamentali di *ammissibilità* delle singole funzioni di decisione e di *completezza* delle classi di funzioni di decisione. Sia in particolare D_B la classe delle funzioni di decisioni "bayesiane" (nel senso della §1.13) nel quadro del modello (5.8), cioè:

$$d^* \in D_B \quad \Leftrightarrow \quad \exists\, \Pi \in \mathbb{P}(\Omega) \text{ tale che } r(d^*) \le r(d) \quad \forall d \in D. \qquad (5.25)$$

Sotto opportune condizioni (come abbiamo visto nella §1.13), la classe D_B risulta completa. Se poi si fissa una misura di probabilità Π su Ω, D_B conterrà sicuramente ogni corrispondente decisione ottima d^*. Se vale il teorema di equivalenza 5.2, la stessa funzione di decisione d^* sarà ottima anche in senso estensivo (almeno quasi certamente), e ancora una volta le elaborazioni sui rischi normali finiranno col produrre conclusioni valide anche dal punto di vista estensivo.

Rinunciando alla introduzione di una legge di probabilità su Ω, assume particolare importanza il preordinamento parziale su D indotto dai rischi normali $R(\theta, d)$, cioè il sistema di relazioni definito dalle formule (1.3) e (1.4), con riferimento però alla forma canonica (5.8). Si deve osservare tuttavia che questo preordinamento può entrare in contrasto con il preordinamento parziale su A indotto dalle perdite $L(\theta, a)$.

Supponiamo per esempio che valgano le:

$$R(\,\cdot\,, d_2) \le R(\,\cdot\,, d_1), \quad R(\,\cdot\,, d_1) \ne R(\,\cdot\,, d_2) \qquad (5.26)$$

cioè, con la terminologia standard della teoria delle decisioni, che d_2 domini strettamente d_1. Questo dà l'idea che la funzione di decisione d_2 sia convenientemente sostituibile alla funzione di decisione d_1 *ad ogni effetto*. Detta valutazione è però strettamente condizionata alla forma canonica (5.8), ed in particolare non ha molto significato se ci si riferisce invece all'analisi in forma estensiva. Se $z_0 \in \mathcal{Z}$ è il risultato osservato, sarebbe un errore interpretare la (5.26) come un motivo per preferire l'azione $d_2(z_0)$ all'azione $d_1(z_0)$. È facile infatti rendersi conto mediante esempi che la (5.26) è compatibile perfino con l'esistenza di risultati z_0 per i quali

$$L\big(\theta, d_2(z_0)\big) > L\big(\theta, d_1(z_0)\big) \quad \forall\, \theta \in \Omega, \qquad (5.27)$$

che comporterebbero invece la scelta opposta, cioè preferire $d_1(z_0)$ a $d_2(z_0)$.

Esempio 5.3. Consideriamo il seguente esempio numerico:

	$L(\theta, a)$		$p_\theta(z)$	
	a_1	a_2	z_1	z_2
θ_1	1	2	0.20	0.80
θ_2	3	4	0.25	0.75

Le possibili funzioni di decisione sono:

$$d_1(z) = \begin{cases} a_1, & \text{se } z = z_1 \\ a_2, & \text{se } z = z_2 \end{cases}, \quad d_2(z) = \begin{cases} a_2, & \text{se } z = z_1 \\ a_1, & \text{se } z = z_2 \end{cases}, \quad d_3(z) \equiv a_1, \; d_4(z) \equiv a_2.$$

Con le usuali elaborazioni si trova:

	$R(\theta, d_1)$	$R(\theta, d_2)$	$R(\theta, d_3)$	$R(\theta, d_4)$
θ_1	1.80	1.20	1	2
θ_2	3.75	3.25	3	4

Procediamo ora al confronto fra d_1 e d_2. Usando le funzioni di rischio si ha $R(\theta, d_1) > R(\theta, d_2)$ per ogni θ, quindi d_2 domina strettamente d_1. Se si considera il risultato z_1, poiché $d_1(z_1) = a_1$, $d_2(z_1) = a_2$, si ha però

$$L\big(\theta, d_1(z_1)\big) = L(\theta, a_1) < L\big(\theta, d_2(z_1)\big) = L(\theta, a_2) \text{ per ogni } \theta.$$

Pertanto la scelta entro la sottoclasse $D_0 = \{d_1, d_2\}$ della funzione di decisione dominante d_2 (nel senso dei rischi normali) comporta, se il risultato è z_1, la scelta della decisione terminale $d_2(z_1) = a_2$ che è dominata da a_1 (con riferimento alle funzioni di perdita). C'è quindi qui una sostanziale incoerenza tra elaborazione in forma normale ed elaborazione in forma estensiva; il punto chiave è che D_0 non è la classe di *tutte* le funzioni di decisione, ma una sottoclasse qualsiasi. Accade in questo caso che, comunque scegliamo delle probabilità iniziali sugli stati di natura (purché non nulle), l'unica funzione di decisione ottima in senso estensivo è d_3, che non è contenuta in D_0. Pertanto, se vogliamo limitare l'esame alla classe D_0, viene meno una delle condizioni per la validità del teorema 5.2; infatti in questo caso la condizione $D_E^* \neq \emptyset$ dovrebbe essere riscritta come $D_E^* \cap D_0 \neq \emptyset$, e nel caso in esame ciò non si verifica. Va sottolineato che il contrasto evidenziato non dipende in alcun modo dall'uso di probabilità iniziali su Ω, che nel ragionamento non vengono coinvolte.

$\diamond$

L'esempio 5.3 è in una certa misura artificioso perché prevede l'esistenza di una decisione terminale dominata, il che non è molto realistico nelle applicazioni concrete. Applicazioni dell'argomentazione in contesti più plausibili verranno considerate nei capitoli successivi; l'esempio serve comunque a dimostrare che può esserci un contrasto tra il preordinamento su A indotto dai rischi normali (in corrispondenza di un determinato risultato) e l'altro pre-ordinamento su A indotto dalle perdite, che è invece un dato del problema. Nessuna elaborazione ragionevole dovrebbe far preferire un'azione dominata ad un'azione dominante; basarsi sui rischi normali per scegliere la decisione terminale può perfino essere considerato come l'applicazione di un criterio di scelta non monotono nel senso della § 1.3.

A stretto rigore, questo risultato non è paradossale. I rischi normali, per costruzione, valutano il comportamento di una funzione di decisione in relazione a uno spazio di risultati possibili, non ad un risultato determinato. Nell'esempio 5.3, il cattivo comportamento di d_2 in corrispondenza di z_1 viene riequilibrato, in media, da un comportamento migliore (rispetto a d_1) quando si osserva z_2. La questione di fondo è se l'uso dei rischi normali ai fini del confronto fra le funzioni di decisione viene effettuato in problemi post-sperimentali o in problemi pre-sperimentali. Nessuna obiezione si potrebbe portare in questo secondo caso; nel primo caso si ha invece una versione decisionale della controversia tra adozione o meno del principio della verosimiglianza (v. § 4.1). L'uso dei rischi normali è una naturale conseguenza dell'adozione del principio del campionamento ripetuto (v. § 4.5), ed in quel quadro c'è una esplicita rinuncia a proporre comportamenti che siano ottimali condizionatamente al risultato osservato. Non si deve dimenticare che una funzione di decisione può comportarsi bene in media e simultaneamente male in casi particolari. Adottare il principio della verosimiglianza in questo contesto significa quindi rifiutare la scelta di una decisione terminale cattiva nel caso specifico ma ottenuta applicando una funzione di decisione che produrrebbe scelte mediamente convenienti tenendo conto dei risultati sperimentali non osservati ma a priori osservabili.

Tutto ciò mostra una potenziale inadeguatezza dell'uso dei rischi normali nei problemi post-sperimentali. La qualifica *potenziale* è però necessaria perché ovviamente un buon comportamento in media (quale espresso per esempio dalla (5.26)) non implica necessariamente un cattivo comportamento in corrispondenza di risultati particolari (come avviene per esempio con la (5.27)). I teoremi di equivalenza mostrano una forma di conciliabilità tra ottimalità in media e ottimalità condizionata; in generale le procedure che vengono proposte sulla base dei rischi normali, ma di cui si vuole accertare la validità da un punto di vista condizionato, dovrebbero comunque essere sottoposte ad un riesame specifico, le cui conclusioni non sono scontate a priori.

6

Analisi in forma estensiva

6.1 Stima puntuale per parametri reali

I problemi di stima puntuale di un parametro rientrano nella categoria dei problemi ipotetici (o strutturali) delineata all'inizio della § 5.1. Mantenendo la stessa simbologia della sezione indicata, possiamo darne una caratterizzazione mediante le seguenti formule:

$$A = \Omega, \quad L(\theta, a) = 0 \text{ se } \theta = a, \quad L(\theta, a) \geq 0 \text{ se } \theta \neq a. \tag{6.1}$$

Le (6.1) mostrano che come azioni possibili si considerano tutte e sole le ipotesi, che la scelta ottima consiste nell'individuare l'ipotesi "vera", che qualunque altra azione comporta una perdita positiva o nulla (ma spesso strettamente positiva). Le (6.1) sono compatibili anche con la presenza di un modello non parametrico (vedi esempio 3.6); in tal caso θ potrebbe individuare una qualunque distribuzione di probabilità su $\mathcal{Z}$. In questa sezione prenderemo in considerazione solo il caso in cui le ipotesi siano rappresentate dai valori di parametri reali, per cui cioè sia $\Omega \subseteq \mathbb{R}^1$. Le funzioni di perdita più comunemente usate sono:

$$L(\theta, a) = (\theta - a)^2 \quad \text{(perdita quadratica)} \tag{6.2}$$

$$L(\theta, a) = w(\theta)(\theta - a)^2 \text{ con } w(\theta) \geq 0 \quad \text{(perdita quadratica ponderata)} \tag{6.3}$$

$$L(\theta, a) = |\theta - a| \quad \text{(perdita assoluta)} \tag{6.4}$$

$$L(\theta, a) = \begin{cases} b(\theta - a), & \theta \geq a \\ c(a - \theta), & \theta \leq a \end{cases} \quad \text{con } b, c > 0 \quad \text{(perdita lineare asimmetrica)} \tag{6.5}$$

$$L(\theta, a) = \begin{cases} 0, & |\theta - a| \leq \varepsilon \\ 1, & |\theta - a| > \varepsilon \end{cases} \quad \text{(perdita 0-1)} \tag{6.6}$$

$$L(\theta, a) \quad \text{convessa in } a \in A \text{ per ogni } \theta \in \Omega \quad \text{(perdita convessa).} \tag{6.7}$$

La funzione (6.2) è la più comune, ed è probabilmente la più semplice da usare. Va sottolineato però che la funzione di perdita va fissata in relazione al

Piccinato L: Metodi per le decisioni statistiche. 2ª edizione.

problema e che l'uso acritico di funzioni standard è ingiustificato. Alcune caratteristiche "qualitative" delle funzioni (6.2)–(6.7) sono chiare a prima vista. Ad esempio la perdita quadratica penalizza gli errori maggiori, rispetto alla perdita assoluta, quando $|\theta - a| > 1$, ed induce in un certo senso a comportamenti prudenti. Con la (6.3) la penalizzazione viene resa dipendente anche da θ e non solo dalla distanza $|\theta - a|$; in pratica la (6.3) può essere molto diversa dalla (6.2) anche se, come vedremo, la sua elaborazione è del tutto simile. La (6.5), forse tra le meno usate nelle trattazioni classiche delle decisioni statistiche, presenta un importante elemento di flessibilità: un peso non necessariamente eguale agli errori in eccesso rispetto agli errori in difetto. È facile pensare ad estensioni della (6.5) che mantengano l'asimmetria ma non la linearità. Infine la perdita 0-1 rappresenta la situazione in cui ha interesse solo distinguere due casi: o la stima è sostanzialmente esatta (a meno di un $\varepsilon > 0$ prefissato) o è sbagliata, senza ulteriori graduazioni. Molti risultati generali vengono riferiti alla (6.7), cioè alla perdita convessa, che comprende come casi particolari tutte le precedenti esclusa la (6.6).

Come sappiamo (§ 5.2) il cuore dell'analisi in forma estensiva è il calcolo della perdita attesa finale:

$$\rho(a; z) = \mathbb{E}\big(L(\Theta, a) \mid Z = z\big) \tag{6.8}$$

dove il valore atteso al secondo membro sarà, nella gran parte delle applicazioni, un integrale ordinario o una somma. Useremo al solito la notazione corrispondente al caso continuo, denotando con $\pi(\theta; z)$ la densità finale di Θ; salvo diverso avviso, i risultati che enunceremo hanno validità generale.

La minimizzazione di (6.8), sotto le opportune condizioni di esistenza e di regolarità che assumeremo soddisfatte, è generalmente molto semplice quando la funzione di perdita appartiene ad una delle categorie (6.2)-(6.7).

Se vale la (6.2) si ha:

$$\rho(a; z) = \mathbb{E}_z\big((\Theta - a)^2\big) = \mathbb{V}_z(\Theta) + (\mathbb{E}_z\Theta - a)^2$$

dove $\mathbb{E}_z$ e $\mathbb{V}_z$ indicano il valore atteso e la varianza calcolati con la distribuzione di $\Theta \mid (Z = z)$; pertanto l'azione ottima e la perdita corrispondente sono espresse da:

$$a^* = \mathbb{E}_z\Theta, \quad \rho(a^*; z) = \mathbb{V}_z\Theta. \tag{6.9}$$

Se vale la (6.3), possiamo scrivere:

$$\rho(a; z) = \mathbb{E}_z\big(w(\Theta)(\Theta - a)^2\big)$$

e quindi, derivando:

$$\frac{\mathrm{d}\rho(a; z)}{\mathrm{d}a} = -2\,\mathbb{E}_z\big(w(\Theta)(\Theta - a)\big).$$

Annullando la derivata troviamo infine:

$$a^* = \frac{\mathbb{E}_z\big(w(\Theta) \cdot \Theta\big)}{\mathbb{E}_z w(\Theta)} \tag{6.10}$$

che, come facilmente si controlla, è un punto di minimo. La (6.10) si riduce alla (6.9) qualora la funzione ponderatrice $w(\theta)$ sia costante.

Se vale la (6.4), ricordando dall'Appendice A.3 le notazioni relative ai quantili, si ha:

$$a^* = \theta_{0.50} \tag{6.11}$$

dove $\theta_{0.50}$ è una qualunque mediana di $\Theta \mid (Z = z)$. Dimostriamo il risultato con riferimento al caso particolare in cui $\Theta \mid (Z = z)$ ha una densità $\pi(\theta; z)$ positiva su un intervallo, e quindi la mediana è unica (per il caso generale si veda l'esercizio 6.1). Poiché:

$$\rho(a; z) = \int_\Omega |\,\theta - a\,|\,\pi(\theta; z)\mathrm{d}\theta, \qquad \frac{\mathrm{d}\,|\,\theta - a\,|}{\mathrm{d}a} = 1_{(-\infty, a)}(\theta) - 1_{(a, +\infty)}(\theta),$$

derivando sotto il segno di integrale (e osservando che il punto $\theta - a$ può essere trascurato senza conseguenze) abbiamo:

$$\frac{\mathrm{d}\rho(a; z)}{\mathrm{d}a} = \int_{-\infty}^{a} \pi(\theta; z)\mathrm{d}\theta - \int_{a}^{+\infty} \pi(\theta; z)\mathrm{d}\theta$$

da cui, annullando, ricaviamo la soluzione (6.11), che evidentemente è di minimo.

Se vale la (6.5), l'azione ottima risulta:

$$a^* = \theta_q, \qquad \text{con } q = \frac{b}{b + c} \tag{6.12}$$

dove θ_q è l'appropriato quantile di $\Theta \mid (Z = z)$. Per dimostrarlo, limitiamoci ancora al caso particolare che $\pi(\theta; z)$ sia una densità (ma il risultato potrebbe essere dimostrato in generale, ricorrendo alla nozione di quantile ricordata nella §A.3). Si ha:

$$\rho(a; z) = c \int_{-\infty}^{a} (a - \theta)\pi(\theta; z)\mathrm{d}\theta + b \int_{a}^{+\infty} (\theta - a)\pi(\theta; z)\mathrm{d}\theta;$$

derivando sotto il segno di integrale troviamo:

$$\frac{\mathrm{d}\rho(a; z)}{\mathrm{d}a} = c \int_{-\infty}^{a} \pi(\theta; z)\mathrm{d}\theta - b \int_{a}^{+\infty} \pi(\theta; z)\mathrm{d}\theta =$$

$$= c \int_{-\infty}^{a} \pi(\theta; z)\mathrm{d}\theta - b\left(1 - \int_{-\infty}^{a} \pi(\theta; z)\mathrm{d}\theta\right) = (b + c)\int_{-\infty}^{a} \pi(\theta; z)\mathrm{d}\theta - b.$$

Annullando, si trova la soluzione (6.12), che è evidentemente di minimo.

Se vale la (6.6), si ha:

$$\rho(a; z) = \mathrm{prob}(|\,\Theta - a\,| > \varepsilon \mid Z = z) = 1 - \mathrm{prob}(|\,\Theta - a\,| \le \varepsilon \mid Z = z).$$

Pertanto è ottima ogni azione a^* tale che l'intervallo $[a^* - \varepsilon, a^* + \varepsilon]$ abbia probabilità finale massima, cioè, sinteticamente, che sia un intervallo modale per la distribuzione finale.

Se vale la (6.7), è facile dimostrare che anche $\rho(a; z)$ è convessa nella variabile a; infatti dalla convessità di $L(\theta, \cdot)$, cioè dalla relazione (v. Appendice B):

$$L(\theta, \lambda a' + (1 - \lambda)a'') \leq \lambda L(\theta, a') + (1 - \lambda)L(\theta, a''),$$

che vale per ogni $\lambda \in [0, 1]$ e per ogni $\theta \in \Omega$, comunque si prefissi la coppia (a', a''), si trae:

$$\begin{aligned}
\rho(&\lambda a' + (1 - \lambda)a''; z) \\
&= \mathbb{E}_z\Big(L(\Theta, \lambda a' + (1 - \lambda)a'')\Big) \leq \mathbb{E}_z\Big(\lambda L(\Theta, a') + (1 - \lambda)L(\Theta, a'')\Big) = \\
&= \lambda \mathbb{E}_z L(\Theta, a') + (1 - \lambda)\mathbb{E}_z L(\Theta, a'') = \lambda \rho(a'; z) + (1 - \lambda)\rho(a''; z)
\end{aligned}$$

che è la convessità di $\rho(\cdot; z)$. In base al teorema B.9, esiste allora un insieme convesso A^* di punti di minimo, insieme che si riduce ad un solo punto a^* se L (e quindi ρ) è strettamente convessa. È utile ricordare che in queste condizioni se a^* è un punto di minimo locale per $\rho(a; z)$, è anche un punto di minimo globale.

Esempio 6.1. Consideriamo un campione casuale $z = (x_1, x_2, ..., x_n)$ proveniente da una distribuzione Bin$(1,\theta)$ ed assumiamo per il parametro incognito Θ una distribuzione iniziale Beta(α, β). È noto (v. esempio 4.5) che la distribuzione finale di Θ è del tipo Beta$(\alpha + s, \beta + n - s)$, dove $s = \sum x_i$. La stima ottima del parametro dipende naturalmente anche dalla funzione di perdita. Con la perdita quadratica (6.2) si trova:

$$a^* = \frac{\alpha + s}{\alpha + \beta + n}$$

e quindi, per $\alpha \to 0$ e $\beta \to 0$, la stima tradizionale (che è anche stima di massima verosimiglianza) s/n. In queste condizioni l'uso della stima tradizionale corrisponde, nella impostazione bayesiana, ad assumere una densità iniziale impropria proporzionale a $(\theta(1 - \theta))^{-1}$ (densità di Haldane). La particolarità di questa distribuzione è di concentrare la massa sugli estremi 0 e 1; non specificando il contesto reale, questa valutazione è legittima come qualsiasi altra (a parte il carattere approssimato legato alla sua natura impropria) ma è tuttavia presumibilmente "strana" in molte applicazioni concrete.

Cambiando la funzione di perdita, però, la distribuzione iniziale che fa coincidere la stima bayesiana con quella tradizionale può essere molto più comune.

Consideriamo una perdita del tipo (6.3), e cioè:

$$L(\theta, a) = \frac{(\theta - a)^2}{\theta(1 - \theta)};$$

si osservi che questa perdita introduce una forte penalizzazione per gli errori di stima quando Θ è vicino a 0 o a 1. Si ha allora:

$$\rho(a;z) = \frac{1}{B(\alpha+s,\beta+n-s)} \int_0^1 \frac{(\theta-a)^2}{\theta(1-\theta)} \theta^{\alpha+s-1}(1-\theta)^{\beta+n-s-1}\,\mathrm{d}\theta =$$

$$= \frac{B(\alpha+s-1,\beta+n-s-1)}{B(\alpha+s,\beta+n-s)} \frac{\int_0^1 (\theta-a)^2\theta^{\alpha+s-2}(1-\theta)^{\beta+n-s-2}\,\mathrm{d}\theta}{B(\alpha+s-1,\beta+n-s-1)}.$$

Si noti che:

$$\frac{B(\alpha+s-1,\beta+n-s-1)}{B(\alpha+s,\beta+n-s)} = \frac{(\alpha+\beta+n-1)(\alpha+\beta+n-2)}{(\alpha+s-1)(\beta+n-s-1)}$$

e che la seconda frazione può vedersi come un integrale riferito alla densità Beta $(\alpha+s-1,\beta+n-s-1)$. Ne viene che l'azione ottima è:

$$a^* = \frac{\alpha+s-1}{\alpha+\beta+n-2}$$

e coincide con la stima tradizionale s/n quando $\alpha = \beta = 1$, cioè quando per Θ si assume una distribuzione iniziale uniforme. $\diamond$

Esempio 6.2. Consideriamo, come nell'esempio 4.7, un campione casuale di $n = 25$ elementi da una distribuzione Bin$(1,\theta)$, con $\sum x_i = 15$. Assumiamo che la legge iniziale per Θ sia uniforme, e quindi che la distribuzione finale sia Beta(16,11). Con le perdite:

(a) $L(\theta,a) = \begin{cases} \theta - a, & \theta \geq a \\ 3(a-\theta), & \theta \leq a \end{cases}$

(b) $L(\theta,a) = |\,\theta - a\,|$

(c) $L(\theta,a) = \begin{cases} 3(\theta-a), & \theta \geq a \\ a-\theta, & \theta \leq a \end{cases}$

le azioni ottime sono il primo, il secondo e il terzo quartile della densità Beta(16,11), riportati nella tabella dell'esempio citato; quindi risultano rispettivamente $a^* = 0.53$, $a^* = 0.59$, $a^* = 0.66$. La principale differenza fra (a) e (c) sta nel fatto che la prima penalizza maggiormente gli errori di sovrastima; questo spiega un valore relativamente piccolo di a^*. Consideriamo ora le perdite:

(d) $L(\theta,a) = (\theta - a)^2$

(e) $L(\theta,a) = \dfrac{(\theta - a)^2}{\theta(1-\theta)}$

(f) $L(\theta,a) = \theta(1-\theta)(\theta-a)^2$

(g) $L(\theta,a) = 1_{[a-\varepsilon,a+\varepsilon]}(\theta)$

e determiniamo le corrispondenti azioni ottime. Nel caso (d) è la media finale, cioè $a^* = 0.59$; nel caso (e) è $a^* = 0.60$ (v. esempio 6.1); nel caso (f) è la media della distribuzione Beta(17,12), quindi $a^* = 0.59$; nel caso (g) è la moda della distribuzione Beta(16, 11), cioè $a^* = 0.60$. Come si vede, si hanno differenze sensibili solo usando funzioni di perdita molto diverse tra loro.   ◇

Esercizi

6.1. * Dimostrare la (6.11) sotto condizioni generali.

[Sugg. Si dimostri preliminarmente che, considerato un valore arbitrario $\delta \in \mathbb{R}^1$, si ha

$$L(\theta, \theta_{0.50}) - L(\theta, \delta) \leq \begin{cases} \theta_{0.50} - \delta, & \text{se } \theta \leq \theta_{0.50} \\ \delta - \theta_{0.50}, & \text{se } \theta > \theta_{0.50} \end{cases}.$$

Distinguendo i casi $\theta \leq \theta_{0.50}$ e $\theta \geq \theta_{0.50}$, si scriva la diseguaglianza in forma compatta utilizzando le funzioni indicatrici e si prendano i valori attesi]

6.2. Sulla base di un campione casuale $z = (x_1, x_2, ..., x_n)$ proveniente da una distribuzione N(θ,1) si vuole stimare θ. Si verifichi che, assumendo $\Theta \sim \text{N}(\alpha, 1/\beta)$, le funzioni di perdita (6.2), (6.4), (6.6) producono come azione ottima la media finale $(\beta\alpha + n\bar{x})/(\beta + n)$.

6.3. Sia dato un campione casuale da una distribuzione EN(θ) e assumiamo $\Theta \sim \text{Gamma}(\delta, \lambda)$. Si determini la stima ottima a^* di θ utilizzando la perdita quadratica. Successivamente si riparametrizzi il modello statistico scrivendolo come EN($1/\mu$) e si assuma $M \sim \text{GammaInv}(\delta,\lambda)$. Si verifichi che le distribuzioni iniziali si equivalgono e che la nuova stima ottima di μ è un valore a^{**} diverso da $1/a^*$.

[Oss. È naturale che la perdita quadratica abbia conseguenze diverse se riferita a θ o a $\mu = 1/\theta$]

6.4. * Nell'esempio 4.4 si è studiata la robustezza della probabilità di una ipotesi al variare della distribuzione iniziale in una determinata classe Γ. Lo stesso problema può essere proposto nel quadro decisionale, valutando le conseguenze della scelta di una azione $a' \in A$ al variare di π in Γ: indicando con a_π^* l'azione ottima in corrispondenza alla distribuzione iniziale π e al risultato $z \in \mathcal{Z}$, serve allora determinare:

$$\psi(a') = \sup_{\pi \in \Gamma} \mid \rho(a'; z) - \rho(a_\pi^*; z) \mid$$

dove naturalmente anche $\rho(a'; z)$ è calcolato sulla base della densità iniziale π. Si ha una situazione robusta se ψ è abbastanza piccolo. Applicare questa tecnica al problema della stima di θ nello stesso quadro dell'esempio 4.4 (schema binomiale, classe Γ costituita dalle densità Beta(α, α) con $1.0 \leq \alpha \leq 8.0$)

con riferimento alla stima di massima verosimiglianza $a' = s/n$ e usando la perdita quadratica $L(\theta, a) = (\theta - a)^2$. Dare l'espressione generale per $\psi(a')$ e sviluppare il calcolo numerico per il caso $n = 30$, $s = 10$.

[Oss. In questo caso particolare a' non è ottima rispetto a nessuna $\pi \in \Gamma$; nelle applicazioni più usuali, invece, Γ contiene anche la distribuzione rispetto a cui l'azione a' è ottima]

6.5. La funzione di perdita $L(\theta, a) = \left(\frac{a}{\theta} - 1\right)^2$, che rientra nel tipo (6.3), ha la caratteristica di prendere in considerazione non le differenze $|\theta - a|$, come la (6.2), ma i rapporti $\frac{a}{\theta}$ e può essere adatta, per esempio, a problemi di stima di parametri positivi. Dato un campione da una distribuzione N(0,θ), si confrontino le stime ottime di θ ottenute con la perdita $(\theta - a)^2$ e con la perdita $\left(\frac{a}{\theta} - 1\right)^2$, adoperando in ogni caso una distribuzione iniziale per Θ del tipo Gamma inversa(δ,λ).

6.6. Un'altra funzione di perdita, utilizzata in specifici contesti applicativi,è la cosiddetta perdita lineare-esponenziale:

$$L(\theta, a) = c\big(e^{b(a-\theta)} - b(a - \theta) - 1\big)$$

dove $c > 0$ e $b \neq 0$. Si rappresentino graficamente i valori delle perdite in corrispondenza di $x = a - \theta$ e ponendo $b = 1$ e $b = 2$. Si dimostri poi che l'azione ottima è:

$$a^* = -\frac{1}{b} \log \mathbb{E}_z(e^{-b\Theta}).$$

6.7. * Una diversa impostazione concettuale per la definizione di una funzione di perdita può riferirsi al fatto che la stima di θ (rappresentata dall'azione $a \in A$) serve ad approssimare la "vera" legge di generazione dei dati $p_\theta(\cdot)$. Una classe di funzioni di perdita è quindi espressa dalla formula:

$$L(\theta, a) = D\big(p_\theta(\cdot), p_a(\cdot)\big)$$

dove D esprime una qualche "distanza" tra le distribuzioni $p_\theta(\cdot)$ e $p_a(\cdot)$. Verificare che, scegliendo come D la divergenza di Kullback-Leibler (esercizio 1.28) e considerando il problema della stima di θ dato un campione della distribuzione N($\theta, 1$), la regola appena indicata fornisce lo stesso risultato della funzione di perdita (6.2).

[Oss. È una immediata conseguenza di quanto visto nell'esercizio 1.29]

6.2 Stima puntuale per parametri vettoriali

Consideriamo ora il caso $\Omega \subseteq \mathbb{R}^k$, $k > 1$. Dal punto di vista concettuale non vi sono novità di rilievo rispetto al caso trattato nella sezione precedente, anche se in generale i calcoli si presentano più complicati. Tutte le funzioni di perdita da (6.2) a (6.7) possono essere estese con poche e ovvie modifiche; naturalmente con $|\theta - a|$ si intenderà la distanza euclidea (o un'altra distanza opportunamente prefissata). Qualche complicazione si incontra con la formula (6.5) perché il vettore $(\theta - a)$ ha k componenti e quindi occorrerebbe distinguere 2^k casi. Studieremo in dettaglio solo una estensione della perdita quadratica (6.2).

Sia $Q = [q_{ij}]$ $(i, j = 1, 2, ..., k)$ una qualunque matrice $k \times k$ definita positiva, che senza restrizione si può assumere simmetrica $(q_{ij} = q_{ji})$; poniamo quindi:

$$L(\theta, a) = (\theta - a)^\top Q (\theta - a). \tag{6.13}$$

La (6.13) è una forma quadratica nelle componenti $(\theta_1 - a_1)$, $(\theta_2 - a_2)$,..., $(\theta_k - a_k)$ del vettore $(\theta - a)$, e risulta a sua volta definita positiva; pertanto le condizioni (6.1) risultano soddisfatte e si ha anzi $L(\theta, a) = 0 \Leftrightarrow \theta = a$. Osserviamo che, posto:

$$\mathbb{E}_z \Theta = \begin{bmatrix} \mathbb{E}_z \Theta_1 \\ \mathbb{E}_z \Theta_2 \\ \cdots \\ \mathbb{E}_z \Theta_k \end{bmatrix}, \tag{6.14}$$

la (6.13) può scomporsi come segue:

$$\begin{aligned} L(\theta, a) &= (\theta - \mathbb{E}_z \Theta + \mathbb{E}_z \Theta - a)^\top Q (\theta - \mathbb{E}_z \Theta + \mathbb{E}_z \Theta - a) = \\ &= (\theta - \mathbb{E}_z \Theta)^\top Q (\theta - \mathbb{E}_z \Theta) + 2(\mathbb{E}_z \Theta - a)^\top Q (\theta - \mathbb{E}_z \Theta) + \\ &\quad + (\mathbb{E}_z \Theta - a)^\top Q (\mathbb{E}_z \Theta - a). \end{aligned}$$

Per il calcolo della perdita attesa $\rho(a; z) = \mathbb{E}_z L(\Theta, a)$ osserviamo che il doppio prodotto al secondo membro si annulla perché $\mathbb{E}_z(\Theta - \mathbb{E}_z \Theta) = 0_k$ (dove 0_k è un vettore colonna con k zeri) e quindi

$$\rho(a; z) = \mathbb{E}_z \left((\Theta - \mathbb{E}_z \Theta)^\top Q (\Theta - \mathbb{E}_z \Theta) \right) + (\mathbb{E}_z \Theta - a)^\top Q (\mathbb{E}_z \Theta - a).$$

Ne segue che l'azione ottima è:

$$a^* = \mathbb{E}_z \Theta, \tag{6.15}$$

indipendentemente dalla matrice Q prescelta, e che la corrispondente perdita attesa è:

$$\rho(a^*; z) = \mathbb{E}_z \left((\Theta - \mathbb{E}_z \Theta)^\top Q (\Theta - \mathbb{E}_z \Theta) \right). \tag{6.16}$$

Supponiamo che, condizionatamente a $Z = z$, Θ abbia una matrice varianze-covarianze $V = [v_{ij}]$ $(i, j = 1, 2, ..., k)$. Allora alla (6.16) si può dare una forma più facilmente calcolabile, in quanto, posto per semplicità $\Lambda = \Theta - \mathbb{E}_z\Theta$ e $\Lambda_i = \Theta_i - \mathbb{E}_z\Theta_i$, si ha:

$$\rho(a^*; z) = \mathbb{E}_z(\Lambda^\top Q\Lambda) = \mathbb{E}_z\Big(\sum_i\sum_j q_{ij}\Lambda_i\Lambda_j\Big) = \sum_i\sum_j q_{ij}\mathbb{E}_z(\Lambda_i\Lambda_j) =$$

$$= \sum_i\sum_j q_{ij}v_{ij} = \sum_i\sum_j q_{ji}v_{ij} \ ;$$

si noti che $\sum_j q_{ji}v_{ij}$ è il generico elemento della matrice QV, per cui si ha infine:

$$\rho(a^*; z) = \mathrm{tr}(QV) \tag{6.17}$$

dove l'operatore traccia (denotato con "tr") è la somma degli elementi sulla diagonale principale e si è sfruttata la simmetria di Q. Si osservi che se Q è la matrice identità, $\rho(a^*; z)$ risulta la traccia della matrice varianze-covarianze a posteriori di Θ, che è una classica misura di variabilità multidimensionale.

Esempio 6.3. Si vuole stimare il parametro vettoriale $\theta = (\mu, \gamma)$ sulla base di un campione casuale $z = (x_1, x_2, ..., x_n)$ tratto da una distribuzione $\mathrm{N}(\mu, 1/\gamma)$. Consideriamo una perdita del tipo (6.13), cioè, ponendo $\theta = (\mu, \gamma)$ e $a = (a_1, a_2)$:

$$L(\mu, \gamma, a_1, a_2) = q_{11}(\mu - a_1)^2 + 2q_{12}(\mu - a_1)(\gamma - a_2) + q_{22}(\gamma - a_2)^2$$

dove $Q = [q_{ij}]$ è una qualsiasi matrice definita positiva. Si noti che a questo scopo occorre e basta che sia $q_{11} > 0$, $q_{11}q_{22} > q_{12}^2$.

Adottando per il parametro aleatorio $\Theta = (M, \Gamma)$ una distribuzione iniziale del tipo $\mathrm{NGamma}(\alpha, \tau, \delta, \lambda)$ (v. esercizio 4.16), otteniamo come distribuzione finale una densità $\mathrm{NGamma}(\alpha_1, \tau_1, \delta_1, \lambda_1)$ con:

$$\alpha_1 = \frac{\tau\alpha + n\bar{x}}{\tau + n}, \quad \tau_1 = \tau + n, \quad \delta_1 = \delta + \frac{1}{2}n, \quad \lambda_1 = \lambda + \frac{ns^2}{2} + \frac{n\tau(\alpha - \bar{x})^2}{2(\tau + n)},$$

dove $\bar{x} = \sum x_i/n$ e $s^2 = \sum(x_i - \bar{x})^2/n$. Come sappiamo (Appendice C), si ha $\mathbb{E}_z M = \alpha_1$, $\mathbb{E}_z\Gamma = \dfrac{\delta_1}{\lambda_1}$, sicché la stima ottima è costituita da:

$$\left(a_1^* = \frac{\tau\alpha + n\bar{x}}{\tau + n}, \quad a_2^* = \frac{2\delta + n}{2\lambda + ns^2 + \frac{n\tau(\alpha - \bar{x})^2}{\tau + n}}\right).$$

Ponendo formalmente $\tau = \lambda = 0$, $\delta = -\frac{1}{2}$, α arbitrario, si ottiene in particolare la stima:

$$\left(a_1^* = \bar{x}, \quad a_2^* = \frac{n - 1}{ns^2}\right). \tag{6.18}$$

Ciò equivale (v. esercizio 4.16) ad assumere inizialmente una densità impropria del tipo:

$$\pi(\mu, \gamma) = \frac{\mathrm{cost}}{\gamma} \quad (\mu \in \mathbb{R}^1, \gamma > 0), \tag{6.19}$$

e quindi che, a priori, M e Γ siano stocasticamente indipendenti con densità (entrambe improprie), rispettivamente, uniforme e proporzionale a $1/\gamma$. La (6.19) è anche la distribuzione di riferimento nel senso di Berger e Bernardo (§ 4.3).

$\diamond$

Esercizi

6.8. La determinazione degli iperparametri nell'esempio 6.3 può eseguirsi sulla base dei primi due momenti delle distribuzioni marginali iniziali di (M, Γ). Si dimostri che, nelle condizioni poste (e con la ulteriore assunzione $\delta > 1$) si ha:

$$\alpha = \mathbb{E}M, \quad \tau = \frac{\mathbb{E}\Gamma}{\mathbb{V}M((\mathbb{E}\Gamma)^2 - \mathbb{V}\Gamma)}, \quad \delta = \frac{(\mathbb{E}\Gamma)^2}{\mathbb{V}\Gamma}, \quad \lambda = \frac{\mathbb{E}\Gamma}{\mathbb{V}\Gamma}.$$

6.9. Si consideri nell'esempio 6.3 la posizione $\tau = \lambda = \delta = 0$ e α arbitrario (al posto di $\tau = \lambda = 0$, $\delta = -1/2$, α arbitrario) che corrisponde alla densità $\pi(\mu, \gamma) = \text{cost}/\sqrt{\gamma}$ (equivalente a $\pi(\mu, \sigma) = \text{cost}/\sigma^2$). Si dimostri che si ha in corrispondenza $a_2^* = 1/s^2$.

6.3 Stima puntuale di una funzione parametrica

Come si è precisato nella § 3.7, il caso in cui ci interessa una funzione parametrica $\lambda = g(\theta)$ ha un rilievo speciale solo quando g non è invertibile e non c'è quindi una corrispondenza biunivoca tra i valori θ e i valori λ. Se tale corrispondenza ci fosse, si potrebbe riscrivere il modello di decisione statistica con riferimento a λ anziché a θ e non vi sarebbe nulla di nuovo.

Poniamo direttamente $\theta = (\lambda, \gamma)$, cioè consideriamo il parametro di interesse $\lambda = g(\theta)$ come una componente (scalare o vettoriale) del parametro complessivo, e il parametro di disturbo $(\gamma = h(\theta))$ come la componente residua (anch'essa scalare o vettoriale). Va ricordato che mentre la funzione g è un dato del problema, la funzione h può essere scelta in modo opportuno, purché si mantenga la rappresentazione biunivoca di θ con $(g(\theta), h(\theta))$, cioè sotto la condizione che λ e γ siano parametri complementari (v. definizione 3.6). Nel contesto decisionale, le definizioni di parametro di interesse e di disturbo possono essere formalizzate.

Definizione 6.1. *Dato un problema di decisione statistica con struttura (6.13) in cui $\lambda = g(\theta)$ e $\gamma = h(\theta)$ siano parametri complementari a variazione indipendente, si dice che λ è il* parametro di interesse *e che γ è il* parametro di disturbo *se esiste una funzione L^* tale che:*

$$L(\theta, a) = L^*(\lambda, a) \quad \forall (\lambda, \gamma) \in \Omega. \tag{6.20}$$

Nell'elaborazione del problema, quindi, il parametro di disturbo figura nel modello statistico ma non nella funzione di perdita. Per mettere in luce il diverso ruolo di λ e γ riscriviamo la (6.17), denotando con $\Theta = (\Lambda, \Gamma)$ il parametro come oggetto aleatorio e con $g(\Omega)$ e $h(\Omega)$ gli insiemi dei valori possibili per λ e γ. Usando al solito, per semplicità, la notazione standard del continuo, abbiamo:

$$\rho(a; z) = \mathbb{E}_z L(\Theta, a) = \int_{g(\Omega)} L^*(\lambda, a) \pi^\Lambda(\lambda; z) \mathrm{d}\lambda$$

dove

$$\pi^\Lambda(\lambda; z) = \int_{h(\Omega)} \pi(\lambda, \gamma; z) \mathrm{d}\gamma$$

è la densità marginale finale del parametro di interesse Λ. Si noti che sviluppando quest'ultima formula abbiamo:

$$\pi^\Lambda(\lambda; z) = c \cdot \int_{h(\Omega)} \ell(\lambda, \gamma) \pi(\lambda, \gamma) \mathrm{d}\gamma$$
$$= c \cdot \pi^\Lambda(\lambda) \int_{h(\Omega)} \ell(\lambda, \gamma) \pi^{\Gamma|\Lambda}(\gamma; \lambda) \mathrm{d}\gamma \qquad (6.21)$$

dove sono state introdotte le densità iniziali di Λ e di $\Gamma|\Lambda$. La funzione

$$\ell_{\mathrm{int}}(\lambda) = \int_{h(\Omega)} \ell(\lambda, \gamma) \pi^{\Gamma|\Lambda}(\gamma; \lambda) \mathrm{d}\gamma \qquad (6.22)$$

viene chiamata *verosimiglianza integrata* (di λ rispetto a γ) e può effettivamente essere vista come un tipo di funzione di verosimiglianza per λ, anche se solo in un quadro bayesiano (v. esercizio 6.10); in ogni caso la (6.21), riscritta come:

$$\pi^\Lambda(\lambda; z) = c \cdot \pi^\Lambda(\lambda) \cdot \ell_{\mathrm{int}}(\lambda),$$

fa emergere la somiglianza di struttura con la classica formula di Bayes. Assumendo particolari relazioni tra il parametro di interesse e quello di disturbo si possono poi avere notevoli semplificazioni (v. esercizio 6.11).

Esempio 6.4. Consideriamo il problema dell'esempio 6.3, ma utilizzando come perdita o $L'(\mu, a) = (\mu - a)^2$, nel qual caso γ risulta un parametro di disturbo, o $L''(\gamma, a) = (\gamma - a)^2$, nel qual caso il parametro di disturbo è μ. È immediato constatare che le azioni ottime, rispettivamente per i due problemi, cioè i valori attesi delle distribuzioni marginali finali, sono ancora le quantità a_1^* e a_2^* espresse dalle (6.18). $\diamond$

Esempio 6.5. Consideriamo il problema dell'esempio precedente, limitatamente alla stima di γ. Anziché usare la verosimiglianza completa $\ell(\mu, \gamma)$

possiamo ricorrere alla verosimiglianza marginale indotta dalla statistica S^2 (v. formula (3.43)), e cioè:

$$\ell_{\mathrm{marg}}(\gamma) = c \cdot \gamma^{\frac{1}{2}(n-1)} \exp\left\{ -\frac{ns^2}{2}\gamma \right\}.$$

Poiché il parametro μ non compare nella verosimiglianza marginale, il problema si riduce al caso unidimensionale. Usiamo come densità iniziale ancora la distribuzione Gamma(δ, λ), cioè:

$$\pi^{\Gamma}(\gamma) = c \cdot \gamma^{\delta-1} \exp\{-\lambda\gamma\} \quad (\gamma \geq 0;\ \delta, \lambda > 0);$$

si trova allora una densità finale:

$$\pi^{\Gamma}(\gamma; s^2) = c \cdot \gamma^{\delta + \frac{1}{2}(n-3)} \exp\left\{ -\left(\frac{ns^2}{2} + \lambda\right)\gamma \right\},$$

che è del tipo Gamma$\left(\delta + \dfrac{n-1}{2}, \lambda + \dfrac{ns^2}{2}\right)$. Il suo valore atteso, che è la stima ottima, è:

$$\frac{2\delta + n - 1}{2\lambda + ns^2}. \tag{6.23}$$

Questo risultato va confrontato con il valore a_2^* della (6.18), che dipende però anche dagli iperparametri α e τ relativi alla distribuzione marginale e condizionata di M. Se nella (6.23) $\delta \to 0$, $\lambda \to 0$ si trova al limite la stima $(n-1)/(ns^2)$ che coincide con la stima (6.18), ottenuta però con una densità iniziale (sempre impropria) lievemente diversa. ◇

Esempio 6.6. Supponiamo che il dato sperimentale z sia costituito da due campioni casuali $x = (x_1, x_2, ..., x_n)$ e $y = (y_1, y_2, ..., y_m)$ provenienti rispettivamente dalle distribuzioni N(μ_1, σ^2) e N(μ_2, σ^2). Il parametro completo è quindi $\theta = (\mu_1, \mu_2, \sigma)$. Si vuole stimare la funzione parametrica $\delta = \mu_2 - \mu_1$ assumendo come distribuzione iniziale la densità impropria:

$$\pi(\mu_1, \mu_2, \sigma) = \frac{\mathrm{cost}}{\sigma} \quad (\mu_1 \in \mathbb{R}^1, \mu_2 \in \mathbb{R}^1, \sigma > 0). \tag{6.24}$$

La densità finale risulta allora:

$$\pi(\mu_1, \mu_2, \sigma; z) = \frac{\mathrm{cost}}{\sigma}\, \ell(\mu_1, \sigma; x)\, \ell(\mu_2, \sigma; y) =$$

$$= \frac{\mathrm{cost}}{\sigma^{m+n+1}} \exp\left\{ -\frac{n}{2\sigma^2}(s_1^2 + (\mu_1 - \bar{x})^2) \right\} \exp\left\{ -\frac{m}{2\sigma^2}(s_2^2 + (\mu_2 - \bar{y})^2) \right\} =$$

$$= \frac{\mathrm{cost}}{\sigma^{m+n+1}} \exp\left\{ -\frac{1}{2\sigma^2}(q + n(\mu_1 - \bar{x})^2 + m(\mu_2 - \bar{y})^2) \right\} \tag{6.25}$$

dove

$$\bar{x} = \frac{1}{n}\sum x_i, \quad s_1^2 = \frac{1}{n}\sum(x_i - \bar{x})^2,$$

$$\bar{y} = \frac{1}{m}\sum y_i, \quad s_2^2 = \frac{1}{m}\sum(y_i - \bar{y})^2, \quad q = ns_1^2 + ms_2^2.$$

Da questa formula occorre trarre la densità finale di $\Delta = M_2 - M_1$. Procederemo in due tappe: prima calcoleremo la densità finale di (Δ, Σ), determinata dal prodotto delle densità di $\Delta|\Sigma$ e di Σ, poi integreremo rispetto alla seconda componente.

Subordinatamente a $\Sigma = \sigma$, i parametri aleatori M_1 e M_2 sono indipendenti sia a priori che a posteriori; poichè la distribuzione iniziale è per entrambi quella uniforme, la loro distribuzione finale, come si può vedere dall'esercizio 4.3, è rispettivamente del tipo $N(\bar{x}, \sigma^2/n)$ e $N(\bar{y}, \sigma^2/m)$. Pertanto:

$$\pi(\mu_1, \mu_2; \sigma, z) = \frac{\sqrt{nm}}{2\pi\sigma^2}\exp\left\{-\frac{1}{2\sigma^2}\left(n(\mu_1 - \bar{x})^2 + m(\mu_2 - \bar{y})^2\right)\right\} \quad (6.26)$$

e, sempre subordinatamente a $\Sigma = \sigma$, Δ ha una distribuzione finale del tipo $N(\bar{y} - \bar{x}, \sigma^2(\frac{1}{m} + \frac{1}{n}))$; posto $d = \bar{y} - \bar{x}$, si ha cioè:

$$\pi(\delta; \sigma, z) = \frac{\text{cost}}{\sigma}\exp\left\{-\frac{mn}{2(m+n)\sigma^2}(\delta - d)^2\right\}. \quad (6.27)$$

Per la densità marginale di Σ (sempre condizionata al risultato) si osservi che, con una notazione un po' sommaria, possiamo scrivere:

$$\pi(\mu_1, \mu_2, \sigma; z) = \pi(\mu_1, \mu_2; \sigma, z)\pi(\sigma; z)$$

per cui, ricordando le formule (6.25) e (6.26), si ha:

$$\pi(\sigma; z) = \frac{\pi(\mu_1, \mu_2, \sigma; z)}{\pi(\mu_1\mu_2; \sigma, z)} = \frac{\text{cost}}{\sigma^{m+n-1}}\exp\left\{-\frac{q}{2\sigma^2}\right\}. \quad (6.28)$$

Utilizzando infine anche la (6.27), otteniamo la densità congiunta di (Δ, Σ):

$$\pi(\delta, \sigma; z) = \pi(\delta; \sigma, z)\pi(\sigma; z)$$

$$= \frac{c}{\sigma^{m+n}}\exp\left\{-\frac{1}{2\sigma^2}\left(q + \frac{mn}{m+n}(\delta - d)^2\right)\right\}. \quad (6.29)$$

Per calcolare la distribuzione marginale di Δ basta ora integrare rispetto a σ; usando la trasformazione:

$$\frac{1}{2\sigma^2}\left(q + \frac{mn}{m+n}(\delta - d)^2\right) = u$$

si ottiene:

$$\pi(\delta; z) = \int_0^\infty \pi(\delta, \sigma; z)\mathrm{d}\sigma = \text{cost}\cdot\left(q + \frac{mn}{m+n}(\delta - d)^2\right)^{-\frac{m+n-1}{2}}.$$

Posto $g = m + n - 2$ e riordinando, possiamo anche scrivere:

$$\pi(\delta; z) = \text{cost} \cdot \left(1 + \frac{1}{g} \, \frac{(\delta - d)^2}{\frac{q}{g}\left(\frac{1}{m} + \frac{1}{n}\right)} \right)^{-\frac{m+n-1}{2}} \tag{6.30}$$

da cui risulta che si tratta di una densità di Student generalizzata con g gradi di libertà. Le principali caratteristiche di questa distribuzione sono note (v. § C.3); in particolare ai fini del problema della stima interessa che:

$$\mathbb{E}(\Delta \mid Z = z) = d, \quad \mathbb{V}(\Delta \mid Z = z) = \frac{q}{g-2}\left(\frac{1}{m} + \frac{1}{n}\right). \tag{6.31}$$

Nel caso della perdita quadratica, le (6.31) forniscono rispettivamente la stima ottima di δ e la corrispondente perdita attesa.   ◇

Esercizi

6.10. Dimostrare che $\ell_{\text{int}}(\lambda)$ (formula (6.22)), vista come funzione di z per λ fissato, è la densità di $(Z \mid \Lambda)$, proprio come se fosse la funzione di verosimiglianza di un modello statistico con l'unico parametro λ.

[Sugg. Si prenda in considerazione la v.a. (Z, Λ, M)]

6.11. Dimostrare che se Λ e M sono L-indipendenti, per cui si può scrivere $\ell(\lambda, \mu) = \ell^{\Lambda}(\lambda)\ell^{M}(\mu)$ per opportune funzioni ℓ^{Λ} e ℓ^{M}, e stocasticamente indipendenti, per cui $\pi(\lambda, \mu) = \pi^{\Lambda}(\lambda)\pi^{M}(\mu)$, allora la (6.21) si riduce a:

$$\pi^{\Lambda}(\lambda; z) = c \cdot \ell^{\Lambda}(\lambda)\pi^{\Lambda}(\lambda) \ .$$

[Oss. Se si completa l'elaborazione con il calcolo della perdita attesa (formula (6.21)), il parametro di disturbo μ risulta eliminato senza che sia necessario specificare né ℓ^{M} né π^{M}]

6.12. Si dimostri che, se si adotta la perdita 6.13 e θ contiene componenti di disturbo, la matrice Q deve essere semidefinita positiva, e non definita positiva.

6.4 Stima mediante insiemi

Nell'ambito di un determinato modello di decisione statistica vogliamo stimare l'incognito valore di un parametro reale o vettoriale θ scegliendo un insieme S entro una prefissata classe $\mathcal{S} \subseteq \mathcal{P}(\Omega)$, ad esempio tra gli insiemi sufficientemente "regolari". La funzione di perdita sarà indicata al solito con:

$$L(\theta, S), \qquad (\theta, S) \in \Omega \times \mathcal{S}. \tag{6.32}$$

Specificare la (6.32) in modo del tutto convincente non è facile, e ciò spiega perché l'approccio esplicitamente decisionale è meno usuale per i problemi di stima mediante insiemi rispetto ai problemi di stima puntuale o di test. Occorre che la (6.32) tenga conto simultaneamente di due elementi, tra loro tendenzialmente contrastanti, e cioè da una parte che un "buon" insieme di stima S deve essere "piccolo" e dall'altra che deve presumibilmente contenere il valore vero θ. Un modo di concretizzare queste esigenze è di adottare la cosiddetta *perdita monotona*, cioè di porre:

$$L(\theta, S) = F(\mathrm{mis}(S)) - 1_S(\theta) \qquad (6.33)$$

dove F è una funzione strettamente crescente e $\mathrm{mis}(S)$ è la misura naturale di S, cioè per esempio la lunghezza, l'area, il volume se S è un intervallo di $\mathbb{R}^1$, $\mathbb{R}^2$, $\mathbb{R}^3$ e la misura di probabilità finale Π_z è assolutamente continua, oppure il numero dei punti di S, se Π_z è invece discreta (nel seguito è tacitamente sempre inteso che $\pi(0; z)$ è o la probabilità finale di $O - 0$ o la densità finale nel punto θ). Si noti poi che la funzione indicatrice $1_S(\theta)$ aggiunge una perdita unitaria se $\theta \notin S$. Se si vuole soddisfare la condizione di uniforme limitatezza delle perdite (formula (5.1)) occorre anche prestabilire un limite superiore alla misura degli insiemi utilizzabili.

La (6.33) è esposta peraltro a diverse possibili critiche: in particolare, se $\mathrm{mis}(S) = \mathrm{mis}(S')$ e $\theta \notin S \cup S'$, non si dà alcun privilegio ad S qualora la "distanza" (opportunamente definita) fra S e θ sia inferiore alla distanza fra S' e θ. A questo specifico inconveniente si può ovviare ponendo:

$$L(\theta, S) = F(\mathrm{mis}(S)) + \mathrm{dist}(\theta, S), \qquad (6.34)$$

dove naturalmente

$$\mathrm{dist}(\theta, S) = \begin{cases} 0 & \text{se } \theta \in S \\ \inf_{\theta' \in S} \mathrm{dist}(\theta, \theta') & \text{se } \theta \notin S \end{cases}$$

e $\mathrm{dist}(\theta, \theta')$ è una funzione che esprime la distanza tra punti di Ω. La (6.34) tuttavia assume una simmetria, ad esempio rispetto alle possibili "direzioni" di scostamento di θ da S, e potrebbe a sua volta non essere adeguata.

Un caso particolare spesso usato della (6.33) è poi la cosiddetta *perdita lineare*

$$L(\theta, S) = b \cdot \mathrm{mis}(S) - 1_S(\theta); \qquad (6.35)$$

in questa formula l'equilibrio tra i due obiettivi conflittuali di avere un insieme che sia piccolo ma contenga il valore incognito del parametro si concretizza semplicemente nella scelta del coefficiente b. Prendendo come riferimento la (6.33), troviamo, usando la notazione del continuo:

$$\rho(S; z) = \mathbb{E}_z L(\Theta, S) = F(\mathrm{mis}(S)) - \int_S \pi(\theta; z)\mathrm{d}\theta$$
$$= F(\mathrm{mis}(S)) - \Pi_z(S); \qquad (6.36)$$

nel caso della (6.35) avremo $b \cdot \mathrm{mis}(S)$ al posto di $F(\mathrm{mis}(S))$. La classe degli insiemi ottimi in corrispondenza ad una determinata misura Π_z viene denotata con $\mathcal{S}^*$; quindi:

$$\mathcal{S}^* = \{S^* \in \mathcal{S} : \rho(S^*; z) \leq \rho(S; z), \ \forall S \in \mathcal{S}\}.$$

Una minimizzazione diretta di $\rho(S; z)$ al variare di S in $\mathcal{S}$ non è di solito semplice e conviene procedere in modo indiretto. Premettiamo una definizione. Se $\pi(\theta; z)$ è una funzione di densità oppure una distribuzione di probabilità discreta, si chiamano *insiemi di massima densità (o probabilità) finale in senso esteso* gli insiemi $S' \subseteq \Omega$ tali che esiste $h \geq 0$ per cui:

$$\pi(\theta; z) > h \Rightarrow \ \theta \in S', \qquad \pi(\theta; z) < h \Rightarrow \ \theta \notin S'. \tag{6.37}$$

Si noti che se $\pi(\theta; z) = h$ il punto θ può appartenere indifferentemente a S' o al suo complemento $(S')^c$. Denoteremo con $\mathcal{H}'$ la classe caratterizzata dalla proprietà (6.37), al variare di h. Per una caratterizzazione alternativa, si veda l'esercizio 6.13. Si osservi che la classe degli insiemi di massima densità finale $\mathcal{H}$, introdotta con la formula (4.5), quindi degli insiemi con struttura $S_h = \{\theta : \pi(\theta; z) \geq h\}$, è una sottoclasse propria di $\mathcal{H}'$. Più esattamente, indicando con $\Omega_h = \{\theta : \pi(\theta; z) = h\}$ gli insiemi di livello della densità finale, il generico insieme che soddisfa la (6.37) può essere rappresentato come:

$$S' = S_h - \widetilde{\Omega}_h, \tag{6.38}$$

dove $S_h \in \mathcal{H}$ e $\widetilde{\Omega}_h$ è un qualunque sottoinsieme di Ω_h.

Possiamo ora dimostrare due teoremi che consentono di affrontare in modo pratico il problema di minimizzare $\rho(S; z)$ per $S \in \mathcal{S}$.

Teorema 6.1. *Se la distribuzione finale di Θ è discreta e S^* è un insieme ottimo rispetto alla perdita monotona, allora $S^* \in \mathcal{H}'$.*

Dimostrazione. Procediamo per assurdo e ammettiamo che l'ottimo S^* non soddisfi la (6.37). Allora deve esistere una coppia (θ', θ'') con $\theta' \in S^*$ e $\theta'' \notin S^*$ tali che:

$$\pi(\theta'; z) < \pi(\theta''; z) \tag{6.39}$$

(per convincersene può essere utile riferirsi all'esercizio 6.13). Ma in questo caso l'insieme $S^{**} = (S^* - \{\theta'\}) \cup \{\theta''\}$ ha eguale misura e maggiore probabilità finale di S^*, da cui $\rho(S^{**}; z) < \rho(S^*; z)$ contro l'ipotesi di ottimalità di S^*. $\square$

Nel caso continuo si può ragionare fondamentalmente nello stesso modo, ma occorre tenere presente che i singoli punti non contribuiscono né alla probabilità né alla misura di un insieme.

Teorema 6.2. *Se la distribuzione finale di Θ è rappresentata da una densità continua $\pi(\theta; z)$ con supporto Ω e S^* è un insieme ottimo rispetto alla perdita monotona, allora $S^* \in \mathcal{H}'$.*

Dimostrazione. Se S^* è ottimo, non può esistere una coppia di insiemi T' e T'', entrambi di misura positiva e tali che $T' \subseteq S^*$ e $T'' \subseteq (S^*)^c$, per i quali valga l'implicazione:

$$\theta' \in T', \theta'' \in T'' \quad \Rightarrow \quad \pi(\theta'; z) < \pi(\theta''; z). \tag{6.40}$$

Se infatti esistesse una tale coppia T' e T'', potremmo assumere (senza perdere in generalità) che abbiano la stessa misura e, posto $S^{**} = (S^* - T') \cup T''$, avremmo $\rho(S^{**}; z) < \rho(S^*; z)$ contro l'ipotesi di ottimalità di S^*. Ma se valesse la (6.39) per una coppia di punti θ', θ'' appartenenti rispettivamente a S^* e al suo complemento, per la continuità di $\pi(\theta; z)$ si avrebbe la (6.40) per opportuni intorni T' e T'' dei due punti. $\square$

I teoremi 6.1 e 6.2 ci dimostrano che, nelle condizioni indicate, un ottimo può essere ricercato nella classe $\mathcal{H}'$, che è abbastanza semplice da trattare. L'esercizio 6.16 dimostra che la classe $\mathcal{H}$ può effettivamente risultare troppo piccola. Naturalmente se gli stessi insiemi di livello Ω_h hanno probabilità nulla (come accade con le funzioni di densità prive di regioni in cui siano costanti), le classi $\mathcal{H}$ e $\mathcal{H}'$ sono praticamente coincidenti e l'ottimizzazione può essere condotta direttamente, per via analitica o numerica, nell'ambito della classe $\mathcal{H}$ e con riferimento alla variabile reale h.

Se invece utilizziamo la perdita lineare (6.35), senza ulteriori restrizioni si può dimostrare che $\mathcal{H}$ contiene necessariamente un insieme ottimo. Si ha infatti il

Teorema 6.3. *Sia $S^* \in \mathcal{S}^*$ con riferimento alla perdita lineare (6.35). Allora esiste $S_h \in \mathcal{H}$ tale che:*

$$\rho(S_h; z) = \rho(S^*; z). \tag{6.41}$$

Dimostrazione. Con la perdita (6.35) si può scrivere, per un generico $S \in \mathcal{S}$:

$$\rho(S; z) = \int_S \big(b - \pi(\theta; z)\big) \mathrm{d}\theta. \tag{6.42}$$

Consideriamo ora la scomposizione $S = S_+ \cup S_-$ dove:

$$S_+ = \{\theta \in S : b > \pi(\theta; z)\}, \quad S_- = \{\theta \in S : b \leq \pi(\theta; z)\}.$$

Poiché

$$\rho(S; z) = \rho(S_+; z) + \rho(S_-; z), \quad \text{con} \quad \rho(S_+; z) \geq 0 \text{ e } \rho(S_-; z) \leq 0,$$

se $\rho(S_+; z) > 0$, è chiaro che ogni $S = S_+ \cup S_-$ può essere sostituito dal solo S_- ottenendo una perdita inferiore; pertanto resta stabilito che, indicato con S' un elemento di $\mathcal{H}'$ che ha la stessa perdita attesa di S^* (e che esiste per i teoremi 6.1 e 6.2), vale l'implicazione:

$$\theta \in S' \Rightarrow \pi(\theta; z) \geq b. \tag{6.43}$$

Inoltre possiamo dire (sulla base della formula (6.38)) che esiste $h \in \mathbb{R}_+$ tale che $S' = S_h - \widetilde{\Omega}_h$; dalla (6.43) segue allora che $h \geq b$. Dimostriamo che $S_h = \{\theta : \pi(\theta; z) \geq h\}$ ha la stessa perdita attesa di S' e quindi è a sua volta ottimo.

Abbiamo evidentemente $S_h = S' \cup \Omega_h$ e quindi:

$$\rho(S' \cup \Omega_h; z) = \rho(S'; z) + \rho(\Omega_h - S'; z)$$

dove $\rho(\Omega_h - S'; z) = b \cdot \mathrm{mis}(\Omega_h - S') - \Pi_z(\Omega_h - S')$. Ma $\Pi_z(\Omega_h - S') = h \cdot \mathrm{mis}(\Omega_h - S')$ sicché si ottiene $\rho(S' \cup \Omega_h; z) = (b - h) \cdot \mathrm{mis}(\Omega_h - S')$ e quindi, infine:

$$\rho(S_h; z) = \rho(\Omega - S'; z) = \rho(S'; z) + (b - h) \cdot \mathrm{mis}(\Omega_h - S'). \qquad (6.44)$$

Dalla (6.44) segue, ricordando che $b \leq h$, la diseguaglianza $\rho(S_h; z) \leq \rho(S'; z)$. Per l'ottimalità di S' vale il segno di eguaglianza, e quindi anche la (6.41). $\square$

Esempio 6.7. Consideriamo un campione casuale di $n = 10$ elementi tratto da una distribuzione N(θ,1), e sia $\bar{x} = 2$ la media campionaria. Vogliamo determinare una regione di stima per il parametro θ assumendo $\Theta \sim N(0, 2)$ e sulla base della funzione di perdita lineare del tipo (6.35) con $b = 1$. Come è noto (v. esercizio 4.3) la distribuzione di $\Theta|(Z = z)$ è (con qualche approssimazione numerica) N(1.9, 0.095). Sappiamo dai teoremi sopra dimostrati che la soluzione ottima sarà del tipo $S = \{\theta : \varphi(\theta; 1.9, 0.095) \geq h\}$, cioè:

$$S = \{\theta : 1.9 - k\sqrt{0.095} \leq \theta \leq 1.9 + k\sqrt{0.095}\} =$$
$$= [1.9 - 0.308k, 1.9 + 0.308k] \qquad (6.45)$$

dove k va scelto in modo opportuno. Per tutti gli insiemi del tipo (6.45) si ha:

$$\mathrm{mis}(S) = 0.616k, \quad \mathrm{prob}(\Theta \in S \mid Z = z) = \Phi(k) - \Phi(-k) = 2\Phi(k) - 1 ,$$

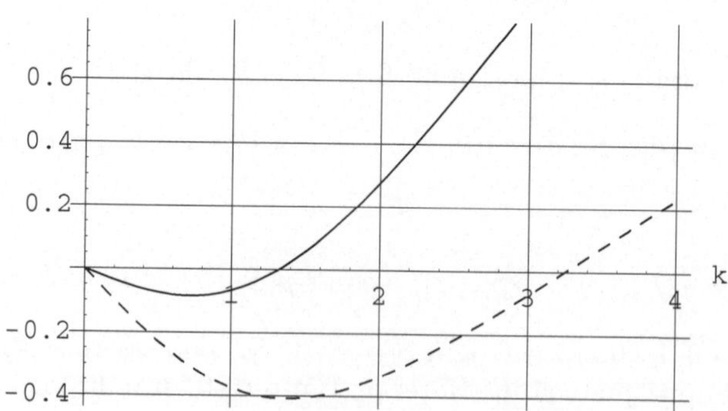

Figura 6.1. Valori $\rho(S; z)$ nel problema dell'esempio 6.7, al variare di k (linea continua: b=1, linea a tratti: $b = 0.5$)

dove Φ è la funzione di ripartizione della legge N(0, 1).

Si tratta quindi di minimizzare la funzione

$$\rho(S; z) = 0.616k - \big(2\Phi(k) - 1\big)$$

al variare di k. Poiché si ha:

$$\frac{\mathrm{d}\rho(S; z)}{\mathrm{d}k} = 0.616 - 2\varphi(k) = 0.616 - \sqrt{\frac{2}{\pi}}\exp\Big\{-\frac{1}{2}k^2\Big\},$$

la funzione $\rho(S; z)$ ha un minimo quando $\varphi(k) = 0.308$, cioè per $k = 0.72$. Il corrispondente insieme ottimo di stima è $S^* = [1.68, 2.12]$ e ha probabilità (finale) 0.76, il che comporta $\rho(S^*; z) = -0.32$. Se invece $b = 0.5$ il corrispondente insieme di stima ottimo, essendo meno penalizzata l'ampiezza, risulta più grande del precedente (v. esercizio 6.18). La figura 6.1 mostra il grafico di $\rho(S; z)$, al variare di k e per i due valori di b considerati. $\diamond$

Lo stesso problema della stima mediante regioni si può porre con riferimento ad una funzione parametrica $\lambda = g(\theta)$. Poiché la legge di probabilità di $\Lambda|(Z = z)$ si può sempre ricavare dalla legge di $\Theta|(Z = z)$, non sono richieste nozioni veramente nuove.

Esercizi

6.13. Si dimostri che la classe $\mathcal{H}'$ può anche caratterizzarsi nel seguente modo: $S' \in \mathcal{H}'$ se e solo se per $\forall\,(\theta', \theta'') \in S' \times (S')^c$ si ha $\pi(\theta'; z) \geq \pi(\theta''; z)$.

[Oss. Gli insiemi che appartengono alla classe $\mathcal{H}$ soddisfano una condizione analoga con $>$ al posto di $\geq$]

6.14. Si dimostri che se $S' \in \mathcal{H}'$, allora, qualunque sia la legge iniziale su Ω, si ha $\Pi_z(S') \geq \Pi(S')$.

[Sugg. Si sfrutti il fatto che se $S' = \{\theta : \bar{\ell}(\theta) \geq q\}$ e $(S')^c = \{\theta : \bar{\ell}(\theta) \leq q\}$, si ha $\Pi_z(S') \geq kq\Pi(S')$ e $\Pi((S')^c) \leq kq\Pi((S')^c)$, dove (con la notazione del continuo) $k^{-1} = \int_\Omega \bar{\ell}(\theta)\pi(\theta)\mathrm{d}\theta$. Si può in realtà dimostrare di più, cioè che gli insiemi in $\mathcal{H}'$ sono tutti e soli quelli che aumentano o mantengono costante la probabilità, tenendo conto del risultato z, qualunque sia la legge di probabilità iniziale]

6.15. Si ha un risultato x ottenuto con la legge $p_\theta(x) = \theta \cdot \exp(-\theta x)$. Usando la distribuzione iniziale impropria $\pi(\theta) = \text{cost}/\theta$, si determini l'insieme ottimo in corrispondenza alla perdita $L(\theta, S) = b \cdot \text{mis}(S) - 1_S(\theta)$.

6.16. Sia data la densità $\pi(\theta; z) = 0.75 1_{[0,1]}(\theta) + 0.25 1_{(1,2]}(\theta)$. Si dimostri che con la perdita $L(\theta, S) = 0.1(\text{mis}(S))^2 - 1_S(\theta)$ l'intervallo $[0, 1.25]$, che non appartiene ad $\mathcal{H}$, ha una perdita attesa inferiore (=-0.65625) a quella di tutti gli insiemi di $\mathcal{H}$.

[Oss. L'insieme indicato appartiene alla classe $\mathcal{H}'$ ma non alla classe $\mathcal{H}$; d'altra parte alcuni degli insiemi di livello Ω_h hanno probabilità strettamente positiva, e quindi il risultato non è inatteso]

6.17. Con riferimento alla stessa densità dell'esercizio 6.15, si verifichi direttamente che considerando la perdita $L(\theta, S) = b \cdot \text{mis}(S) - 1_S(\theta)$ l'insieme ottimo appartiene ad $\mathcal{H}$ comunque si fissi il coefficiente b.

6.18. Si rielabori l'esempio 6.13 con un valore k generico e si dimostri che:
a) se $b > 1.29$ $\rho(S; z)$ è sempre crescente con k per cui conviene scegliere $k = 0$;
b) se $b = 0.5$ il valore ottimo di k è 1.38 e l'insieme ottimale di stima per θ è $[1.48, 2.32]$ ed ha probabilità (finale) 0.83.

6.5 Test di ipotesi

La principale caratteristica dei problemi di test è che lo spazio delle azioni, A, è costituito da due soli elementi, a_0 e a_1, e che quindi Ω è soggetto ad una partizione che distingue i casi in cui la scelta ideale è a_0 da quelli in cui la scelta ideale è a_1. Formalmente:

$$
\begin{cases}
\Omega = \Omega_0 \cup \Omega_1, \quad A = \{a_0, a_1\} \\[2ex]
L(\theta, a_0) = \begin{cases} 0, & \theta \in \Omega_0 \\ b_1, & \theta \in \Omega_1 \end{cases}, \quad L(\theta, a_1) = \begin{cases} b_0, & \theta \in \Omega_0 \\ 0, & \theta \in \Omega_1 \end{cases}
\end{cases}
\tag{6.46}
$$

dove $b_0 > 0$ e $b_1 > 0$. Come si vede, l'azione a_i $(i = 0, 1)$ provoca una perdita nulla se e solo se $\theta \in \Omega_i$; per questo motivo a_i viene anche chiamata (forzando un po' lo schema) "accettazione dell'ipotesi $\theta \in \Omega_i$" o, equivalentemente, "rifiuto dell'ipotesi Ω_j" $(j \neq i)$. Conviene notare che spesso gli eventi aleatori $\Theta \in \Omega_i$ $(i = 0, 1)$ vengono denotati con H_i $(i = 0, 1)$ e che H_0 e H_1 vengono chiamate "ipotesi nulla" e "ipotesi alternativa".

Dalla (6.46) si ricavano le formule:

$$
\rho(a_0; z) = \mathbb{E}_z\big(L(\Theta, a_0)\big) = b_1 \int_{\Omega_1} \pi(\theta; z)\mathrm{d}\theta
\tag{6.47}
$$

$$
\rho(a_1; z) = \mathbb{E}_z\big(L(\Theta, a_1)\big) = b_0 \int_{\Omega_0} \pi(\theta; z)\mathrm{d}\theta
\tag{6.48}
$$

dove, al solito, si è usata per semplicità la notazione del continuo. L'azione ottima a^* è quindi quella per cui la corrispondente perdita attesa è minima; possiamo quindi scrivere:

$$
\rho(a^*; z) = \min\{\rho(a_0; z), \rho(a_1; z)\}.
\tag{6.49}
$$

Nell'ulteriore caso particolare che $b_0 = b_1$, l'azione ottima è $a^* = a_i$ se $\Theta \in \Omega_i$ è (condizionatamente al risultato) più probabile di $\Theta \notin \Omega_i$.

Le classificazioni correnti dei problemi di test di ipotesi prendono in considerazione essenzialmente la natura dei sottoinsiemi Ω_0 e Ω_1, cioè delle ipotesi messe a confronto, le quali possono essere *semplici* (se il corrispondente insieme contiene un solo punto) o *composte* (se il corrispondente insieme contiene più di un punto). In particolare se $\Omega \subseteq \mathbb{R}^1$ le ipotesi composte vengono classificate come *unilaterali* (nel caso che siano costituite da un solo intervallo, limitato o no) oppure *bilaterali* (nel caso che siano costituite da due intervalli disgiunti). Se $\Omega \subseteq \mathbb{R}^k$ con $k > 1$ la classificazione si complicherebbe ulteriormente, e non vale la pena di proseguire l'elenco. Va sottolineato però che queste classificazioni sono molto importanti nell'analisi in forma normale (di cui ci occuperemo nel cap.7) perché corrispondono all'esistenza o meno di procedure in qualche senso ottime, mentre hanno un rilievo essenzialmente solo descrittivo nel caso dell'analisi in forma estensiva, che stiamo trattando.

Consideriamo ora il caso che entrambe le ipotesi siano semplici, e poniamo:

$$\Omega_0 = \{\theta_0\}, \quad \Omega_1 = \{\theta_1\} \tag{6.50}$$

dove θ_0 e θ_1 sono prefissati. Allora le formule dei rischi finali diventano, dato un risultato z proveniente da un esperimento $(\mathcal{Z}, P_\theta, \theta \in \{\theta_0, \theta_1\})$:

$$\rho(a_0; z) = b_1 \pi(\theta_1; z), \qquad \rho(a_1; z) = b_0 \pi(\theta_0; z)$$

dove $\pi(\theta_i; z)$ è la probabilità finale di $\Theta = \theta_i$. L'azione ottima è quindi a_1 se

$$\frac{\pi(\theta_1; z)}{\pi(\theta_0; z)} \geq \frac{b_0}{b_1}, \tag{6.51}$$

ed è a_0 se vale il segno $\leq$. Se è $\pi(\theta_0; z) = 0$, si intende valida la (6.51).

Esempio 6.8. Consideriamo un campione casuale $z = (x_1, x_2, ..., x_n)$ da una distribuzione Bin($1, \theta$) e poniamo:

$$\Omega_0 = \{\theta : \theta \leq 0.5\}, \quad \Omega_1 = \{\theta : \theta > 0.5\}, \quad b_0 = b_1 = 1.$$

In questo caso le ipotesi a confronto sono entrambe composte. Cerchiamo l'azione ottima in corrispondenza di una distribuzione iniziale Beta(α, β). Come noto, la distribuzione finale di Θ è del tipo Beta($\alpha + s, \beta + n - s$) dove $s = \sum x_i$. Ne viene (ricordando la § C.1):

$$\rho(a_0; z) = \int_{0.5}^{1} \pi(\theta; z)\mathrm{d}\theta = 1 - \int_{0}^{0.5} \pi(\theta; z)\mathrm{d}\theta = 1 - I_{0.5}(\alpha + s, \beta + n - s)$$

$$\rho(a_1; z) = \int_{0}^{0.5} \pi(\theta; z)\mathrm{d}\theta = I_{0.5}(\alpha + s, \beta + n - s).$$

Per completare l'esempio anche numericamente poniamo $\alpha = \beta = 1, n = 10, s = 8$; facendo ricorso a un software opportuno abbiamo quindi:

$$\rho(a_0; z) = 1 - I_{0.5}(9, 3) = 0.697, \qquad \rho(a_1; z) = I_{0.5}(9, 3) = 0.033$$

sicché l'azione ottima risulta a_1. Ciò era prevedibile perché le assunzioni iniziali trattiamo le ipotesi alla pari e il risultato favorisce la regione Ω_1.

Esempio 6.9. Nello stesso quadro dell'esempio 6.6 prendiamo in considerazione le ipotesi:

$$H_0 : \mu_2 \leq \mu_1, \qquad H_1 : \mu_2 > \mu_1. \tag{6.52}$$

Se assumiamo perdite costanti, occorre calcolare semplicemente le probabilità finali di $\Delta \leq 0$ e $\Delta > 0$, dove $\Delta = M_2 - M_1$. Come sappiamo dall'esempio citato (formula (6.30)), è:

$$\pi(\delta; z) = \text{cost} \cdot \left(1 + \frac{1}{g}\left(\frac{\delta - d}{\widetilde{s}}\right)^2\right)^{-\frac{g+1}{2}} \quad \text{dove} \ \ \widetilde{s}^2 = \frac{q}{g}\left(\frac{1}{n} + \frac{1}{m}\right), \tag{6.53}$$

che è una densità di Student generalizzata con $g = m + n - 2$ gradi di libertà. Posto $\tau = (\delta - d)/\widetilde{s}$, abbiamo la densità di Student ordinaria:

$$\pi^T(\tau; z) = \text{cost} \cdot \left(1 + \frac{\tau^2}{g}\right)^{-\frac{g+1}{2}} \tag{6.54}$$

e sappiamo (§ C.3) che la costante vale $\left(B\left(\frac{1}{2}, \frac{g}{2}\right)\sqrt{g}\right)^{-1}$. Quindi:

$$\text{prob}(\Delta \leq 0 \mid Z = z) = \text{prob}\left(\frac{\Delta - d}{\widetilde{s}} \leq -\frac{d}{\widetilde{s}} \Big| Z = z\right) = \Phi_g\left(-\frac{d}{\widetilde{s}}\right)$$

dove Φ_g è la funzione di ripartizione corrispondente alla densità (6.54), cioè della distribuzione Student(g), ampiamente tabulata. Si ha così, posto $t = d/\widetilde{s}$ e osservato che per la simmetria si ha $\Phi_g(-t) = 1 - \Phi_g(t)$:

$$\rho(a_0; z) = b_1\left(1 - \Phi_g(-t)\right) = b_1\Phi_g(t), \quad \rho(a_1; z) = b_0\Phi_g(-t) = b_0\left(1 - \Phi_g(t)\right);$$

risulta infine conveniente scegliere a_1 se $b_0\left(1 - \Phi_g(t)\right) \leq b_1\Phi_g(t)$ ossia se:

$$\Phi_g(t) \geq \frac{b_0}{b_0 + b_1}. \tag{6.55}$$

La (6.55), cioè la condizione per la ottimalità di a_1, può anche scriversi:

$$t \geq t_{g,p}, \quad \text{con } p = \frac{b_0}{b_0 + b_1} \tag{6.56}$$

dove $t_{g,p}$ è il quantile di livello p della densità Student(g).

Nel caso particolare che $b_0 = b_1$, la (6.56) diviene semplicemente $t \geq 0$, cioè $\bar{y} \geq \bar{x}$ come è ovvio nelle condizioni poste, tenuto conto della caratteristica (sia pure generica) di "non informatività" della densità iniziale (6.24).

Nulla impedisce in linea di principio di usare densità diverse dalla (6.24). In problemi con parametri multidimensionali c'è comunque da aspettarsi una certa mole di calcoli; sarebbe tra l'altro possibile estendere le classi coniugate già indicate (in particolare le densità di tipo Normale-Gamma) per coprire anche il caso in questione.   ◇

Esercizi

6.19. Si consideri un campione casuale $z = (x_1, x_2, ..., x_n)$ dalla distribuzione $EN(\theta)$. Sviluppare lo schema decisionale della formula (6.46), ponendo $\Omega_0 = \{\theta: \theta \leq 1\}$ e utilizzando come distribuzione iniziale per Θ una densità del tipo $Gamma(\delta, \lambda)$. Trattare poi il caso particolare in cui le funzioni $b_i(\theta)$ siano costanti.

6.20. Sia $z = (x_1, x_2, ..., x_n)$ un campione casuale della distribuzione $N(\theta, 1/h)$, con h noto. Sviluppare lo schema decisionale della formula (6.46), ponendo $\Omega_0 = \{\theta: \theta \leq 1\}$ e assumendo per Θ una distribuzione iniziale $N(\alpha, 1/\beta)$. Trattare poi il caso in cui le funzioni $b_i(\theta)$ siano costanti.

6.21. Si consideri un campione casuale $z = (x_1, x_2, ..., x_n)$ dalla distribuzione $N(\mu, \sigma^2)$ con i parametri μ e σ entrambi incogniti. Sviluppare lo schema decisionale della formula (6.46), ponendo $\Omega_0 = \{(\mu, \sigma) : \mu \leq 0\}$ e assumendo per $\Theta = (M, \Sigma)$ la densità iniziale impropria $\pi(\mu, \sigma) = c/\sigma$.

[Oss. Conviene ricorrere direttamente alla densità finale di M (si ricordi l'esercizio 4.16); l'azione a_1 risulta ottima se

$$x \geq \frac{s}{\sqrt{n-1}} t_{n-1,p} \qquad \left(p = \frac{b_0}{b_0 + b_1}\right)$$

dove $t_{n-1,p}$ è l'opportuno quantile di Student$(n-1)$]

6.22. Una struttura delle perdite un po' più generale di quella espressa dalla (6.46) è:

$$L(\theta, a_0) = \begin{cases} 0, & \theta \in \Omega_0 \\ b_1(\theta), & \theta \in \Omega_1 \end{cases} \qquad L(\theta, a_1) = \begin{cases} b_0(\theta), & \theta \in \Omega_0 \\ 0, & \theta \in \Omega_1 \end{cases}$$

dove $b_0(\theta)$ e $b_1(\theta)$ sono funzioni strettamente positive definite rispettivamente su Ω_0 e Ω_1. Dimostrare che si ha in corrispondenza:

$$\rho(a_0; z) = \mathbb{E}_z\big(b_1(\Theta)1_{\Omega_1}(\Theta)\big) \qquad \rho(a_1; z) = \mathbb{E}_z\big(b_0(\Theta)1_{\Omega_0}(\Theta)\big).$$

6.23. Rielaborare l'esempio 6.8 con le assunzioni introdotte nell'esercizio precedente ponendo:

$$b_0(\theta) = 0.5 - \theta, \quad b_1(\theta) = \theta - 0.5.$$

Verificare che $\rho(a_0; z) = 0.252$ e $\rho(a_1; z) = 0.002$ per cui l'azione ottima è ancora a_1.

[Oss. Per arrivare ai risultati numerici occorre poter calcolare valori della funzione Beta incompleta]

6.6 Uso di distribuzioni iniziali miste

Consideriamo un problema di test del tipo:

$$\begin{cases} \Omega_0 = \{\theta_0\}, \quad \Omega_1 = \{\theta : \theta \neq \theta_0\}, \quad A = \{a_0, a_1\}, \\[2mm] L(\theta, a_0) = \begin{cases} 0, & \theta \in \Omega_0 \\ b_1(\theta), & \theta \in \Omega_1 \end{cases}, \quad L(\theta, a_1) = \begin{cases} b_0(\theta), & \theta \in \Omega_0 \\ 0, & \theta \in \Omega_1 \end{cases} \end{cases} \tag{6.57}$$

dove θ_0 è prefissato e $\Omega = \Omega_0 \cup \Omega_1$ è un intervallo, limitato o no. Se adottiamo una distribuzione iniziale su Ω di tipo assolutamente continuo, l'evento $H_0 : \Theta = \theta_0$ ha una probabilità nulla sia a priori che a posteriori, qualunque sia il risultato sperimentale. In tali condizioni il processo di apprendimento dall'esperienza non riesce a prodursi e l'elaborazione statistica si rivelerebbe del tutto inutile. Tuttavia, poiché H_0 viene assunta come una delle ipotesi effettivamente possibili, addirittura da confrontare con l'ipotesi complementare H_1, non è ragionevole assegnare inizialmente all'evento stesso una probabilità nulla. Quindi in questo caso una legge a priori "naturale" per il parametro consiste in una mistura di due distribuzioni (v. § A.3), una discreta che concentra su θ_0 una massa di un certo valore π_0, e l'altra assolutamente continua, che ripartisce su Ω_1 la restante massa (di valore $1 - \pi_0$) secondo una densità $\widetilde{\pi}(\theta)$. Questo tipo di legge, normalmente chiamato distribuzione *mista*, può essere visto come una assegnazione a due stadi (o *gerarchica*) intendendo che al primo stadio si assegnano le probabilità agli eventi H_0 e H_1 e al secondo stadio si assegna la probabilità di Θ subordinatamente ad H_0 e ad H_1.

Assumiamo per semplicità che $\Omega \subseteq \mathbb{R}^1$, anche se le considerazioni che seguono potrebbero venire facilmente estese al caso multidimensionale. Per il calcolo della probabilità di un insieme $A \subseteq \Omega$ nelle condizioni dette conviene procedere secondo la formula:

$$\begin{aligned} \mathrm{prob}(\Theta \in A) &= \\ &= \pi_0 \cdot \mathrm{prob}(\Theta \in A | \Theta = \theta_0) + (1 - \pi_0)\mathrm{prob}(\Theta \in A | \Theta \neq \theta_0) = \\ &= \pi_0 1_A(\theta_0) + (1 - \pi_0) \int_A \widetilde{\pi}(\theta)\mathrm{d}\theta. \end{aligned}$$

Precisiamo ora come si applica il teorema di Bayes al caso in questione (problemi simili, anche con riferimento all'uso di distribuzioni miste, sono considerati negli esercizi A.16 e A.20). Supponiamo che il modello statistico preveda per i risultati una densità $p_\theta(z)$, $z \in \mathcal{Z}$; allora, prendendo in considerazione gli eventi $H_0 : \Theta = \theta_0$ e $H_1 : \Theta \neq \theta_0$ ed un risultato sperimentale del tipo $Z \in E$ dove E è un insieme di misura non nulla, si ha:

$$\mathrm{prob}(\Theta = \theta_0 \mid Z \in E) = \frac{\mathrm{prob}(\Theta = \theta_0)\mathrm{prob}(Z \in E \mid \Theta = \theta_0)}{\mathrm{prob}(Z \in E)}. \tag{6.58}$$

Osserviamo ora che sullo spazio $\Omega \times \mathcal{Z}$ la distribuzione di probabilità determinata dal modello completo (che include cioè la distribuzione iniziale sul parametro) ha una massa di valore π_0 concentrata su $\theta = \theta_0$ e quindi una densità $\pi_0 p_\theta(z)$ diffusa sull'insieme $\{(\theta, z) : \theta = \theta_0, z \in \mathcal{Z}\}$, e una densità $(1 - \pi_0)\widetilde{\pi}(\theta)p_\theta(z)$ diffusa sull'insieme complementare. Pertanto:

$$\text{prob}(Z \in E \mid \Theta = \theta_0) = \int_E p_{\theta_0}(z)\mathrm{d}z,$$

$$\text{prob}(Z \in E) = \text{prob}(Z \in E, \Theta = \theta_0) + \text{prob}(Z \in E, \Theta \neq \theta_0) =$$
$$= \pi_0 \int_E p_{\theta_0}(z)dz + (1 - \pi_0) \int_{\Omega_1 \times E} \widetilde{\pi}(\theta)p_\theta(z)\mathrm{d}z\mathrm{d}\theta =$$
$$= \pi_0 \int_E p_{\theta_0}(z)\mathrm{d}z + (1 - \pi_0) \int_{\Omega_1} \widetilde{\pi}(\theta) \int_E p_\theta(z)\mathrm{d}z\mathrm{d}\theta.$$

Sostituendo in (6.58) abbiamo

$$\text{prob}(\Theta = \theta_0 \mid Z \in E) = \frac{\pi_0 \int_E p_{\theta_0}(z)\mathrm{d}z}{\pi_0 \int_E p_{\theta_0}(z)\mathrm{d}z + (1 - \pi_0) \int_{\Omega_1} \widetilde{\pi}(\theta) \int_E p_\theta(z)\mathrm{d}z\mathrm{d}\theta}.$$

Se poi E è un intervallino $[z, z + \mathrm{d}z)$ (anche multidimensionale) si ha, con le usuali procedure giustificabili al limite (vedi § A.3):

$$\text{prob}(\Theta = \theta_0 \mid z \leq Z < z + \mathrm{d}z) \cong \frac{\pi_0 p_{\theta_0}(z)\mathrm{d}z}{\pi_0 p_{\theta_0}(z)\mathrm{d}z + (1 - \pi_0)\left(\int_{\Omega_1} \widetilde{\pi}(\theta)p_\theta(z)\mathrm{d}\theta\right)\mathrm{d}z}.$$

Poniamo per semplicità:

$$\ell(\Omega_1) = \mathbb{E}_{H_1}\ell(\Theta) = \int_{\Omega_1} \widetilde{\pi}(\theta)\ell(\theta)\mathrm{d}\theta \tag{6.59}$$

e osserviamo che $\ell(\Omega_1)$ ha la struttura di una verosimiglianza integrata (si noti che l'integrazione può essere eseguita su Ω anziché su Ω_1, perché Ω_0 ha misura nulla); applicando la stessa logica che permette di definire le densità condizionate (formula (A.14)), possiamo porre direttamente:

$$\text{prob}(\Theta = \theta_0 \mid Z = z) = \frac{\pi_0\ell(\theta_0)}{\pi_0\ell(\theta_0) + (1 - \pi_0)\ell(\Omega_1)}. \tag{6.60}$$

Le formule (6.59) e (6.60) sono valide con esattezza quando le $p_\theta(z)$ sono masse di probabilità, anziché densità di probabilità. Infine abbiamo, per l'evento complementare:

$$\text{prob}(\Theta \neq \theta_0 \mid Z = z) = \frac{(1 - \pi_0)\ell(\Omega_1)}{\pi_0\ell(\theta_0) + (1 - \pi_0)\ell(\Omega_1)}.$$

I rischi attesi finali sono ora direttamente calcolabili con le formule (6.47) e (6.48). Ne viene che l'azione a_1 va scelta se e solo se

$$\frac{\ell(\Omega_1)}{\ell(\theta_0)} \geq \frac{\pi_0}{1 - \pi_0} \frac{b_0}{b_1}. \tag{6.61}$$

Esempio 6.10. Consideriamo un campione casuale $z = (x_1, x_2, ..., x_n)$ della distribuzione $N(\theta, 1)$ e il problema di test caratterizzato da:

$$\Omega_0 = \{\theta : \theta = 0\}, \quad \Omega_1 = \{\theta : \theta \neq 0\},$$
$$L(\theta, a_0) = b_1 \cdot 1_{\Omega_1}(\theta), \quad L(\theta, a_1) = b_0 \cdot 1_{\Omega_0}(\theta).$$

Adottiamo una distribuzione di probabilità mista, con una probabilità iniziale di $\frac{1}{2}$ su $\theta = 0$ e la probabilità rimanente distribuita secondo la legge $N(0, 1/h)$. Poiché $\bar{X} = \sum X_i/n$ è una statistica sufficiente, ai fini dell'applicazione del teorema di Bayes possiamo considerare come risultato direttamente $Z = \bar{x}$. Nel calcolare la (6.59) si deve quindi tenere presente che $z \in \mathbb{R}^1$, che $p_\theta(z)$ è la densità corrispondente a $N(\theta, 1/n)$ e che $\tilde{\pi}(\theta)$ è la densità corrispondente a $N(0, 1/h)$. Pertanto:

$$\ell(\Omega_1) = \int_\mathbb{R} \tilde{\pi}(\theta) p_\theta(\bar{x})\mathrm{d}\theta = \frac{\sqrt{nh}}{2\pi} \int_\mathbb{R} \exp\left\{-\frac{h}{2}\theta^2 - \frac{n}{2}(\theta - \bar{x})^2\right\}\mathrm{d}\theta =$$
$$= \frac{\sqrt{nh}}{2\pi} \int_\mathbb{R} \exp\left\{-\frac{h+n}{2}\left(\theta^2 - \frac{2n\bar{x}\theta}{h+n} + \frac{n\bar{x}^2}{h+n}\right)\right\}\mathrm{d}\theta;$$

possiamo ora aggiungere e sottrarre $\left(\dfrac{n\bar{x}}{h+n}\right)^2$ entro la parentesi quadra; poiché:

$$\int_\mathbb{R} \exp\left\{-\frac{h+n}{2}\left(\theta - \frac{n\bar{x}}{h+n}\right)^2\right\}\mathrm{d}\theta = \sqrt{\frac{2\pi}{h+n}}$$

abbiamo infine:

$$\ell(\Omega_1) = \frac{1}{\sqrt{2\pi}}\sqrt{\frac{hn}{h+n}} \exp\left\{-\frac{hn\bar{x}^2}{2(h+n)}\right\}$$

che coincide con l'espressione della densità normale $\varphi\left(\bar{x}; 0, \dfrac{h+n}{hn}\right)$. Con pochi altri calcoli si trova che:

$$\frac{\ell(\Omega_1)}{\ell(\theta_0)} = \sqrt{\frac{h}{h+n}} \exp\left\{-\frac{n^2\bar{x}^2}{2(h+n)}\right\}.$$

Si noti che il rapporto $\ell(\Omega_1)/\ell(\theta_0)$ diminuisce al crescere di $\bar{x}$, e infatti i valori più grandi di $\bar{x}$ sono in maggiore contrasto con H_0. La determinazione dell'azione ottima è immediata, una volta specificati i dati del problema. $\diamond$

Esempio 6.11. Generalizziamo l'esempio 6.9 al caso di k campioni $x_i = (x_{i1}, x_{i2}, .., x_{in_i})$ $(i = 1, 2, .., k)$ e sostituiamo le ipotesi originarie (6.52) con le nuove ipotesi:

$$H_0 : \mu_1 = \mu_2 = ... = \mu_k, \quad H_1 : \mu_i \neq \mu_j \text{ per almeno una coppia } (i, j). \quad (6.62)$$

Si noti che H_0 non è in senso stretto puntuale ma prevede per il parametro una dimensione minore di quella di Ω, sicché ha in pratica le stesse caratteristiche.

Vi sono molti modi per affrontare il problema, sia nell'ottica bayesiana, per esempio con la tecnica a più stadi accennata nell'esercizio 4.24, che nell'ottica frequentista (v. esercizio 4.53). In ogni caso una trattazione completa relativa al caso di un parametro $(k+1)$-dimensionale non può che essere piuttosto complicata. Il problema stesso, noto con il nome di "analisi della varianza", è però tra i più importanti nella statistica applicata e merita un'attenzione specifica.

È la stessa metodologia frequentista corrente a suggerire una drastica semplificazione; è noto infatti che l'analisi statistica di questo tipo di dati viene di solito basata sul calcolo della statistica (ovviamente non sufficiente):

$$F = \frac{n-k}{k-1} \frac{\sum_i n_i (\bar{x}_i - \bar{x})^2}{\sum_i \sum_j (x_{ij} - \bar{x}_i)^2} \tag{6.63}$$

dove $n = \sum_i n_i$, $\bar{x}_i = \sum_j x_{ij}/n_i$, $\bar{x} = \sum_i \sum_j x_{ij}/n$. Intuitivamente la statistica F misura la diversità tra le $\bar{x}_i$ e quindi fornisce informazioni su H_0 e H_1. È poi noto che la distribuzione campionaria di F è del tipo Fisher non centrale ($\S$ C.3) con $k-1$ e $n-k$ gradi di libertà e parametro di non centralità:

$$\lambda = \frac{1}{\sigma^2} \sum_i n_i (\mu_i - \bar{\mu})^2 \qquad \left(\bar{\mu} = \frac{1}{n} \sum_i n_i \mu_i \right).$$

Se H_0 è vera, si ha $\lambda = 0$, e la distribuzione campionaria si riduce alla densità di Fisher centrale; altrimenti, è legittimo aspettarsi valori relativamente elevati di F, il cui valore atteso cresce con λ.

Dal punto di vista di un'analisi condizionata, quindi compatibile con l'analisi in forma estensiva, possiamo pertanto prendere in considerazione l'esperimento marginale basato sulla statistica F e calcolare, sulla base del valore osservato, la corrispondente funzione di verosimiglianza marginale del parametro λ. Ci si riconduce così al problema unidimensionale caratterizzato dalle ipotesi H_0': $\lambda = 0$, H_1': $\lambda > 0$, che si presta bene ad una trattazione bayesiana (a parte le complicazioni puramente numeriche); ad esempio si può adottare una distribuzione mista, parzialmente concentrata su $\lambda = 0$. Dato il carattere complesso del parametro λ può riuscire poco agevole specificare una distribuzione iniziale ben determinata; può essere quindi opportuno in un caso del genere ricorrere a classi di distribuzioni iniziali e ad analisi di robustezza, del tipo accennato nell'esempio 4.4 e nella prossima sezione. Dato il carattere impegnativo delle elaborazioni necessarie, ci limitiamo qui a questo cenno teorico; per approfondimenti anche pratici si rinvia alla nota bibliografica. $\diamond$

Esercizi

6.24. * Le complicazioni formali associate all'uso della (6.58) dipendono dal fatto che Ω_0 ha misura nulla. Un metodo alternativo, equivalente nella sostanza, è di rappresentare Ω_0 con un intervallo "piccolo", introducendo la densità iniziale $\pi(\theta)$ come mistura di due densità diverse. Posto:

$$\pi(\theta) = \pi_0 \widehat{\pi}(\theta) 1_{[\theta_0-\varepsilon,\theta_0+\varepsilon]}(\theta) + (1-\pi_0)\widetilde{\pi}(\theta) \cdot 1_{\{\theta:\, |\theta-\theta_0|>0\}}(\theta)$$

si dimostri che (con le usuali approssimazioni se $p_\theta(z)$ è una densità):

$$\mathrm{prob}(|\,\Theta - \theta_0\,| \le \varepsilon \mid Z = z) = \frac{\pi_0 \mathbb{E}_{H_0}\ell(\Theta)}{\pi_0 \mathbb{E}_{H_0}\ell(\Theta) + (1-\pi_0)\mathbb{E}_{H_1}\ell(\Theta)} \, .$$

[Oss. Se $\mathbb{E}_{H_0}\ell(\Theta) = \ell(\theta_0)$, che è una condizione giustificabile se ε è piccolo, si ritrova la (6.60); la formula precedente, basata su misture di densità, può poi anche essere utilizzata nel caso di una qualsiasi partizione di Ω]

6.25. Nel caso dell'esempio 6.10, per quale valore di $\bar{x}$, come funzione di n e h, gli eventi $\Theta = 0$ e $\Theta \ne 0$ sono equiprobabili a posteriori? Verificare poi che per $n \to \infty$ il valore di equilibrio è $\bar{x} = 0$.

6.26. Con riferimento all'esempio 6.10 si può effettuare un confronto con le procedure tradizionali frequentiste considerando come risultato $t = \bar{x}\sqrt{n}$. In tal caso (v. esempio 4.18) all'ipotesi $\Theta = 0$ è associato un livello di significatività osservato $P_{\mathrm{oss}} = 2(1 - \Phi(t))$, e a P_{oss} viene attribuito il senso di una misura dell'evidenza a favore dell'ipotesi nulla. Posto $n = 20$, per quale valore di $\pi_0 = \mathrm{prob}(\Theta = 0)$ si ha $P_{\mathrm{oss}} = \Pi_{\bar{x}}(0)$ in corrispondenza di $t = 1.96$, ferma restando la legge $\widetilde{\pi}(\theta)$ indicata?

[Oss. Si ottiene $\pi_0 = 0.07$. Evidentemente questo dipende anche dalla scelta di $\widetilde{\pi}(\theta)$, ma suggerisce che un valore campionario che porterebbe usualmente a rifiutare H_0 in base alla teoria della significatività non corrisponde necessariamente ad una evidenza tanto contraria ad H_0 in uno schema bayesiano, a meno di distribuzioni iniziali piuttosto estreme]

6.27. Determinare l'insieme $T \subseteq \Omega$ definito dalla seguente regola: $\theta' \in T \Leftrightarrow \rho(a_0; z) \ge \rho(a_1; z)$, dove a_0 e a_1 si riferiscono alla scelta delle ipotesi $\theta = \theta'$ e $\theta \ne \theta'$e si utilizza lo schema a perdite costanti con una legge delle probabilità finali del tipo (6.59). Verificare che si ottiene un insieme della classe $\mathcal{H}$ (v. §6.4).

6.7 Il fattore di Bayes nel test di ipotesi

Il concetto di *fattore di Bayes* (v. esercizio A.10) può essere utilmente impiegato nei problemi di test, proprio perché questi sono imperniati sul confronto tra gli elementi Ω_0 e Ω_1 di una data partizione (Ω_0,Ω_1) di Ω alla luce di un determinato risultato sperimentale $z \in \mathcal{Z}$. Il fattore di Bayes a favore di Ω_0 in presenza di un risultato del tipo $Z \in E$ (che indicheremo con $B_{\Omega_0}(E)$) è per definizione il coefficiente per cui moltiplicare gli *odds* iniziali allo scopo di ottenere gli *odds* finali dove va ricordato che gli *odds* di un qualsiasi evento A sono rappresentati da:

$$\mathcal{O}(A) = \frac{\text{prob}(A)}{1 - \text{prob}(A)}.$$

Per il fattore di Bayes $B_{\Omega_0}(E)$ deve valere quindi la relazione:

$$\mathcal{O}(\Omega_0|E) = B_{\Omega_0}(E) \cdot \mathcal{O}(\Omega_0). \tag{6.64}$$

Con semplici passaggi si trova così:

$$B_{\Omega_0}(E) = \frac{\text{prob}(Z \in E \mid \Theta \in \Omega_0)}{\text{prob}(Z \in E \mid \Theta \in \Omega_1)}. \tag{6.65}$$

Si noti che occorre pensare a $\Theta \in \Omega_0$, $\Theta \in \Omega_1$, $Z \in E$ come a eventi di uno stesso spazio probabilizzato, che nel nostro caso è $\Omega \times \mathcal{Z}$, sul quale è definita una ben precisa legge di probabilità Ψ ottenuta a sua volta combinando Π con il modello $\{P_\theta, \theta \in \Omega\}$. Usando la notazione del continuo per la v.a (Θ, Z), si ha:

$$\text{prob}(Z \in E \mid \Theta \in \Omega_i) = \frac{1}{\Pi(\Omega_i)} \int_{E \times \Omega_i} \ell(\theta; z)\pi(\theta)\mathrm{d}\theta\mathrm{d}z \qquad (i = 0, 1)\,;$$

denotando con

$$\widetilde{\pi}_i(\theta) = \frac{1}{\Pi(\Omega_i)}\pi(\theta)1_{\Omega_i}(\theta) \qquad (i = 0, 1), \tag{6.66}$$

la densità di Θ condizionata a $\Theta \in \Omega_i$, si ottiene infine:

$$B_{\Omega_0}(E) = \frac{\int_{E \times \Omega_0} \ell(\theta; z)\widetilde{\pi}_0(\theta)\mathrm{d}\theta\mathrm{d}z}{\int_{E \times \Omega_1} \ell(\theta; z)\widetilde{\pi}_1(\theta)\mathrm{d}\theta\mathrm{d}z}. \tag{6.67}$$

La formula precedente mette in luce come il fattore di Bayes dipenda dalle distribuzioni di $\Theta|(\Theta \in \Omega_0)$ e di $\Theta|(\Theta \in \Omega_1)$, ma non dalle probabilità di $\Theta \in \Omega_0$ e di $\Theta \in \Omega_1$, la cui specificazione sarebbe particolarmente critica, e quindi sia determinato in misura sostanzialmente più debole dalle assunzioni iniziali.

Se ora come insieme E consideriamo un intervallo $(z, z + \mathrm{d}z)$ sufficientemente piccolo (anche multidimensionale), abbiamo:

$$B_{\Omega_0}(z) \cong \frac{\left(\int_{\Omega_0} \ell(\theta; z)\widetilde{\pi}_0(\theta)\mathrm{d}\theta\right)\mathrm{d}z}{\left(\int_{\Omega_1} \ell(\theta; z)\widetilde{\pi}_1(\theta)\mathrm{d}\theta\right)\mathrm{d}z} = \frac{\int_{\Omega_0} \ell(\theta; z)\widetilde{\pi}_0(\theta)\mathrm{d}\theta}{\int_{\Omega_1} \ell(\theta; z)\widetilde{\pi}_1(\theta)\mathrm{d}\theta};$$

utilizzando infine la (6.59) possiamo scrivere:

$$B_{\Omega_0}(z) = \frac{\ell(\Omega_0)}{\ell(\Omega_1)} \tag{6.68}$$

che diventa la definizione del fattore di Bayes in favore di Ω_0 nel caso continuo, in corrispondenza del risultato $Z = z$.

Alla (6.68) si arriva direttamente, senza introdurre approssimazioni, se si assume che le P_θ siano discrete. Le proprietà generali del fattore di Bayes (6.65) continuano ovviamente a valere, insieme con la (6.68).

Se in particolare Ω_0 e Ω_1 sono semplici, la (6.68) si riduce a:

$$B_{\Omega_0}(z) = \frac{\ell(\theta_0; z)}{\ell(\theta_1; z)};\qquad\qquad(6.69)$$

in questo caso, il fattore di Bayes non è altro che il rapporto delle verosimiglianze che ha, come è ben noto, un ruolo fondamentale anche nell'analisi frequentista dei problemi di test. Si noti che la (6.69) è in effetti calcolabile anche in ambito non bayesiano, perché non presuppone l'uso di probabilità su Ω; non appena uno degli insiemi Ω_i contiene più di un punto, il calcolo del fattore di Bayes richiede invece una utilizzazione parziale della legge Π, tramite le densità condizionate $\widetilde{\pi}_i(\theta)$.

I problemi di test possono essere riformulati facendo riferimento al fattore di Bayes; ricordando le formule (6.47) e (6.48), si ha $\rho(a_1; z) \le \rho(a_0; z)$ se e solo se:

$$\frac{\mathrm{prob}(\Theta \in \Omega_1 \mid Z = z)}{\mathrm{prob}(\Theta \in \Omega_0 \mid Z = z)} \ge \frac{b_0}{b_1}$$

e quindi, per la (6.64), se e solo se:

$$B_{\Omega_0}(z) \le \frac{b_1}{b_0}\frac{\Pi(\Omega_1)}{\Pi(\Omega_0)}.\qquad\qquad(6.70)$$

L'utilità di una riformulazione in termini di fattore di Bayes si capisce tenendo presente che il fattore di Bayes è dotato di un proprio significato come misura dell'evidenza comparativa a favore di Ω_0, indipendentemente dalle probabilità assegnate alle ipotesi Ω_0 e Ω_1, e che si presta in maniera particolarmente semplice ad analisi di robustezza con riferimento al complesso della distribuzione iniziale e/o della verosimiglianza. Queste caratteristiche saranno messe meglio in luce negli esempi che seguono.

Esempio 6.12. Riprendiamo in esame l'esempio 6.8, assumendo per la densità iniziale $\pi(\theta)$ una densità Beta(α, β).

Per predisporre i calcoli è comodo riferirsi alla formula (6.64), che nel nostro caso diviene (sostituendo E con s ed eliminando l'integrazione rispetto ai risultati):

$$
\begin{aligned}
B_{\Omega_0}(s) &= \frac{\int_{0.5}^{1} \theta^{\alpha-1}(1-\theta)^{\beta-1}\mathrm{d}\theta}{\int_{0}^{0.5} \theta^{\alpha-1}(1-\theta)^{\beta-1}\mathrm{d}\theta}\,\frac{\int_{0}^{0.5} \theta^{\alpha+s-1}(1-\theta)^{\beta+n-s-1}\mathrm{d}\theta}{\int_{0.5}^{1} \theta^{\alpha+s-1}(1-\theta)^{\beta+n-s-1}\mathrm{d}\theta} = \\
&= \frac{B(\alpha,\beta) - B_{0.5}(\alpha,\beta)}{B_{0.5}(\alpha,\beta)}\,\frac{B_{0.5}(\alpha+s, \beta+n-s)}{B(\alpha,\beta) - B_{0.5}(\alpha+s, \beta+n-s)} = \\
&= \frac{1 - I_{0.5}(\alpha,\beta)}{I_{0.5}(\alpha,\beta)}\,\frac{I_{0.5}(\alpha+s, \beta+n-s)}{I_{0.5}(\alpha+s, \beta+n-s)}\,.
\end{aligned}
$$

Sviluppiamo numericamente l'esempio ponendo $n = 10, \alpha = \beta = 1$. Per la simmetria della distribuzione si ha $I_{0.5}(1,1) = 1$, per cui:

$$B_{\Omega_0}(s) = \frac{I_{0.5}(1+s, 11-s)}{1 - I_{0.5}(1+s, 11-s)}.$$

I valori del fattore di Bayes a favore di $\Omega_0 = \{\theta : \theta \leq 0.5\}$ per s che va da 0 a 9 risultano:

s	0	1	2	3	4	5
$B_{\Omega_0}(s)$	2047	169.667	29.567	7.828	2.644	1.000

s	6	7	8	9	10
$B_{\Omega_0}(s)$	0.3782	0.1276	0.0339	0.0059	0.0005

Il valore 1 corrispondente a $s = 5$ era prevedibile, perché rappresenta una simmetria tra successi e insuccessi anche nella informazione sperimentale (e più in generale si ha $B_{\Omega_0}(s) = 1/B_{\Omega_0}(n-s)$). È poi naturale che $B_{\Omega_0}(s)$ diminuisca con s visto che rappresenta il peso sperimentale (che però tiene parzialmente conto dell'informazione pre-sperimentale) dell'ipotesi $\theta \leq 0.5$ rispetto all'ipotesi contraria $\theta > 0.5$.   ◇

Esempio 6.13. Consideriamo un campione casuale $z = (x_1, x_2, \ldots, x_n)$ da una distribuzione $N(\theta, \sigma^2)$ con σ noto e il problema di test caratterizzato da $\Omega_0 = \{\theta : \theta = \theta_0\}, \Omega_1 = \{\theta : \theta \neq \theta_0\}, b_0 = b_1 = 1$. Come distribuzione iniziale consideriamo una distribuzione mista con una massa π_0 concentrata su θ_0 e il resto diffuso secondo una densità $\widetilde{\pi}(\theta)$. Trattando direttamente $\bar{x} = \sum x_i/n$ come risultato, abbiamo:

$$B_{\Omega_0}(\bar{x}) = \frac{\ell(\theta_0)}{\int_{\Omega_1} \ell(\theta)\widetilde{\pi}(\theta)\mathrm{d}\theta} = \frac{\varphi(\bar{x}; \theta_0, \sigma^2/n)}{\int_{\mathbb{R}^1} \varphi(\bar{x}; \theta, \sigma^2/n)\widetilde{\pi}(\theta)\mathrm{d}\theta}. \tag{6.71}$$

Per eliminare il ruolo della distribuzione $\widetilde{\pi}(\theta)$ (che è una componente della legge a priori) si può calcolare l'estremo inferiore del fattore di Bayes al variare di $\widetilde{\pi}(\cdot)$ in una classe Γ che potrebbe anche essere la classe di tutte le distribuzioni possibili. Si può cioè calcolare:

$$\underline{B}_{\Omega_0}(\bar{x}) = \inf_{\widetilde{\pi}} B_{\Omega_0}(\bar{x}) .$$

In pratica, se il fattore di Bayes "minimo" è abbastanza elevato, l'ipotesi Ω_0 può considerarsi sufficientemente privilegiata rispetto alla ipotesi complementare Ω_1. Osservando la (6.71) vediamo che l'estremo inferiore del fattore di Bayes si ottiene calcolando l'estremo superiore del denominatore al secondo membro. In quella espressione la funzione $\widetilde{\pi}(\theta)$ figura come una ponderazione di una funzione proporzionale ad una densità normale di media $\bar{x}$, e produce l'estremo superiore quando tende a concentrarsi su $\theta = \bar{x}$. Si ha quindi, considerando come classe Γ la classe di tutte le distribuzioni possibili,

$$\underline{B}_{\Omega_0}(\bar{x}) = \frac{\ell(\theta_0)}{\ell(\bar{x})} = \exp\left\{-\frac{n}{2\sigma^2}(\theta_0 - \bar{x})^2\right\}. \qquad (6.72)$$

Si osservi che la (6.72), in questo caso, non è altro che la verosimiglianza relativa $\bar{\ell}(\theta_0)$, che è una misura dell'evidenza a favore di Ω_0 giustificata in una impostazione inferenziale differente (anche se in sostanza compatibile).

Se riprendiamo la (6.70), vediamo che l'azione a_1 è sicuramente preferibile all'azione a_0 se:

$$B_{\Omega_0}(\bar{x}) \leq \frac{1 - \pi_0}{\pi_0}$$

o, equivalentemente, se:

$$\pi_0 \geq \frac{1}{1 + B_{\Omega_0}(\bar{x})}.$$

A maggior ragione potremo dire che a_1 è preferibile se:

$$\pi_0 \geq \frac{1}{1 + \underline{B}_{\Omega_0}(\bar{x})} \qquad (6.73)$$

che è una diseguaglianza verificabile sulla sola base dei risultati sperimentali.

Sviluppiamo un esempio numerico. Sia $n = 9$, $\bar{x} = 27$, $\sigma^2 = 36$, $\theta_0 = 25$. Allora $\underline{B}_{\Omega_0}(\bar{x}) = e^{-0.5} \cong 0.607$, sicché la (6.73) diventa $\pi_0 \geq 0.62$. Se ne conclude che qualunque distribuzione iniziale che concentri almeno il 62% della probabilità su $\theta = 25$, comunque sia ripartita la parte restante, comporta la scelta di a_0.

◇

Esercizi

6.28. Dimostrare la formula (6.65).

6.29. Dimostrare che se $\Omega_0 = \{\theta_0\}$, $\Omega_1 = \{\theta : \theta \neq \theta_0\}$ e $\pi_0 = \mathrm{prob}(\Theta = \theta_0)$, si ha:

$$\mathrm{prob}(\Theta = \theta_0 \mid Z = z) = \left(1 + \frac{1 - \pi_0}{\pi_0} \frac{1}{B_{\Omega_0}(z)}\right)^{-1}.$$

6.30. Nell'esempio 6.13 considerare come densità $\tilde{\pi}(\theta)$ una densità $\mathrm{N}(\theta_1, 1/h)$ e dimostrare che:

$$B_{\Omega_0}(z) = \varphi\left(\bar{x}; \theta_0, \frac{\sigma^2}{n}\right) \Big/ \varphi\left(\bar{x}; \theta_1, \frac{1}{h} + \frac{\sigma^2}{n}\right).$$

[Oss. È una generalizzazione dell'esempio 6.10]

6.31. Sia dato un esperimento $(\mathcal{Z}, P_\theta, \theta \in \Omega)$ e sia T una statistica sufficiente. Dimostrare che, data una qualunque partizione di Ω in Ω_0 e Ω_1, si ha $B_{\Omega_0}(z) = B_{\Omega_0}(T(z))$.

6.32. * Sia $\Omega = \{\theta_1, \theta_2, \theta_3\}$. Le ipotesi possibili (non degeneri) sono $\Omega_1 = \{\theta_1\}, \Omega_2 = \{\theta_2\}, \Omega_3 = \{\theta_3\}, \Omega_4 = \{\theta_2, \theta_3\}, \Omega_5 = \{\omega_1, \omega_3\}, \Omega_6 = \{\omega_1, \omega_2\}$. Supponiamo che sia, per un risultato z:

$$\pi(\theta_1) = \pi(\theta_3) = \frac{1}{100}, \ \pi(\theta_2) = \frac{98}{100}$$

$$\ell(\theta_1) = 1, \ \ell(\theta_2) = \frac{1}{16}, \ \ell(\theta_3) = 0.$$

Si verifichi che $B_{\Omega_2}(z) = 0.125$, $B_{\Omega_4}(z) = 0.062$.

[Oss. È abbastanza sorprendente che $\Omega_2 \subset \Omega_4$ e tuttavia il corrispondente fattore di Bayes sia superiore. Questo esempio ricorda che il fattore di Bayes non può essere visto come una misura assoluta, in particolare additiva, dell'evidenza a favore di una ipotesi. Nel caso in esame Ω_4 contiene, in più rispetto ad Ω_2, l'ipotesi singolare θ_3 che ha verosimiglianza nulla; sotto questo aspetto appare più comprensibile che il fattore di Bayes diminuisca passando da Ω_2 a Ω_4]

6.8 Il fattore di Bayes per la scelta del modello

In molte situazioni reali si è di fronte ad una pluralità di modelli, che indicheremo con:

$$e_i = (\mathcal{Z}_i, p_i(\,\cdot\,;\theta_i), \theta_i \in \Omega_i) \quad i = 1, 2, \ldots, k\,.$$

Ad ogni modello è quindi associato un parametro (in generale vettoriale) θ_i, avente dimensione d_i ($i = 1, 2, \ldots, k$). Si assume naturalmente che uno dei modelli sia "vero", nel senso che contiene la vera legge di generazione dei dati, diciamo $p(\cdot\,;\theta^*)$. L'elaborazione bayesiana procede secondo le stesse linee generali delle sezioni precedenti, anche se gli esempi sono di solito molto più complicati. Ai fini di tale elaborazione occorre introdurre le probabilità iniziali dei modelli, diciamo $\pi(e_i)$ per $i = 1, 2, \ldots, k$, e le probabilità iniziali dei parametri condizionatamente al modello i.esimo, diciamo $\pi_i(\theta_i)$ per $i = 1, 2, \ldots, k$.

Supponiamo ora che λ sia la quantità di interesse per l'inferenza, per esempio il valore atteso di una statistica $T(Z)$ (rispetto alla legge "vera" $p(\cdot\,;\theta^*)$), oppure il valore Y di una osservazione futura. Allora, dato un risultato sperimentale z, la sua legge di probabilità finale sarà (con una simbologia un po' semplificata ma ovvia):

$$\pi(\lambda; z) = \sum_{i=1}^{k} \pi(\lambda; z, e_i)\pi(e_i; z)\,, \tag{6.74}$$

cioè una media delle probabilità finali della quantità di interesse, ponderata con le probabilità finali del modello. Queste ultime sono evidentemente calcolabili con la formula:

$$\pi(e_i; z) = c \cdot \pi(e_i) \cdot \int_{\Omega_i} p_i(z; \theta_i)\pi(\theta_i)d\theta_i\,.$$

La procedura basata sulla (6.74) viene indicata nella letteratura con l'acronimo BMA (*Bayesian Model Averaging*). Si tratta di una procedura generalmente complessa sia per ragioni pratiche (la quantità di calcoli in casi di rilievo pratico) che per ragioni teoriche (natura estremamente indiretta di eventi del tipo "il modello *i*.esimo è vero" e relativa difficoltà di assegnare probabilità iniziali, difficoltà di identificare tutti i modelli potenzialmente veri).

Un caso particolare, che allora rientra in modo relativamente semplice nella tematica già esposta, è quello in cui un modello, diciamo e_1, sia *annidato* (o *innestato*) in e_2, e valga quindi la relazione $\Omega_1 \subset \Omega_2$.

Esempio 6.14. Consideriamo un esperimento e_1 che sia costituito dall'insieme di leggi $\{N(0, \sigma^2), \sigma \in \mathbb{R}_+^1\}$ ed un esperimento e_2 costituito a sua volta dall'insieme $\{N(\mu, \sigma^2) : (\mu, \sigma) \in \mathbb{R}^1 \times \mathbb{R}_+^1\}$. Allora la scelta tra i modelli si può riformulare come scelta tra le ipotesi parametriche $\mu = 0$ e $\mu \neq 0$. Naturalmente il caso di modelli annidati è in un certo senso il più semplice; in generale invece la differenza qualitativa tra modelli (per esempio distribuzioni Normali contro distribuzioni Gamma) non può concretizzarsi nel valore di un numero finito di parametri reali.

$\diamond$

Il confronto fra modelli, ai fini di una scelta, può anche basarsi sul fattore di Bayes. Si tratta allora di calcolare le probabilità predittive associate ai due modelli in conformità alle formule:

$$m_i(z) = \int_{\Omega_i} p_i(z; \theta_i)\pi_i(\theta_i)\mathrm{d}\theta_i \quad i = 1, 2 \tag{6.75}$$

dove $\pi_i(\theta_i)$ è la densità iniziale del vettore θ_i per il modello e_i e di calcolare quindi il fattore di Bayes per il modello e_i rispetto al modello e_j con la formula:

$$B_{ij}(z) = \frac{m_i(z)}{m_j(z)} \tag{6.76}$$

del tutto analoga alla (6.65).

Esempio 6.15. Si ha un campione casuale $z = (x_1, x_2, \ldots, x_n)$ per il quale vengono confrontati due modelli, quello basato sulla distribuzione geometrica:

$$p_1(x_i; \theta) = \theta(1 - \theta)^{x_i}, \quad x_i = 0, 1, \ldots, \quad \theta \in [0, 1]$$

e quello basato sulla distribuzione di Poisson:

$$p_2(x_i; \mu) = e^{-\mu}\frac{\mu^{x_i}}{x_i!}, \quad x_i = 0, 1, 2, \ldots \quad \mu > 0 \, .$$

Assumendo come distribuzioni iniziali:

$$\pi_1(\theta) = 1_{[0,1]}(\theta), \quad \pi_2(\mu) = e^{-\mu}$$

si trova, posto $s = \sum x_i$:

$$m_1(z) = \int_0^1 \theta^n (1-\theta)^s \mathrm{d}\theta = B(n+1, s+1) = \frac{n!\, s!}{(s+n+1)!}$$

$$m_2(z) = \frac{1}{x_1! x_2! \dots x_n!} \int_0^\infty \mu^s e^{-(n+1)\mu} \mathrm{d}\mu = \frac{s!}{x_1! x_2! \dots x_n!(n+1)^{s+1}}$$

da cui

$$B_{12}(z) = \frac{n! x_1! x_2! \dots x_n! (n+1)^{s+1}}{(s+n+1)!} \ .$$

$\diamond$

Due tipi di elaborazioni sono stati sviluppati per superare i problemi indicati:
(a) procedure asintotiche, con riferimento al caso che il risultato sperimentale
sia un campione casuale di dimensione n;
(b) procedure di scomposizione del risultato che consentono la determinazione
di fattori di Bayes *parziali*, così chiamati in quanto basati solo su una parte
dei dati.

6.8.1 Comportamento asintotico del fattore di Bayes

Nella formula (6.75) sostituiamo a $\pi_i(\theta_i)$ il valore di massima verosimiglianza
$\pi(\widehat{\theta}_i)$, che, non essendo più funzione di θ_i, può essere tolto dall'integrale. Ne
viene:

$$m_i(z) \cong \pi(\widehat{\theta}_i) \int_{\Omega_i} \ell(\theta_i) \mathrm{d}\theta_i \ .$$

Se ora utilizziamo la classica approssimazione normale della funzione di verosimiglianza (v. esercizio 3.30), cioè (con una simbologia adattata al caso in esame, per cui $I_{i,1}$ rappresenta l'informazione associata ad una sola osservazione
nel quadro del modello i):

$$\ell_i(\theta_i) \cong \ell_i(\widehat{\theta}_i) \exp\left\{ -\frac{n}{2}(\theta_i - \widehat{\theta}_i)^\top I_{i,1}(\widehat{\theta}_i)(\theta_i - \widehat{\theta}_i) \right\}$$

otteniamo:

$$m_i(z) = \pi(\widehat{\theta}_i)\ell_i(\widehat{\theta}_i) \int_{\Omega_i} \exp\left\{ -\frac{n}{2}(\theta_i - \widehat{\theta}_i)^\top I_{i,1}(\widehat{\theta}_i)(\theta_i - \widehat{\theta}_i) \right\} \mathrm{d}\theta_i;$$

ma la funzione integranda è semplicemente il nucleo di una densità multinor-
male di media $\widehat{\theta}_i$ e matrice varianze-covarianze $\frac{1}{n}V_i$ dove $V_i = I_{1,i}^{-1}(\widehat{\theta}_i)$, per cui:

$$\int_{\Omega_i} \exp\left\{ -\frac{n}{2}(\theta_i - \widehat{\theta}_i)^\top I_{i,1}(\widehat{\theta}_i)(\theta_i - \widehat{\theta}_i) \right\} \mathrm{d}\theta_i = (2\pi)^{\frac{d_i}{2}} \sqrt{\det(V_i/n)}$$

ed infine:

$$m_i(z) \cong \pi(\widehat{\theta}_i)\ell(\widehat{\theta}_i)\left(\frac{2\pi}{n}\right)^{\frac{d_i}{2}}\sqrt{\det V_i}\ .$$

Applicando ora la formula (6.76) troviamo:

$$B_{ij}(z) \cong \frac{\pi_i(\widehat{\theta}_i)}{\pi_j(\widehat{\theta}_j)}\frac{\ell_i(\widehat{\theta}_i)}{\ell_j(\widehat{\theta}_j)}\left(\frac{2\pi}{n}\right)^{\frac{d_i-d_j}{2}}\sqrt{\frac{\det V_i}{\det V_j}}\ . \tag{6.77}$$

Si noti che $\ell_i(\widehat{\theta}_i)/\ell(\widehat{\theta}_j)$ è la quantità fondamentale per una elaborazione frequentista del problema, secondo la logica del rapporto delle massime verosimiglianze e che l'analisi bayesiana (sia pure approssimata) "corregge" tale valore, tenendo conto in particolare del rapporto di densità iniziali (all'interno del modello) $\pi_i(\widehat{\theta}_i)/\pi_j(\widehat{\theta}_j)$.

6.8.2 Fattori di Bayes parziali

Consideriamo il campione casuale z di n elementi e dividiamolo in due sottocampioni x e y di dimensione, rispettivamente, k e $n-k$ in modo da poter scrivere $z = (x, y)$. Il sottocampione x viene detto *campione di prova* (*training sample* in inglese). Possono ora essere introdotti diversi tipi di fattori di Bayes a seconda di quali dati e quali distribuzioni di probabilità si considerino. In particolare:

$$B_{12}(z) = \frac{m_1(z)}{m_2(z)}, \qquad B_{12}(x) = \frac{m_1(x)}{m_2(x)}, \qquad B_{12}(y|x) = \frac{m_1(y;x)}{m_2(y;x)},$$

dove naturalmente

$$m_i(y;x) = \int_{\Omega_i}\ell_i(\theta_i)\pi_i(\theta_i;x)\mathrm{d}\theta_i.$$

È facile verificare che si ha:

$$B_{12}(z) = B_{12}(x)B_{12}(y|x). \tag{6.78}$$

L'idea di sostituire $B_{12}(y|x)$ a $B_{12}(z)$ dipende dal fatto che il sottocampione x può essere tale da rendere $\pi_i(\theta_i;x)$ propria anche se $\pi_i(\theta_i)$ è impropria. In altri termini, una parte dei dati viene utilizzata non per confrontare i modelli ma per rendere propria la distribuzione finale del parametro nel quadro del modello.

All'atto pratico, resta la difficoltà logica che la scelta di x entro z influenza il valore di $B_{12}(y|x)$. Una procedura proposta in letteratura prevede di prendere in considerazione tutti gli $\binom{n}{k}$ sottocampioni possibili e di calcolare una opportuna media (aritmetica, geometrica, ecc.). Si ottengono in questo modo i cosiddetti fattori di Bayes *intrinseci*.

Una via alternativa si basa sulla equivalenza asintotica:

$$\left(p_i(x;\theta_i)\right)^{\frac{1}{k}} \cong \left(p_i(z;\theta_i)\right)^{\frac{1}{n}}$$

da cui:

$$p_i(x;\theta_i) \cong \left(p_i(z;\theta_i)\right)^{b} = \text{(diciamo) } \ell_i^b(\theta_i)\,, \qquad (6.79)$$

dove $b = k/n$. Posto:

$$B_{12}^{(b)} = \frac{\int_{\Omega_1} \ell_1^b(\theta_1)\pi_1(\theta_1)\mathrm{d}\theta_1}{\int_{\Omega_2} \ell_2^b(\theta_2)\pi_2(\theta_2)\mathrm{d}\theta_2}$$

e utilizzando l'approssimazione (6.79) si vede che

$$B_{12}^{(b)}(z) \cong B_{12}(x)$$

per cui la (6.78) può scriversi:

$$B_{12}(y|x) \cong \frac{B_{12}(z)}{B_{12}^{(b)}(z)}\,. \qquad (6.80)$$

Il secondo membro della (6.80), indicato con $B_{12}^F(z)$, viene quindi denominato fattore di Bayes *frazionario* ed utilizzato al posto del fattore di Bayes parziale $B_{12}(y|x)$.

Si notano due caratteristiche essenziali del fattore di Bayes frazionario: non c'è alcuna dipendenza dalla scelta del campione di prova e non sorgono problemi di indeterminatezza anche nel caso che le distribuzioni iniziali $\pi_i(\theta_i)$ siano improprie, in quanto le costanti di normalizzazione, che sono indeterminate, si elidono nei rapporti (v. esercizio 6.37). In questa impostazione, naturalmente, il problema della scelta di x è sostituito dal problema di scegliere la frazione b (una scelta frequente è $b = 1/n$).

Esercizi

6.33. * In presenza di una partizione qualunque di Ω, diciamo $(\Omega_0, \Omega_1, \ldots, \Omega_k)$ e nel quadro di un modello statistico regolare, si può introdurre il fattore di Bayes *multiplo* rappresentato dal vettore di componenti:

$$B_{0i}(z) = \frac{\int_{\Omega_0} \ell_0(\theta_0)\pi_0(\theta_0)\mathrm{d}\theta_0}{\int_{\Omega_i} \ell_i(\theta_i)\pi_i(\theta_i)\mathrm{d}\theta_i} \qquad (i = 1, 2, \ldots, k).$$

Si dimostri che se con $B_0(z)$ si indica il fattore di Bayes per l'ipotesi Ω_0 contro l'ipotesi complementare $\Omega - \Omega_0$, si ha:

$$B_0(z) = \frac{\pi_1 + \pi_2 + \ldots + \pi_k}{\dfrac{\pi_1}{B_{01}(z)} + \dfrac{\pi_2}{B_{02}(z)} + \cdots + \dfrac{\pi_k}{B_{0k}(z)}}$$

dove le π_i sono le probabilità iniziali di $\Omega_1, \Omega_2, \ldots, \Omega_k$.

[Oss. Il fattore di Bayes complessivo risulta quindi la media armonica delle componenti del fattore di Bayes multiplo]

6.34. Si calcoli il fattore di Bayes con riferimento al problema trattato nell'esempio 6.15, assumendo che il campione casuale disponibile sia

$$(4, 0, 0, 2, 0, 2, 7, 3, 1, 1).$$

[Oss. Si trova numericamente $B_{12} = 9.48$ per cui risulta preferito il modello geometrico. Il risultato può essere considerato intutivo. Infatti se si confrontano numericamente (o graficamente) le distribuzioni di probabilità $p_1(x; \widehat{\theta})$ e $p_2(x; \widehat{\lambda})$, dove $\widehat{\theta}$ e $\widehat{\lambda}$ sono le stime di massima verosimiglianza dei parametri, e che possiamo considerare rappresentative dei due modelli, si vede che si ha $p_1(x; \widehat{\theta}) > p_2(x; \widehat{\lambda})$ per $x = 0$ e per $x \geq 5$. In particolare il valore $x = 7$ è molto più probabile con il modello geometrico che con il modello di Poisson (0.020 contro 0.003) ed è chiaramente la presenza di molti zeri e del valore 7 che favorisce il modello geometrico]

6.35. È stato proposto (da G.Schwarz) ed è ampiamente usato il criterio secondo cui, dato un campione casuale z di dimensione n un modello e_i con d_i parametri va valutato con l'indice:

$$S(i) = \log \ell_i(\widehat{\theta}_i) - \frac{d_i}{2} \log n$$

va quindi scelto il modello con l'indice maggiore. Si calcolino i valori dell'indice di Schwarz per i casi considerati nell'esempio 6.15 con i dati dell'esercizio precedente.

[Oss. Il criterio di Schwarz penalizza i criteri con molti parametri, il che è intuitivamente giustificabile in quanto un maggior numero di parametri automaticamente implica un migliore adattamento dei dati al modello. Tale criterio modifica parzialmente il criterio di Akaike che ha proposto come termine di correzione $2d_i$ e non $\frac{d_i}{2} \log n$. La quantità $\text{BIC}(i, j) = -2\big(S(i) - S(j)\big)$, chiamata *Bayes Information Criterion*, viene adoperata per confrontare i modelli e naturalmente il risultato $B(i, j) > 0$ favorisce il modello j. Con questi criteri viene a scomparire il ruolo delle distribuzioni iniziali anche all'interno dei modelli e questo, se da una parte è comodo in pratica, ed in qualche modo si collega all'uso di distribuzioni di riferimento, dall'altra ne sconsiglia un uso automatico. Si può dimostrare che per campioni casuali di dimensione n da famiglie esponenziali si ha asintoticamente (al crescere di n) $\text{BIC}(i, j) \cong -2 \log B_{ij}(z)$. Per i casi indicati si trova $S(1) = -20.25$ e $S(2) = -22.17$ e quindi $B(1, 2) = 3.84$. Anche con questo metodo viene perciò preferito il modello geometrico]

6.36. Applicare la formula approssimata (6.77) al caso dell'esempio 6.15 con i dati dell'esercizio 6.34.

[Sol. Si trova $B_{12}(z) \cong 9.72$, che è un valore molto vicino al valore esatto 9.48]

6.37. Verificare che il fattore di Bayes frazionario, adoperando in modo formale il teorema di Bayes, non è indeterminato anche quando le distribuzioni iniziali $\pi_i(\theta_i)$ sono improprie.

[Sugg. Si ponga $\pi_i(\theta_i) = c_i f(\theta_i)$ e si verifichi che le costanti c_i si elidono]

6.9 Problemi di tipo predittivo

Si considerino dati l'esperimento presente $e = (\mathcal{Z}, P_\theta, \theta \in \Omega)$, l'esperimento futuro $e' = (\mathcal{Z}', P'_\theta, \theta \in \Omega)$ ed un modello decisionale $(\mathcal{Z}', A, L(z', a), K, m(z'))$ dove $m(z')$ è la legge predittiva iniziale (vedi formula 4.4), costruito con riferimento all'esperimento e' e alla stessa legge iniziale $\pi(\theta)$ sul parametro già associata all'esperimento e. L'aggiornamento dell'informazione viene realizzato passando dalla densità predittiva iniziale $m(z')$ alla densità predittiva finale $m(z'; z)$ (formula (4.10)), cioè a:

$$m(z'; z) = \int_\Omega \pi(\theta; z) p'_\theta(z') \mathrm{d}\theta$$

(denotando con p'_θ la densità associata a P'_θ; al solito espressioni analoghe valgono per distribuzioni discrete). La formulazione finale del problema è quindi:

$$K\big(L(\,\cdot\,, a)\big) = \text{ minimo per } a \in A$$

e in particolare, se K è il valore atteso:

$$\int_{\mathcal{Z}'} L(z', a) m(z'; z) \mathrm{d}z' = \text{ minimo per } a \in A.$$

La procedura risulta quindi del tutto simile a quella adoperata nei problemi ipotetici. In particolare è identica la caratterizzazione dei problemi di stima puntuale, stima mediante regioni, test di ipotesi, salva la sostituzione del risultato futuro z' al parametro incognito θ. Non serve quindi riprodurre qui le formule corrispondenti e ci limitiamo a sviluppare alcuni esempi.

Esempio 6.16. Consideriamo un esempio di controllo tecnologico. Si ha un macchinario che funziona, a partire da un tempo 0, per un periodo di lunghezza y, realizzazione di una variabile aleatoria non negativa Y. Per prevenire un guasto il macchinario può essere sostituito ad un tempo prefissato t. Se $t < y$, dove y è il valore effettivo della durata di funzionamento, si ha una perdita, funzione crescente di $(y - t)$, dovuta alla sostituzione prematura; se $t > y$ si ha una perdita, funzione crescente di $(t - y)$, dovuta al mancato funzionamento dal momento del guasto al momento della sostituzione. Rappresentiamo le perdite con la funzione:

$$L(y, t) = \begin{cases} c_1(y - t), & t \leq y \\ c_2(t - y), & t \geq y \end{cases} \tag{6.81}$$

dove c_1 e c_2 sono opportune costanti. Informazioni per prevedere y sono fornite da un campione casuale $z = (x_1, x_2, ..., x_n)$ di n macchinari simili, per i quali si assume il modello esponenziale negativo:

$$p_\theta(x_i) = \theta \exp\{-\theta x_i\} \quad (i = 1, 2, ..., n);$$

inoltre si adotta per il parametro la densità iniziale impropria $\pi(\theta) = \text{cost}/\theta$. L'obiettivo è la scelta ottimale del tempo di sostituzione t.

Occorre evidentemente determinare la distribuzione predittiva finale di Y. A questo scopo osserviamo che la distribuzione finale del parametro, posto $s = \sum x_i$, risulta:

$$\pi(\theta; z) = \frac{s^n}{\Gamma(n)} \theta^{n-1} \exp\{-\theta s\}.$$

Pertanto, assumendo come è ovvio l'indipendenza di Y dai precedenti risultati subordinatamente al parametro θ, otteniamo come densità predittiva finale:

$$m(y; z) = \frac{s^n}{\Gamma(n)} \int_0^\infty \theta^n \exp\left\{-\theta(s + y)\right\} \mathrm{d}\theta.$$

Operando la sostituzione $v = \theta(s + y)$ si ottiene infine:

$$m(y; z) = \frac{ns^n}{(s + y)^{n+1}}$$

che è una densità del tipo Gamma-Gamma$(n, s, 1)$; alternativamente, si può dire che, condizionatamente ai dati, $s + Y \sim \text{Pareto}(n, s)$.

Per determinare il valore ottimo di t in accordo con lo schema dell'analisi estensiva si deve minimizzare rispetto a $t \geq 0$ l'espressione:

$$\rho(t; z) = \mathbb{E}(L(Y, t) \mid Z = z) = \int_0^\infty L(y, t) m(y; z) \mathrm{d}y.$$

Come sappiamo (formula (6.12)) la decisione ottima t^* è il quantile di livello $c_1/(c_1 + c_2)$ della distribuzione predittiva finale; in formule, se $M(y; z)$ è la funzione di ripartizione di Y condizionata a $Z = z$, il valore t^* è la soluzione dell'equazione:

$$M(t^*; z) = \frac{c_1}{c_1 + c_2}. \tag{6.82}$$

Si noti che, se $c_1 = c_2$, t^* è la mediana; se $c_1 = 0$ la sostituzione ottima è immediata (non vi è un costo per la mancata utilizzazione del macchinario funzionante) e se $c_2 = 0$ la sostituzione ottima non avviene mai (non vi è un costo per il fermo macchina). La formula (6.82) vale evidentemente qualunque sia la distribuzione predittiva; una formula esplicita per t^* nel nostro caso è comunque semplice da determinare (esercizio 6.38). $\diamond$

Esempio 6.17. Riprendiamo l'esempio precedente e determiniamo un insieme ottimale di stima per il risultato futuro y con riferimento alla perdita lineare $L(\theta, S) = b \cdot \text{mis}(S) - 1_S(\theta)$. Adattando al nostro caso i risultati della § 6.4, e osservato che la densità Gamma-Gamma$(n, s, 1)$ non ha tratti costanti, possiamo dire che il criterio scelto porta ad utilizzare un insieme di massima densità predittiva finale, cioè un insieme della classe:

$$\mathcal{H} = \{S \subset \mathcal{Z}' : \exists\, h \geq 0 \text{ tale che } y \in S \Leftrightarrow m(y; z) \geq h\}.$$

Nell'esempio precedente si è visto che:

$$m(y; z) = \frac{ns^n}{(s + y)^{n+1}} 1_{(0,\infty)}(y).$$

Poiché $m(y; z)$ decresce con y, il generico insieme di stima $S \in \mathcal{H}$ può essere semplicemente scritto come:

$$S = \{y : y \leq k\}, \quad k \in \mathbb{R}_+.$$

con un valore k opportuno. Per la determinazione del valore ottimo di k, occorre ricordare che $\rho(S; z) = bk - \Pi_z(S)$, e quindi:

$$\frac{\mathrm{d}\rho(S; z)}{\mathrm{d}k} = b - \frac{ns^n}{(s + k)^{n+1}} = b - \frac{n}{s}\left(1 + \frac{k}{s}\right)^{-(n+1)};$$

annullando la derivata si trova quindi:

$$k^* = s\left(\left(\frac{bs}{n}\right)^{n+1} - 1\right)$$

e il valore ottimo ricercato per k è $\max\{0, k^*\}$.

Esempio 6.18. Continuando l'esempio precedente, risolviamo il seguente problema di test predittivo (che formalizziamo con una simbologia analoga a quella della § 6.5):

$$\mathcal{Z}_0' = \{y : y \leq y_0\}, \quad \mathcal{Z}_1' = \{y : y > y_0\}, \quad b_0 = b_1 = 1$$

dove y_0 è un valore prefissato. Si tratta quindi di determinare la più probabile, con riferimento alla distribuzione di $Y | Z = z$, tra le sottoregioni complementari $\mathcal{Z}_0'$ e $\mathcal{Z}_1'$. Utilizzando la funzione di ripartizione $M(y; z)$ abbiamo:

$$\mathrm{prob}(Z' \in \mathcal{Z}_0' \mid Z = z) = M(y_0; z) = 1 - \frac{s^n}{(s + y_0)^n}$$

e quindi si sceglierà l'azione a_1 se

$$1 - \frac{s^n}{(s + y_0)^n} \leq \frac{1}{2}$$

cioè se

$$s \geq \frac{y_0}{2^{\frac{1}{n}} - 1}.$$

$\diamond$

Esercizi

6.38. Con riferimento all'esempio 6.16 dimostrare che

$$t^* = s \left(\left(\frac{c_1 + c_2}{c_2} \right)^{\frac{1}{n}} - 1 \right)$$

e verificare che nel caso particolare $c_1 = c_2$, $s = 10$, $n = 5$, il tempo ottimo di sostituzione è $t^* \simeq 1.49$.

[Sugg. Risolvere direttamente la (6.82). Il valore $t^* = 1.49$ può essere confrontato con la media della distribuzione finale di Y, che è 2.50]

6.39. Ancora con riferimento all'esempio 6.16 si consideri al posto della formula (6.81) la usuale perdita quadratica $L(y, t) = (y - t)^2$ e si confrontino le stime ottime, avendo posto nella (6.81) $c_1 = c_2$.

[Sol. Si trova con la perdita lineare $t^* = 2.97$ e per la perdita quadratica $t^* = 5.00$]

6.40. Con riferimento all'esempio 6.17, in presenza dei dati $n = 5$ e $s = 20$, determinare l'intervallo di stima per y appartenente alla classe $\mathcal{H}$ e caratterizzato dalla probabilità $\gamma = 0.95$.

[Sol. Si trova $k = 16.41$]

6.41. Con riferimento all'esempio 6.18 determinare per quali valori di y_0 l'ipotesi $y \leq y_0$ verrebbe rifiutata dal test, in presenza dei dati $n = 5$, $s = 10$.

[Sol. Si trova $y_0 \leq 1.49$]

Analisi in forma normale

7.1 Introduzione

La struttura generale dell'analisi in forma normale dei problemi di decisione statistica è stata esposta nel cap. 5. Si è visto che, intendendo la forma normale come uno dei modi alternativi per effettuare un'elaborazione bayesiana in un contesto post-sperimentale, si hanno sostanzialmente due conseguenze: procedure generalmente più complicate e un riferimento obbligato alla forma canonica:

$$\left(\Omega, D, R(\theta, d), K\right) \tag{7.1}$$

che è potenzialmente fuorviante a causa della violazione del principio della verosimiglianza nel calcolo dei rischi $R(\theta, d)$. L'obiettivo principale di questo capitolo non è però quello di sviluppare sistematicamente l'analisi bayesiana con riferimento allo schema (7.1) bensì quello di presentare le analisi ispirate alla logica frequentista, inquadrate nell'ottica decisionale che è loro propria. Considerazioni di tipo bayesiano compariranno solo occasionalmente, essenzialmente per ragioni di confronto.

7.2 Stima puntuale

Supponiamo che si voglia stimare un parametro reale o vettoriale θ, o una funzione parametrica $\lambda = g(\theta)$. Le funzioni di perdita comunemente usate sono naturalmente quelle già descritte nelle sezioni 6.1, 6.2, 6.3. Come sappiamo (cap. 5), nell'analisi in forma normale le decisioni da prendere in esame sono più esattamente le *funzioni di decisione* d: $\mathcal{Z} \to A$, il cui insieme (tenendo eventualmente conto di opportune condizioni di regolarità) viene denotato con D. Nel contesto dei problemi di stima lo spazio delle azioni terminali, A, sarà Ω o $g(\Omega)$ secondo che interessi la stima del parametro complessivo θ o di una funzione parametrica $g(\theta)$. Le funzioni di decisione in questo contesto

Piccinato L: Metodi per le decisioni statistiche. 2ª edizione.

vengono anche chiamate *stimatori* e i valori $d(z)$ per $z \in \mathcal{Z}$ fissato, si chiamano *stime*. Per confrontare le funzioni di decisione si deve usare la *funzione di rischio* $R(\theta, d) = \mathbb{E}_\theta L(\theta, d(Z))$; considereremo incluse in D solo le funzioni di decisione per le quali $R(\theta, d)$ risulta ben definito per ogni $\theta \in \Omega$. Il modello decisionale (7.1), tanto più quando non si vuole usare il criterio di ottimalità K, è piuttosto povero e difficilmente consente elaborazioni conclusive. Tuttavia, con le tecniche usuali (v. cap. 1), possono essere approfonditi, anche con riferimento a problemi particolari, gli aspetti della ammissibilità degli stimatori e della completezza delle classi di stimatori.

7.2.1 Ammissibilità

La strada principale per accertare che uno stimatore è ammissibile è quella basata sui teoremi 1.11, 1.12, 1.13 della §1.12, che assicurano l'ammissibilità di stimatori che siano ottimi rispetto a determinati tipi di criteri di ottimalità. Per verificare invece che uno stimatore non è ammissibile, la via più semplice è quella di individuare uno stimatore che lo domina; è chiaro che questa procedura non ha un carattere sistematico e può spesso lasciare aperta la questione se un determinato stimatore sia ammissibile o no.

Esempio 7.1. Sia $z = (x_1, x_2, ..., x_n)$ un campione casuale tratto da $N(\theta, 1)$, $\theta \in \mathbb{R}^1$. Vogliamo verificare che lo stimatore

$$d^*(z) = a\bar{x} + b \tag{7.2}$$

è ammissibile, usando la perdita quadratica, comunque si scelgano i coefficienti a e b sotto le condizioni $0 < a < 1$, $b \in \mathbb{R}^1$. In base al teorema 1.13, applicato alla forma canonica (7.1), per garantire che d^* è ammissibile basta dimostrare che esiste una densità $\pi(\theta)$, con supporto $\mathbb{R}^1$, tale che

$$r(d^*) = \int_\Omega R(\theta, d^*)\pi(\theta)\mathrm{d}\theta \leq r(d), \qquad \forall d \in D.$$

Poiché infatti Π ha supporto $\mathbb{R}^1$ e le funzioni $R(\theta, d)$ sono continue in θ per ogni $d \in D$, tutte le condizioni previste dal teorema 1.13 sono soddisfatte, e gli ottimi sono ammissibili. Adottiamo allora per Θ la legge iniziale $N(\alpha, 1/\beta)$ con $\alpha \in \mathbb{R}^1$, $\beta > 0$; ne segue che

$$\Theta \mid (Z = z) \sim N\left(\frac{\beta\alpha + n\bar{x}}{\beta + n}, \frac{1}{\beta + n}\right).$$

Nelle condizioni indicate è facile vedere (esercizio 7.1) che per tutti gli stimatori (7.2) è $r(d^*) < +\infty$; si può quindi applicare il teorema di equivalenza tra forma normale e forma estensiva (5.16) e stabilire che lo stimatore ottimo, con riferimento sia alla forma estensiva che alla forma normale, è

$$d^*(z) = \frac{n}{\beta + n}\bar{x} + \frac{\beta\alpha}{\beta + n}. \tag{7.3}$$

La (7.3), essendo arbitrari α e β ($\beta > 0$), coincide con la (7.2) in cui sono arbitrari a e b (salvo il vincolo $0 < a < 1$); ciò dimostra l'ammissibilità di tutti gli stimatori rappresentati dalla (7.2).

Il caso $a = 1$, $b = 0$ (cioè $d^*(z) = \bar{x}$) non rientra fra quelli considerati. Infatti, per avere d^* come soluzione ottima, si dovrebbe adottare come distribuzione iniziale la densità uniforme su $\mathbb{R}^1$, che è impropria, ma in tal caso il teorema di equivalenza non sarebbe più utilizzabile. Tuttavia, l'ammissibilità di $d^*(z) = \bar{x}$ può essere dimostrata direttamente, anche se per semplicità non lo faremo qui .

Un caso interessante è posto dall'estensione multivariata di questo stesso esempio. Supponiamo che il risultato $z = (x_1, x_2, ..., x_k)$ sia una determinazione di una v.a. multinormale con vettore delle medie $\theta = [\theta_1, \theta_2, ...\theta_k]^T$ e matrice varianze-covarianze $\sigma^2 I_k$ con σ noto (dove I_k è la matrice identità $k \times k$). Un generico stimatore può essere scritto come $d(z) = [d_1(z), d_2(z), ..., d_k(z)]^T$; se si considera la funzione di perdita $L(\theta, d(z)) = \sum(\theta_i - d_i(z))^2$, si può dimostrare che $d^*(z) = (x_1, x_2, ..., x_k)$ è ammissibile se e solo se $k \leq 2$. Questo risultato, piuttosto sorprendente, è noto come "paradosso di Stein". $\diamond$

Esempio 7.2. Sia $z = (x_1, x_2, ..., x_n)$ un campione casuale tratto da $R(0, \theta)$, $\theta > 0$. È noto che $T(z) = \max\{x_1, x_2, ..., x_n\}$ è una statistica sufficiente (v. esercizio 3.41) ed è chiaro che è anche lo stimatore di massima verosimiglianza. Considerando la perdita $L(\theta, d(z)) = (\theta - d(z))^2$, confrontiamo gli stimatori $d_1(z) = t$ e $d_2(z) = (n+2)t/(n+1)$, dove t è la realizzazione di T. Calcoliamo anzitutto la distribuzione campionaria di T. Si ha:

$$\text{prob}(T \leq t \mid \theta) = \prod_{i=1}^{n} \text{prob}(X_i \leq t \mid \theta) = \frac{t^n}{\theta^n} 1_{(0,\theta)}(t) + 1_{\theta,\infty}(t)$$

il che corrisponde alla densità:

$$f_\theta(t) = \frac{n}{\theta^n} t^{n-1} 1_{(0,\theta)}(t).$$

Mediante calcolo diretto (ma si potrebbe anche ricorrere alle formule della densità Pareto inversa, vedi Appendice C.3) si trova subito:

$$\mathbb{E}_\theta T = \frac{n\theta}{n+1}, \qquad \mathbb{V}_\theta T = \mathbb{E}_\theta T^2 - (\mathbb{E}_\theta T)^2 = \frac{n}{(n+1)^2(n+2)}\theta^2.$$

Pertanto si ha:

$$R(\theta, d_1) = \mathbb{E}_\theta(T - \theta)^2 = \mathbb{V}_\theta T + \left(\frac{n\theta}{n+1} - \theta\right)^2 = \frac{2}{(n+1)(n+2)}\theta^2$$

$$R(\theta, d_2) = \mathbb{E}_\theta\left(\frac{n+2}{n+1}T - \theta\right)^2 = \left(\frac{n+2}{n+1}\right)^2 \mathbb{V}_\theta T + \left(\frac{n(n+2)\theta}{(n+1)^2} - \theta\right)^2 =$$

$$= \frac{1}{(n+1)^2}\theta^2.$$

Poiché:

$$\frac{R(\theta, d_1)}{R(\theta, d_2)} = 2\,\frac{n+1}{n+2} > 1$$

lo stimatore d_1, in quanto dominato dallo stimatore d_2, si rivela inammissibile (naturalmente nell'ambito dell'analisi in forma normale). Un comportamento così cattivo di uno stimatore di massima verosimiglianza può essere sorprendente; si veda però l'esercizio 7.3, in cui si dimostra che il comportamento dello stimatore di massima verosimiglianza, se è insoddisfacente in termini di rischi normali, risulta invece del tutto plausibile se si ragiona sulle perdite condizionatamente al risultato osservato.

$\diamond$

7.2.2 Completezza

Per la determinazione di classi complete (o, più precisamente, essenzialmente complete) di stimatori, è fondamentale il teorema che segue.

Teorema 7.1. (Blackwell-Rao). *Sia* $e = (\mathcal{Z},\, P_\theta,\, \theta \in \Omega)$ *un esperimento dotato di una statistica sufficiente* T. *Se* $L(\theta, a)$ *è convessa in* $a \in A$ *per ogni* $\theta \in \Omega$ *e* $d \in D$ *è una qualunque funzione di decisione, allora lo stimatore*

$$d'(z) = \mathbb{E}_\theta\big(d(Z) \mid T = t\big) \tag{7.4}$$

(se esiste) soddisfa la relazione

$$R(\theta, d') \leq R(\theta, d) \qquad \forall\, \theta \in \Omega. \tag{7.5}$$

Dimostrazione. Il valore atteso in (7.4) è calcolato sulla distribuzione di Z condizionata a T, per θ fissato; come è noto però (§ 3.6) tale distribuzione non dipende in realtà da θ, sicché la (7.4) definisce effettivamente $d'(z)$ come una funzione dei dati. Più esattamente, $d'(z)$ risulta funzione di z tramite $T(z)$; in altri termini si ha, per una opportuna funzione f, $d'(z) = f(t)$, dove $t = T(z)$. Per la nota proprietà della media iterata (v. Appendice A.3) si può scrivere, esplicitando per chiarezza con indici in alto le v.a. cui il valore atteso si riferisce,

$$R(\theta, d) = \mathbb{E}_\theta^Z L\big(\theta, d(Z)\big) = \mathbb{E}_\theta^T \mathbb{E}_\theta^{Z|T} L\big(\theta, d(Z)\big). \tag{7.6}$$

Per la convessità della funzione di perdita si può applicare la diseguaglianza di Jensen (teorema B.6) con riferimento al valore medio $\mathbb{E}_\theta^{Z|T}$, ottenendo:

$$\mathbb{E}_\theta^{Z|T} L\big(\theta, d(Z)\big) \geq L\big(\theta, \mathbb{E}_\theta^{Z|T} d(Z)\big) = L\big(\theta, d'(Z)\big) = L(\theta, f(T)).$$

Sostituendo nella (7.6) si ha infine:

$$R(\theta, d) \geq \mathbb{E}_\theta^T L\big(\theta, f(T)\big) = R(\theta, d'). \qquad \square$$

Si osservi anzitutto che il teorema si applica anche al caso in cui $A = \Omega \subseteq \mathbb{R}^k$, con $k > 1$; si intende al solito che i valori attesi sono presi componente per componente. Una interessante proprietà dello stimatore "migliorato" d' è che il suo valore atteso, per θ fissato, è lo stesso dello stimatore iniziale d. Infatti, applicando nuovamente la tecnica della media iterata, si ha:

$$\mathbb{E}_\theta^Z d(Z) = \mathbb{E}_\theta^T \mathbb{E}_\theta^{Z|T} d(Z) = \mathbb{E}_\theta^T f(T) = \mathbb{E}_\theta d'(Z).$$

Dato un qualunque esperimento statistico $e = (\mathcal{Z}, P_\theta, \theta \in \Omega)$ ed una sua statistica sufficiente $T(z)$, indicheremo con D_S la classe delle funzioni di decisione che dipendono dai dati tramite la statistica sufficiente considerata. Se $d \in D_S$ si può quindi scrivere, usando una opportuna funzione f:

$$d(z) = f\big(T(z)\big).$$

Si noti che d non è necessariamente, a sua volta, una statistica sufficiente perchè non si chiede che f sia invertibile.

Dal teorema di Blackwell-Rao si vede subito che, comunque sia scelto lo stimatore iniziale, lo stimatore migliorante d' appartiene a una classe D_S. Lo stesso teorema può quindi essere sinteticamente riformulato in questo modo: nelle condizioni dette, *ogni D_S è una classe essenzialmente completa di stimatori*. La classe D_S dipende da quale statistica sufficiente si considera, anche se questa scelta non ha influenza sulla proprietà di completezza; tuttavia conviene osservare che utilizzando una statistica sufficiente minimale si ha la massima semplificazione.

Esempio 7.3. Consideriamo un campione casuale $z = (x_1, x_2, ..., x_n)$ proveniente dalla distribuzione $\mathrm{Bin}(1, \theta)$, per cui:

$$p_\theta(z) = \theta^{\sum x_i}(1 - \theta)^{n - \sum x_i}, \qquad x_i \in \{0, 1\}, \ \theta \in [0, 1].$$

Usiamo il teorema di Blackwell-Rao partendo da $d(z) = x_1$, che è ovviamente uno stimatore non distorto di θ. Allora, considerando la statistica sufficiente $T(z) = \sum x_i$, abbiamo (posto $t = \sum x_i$):

$$d'(z) = \sum_z d(z) p_\theta(z; t)$$

dove, osservando che l'evento $Z = z$ implica l'evento $\sum X_i = \sum x_i$, si ha:

$$p_\theta(z; t) = \mathrm{prob}\Big(Z = z \Big| \sum X_i = t, \theta\Big) = \frac{\mathrm{prob}(Z = z \mid \theta)}{\mathrm{prob}(\sum X_i = t \mid \theta)}$$

con

$$\mathrm{prob}(Z = z | \theta) = \theta^{\sum x_i}(1 - \theta)^{n - \sum x_i}, \quad \mathrm{prob}\Big(\sum X_i = t \Big| \theta\Big) = \binom{n}{t}\theta^t(1 - \theta)^{n-t}$$

e quindi:

$$p_\theta(z; t) = \binom{n}{t}^{-1} 1_{\{z : \sum x_i = t\}}(z),$$

per cui infine:

$$d'(z) = \sum_z x_1 \binom{n}{t}^{-1} 1_{\{z:\sum x_i = t\}}(z) = \sum_{\sum x_i = t} \frac{x_1}{\binom{n}{t}}.$$

I termini con $x_1 = 0$ sono nulli; pertanto degli $n-1$ valori $x_2, x_3, ..., x_n$ se ne devono scegliere $t-1$ cui assegnare valore 1; questo si può fare in $\binom{n-1}{t-1}$ modi, sicché gli addendi nella formula prcedente sono proprio in numero di $\binom{n-1}{t-1}$ e lo stimatore "migliorato" risulta

$$d'(z) = \sum_{x_2 + ... + x_n = t-1} \frac{1}{\binom{n}{t}} = \frac{\binom{n-1}{t-1}}{\binom{n}{t}} = \frac{t}{n}.$$

che è proprio lo stimatore tradizionale. ◇

Esempio 7.4. Sia $z = (x_1, x_2)$ un campione casuale di $n = 2$ elementi tratto da $N(\theta, 1)$. Una statistica sufficiente è $T(z) = x_1 + x_2$; applichiamo il teorema di Blackwell-Rao partendo ancora da $d(z) = x_1$. Si tratta quindi di determinare la distribuzione campionaria di $X_1 \mid (X_1 + X_2 = t)$. Anziché considerare la distribuzione congiunta di $(X_1, X_1 + X_2)$, osserviamo che l'evento $(X_1 = x_1, X_1 + X_2 = t)$ è identico a $(X_1 = x_1, X_2 = t - x_1)$, sicché la predetta densità condizionata, denotata con $p_\theta(x_1; t)$, può venire scritta anche come

$$p_\theta(x_1; t) = \frac{\varphi(x_1; \theta, 1) \cdot \varphi(t - x_1; \theta, 1)}{\varphi(t; 2\theta, 2)},$$

dove al solito $\varphi(\cdot; \mu, \sigma^2)$ è la densità associata a $N(\mu, \sigma^2)$. Sviluppando i calcoli abbiamo:

$$\varphi(x_1; \theta, 1) = \frac{1}{\sqrt{2\pi}} \exp\left\{ -\frac{1}{2}(x_1 - \theta)^2 \right\}$$

$$\varphi(t - x_1; \theta, 1) = \frac{1}{\sqrt{2\pi}} \exp\left\{ -\frac{1}{2}(t - x_1 - \theta)^2 \right\}$$

$$\varphi(t; 2\theta, 2) = \frac{1}{2\sqrt{\pi}} \exp\left\{ -\frac{1}{4}(t - 2\theta)^2 \right\}$$

e quindi, con semplici elaborazioni, si trova:

$$p_\theta(x_1; t) = \frac{1}{\sqrt{\pi}} \exp\left\{ -\left(x_1 - \frac{t}{2}\right)^2 \right\}$$

che corrisponde alla legge $N\left(\frac{t}{2}, \frac{1}{2}\right)$. Lo stimatore migliorato è perciò:

$$d'(z) = \mathbb{E}_\theta(X_1 \mid T = t) = \frac{t}{2}$$

come ovviamente ci si aspettava. Un risultato analogo (cioè $d'(z) = \bar{x}$) si può ottenere, con qualche complicazione di calcolo, per campioni di dimensione generica n. ◇

È facilmente immaginabile che le D_S sono classi essenzialmente complete molto ampie, poiché molte elaborazioni delle statistiche sufficienti sono sicuramente assurde rispetto a qualsiasi operazione di stima, e ogni D_S le ammette tutte al suo interno. Per avere classi più ristrette si può ricorrere a teoremi dimostrati in generale per la forma canonica, con riferimento allo schema (7.1). Indichiamo con D_B (come nella formula (5.25)) la classe delle funzioni di decisione bayesiane per lo schema in forma normale.

Preliminarmente osserviamo che, sotto condizioni generali e comunque si scelga la statistica sufficiente, è effettivamente:

$$D_B \subseteq D_S. \tag{7.7}$$

Infatti, pensando alle funzioni di decisione bayesiane che emergono dall'analisi in forma estensiva, ci rendiamo conto che sono funzionali della distribuzione finale $\pi(\theta; z)$. Ma questa dipende dai dati tramite una statistica sufficiente (v. esercizio 4.11) e ciò dimostra la tesi.

Unendo i teoremi 1.7 e 1.14 si può stabilire il seguente

Teorema 7.2. *Se Ω contiene un numero finito m di elementi e l'insieme $S_D = \{x \in \mathbb{R}^m : \exists\, d \in D \text{ tale che } x_i = R(\theta_i, d) \,\forall i\}$ è chiuso, convesso e limitato, allora D_B è una classe completa.*

La finitezza di Ω è poco usata nelle modellizzazioni usuali (talvolta più per comodità o tradizione che per realismo) per cui il teorema 7.2 ha, a rigore, una applicazione limitata. Le estensioni al caso in cui Ω è un intervallo (limitato o no) di $\mathbb{R}^k$ sono molto impegnative e ci limitiamo a citare il risultato essenziale. Introduciamo a questo scopo la classe D_B^e delle funzioni di decisione bayesiane in senso esteso costruite con la procedura della § 1.13 e con riferimento allo schema (7.1). Allora, in condizioni sostanzialmente generali, si può dimostrare che D_B^e è una classe essenzialmente completa. Poiché tutti i suoi elementi sono in un certo senso dei possibili ottimi, è intuitivo che come classe è in pratica molto più piccola di D_S.

Esempio 7.5. Consideriamo un campione casuale $z = (x_1, x_2, ..., x_n)$ della distribuzione $N(\theta, 1)$. Dimostriamo che, in condizioni di perdita quadratica, lo stimatore $d^*(z) = \bar{x}$ appartiene a D_B^e. Più esattamente dimostreremo che d^* appartiene a $D_B^{(\varepsilon)}$ per ogni $\varepsilon \in (0, b)$ per un opportuno valore b, dove $D_B^{(\varepsilon)}$ (classe delle funzioni di decisione quasi bayesiane), per ε fissato, è costruita in questo modo (vedi formula (1.58)):

$$D_B^{(\varepsilon)} = \{d : \exists\, \pi \in \mathbb{P}(\Omega) \text{ tale che } r(d) \leq \beta(\pi) + \varepsilon\}$$

con:

$$\beta(\pi) = \inf_{d \in D} \int_\Omega R(\theta, d)\pi(\theta)\mathrm{d}\theta.$$

Fissata una densità iniziale $N(\alpha, 1/\beta)$, sappiamo che la funzione di decisione ottima in senso estensivo è:

$$d_{\alpha,\beta}(z) = \frac{\beta\alpha + n\bar{x}}{\beta + n}$$

e che per essa si ha:

$$\rho(d_{\alpha,\beta}(z); z) = \mathbb{V}_z \Theta = \frac{1}{\beta + n}, \qquad r(d_{\alpha,\beta}) = \frac{1}{\beta + n}.$$

Per il teorema di equivalenza $d_{\alpha,\beta}$ è ottima anche in senso normale e resta stabilito che

$$\beta\left(\mathrm{N}\left(\alpha, \frac{1}{\beta}\right)\right) = \frac{1}{\beta + n}.$$

Circa d^* sappiamo che:

$$R(\theta, d^*) = \mathbb{E}_\theta(\bar{X} - \theta)^2 = \frac{1}{n}, \qquad r(d^*) = \frac{1}{n}.$$

Per dimostrare che $d^* \in D_B^{(\varepsilon)}$, basta verificare che, per quanto piccolo si prenda ε, esiste una coppia (α, β) che soddisfa la relazione:

$$\frac{1}{n} \leq \frac{1}{\beta + n} + \varepsilon.$$

Esplicitando rispetto a β si trova in effetti la condizione, sempre realizzabile (assumendo $\varepsilon < \frac{1}{n}$, altrimenti la (7.6) è automaticamente vera)

$$\beta \leq \frac{n^2 \varepsilon}{1 - n\varepsilon}.$$

Risulta così $d^* \in D_B^{(\varepsilon)}$ per ogni $\varepsilon \in \left(0, \frac{1}{n}\right)$, e quindi $d^* \in \lim_{\varepsilon \to 0} D_B^{(\varepsilon)} = D_B^e$.

Che in generale $d^* \notin D_B$ sarà dimostrato nella § 7.4, e questo assicura che la classe $D_B^e - D_B$ non è vuota. D'altra parte si è già ricordato che $d^* \in D^+$, quindi necessariamente d^* deve entrare a far parte di ogni classe completa, e anche di ogni classe essenzialmente completa qualora non esistano funzioni di decisione con lo stesso rischio normale.   ◇

Esercizi

7.1. Con riferimento all'esempio 7.1, si dimostri che $r(d^*) < +\infty$, dove $d^*(z)$ è la funzione di decisione espressa dalla (7.2).

7.2. Si estenda il risultato dell'esempio 7.1 alla stima di μ quando la distribuzione campionaria di X_i è $\mathrm{N}(\mu, 1/\gamma)$, con μ e γ entrambi incogniti, e la perdita è $(\mu - d(z))^2$. Scegliere come distribuzione iniziale l'elemento generico della classe delle Normali-Gamma.

7.3. Con riferimento all'esempio 7.2 si verifichi che:

$$\left(\theta - d_1(z)\right)^2 < \left(\theta - d_2(z)\right)^2 \quad \Leftrightarrow \quad \theta < \frac{2n+3}{2n+2}\, t.$$

[Oss. Da un punto di vista condizionato, preferire d_2 a d_1 non è obbligatorio, e corrisponde anzi, formalmente, a considerare θ relativamente grande. Si ricordi la §5.5 sui limiti logici delle relazioni basate sui rischi normali]

7.4. Ancora con riferimento all'esempio 7.2, si consideri lo stimatore non distorto $d_3(z) = (n+1)t/n$ e si confronti $R(\theta, d_3)$ con $R(\theta, d_2)$ e $R(\theta, d_1)$.
[Oss. d_3 domina d_1 ma è dominato da d_2]

7.5. *Un modo alternativo, ma operativamente simile a quello discusso nel testo, di ampliare la classe D_B delle decisioni bayesiane è di considerare le funzioni di decisione d^*, chiamate decisioni bayesiane *generalizzate*, tali che usando formalmente il teorema di Bayes a partire da una opportuna distribuzione iniziale impropria, si abbia:

$$\rho(d^*(z); z) \leq \rho(a; z) \qquad \forall z \in \mathcal{Z}, \ \forall a \in A.$$

Si verifichi che lo stimatore d^* dell'esempio 7.5 è una decisione bayesiana generalizzata.

7.3 Non distorsione e ottimalità

Si è già ricordato (§4.5) che la condizione di non distorsione per uno stimatore è uno dei concetti più caratteristici dell'impostazione basata sul principio del campionamento ripetuto. Ne ripetiamo qui la definizione formale, con riferimento alle funzioni di decisione.

Definizione 7.1. *Dato un problema di decisione statistica nella forma $(\Omega, R(\theta, d), D, K)$ si dice che lo stimatore $d : \mathcal{Z} \to g(\Omega)$ è uno stimatore non distorto della funzione parametrica $\lambda = g(\theta)$ se*

$$\mathbb{E}_\theta d(Z) = g(\theta), \quad \forall\, \theta \in \Omega. \tag{7.8}$$

La classe di tali funzioni di decisione verrà indicata con $\mathcal{U}_g$; nel caso che sia $g(\theta) = \theta$ si userà il simbolo $\mathcal{U}$. Il rilievo correntemente attribuito a questa condizione, che di solito è vista come proprietà "positiva" di uno stimatore, si basa anzitutto sulla considerazione intuitiva che pretendere un buon comportamento in media può essere un ragionevole compromesso, visto che nessuna metodologia potrà individuare uno stimatore sempre esatto. Se poi si considera la funzione di perdita quadratica $L(\theta, a) = \left(g(\theta) - a\right)^2$, si vede che

$$R(\theta, d) = \mathbb{E}_\theta(g(\theta) - d(Z))^2 = \mathbb{V}_\theta d(Z) + \left(\mathbb{E}_\theta d(Z) - g(\theta)\right)^2 \tag{7.9}$$

per cui la ricerca degli stimatori ottimi in $\mathcal{U}_g$ risulta coincidente con la ricerca degli stimatori non distorti aventi varianza minima; un obiettivo della teoria statistica più tradizionale viene così in un certo senso giustificato dalla impostazione decisionale. Come si vedrà, tuttavia, non sempre ai fini della minimizzazione del rischio (7.9) conviene che sia nulla la distorsione $(\mathbb{E}_\theta d(Z) - \theta)$.

Dal teorema di Blackwell-Rao sappiamo che ogni D_S è una classe essenzialmente completa di stimatori, e che quindi gli stimatori in $D - D_S$ possono essere scartati. Resta però il problema di scegliere all'interno di D_S. La condizione di non distorsione può essere utilizzata a questo scopo, ed in molti casi (come vedremo tra breve) accade perfino che l'insieme $D_S \cap \mathcal{U}_g$ contenga sostanzialmente un solo elemento d'. Per costruzione, allora, è:

$$R(\theta, d') \le R(\theta, d) \qquad \forall d \in \mathcal{U}_g \tag{7.10}$$

purché si usi una perdita convessa (per assicurare l'applicabilità del teorema di Blackwell-Rao). Uno stimatore $d' \in \mathcal{U}_g$ per cui vale la (7.10) è quindi *ottimo tra i non distorti* (in inglese, con riferimento al caso di perdita quadratica: UMVU = *uniformly minimum variance unbiased*), ed è la soluzione standard proposta, quando possibile, dalla scuola frequentista.

Per arrivare alla costruzione di stimatori ottimi nel senso detto (quindi dei sub-ottimi nel problema di decisione in generale) occorre premettere il concetto di *completezza* di una statistica (nozione che non ha nulla a che vedere con il concetto di completezza di una classe di decisioni).

Definizione 7.2. *Dato un esperimento statistico* $e = (\mathcal{Z}, P_\theta, \theta \in \Omega)$, *una statistica* T *si dice* completa *se*

$$\mathbb{E}_\theta q(T) = 0 \ \forall \theta \in \Omega \quad \Rightarrow \quad q(T) = 0 \ q.c. \ \text{rispetto a } P_\theta, \ \forall \theta \in \Omega. \tag{7.11}$$

Si noti che nella impostazione frequentista l'espressione "quasi certamente" si riferisce sempre a eventi che hanno probabilità 1 in base a tutte le leggi $P_\theta, \theta \in \Omega$. Il senso della nozione di completezza risulterà chiaro dal teorema di Lehmann e Scheffé che esporremo tra breve. Il carattere diffuso di questa proprietà emerge da un risultato che citiamo senza darne dimostrazione e che coinvolge le famiglie esponenziali (v. § C.6).

Teorema 7.3. *In una famiglia esponenziale scritta nella forma canonica e di rango pieno, la statistica sufficiente* $(T_1, T_2, ..., T_s)$ *è completa e minimale.*

È anzi possibile dimostrare in generale che le statistiche sufficienti complete sono sufficienti minimali. Una seconda proprietà della completezza è espressa dal

Teorema 7.4. (Basu). *Se con riferimento all'esperimento statistico* $(\mathcal{Z}, P_\theta, \theta \in \Omega)$ A *è una statistica ancillare e* T *una statistica sufficiente e completa, A e T sono indipendenti per θ dato.*

Dimostrazione. Sia E un insieme (misurabile) qualunque e poniamo $p_E = P_\theta(A \in E)$. Si noti che p_E è indipendente da θ a causa della ancillarità di A. Poniamo poi $m_E(t) = P_\theta(A \in E \mid T = t)$; poiché T è sufficiente, anche $m_E(T)$ è indipendente da θ. Dobbiamo quindi dimostrare che $p_E = m_E(t)$ qualunque sia t. Assumendo che la distribuzione campionaria di T sia espressa dalla densità $p_\theta^T(t)$, per una nota proprietà delle probabilità condizionate (v. esercizio A.16) si ha:

$$\mathbb{E}_\theta m_E(T) = \int_{T(\mathcal{Z})} P_\theta(A \in E \mid T = t)\, p_\theta^T(t)\mathrm{d}t = p_E$$

e quindi:

$$\mathbb{E}_\theta\big(m_E(T) - p_E\big) = 0.$$

Dalla completezza di T segue $m_E(T) - p_E$ (q.c.), che è la tesi. La dimostrazione può naturalmente essere estesa al caso che la distribuzione campionaria di T sia di un qualunque tipo. $\square$

Esempio 7.6. Consideriamo un campione $z = (x_1, x_2, ..., x_n)$ da N$(\theta,1)$. Sappiamo che $S^2 = \sum(X_i - X)^2/n$ è ancillare e (dal teorema 7.3) che $\bar{X}$ è sufficiente e completa. Pertanto $\bar{X}$ e S^2 sono indipendenti, dato θ. Il risultato è ben noto, anche per casi più generali (v. esercizio 3.3), ma abbastanza laborioso da ricavare direttamente. $\diamond$

Teorema 7.5. (Lehmann-Scheffé). *Se per il modello statistico $e = (\mathcal{Z}, P_\theta, \theta \in \Omega)$ esiste uno stimatore $d' \in \mathcal{U}_g \cap D_S$ dove D_S è basata su una determinata statistica sufficiente completa T, allora, nel caso di perdita convessa, ogni altro elemento di $\mathcal{U}_g \cap D_S$ è quasi certamente coincidente con d'.*

Dimostrazione. Sia $d'(z) = f'(t)$ dove $t = T(z)$. Ogni altro elemento di $\mathcal{U}_g \cap D_S$ si potrà scrivere come $d''(z) = f''(t)$; poiché $\mathbb{E}_\theta d' = \mathbb{E}_\theta d'' = g(\theta)$ si ha:

$$\mathbb{E}_\theta\big(f'(T) - f''(T)\big) = 0.$$

Essendo T completa, se nella definizione 7.2 poniamo $q(t) = f'(t) - f''(t)$, si ricava che $f'(T) = f''(T)$ q.c. per ogni θ, pertanto d' e d'' sono quasi certamente coincidenti. $\square$

Il teorema di Lehmann-Scheffé è in pratica molto utile. Esso ci garantisce infatti che il procedimento di miglioramento basato sul teorema di Blackwell-Rao non produce una sequenza infinita di successivi miglioramenti ma si ferma dopo un solo passo. Anzi se, anche con una procedura diversa da quella indicata nel teorema di Blackwell-Rao, si riesce a individuare uno stimatore $d' \in D_S \cap \mathcal{U}_g$, dove la statistica sufficiente utilizzata è anche completa, possiamo direttamente affermare che esso è sostanzialmente l'unico nella classe in questione e che è ottimo entro $\mathcal{U}_g$; pertanto la ricerca è in realtà già conclusa.

Una conseguenza particolarmente importante del teorema di Basu è che nelle condizioni indicate risulta privo di effetti il condizionamento rispetto alle statistiche ancillari, richiesto dalla impostazione basata sul condizionamento parziale (discussa nella § 4.6), che potremmo chiamare scuola di Cox. Pertanto, in particolare nel caso modelli statistici che siano famiglie esponenziali regolari, non si hanno differenze con le procedure tipiche della impostazione frequentista classica (discussa nella § 4.5 e che potremmo chiamare scuola di Neyman-Pearson-Wald).

Esempio 7.7. Sia $z = (x_1, x_2, ..., x_n)$ un campione casuale dalla distribuzione di Bernoulli, per cui:

$$p_\theta(z) = \theta^{\sum x_i}(1-\theta)^{n-\sum x_i}, \qquad x_i \in \{0,1\}, \ \theta \in [0,1].$$

Sappiamo che una statistica sufficiente è $T(z) = \sum x_i$. Poichè $\mathbb{E}_\theta T = n\theta$, la funzione di decisione:

$$d'(z) = \frac{\sum x_i}{n}$$

risulta simultaneamente basata su T e non distorta; in altri termini è $d' \in D_S \cap \mathcal{U}$. Per verificare che T è completa possiamo sia ricorrere al teorema 1 sia dare una dimostrazione diretta. Seguiremo questa seconda via; osservato che:

$$p_\theta^T(t) = \binom{n}{t}\theta^t(1-\theta)^{n-t},$$

la condizione:

$$\mathbb{E}_\theta q(T) = \sum_{t=0}^{n} \binom{n}{t} q(t)\theta^t(1-\theta)^{n-t} = 0 \qquad \forall \theta \in [0,1]$$

equivale alla nullità per gli infiniti valori $\theta \in [0,1]$ di un polinomio di grado $\leq n$ in θ. Avendo più di n radici il polinomio deve essere identicamente nullo, ed in particolare $q(0) = q(1) = ... = q(n) = 0$ (sono ovviamente i soli valori che contano). Quindi T è una statistica sufficiente completa e d' è in sostanza l'unico stimatore nella corrispondente classe $D_S \cap \mathcal{U}$.   ◇

Esempio 7.8. . Sia $z = (x_1, x_2, \ldots, x_n)$ un campione casuale dalla distribuzione Poisson(θ). Vogliamo determinare uno stimatore non distorto ottimo di $\lambda = e^{-\theta}$, cioè della probabilità di zero successi. Sappiamo che una statistica sufficiente è $T(z) = \sum x_i$, ma, a differenza dell'esempio precedente, non è affatto ovvia la correzione da introdurre al fine di ottenere uno stimatore non distorto rispetto a λ. Conviene quindi procedere seguendo strettamente il teorema di Blackwell-Rao, basandoci su uno stimatore non distorto iniziale. Consideriamo allora:

$$d(z) = \begin{cases} 1, & \text{se } x_1 = 0 \\ 0, & \text{se } x_1 > 0 \end{cases} ;$$

poiché

$$\mathbb{E}_\theta d = 1 \times e^{-\theta} + 0 \times (1 - e^{-\theta}) = e^{-\theta}$$

è vero che $d \in \mathcal{U}_g$, con $g(\theta) = e^{-\theta}$. Lo stimatore migliorato secondo Blackwell-Rao è quindi:

$$d'(z) = \mathbb{E}_\theta(d \mid T = t).$$

Calcoliamo la legge di probabilità di $Z \mid (T = t)$; si ha:

$$\mathrm{prob}(X_1 = x_1, X_2 = x_2, ..., X_n = x_n \mid \sum X_i = t, \theta) =$$
$$= \frac{\mathrm{prob}(X_1 = x_1, X_2 = x_2, \ldots, X_n = x_n \mid \theta)}{\mathrm{prob} \sum X_i = t \mid \theta)} \, .$$

È noto che, per θ fissato, è $\sum X_i \sim \mathrm{Poisson}(n\theta)$; quindi:

$$\frac{\mathrm{prob}(X_1 = x_1, X_2 = x_2, \ldots, X_n = x_n \mid \theta)}{\mathrm{prob}(\sum X_i = t \mid \theta)} = \frac{e^{-n\theta}\theta^{\sum x_i}}{x_1!x_2!\ldots x_n!} \Big/ \frac{e^{-n\theta}n^t\theta^t}{t!} =$$
$$= \frac{t!}{x_1!x_2!\ldots x_n!n^t}.$$

Lo stimatore migliorato è quindi:

$$d'(z) = \sum_{x_1+\ldots+x_n=t} \frac{t!}{x_1!x_2!\ldots x_n!n^t} d(z)$$

dove va ricordato che $d(z)$ vale 1 se $x_1{=}0$ e 0 in qualunque altro caso. La sommatoria riguarda quindi solo $x_2, x_3, ..., x_n$ e si ha:

$$d'(z) = \sum_{x_2+\ldots+x_n=t} \frac{t!}{x_2!x_3!\ldots x_n!n^t} \, .$$

È nota la proprietà:

$$(a_2 + a_3 + \ldots + a_n)^t = \sum_{x_2+\ldots+x_n=t} \frac{t!}{x_2!x_3!\ldots x_n!} a_2^{x_2} a_3^{x_3} \ldots a_n^{x_n};$$

ponendo $a_2 = a_3 = \ldots = a_n = 1$ si ha:

$$(n - 1)^t = \sum_{x_2+\ldots+x_n=t} \frac{t!}{x_2!x_3!\ldots x_n!}$$

da cui:

$$d'(z) = \frac{(n - 1)^t}{n^t} = \left(1 - \frac{1}{n}\right)^t.$$

Poiché, in base al teorema 7.3, $\sum X_i$ è una statistica sufficiente e completa, d' è l'unico stimatore non distorto funzione di T, ed è pertanto ottimo entro $\mathcal{U}_g$. $\diamond$

Benché largamente usato in pratica e, ad un esame superficiale, anche soddisfacente da un punto di vista intuitivo, il concetto di non distorsione presenta numerosi aspetti critici, ben noti peraltro nella letteratura più avanzata, anche nell'ambito della scuola frequentista. Gli esempi che seguono mostrano alcuni casi problematici, che mettono nel complesso in dubbio l'opportunità di dare un rilievo molto pronunciato alla proprietà stessa.

Esempio 7.9. Sia $z = (x_1, x_2, \ldots, x_n)$ un campione casuale dalla distribuzione Bin(1,θ). Vogliamo uno stimatore non distorto di $\lambda = \sqrt{\theta}$. Per definizione $d(\cdot)$ deve soddisfare la condizione:

$$\sum_{z \in \mathcal{Z}} d(x_1, x_2, ..., x_n) \theta^{\sum x_i} (1 - \theta)^{n - \sum x_i} = \sqrt{\theta} \qquad \forall \theta \in [0, 1]. \qquad (7.12)$$

L'espressione al I membro può vedersi come un polinomio in θ di grado $\leq n$ (i coefficienti dipendono anche da $d(x_1, x_2, ..., x_n)$) e non è lo sviluppo in serie di potenze di $\sqrt{\theta}$, che ha infiniti termini. Pertanto la (7.12) non può sussistere identicamente per tutti i θ e la classe $\mathcal{U}_g$, con $g(\theta) = \sqrt{\theta}$, è vuota. Si ha qui l'incongruenza che, pur essendo $d'(z) = \sum x_i/n$ lo stimatore ottimo non distorto di θ (esempio 7.7), non solo lo stimatore ottimo non distorto di $\sqrt{\theta}$ non è $\sqrt{d'(z)}$ (come sarebbe richiesto da una proprietà intuitiva di invarianza rispetto a trasformazioni parametriche invertibili), ma tale stimatore nemmeno esiste. La non distorsione è compatibile solo con l'invarianza rispetto a trasformazioni lineari (v. esercizio 7.10). $\diamond$

Esempio 7.10. (Ferguson). Consideriamo un processo di arrivi poissoniano, per cui si hanno x arrivi nell'intervallo unitario di tempo, con probabilità:

$$p_\theta(x) = e^{-\theta} \frac{\theta^x}{x!} \qquad (x = 0, 1, ...).$$

Sulla base di una sola osservazione x, vogliamo stimare la probabilità di zero arrivi in 2 intervalli unitari, cioè $\lambda = e^{-2\theta}$. La condizione di non distorsione risulta:

$$\sum_{x=0}^{\infty} d(x) e^{-\theta} \frac{\theta^x}{x!} = e^{-2\theta}$$

cioè, semplificando:

$$\sum_{x=0}^{\infty} d(x) \frac{\theta^x}{x!} = e^{-\theta}. \qquad (7.13)$$

Ma sviluppando in serie di potenze $e^{-\theta}$ abbiamo:

$$e^{-\theta} = \sum_{x=0}^{\infty} (-1)^x \frac{\theta^x}{x!}. \qquad (7.14)$$

Poiché tale sviluppo è unico, confrontando le formule (7.13) e (7.14) abbiamo:

$$d(x) = \begin{cases} -1 & \text{se } x \text{ è dispari} \\ +1 & \text{se } x \text{ è pari } (\text{o } x = 0) \end{cases}. \qquad (7.15)$$

Pertanto la classe $\mathcal{U}_g$ contiene un solo elemento, espresso dalla formula (7.15), e questa funzione di decisione è assurda perché fa dipendere la stima di $e^{-\theta}$ non dal fatto che il valore di x sia alto o basso ma dal fatto che sia pari o dispari.

A stretto rigore la formula (7.15) non definisce uno stimatore vero e proprio perché il codominio di $d(x)$ è più ampio di $[0,1]$. Il senso dell'esempio è comunque quello di dimostrare che un buon comportamento in media si può ottenere anche con comportamenti cattivi in tutti i singoli casi, purché siano equilibrati. $\diamond$

Esempio 7.11. Sia $z = (x_1, x_2, \ldots, x_n)$ un campione casuale dalla distribuzione $N(0, \theta)$. Cerchiamo lo stimatore ottimo di θ in $\mathcal{U}$, con riferimento alla perdita quadratica. Una statistica sufficiente completa è quindi $T(z) = \sum x_i^2$. Poichè per θ fissato è $\frac{T}{\theta} \sim \text{Chi}^2(n)$, sappiamo che $\mathbb{E}_\theta T = n\theta$, $\mathbb{V}_\theta T = 2n\theta^2$. Pertanto lo stimatore ottimo in $\mathcal{U}$ è:

$$d'(z) = \frac{\sum x_i^2}{n}$$

e ad esso compete il rischio:

$$R(\theta, d') = \frac{1}{n^2}\mathbb{V}_\theta T = \frac{2}{n}\theta^2.$$

Consideriamo ora per confronto lo stimatore:

$$d''(z) = \frac{\sum x_i^2}{n+2}.$$

Per esso si ha:

$$R(\theta, d'') = \mathbb{V}_\theta d'' + (\mathbb{E}_\theta d'' - \theta)^2 = \frac{2n\theta^2}{(n+2)^2} + \left(\frac{n}{n+2}\theta - \theta\right)^2 = \frac{2}{n+2}\theta^2.$$

Abbiamo quindi:

$$R(\theta, d'') < R(\theta, d') \quad \forall\, \theta > 0.$$

Lo stimatore ottimo in $\mathcal{U}$ risulta pertanto inammissibile; lo stimatore dominante d'' non appartiene a $\mathcal{U}$, pur appartenendo ovviamente alla stessa classe D_S. In generale va osservato che $\mathcal{U} \cap D_S$, nel caso che esista una statistica sufficiente e completa, contiene essenzialmente un solo stimatore, ma questo è ottimo in $\mathcal{U}$, non necessariamente in D_S. L'esempio mostra quindi un caso, non troppo raro, in cui la classe $D_S - \mathcal{U}$ contiene uno stimatore migliore di tutti quelli in $\mathcal{U}$; una certa distorsione è quindi opportuna, in questo caso, per mantenere più basso il rischio. $\diamond$

Esercizi

7.6. Dimostrare che la statistica sufficiente T dell'esempio 7.7 è completa utilizzando il teorema 7.3.

7.7. Dimostrare che se $z = (x_1, x_2, \ldots, x_n)$ è un campione casuale dalla distribuzione $N(\mu, \sigma^2)$ con μ e σ incogniti, lo stimatore ottimo non distorto di (μ, σ^2) è $(\bar{x}, \bar{s}^2)$ dove $\bar{x} = \sum x_i/n$ e $\bar{s}^2 = \sum(x_i - \bar{x})^2/(n-1)$.

7.8. Dimostrare che, sulla base di un campione casuale della distribuzione $Bin(1,\theta)$, non esiste uno stimatore non distorto di $g(\theta) = 1/\theta$.

7.9. Dimostrare che, comunque si scelgano le costanti a e b, e posto $g(\theta) = a\theta + b$, si ha che $d \in \mathcal{U} \Rightarrow (ad + b) \in \mathcal{U}_g$.

7.10. * È noto che, sotto condizioni di regolarità, se $d \in \mathcal{U}_g$ si ha:

$$\mathbb{V}_\theta d \geq \frac{(g'(\theta))^2}{I(\theta)} \tag{7.16}$$

(diseguaglianza di Cramér-Rao) e che si ha l'eguaglianza se e solo se la distribuzione campionaria di $d(Z)$ è rappresentata da una famiglia esponenziale. Dimostrare che, sotto le stesse condizioni e posto $\beta_d(\theta) = \mathbb{E}_\theta d - \theta$, si ha:

$$\mathbb{E}_\theta(d - \theta)^2 \geq \beta_d^2(\theta) + \frac{\left(1 + \beta_d'(\theta)\right)^2}{I(\theta)} \, . \tag{7.17}$$

[Oss. Per uno stimatore $d \in \mathcal{U}_g$, la quantità

$$\text{eff}(d, \theta) = \frac{\left(g'(\theta)\right)^2}{I(\theta) \cdot \mathbb{V}_\theta d}$$

viene chiamata *efficienza* (si badi che la terminologia è piuttosto variabile). Nei casi regolari si ha quindi $0 \leq \text{eff}(d, \theta) \leq 1$. Se $\text{eff}(d, \theta) = 1$, vuol dire che lo stimatore d è UMVU; in molti problemi, tuttavia, non esistono stimatori con efficienza 1. Poiché il secondo membro della (7.17) dipende dallo stimatore considerato, non è possibile ottenere in modo simile una limitazione per il rischio quadratico, prescindendo dalla condizione di non distorsione]

7.11. * Nel 1951 E.L.Lehmann introdusse un criterio di non distorsione (che chiameremo *non distorsione nel senso di Lehmann*) così definito: dato un generico problema di decisione statistica, una funzione di decisione $d \in D$ si dice *non distorta* se:

$$R(\theta, d) \leq \mathbb{E}_\theta L\big(\theta', d(Z)\big) \quad \text{per ogni coppia } (\theta, \theta') \text{ con } \theta \neq \theta'.$$

Dimostrare che uno stimatore di $\theta \in \mathbb{R}^1$ non distorto nel senso della definizione 7.1, usando la perdita quadratica, è anche non distorto nel senso di Lehmann.

7.4 La non distorsione dal punto di vista bayesiano

Il completamento bayesiano dell'analisi in forma normale consente di mettere in evidenza altri aspetti della proprietà di non distorsione. Diamo in proposito due teoremi.

Teorema 7.6. (Blackwell-Girshick). *Sotto le condizioni:*
a) $\Omega = A \subseteq \mathbb{R}^1$, $L(\theta, a) = (\theta - a)^2$;
b) $d^* \in D_B$ *in corrispondenza ad una densità iniziale* $\pi(\cdot)$;
c) usando $\pi(\cdot)$ *la v.a.* $(\Theta, d^*(Z))$ *possiede finiti i momenti fino all'ordine 2;*
si ha:

$$d^* \in \mathcal{U} \Rightarrow r(d^*) = 0. \tag{7.18}$$

Dimostrazione. Introduciamo il rischio di Bayes:

$$r(d^*) = \int_\Omega \pi(\theta) \int_{\mathcal{Z}} \left(\theta - d^*(z)\right)^2 p_\theta(z)\mathrm{d}z\mathrm{d}\theta =$$
$$= \mathbb{E}\Theta^2 + \mathbb{E}\left(d^*(Z)^2\right) - 2\mathbb{E}\left(d^*(Z)\Theta\right) \tag{7.19}$$

e osserviamo che la quantità:

$$\mathbb{E}\left(d^*(Z)\Theta\right) = \int_\Omega \int_{\mathcal{Z}} \theta d^*(z)\pi(\theta)p_\theta(z)\mathrm{d}\theta\mathrm{d}z$$

può scriversi in due modi equivalenti sfruttando le assunzioni $d^* \in D_B$ e $d^* \in \mathcal{U}$. In base alla condizione $d^* \in D_B$ abbiamo:

$$d^*(z) = \int_\Omega \theta\pi(\theta; z)\mathrm{d}\theta$$

e quindi:

$$\mathbb{E}\left(d^*(Z)\Theta\right) = \int_{\mathcal{Z}} \left(\int_\Omega \theta\pi(\theta; z)\mathrm{d}\theta\right) d^*(z)m(z)\mathrm{d}z =$$
$$= \int_{\mathcal{Z}} \left(d^*(z)\right)^2 m(z)\mathrm{d}z = \mathbb{E}\left(d^*(Z)^2\right). \tag{7.20}$$

In base alla condizione $d^* \in \mathcal{U}$ abbiamo invece:

$$\mathbb{E}\left(d^*(Z)\Theta\right) = \int_\Omega \left(\int_{\mathcal{Z}} d^*(z)p_\theta(z)\mathrm{d}z\right) \theta\pi(\theta)\mathrm{d}\theta =$$
$$= \int_\Omega \theta^2\pi(\theta)\mathrm{d}\theta = \mathbb{E}\Theta^2. \tag{7.21}$$

Pertanto, sostituendo (7.20) e (7.21) nella (7.19), si ha la 7.18. $\square$

Il risultato (7.18) merita un commento. Apparentemente l'esistenza di una funzione di decisione $d^* \in \mathcal{U} \cap D_B$ determina una situazione assolutamente ottimale, visto che $r(d^*) = 0$; questa condizione implica infatti che sia

$L(\Theta, d^*(Z)) = 0$ q.c., e quindi $d^*(Z) = \Theta$ q.c. . In questo caso avremmo una stima q.c. perfetta. Ci si rende subito conto che una situazione così favorevole non è possibile nei problemi reali, ma solo in problemi artificiali, come ad esempio stimare la proporzione di palline bianche sulla base di estrazioni casuali da un'urna trasparente. In pratica la (7.18) dice quindi tutt'altra cosa: che la proprietà di non distorsione è praticamente incompatibile con l'ottimalità bayesiana.

Questo contrasto può essere superato o utilizzando funzioni di perdita diverse dalla perdita quadratica (v. esercizio 7.12) o considerando opportuni "limiti" di decisioni. Chiariamo la questione con due esempi.

Esempio 7.12. Sia $z = (x_1, x_2, \ldots, x_n)$ un campione casuale dalla distribuzione $N(\theta, 1)$; sappiamo che stimatori del tipo:

$$d^*(z) = \frac{\beta\alpha + n\bar{x}}{\beta + n}$$

appartengono a D_B in quanto ottimi rispetto alla legge iniziale $N(\alpha, 1/\beta)$. Si tratta di stimatori che sono distorti in quanto

$$\mathbb{E}_\theta d^*(Z) = \frac{\beta\alpha + n\theta}{\beta + n} = \frac{n}{\beta + n}\theta + \frac{\beta\alpha}{\beta + n},$$

ma che sono anche asintoticamente non distorti in quanto

$$\lim_{n\to\infty} \mathbb{E}_\theta \, d^*(Z) = \theta \quad \forall\theta \in \Omega.$$

Se con $\bar{U}$ denotiamo la classe degli stimatori asintoticamente non distorti, è chiaro quindi che $\bar{U} \cap D_B \neq \emptyset$ anche in problemi non banali. Simmetricamente, sappiamo che $d'(z) = \bar{x}$ appartiene a D_B^e (esempio 7.5), cioè può vedersi come un "limite" delle decisioni bayesiane. D'altra parte è ovvio che $d' \in U$ e quindi si ha un caso non banale in cui $U \cap D_B^e \neq \emptyset$. $\diamond$

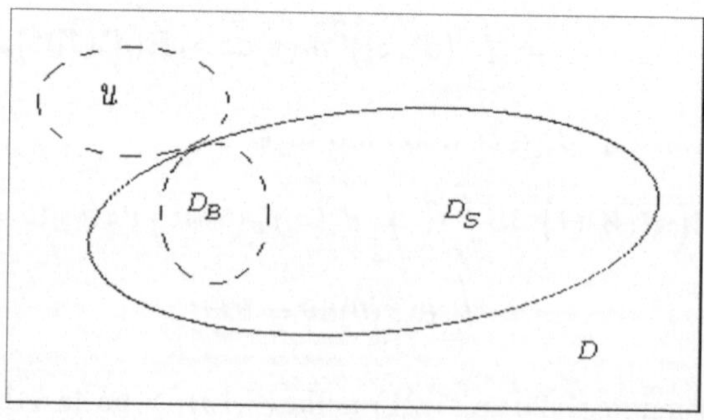

Figura 7.1. Relazioni fra le classi di funzione di decisione nel caso di perdita quadratica

Le relazioni tra le diverse classi di funzioni di decisione, almeno nel caso di perdita quadratica e $\Omega \subseteq \mathbb{R}^1$, possono essere illustrate come nella figura 7.1 (con qualche forzatura dovuta al fatto che D non è rappresentabile in modo naturale come un insieme euclideo). Le classi D_B e $\mathcal{U}$, rappresentate come insiemi "aperti", non hanno punti in comune, ma vi sono punti in comune fra ciascuno di essi e (esprimendosi con una certa imprecisione) la "frontiera" dell'altro. Un risultato che illustra dal punto di vista bayesiano una proprietà degli stimatori non distorti è il seguente

Teorema 7.7. (Pratt). *Se valgono le condizioni:*
a) $\Omega = A \subseteq \mathbb{R}^1, L(\theta, a) = (\theta - a)^2$;
b) $d' \in \mathcal{U}$;
c) $d^* \in D_B$ *in corrispondenza alla densità iniziale* $\pi(\cdot)$;
d) *esistono finiti i valori attesi* $\mathbb{E}d', \mathbb{E}d^*, \mathbb{E}\Theta$, *calcolati utilizzando* $\pi(\cdot)$;
si ha:

$$\mathbb{E}d'(Z) = \mathbb{E}d^*(Z) = \mathbb{E}\Theta. \tag{7.22}$$

Dimostrazione. Sfruttando la condizione $d' \in \mathcal{U}$, possiamo scrivere:

$$\mathbb{E}d'(Z) = \int_{\Omega} \int_{\mathcal{Z}} d'(z)p_\theta(z)\pi(\theta)\mathrm{d}z\mathrm{d}\theta =$$
$$= \int_{\Omega} \left(\int_{\mathcal{Z}} d'(z)p_\theta(z)\mathrm{d}z \right) \pi(\theta)\mathrm{d}\theta = \int_{\Omega} \theta\pi(\theta)\mathrm{d}\theta = \mathbb{E}\Theta;$$

similmente, essendo $d^* \in D_B$:

$$\mathbb{E}d^*(Z) = \int_{\mathcal{Z}} d^*(z)m(z)\mathrm{d}z = \int_{\mathcal{Z}} \left(\int_{\Omega} \theta\pi(\theta; z)\mathrm{d}\theta \right) m(z)\mathrm{d}z =$$
$$= \int_{\Omega} \theta\pi(\theta)\mathrm{d}\theta = \mathbb{E}\Theta. \quad \square$$

La formula (7.22) mette in luce la parte accettabile, dal punto di vista bayesiano, della proprietà di non distorsione. Riscrivendola nella forma:

$$\mathbb{E}\big(d^*(Z) - d'(Z)\big) = \mathbb{E}\big(d^*(Z) - \Theta\big) = 0$$

possiamo dire che uno stimatore ottimo in senso bayesiano (d^*) è equivalente in media (a priori) sia ad un generico stimatore non distorto d' che al parametro aleatorio Θ; la media però va intesa come calcolata sull'universo dei campioni senza condizionare a $\Theta = \theta$, e quindi con riferimento allo spazio $\Omega \times \mathcal{Z}$.

Esercizi

7.12. Si verifichi che nel caso dell'esempio 6.1 usando la perdita $L(\theta, a) = (\theta - a)^2/(\theta(1 - \theta))$ si ha $D_B \cap \mathcal{U} \neq \emptyset$.

7.13. Verificare che il teorema 7.7 vale anche con $\Omega = A \subseteq \mathbb{R}^k$ $(k > 1)$ e utilizzando la funzione di perdita $(\theta - a)^T Q(\theta - a)$ dove Q è una matrice definita positiva.

7.5 Altri criteri per la stima

7.5.1 Stimatori invarianti

Sono state studiate anche altre possibili restrizioni alla classe D degli stimatori, da utilizzare o in aggiunta al vincolo di non distorsione o anche in alternativa. La più importante di queste proprietà è quella legata ad un *principio di invarianza* (in un senso diverso da quello accennato nell'esempio 7.9), che illustreremo ancora mediante un esempio.

Esempio 7.13. Si ha un campione casuale $z = (x_1, x_2, \ldots, x_n)$ dalla distribuzione $N(\theta,1)$ e si vuole stimare θ. Denotiamo questo esperimento con e'. Supponiamo che, alternativamente, le misurazioni degli stessi risultati sperimentali siano effettuate con una origine differente, diciamo $-a$ $(a \neq 0)$, e quindi che lo stesso campione sia rappresentabile con y, dove ovviamente $y = (x_1 + a, x_2 + a, \ldots, x_n + a)$. Denotiamo con e'' questo secondo esperimento, che corrisponde in realtà ad una semplice riformulazione di e'. Se in corrispondenza ad e' si sceglie lo stimatore d' ed in corrispondenza ad e'' lo stimatore d'', è del tutto logico attendersi che valga la relazione:

$$d'(x_1, x_2, \ldots, x_n) + a = d''(x_1 + a, x_2 + a, \ldots, x_n + a) \qquad (7.23)$$

(qualunque sia il valore $a \neq 0$). Gli esperimenti e' ed e'' sono sostanzialmente identici, e tali evono essere anche gli aspetti decisionali connessi, assumendo per esempio una perdita quadratica. Il cosiddetto principio di invarianza si basa inizialmente su un ragionamento intuitivo del tutto analogo a quello che conduce alla formula (7.23), ma impone molto di più ed esattamente la validità di una relazione del tipo (7.23) facendo figurare ai due membri la stessa funzione di decisione, cioè la condizione:

$$d(x_1, x_2, \ldots, x_n) + a = d(x_1 + a, x_2 + a, \ldots, x_n + a) \qquad \forall a \in \mathbb{R}^1. \quad (7.24)$$

La classe degli stimatori che soddisfano la (7.24) viene denotata con D_I e i suoi elementi vengono chiamati stimatori *invarianti* o *equivarianti* (quest'ultimo termine, meno usuale, viene adoperato per suggerire l'idea che uno stimatore che soddisfi la (7.24) in realtà cambia ma adeguandosi alla trasformazione dei dati). Il principio di invarianza potrebbe essere enunciato in modo più preciso e generale con riferimento esplicito a proprietà di invarianza rispetto a gruppi di trasformazioni (non soltanto traslazioni) operanti su $\mathcal{Z}$, Ω, A e dipendenti dal modello statistico adottato. Si intuisce che non tutti i problemi di decisione sono tali da poter introdurre classi D_I significative. Non tratteremo comunque la questione nei suoi termini generali.

La relazione (7.23) (riferita a stimatori di esperimenti diversi ma corrispondenti) è del tutto convincente, ma la sua generalizzazione (7.24) (riferita agli stimatori di uno stesso esperimento) merita una valutazione più approfondita. Prendiamo in considerazione, come esempi, gli stimatori

$$d_1(z) = \bar{x}, \quad d_2(z) = \frac{1}{2}(x_{\min} + x_{\max}), \quad d_3(z) = 0.9\bar{x} + 0.2.$$

Si ha:

$$d_1(x_1, x_2, \ldots, x_n) + a = \bar{x} + a,$$
$$d_1(x_1 + a, x_2 + a, \ldots, x_n + a) = \tfrac{1}{n} \sum (x_i + a) = \bar{x} + a$$

quindi $d_1 \in D_I$. Si ha poi:

$$d_2(x_1, x_2, \ldots, x_n) + a = \tfrac{1}{2}(x_{\min} + x_{\max}) + a,$$
$$d_2(x_1 + a, x_2 + a, \ldots, x_n + a) =$$
$$= \tfrac{1}{2} \left(\min\{x_i + a, i = 1, 2, \ldots\} + \max\{x_i + a, i = 1, 2 \ldots\} \right) =$$
$$= \tfrac{1}{2}(x_{\min} + x_{\max}) + a$$

quindi $d_2 \in D_I$. Infine si ha:

$$d_3(x_1, x_2, \ldots, x_n) + a = 0.9\bar{x} + 0.2 + a,$$
$$d_3(x_1 + a, x_2 + a, \ldots, x_n + a) = 0.9(\bar{x} + a) + 0.2 = 0.9\bar{x} + 0.2 + 0.9a$$

quindi $d_3 \notin D_I$. Si può forse dire che lo stimatore d_3 è irragionevole? In realtà
la sua non appartenenza D_I mette in dubbio la necessità logica della restrizione a D_I, o meglio avvisa di un significato non del tutto evidente della proprietà
di invarianza. Infatti d_3 (oltre ad essere ammissibile, v.§ 7.1) è lo stimatore
ottimo bayesiano se si assume $\Theta \sim N(2, \tfrac{9}{n})$, e non si vede alcun motivo per
escluderlo a priori. Se si riprende in considerazione la (7.24), si vede che l'aumento di valore a di ogni elemento campionario si trasmette rigidamente alla
stima senza che questa operi una qualche forma di perequazione. Guardiamo
per confronto lo stimatore bayesiano ottenuto quando $\Theta \sim N(\alpha, 1/\beta)$; si ha:

$$d^*(x_1, x_2, \ldots, x_n) = \frac{n}{\beta + n}\bar{x} + \frac{\beta}{\beta + n}\alpha \tag{7.25}$$

e una variazione in $\bar{x}$ non si trasmette rigidamente alla stima a causa della
componente aprioristica $\beta\alpha/(\beta + n)$. Tuttavia la procedura bayesiana rispetta
la (7.23); infatti se con riferimento all'esperimento e' si assume $\Theta \sim N(\alpha, 1/\beta)$,
con riferimento all'esperimento e'' si deve assumere $\Theta \sim N(\alpha + a, 1/\beta)$ e
l'applicazione della stessa regola (7.25) porta allo stimatore:

$$d^{**}(x_1 + a, x_2 + a, \ldots, x_n + a) = \frac{n}{\beta + n}(\bar{x} + a) + \frac{\beta}{\beta + n}(\alpha + a) =$$
$$= \frac{n}{\beta + n}\bar{x} + \frac{\beta}{\beta + n}\alpha + a = d^*(x_1, x_2, \ldots, x_n) + a.$$

La parte convincente del principio di invarianza, cioè l'invarianza di conclusioni basate su rappresentazioni diverse ma equivalenti di uno stesso esperimento, è quindi automaticamente rispettata anche nella elaborazione bayesiana;
il vincolo (7.24), l'invarianza delle funzioni di decisioni nell'ambito di un esperimento dato, impone invece una eliminazione del ruolo della informazione

iniziale, quindi una specie di non informatività incorporata nello stimatore anziché rappresentata da una particolare legge iniziale. Che risulti invariante lo stimatore $d(z) = \bar{x}$ (che anzi si dimostra avere rischio normale identicamente minimo entro D_I), ottimo in senso bayesiano rispetto alla distribuzione iniziale uniforme su $\mathbb{R}^1$, non è un fatto accidentale: esistono stretti legami fra l'uso di stimatori invarianti e l'adozione di una impostazione basata sulle classiche distribuzioni iniziali non informative. Per lo stesso motivo non è invariante lo stimatore d_3 visto sopra, perché originato da una distribuzione iniziale "informativa". Pertanto, l'applicazione del principio di invarianza si può vedere come una forma alternativa, indiretta, per caratterizzare le situazioni di non informazione iniziale.   ◇

7.5.2 Stimatori minimax

Un'altra possibilità di sviluppare l'analisi in forma normale, cioè l'analisi basata sullo schema (7.1), evitando il ricorso a misure di probabilità su Ω, è di utilizzare un criterio di ottimalità come il minimax. Si tratta allora di cercare gli stimatori d^* che soddisfano la condizione:

$$\sup_{\theta \in \Omega} R(\theta, d^*) = \inf_{d \in D} \sup_{\theta \in \Omega} R(\theta, d) \; . \tag{7.26}$$

Sappiamo che il criterio del minimax non è molto convincente, dato il rilievo privilegiato assegnato alle eventualità peggiori; tuttavia l'ottimalità nel senso del minimax può essere una interessante proprietà aggiuntiva per stimatori già dotati di altre caratteristiche accettabili. Inoltre, essendo il rischio normale una media, gli aspetti di pessimismo estremo sono in questo contesto almeno parzialmente evitati.

La strada principale per determinare stimatori minimax non è tanto la minimizzazione di:

$$K\left(R(\cdot, d)\right) = \sup_{\theta} R(\theta, d)$$

per $d \in D$, che è un problema funzionale raramente semplice, ma il teorema 1.16. Ancora una volta interviene con un ruolo strumentale l'analisi bayesiana. Basta infatti determinare una qualunque distribuzione iniziale $\pi^*(\cdot)$ su Ω tale che:

$$r(d^*) = \int_{\Omega} R(\theta, d^*)\pi^*(\theta)\mathrm{d}\theta \le r(d) \qquad \forall d \in D \tag{7.27}$$

e verificare che

$$R(\theta, d^*) = \text{costante.} \tag{7.28}$$

In queste condizioni si applica il predetto teorema e d^* è minimax, cioè soddisfa la (7.26).

Esempio 7.14. Consideriamo un campione $z = (x_1, x_2, \ldots, x_n)$ da una distribuzione Bin$(1,\theta)$, e la funzione di perdita

$$L(\theta, a) = \frac{(\theta - a)^2}{\theta(1 - \theta)}.$$

Come si è già osservato, questa funzione di perdita, rispetto alla perdita quadratica, pondera maggiormente gli errori quando θ è estremo. Usando la distribuzione iniziale uniforme, sappiamo che lo stimatore ottimo in senso estensivo (esempio 6.1) è $d^*(z) = \bar{x}$. Per esso è:

$$R(\theta, d^*) = \frac{1}{\theta(1 - \theta)} \mathbb{E}_\theta \big(d^*(Z) - \theta\big)^2 = \frac{1}{\theta(1 - \theta)} \frac{\theta(1 - \theta)}{n} = \frac{1}{n}$$

e quindi la (7.28) è soddisfatta. D'altra parte è $r(d^*) = \frac{1}{n} < +\infty$, quindi può essere applicato il teorema di equivalenza 5.2 ed è soddisfatta anche la (7.27). Pertanto d^* è minimax per il problema descritto e la distribuzione uniforme è in questo caso la distribuzione massimamente sfavorevole.   ◇

Lo schema usato nell'esempio 7.14 non è direttamente applicabile, tra gli altri, allo stimatore $d^*(z) = \bar{x}$ per campioni da N$(\theta, 1)$, poiché d^* non è uno stimatore ottimo in senso bayesiano se si adottano distribuzioni iniziali proprie. Si può però ricorrere ad estensioni del teorema 1.16 che permettono di trattare anche il caso che d^* sia (in un senso da precisare) il limite di stimatori ottimi. Con questo metodo, che non svilupperemo in dettaglio, si può verificare che nel caso appena citato d^* è effettivamente minimax con riferimento alla perdita quadratica. Un metodo alternativo è delineato negli esercizi 7.15 e 7.16.

7.5.3 Stimatori di massima verosimiglianza

In varie occasioni abbiamo utilizzato in precedenza gli stimatori di massima verosimiglianza, cioè gli stimatori del tipo $\widehat{d}(z) = \widehat{\theta}$ dove $\widehat{\theta}$ soddisfa la condizione:

$$\ell(\widehat{\theta}; z) \geq \ell(\theta; z). \tag{7.29}$$

In altri termini $\widehat{d}(z)$ è il punto di massimo della funzione di verosimiglianza che viene considerato in questo contesto primariamente come funzione dei dati, quindi come stimatore, anziché semplicemente come stima associata ad uno specifico risultato sperimentale $z \in \mathcal{Z}$. Nemmeno gli stimatori di massima verosimiglianza esistono sempre, perché $\ell(\theta)$ può non avere massimi (tranne casi eccezionali, avrà però "quasi massimi", cioè punti che la massimizzano a meno di un arbitrario $\varepsilon > 0$). Il metodo della massima verosimiglianza, fondato sulla (7.29), si presenta quindi in primo luogo come un metodo di larghissima applicabilità. In taluni casi può essere difficile determinare l'espressione generale $\widehat{d}(z)$, ma la (7.29) può sempre essere affrontata numericamente per un risultato z dato.

Da un punto di vista teorico, la giustificazione principale del criterio (7.29) non è di tipo frequentista ma è ispirata alla logica dell'inferenza condizionata, cioè conforme al principio della verosimiglianza (non si confonda comunque il *principio* della verosimiglianza con il *metodo* della massima verosimiglianza: in base al principio della verosimiglianza basarsi sulla (7.29) è legittimo ma non obbligatorio). Nell'ambito della impostazione frequentista la prassi è di considerare come possibili alternative metodologiche anche gli stimatori di massima verosimiglianza, ma di valutarne caso per caso le caratteristiche, ed in particolare la funzione di rischio, per confrontarli con gli altri stimatori disponibili per il problema in questione.

Gli stimatori di massima verosimiglianza sono dotati di alcune proprietà bene inquadrabili anche nell'analisi in forma normale. Le principali sono:

Proprietà 1. Se l'esperimento ammette una statistica sufficiente T, lo stimatore di massima verosimiglianza è funzione dei dati tramite T. Ne segue che $\widehat{d} \in D_S$.

Infatti, se T è sufficiente si ha $\ell(\theta; z) = \gamma(z)\varphi(\theta; T(z))$; la (7.29) si ottiene quindi massimizzando la componente $\varphi(\theta; T(z))$ e la soluzione dipende solo da $T(z)$.

Proprietà 2 (*invarianza*). Se g è una funzione invertibile di θ lo stimatore di massima verosimiglianza di $\lambda = g(\theta)$ è $g(\widehat{\theta})$.

È una proprietà ovvia del processo di massimizzazione, che può essere riferito a λ anziché a θ. Se invece g non è biunivoca, si può definire come stimatore di massima verosimiglianza di $\lambda = g(\theta)$ la quantità $\widehat{\lambda} = g(\widehat{\theta})$.

Proprietà 3. La distribuzione campionaria della statistica $\widehat{d}(Z)$ è, approssimativamente, del tipo $N(\theta, 1/I(\theta))$ per cui, usando la perdita quadratica, si ha:

$$R(\theta, \widehat{d}) \cong \frac{1}{I(\theta)} + (\mathbb{E}_\theta \widehat{d} - \theta)^2. \tag{7.30}$$

La giustificazione della approssimazione e le condizioni di regolarità sono accennate nella §3.5. Ragionando un po' sommariamente, si può dire che lo stimatore di massima verosimiglianza $\widehat{d}(z)$ è almeno asintoticamente non distorto, ha distribuzione asintoticamente normale, è asintoticamente efficiente (v. esercizio 7.10).

Esempio 7.15. Riprendiamo gli esempi 7.8, 7.9 e 7.10 e determiniamo per gli stessi problemi gli stimatori di massima verosimiglianza.

Per il caso dell'esempio 7.8 (stima di $\lambda = e^{-\theta}$ nello schema di Poisson), si ha:

$$\ell(\theta) = e^{-n\theta} \frac{\theta^{\sum x_i}}{x_1! x_2! \ldots x_n!}$$

da cui $\widehat{\theta} = \bar{x}$. Quindi $\widehat{\lambda} = e^{-\bar{x}}$. Si noti che lo stimatore non distorto ottimo è (esempio 7.8):

$$d'(z) = \left(1 - \frac{1}{n}\right)^{\sum x_i}$$

e che quindi, per n abbastanza grande, si ha:

$$d'(z) = \left(1 - \frac{1}{n}\right)^{n\bar{x}} \cong e^{-\bar{x}} = \widehat{d}(z),$$

dove $\widehat{d}$ è lo stimatore di massima verosimiglianza di λ.

Nel caso dell'esempio 7.9 (stima di $\lambda = \sqrt{\theta}$ nello schema binomiale) si ha

$$\ell(\theta) = \theta^{\sum x_i}(1 - \theta)^{n - \sum x_i}$$

da cui $\widehat{\theta} = \bar{x}$. Pertanto, per la proprietà 2, $\widehat{\lambda} = \sqrt{\bar{x}}$. La stima di massima verosimiglianza non pone qui alcun problema di esistenza, a differenza di quanto accade imponendo la condizione di non distorsione.

Nel caso dell'esempio 7.10 (stima di $\lambda = e^{-2\theta}$ nello schema di Poisson con $n=1$) si ha $\widehat{\theta} = x$ e quindi $\widehat{\lambda} = e^{-2x}$. Il risultato è del tutto plausibile dal punto di vista intuitivo, a differenza di quanto accade con l'unico stimatore non distorto. $\diamond$

Esempio 7.16. Riprendiamo in esame il problema della stima di $\lambda = e^{-\theta}$ nel caso di un campione casuale $z = (x_1, x_2, \ldots, x_n)$ dalla distribuzione Poisson(θ). Dall'esempio precedente e dall'esempio 7.8 sappiamo che lo stimatore ottimo non distorto (con la perdita quadratica) d' e lo stimatore di massima verosimiglianza $\widehat{d}$ sono diversi, e precisamente che:

$$d'(z) = \left(1 - \frac{1}{n}\right)^s, \qquad \widehat{d}(z) = e^{-s/n} \qquad \left(s = \sum x_i\right).$$

Ha quindi senso nella impostazione frequentista porsi il problema di quale criterio adottare. Il metodo più naturale (in tale quadro) è di confrontare le corrispondenti funzioni di rischio $R(\theta, d')$ e $R(\theta, \widehat{d})$. A questo scopo è bene ricordare che la distribuzione campionaria di S è Poisson($n\theta$) e quindi che la sua funzione generatrice dei momenti ($\S$ C.2) è:

$$M(t) = \mathbb{E}_\theta\big(\exp\{tS\}\big) = \exp\big\{n\theta(e^t - 1)\big\}.$$

Ora abbiamo, ponendo per semplicità $m = (n-1)/n$:

$$R(\theta, d') = \mathbb{V}_\theta d'(Z) = \mathbb{E}_\theta(m^{2S}) - \big(\mathbb{E}_\theta(m^S)\big)^2 = M(\log m^2) - \big(M(\log m)\big)^2,$$

dove

$$M(\log m) = \exp\big\{n\theta(m - 1)\big\} = \exp\{-\theta\},$$
$$M(\log m^2) = \exp\big\{n\theta(m^2 - 1)\big\} = \exp\big\{-\theta\big(2 - \tfrac{1}{n}\big)\big\},$$

e quindi:

$$R(\theta, d') = \exp\big\{-\theta\big(2 - \tfrac{1}{n}\big)\big\} - \exp\{-2\theta\} =$$
$$= \exp\{-2\theta\} \cdot \Big(\exp\big\{\tfrac{\theta}{n}\big\} - 1\Big).$$

In modo simile, ricordando che $\widehat{d}$ è distorto, abbiamo:

$$R(\theta,\widehat{d}) = \mathbb{V}_\theta \widehat{d}(Z) + \big(\mathbb{E}_\theta \widehat{d}(Z) - e^{-\theta}\big)^2 =$$
$$= \mathbb{E}_\theta\big(\widehat{d}^2(Z)\big) - \big(\mathbb{E}_\theta d(Z)\big)^2 + \big(\mathbb{E}_\theta \widehat{d}(Z) - e^{-\theta}\big)^2 =$$
$$= \mathbb{E}_\theta\big(\widehat{d}^2(Z)\big) + \exp\{-2\theta\} - 2\exp\{-\theta\}\mathbb{E}_\theta \widehat{d}(Z).$$

Poiché

$$\mathbb{E}_\theta \widehat{d}(Z) = M\Big(-\frac{1}{n}\Big) = \exp\Big\{n\theta(e^{-\frac{1}{n}} - 1)\Big\}$$
$$\mathbb{E}_\theta \widehat{d}^2(Z) = M\Big(-\frac{2}{n}\Big) = \exp\Big\{n\theta(e^{-\frac{2}{n}} - 1\Big\}$$

abbiamo infine

$$R(\theta,\widehat{d}) = \exp\Big\{-n\theta\big(1 - e^{-\frac{2}{n}}\big)\Big\} + \exp\{-2\theta\} - 2\exp\{-\theta(n + 1 - n\cdot e^{-\frac{1}{n}})\}.$$

Confrontando le formule ottenute si trova:

$$R(\theta,\widehat{d}) \le R(\theta,d') \Leftrightarrow \theta \le \theta_n^*, \tag{7.31}$$

dove θ_n^* è un valore critico che può essere determinato numericamente per i diversi valori di n. Ad esempio per n che va da 2 a 50 θ_n^* decresce da 1.16 a 0.81 (il che corrisponde a $\lambda = e^{-\theta}$ che cresce da 0.314 a 0.444). L'indicazione pratica che ne segue, coerentemente con la logica dell'analisi in forma normale, è che se si prevede che λ sia abbastanza grande conviene scegliere $\widehat{d}(z)$ piuttosto di $d'(z)$.

Sviluppiamo un caso numerico. Sia $n = 10$; si trova in corrispondenza $\theta_n^* = 0.858$ e $\exp(-\theta_n^*) = 0.424$. Pertanto $\widehat{d}$ risulta preferibile a d' per

$$\theta \le 0.858 \quad \text{ossia} \quad \lambda \ge 0.424. \tag{7.32}$$

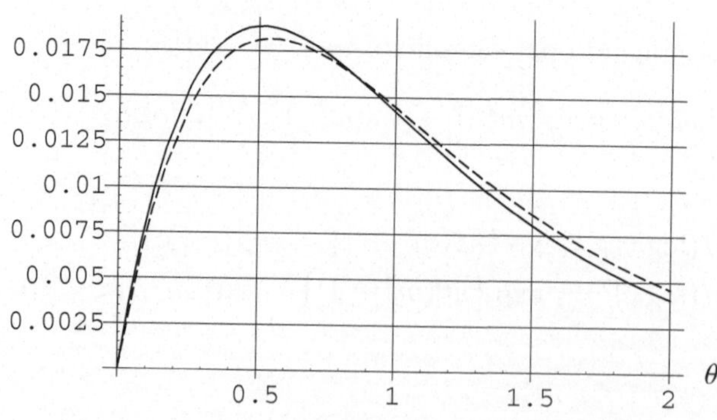

Figura 7.2. Le funzioni di rischio $R(\theta,d')$ (linea continua) e $R(\theta,\widehat{d})$ (linea a tratti) per l'esempio 7.16

Le funzioni di rischio $R(\theta, d')$ e $R(\theta, \widehat{d})$ sono presentate nella figura 7.2. Una valutazione a priori della verità o falsità dell'evento (7.32) determinerebbe in pratica la scelta tra d' e $\widehat{d}$.

Osserviamo a questo punto che una valutazione condizionata al risultato effettivamente ottenuto è in generale diversa da una valutazione completamente a priori. Con un calcolo elementare si vede infatti il confronto diretto sulle perdite, reso possibile dall'assumere la conoscenza del risultato, produce:

$$L\big(\theta, \widehat{d}(z)\big) \le L\big(\theta, d'(z)\big) \Leftrightarrow \theta \le \theta^*_{n,s}, \tag{7.33}$$

dove:

$$\theta^*_{n,s} = \log \frac{2\big(\exp\{-\frac{s}{n}\} - (\frac{n-1}{n})^s\big)}{\exp\{-\frac{2s}{n}\} - (\frac{n-1}{n})^{2s}}. \tag{7.34}$$

Così, nell'esempio numerico, se con $n = 10$ si è osservato $s = 15$, la (7.33) diviene:

$$L\big(\theta, \widehat{d}(z)\big) \le L\big(\theta, d'(z)\big) \Leftrightarrow \theta \le 1.539$$

il che corrisponde poi a $\lambda \ge 0.215$. Confrontando con la (7.32), vediamo che se sapessimo con certezza che $\theta \in (0.858, 1.539)$ con l'analisi normale sceglieremmo $d'(z)$ contro $\widehat{d}(z)$ perché d' si comporta meglio in media, pur comportandosi peggio per $s = 15$. Si ha cioè simultaneamente, per tale risultato, $R(\theta, \widehat{d}) > R(\theta, d')$ e $L(\theta, \widehat{d}(z)) < L(\theta, d'(z))$.

La condizione (7.31) va vista cioè come una sintesi (rispetto ai possibili risultati) delle condizioni (7.33) che sono però calcolabili caso per caso, poiché il confronto fra gli stimatori si può fare a risultato conosciuto. Questo tipo di considerazioni e di obiezioni all'uso pratico dei rischi normali rientra completamente nella problematica già delineata nella § 5.5 (si veda anche l'esercizio 7.3). ◇

Esercizi

7.14. Con riferimento all'esempio 7.14, cercare uno stimatore minimax nel caso che la perdita sia $L(\theta, a) = (\theta - a)^2$.

[Sugg. Considerare una distribuzione iniziale Beta(α, β), che suggerisce lo stimatore $d^*(z) = (\alpha + \sum x_i)/(n + \alpha + \beta)$. Calcolare $R(\theta, d^*)$ e scegliere α e β in modo da far valere la (7.28). Si trova:

$$d^*(z) = \frac{2\sqrt{n}\bar{x} + 1}{2(1 + \sqrt{n})}$$

in corrispondenza di $\alpha = \beta = \sqrt{n}/2$.

7.15. Dimostrare che se d^* soddisfa la condizione $R(\theta, d^*) = $ costante ed è ammissibile, allora è anche minimax.

[Sugg. Procedere per assurdo]

7.16. Usando il risultato dell'esercizio precedente, e il fatto che per campioni di $N(\theta,1)$ lo stimatore $d^*(z) = \bar{x}$ è ammissibile, verificare che d^* è anche minimax.

7.17. * È noto dall'esercizio 3.53 che un modo alternativo per determinare la stima di massima verosimiglianza di $\lambda = g(\theta)$, dove g non è necessariamente invertibile, è di calcolare $\ell_{max}(\lambda)$ e di determinarne i punti di massimo λ^+. Dato un campione casuale da $N(\mu, \sigma^2)$, con $\theta = (\mu, \sigma)$, verificare che la componente di $\widehat{\theta}$ (stima di massima verosimiglianza di θ) corrispondente a σ e il punto di massimo della verosimiglianza massimizzata $\ell_{max}(\sigma)$ coincidono.

7.18. * Consideriamo la realizzazione $z = (x_1, x_2, \ldots, x_n)$ delle prime n componenti di una successione $\{X_1, X_2, ..., X_n, ...\}$ di v.a. che, dato il valore θ, sono indipendenti e con distribuzione $N(c_i\theta, 1)$ dove le c_i sono costanti note. (a) Verificare che lo stimatore di massima verosimiglianza di θ è $\widehat{d}(z) = \sum c_i x_i / \sum c_i^2$ e che

$$\widehat{d}(Z) \mid (\Theta = \theta) \sim N\left(\theta, \frac{1}{\sum c_i^2}\right);$$

(b) verificare che, passando al limite per $n \to \infty$ e assumendo che

$$\lim_{n \to \infty} \sum_{i=1}^{n} c_i^2 = a > 0,$$

lo stimatore $\widehat{d}$ non è consistente.

[Oss. In questo caso il campione z è un risultato multidimensionale, non la realizzazione di n prove ripetute. La situazione è quindi molto diversa da quella prevista nella § 3.5]

7.6 Teoria dei test

La struttura della funzione di perdita caratteristica del problema del test di ipotesi è stata indicata nella § 6.5. Come è ben noto, in generale le funzioni di decisione sono applicazioni del tipo $\mathscr{Z} \to A$; nel caso particolare dei problemi di test avremo quindi:

$$d(z) = \begin{cases} a_0, & z \in \mathscr{Z}_0^{(d)} \\ a_1, & z \in \mathscr{Z}_1^{(d)} \end{cases}, \tag{7.35}$$

dove $(\mathcal{Z}_0^{(d)},\ \mathcal{Z}_1^{(d)})$ è una partizione (misurabile) di $\mathcal{Z}$. È indifferente rappresentare le decisioni nel nostro problema come funzioni (formula (7.35)) o semplicemente come sottoinsiemi $\mathcal{Z}_1^{(d)} \subset \mathcal{Z}$; in ogni caso viene usato il termine *test*. Ovviamente $\mathcal{Z}_0^{(d)}$ resta determinato per differenza; l'uso corrente è di riferirsi a $\mathcal{Z}_1^{(d)}$, cioè alla regione che viene detta anche *zona critica* in quanto contiene quei risultati sperimentali che condurrebbero al "rifiuto" dell'ipotesi nulla $H_0 : \theta \in \Omega_0$.

La funzione di rischio, facendo riferimento alla perdita caratterizzata dalla (6.46), è espressa da:

$$R(\theta, d) = \mathbb{E}_\theta L\big(\theta, d(Z)\big) = \int_{\mathcal{Z}} L\big(\theta, d(z)\big) p_\theta(z)\mathrm{d}z =$$

$$= L(\theta, a_0) \int_{\mathcal{Z}_0^{(d)}} p_\theta(z)\mathrm{d}z + L(\theta, a_1) \int_{\mathcal{Z}_1^{(d)}} p_\theta(z)\mathrm{d}z =$$

$$= L(\theta, a_0) + \big(L(\theta, a_1) - L(\theta, a_0)\big) \int_{\mathcal{Z}_1^{(d)}} p_\theta(z)\mathrm{d}z. \qquad (7.36)$$

La funzione:

$$\eta_d(\theta) = \int_{\mathcal{Z}_1^{(d)}} p_\theta(z)\mathrm{d}z = \mathrm{prob}(Z \in \mathcal{Z}_1^{(d)} \mid \theta) \qquad (7.37)$$

si chiama *funzione di potenza* del test (v. formula (4.31)) ed esprime la probabilità, per θ fissato, di ottenere un risultato tale da condurre alla scelta di a_1. La (7.36) può quindi scriversi:

$$R(\theta, d) = b_1 1_{\Omega_1}(\theta) + \big(b_0(1_{\Omega_0}(\theta) - b_1 1_{\Omega_1}(\theta)\big)\eta_d(\theta) =$$

$$= b_0\eta_d(\theta)1_{\Omega_0}(\theta) + b_1\big(1 - \eta_d(\theta)\big)1_{\Omega_1}(\theta). \qquad (7.38)$$

Perché la funzione di rischio sia accettabile, occorre quindi che la potenza del test sia elevata quando $\theta \in \Omega_1$ e bassa quando $\theta \in \Omega_0$ (la terminologia deriva dal fatto che inizialmente si era considerato come dominio di $\eta_d(\theta)$ solo Ω_1). Il comportamento di $\eta_d(\theta)$ per $\theta \in \Omega_0$ viene usualmente sintetizzato con un altro parametro, detto *ampiezza* (in inglese: *size*) del test. Si dice che un test ha ampiezza α ($0 \le \alpha \le 1$) se:

$$\sup_{\theta \in \Omega_0} \eta_d(\theta) = \alpha . \qquad (7.39)$$

Nei problemi di test ha un ruolo importante la partizione $\{D_\alpha, \alpha \in [0, 1]\}$, dove:

$$D_\alpha = \{d : \sup_{\theta \in \Omega_0} \eta_d(\theta) = \alpha\}$$

è la sottoclasse dei test di ampiezza α, e naturalmente:

$$D = \bigcup_{\alpha \in [0,1]} D_\alpha \quad .$$

Come vedremo, in molti casi si riesce a determinare la procedura ottima entro una sottoclasse D_α arbitrariamente scelta.

Nell'ambito della teoria dei test viene spesso usata (ma non lo faremo nel seguito del testo) un tipo di casualizzazione - detto *post-sperimentale* - concettualmente simile a quello descritto nella §1.11, ma non identico dal punto di vista formale. Si tratta di considerare come test non una funzione del tipo (7.35) ma una funzione

$$\varphi \colon \mathcal{Z} \to [0,1] \tag{7.40}$$

con l'intesa che, per ogni $z \in \mathcal{Z}$, si sceglierà a_1 con probabilità $\varphi(z)$. Osservato il risultato z, quindi, non si deve scegliere direttamente tra a_0 e a_1 ma, con un meccanismo artificiale, si adotta a_1 con probabilità $\varphi(z)$ e a_0 con probabilità $1 - \varphi(z)$. Evidentemente la (7.40) si riduce alla (7.35) se $\varphi(z)$ vale soltanto 0 oppure 1; si ha invece una effettiva generalizzazione quando si consentono i valori intermedi. Trattando al solito i valori attesi come equivalenti certi, la funzione di rischio corrispondente a (7.40) viene calcolata come:

$$R(\theta,\varphi) = \int_{\mathcal{Z}} \big(L(\theta,a_0)(1 - \varphi(z)) + L(\theta,a_1)\varphi(z)\big)p_\theta(z)\mathrm{d}z =$$

$$= L(\theta,a_0) + \big(L(\theta,a_1) - L(\theta,a_0)\big)\int_{\mathcal{Z}} \varphi(z)p_\theta(z)\mathrm{d}z. \tag{7.41}$$

Ne seguono le naturali estensioni di (7.37) e (7.39), cioè, rispettivamente:

$$\eta_\varphi(\theta) = \int_{\mathcal{Z}} \varphi(z)p_\theta(z)\mathrm{d}z$$

$$\sup_{\theta \in \Omega_0} \eta_\varphi(\theta) = \alpha.$$

Il "vantaggio" della casualizzazione sta nel fatto che, con la (7.41), esistono, per un dato problema, test di ogni possibile ampiezza $\alpha \in [0,1]$. Se Z ha una distribuzione campionaria discreta, invece, è facile vedere che qualche classe D_α, usando la (7.39), sarà inevitabilmente vuota. La casualizzazione quindi migliora in qualche misura l'eleganza formale dei risultati; poiché però essa ha anche degli inconvenienti di rilievo sia teorico che pratico (simili a quelli accennati nella §1.11), non ne faremo uso.

7.7 Il caso delle ipotesi semplici

7.7.1 Il Lemma fondamentale

La struttura dei problemi di test nell'analisi in forma normale dipende molto dalla natura delle ipotesi Ω_0 e Ω_1. Consideriamo per primo il caso particolare in cui sia Ω_0 che Ω_1 sono semplici, diciamo $\Omega_0 = \{\theta_0\}$, $\Omega_1 = \{\theta_1\}$. La funzione di rischio (formula (7.38) si riduce quindi a:

$$R(\theta, d) = \begin{cases} b_0 \eta_d(\theta) & \text{se } \theta = \theta_0 \\ b_1\big(1 - \eta_d(\theta)\big) & \text{se } \theta = \theta_1 \end{cases}, \tag{7.42}$$

dove b_0 e b_1 sono le costanti che esprimono le perdite. Il valore $\alpha = \eta_d(\theta_0)$ è la probabilità di rifiutare H_0 quando H_0 è vera (il cosiddetto *errore di I specie*). Il valore $\beta = 1 - \eta_d(\theta_1)$ è la probabilità di accettare H_0 quando H_0 è falsa (il cosiddetto *errore di II specie*. La (7.42) si può quindi riscrivere come:

$$R(\theta, d) = \begin{cases} b_0\alpha, & \theta = \theta_0 \\ b_1\beta, & \theta = \theta_1 \end{cases}. \tag{7.43}$$

Naturalmente α mantiene, in base alla formula (7.39), il significato di ampiezza del test; in questo caso però l'estremo superiore si calcola banalmente su un insieme di un solo elemento. Poiché ovviamente (usando al solito la notazione del continuo):

$$\alpha = \int_{\mathcal{Z}_1^{(d)}} p_{\theta_0}(z)\mathrm{d}z, \quad \beta = \int_{\mathcal{Z} - \mathcal{Z}_1^{(d)}} p_{\theta_1}(z)\mathrm{d}z, \tag{7.44}$$

è chiaro che per diminuire α occorre restringere la regione $\mathcal{Z}_1^{(d)}$, e che simmetricamente questo aumenta β. Pertanto la minimizzazione del rischio (7.43) comporta in sostanza una qualche forma di bilanciamento tra gli errori di I e di II specie. L'impostazione introdotta da J.Neyman e E.S. Pearson si fonda sull'idea di determinare il test che ha il minimo errore di II specie (quindi la massima potenza) a parità di errore di I specie (cioè di ampiezza). Nelle applicazioni, il valore α verrebbe quindi scelto arbitrariamente, in relazione al problema considerato (e naturalmente ai valori b_0 e b_1). Si noti che la logica usata è esattamente quella esposta in termini generali alla fine della § 1.10 (v. in particolare la figura 1.7 e il significato della classe Δ^C). Per la teoria dei test il risultato di base è il cosiddetto *Lemma fondamentale* di Neyman e Pearson, del 1933, nel quale viene data l'espressione analitica delle regioni critiche ottime nel senso detto.

Teorema 7.8. (Neyman e Pearson). *Ogni test d^* con regione critica $\mathcal{Z}_1^*$ della forma:*

$$\mathcal{Z}_1^* = \{z : \; p_{\theta_1}(z) \geq k \cdot p_{\theta_0}(z)\}, \tag{7.45}$$

qualunque sia $k \geq 0$, soddisfa la relazione:

$$\eta_{d^*}(\theta_1) \geq \eta_d(\theta_1) \quad \forall d \in D_{\alpha'} \quad con \quad \alpha' \leq \int_{\mathcal{Z}_1^*} p_{\theta_0}(z)dz \; (= \alpha). \tag{7.46}$$

Dimostrazione. Dato un qualunque test $d \in D_{\alpha'} (\alpha' \leq \alpha)$ con zona critica $\mathcal{Z}_1$ consideriamo l'integrale:

$$ J = \int_{\mathcal{Z}} \Big(1_{\mathcal{Z}_1^*}(z) - 1_{\mathcal{Z}_1}(z) \Big) \Big(p_{\theta_1}(z) - k \cdot p_{\theta_0}(z) \Big) \mathrm{d}z. $$

I due fattori nella funzione integranda sono entrambi non negativi quando $z \in \mathcal{Z}_1^*$ ed entrambi non positivi quando $z \notin \mathcal{Z}_1^*$. Ne viene che $J \geq 0$. Svolgendo il prodotto entro l'integrale troviamo:

$$ J = \int_{\mathcal{Z}_\infty^*} p_{\theta_1}(z)\mathrm{d}z - \int_{\mathcal{Z}_1} p_{\theta_1}(z)\mathrm{d}z - k \left(\int_{\mathcal{Z}_1^*} p_{\theta_0}(z)\mathrm{d}z - \int_{\mathcal{Z}_1} p_{\theta_0}(z)\mathrm{d}z \right) = $$
$$ = \eta_{d^*}(\theta_1) - \eta_d(\theta_1) - k(\alpha - \alpha') \geq 0 $$

cioè la (7.46). $\square$

Versioni più complete del teorema possono mostrare inoltre, sotto opportune condizioni, che la (7.45) è in sostanza anche una condizione necessaria per la ottimalità (si veda l'esercizio 7.30). Sono opportuni alcuni commenti al teorema 7.8.

(a) Viene considerato di solito più significativo prefissare α (che ha una chiara interpretazione come probabilità dell'errore di I specie) e determinare il corrispondente valore k in base alla condizione

$$ \int_{\mathcal{Z}_1^*} p_{\theta_0}(z)\mathrm{d}z = \alpha. \tag{7.47} $$

(b) L'insieme

$$ \mathcal{F} = \{ z : p_{\theta_1}(z) = k \cdot p_{\theta_0}(z) \} $$

potrebbe in realtà anche non venire inserito in $\mathcal{Z}_1^*$. Nel caso continuo $\mathcal{F}$ ha misura nulla e la sua collocazione è quindi irrilevante. Nel caso discreto la sua inclusione o esclusione in $\mathcal{Z}_1^*$ modifica il valore α; sia $\mathcal{Z}_1^*$ che $\mathcal{Z}_1^* - \mathcal{F}$ sono ottimi con diverse ampiezze, per cui occorre definire preliminarmente quale dei due inserire nella versione discreta della (7.47) e determinare il valore k corrispondente. Le due procedure possibili sono ovviamente equivalenti.

(c) Il ruolo essenziale di zone critiche del tipo (7.45) era già apparso nell'analisi bayesiana in forma estensiva per lo stesso problema (vedi formule (6.69) e (6.70)).

Esempio 7.17. Sia dato un campione casuale $z = (x_1, x_2, \ldots, x_n)$ da $\mathrm{N}(\theta, \sigma^2)$ con σ noto e consideriamo le ipotesi:

$$ H_0 : \theta = \theta_0, \quad H_1 : \theta = \theta_1 \quad (\theta_0 < \theta_1). $$

Prefissato un livello di ampiezza pari ad α, il test ottimo nel senso del Lemma fondamentale ha una zona critica del tipo (7.45); l'obiettivo è di determinare il valore di k che assicura l'ampiezza voluta al test, cioè che soddisfa la condizione (7.47). Si ha:

$$\frac{p_{\theta_1}(z)}{p_{\theta_0}(z)} = \frac{\exp\left\{-\dfrac{1}{2\sigma^2}\sum(x_i - \theta_1)^2\right\}}{\exp\left\{-\dfrac{1}{2\sigma^2}\sum(x_i - \theta_0)^2\right\}} =$$

$$= \exp\left\{-\frac{1}{2\sigma^2}\left(\sum x_i^2 + n\theta_1^2 - 2\theta_1 n\bar{x} - \sum x_i^2 - n\theta_0^2 + 2\theta_0 n\bar{x}\right)\right\} =$$

$$= \exp\left\{-\frac{n}{2\sigma^2}\left((\theta_1^2 - \theta_0^2) - 2(\theta_1 - \theta_0)\bar{x}\right)\right\} =$$

$$= \exp\left\{\frac{n(\theta_1 - \theta_0)}{\sigma^2}(\bar{x} - \bar{\theta})\right\}, \tag{7.48}$$

dove $\bar{\theta} = (\theta_0 + \theta_1)/2$. La famiglia delle regioni del tipo (7.45), per $k \geq 0$, risulta quindi identica alla famiglia di regioni:

$$\{z : \bar{x} \geq c\}, \quad c \in \mathbb{R}^1 \tag{7.49}$$

che è più comoda da trattare e che quindi considereremo nel seguito. Sarebbe facile determinare il legame tra c e k, ma non avrebbe alcun interesse pratico, almeno all'interno della impostazione che stiamo seguendo. Ricordando che sotto H_0 si ha $X \sim N(\theta_0, \frac{\sigma^2}{n})$ e denotando con U una v.a. con distribuzione N(0,1), abbiamo:

$$\mathrm{prob}(Z \in \mathcal{Z}_1^* \mid \theta_0) = \mathrm{prob}(\overline{X} \geq c \mid \theta_0) = \mathrm{prob}\left(\frac{\overline{X} - \theta_0}{\sigma/\sqrt{n}} \geq \frac{c - \theta_0}{\sigma/\sqrt{n}} \mid \theta_0\right) =$$

$$= \mathrm{prob}\left(U \geq \frac{c - \theta_0}{\sigma/\sqrt{n}}\right) = 1 - \Phi\left(\frac{c - \theta_0}{\sigma/\sqrt{n}}\right).$$

Ne viene, come condizione di ampiezza:

$$\Phi\left(\frac{c - \theta_0}{\sigma/\sqrt{n}}\right) = 1 - \alpha$$

e quindi:

$$c = \theta_0 + \frac{\sigma}{\sqrt{n}}u_{1-\alpha}. \tag{7.50}$$

La potenza per $\theta = \theta_1$ è:

$$\eta_{d^*}(\theta_1) = \mathrm{prob}(Z \in \mathcal{Z}_1^* \mid \theta_1) = \mathrm{prob}\left(\overline{X} \geq \theta_0 + \frac{\sigma}{\sqrt{n}}u_{1-\alpha} \mid \theta_1\right) =$$

$$= \mathrm{prob}\left(U \geq u_{1-\alpha}\frac{\theta_1 - \theta_0}{\sigma/\sqrt{n}}\right) = 1 - \Phi\left(u_{1-\alpha} - \frac{\theta_1 - \theta_0}{\sigma/\sqrt{n}}\right),$$

per cui la probabilità dell'errore di II specie, minimo nelle condizioni indicate, è:

$$\beta = \Phi\left(u_{1-\alpha} - \frac{\theta_1 - \theta_0}{\sigma/\sqrt{n}}\right).$$

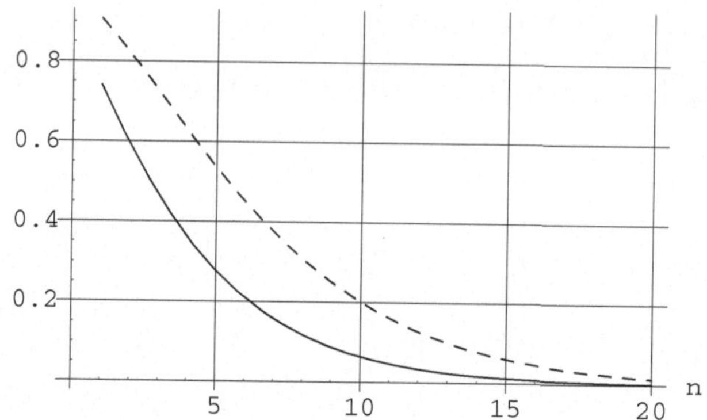

Figura 7.3. Probabilità dell'errore di II specie in funzione di n (esempio 7.17) con $\theta_0 = 0, \theta_1 = 1, \sigma = 1, \alpha = 0.05$ (linea continua) e $\alpha = 0.01$ (linea a tratti)

Un caso particolare è presentato nella figura 7.3. Si vede allora di quanto aumenta l'errore di II specie se si diminuisce l'errore di I specie. Ovviamente, fissato α, β decresce con n. Si osservi poi che in generale, se $\alpha \to 0$, si ha $\beta \to 1$ e se $\alpha \to 1$ si ha $\beta \to 0$.   ◇

Denotiamo con $\mathcal{M}$ la classe dei test (7.45) per $k \in \mathbb{R}_+$; per tale classe vale il

Teorema 7.9. *Se $p_{\theta_0}(\cdot)$ è una densità, la classe $\mathcal{M}$ è essenzialmente completa.*

Dimostrazione. Sia $d \notin \mathcal{M}$ un test con $\eta_d(\theta_0) = \alpha$, $\eta_d(\theta_1) = 1 - \beta$. Vista la (7.43), basta dimostrare che esiste $d^* \in \mathcal{M}$ caratterizzato da errori (α^*, β^*) tali che $\alpha^* \le \alpha$, $\beta^* \le \beta$. Per l'ipotesi su p_{θ_0} possiamo dire che esiste k^* tale che

$$\int_{\mathcal{Z}_1^*} p_{\theta_0}(z)\mathrm{d}z = \alpha,$$

dove $\mathcal{Z}_1^* = \{z : p_{\theta_1}(z) \ge k^* \cdot p_{\theta_0}(z)\}$, sicché $\alpha^* = \alpha$. D'altra parte, visto il Lemma fondamentale, per un test così costruito si ha $\beta^* \le \beta$, da cui la tesi. □

Rimuovendo la condizione di assoluta continuità per la distribuzione di Z sotto H_0, la (7.47) può non avere soluzione e la stessa proprietà di completezza di $\mathcal{M}$ può venire meno. Si consideri il seguente esempio.

Esempio 7.18. Sia $\mathcal{Z} = \{z_1, z_2, z_3\}$ e si assuma che in base ad H_0 i risultati z_1, z_2, z_3 abbiano rispettivamente probabilità $\frac{1}{4}, \frac{1}{2}, \frac{1}{4}$ ed in base ad H_1 abbiano invece probabilità $\frac{3}{8}, \frac{1}{2}, \frac{1}{8}$. I rapporti delle verosimiglianze valgono, nell'ordine, $\frac{3}{2}, 1, \frac{1}{2}$. La classe $\mathcal{M}$ contiene quindi i sottoinsiemi $\emptyset$ (insieme vuoto), $\{z_1\}, \{z_1, z_2\}$ e lo stesso insieme $\mathcal{Z}$; le corrispondenti coppie (α, β) sono $(0, 1), (\frac{1}{4}, \frac{5}{8}), (\frac{3}{4}, \frac{1}{8}), (1, 0)$. L'insieme singolare $\{z_2\}$ non appartiene a $\mathcal{M}$ e in corrispondenza ad esso si ha:

$$\alpha = \mathrm{prob}(Z = z_2 \mid H_0) = \frac{1}{2}, \quad \beta = \mathrm{prob}(Z \ne z_2 \mid H_1) = \frac{1}{2}.$$

Pertanto il test con zona critica $\{z_2\}$ non è dominato (nemmeno debolmente) da alcun elemento in $\mathcal{M}$, e la classe $\mathcal{M}$ non è essenzialmente completa. Possiamo osservare che tale test si trova in pratica nelle stesse condizioni della decisione δ_3 nella figura 1.9b, cioè di una decisione che è ammissibile (nell'ambito delle decisioni pure) ma non è bayesiana.   ◇

Un caso in cui $\mathcal{M}$ risulta completa anche con distribuzioni discrete è presentato nell'esercizio 7.23. Si può invece dimostrare che se si utilizza la casualizzazione (v. §7.6), la classe $\mathcal{M}$ risulta essenzialmente completa qualunque sia il tipo di distribuzione campionaria del risultato.

7.7.2 Relazioni con l'impostazione bayesiana

Il problema decisionale della scelta tra due ipotesi semplici viene risolto in modo operativamente simile nella impostazione frequentista e nella impostazione bayesiana. I legami fra le due metodologie, in un caso particolare (ma con procedure generali), sono illustrati nel successivo esempio 7.19. Tuttavia differenze concettuali permangono, e si riflettono su come definire e quindi "controllare" gli errori nei test. Il punto nodale, più che la scelta della probabilità iniziale di H_0 (matematicamente equivalente alla scelta della probabilità dell'errore di I specie) è la violazione del principio della verosimiglianza, come illustrato nell'esempio 7.20.

Esempio 7.19. Approfondiamo l'esempio 7.17 esaminando più in dettaglio i rapporti tra i test ottimi nel senso di Neyman e Pearson e i test ottimi in senso bayesiano. Poniamo per semplicità $b_0 = b_1 = 1$, $\theta_0 = 0$, $\theta_1 = 1$, $\sigma = 1$ e sia $\omega = \mathrm{prob}(H_0)/(1 - \mathrm{prob}(H_0))$. Il test bayesiano (6.51) diventa:

$$\frac{\ell(\theta_1)}{\ell(\theta_0)} \geq \omega$$

(il riferimento è sempre alla condizione che comporta la scelta dell'azione a_1) e quindi, sfruttando la (7.48):

$$\bar{x} \geq \frac{1}{2} + \frac{1}{n} \log\omega.$$

Il test ottimo nel senso di Neyman e Pearson, di ampiezza prefissata α, risulta caratterizzato per la (7.49) e la (7.50) da:

$$\bar{x} \geq \frac{1}{\sqrt{n}} u_{1-\alpha}.$$

I due test coincidono algebricamente quando ω e α soddisfano il vincolo:

$$\frac{1}{2} + \frac{1}{n} \log\omega = \frac{1}{\sqrt{n}} u_{1-\alpha}. \tag{7.51}$$

Chi usa la tecnica di Neyman e Pearson sceglie esplicitamente α e si comporta in pratica come lo statistico bayesiano che avesse scelto il corrispondente ω, e viceversa. La relazione tra α e ω è facile da determinare; infatti esplicitando la (7.51) per ω si trova:

$$\omega = \exp\left\{\sqrt{n}\, u_{1-\alpha} - \frac{n}{2}\right\};$$

esplicitando la (7.51) per α si trova invece:

$$u_{1-\alpha} = \frac{\sqrt{n}}{2} + \frac{1}{\sqrt{n}}\log\omega$$

e quindi:

$$\Phi(u_{1-\alpha}) = 1 - \alpha = \Phi\left(\frac{\sqrt{n}}{2} + \frac{1}{\sqrt{n}}\log\omega\right),$$

da cui:

$$\alpha = 1 - \Phi\left(\frac{\sqrt{n}}{2} + \frac{1}{\sqrt{n}}\log\omega\right). \tag{7.52}$$

La (7.51), cioè il minimo della probabilità dell'errore di II specie, diventa:

$$\beta = \Phi\left(u_{1-\alpha} - \sqrt{n}\right) = \Phi\left(-\frac{\sqrt{n}}{2} + \frac{1}{\sqrt{n}}\log\omega\right).$$

È chiaro intanto che $\omega = 1$ (eguale probabilità iniziale di H_0 e H_1) comporta:

$$\alpha = 1 - \Phi\left(\frac{\sqrt{n}}{2}\right) = \Phi\left(-\frac{\sqrt{n}}{2}\right) = \beta.$$

Se ω cresce, il valore α corrispondente diminuisce, come è del resto intuitivo perché α esprime l'errore che si verifica quando vale H_0; più si dà peso ad H_0 più è opportuno tenere basso α. È importante osservare che la relazione tra ω e le coppie (α,β) dipende in generale anche da n. La tabella 7.1 fornisce qualche dato interessante. A parità di α, i valori corrispondenti per ω sono estremamente diversi ad esempio per $n = 10$ e $n = 30$. Viene così rafforzata l'indicazione di non usare valori standard per α, indipendenti da n e dipendenti essenzialmente dai valori abitualmente presenti nelle tavole. Anche nella logica del test di Neyman e Pearson appare del tutto opportuno scegliere α tenendo conto del valore di β effettivamente raggiungibile. Se n è grande, sono attingibili valori molto più piccoli sia di α che di β. $\diamond$

L'idea base di Neyman e Pearson, come si è visto, è quella di operare un controllo sia sull'errore di I specie, la cui probabilità viene prefissata, sia sull'errore di II specie, la cui probabilità viene minimizzata. Approfondiamo ora

Tabella 7.1. Valori corrispondenti di $\alpha, \beta, \omega, \pi_0 = \text{prob}(H_0)$

n	α	β	ω	π_0
10	0.01	0.20	10.68	0.91
10	0.05	0.06	1.22	0.55
10	0.057	0.057	1	0.50
10	0.10	0.03	0.39	0.28
30	0.003	0.003	1	0.50
30	0.01	$8 \cdot 10^{-4}$	0.091	0.08
30	0.05	$6 \cdot 10^{-5}$	0.002	0.002
30	0.10	10^{-5}	$4 \cdot 10^{-4}$	$4 \cdot 10^{-4}$

brevemente, in un quadro bayesiano, l'analisi dell'errore in un problema di test, dove per "errore" si intende qui la scelta dell'azione non ottimale. Considerato un qualunque test $d \in D$, caratterizzato dalla zona critica $\mathcal{Z}_1$ e dagli errori di I e II specie α e β ($\alpha > 0$, $\beta > 0$), l'errore nel senso sopra detto è rappresentabile con l'evento:

$$E = (Z \in \mathcal{Z}_1, \Theta = \theta_0) \vee (Z \notin \mathcal{Z}_1, \Theta = \theta_1)$$

dove $\vee$ rappresenta l'unione logica ("oppure"). Posto $\pi_0 = \text{prob}(\Theta = \theta_0)$, abbiamo:

$$\text{prob}(E) = \pi_0 \alpha + (1 - \pi_0)\beta. \tag{7.53}$$

Poiché la (7.53) è una combinazione convessa, si ha ovviamente:

$$\text{prob}(E) \leq \max\{\alpha, \beta\}$$

sicché, se in un problema si può adottare un test in cui sono piccoli sia α che β (basta che n sia sufficientemente grande), siamo sicuri che è piccola anche la probabilità di errore (7.53) qualunque sia π_0.

Fin qui le argomentazioni degli stessi Neyman e Pearson, che ritenevano importante che la loro procedura fosse in qualche modo compatibile con considerazioni basate sulle probabilità a priori. Ma il vero problema della teoria di Neyman e Pearson, come di tutte le analisi statistiche riportabili all'analisi in forma normale, è il mancato condizionamento al dato osservato. Proseguiamo il ragionamento precedente calcolando la probabilità dell'evento E condizionata a $Z \in \mathcal{Z}_1$ oppure a $Z \notin \mathcal{Z}_1$. Troviamo:

$$\text{prob}(E \mid Z \in \mathcal{Z}_1) = \frac{\text{prob}(E, Z \in \mathcal{Z}_1)}{\text{prob}(Z \in \mathcal{Z}_1)} = \frac{\text{prob}(Z \in \mathcal{Z}_1, \Theta = \theta_0)}{\text{prob}(Z \in \mathcal{Z}_1)} =$$

$$= \frac{\pi_0 \alpha}{\pi_0 \alpha + (1 - \pi_0)(1 - \beta)}$$

$$\mathrm{prob}(E \mid Z \notin \mathcal{Z}_1) = \frac{\mathrm{prob}(E, Z \notin \mathcal{Z}_1)}{\mathrm{prob}(Z \notin \mathcal{Z}_1)} = \frac{\mathrm{prob}(Z \notin \mathcal{Z}_1, \Theta = \theta_1)}{\mathrm{prob}(Z \notin \mathcal{Z}_1)} =$$

$$= \frac{(1 - \pi_0)\beta}{\pi_0(1 - \alpha) + (1 - \pi_0)\beta}.$$

Si osservi che se π_0 percorre l'intervallo $[0,1]$, corrispondentemente le probabilità condizionate indicate al I membro vanno rispettivamente da 0 a 1 e da 1 a 0, comunque siano prefissati i valori α e β. La tecnica di Neyman e Pearson, quindi, permette di controllare solo la probabilità di sbagliare a priori, non le probabilità di sbagliare condizionate al risultato campionario. Questo commento rimanda quindi all'osservazione generale che si è fatta fin dall'inizio (cap.4) sul rischio normale come strumento di analisi dei dati in contrasto con il principio della verosimiglianza.

Esempio 7.20. Consideriamo il seguente problema. Si ha un campione casuale $z = (x_1, x_2, x_3, x_4, x_5, x_6)$ sulla durata di funzionamento di 6 pezzi omogenei, sulla base del quale si deve decidere se accettare tutto il lotto (azione a_0) o rifiutarlo (azione a_1). Si assume che tutti i pezzi abbiano, per θ fissato, una durata di funzionamento con densità $\mathrm{EN}(1/\theta)$, dove il valore atteso θ, espresso in migliaia di ore, può assumere soltanto i valori $\theta_0 = 1$ e $\theta_1 = 0.25$. Le perdite, in unità monetarie, sono espresse da:

$$L(\theta, a_0) = \begin{cases} 0, & \theta = 1.00 \\ 20, & \theta = 0.25 \end{cases} \qquad L(\theta, a_1) = \begin{cases} 10, & \theta = 1.00 \\ 0, & \theta = 0.25 \end{cases}.$$

Si tratta dunque di un problema di test con due ipotesi semplici, in cui accettare un pezzo "cattivo" ha un costo maggiore che rifiutare un pezzo "buono". Si assuma però (per semplicità, non per realismo) che la scelta sia limitata a due possibili funzioni di decisione, cioè:

$$d_1(z) = \begin{cases} a_0, & s > 3.5 \\ a_1, & s \leq 3.5 \end{cases} \qquad d_2(z) = \begin{cases} a_0, & x_{\min} > 0.3 \\ a_1, & x_{\min} \leq 0.3 \end{cases},$$

dove s$= \sum x_i, x_{\min} = \min\{x_1, \ldots, x_6\}$. È facile vedere (esercizio 7.27) che i corrispondenti rischi normali sono:

$$R(\theta, d_1) = \begin{cases} 1.424, & \theta = 1.00 \\ 0.111, & \theta = 0.25 \end{cases} \qquad R(\theta, d_1) = \begin{cases} 8.347, & \theta = 1.00 \\ 0.015, & \theta = 0.25 \end{cases}$$

e quindi che le due funzioni di decisione risultano inconfrontabili. Mettiamo provvisoriamente da parte la tecnica di Neyman e Pearson e procediamo alla scelta con una elaborazione bayesiana, assumendo equiprobabili a priori le due ipotesi. I corrispondenti rischi di Bayes risultano:

$$r(d_1) = \tfrac{1}{2}(1.424 + 0.111) = 0.767, \quad r(d_2) = \tfrac{1}{2}(8.347 + 0.015) = 4.181.$$

Sulla base dei valori $r(d)$ non vi è dubbio che conviene preferire d_1 a d_2. Ma anche questo tipo di analisi, benché apparentemente bayesiana, ha in realtà ignorato il problema del condizionamento. Per verificarlo, assumiamo che il risultato z sia tale che $s = 3.2$. Allora:

$$\ell(\theta) = \frac{1}{\theta^6}\exp(-3.2\cdot\theta) = \begin{cases} 0.0408, & \theta = 1.00 \\ 0.0113, & \theta = 0.25 \end{cases}$$

$$\text{prob}(\Theta = 1.00 \mid Z = z) = \frac{\ell(1.00)}{\ell(1.00) + \ell(0.25)} = 0.7831$$

$$\text{prob}(\Theta = 0.25 \mid Z = z) = 1 - 0.7831 = 0.2169.$$

Ne segue che le perdite attese finali sono:

$$\rho(d_1(z); z) = \rho(a_1; z) = 10 \times 0.7831 = 7.831$$
$$\rho(d_2(z); z) = \rho(a_0; z) = 20 \times 0.2169 = 4.338\,,$$

per cui d_1 produce in realtà, nel caso considerato, una perdita attesa maggiore di d_2, malgrado il corrispondente rischio di Bayes (che non dipende dal risultato osservato) sia inferiore.

Questo esempio mostra come anche l'uso esplicito di probabilità a priori, con il calcolo del cosiddetto rischio di Bayes $r(d)$, non sani affatto la violazione del principio di verosimiglianza. L'esempio è quindi dello stesso genere dell'esempio 5.3, anche se meno paradossale perché più realistico (nel senso che in questo caso non c'è una azione terminale dominata). Si deve ancora una volta ricordare che l'ottimalità in senso normale corrisponde ad una ottimalità in senso estensivo solo quando è ottenuta con riferimento ad una classe di funzioni di decisione abbastanza ampia da contenere anche la decisione ottima in senso estensivo; nell'esempio in esame, invece, tale ottimalità è riferita solo alla sottoclasse $\{d_1, d_2\}$.   ◇

Esercizi

7.19. * Usando la casualizzazione post-sperimentale introdotta nella § 7.6, si ponga $\mathcal{T} = \{(\alpha, \beta) : \exists\varphi \text{ tale che } \eta_\varphi(\theta_0) = \alpha,\ \eta_\varphi(\theta_1) = \beta\}$. Si dimostri che:
(a) $\mathcal{T}$ è convesso;
(b) $\mathcal{T}$ contiene i punti $(0,1)$ e $(1,0)$;
(c) $\mathcal{T}$ è simmetrico rispetto al punto $(\frac{1}{2},\frac{1}{2})$, cioè se $(\alpha,\beta) \in \mathcal{T}$ si ha anche $(1-\alpha, 1-\beta) \in \mathcal{T}$.
[Oss. La classe dei test che abbiamo esaminato (test non casualizzati) è rappresentabile come un sottoinsieme proprio di $\mathcal{T}$]

7.20. Dimostrare che, se esiste una statistica sufficiente T, la regione (7.45) può essere espressa con esclusivo riferimento ai valori di T.

7.21. Considerato un campione casuale $z = (x_1, x_2, \ldots, x_n)$ da $\text{Bin}(1,\theta)$, con $n = 10$, determinare la zona critica ottima (nel senso di Neyman e Pearson) per il test di $H_0 : \theta = \frac{1}{2}$ contro $H_1 : \theta = \frac{3}{4}$ per un valore di α approssimativamente eguale a 0.05.

7.22. Sia $x \in \mathbb{R}^1$ un risultato sperimentale che può provenire o dalla distribuzione $N(0,1)$ (ipotesi H_0) o dalla distribuzione $R(0,2)$ (ipotesi H_1). Costruire il test ottimo nel senso di Neyman e Pearson per $\alpha = 0.10$.

[Oss. Non sempre le regioni critiche ottime sono nella coda della distribuzione prevista da H_0]

7.23. Sia $\mathcal{Z} = \{z_1, z_2, z_3\}$ e assumiamo che le probabilità su $\mathcal{Z}$ siano rispettivamente $\frac{1}{6}, \frac{2}{6}, \frac{3}{6}$ sotto l'ipotesi H_0 e $\frac{6}{9}, \frac{2}{9}, \frac{1}{9}$ sotto l'ipotesi H_1. Dimostrare che la zona critica $\{z_2\}$ caratterizza un test di ampiezza $1/3$ e che:
(a) $\mathcal{M}$ non contiene test della stessa ampiezza;
(b) $\mathcal{M}$ contiene un test che ha valori inferiori sia per α che per β.

7.24. Sia dato il campione casuale (40,53,29,18,11,44,6,58,13,16) che rappresenta il tempo di funzionamento in ore di 10 oggetti di un determinato tipo. Assumendo che la distribuzione di origine sia $\text{EN}(1/\mu)$, costruire il test ottimo per le ipotesi $H_0 : \mu = 25$, $H_1 : \mu = 35$ in corrispondenza di $\alpha = 0.10$, calcolando anche la corrispondente probabilità dell'errore di II specie.

[Sugg. Ricordare la proprietà (c) della distribuzione Gamma (v.§ C.3) in modo da adoperare i quantili della distribuzione Chi^2]

7.25. Per lo stesso problema dell'esercizio 7.24 calcolare la funzione di rischio associata alla regione critica $\mathcal{Z}' = \{(x_1, \ldots, x_{10}) : x_1 > 10, \ldots, x_{10} > 10\}$ e verificare che questo test è dominato dal test in $\mathcal{M}$ con la stessa ampiezza.

7.26. Confrontare, nelle stesse condizioni dell'esempio 7.19 e ponendo $n = 20$ e $\alpha = 0.01$, il test d^* caratterizzato dalla formula (7.51) con il test:

$$d'(z) = \begin{cases} a_0, & x_1 < 2.33 \\ a_1, & x_1 \geq 2.33 \end{cases}.$$

Verificare che d^* domina d' (che in effetti anche intuitivamente è un test che ignora troppe informazioni campionarie) ma che esistono egualmente risultati sperimentali z tali che $L(\theta_0, d'(z)) < L(\theta_0, d^*(z))$, o anche tali che $L(\theta_1, d'(z)) < L(\theta_1, d^*(z))$.

[Oss. Il significato di questo esercizio è analogo, nel campo dei test, a quello dell'esercizio 7.3 per la stima puntuale]

7.27. Verificare i valori dei rischi normali per l'esempio 7.20.

[Sugg. Indicando con $F(x; \delta, \lambda)$ la funzione di ripartizione della distribuzione Gamma(δ, λ), si tenga conto che $F(3.5; 1, 6) = 0.142386$ e $F(3.5; 6, 4) = 0.994468$]

7.28. Riprendendo l'esempio 4.1 si elabori il problema della scelta tra H_0 : $\theta = 0.5$ e $H_1 : \theta = 0.7$ separatamente per il modello bernoulliano e di Pascal. Si verifichi che le zone critiche ottimali di livello 0.05 sono rispettivamente $\mathcal{Z}_1^B = \{s : s = 5\}$ e $\mathcal{Z}_1^P = \emptyset$.

[Oss. L'ipotesi H_0 viene preferita all'ipotesi H_1 in entrambi i casi, ma con la regola di Pascal, avendo prefissato $s = 3$, nessun risultato avrebbe potuto favorire H_1 al livello indicato per la probabilità dell'errore di I specie]

7.29. Il problema trattato dal teorema 7.9 e dall'esempio 7.18 rientra, con qualche specificità, nel problema trattato dal teorema 1.8. Si verifichi che, nelle condizioni dell'esempio 7.18, la classe Δ^C è più ampia della classe $\mathcal{M}$.

7.30. Se, con riferimento ad un modello in cui le $p_\theta(\cdot)$ sono densità, d^+ è un test ottimo, nel senso che
$$\eta_{d^+}(\theta_1) \geq \eta_d(\theta_1) \quad \forall d \ \text{tale che} \ \eta_d(\theta_0) \leq \eta_{d^+}(\theta_0),$$
allora esiste un test $d^* \subset \mathcal{M}$ quasi certamente coincidente con d^+.

[Oss. Nel caso discreto non è assicurata l'esistenza di un $d^* \in \mathcal{M}$ di ampiezza arbitraria]

7.31. Con riferimento ad un modello in cui le $p_\theta(\cdot)$ sono densità, sia d^+ un test ammissibile. Si dimostri che è anche ottimo nel senso dell'esercizio precedente.

7.8 Test uniformemente più potenti

La sezione precedente ha messo in luce che per il problema di due ipotesi semplici esiste una classe di test (indicata con $\mathcal{M}$) dotata di proprietà ottimali e di facile uso pratico. Passando al caso di ipotesi generali:
$$H_0 : \theta \in \Omega_0, \quad H_1 : \theta \in \Omega_1 \qquad (\Omega = \Omega_0 \cup \Omega_1) \tag{7.54}$$
la stessa situazione si può avere solo sotto condizioni particolari. Innanzitutto generalizziamo al caso (7.54) la nozione di test con potenza massimale.

Definizione 7.3. *Si dice che d^* è un test uniformemente più potente di ampiezza α per le ipotesi (7.54) se valgono le condizioni:*
$$\sup_{\theta \in \Omega_0} \eta_{d^*}(\theta) = \alpha \tag{7.55}$$

$$\eta_{d^*}(\theta) \geq \eta_d(\theta) \quad \forall \theta \in \Omega_1, \quad \forall d \in D_{\alpha'} \ con \ \alpha' \leq \alpha. \tag{7.56}$$

Denotiamo ancora con $\mathcal{M}$ la classe dei test che soddisfano la definizione 7.3 per un qualsiasi α prefissato (detti correntemente test UMP, dall'espressione inglese *uniformly most powerful*). Si noti che, se Ω_0 e Ω_1 sono semplici, la definizione di $\mathcal{M}$ coincide con quella della § 7.7. Tuttavia va osservato che nel nostro caso, se $d^* \in \mathcal{M} \cap D_\alpha$ e $d \in D_\alpha$, non è detto che sia
$$R(\theta, d^*) \leq R(\theta, d) \quad \forall \theta \in \Omega$$

perché la ottimalità punto per punto della funzione di potenza di d^* si ha per $\theta \in \Omega_1$, non necessariamente per $\theta \in \Omega_0$.

Introduciamo ora una importante proprietà dei modelli statistici, che è essenziale per identificare i casi in cui $\mathcal{M} \neq \emptyset$.

Definizione 7.4. *Si dice che la famiglia* $\mathcal{P} = \{p_\theta(\cdot), \theta \in \Omega \subseteq \mathbb{R}^1\}$ *di densità o probabilità su* $\mathcal{Z}$ *ha rapporto di verosimiglianza monotono se esiste una statistica* $T \in \mathbb{R}^1$ *tale che, comunque prefissati* θ_1 *e* θ_2, *con* $\theta_1 < \theta_2$, *si ha:*

$$\frac{p_{\theta_2}(z)}{p_{\theta_1}(z)} = f\big(T(z)\big) \tag{7.57}$$

dove $f(\cdot)$ *è una funzione monotona crescente.*

Si intende che se $p_{\theta_1}(z) = 0$ il rapporto viene posto uguale a $+\infty$. L'esempio che segue mostra che questa proprietà non è rara.

Esempio 7.21. Consideriamo una famiglia esponenziale su $\mathbb{R}^1$ con un solo parametro, cioè:

$$p_\theta(z) = A(z)B(\theta)\exp\left\{\theta \cdot T(z)\right\},$$

dove si è utilizzata la parametrizzazione "naturale". Si ha:

$$\frac{p_{\theta_2}(z)}{p_{\theta_1}(z)} = \frac{B(\theta_2)}{B(\theta_1)}\exp\left\{T(z)(\theta_2 - \theta_1)\right\};$$

pertanto la definizione 7.4 è evidentemente soddisfatta.   ◇

Supponiamo ora che la famiglia $\mathcal{P} = \{p_\theta(\cdot), \theta \in \Omega \subseteq \mathbb{R}^1\}$ ammetta una statistica sufficiente $T(z)$; allora si ha, ricordando la definizione 3.4 e l'esercizio 3.49:

$$\frac{p_{\theta_2}(z)}{p_{\theta_1}(z)} = \frac{\varphi\big(\theta_2; T(z)\big)}{\varphi\big(\theta_1; T(z)\big)} = \frac{p_{\theta_2}^T(t)}{p_{\theta_1}^T(t)},$$

dove naturalmente p_θ^T rappresenta la densità o probabilità campionaria di T e $t = T(z)$. Se $\mathcal{P}$ ha rapporto di verosimiglianza monotono rispetto a T, cioè se vale la (7.57), anche la famiglia $\mathcal{P}^T = \{p_\theta^T(\cdot), \theta \in \Omega \subseteq \mathbb{R}^1\}$ ha rapporto di verosimiglianza monotono, rispetto alla stessa statistica T, e possiamo scrivere:

$$\frac{p_{\theta_2}^T(t)}{p_{\theta_1}^T(t)} = f(t).$$

Una importante proprietà delle famiglie con rapporto di verosimiglianza monotono è indicata nel seguente

Teorema 7.10. *Se la famiglia $\mathcal{P} = \{p_\theta(\cdot), \theta \in \Omega \subseteq \mathbb{R}^1\}$ di distribuzioni su $\mathcal{Z}$ ha rapporto di verosimiglianza monotono rispetto ad una statistica sufficiente T si ha, comunque scelti θ_1 e θ_2 con $\theta_1 < \theta_2$, e $t \in \mathbb{R}^1$:*

$$prob(T > t \mid \theta_2) \geq prob(T > t \mid \theta_1). \tag{7.58}$$

Dimostrazione. Distinguiamo i casi $f(t) \leq 1$ e $f(t) > 1$. Se $f(t) \leq 1$ (usando sempre la notazione del continuo) si ha, usando la (7.58):

$$\text{prob}(T > t \mid \theta_2) = 1 - \int_{-\infty}^{t} p_{\theta_2}^T(t')\mathrm{d}t' = 1 - \int_{-\infty}^{t} f(t')p_{\theta_1}^T(t')\mathrm{d}t' \geq$$

$$\geq 1 - f(t)\int_{-\infty}^{t} p_{\theta_1}^T(t')\mathrm{d}t' \geq 1 - \int_{-\infty}^{t} p_{\theta_1}^T(t')\mathrm{d}t' =$$

$$= \text{prob}(T > t \mid \theta_1).$$

Se invece $f(t) > 1$ si ha similmente:

$$\text{prob}(T > t \mid \theta_2) = \int_{t}^{+\infty} p_{\theta_2}^T(t')\mathrm{d}t' = \int_{t}^{+\infty} f(t')p_{\theta_1}^T(t')\mathrm{d}t' \geq$$

$$\geq f(t)\int_{t}^{+\infty} p_{\theta_1}^T(t')\mathrm{d}t' \geq \int_{t}^{+\infty} p_{\theta_1}^T(t')\mathrm{d}t' =$$

$$= \text{prob}(T > t \mid \theta_1). \qquad \square$$

Possiamo ora dimostrare il teorema principale concernente l'esistenza e la costruzione di test UMP.

Teorema 7.11. (Karlin-Rubin). *Se il modello statistico $\mathcal{P} = \{p_\theta(\cdot), \theta \in \Omega \subseteq \mathbb{R}^1\}$ è dotato di rapporto di verosimiglianza monotono rispetto ad una statistica sufficiente T e si ha il problema di decisione espresso da:*

$$H_0 : \theta \leq \theta_0, \quad H_1 : \theta > \theta_0 \tag{7.59}$$

per un prefissato valore θ_0, la classe dei test con zona critica:

$$\mathcal{Z}_1^* = \{z : T(z) \geq k\}, \tag{7.60}$$

qualunque sia $k \geq 0$, è costituita da test uniformemente più potenti, ciascuno della propria ampiezza.

Dimostrazione. Consideriamo anzitutto un qualunque $\theta_1 > \theta_0$ e il problema del test per le ipotesi semplici:

$$H_0' : \theta = \theta_0, \quad H_1' : \theta = \theta_1. \tag{7.61}$$

Allora, per il lemma fondamentale, il test (7.60), che denotiamo con d^* e che supponiamo di ampiezza α, per cui vale la:

$$\eta_{d^*}(\theta_0) = \alpha \tag{7.62}$$

soddisfa le condizioni:

$$\eta_{d^*}(\theta_1) \geq \eta_d(\theta_1), \quad \forall d : \eta_d(\theta_0) \leq \alpha. \tag{7.63}$$

Poiché k è determinato dalla (7.62) indipendentemente da θ_1, fermi restando il test d^* e la (7.62), il sistema di ipotesi (7.61) può quindi essere sostituito da:

$$H_0' : \theta = \theta_0, \quad H_1 : \theta > \theta_0$$

e la proprietà (7.63) da:

$$\eta_{d^*}(\theta) \geq \eta_d(\theta) \quad \forall \theta > \theta_0 \quad \forall d : \eta_d(\theta_0) \leq \alpha. \tag{7.64}$$

Per verificare infine l'ottimalità di d^* (formule (7.55) e (7.56)) con riferimento alle ipotesi generali (7.59), bisogna verificare che:

$$\sup_{\theta \leq \theta_0} \eta_{d^*}(\theta) = \alpha \tag{7.65}$$

e che la (7.64) vale per tutti i test d tali che

$$\sup_{\theta \leq \theta_0} \eta_d(\theta) \leq \alpha. \tag{7.66}$$

La (7.65) è vera per la non decrescenza di $\eta_{d^*}(\theta)$, cioè per la (7.58) applicata alla statistica T; la (7.66) è vera perché la classe dei test che soddisfano la (7.66) è già inclusa nella classe dei test per cui $\eta_d(\theta_0) \leq \alpha$. $\square$

È appena il caso di osservare che quanto vale per le ipotesi (7.59) vale anche, con le ovvie modifiche nella (7.60), per ipotesi scambiate del tipo $H_0 : \theta > \theta_0$ e $H_1 : \theta \leq \theta_0$; inoltre l'appartenenza del valore soglia θ_0 ad H_0 o ad H_1 comporta solo modifiche banali (in pratica solo al calcolo dell'ampiezza nel caso discreto).

Esempio 7.22. Sia $z = (x_1, x_2, \ldots, x_n)$ un campione casuale dalla distribuzione $N(\theta, \sigma^2)$, σ noto, e consideriamo le ipotesi $H_0 : \theta \leq \theta_0, H_1 : \theta > \theta_0$. Abbiamo, per $\theta_1 < \theta_2$:

$$\frac{p_{\theta_2}(z)}{p_{\theta_1}(z)} = \exp\left\{ \frac{n}{\sigma^2}(\theta_2 - \theta_1)\left(\bar{x} - \frac{\theta_1 + \theta_2}{2}\right)\right\},$$

quindi la famiglia $\{p_\theta(\cdot), \theta \in \mathbb{R}^1\}$ ha rapporto di verosimiglianza monotono rispetto alla statistica sufficiente $\overline{X}$ (come si poteva ricavare già dall'esempio 7.21. In base al teorema di Karlin-Rubin i test in $\mathcal{M}$ hanno quindi struttura:

$$d^*(z) = \begin{cases} a_0, & \bar{x} < k \\ a_1, & \bar{x} \geq k \end{cases}.$$

Volendo prefissare α, k deve soddisfare la condizione:

$$\sup_{\theta \leq \theta_0} \text{prob}(\overline{X} \geq k \mid \theta) = \eta_{d^*}(\theta - 0) = \alpha,$$

dove si è utilizzato il fatto che $\mathrm{prob}(\overline{X} \geq k \mid \theta)$ cresce con θ; inoltre

$$\eta_{d^*}(\theta_0) = \mathrm{prob}(\overline{X} \geq k \mid \theta = \theta_0) = \mathrm{prob}\left(\frac{\overline{X} - \theta_0}{\sigma/\sqrt{n}} \geq \frac{k - \theta_0}{\sigma/\sqrt{n}} \Big| \theta = \theta_0\right) =$$

$$= \mathrm{prob}\left(U \geq \frac{\sqrt{n}}{\sigma}(k - \theta_0)\right) = 1 - \Phi\left(\frac{\sqrt{n}}{\sigma}(k - \theta_0)\right) = \alpha$$

da cui $\Phi\left(\frac{\sqrt{n}}{\sigma}(k - \theta_0)\right) = 1 - \alpha$, ed infine

$$k = \theta_0 + \frac{\sigma}{\sqrt{n}}u_{1-\alpha}.$$

La corrispondente funzione di potenza può scriversi:

$$\eta_{d^*}(\theta) = \mathrm{prob}\left(\overline{X} \geq \theta_0 + \frac{\sigma}{\sqrt{n}}u_{1-\alpha} \mid \theta\right) = \mathrm{prob}\left(U \geq \frac{\sqrt{n}}{\sigma}(\theta_0 - \theta) + u_{1-\alpha}\right) =$$

$$= 1 - \Phi\left(u_{1-\alpha} + \frac{\theta_0 - \theta}{\sigma/\sqrt{n}}\right).$$

Questo risultato può essere confrontato con quello dell'esercizio 6.21. Si osservi che se al posto di H_0 e di H_1 avessimo avuto le ipotesi $H_0' : \theta = \theta_0$ e $H_1 : \theta > \theta_0$ il test ottimo sarebbe stato lo stesso.

Anche in questo caso la classe $\mathcal{M}$ è dotata di una proprietà interessante dal punto di vista proprio della teoria delle decisioni. Si ha infatti il

Teorema 7.12. *Se la famiglia* $\mathcal{P} = \{p_\theta(\cdot), \theta \in \Omega \subseteq \mathbb{R}^1\}$ *ha rapporto di verosimiglianza monotono rispetto alla statistica sufficiente* $T(z)$*, e* T *ha distribuzione campionaria assolutamente continua, la classe dei test del tipo (7.60) è essenzialmente completa.*

Dimostrazione. Prendiamo un qualunque test $d \in D_\alpha$ e sia $d^* \in \mathcal{M} \cap D_\alpha$. Che sia $\mathcal{M} \cap D_\alpha \neq \emptyset$ è assicurato dalla ipotesi di assoluta continuità per T. Allora, ricordando la (7.38),

$$R(\theta, d) - R(\theta, d^*) = \big(b_0 \cdot 1_{\Omega_0}(\theta) - b_1 \cdot 1_{\Omega_1}(\theta)\big)\big(\eta_d(\theta) - \eta_{d^*}(\theta)\big).$$

Ma se $\theta \in \Omega_1$ si ha:

$$R(\theta, d) - R(\theta, d^*) = -b_1\big(\eta_d(\theta) - \eta_{d^*}(\theta)\big) \geq 0,$$

la diseguaglianza essendo giustificata dalla ottimalità di d^*, e se $\theta \in \Omega_0$ si ha

$$R(\theta, d) - R(\theta, d^*) = b_0\big(\eta_d(\theta) - \eta_{d^*}(\theta)\big);$$

basta quindi dimostrare che

$$\eta_d(\theta) \geq \eta_{d^*}(\theta) \qquad (\text{se } \theta \in \Omega_0). \tag{7.67}$$

Consideriamo a questo scopo le ipotesi:

$$\overline{H}_0 : \theta \in \Omega_1, \quad \overline{H}_1 : \theta \in \Omega_0 \tag{7.68}$$

e i corrispondenti test "invertiti" (usando per $\bar{d}^*$ lo stesso valore di k associato a d^*):

$$\bar{d}^* = \begin{cases} a_0, & T(z) > k \\ a_1, & T(z) \leq k \end{cases}, \quad \bar{d} = \begin{cases} a_0, & z \in \mathcal{Z}_1^{(d)} \\ a_1, & z \notin \mathcal{Z}_1^{(d)} \end{cases}.$$

È chiaro che con riferimento alle ipotesi (7.68) si ha $\bar{d}^* \in \mathcal{M}$. Osserviamo che:

$$\eta_{\bar{d}^*}(\theta) = 1 - \eta_{d^*}(\theta), \quad \eta_{\bar{d}}(\theta) = 1 - \eta_d(\theta) \tag{7.69}$$

e che, per l'ottimalità:

$$\eta_{\bar{d}^*}(\theta) \geq \eta_{\bar{d}}(\theta) \quad \forall \theta \in \Omega_0. \tag{7.70}$$

Le relazioni (7.69) e (7.70), congiuntamente, provano la (7.67). $\square$

La condizione che T sia assolutamente continua è abbastanza restrittiva, ma se si ammette che qualche $\mathcal{M} \cap D_\alpha$ possa essere vuoto insorgono complicazioni (come abbiamo visto nell'esempio 7.18). Nella letteratura la completezza essenziale di $\mathcal{M}$ viene dimostrata di solito senza la condizione di assoluta continuità ma con riferimento ai test casualizzati, il che è sufficiente perché esistono test casualizzati di qualunque ampiezza.

Nel complesso, il teorema di Karlin-Rubin risolve in modo soddisfacente il caso di ipotesi composte unilaterali. È facile convincersi però che con sistemi di ipotesi del tipo:

$$H_0 : \theta = \theta_0, \quad H_1 : \theta \neq \theta_0, \tag{7.71}$$

oppure del tipo:

$$H_0 : \theta_1 \leq \theta \leq \theta_2, \quad H_1 : \theta < \theta_1 \quad \text{oppure} \quad \theta > \theta_2 \tag{7.72}$$

si possono avere test uniformemente più potenti solo in casi molto particolari e comunque non quando i rapporti di verosimiglianze sono monotoni. Consideriamo ad esempio il caso (7.71), in una situazione in cui il modello statistico goda della proprietà che il rapporto delle verosimiglianze sia monotono rispetto ad una statistica sufficiente T. È intuitivo che la zona critica $\mathcal{Z}_1^* = \{z : T(z) \geq k\}$ è ottima per rifiutare ipotesi alternative del tipo $\theta = \theta'$ con $\theta' > \theta_0$, ma è pessima pensando ad alternative del tipo $\theta = \theta''$ con $\theta'' < \theta_0$. Si dovrà quindi introdurre qualche criterio supplementare, per avere qualche proprietà di sub-ottimalità almeno in ambiti ristretti.

Esercizi

7.32. Dimostrare direttamente che la famiglia $\{\text{Bin}(n, \theta), \theta \in [0, 1]\}$ ha rapporto di verosimiglianze monotono e verificare intuitivamente la proprietà (7.58).

7.33. Dimostrare che la famiglia di distribuzioni $\{R(\theta, \theta + 1), \theta \in \mathbb{R}^1\}$ ha rapporto di verosimiglianze monotono e che vale la (7.58).

7.34. Dimostrare che la famiglia delle distribuzioni di Cauchy:

$$p_\theta(x) = \frac{1}{\pi\sigma}\left(1 + \frac{x^2}{\sigma^2}\right)^{-1}, \quad \sigma > 0$$

non ha rapporto di verosimiglianza monotono.

7.35. Determinare il test uniformemente più potente di ampiezza approssimativa $\alpha = 0.05$ per le ipotesi $H_0 : \theta \leq 0.5$ e $H_1 : \theta > 0.5$ con un campione casuale di $n = 10$ elementi tratto da $\text{Bin}(1, \theta)$.
    [Oss. Confrontare con l'esercizio 7.21]

7.36. Determinare il test uniformemente più potente di ampiezza $\alpha = 0.05$ per le ipotesi $H_0 : \mu \leq 1$ e $H_1 : \mu > 1$ con un campione casuale di $n = 10$ elementi tratto da $\text{EN}(1/\mu)$.

7.9 Altri criteri per i test

7.9.1 Test non distorti

Definizione 7.5. *Un test $d \in D_\alpha$ si dice* non distorto *se*

$$\eta_d(\theta) \geq \alpha \qquad per \quad \theta \in \Omega_1. \tag{7.73}$$

La classe dei test non distorti viene denotata con $\mathcal{U}$. Tenendo conto della definizione 7.3 e della proprietà espressa dalla (7.58), vediamo che tutti i test in $\mathcal{M}$, almeno nelle condizioni considerate, sono sempre non distorti. Intuitivamente, la (7.73) dice che la probabilità di rifiutare H_0 quando H_0 è falsa deve essere superiore (o almeno eguale) alla probabilità di rifiutarla quando è vera. Si tratta di una condizione intuitivamente plausibile, che può essere imposta ai test anche nelle situazioni in cui la classe $\mathcal{M}$ è vuota.
    Consideriamo il caso:

$$H_0 : \theta_1 \leq \theta \leq \theta_2, \quad H_1 : \theta < \theta_1 \quad \text{oppure} \quad \theta > \theta_2. \tag{7.74}$$

Si può dimostrare che se l'esperimento statistico è rappresentato da una famiglia esponenziale con un parametro, cioè se

$$p_\theta(z) = A(z)B(\theta)\exp\{\theta \cdot T(z)\}$$

e T è assolutamente continua, la classe di test $\mathcal{T}$ del tipo:

$$d(z) = \begin{cases} a_0, & c_1 < T(z) < c_2 \\ a_1, & T(z) \leq c_1 \text{ oppure } T(z) \geq c_2 \end{cases} \tag{7.75}$$

è essenzialmente completa (senza la condizione di assoluta continuità per T si avrebbe la stessa proprietà, in generale, solo utilizzando una casualizzazione). Restano da determinare le due costanti c_1 e c_2, una sola delle quali è determinata dalla usuale condizione di ampiezza. Aggiungendo anche la condizione (7.73), che ovviamente non è automaticamente soddisfatta dai test del tipo (7.75), si può riuscire a caratterizzare in modo univoco un determinato test $d^* \in \mathcal{T}$. Si può allora dimostrare anche che d^* ha una proprietà di ottimalità nell'ambito dei test in $\mathcal{U}$, nel senso che

$$\eta_{d^*}(\theta) \geq \eta_d(\theta) \;\; \forall \theta \in \Omega_1, \; \forall d \in \mathcal{U} \cap D_{\alpha'} \quad \text{dove} \quad \alpha' \leq \sup_{\theta \in \Omega_0} \eta_{d^*}(\theta).$$

Questi test vengono ordinariamente chiamati con l'acronimo UMPU ($=$ *uniformly most powerful unbiased*). Quando la funzione di potenza è continua, la condizione di non distorsione implica:

$$\eta_{d^*}(\theta_1) = \eta_{d^*}(\theta_2) = \alpha \tag{7.76}$$

sicché, operativamente, le condizioni da applicare saranno in tali casi:

$$\sup_{\theta_1 \leq \theta \leq \theta_2} \eta_{d^*}(\theta) = \alpha \tag{7.77}$$

e la (7.76). La (7.76) merita un commento: come si vede la non distorsione implica una forma di simmetria nell'atteggiamento rispetto alle due parti opposte della ipotesi alternativa. Un equivalente bayesiano preciso non si può probabilmente trovare in generale, ma è chiaro che c'è una analogia con l'uso di distribuzioni iniziali simmetriche.

Un caso particolare molto importante del sistema di ipotesi (7.74) si ha quando $\theta_1 = \theta_2$; possiamo scrivere allora:

$$H_0 : \theta = \theta_0, \quad H_1 : \theta \neq \theta_0. \tag{7.78}$$

La condizione (7.76) va quindi sostituita, sotto le ovvie condizioni di regolarità, con

$$\frac{d}{d\theta} \eta_{d^*}(\theta) = 0 \quad \text{per} \quad \theta = \theta_0 \tag{7.79}$$

che assicurerà che la funzione di potenza abbia un minimo in $\theta = \theta_0$.

Esempio 7.23. Sia $z = (x_1, x_2, \ldots, x_n)$ un campione casuale dalla distribuzione $N(\theta, \sigma^2)$ con σ noto e cerchiamo il test ottimo in $\mathcal{U} \cap D_\alpha$ per le ipotesi

$H_0 : \theta = \theta_0$ e $H_1 : \theta \neq \theta_0$. La zona critica (formula (7.75)) è del tipo $\mathcal{Z}_1^* = \{\bar{x} : \bar{x} \leq c_1 \text{ oppure } \bar{x} \geq c_2\}$ per cui la funzione di potenza risulta:

$$\eta_{d^*}(\theta) = P_\theta(\overline{X} \leq c_1) + P_\theta(\overline{X} \geq c_2) =$$
$$= \Phi\left(\frac{c_1 - \theta}{\sigma/\sqrt{n}}\right) + 1 - \Phi\left(\frac{c_2 - \theta}{\sigma/\sqrt{n}}\right). \tag{7.80}$$

La condizione di ampiezza diventa perciò:

$$\Phi\left(\frac{c_2 - \theta_0}{\sigma/\sqrt{n}}\right) - \Phi\left(\frac{c_1 - \theta_0}{\sigma/\sqrt{n}}\right) = 1 - \alpha. \tag{7.81}$$

La condizione (7.79), da applicare alla funzione di potenza (7.80), è:

$$\left[\frac{\mathrm{d}}{\mathrm{d}\theta}\eta_{d^*}(\theta)\right]_{\theta=\theta_0} = -\frac{\sqrt{n}}{\sigma}\varphi\left(\frac{c_1 - \theta_0}{\sigma/\sqrt{n}}\right) + \frac{\sqrt{n}}{\sigma}\varphi\left(\frac{c_2 - \theta_0}{\sigma/\sqrt{n}}\right) = 0$$

e porta a:

$$\varphi\left(\frac{c_1 - \theta_0}{\sigma/\sqrt{n}}\right) = \varphi\left(\frac{c_2 - \theta_0}{\sigma/\sqrt{n}}\right). \tag{7.82}$$

Data la simmetria di φ, le soluzioni per c_1 e c_2 sono necessariamente del tipo:

$$\frac{c_1 - \theta_0}{\sigma/\sqrt{n}} = -c, \qquad \frac{c_2 - \theta_0}{\sigma/\sqrt{n}} = +c,$$

cioè, più semplicemente, del tipo:

$$c_1 = \theta_0 - k, \quad c_2 = \theta_0 + k,$$

dove k va ancora determinato. Sostituendo in (7.81) troviamo:

$$\Phi\left(\frac{k}{\sigma/\sqrt{n}}\right) - \Phi\left(-\frac{k}{\sigma/\sqrt{n}}\right) = 1 - \alpha$$

da cui $k = \frac{\sigma}{\sqrt{n}}u_{1-\alpha/2}$. La zona critica cercata risulta infine:

$$\bar{x} \leq \theta_0 - \frac{\sigma}{\sqrt{n}}u_{1-\alpha/2} \quad \text{oppure} \quad \bar{x} \geq \theta_0 + \frac{\sigma}{\sqrt{n}}u_{1-\alpha/2}.$$

Un confronto può essere fatto con l'esempio 6.13.

La possibilità di avere test UMPU non è limitata al caso $\Omega \subseteq \mathbb{R}^1$. Si può infatti dimostrare che se il modello statistico è rappresentato da una famiglia esponenziale con k parametri e le ipotesi H_0 e H_1 riguardano solo uno di essi mentre gli altri sono di disturbo, esistono ancora test UMPU purché H_0 sia costituita da insiemi del tipo $(-\infty, \theta_0)$, (θ_1, θ_2), $\{\theta_0\}$, $\Omega - (\theta_1, \theta_2)$, comprendendo o meno i punti di frontiera.

Sono state studiate molte altre possibili proprietà dei test, sulle quali però non ci soffermiamo. Il metodo più usato per i casi più complessi, per esempio con parametri multidimensionali, è, come nella teoria della stima puntuale, basato su una rielaborazione della funzione di verosimiglianza.

7.9.2 Test del rapporto delle verosimiglianze

Tornando ad un sistema generale di ipotesi come:

$$H_0 : \theta \in \Omega_0, \qquad H_1 : \theta \in \Omega_1,$$

una zona critica intuitiva è del tipo:

$$\mathscr{Z}_\xi = \{z : V(z) \leq \xi\} \tag{7.83}$$

dove:

$$V(z) = \frac{\sup_{\theta \in \Omega_0} \ell(\theta)}{\sup_{\theta \in \Omega} \ell(\theta)} \tag{7.84}$$

è il cosiddetto rapporto delle verosimiglianze (più esattamente delle verosimiglianze massimizzate). Il valore $\xi \in [0, 1]$ determina l'ampiezza del test tramite la relazione:

$$\sup_{\theta \in \Omega_0} P_\theta(Z \in \mathscr{Z}_\xi) = \alpha, \tag{7.85}$$

peraltro non sempre facile da applicare in pratica.

Esempio 7.24. Consideriamo lo stesso problema dell'esempio 7.23. Allora:

$$V(z) = \frac{\ell(\theta_0)}{\sup_\theta \ell(\theta)} = \bar{\ell}(\theta_0),$$

sicché il rapporto delle verosimiglianze coincide in questo caso con la verosimiglianza relativa dell'ipotesi nulla (lo stesso accade ovviamente ogni volta che H_0 è semplice). Pertanto (v. formula (3.19)):

$$V(z) = \exp\left\{ -\frac{n}{2\sigma^2}(\bar{x} - \theta_0)^2 \right\}$$

da cui

$$\mathscr{Z}_\xi = \left\{ z : \left(\frac{\bar{x} - \theta_0}{\sigma/\sqrt{n}}\right)^2 \geq -2\log\xi \right\}.$$

Sotto l'ipotesi nulla, la statistica

$$\left(\frac{\bar{x} - \theta_0}{\sigma/\sqrt{n}}\right)^2$$

ha una distribuzione $\text{Chi}^2(1)$. Pertanto si deve porre $-2\log\xi = \chi^2_{1,1-\alpha}$ dove $\chi^2_{1,1-\alpha}$ è l'appropriato quantile. Si noti poi che:

$$\mathscr{Z}_\xi = \left\{ z : \left(\frac{\bar{x} - \theta_0}{\sigma/\sqrt{n}}\right)^2 \geq \chi^2_{1,1-\alpha} \right\} =$$

$$= \left\{ z : \frac{\bar{x} - \theta_0}{\sigma/\sqrt{n}} \leq \chi_{1,1-\alpha} \quad \text{oppure} \quad \frac{\bar{x} - \theta_0}{\sigma/\sqrt{n}} \geq \chi_{1,1-\alpha} \right\};$$

poiché $\chi^2_{1,1-\alpha} = u^2_{1-\alpha/2}$, questo risultato è esattamente lo stesso dell'esempio 7.23.

Come sempre, le procedure che derivano dalla funzione di verosimiglianza sono meno garantite da proprietà in senso stretto decisionali (almeno nel quadro dell'analisi in forma normale) ma hanno buoni comportamenti asintotici e godono di ampia applicabilità. Sotto questo aspetto, un importante risultato approssimato è che se Ω_0 e Ω sono intervalli di dimensione rispettivamente k_0 e k, la distribuzione campionaria di $G^2 = -2\log V(Z)$ sotto la condizione $\theta \in \Omega_0$ è del tipo $\mathrm{Chi}^2(k - k_0)$. L'esempio 7.24 ha presentato un caso in cui $k_0 = 0$ (perchè Ω_0 è costituita solo da un punto) e $k = 1$ e la distribuzione approssimata indicata risulta in realtà esatta; altri aspetti sono trattati negli esercizi 4.55, 4.56, 4.57. In casi che possono essere difficilmente trattabili si dispone quindi di un'approssimazione utile, che consente di determinare, almeno approssimativamente, il test con l'ampiezza voluta.

Esercizi

7.37. Con riferimento all'esempio 1, calcolare $\eta_{d^*}(\theta)$ per $\theta = 1,2,...,7$ nel caso $n = 9$, $\alpha = 0.05$, $\theta_0 = 4$, $\sigma = 2$.

7.38. Con riferimento all'esempio 7.37 considerare il test (distorto) con zona critica:

$$\bar{x} \leq \theta_0 - \frac{\sigma}{\sqrt{n}}u_{1-\alpha/4} \quad \text{oppure} \quad \bar{x} \geq \theta_0 + \frac{\sigma}{\sqrt{n}}u_{1-3\alpha/4}$$

e confrontare la sua funzione di potenza con quella del test ottimo, con i dati considerati nell'esercizio precedente.

[Oss. La potenza di questo test rispetto al test non distorto dell'esercizio 7.37 è inferiore se $\theta < 4$ e superiore se $\theta > 4$]

7.39. Considerare il test delle ipotesi $H_0 : \mu = \mu_0$ e $H_1 : \mu \neq \mu_0$ con un campione casuale $(x_1, x_2, \ldots, x_n)$ tratto da $\mathrm{N}(\mu,\sigma^2)$, essendo $\theta = (\mu, \sigma)$ il parametro incognito e determinare il test del rapporto delle verosimiglianze massimizzate.

[Oss. Si ottiene il classico test t di Student, che è anche un test UMPU]

7.40. Continuando l'esercizio precedente, si verifichi che la potenza del test ottenuto è:

$$\eta(\mu) = 1 - \int_{-t'}^{+t'} f\left(t; n-1, \frac{(\mu - \mu_0)^2}{\sigma^2/n}\right)dt,$$

dove $t' = t_{n-1,1-\alpha/2}$ è l'appropriato quantile della densità Student$(n-1)$ e $f(\cdot; v, \delta^2)$ è la densità StudentNC(v, δ^2).

7.41. Dimostrare che nel caso di due ipotesi semplici il metodo del rapporto delle verosimiglianze massimizzate fornisce, per $\xi < 1$, un test ottimo nel senso del Lemma fondamentale.

7.42. Dimostrare che un test non distorto nel senso della (7.73) è anche non distorto nel senso di Lehmann (v. esercizio 7.6) purché la funzione di perdita sia tale che $b_1/(b_0 + b_1) \geq \alpha$.

7.10 Insiemi di confidenza

La motivazione per l'uso di stime costituite da insiemi invece che da singoli punti è la stessa presentata nella § 6.4. Nel quadro dell'analisi in forma normale si devono introdurre le corrispondenti funzioni di decisione, dette *regole di confidenza* .

Definizione 7.6. *Un* regola di confidenza *per il parametro* $\theta \in \Omega$ *è una applicazione*

$$C : \mathcal{Z} \to \mathcal{P}(\Omega) \,, \tag{7.86}$$

dove $\mathcal{P}(\Omega)$ *è la famiglia di tutti i sottoinsiemi di* Ω.

Se l'obiettivo è invece stimare la funzione parametrica $\lambda = g(\theta)$, la modifica della (7.86) è ovvia. Si intende quindi che $S = C(z)$ è l'insieme di stima determinato dal risultato $z \in \mathcal{Z}$. Spesso le proprietà delle regole di confidenza vengono riferite alla famiglia $\{C(z), z \in \mathcal{Z}\}$ dei possibili insiemi di stima, che è un modo diverso ma equivalente di rappresentare l'applicazione (7.73). Il rischio normale associato alla funzione di decisione C è:

$$R(\theta, C) = \mathbb{E}_\theta L\big(\theta, C(Z)\big); \tag{7.87}$$

alcune forme possibili per la funzione di perdita $L(\theta, S)$ sono state descritte nella § 6.4; nel seguito considereremo la più semplice, cioè:

$$L(\theta, S) = b \cdot \mathrm{mis}(S) - 1_S(\theta),$$

cui corrisponde

$$R(\theta, C) = b \cdot \mathbb{E}_\theta \mathrm{mis}\big(C(Z)\big) - \mathrm{prob}\big(\theta \in C(Z) \mid \theta\big).$$

La funzione $P_\theta\big(\theta \in C(Z)\big) = \mathrm{prob}\big(\theta \in C(Z) \mid \theta\big)$ viene detta *probabilità di copertura* (o semplicemente *copertura*); la quantità

$$\gamma = \inf_{\theta \in \Omega} P_\theta\big(\theta \in C(Z)\big)$$

è il *coefficiente (o livello) di confidenza*. Si noti che il coefficiente di confidenza è una caratteristica della applicazione (7.86), o se si preferisce di $C(Z)$ come oggetto aleatorio, non dell'insieme ben determinato $S = C(z)$ che si ottiene in corrispondenza del risultato sperimentale z.

Anche nella teoria della stima per insiemi, come nella teoria dei test, si adotta in sostanza la tecnica della ottimizzazione vincolata. Si cerca cioè di determinare l'applicazione C più conveniente subordinatamente alla fissazione di un valore (tendenzialmente elevato, quindi vicino a 1) per il coefficiente di confidenza. In rari casi si riesce proprio a minimizzare, sotto il vincolo predetto, direttamente $\mathbb{E}_\theta \mathrm{mis}(C(Z))$; l'impostazione più spesso seguita è lievemente diversa ma, come vedremo, sostanzialmente collegata a quella detta.

7.10.1 Metodo dell'inversione

Verifichiamo anzitutto come sia possibile costruire regole di confidenza C con un livello γ prefissato del coefficiente di confidenza. Prendiamo in esame, in via puramente strumentale, il test delle ipotesi:

$$H_0 : \theta = \theta_0, \quad H_1 : \theta \in \Omega_1 , \tag{7.88}$$

dove θ_0 è un qualunque elemento di Ω e Ω_1 è un qualunque sottoinsieme di Ω non contenente θ_0, per esempio (ma non necessariamente) $\Omega - \{\theta_0\}$, e sia

$$d^*(z) = \begin{cases} a_0, & z \in \mathcal{Z}_0(\theta_0) \\ a_1, & z \in \mathcal{Z}_1(\theta_0) \end{cases} \tag{7.89}$$

un test di ampiezza α. La scrittura $\mathcal{Z}_0(\theta_0)$ verrà usata anche nel seguito per mettere in evidenza il fatto che il test considerato è riferito alle ipotesi (7.88). Vale quindi la relazione:

$$P_{\theta_0}\big(Z \in \mathcal{Z}_0(\theta_0)\big) = 1 - \alpha.$$

Poniamo allora:

$$C(z) = \big\{\theta_0 : z \in \mathcal{Z}_0(\theta_0)\big\};$$

in altri termini $C(z)$ contiene tutti e soli i valori del parametro che verrebbero "accettati" dal test (7.89). Si ha quindi l'equivalenza:

$$z \in \mathcal{Z}_0(\theta_0) \Leftrightarrow \theta_0 \in C(z) \tag{7.90}$$

che è fondamentale per ricavare le proprietà della regola di confidenza. Poiché il test ha ampiezza α, si ha:

$$P_\theta\big(\theta \in C(Z)\big) = P_\theta\big(Z \in \mathcal{Z}_0(\theta)\big) = 1 - \alpha \quad \forall \theta \in \Omega,$$

quindi la probabilità di copertura è costante e il coefficiente di confidenza non è altro che il complemento a 1 dell'ampiezza del test d^*. Per ottenere una regola di confidenza di livello $1 - \alpha$ basta quindi prendere in considerazione un test di ampiezza α.

  Con questo metodo, che viene detto appunto *metodo dell'inversione del test* (si tratta più esattamente della inversione della zona di accettazione), la costruzione degli insiemi di confidenza viene completamente ricondotta alla teoria dei test.

Come l'ampiezza del test determina la probabilità di copertura dell'insieme di confidenza, così il resto della funzione di potenza del test determina la probabilità di una falsa copertura. Per chiarire questo aspetto introduciamo la funzione:

$$\beta_C(\theta, \theta_0) = P_\theta\big(\theta_0 \in C(Z)\big) \quad (\theta, \theta_0) \in \Omega^2. \tag{7.91}$$

Se $\theta = \theta_0$ si ha la probabilità di copertura (7.91), che deve essere elevata; se invece $\theta \neq \theta_0$ si ha la probabilità di una falsa copertura, che intuitivamente dovrebbe essere piccola. Si può scrivere allora:

$$\beta_C(\theta, \theta_0) = P_\theta\big(\theta_0 \in C(Z)\big) = P_\theta\big(Z \in \mathcal{Z}_0(\theta_0)\big) = 1 - \eta_{d^*}(\theta), \tag{7.92}$$

dove al solito con d^* si intende il test (7.89), riferito all'ipotesi nulla $\theta = \theta_0$. Maggiore è la potenza del test (per $\theta \neq \theta_0$), minore è la probabilità di falsa copertura dell'insieme di confidenza.

Esempio 7.25. Dato un campione casuale $z = (x_1, x_2, \ldots, x_n)$ da $N(\theta, \sigma^2)$, con σ noto, vogliamo un insieme di confidenza per θ di livello prefissato γ. Sappiamo che un ragionevole test di ampiezza $\alpha = 1 - \gamma$ per $H_0 : \theta = \theta_0$ contro $H_1 : \theta \neq \theta_0$ è

$$d^* = \begin{cases} a_0, & \theta_0 - \dfrac{\sigma}{\sqrt{n}} u_{1-\frac{\alpha}{2}} < \bar{x} < \theta_0 + \dfrac{\sigma}{\sqrt{n}} u_{1-\frac{\alpha}{2}} \\[2mm] a_1, & \text{altrove} \end{cases}.$$

L'insieme dei valori θ_0 "accettati" costituisce quindi l'intervallo:

$$C(z) = \left(\bar{x} - \frac{\sigma}{\sqrt{n}} u_{1-\frac{\alpha}{2}}, \ \bar{x} + \frac{\sigma}{\sqrt{n}} u_{1-\frac{\alpha}{2}}\right)$$

che risolve il problema posto. Si ha inoltre:

$$\beta_C(\theta, \theta_0) = P_\theta\left(\theta_0 - \frac{\sigma}{\sqrt{n}} u_{1-\frac{\alpha}{2}} < \overline{X} < \theta_0 + \frac{\sigma}{\sqrt{n}} u_{1-\frac{\alpha}{2}}\right) =$$

$$= P_\theta\left(\frac{\theta_0 - \theta}{\sigma/\sqrt{n}} - u_{1-\frac{\alpha}{2}} < \frac{\overline{X} - \theta}{\sigma/\sqrt{n}} < \frac{\theta_0 - \theta}{\sigma/\sqrt{n}} + u_{1-\frac{\alpha}{2}}\right) =$$

$$= \Phi\left(\frac{\theta_0 - \theta}{\sigma/\sqrt{n}} + u_{1-\frac{\alpha}{2}}\right) - \Phi\left(\frac{\theta_0 - \theta}{\sigma/\sqrt{n}} - u_{1-\frac{\alpha}{2}}\right).$$

La figura 7.4 mostra il grafico di $\beta_C(\theta, \theta_0)$ per $\theta_0 = 0$ in corrispondenza dei due valori $n = 10$ e $n = 20$. Si noti che $\beta_C(0, 0) = 0.95$ e che, aumentando n, la probabilità di falsa copertura diminuisce. $\qquad \diamond$

Esempio 7.26. Consideriamo ancora un campione casuale $z = (x_1, x_2, \ldots, x_n)$ da $N(\theta, \sigma^2)$ con σ noto, per avere un insieme di confidenza per θ, ma riferendoci alle ipotesi $H_0 : \theta = \theta_0$ contro $H_1 : \theta > \theta_0$. Allora il test uniformemente più potente di ampiezza α è:

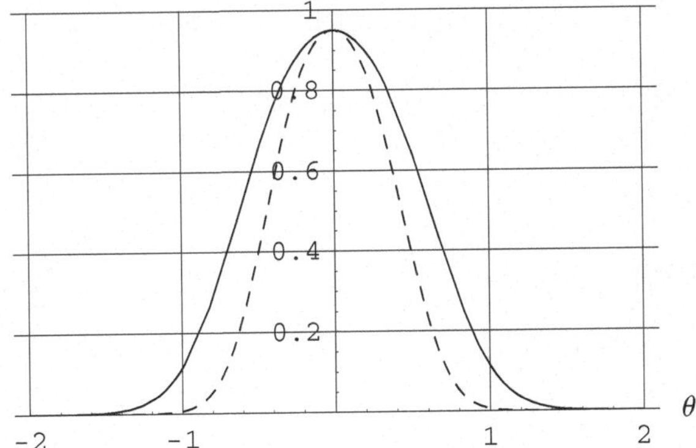

Figura 7.4. Grafico di $\beta_C(\theta,0)$ per l'esempio 7.25 con $\sigma = 1, \alpha = 0.05, n = 10$ (linea intera) e $n = 20$ (linea a tratti)

$$d^*(z) = \begin{cases} a_0, & \bar{x} < \theta_0 + \dfrac{\sigma}{\sqrt{n}}u_{1-\alpha} \\[3mm] a_1, & \bar{x} \geq \theta_0 + \dfrac{\sigma}{\sqrt{n}}u_{1-\alpha} \end{cases};$$

ne viene:

$$C(z) = \left\{\theta : \theta > \bar{x} - \frac{\sigma}{\sqrt{n}}u_{1-\alpha}\right\}.$$

Abbiamo quindi in questo caso l'intervallo di stima $\left(\bar{x} - \dfrac{\sigma}{\sqrt{n}}u_{1-\alpha}, +\infty\right)$. Inoltre è (per $\theta \geq \theta_0$):

$$\beta_C(\theta,\theta_0) = P_\theta\left(\overline{X} < \theta_0 + \frac{\sigma}{\sqrt{n}}u_{1-\alpha}\right) = P_\theta\left(\frac{\overline{X} - \theta}{\sigma/\sqrt{n}} < \frac{\theta_0 - \theta}{\sigma/\sqrt{n}} + u_{1-\alpha}\right) =$$

$$= \Phi\left(u_{1-\alpha} - \frac{\theta - \theta_0}{\sigma/\sqrt{n}}\right).$$

In molte applicazioni hanno interesse proprio intervalli "unilaterali" di questo tipo, che forniscono limiti inferiori (o, alternativamente, superiori) di confidenza; la chiave per ottenerli è quindi la specificazione di un opportuno sistema di ipotesi.   ◇

Esempio 7.27. Sia $z = (x_1, x_2, \ldots, x_n)$ un campione casuale dalla distribuzione N(μ,σ^2) dove il parametro incognito è $\theta = (\mu, \sigma)$. Ci interessa però un insieme di confidenza per μ. Ricordando l'esercizio 7.39, un test plausibile è:

$$d^*(z) = \begin{cases} a_0, & \mu_0 - \dfrac{\bar{s}}{\sqrt{n}}t_{n-1,1-\frac{\alpha}{2}} < \bar{x} < \mu_0 + \dfrac{\bar{s}}{\sqrt{n}}t_{n-1,1-\frac{\alpha}{2}} \\[3mm] a_1, & \text{altrove} \end{cases},$$

dove $t_{n-1,1-\frac{\alpha}{2}}$ è un quantile della distribuzione Student$(n-1)$, per cui:

$$C(z) = \left(\bar{x} - \frac{\bar{s}}{\sqrt{n}} t_{n-1,1-\frac{\alpha}{2}}, \bar{x} + \frac{\bar{s}}{\sqrt{n}} t_{n-1,1-\frac{\alpha}{2}} \right).$$

Si ha al solito:

$$P_{\mu,\sigma}\big(\mu \in C(Z)\big) = P_{\mu,\sigma}\left(\mu - \frac{\bar{S}}{\sqrt{n}} t_{n-1,1-\frac{\alpha}{2}} < \bar{X} < \mu + \frac{\bar{S}}{\sqrt{n}} t_{n-1,1-\frac{\alpha}{2}} \right) =$$
$$= 1 - \alpha$$

mentre

$$P_{\mu,\sigma}\big(\mu_0 \in C(Z)\big) = P_{\mu,\sigma}\big(Z \in \mathcal{Z}_0(\mu_0)\big) = 1 - \eta_{d^*}(\mu,\sigma).$$

Come si vede il parametro di disturbo σ non viene eliminato nella probabilità di falsa copertura. $\diamond$

La probabilità di falsa copertura $\beta_C(\theta,\theta_0)$ può servire come criterio per valutare le regole di confidenza C. Se per esempio:

$$\beta_{C^*}(\theta,\theta_0) \le \beta_C(\theta,\theta_0) \quad \forall C \in \mathcal{C}, \quad \forall(\theta,\theta_0) \in \Omega^2 \quad (\text{con } \theta \ne \theta_0),$$

dove $\mathcal{C}$ è una classe di regole di confidenza aventi lo stesso livello di confidenza di C^*, si dice che C^* è *uniformemente più accurato* (UMA=*uniformly most accurate*) nella classe $\mathcal{C}$. Riprendendo la (7.92) si vede che:

$$\beta_{C^*}(\theta,\theta_0) \le \beta_C(\theta,\theta_0) \iff \eta_{d^*}(\theta) \ge \eta_d(\theta),$$

dove d^* e d sono i test da cui sono derivate le regole C^* e C; in altri termini la massima accuratezza dell'insieme di confidenza è l'equivalente della massima potenza del test su cui tale insieme è costruito. Ovviamente test UMP sono possibili, nei casi ordinari, solo con ipotesi unilaterali e quindi eventualmente con intervalli di confidenza illimitati a destra o a sinistra. Si possono peraltro considerare anche test UMPU, che daranno luogo a regole di confidenza UMAU, e così via. Si osservi che in queste considerazioni sulla ottimalità diventa importante la natura unidimensionale o multidimensionale del parametro, come del resto accade con i test. A parte una certa possibile difficoltà per esplicitare la relazione di equivalenza (7.90), il metodo della inversione del test non è però di per sé vincolato a parametri unidimensionali.

È interessante osservare che una buona accuratezza di un insieme di confidenza nel senso della funzione (7.92) è collegata ad un valore piccolo della sua lunghezza attesa. Il seguente teorema, benché in condizioni un po' restrittive, dimostra quanto sopra e quindi, in un certo modo, concilia la ricerca delle regole di confidenza più accurate con la impostazione strettamente decisionale basata sulla minimizzazione dei rischi normali.

Teorema 7.13. (Pratt) *Sia dato l'esperimento $(\mathcal{Z}, P_\theta, \theta \in \Omega)$ dove $\mathcal{Z}$ e Ω sono sottoinsiemi (propri o impropri) di $\mathbb{R}^1$ e sia $C(z) = (L_1(z), L_2(z))$ un intervallo di confidenza per il parametro θ, dove L_1 e L_2 sono funzioni crescenti. Allora si ha:*

$$\mathbb{E}_\theta\Big(\mathrm{mis}(C(Z))\Big) = \int_\Omega \beta_C(\theta, \theta')\,d\theta'.$$

Dimostrazione. Si ha:

$$\mathbb{E}_\theta\Big(\mathrm{mis}(C(Z))\Big) = \int_{\mathcal{Z}} (L_2(z) - L_1(z))p_\theta(z)\mathrm{d}z = \int_{\mathcal{Z}} \Big(\int_{L_1(z)}^{L_2(z)} \mathrm{d}\theta'\Big)p_\theta(z)\mathrm{d}z;$$

ora invertiamo l'ordine di integrazione, eseguendo prima l'integrazione rispetto a z sull'intervallo $(L_2^{-1}(\theta'), L_1^{-1}(\theta'))$ e poi l'integrazione rispetto a θ' su Ω. Otteniamo:

$$\int_{\mathcal{Z}} \Big(\int_{L_1(z)}^{L_2(z)} \mathrm{d}\theta'\Big)p_\theta(z)\mathrm{d}z = \int_\Omega \Big(\int_{L_2^{-1}(\theta)}^{L_1^{-1}(\theta)} p_\theta(z)\mathrm{d}z\Big)\mathrm{d}\theta' =$$

$$= \int_\Omega P_\theta\Big(L_2^{-1}(\theta') \le Z \le L_1^{-1}(\theta')\Big)\,\mathrm{d}\theta' = \int_\Omega P_\theta\big(\theta' \in C(Z)\big)\mathrm{d}\theta' =$$

$$= \int_\Omega \beta_C(\theta, \theta')\mathrm{d}\theta'. \qquad \square$$

7.10.2 Metodo del pivot

Il metodo sopra delineato per la costruzione delle regole di confidenza, basato sulla equivalenza (7.90), è abbastanza generale e pratico. In taluni casi però l'inversione della zona di accettazione non è semplice, o addirittura non è effettuabile in forma esplicita. Si è già accennato ai casi multidimensionali, ma anche in casi unidimensionali quando le P_θ sono discrete si possono incontrare problemi. In questi casi, o quando basta uno strumento un po' grossolano, si può fare ricorso ad un metodo, in sostanza ispirato alla teoria della significatività pura (v. § 4.8), detto *metodo del pivot*.

Definizione 7.7. *Dato un esperimento $(\mathcal{Z}, P_\theta, \theta \in \Omega)$ e una funzione parametrica $\lambda = g(\theta)$, si dice* pivot *una applicazione*

$$Q : \mathcal{Z} \times g(\Omega) \to \mathbb{R}^1$$

che abbia le seguenti proprietà:
(a) $Q(z, \lambda)$ è monotona rispetto a λ per ogni $z \in \mathcal{Z}$;
(b) $Q(Z, \lambda)$ ha una distribuzione campionaria p_θ^Q indipendente da θ.

È opportuno inoltre, per ovvi motivi, che Q, per λ fissato, sia una statistica sufficiente; quest'ultima proprietà non è comunque essenziale per il seguito. Se è data una quantità pivotale Q, è facile determinare un insieme di confidenza per λ; infatti si possono sempre individuare (anche se non univocamente) due valori q_1 e q_2 tali che, in corrispondenza ad un livello γ prefissato (con una certa approssimazione nel caso che p_θ^Q sia discreta), si abbia:

$$\mathrm{prob}\big(q_1 \leq Q(Z, \lambda) \leq q_2\big) = \gamma, \quad \forall \lambda \in g(\Omega). \tag{7.93}$$

Poiché Q è invertibile rispetto a λ, la (7.93) si può anche scrivere:

$$\mathrm{prob}\big(\lambda \in C(Z)\big) = \gamma \quad \forall \lambda \in g(\Omega). \tag{7.94}$$

per una opportuna scelta di C; la (7.94) definisce appunto, come sappiamo, una regola di confidenza con coefficiente γ.

Esempio 7.28. Riconsideriamo il problema dell'esempio 7.27. Un pivot è:

$$T = \frac{\bar{X} - \mu}{\bar{S}/\sqrt{n}}$$

e la sua distribuzione campionaria, effettivamente indipendente da μ e σ, è Student$(n - 1)$. In infiniti modi possiamo quindi scegliere t_1 e t_2 tali che:

$$\mathrm{prob}(t_1 \leq T \leq t_2) = \gamma,$$

da cui, sviluppando:

$$\mathrm{prob}\Big(\bar{X} - \frac{\bar{S}}{\sqrt{n}}t_2 \leq \mu \leq \bar{X} + \frac{\bar{S}}{\sqrt{n}}t_1\Big) = \gamma.$$

Posto $\gamma = 1 - \alpha$ e scegliendo t_1 e t_2 in modo che l'intervallo sia simmetrico rispetto a $\bar{X}$ (si noti che manca una giustificazione specifica a questa scelta) si ha la stessa soluzione dell'esempio 7.27.   ◇

Esempio 7.29. Limitandoci al caso $\Omega \subseteq \mathbb{R}^1$, e sotto le opportune condizioni di regolarità, sappiamo dalla § 3.5 che la distribuzione campionaria dello stimatore di massima verosimiglianza è approssimativamente del tipo $\mathrm{N}(\theta, 1/I(\theta))$, espressione a sua volta approssimabile, noto il risultato, con $\mathrm{N}(\theta, 1/I(\widehat{\theta}))$. Si può inoltre ricordare che nel caso di campioni casuali si ha $I(\theta) = nI_1(\theta)$, dove $I_1(\theta)$ è l'informazione attesa associata al singolo risultato. Ma

$$\frac{\widehat{\Theta} - \theta}{\sqrt{1/I(\widehat{\Theta})}}$$

è allora approssimativamente pivotale con distribuzione $\mathrm{N}(0, 1)$, e si ha:

$$\mathrm{prob}\Big(-u_{1-\frac{\alpha}{2}} \leq \frac{\widehat{\Theta} - \theta}{\sqrt{1/I(\widehat{\Theta})}} \leq u_{1-\frac{\alpha}{2}}\Big) = 1 - \alpha$$

da cui, passando alla realizzazione campionaria, si ricava l'intervallo di stima:

$$\left(\widehat{\theta} - \frac{1}{\sqrt{I(\widehat{\theta})}} u_{1-\frac{\alpha}{2}},\ \widehat{\theta} + \frac{1}{\sqrt{I(\widehat{\theta})}} u_{1-\frac{\alpha}{2}}\right)$$

che costituisce un insieme di confidenza di livello approssimativamente pari a
$1 - \alpha$.   ◇

Esercizi

7.43. Dato un campione casuale $z = (x_1, x_2, \ldots, x_n)$ tratto da EN$(1/\mu)$, calcolare un intervallo di confidenza per μ di livello approssimativamente eguale
a γ basandosi sul test del rapporto delle verosimiglianze.

[Oss. Nella formula $C(z) = \{\mu : V(z) > \xi\}$, $V(z)$ contiene μ come parametro non esplicitabile e ξ è calcolabile in via approssimata in base alla distribuzione di G^2; quindi si possono fare elaborazioni solo con risultati
numericamente specificati]

7.44. Calcolare la funzione $\beta_C(\theta, \theta_0)$ per l'esempio 7.25 nei punti θ=-3, -2,
-1, 0, 1 ,2, 3 e per l'esempio 7.26 nei punti θ=0, 1, 2, 3 ponendo $\theta_0 = 0, \sigma =
1, n = 1, \alpha = 0.05$. Confrontare i grafici corrispondenti.

[Oss. Con il test unidirezionale le probabilità di falsa copertura sono più
basse]

7.45. Dato un campione $z = (x_1, x_2, \ldots, x_n)$ da Bin$(1, \theta)$, calcolare un intervallo di confidenza approssimato per θ basandosi sul metodo del pivot.

[Sol. Si trova

$$C(z) = (\bar{x} - u_{1-\frac{\alpha}{2}} \sqrt{\bar{x}(1 - \bar{x})/n},\ \bar{x} + u_{1-\frac{\alpha}{2}} \sqrt{\bar{x}(1 - \bar{x})/n})]$$

8

Scelta dell'esperimento

8.1 La scelta dell'esperimento come problema di decisione

Come sappiamo (§ 3.2) il modello dell'esperimento incorpora sia la descrizione di aspetti della realtà che la descrizione della procedura sperimentale adoperata. Poiché prima di eseguire la sperimentazione possono essere disponibili diverse alternative procedurali (ad esempio diverse numerosità del campione, diverse regole d'arresto nella sperimentazione sequenziale, ecc.) si pone il problema della scelta dell'esperimento ottimo all'interno di una classe data $\mathcal{E}$ di esperimenti disponibili. Ogni esperimento $e \in \mathcal{E}$ ha una sua struttura formale che denoteremo con $e = (\mathcal{Z}_e, P_\theta^{(e)}, \Omega)$, dove Ω è indipendente dall'esperimento perché il riferimento è sempre allo stesso fenomeno reale rappresentato dal parametro $\theta \in \Omega$. Con $P_\theta^{(e)}$ si intende una misura di probabilità su $(\mathcal{Z}_e, \mathcal{A}_{\mathcal{Z}_e})$ associata ad ogni $\theta \in \Omega$, dove $\mathcal{A}_{\mathcal{Z}_e}$ è una σ-algebra di sottoinsiemi di $\mathcal{Z}_e$; gli spazi $\mathcal{Z}_e$ dipendono in generale dall'esperimento, anche se qualche volta sarà possibile rappresentare tutti i risultati come punti o sottoinsiemi di uno spazio comune, in tal caso denotato semplicemente con $\mathcal{Z}$. Per le densità o le probabilità useremo di regola il simbolo $p_\theta(z; e)$; di solito adopereremo comunque, per comodità, la notazione del continuo.

Una volta scelto l'esperimento $e \in \mathcal{E}$, lo si esegue e si ottiene un risultato $z \in \mathcal{Z}_e$. La valutazione (in termini di perdita) della coppia (e, z) è espressa da una quantità:

$$W_e(z), \quad e \in \mathcal{E}, \ z \in \mathcal{Z}_e. \tag{8.1}$$

Si noti che in questo schema le perdite devono dipendere esclusivamente dalla coppia (e, z) e non, per esempio, dal parametro θ che figura nello stesso esperimento e. Abbiamo quindi, per la scelta dell'esperimento, una forma canonica di tipo asimmetrico (vedi § 1.2), sintetizzabile con:

$$(\mathcal{Z}_e, \mathcal{E}, W_e, K), \tag{8.2}$$

Piccinato L: Metodi per le decisioni statistiche. 2ª edizione.
© Springer-Verlag Italia, Milano 2009

dove K è un opportuno funzionale sullo spazio delle funzioni W_e, $e \in \mathcal{E}$, e i risultati sperimentali hanno il ruolo di stati di natura. Si arriva così al problema di ottimizzazione:

$$K(W_e) = \text{minimo per } e \in \mathcal{E}. \tag{8.3}$$

Le funzioni di perdita $W_e(z)$, $e \in \mathcal{E}$, sintetizzano di solito due differenti tipi di costi. Il primo è un costo di tipo informativo: l'esperimento serve a risolvere un determinato problema di decisione statistica e la qualità della soluzione dipende da quanta informazione è contenuta nel risultato sperimentale. Il secondo è il costo strettamente economico dell'esperimento, usualmente una funzione crescente della sua ampiezza. Uno degli aspetti sostanziali del problema della scelta dell'esperimento sta quindi nel bilancio ottimale fra queste due opposte esigenze. Nella gran parte dei casi risulta possibile e naturale rappresentare separatamente queste due componenti mediante opportune funzioni $V_e(\cdot)$ e $C_e(\cdot)$ definite sugli spazi $\mathcal{Z}_e$. Intenderemo al solito che si tratti di componenti della perdita, per cui $V_e(z)$ è la perdita informativa prodotta dalla realizzazione z dell'esperimento e, mentre $C_e(z)$ è il costo economico associato alla medesima realizzazione.

La procedura basata sulla (8.1) presuppone che sia specificabile una funzione f tale che

$$W_e(z) = f\big(V_e(z), C_e(z)\big) . \tag{8.4}$$

La soluzione più comune, nell'ambito dell'uso della (8.4), è di assumere l'additività delle componenti, per cui si avrebbe:

$$W_e(z) = V_e(z) + C_e(z). \tag{8.5}$$

La principale difficoltà della (8.5) risiede nella necessità di esprimere le due componenti della perdita in una unità di misura comune. Il calcolo di $K(W_e)$, previsto dalla elaborazione della forma canonica (8.2), richiede poi la eliminazione del risultato sperimentale z. Nell'elaborazione bayesiana una procedura naturale è di considerare come criterio di ottimalità il valore atteso rispetto alla distribuzione predittiva iniziale:

$$m(z; e) = \int_\Omega \pi(\theta) p_\theta(z; e) \mathrm{d}\theta , \tag{8.6}$$

dove $\pi(\theta)$ è la distribuzione iniziale su Ω. Si pone quindi:

$$V(e) = \mathbb{E}V_e(Z), \quad C(e) = \mathbb{E}C_e(Z), \quad W(e) = \mathbb{E}W_e(Z).$$

La minimizzazione di $W(e)$ risolve quindi, almeno formalmente, il problema.

Nella elaborazione non bayesiana il risultato z può invece essere eliminato dalla (8.4) con una integrazione rispetto alla misura di probabilità $P_\theta^{(e)}$, ottenendo:

$$V(e) = \mathbb{E}_\theta V_e(Z), \quad C(e) = \mathbb{E}_\theta C_e(Z), \quad W(e) = \mathbb{E}_\theta W_e(Z).$$

Le funzioni così ottenute dipendono però in generale dal parametro incognito θ. Questo problema va affrontato caso per caso; una soluzione possibile è quella di congetturare un valore $\widetilde{\theta}$ per θ ed utilizzare $p_{\widetilde{\theta}}(z; e)$ al posto della (8.6), per cui si parlerebbe di ottimo *locale*.

Se si rinuncia ad introdurre la funzione f che figura nella formula (8.4), si può procedere egualmente al calcolo del vettore $(V(e), C(e))$ per ogni $e \in \mathcal{E}$ e determinare degli ottimi condizionati. Più precisamente si può stabilire una limitazione superiore alla perdita informativa e minimizzare, subordinatamente al vincolo, il costo economico. In simboli, il problema si presenta come:

$$C(e) = \text{minimo per } e \in \mathcal{E} \text{ subordinatamente a } V(e) \leq \delta. \tag{8.7}$$

Alternativamente la formulazione può essere:

$$V(e) = \text{minimo per } e \in \mathcal{E} \text{ subordinatamente a } C(e) \leq \gamma. \tag{8.8}$$

Il ricorso agli ottimi condizionati consente di non cercare una scala di misura comune per le perdite informative ed economiche, ma di identificare comunque una classe di decisioni essenzialmente completa. D'altra parte, una volta specificate le quantità $V(e)$ e $C(e)$, possiamo vedere il problema della scelta ottimale dell'esperimento come un problema di decisione multicriterio in condizioni di certezza (v. § 1.15); questo in definitiva suggerirebbe l'adozione, come funzione obiettivo da minimizzare, di una opportuna combinazione convessa di $V(e)$ e $C(e)$. Pensando di assorbire i coefficienti moltiplicativi nelle stesse quantità $V(e)$ e $C(e)$, si ha così una ulteriore giustificazione del criterio di minimizzare $V(e) + C(e)$.

Lo schema presentato consente già di descrivere le applicazioni più comuni. Una distinzione importante da fare è se la componente informativa è valutata direttamente, sulla sola base dei modelli statistici previsti nella classe $\mathcal{E}$, oppure se sia collegata a perdite in problemi di decisione statistica esplicitamente formulati. Il primo caso sarà esaminato nella § 8.2, l'altro nelle sezioni successive.

8.1.1 La distribuzione iniziale del parametro nei problemi di disegno dell'esperimento

Nella formulazione esplicitamente bayesiana del problema, per arrivare alla formula (8.6), si è implicitamente utilizzata la distribuzione iniziale $\pi(\theta)$, $\theta \in \Omega$, del parametro, sottointendendo che si tratta, come di regola, della formalizzazione delle informazioni sul parametro disponibili a priori. In realtà la particolarità del problema del disegno dell'esperimento giustifica anche posizioni diverse. È stato infatti teorizzato (rimandiamo alla nota bibliografica per indicazioni di dettaglio) la legittimità della distinzione tra distribuzione iniziale utilizzata *ai fini del disegno*, diciamo $\pi^D(\cdot)$, e distribuzione iniziale utilizzata *nell'analisi dei risultati*, diciamo $\pi^A(\cdot)$. Non è infatti garantito, nella realtà, che il decisore sia lo stesso nelle due fasi (del disegno e dell'analisi), e questo di per sé potrebbe comportare leggi diverse. Inoltre, in sede di analisi, si potrebbe privilegiare una distribuzione del tipo cosiddetto non informativo (o adottare, invece, una distribuzione "scettica") perché i risultati, ad esempio in favore di un particolare trattamento farmacologico, possano essere più ampiamente convincenti. Non sorgono di solito problemi gravi se $\pi^A(\cdot)$ è impropria, purché risulti propria la corrispondente distribuzione finale. Invece $\pi^D(\cdot)$ deve comunque essere propria per assicurare la possibilità della formula (8.6), cioè della distribuzione predittiva iniziale. Naturalmente è possibile, ed anzi naturale, che $\pi^D(\cdot)$ rappresenti le informazioni a priori effettivamente disponibili. Nella letteratura più recente si è però proposta l'idea che in taluni casi potrebbe essere ragionevole che $\pi^D(\cdot)$ privilegi invece, pur mantenendo un certo livello di incertezza, quei valori di θ che, se confermati dalle successive analisi, renderebbero praticamente più interessanti i risultati. In questo modo l'esperimento risulterebbe particolarmente adeguato proprio nei casi in cui se ne trarrebbero conclusioni di maggiore rilievo. Evidentemente una tale procedura costituisce una innovazione rispetto all'uso tradizionale della probabilità nelle elaborazioni bayesiane.

8.2 Funzioni di perdita collegate a misure di informazione

Introduciamo un criterio per calcolare la componente informativa $V_e(z)$ della perdita, in una situazione in cui l'esperimento ha obiettivi informativi in senso generico. Data una densità di probabilità $\pi(\cdot)$ su Ω, chiamiamo *informazione di Shannon-Lindley* contenuta in $\pi(\cdot)$ il funzionale:

$$I_{\mathrm{SL}}(\pi) = \mathbb{E}\big(\log \pi(\Theta)\big) = \int_\Omega \pi(\theta) \log \pi(\theta)\mathrm{d}\theta; \qquad (8.9)$$

si intende che quando $\pi(\theta) = 0$ si deve porre $\pi(\theta)\log\pi(\theta) = 0$. Una formula analoga vale nel caso discreto, con la somma al posto dell'integrale. La quantità $-I_{\mathrm{SL}}(\pi)$ è nota come *entropia* della legge $\pi(\cdot)$ ed è spesso usata come misura della variabilità, in particolare quando Ω non è numerico. Da un punto di vista statistico, una distribuzione è tanto più informativa quanto più è concentrata, sicché l'interpretazione in termini di informazione della (8.9) (che è in definitiva una misura di concentrazione) ha una buona base intuitiva.

Se ora realizziamo un esperimento $e = (\mathscr{Z}_e, P_\theta^{(e)}, \theta \in \Omega)$ ed otteniamo il risultato $z \in \mathscr{Z}_e$, possiamo determinare la densità finale $\pi(\cdot\,; e, z)$ e calcolare l'informazione finale:

$$I_{\mathrm{SL}}(\pi(\cdot\,; e, z)) = \mathbb{E}\big(\log \pi(\Theta) \,|\, Z = z\big) = \int_\Omega \pi(\theta; e, z) \log \pi(\theta; e, z)\mathrm{d}\theta. \quad (8.10)$$

Effettuando l'esperimento e abbiamo "guadagnato" una quantità di informazione:

$$\mathcal{G}_e(z) = I_{\mathrm{SL}}(\pi(\cdot; e, z)) - I_{\mathrm{SL}}(\pi(\cdot)) =$$
$$= \int_\Omega \pi(\theta; e, z) \log \pi(\theta; e, z) \mathrm{d}\theta - \int_\Omega \pi(\theta) \log \pi(\theta) \mathrm{d}\theta.$$

Il guadagno $\mathcal{G}_e(z)$ sintetizza la componente informativa della valutazione e, rispetto al quadro generale esposto nella sezione precedente, va posto $V_e(z) = -\mathcal{G}_e(z)$. Per qualche risultato $z \in \mathcal{Z}_e$ può al solito accadere che $\mathcal{G}_e(z) < 0$; infatti se un risultato contraddice le aspettative c'è maggiore incertezza a posteriori che a priori. A priori, ad ogni esperimento $e \in \mathcal{E}$ (salve le ovvie condizioni di esistenza e regolarità) resta associato un guadagno atteso di informazione, espresso da:

$$\mathcal{G}(e) = \mathbb{E}\mathcal{G}_e(Z) = \int_{\mathcal{Z}_e} \mathcal{G}_e(z) m(z; e) \mathrm{d}z,$$

che l'esperimento ottimo dovrà massimizzare. La stessa quantità $\mathcal{G}(e)$ può essere scritta in una interessante forma alternativa; integrando direttamente $\mathcal{G}_e(z)$ su $\mathcal{Z}_e$ troviamo:

$$\mathcal{G}(e) = \int_{\mathcal{Z}_e}\!\!\int_\Omega \pi(\theta; e, z) \log \pi(\theta; e, z) m(z; e) \mathrm{d}z\mathrm{d}\theta - \int_\Omega \pi(\theta) \log \pi(\theta) \mathrm{d}\theta;$$

poiché:

$$\int_\Omega \pi(\theta) \log \pi(\theta) \mathrm{d}\theta = \int_{\mathcal{Z}_e}\int_\Omega \pi(\theta) p_\theta(z; e) \log \pi(\theta) \mathrm{d}\theta\mathrm{d}z =$$
$$= \int_{\mathcal{Z}_e}\int_\Omega m(z; e) \pi(\theta; e, z) \log \pi(\theta) \mathrm{d}\theta\mathrm{d}z,$$

possiamo anche scrivere:

$$\mathcal{G}(e) = \int_{\mathcal{Z}_e}\int_\Omega m_e(z) \pi(\theta; e, z) \big(\log \pi(\theta; e, z) - \log \pi(\theta) \big) \mathrm{d}\theta\mathrm{d}z =$$
$$= \int_{\mathcal{Z}_e} m(z; e) \Big(\int_\Omega \pi(\theta; e, z) \log \frac{\pi(\theta; e, z)}{\pi(\theta)} \mathrm{d}\theta \Big) \mathrm{d}z =$$
$$= \mathbb{E} D\big(\pi(\cdot; e, Z), \pi(\cdot) \big) \tag{8.11}$$

dove D è la divergenza di Kullback-Leibler definita dalla (4.23). La formula (8.11) consente quindi una lettura alternativa, ma equivalente, rispetto alla procedura descritta. Il guadagno informativo nel passare dalla distribuzione iniziale $\pi(\cdot)$ alla distribuzione finale $\pi(\cdot; e, z)$ è misurata dalla divergenza di Kullback-Leibler $D\big(\pi(\cdot; e, z), \pi(\cdot)\big)$ e il guadagno atteso ne è il valor medio rispetto alla distribuzione predittiva iniziale del risultato aleatorio Z. Si noti che $\mathcal{G}_e(z)$ e $D\big(\pi(\cdot\,;e,z),\pi(\cdot)\big)$ hanno lo stesso valore atteso (con la distribuzione predittiva) ma, come funzioni di z, in generale non coincidono.

Sia pure in un contesto diverso, il senso della procedura è simile a quello imperniato sull'uso della formula (4.22) ai fini della individuazione di distribuzioni iniziali non informative.

Ricordando poi che la divergenza di Kullback-Leibler è non negativa, si ha anche che $\mathcal{G}(e) \geq 0$.

Esempio 8.1. Consideriamo in un'ottica bayesiana un modello di regressione lineare semplice: si debbono fissare i valori $x_1, x_2, \ldots, x_n$ (entro l'intervallo [-1,+1]) e si assume che le risposte si conformeranno al modello:

$$y_i = \beta x_i + \varepsilon_i \qquad (i = 1, 2, \ldots, n)$$

dove gli errori sperimentali ε_i sono realizzazioni indipendenti di una variabile aleatoria con distribuzione $N(0, \sigma^2)$, con σ noto. Assumiamo poi che il numero n delle osservazioni sia prefissato; resta solo il problema della collocazione ottima dei valori x_i. Vogliamo determinare l'esperimento "più informativo" nel senso detto, rispetto al parametro β e quindi massimizzare $\mathcal{G}(e)$. Per il parametro aleatorio B (di cui β è la realizzazione) assumiamo a priori una legge $N(\mu_B, \sigma_B^2)$ con parametri noti.

Determiniamo anzitutto la distribuzione finale di B. La funzione di verosimiglianza associata ad un generico esperimento $e = (x_1, x_2, ..., x_n)$, dove $z = (y_1, y_2, \ldots, y_n)$ è il vettore dei risultati sperimentali, è:

$$\ell(\beta) = \left(\frac{1}{\sqrt{2\pi}}\right)^n \exp\left\{ -\frac{1}{2\sigma^2} \sum (y_i - \beta x_i)^2 \right\},$$

sicché la densità finale risulta:

$$\pi(\beta; e, z) = \text{cost} \cdot \exp\left\{ -\frac{1}{2\sigma_B^2}(\beta - \mu_B)^2 - \frac{1}{2\sigma^2} \sum (y_i - \beta x_i)^2 \right\}.$$

Sviluppando i quadrati e sommando e sottraendo entro le parentesi graffe una opportuna quantità, si trova:

$$\pi_e(\beta; z) = \text{cost} \cdot \exp\left\{ -\frac{\sigma^2 + \sigma_B^2 \sum x_i^2}{2\sigma^2\sigma_B^2}\left(\beta - \frac{\sigma^2\mu_B + \sigma_B^2 \sum x_i y_i}{\sigma^2 + \sigma_B^2 \sum x_i^2}\right)^2 \right\}.$$

Inoltre:

$$I_{\text{SL}}(\pi) = -\log\sigma_B - \frac{1}{2}\log(2\pi) - \frac{1}{2\sigma_B^2}\int_{\mathbb{R}^1}(\beta - \mu_B)^2\pi(\beta)\mathrm{d}\beta =$$

$$= -\log\sigma_B - \frac{1}{2}(1 + \log(2\pi))$$

$$I_{\text{SL}}(\pi_e(\cdot; z)) = -\frac{1}{2}\log\left(\frac{\sigma^2\sigma_B^2}{\sigma^2 + \sigma_B^2 \sum x_i^2}\right) - \frac{1}{2}(1 + \log(2\pi))$$

da cui infine:

$$\mathcal{G}_e(z) = -\frac{1}{2}\left(\log\left(\frac{\sigma^2\sigma_B^2}{\sigma^2 + \sigma_B^2\sum x_i^2}\right) - \log\sigma_B^2\right) = \frac{1}{2}\log\left(1 + \frac{\sigma_B^2}{\sigma^2}\sum x_i^2\right).$$

Poiché $\mathcal{G}_e(z)$ non dipende effettivamente da z, si ha anche $\mathcal{G}_e(z) = \mathcal{G}(e)$. L'esperimento ottimo, cioè quello che massimizza $\mathcal{G}(e)$, richiede quindi che tutti i valori x_i siano collocati agli estremi (-1 e +1) dell'intervallo dei valori possibili.

Vale la pena di osservare qui che la formalizzazione decisionale permette di individuare la scelta ottima rispetto all'obiettivo fissato, ma che tale scelta può non essere adeguata ad obiettivi non considerati. Se per esempio c'è un dubbio sulla linearità della relazione tra y e x, a parte il disturbo degli errori accidentali, l'esperimento ottimo visto sopra non fornirebbe alcuna informazione in proposito; un controllo di questo aspetto richiederebbe la presenza di almeno 3 valori distinti tra gli x_i. Questa osservazione rimanda evidentemente alla problematica della robustezza delle decisioni ottimali rispetto alle assunzioni.   ◇

Esercizi

8.1. Dimostrare che se $\ell(\theta)$=costante per ogni $\theta \in \Omega$, si ha $\mathcal{G}_e(z) = 0$.

[Oss. Una verosimiglianza costante su tutto Ω non fornisce alcuna nuova informazione sul parametro]

8.2. Dimostrare che $\mathcal{G}(e)$ non varia se trasformiamo il parametro θ in modo biunivoco (e regolare) secondo una qualsiasi funzione $\lambda = g(\theta)$.

8.3 Funzioni di perdita collegate a decisioni statistiche

Assumiamo che l'esperimento $e = (\mathcal{Z}_e, P_\theta^{(e)}, \theta \in \Omega)$, che deve essere scelto entro una determinata classe $\mathcal{E}$, serva ad affrontare un problema di decisione ipotetica o predittiva rispettivamente del tipo $(\Omega, A, L(\theta, a), K_T)$ oppure $(\mathcal{Z}', A, L(z', a), K_T)$, dove si è scritto K_T anziché genericamente K per ricordare che si tratta del criterio da utilizzare nel problema di decisione terminale e quindi evitare confusioni con il criterio K che compare nella formula (8.2). Si pone perciò:

$$V_e(z) = \inf_{a\in A} K_T\big(L(\cdot, a)\big); \tag{8.12}$$

si noti che la (8.12) si adatta sia ai problemi ipotetici che ai problemi predittivi. In questi casi la componente informativa della perdita potrebbe essere addirittura chiamata componente decisionale. La scelta più comune per K_T

è al solito il valore atteso; allora la (8.12) diviene (assumendo l'esistenza della decisione terminale ottima a^* e ricordando la formula (6.8) per la perdita attesa $\rho(a; z)$) $V_e(z) = \rho(a^*; z)$, ossia, più in dettaglio:

$$V_e(z) = \mathbb{E}\big(L(\Theta, a^*) \mid Z = z\big) \tag{8.13}$$

per i problemi ipotetici e:

$$V_e(z) = \mathbb{E}\big(L(Z', a^*) \mid Z = z\big) \tag{8.14}$$

per i problemi predittivi.

Adottando anche nella formula (8.2) il criterio del valore atteso, si può calcolare il corrispondente *valore della informazione sperimentale*. Tale concetto si applica sia al caso di esperimenti finalizzati a decisioni ipotetiche che al caso di esperimenti finalizzati a decisioni predittive. Per semplicità consideriamo qui di seguito solo i primi. Assumiamo che la classe $\mathcal{E}$ contenga l'esperimento nullo e_0, consistente nel non eseguire alcuna sperimentazione. Se si scegliesse e_0 si andrebbe quindi incontro alla perdita:

$$V(e_0) = \inf_a \int_\Omega L(\theta, a)\pi(\theta)\mathrm{d}\theta.$$

Considerando invece un qualunque $e \neq e_0$, la valutazione è espressa dalla (8.13), che diventa:

$$V_e(z) = \inf_a \int_\Omega L(\theta, a)\pi(\theta; e, z)\mathrm{d}\theta.$$

Si ottiene così un guadagno informativo prodotto dal risultato $z \in \mathcal{Z}_e$, rappresentato da:

$$G_e(z) = V(e_0) - V_e(z).$$

Si badi che per particolari $z \in \mathcal{Z}_e$ può essere $G_e(z) < 0$; infatti il risultato sperimentale può indicare che la situazione è meno favorevole di quanto assunto inizialmente. La dipendenza dal risultato viene eliminata passando al calcolo di

$$V(e) = \mathbb{E}V_e(Z) = \int_{\mathcal{Z}_e} V_e(z)m(z; e)\mathrm{d}z$$

come previsto nella §8.1. Poniamo ora, per definizione:

$$G(e) = V(e_0) - V(e);$$

questa quantità, che è il valore atteso del guadagno informativo prodotto dall'esperimento $e \in \mathcal{E}$, esprime la riduzione della perdita attesa dovuta alla scelta del particolare esperimento $e \in \mathcal{E}$, limitatamente alla sola componente informativa. Nella letteratura americana per $G(e)$ si usa spesso l'acronimo EVSI (=*Expected Value of Sample Information*). Come per la quantità analoga $\mathcal{G}(e)$ della § 8.2, vale la seguente proprietà:

Teorema 8.1. *Per ogni $e \in \mathcal{E}$ si ha $G(e) \geq 0$.*

Dimostrazione. Denotiamo con $\psi(\theta, z; e)$ la densità iniziale della coppia (Θ, Z) nell'ambito del particolare esperimento e. Si ha quindi:

$$\mathbb{E}V_e(Z) = \int_{\mathcal{Z}_e} \left(\inf_a \int_\Omega L(\theta, a)\pi(\theta; e, z)\mathrm{d}\theta \right) m(z; e)\mathrm{d}z \leq$$

$$\leq \inf_a \int_{\mathcal{Z}_e} \int_\Omega L(\theta, a)\pi(\theta; e, z)m(z; e)\mathrm{d}\theta\mathrm{d}z =$$

$$= \inf_a \int_{\mathcal{Z}_e} \int_\Omega L(\theta, a)\psi(\theta, z; e)\mathrm{d}\theta\mathrm{d}z =$$

$$= \inf_a \int_\Omega L(\theta, a)\pi(\theta)\mathrm{d}\theta = V(e_0) . \quad \square$$

Dal punto di vista informativo, pertanto, la sperimentazione è (in media) sempre conveniente. Naturalmente la conclusione può essere diversa se si tiene conto anche del costo economico. Assumendo per esempio la formula additiva $W_e(z) = V_e(z) + C_e(z)$ si ha:

$$W(e) = \mathbb{E}W_e(Z) = \mathbb{E}V_e(Z) + \mathbb{E}C_e(Z) = V(e) + C(e) .$$

Pertanto il guadagno totale dell'esperimento (che tiene conto sia della componente informativa che della componente economica), identificando $W(e_0)$ con $V(e_0)$, è:

$$G_{\mathrm{tot}}(e) = W(e_0) - W(e) = V(e_0) - \big(V(e) + C(e)\big) = G(e) - C(e).$$

Com'era da attendersi, un costo economico eccessivo può rendere complessivamente non conveniente anche un esperimento in sé informativo.

Esempio 8.2. Consideriamo un problema di decisione caratterizzato dai seguenti dati:

$L(\theta, a)$	a_1	a_2		θ	$\pi(\theta)$
θ_1	6	8		θ_1	0.4
θ_2	10	9		θ_2	0.6

Assumiamo che sia possibile, sostenendo nel caso un costo additivo c, effettuare l'esperimento e caratterizzato da:

$p_\theta(z; e)$	z_1	z_2
θ_1	0.8	0.2
θ_2	0.1	0.9

Alternativamente, si procederà alla scelta dell'azione ottima senza informazioni sperimentali. Formalmente abbiamo quindi $\mathcal{E} = \{e_0, e\}$. Per il calcolo di $V(e_0)$ osserviamo che:

$$\mathbb{E}L(\Theta, a_1) = 8.4, \quad \mathbb{E}L(\Theta, a_2) = 8.6$$

da cui $V(e_0) = \min\{8.4, 8.6\} = 8.4$. Per il calcolo di $V_e(z)$, secondo la (8.13), occorre determinare la distribuzione finale $\pi(\theta; e, z)$. I calcoli necessari sono esposti nelle tabelle seguenti:

$\psi(\theta, z; e)$	z_1	z_2
θ_1	0.32	0.08
θ_2	0.06	0.54

$\pi(\theta; e, z)$	z_1	z_2
θ_1	0.84	0.13
θ_2	0.16	0.87

$\rho(a; z)$	z_1	z_2
a_1	6.64	9.48 .
a_2	8.16	8.87

Si osservi che i totali marginali della tabella dei valori delle probabilità congiunte $\psi(\theta, z; e)$ sono le probabiltà marginali $m(z_1; e) = 0.38$ e $m(z_2; e) = 0.62$ che intervengono nel calcolo dei valori $\pi(\theta; e, z) = \psi(\theta, z; e)/m(z; e)$. Si ottiene:

$$V_e(z_1) = \min\{6.64, 8.16\} = 6.64, \quad V_e(z_2) = \min\{9.48, 8.87\} = 8.87.$$

Si noti che:

$$G_e(z_1) = 8.40 - 6.64 = 1.76, \quad G_e(z_2) = 8.40 - 8.87 = -0.47.$$

Il valore $G_e(z_2)$ è negativo perché il risultato z_2 favorisce il valore θ_2 del parametro che comporta perdite maggiori; la nuova informazione acquisita aumenterebbe quindi la perdita attesa. Passando alla valutazione dell'esperimento nel suo complesso, abbiamo:

$$V(e) = \mathbb{E}V_e(Z) = 6.64 \times 0.38 + 8.87 \times 0.62 = 8.02.$$

Quindi $G(e) = 8.40 - 8.02 = 0.38$, che è un valore positivo come ci si doveva attendere. Si ha poi $G_{\text{tot}}(e) > 0$ se e solo se $c < 0.38$, cioè se il costo economico è sufficientemente basso.   ◇

Esempio 8.3. In molti settori applicativi le procedure più usuali di campionamento non possono basarsi su campioni casuali completi. Il calcolo delle funzioni $G(e)$ e $G_{\text{tot}}(e)$ può in tali casi presentare qualche difficoltà; d'altra parte in casi complessi può non essere semplice nemmeno il confronto puramente informativo tra esperimenti diversi anche se di costo equivalente.

Consideriamo esperimenti del genere descritto nell'esempio 3.8 (censura del II tipo), ed indichiamo precisamente con $e_{n,k}$ l'esperimento basato sull'esame di n congegni, posti in funzione simultaneamente, con una censura della prova dopo k guasti ($1 \leq k \leq n$). Assumiamo che il modello di base sia EN(θ), che $\Theta \sim$ Gamma(δ, λ) e che l'esperimento sia finalizzato alla stima di θ con l'usuale perdita quadratica. Vogliamo calcolare innanzitutto $G(e_{n,k})$.

Il calcolo di $V(e_0)$ è immediato. Infatti:

$$V(e_0) = \inf_a \int_0^\infty (\theta - a)^2 \pi(\theta) \mathrm{d}\theta = \mathbb{V}(\Theta) = \frac{\delta}{\lambda^2}.$$

È poi ben noto che una statistica sufficiente per il parametro θ nel nostro caso è il tempo totale di funzionamento $S = X_{(1)} + X_{(2)} + ... + X_{(k)} + (n-k)X_{(k)}$, ed è conveniente rappresentare il risultato sperimentale come un evento del tipo $S = s$. Si può dimostrare (v. esercizio 8.4) che $S \mid (\Theta = \theta) \sim \mathrm{Gamma}(k, \theta)$; ne viene, applicando il teorema di Bayes, che $\Theta \mid (S = s) \sim \mathrm{Gamma}(\delta + k, \lambda + s)$, da cui:

$$\mathbb{V}(\Theta \mid S = s) = \frac{\delta + k}{(\lambda + s)^2}.$$

Si noti che in questa formula non compare il valore di n, a parte l'ovvio vincolo $k \leq n$; il valore n influenza però altri aspetti dell'esperimento, come ad esempio la durata. Anche in questo caso il guadagno associato al risultato s, cioè $G_{e_{n,k}}(s)$, risulta negativo per particolari valori di s. Per calcolare il valore dell'esperimento nel suo complesso occorre calcolare la densità marginale $m(s; e_{n,k})$. Abbiamo:

$$m(s; e_{n,k}) = \int_0^\infty p_\theta(s; e_{n,k})\pi(\theta)\mathrm{d}\theta = \frac{s^{k-1}\lambda^\delta}{(k-1)!\Gamma(\delta)} \int_0^\infty \theta^{\delta+k-1} e^{-\theta(\lambda+s)}\mathrm{d}\theta \; ;$$

con la trasformazione $\tau = \theta(\lambda + s)$ otteniamo:

$$m(s; e_{n,k}) = \frac{s^{k-1}\lambda^\delta \Gamma(\delta + k)}{\Gamma(k)\Gamma(\delta)(\lambda + s)^{\delta+k}} - \frac{1}{B(k,\delta)}\frac{s^{k-1}\lambda^\delta}{(\lambda + s)^{\delta+k}}$$

Si noti che questa densità risulta anch'essa indipendente da n, ed è del tipo $\mathrm{GG}(\delta, \lambda, k)$. A questo punto abbiamo:

$$V(e_{n,k}) = \int_0^\infty V_{e_{n,k}}(s)m(s; e_{n,k})\mathrm{d}s = \frac{(\delta + k)\lambda^\delta}{B(k,\delta)} \int_0^\infty \frac{s^{k-1}}{(\lambda + s)^{\delta+k+2}}\mathrm{d}s;$$

Ricordando l'espressione della densità $\mathrm{GG}(\delta + 2, \lambda, k)$, si vede che

$$\int_0^{+\infty} \frac{s^{k-1}}{(\lambda + s)^{\delta+k+2}}\mathrm{d}s = \frac{B(\delta + 2, k)}{\lambda^{\delta+2}} \; ;$$

ne viene, passando dalla funzione Beta ai fattoriali:

$$V(e_{n,k}) = \frac{(\delta + k)\lambda^\delta}{B(k,\delta)} \frac{B(\delta + 2, k)}{\lambda^{\delta+2}} = \frac{\delta(\delta + 1)}{\lambda(\delta + k + 1)}$$

e quindi:

$$G(e_{n,k}) = \frac{\delta}{\lambda^2} - \frac{\delta(\delta + 1)}{\lambda^2(\delta + k + 1)} = \frac{\delta}{\lambda^2} \frac{k}{\delta + k + 1}.$$

È immediato verificare che $G(e_{n,k})$ cresce (come è intuitivo) con k; al solito il legame con n è solo indiretto, dovuto al vincolo $k \leq n$. $\diamond$

Osserviamo infine che quando l'obiettivo dell'esperimento è formalmente specificato come problema di decisione statistica è possibile sostituire lo schema da cui siamo partiti nella § 8.1 con una formulazione integrata. Se per esempio si tratta di un problema di inferenza ipotetica, si può costruire un problema di decisione $(\Omega, \Delta, \overline{W}_\delta(\omega), \overline{K})$ con la struttura:

$$\omega = (\theta, z), \quad \delta = (e, d), \quad \overline{W}_\delta(\omega) = f(\theta, z, e, d), \tag{8.15}$$

dove $\theta \in \Omega$, $z \in \mathcal{Z}_e$, $e \in \mathcal{E}$, $d \in D_e$, D_e è lo spazio delle funzioni di decisione associate all'esperimento $e \in \mathcal{E}$ ed infine f è una opportuna funzione; si noti che si tratta di una forma non simmetrica, in quanto d varia in un insieme dipendente da e. Similmente, per il caso dei problemi predittivi, si potrebbe porre:

$$\omega = (z, z'), \quad \delta = (e, d), \quad \overline{W}_\delta(\omega) = f(z, z', e, d), \tag{8.16}$$

dove $z \in \mathcal{Z}_e$, $z' \in \mathcal{Z}'$, $e \in \mathcal{E}$, $d \in D_e$. La differenza con lo schema trattato all'inizio è più formale che sostanziale, anche se a prima vista la elaborazione di un modello come (8.15) o (8.16) può apparire più semplice e diretto. In realtà, proprio perché si tratta di un problema non simmetrico, è quasi obbligatorio procedere in due stadi, cioè determinare la funzione di decisione ottima d_e^* per ogni $e \in \mathcal{E}$ e confrontare infine costi e prestazioni delle diverse d_e^* per $e \in \mathcal{E}$. Questo riconduce operativamente allo schema da cui siamo partiti.

Esercizi

8.3. Si dimostri l'analogo del teorema 8.1 con riferimento ad esperimenti collegati a decisioni predittive.

8.4. * Con riferimento all'esempio 8.3 si dimostri che, per θ fissato, S ha distribuzione Gamma(k, δ).

[Sugg. Se $t = (t_1, t_2, \ldots, t_n)$ è la statistica d'ordine (quindi $t_i \le t_{i+1}$), si ha:

$$p_\theta(t) = n! \, \theta^n \exp\left\{ -\theta \sum t_i \right\}.$$

Si consideri la trasformazione $t_1 = v_1, t_2 = v_1 + v_2, \ldots, t_n = v_1 + v_2 + \ldots + v_n$, che ha jacobiano $=1$. Si vede subito che le variabili aleatorie V_i, che sono interpretabili come gli intervalli di tempo tra le avarie, per θ fissato sono stocasticamente indipendenti e che le v.a. $W_i = (n - i + 1)V_i$, che sono interpretabili come tempi totali di funzionamento tra la $(i - 1)$-ma e la i-ma avaria, sono a loro volta indipendenti e con distribuzione EN(θ). Essendo $S = W_1 + W_2 + \ldots + W_k$, si ha la tesi]

8.4 Dimensione ottima del campione

Applichiamo le nozioni finora introdotte ad una problematica relativamente semplice ma di grande rilievo nelle applicazioni, cioè la scelta della dimensione ottima del campione. Si ha di fronte un modello di base $e_1 = (\mathbb{R}^1, P_\theta, \theta \in \Omega)$, un problema di decisione statistica, ad esempio di tipo ipotetico, caratterizzato dallo schema $(\Omega, A, L(\theta, a), K_T)$. Si adotta come procedura sperimentale la regola del campionamento casuale e si deve scegliere la dimensione n del campione, bilanciando i vantaggi informativi con i costi economici. Lo spazio degli esperimenti può quindi essere denotato con $\mathcal{E} = \{e_n : n \geq 1\}$; il generico risultato di e_n sarà indicato con z_n. I costi economici sono rappresentati in questo caso, tipicamente, da una funzione crescente di n; nel caso più semplice adotteremo la formula:

$$C(e_n) = c \cdot n \,,$$

dove il costo unitario c va specificato con riferimento al contesto concreto.

8.4.1 Metodi bayesiani: problemi di stima

Consideriamo innanzitutto l'impostazione bayesiana. Supponiamo che l'obiettivo finale sia la stima puntuale del parametro $\lambda = g(\theta)$, dove la funzione g non è necessariamente invertibile. Applicando la formula (8.13), con riferimento alla usuale perdita quadratica, si ha per un generico $e_n \in \mathcal{E}$:

$$V_{e_n}(z_n) = \inf_{a \in g(\Omega)} \int_{g(\Omega)} (\lambda - a)^2 \pi(\lambda; e_n, z_n) \mathrm{d}\lambda = \mathrm{var}(\Lambda; e_n, z_n)$$

e quindi, scrivendo $\mathcal{Z}_n$ al posto di $\mathcal{Z}_{e_n}$:

$$V(e_n) = \int_{\mathcal{Z}_n} \mathrm{var}(\Lambda; e_n, z_n) m(z_n; e_n) \mathrm{d}z_n.$$

Come abbiamo visto in generale, questa espressione può essere utilizzata sia come componente della perdita complessiva (assumendo per esempio l'additività) sia per procedere ad una ottimizzazione vincolata. In quest'ultimo caso si può imporre un vincolo del tipo:

$$V(e_n) \leq \delta \tag{8.17}$$

e scegliere il minimo valore n^* che soddisfa la (8.17). Si tratta quindi della procedura, sintetizzata nella formula (8.7). Questo criterio ha un forte contenuto intuitivo, perché la varianza finale del parametro è una naturale misura della bontà della stima, e viene spesso presentato nella letteratura con l'acronimo APVC (= *Average Posterior Variance Criterion*).

Esempio 8.4. Il modello statistico di base sia $(\mathbb{R}^1, N(\theta, 1/h), \theta \in \mathbb{R}^1)$ con h noto. L'esperimento serve a stimare θ con l'usuale perdita quadratica. Assumiamo per Θ una distribuzione iniziale $N(\alpha, 1/\beta)$; in corrispondenza a $z_n \in \mathbb{R}^n$ la distribuzione finale, come ormai ben noto, è $N(\alpha_1, 1/\beta_1)$ con $\alpha_1 = (\beta\alpha + nh\bar{x})/(\beta + nh)$ e $\beta_1 = (\beta + nh)$, e la stima ottima è $d^*(z_n) = \alpha_1$. Pertanto:

$$V_{e_n}(z_n) = \mathbb{V}(\Theta \mid e_n, Z_n = z_n) = \frac{1}{\beta + nh}.$$

Poiché non vi è effettiva dipendenza da z_n, si ha anche $V(e_n) = V_{e_n}(z_n) = 1/(\beta + nh)$. Ponendo $W(e_n) = V(e_n) + cn$, la dimensione ottima del campione risulta:

$$n^* = \sqrt{\frac{1}{ch}} - \frac{\beta}{h}$$

(salva la sostituzione con un intero vicino). Che n^* sia inversamente proporzionale alla precisione iniziale β è intuitivo, in quanto se la precisione iniziale è elevata non è necessario un campione numeroso. Il legame con la precisione sperimentale h è invece più complesso perché coinvolge anche le altre costanti.

Volendo utilizzare lo schema della ottimizzazione condizionata basata sulla (8.17), si dovrebbe scegliere un intero vicino a:

$$n^* = \frac{1 - \delta\beta}{\delta h}.$$

Si noti che, essendo $\beta + nh$ la precisione finale del parametro, l'incremento della numerosità sperimentale favorisce comunque la qualità della stima. Tuttavia, se δ è troppo grande (più di $1/\beta$), non vale la pena procedere all'esperimento. $\diamond$

Se il problema di decisione statistica consiste nella stima del parametro θ mediante un insieme $S \subset \Omega$, con una struttura delle perdite espressa dalla (6.35), si ha:

$$V_{e_n}(z_n) = \rho(S^*; z_n) = b \cdot \text{mis}(S^*) - \Pi_{z_n}(S^*), \tag{8.18}$$

dove $S^* = S^*(z_n)$ è l'insieme ottimo di stima corrispondente ad un determinato risultato $z_n \in \mathcal{Z}_n$. C'è da aspettarsi che la ricerca del valore ottimale n^*, previo calcolo di:

$$V(e_n) = b \cdot \int_{\mathcal{Z}_n} \text{mis}\big(S^*(z_n)\big)\, m(z_n; e_n)\mathrm{d}z_n +$$

$$+ \int_{\mathcal{Z}_n} \Pi_z\big(S^*(z)\big) m(z_n : e_n)\mathrm{d}z_n \tag{8.19}$$

ed eventualmente di $W(e_n) = V(e_n) + cn$, debba appoggiarsi largamente al calcolo numerico.

Esempio 8.5. Ancora nell'ambito del modello statistico dell'esempio 8.4, consideriamo la ricerca della dimensione ottima del campione ai fini di una stima di θ mediante un insieme $S \subset \Omega$. Consideriamo ancora la perdita lineare (6.35) con $b = 1$; per ogni possibile $z_n \in \mathcal{Z}_n$ si può trovare l'insieme S^* che minimizza la perdita attesa:

$$\mathbb{E}_{z_n} L(\theta, S) = \text{mis}(S) - \Pi_{z_n}(S) \,,$$

dove Π_{z_n} è la legge $\text{N}(\alpha_1, 1/\beta_1)$ con $\alpha_1 = (\beta\alpha + nh\bar{x})/(\beta + nh)$ e $\beta_1 = \beta + nh$. Come sappiamo (teorema 6.3) possiamo assumere che:

$$S^* = \left\{ \theta : \mid \theta - \alpha_1 \mid \leq k_n^* \frac{1}{\sqrt{\beta_1}} \right\} \,,$$

dove k_n^* va determinato numericamente (vedi esempio 6.7), in corrispondenza di ogni n. Abbiamo quindi:

$$V_{e_n}(z_n) = \mathbb{E}_{z_n} L(\theta, S^*) = \frac{2}{\sqrt{\beta + nh}} k_n^* + 1 - 2\Phi(k_n^*);$$

inoltre, dato che $V_{e_n}(z_n)$ non dipende effettivamente da z_n, possiamo identificare $V(e_n)$ con $V_{e_n}(z_n)$. Per esplicitare k_n^*, e quindi rendere calcolabile $V_{e_n}(z_n)$ in funzione di n, generalizziamo l'argomentazione usata nell'esempio 6.7 e riprendiamo in considerazione la quantità:

$$V(k) = \frac{2}{\sqrt{\beta + nh}} k + 1 - 2\Phi(k)$$

(la stessa espressione di $V(e_n)$ ma con k non determinato). È facile vedere che la funzione $V(k)$, a seconda del valore dei suoi parametri, può essere sempre crescente oppure crescere fino ad un punto di massimo e poi decrescere. L'eventuale punto di massimo si può trovare annullando la derivata di $V(k)$, cioè risolvendo l'equazione:

$$\frac{2}{\sqrt{\beta + nh}} - 2 \cdot \varphi(k) = 0$$

che equivale a:

$$k^2 = \log(\beta + nh) - \log(2\pi).$$

Se $\beta + nh < 2\pi$, la formula precedente non ha soluzioni reali per k, la funzione $V(k)$ è crescente e conviene porre $k_n^* = 0$. Se invece $\beta + nh \geq 2\pi$, si ha come unica soluzione reale:

$$k_n^* = \sqrt{\log(\beta + nh) - \log(2\pi)}.$$

Sviluppiamo un esempio numerico corrispondente all'esempio 6.7 ponendo

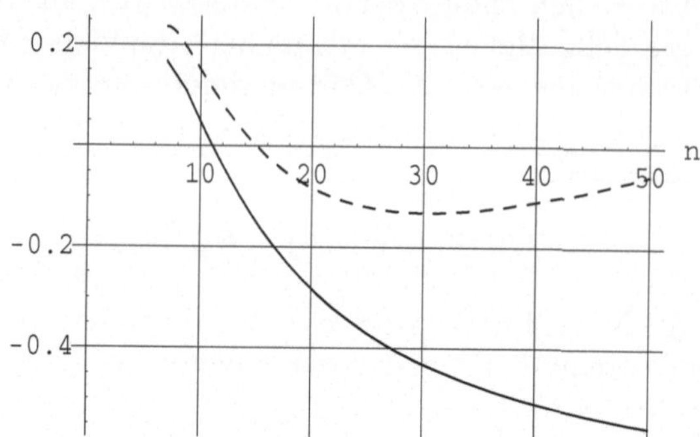

Figura 8.1. Le quantità $V(e_n)$ (linea continua) e $W(e_n)$ (linea a tratti) in funzione di n (con $\alpha = 0, \beta = 0.5, h = 1, b = 1, c = 0.01$)

$\alpha = 0$, $\beta = 0.5$, $h = 1$. Allora la condizione $\beta + nh \geq 2\pi$ diventa, imponendo ad n di essere intero, $n \geq 6$ e il valore ottimo di k è:

$$k_n^* = \sqrt{\log(n + 0.5) - 1.8379}.$$

La figura 8.1 mostra i grafici di $V(e_n)$ e di $W(e_n) = V(e_n) + 0.01n$ per $n \leq 50$. Si può vedere facilmente (numericamente) che la numerosità ottima in queste condizioni è $n^* = 30$.   ◇

In letteratura sono spesso presentate diverse varianti della procedura indicata, sempre però caratterizzate dal fatto di evitare l'introduzione del costo economico e di basarsi quindi su una ottimizzazione condizionata del tipo (8.7).

Il criterio della copertura attesa (ACC=*Average Coverage Criterion*) prevede di fissare n in in modo da soddisfare il vincolo:

$$\int_{Z_n} \Pi_{z_n}\big(S^*(z_n; e_n)\big) m(z_n; e_n) \mathrm{d}z_n = 1 - \alpha, \tag{8.20}$$

dove Π_{z_n} denota la probabilità finale (condizionata a $Z_n = z_n$) dell'insieme in argomento, assumendo di avere eseguito l'esperimento e_n. Nella (8.20) $S^*(z)$ va scelto in modo intuitivamente ragionevole, per esempio potrebbe essere un insieme HPD di misura (lunghezza, area, ...) prefissata. Nel caso particolare $\Omega \subseteq \mathbb{R}^1$, si può porre:

$$S^* = [a,\ a + \ell], \tag{8.21}$$

dove ℓ è la lunghezza prefissata e a va scelto in modo che $S^*(z_n) \in \mathcal{H}$. Ovviamente, se la densità finale $\pi(\theta, e_n, z_n)$ è unimodale e simmetrica, la (8.21) può essere sostituita dalla formula

$$S^*(\theta) = \left[\mathbb{E}(\Theta \mid e_n, Z_n = z_n) - \frac{\ell}{2}, \quad \mathbb{E}(\Theta \mid e_n, Z_n = z_n) + \frac{\ell}{2}\right] \qquad (8.22)$$

che è di utilizzazione più semplice.

Il criterio della lunghezza attesa (ALC=*Average Length Criterion*) è per certi aspetti il duale del precedente. Denotato con $S_{1-\alpha}(z_n)$ l'insieme di massima densità finale di probabilità $1 - \alpha$, si cerca il minimo valore n per cui:

$$\int_{\mathcal{Z}_n} \mathrm{mis}(S_{1-\alpha}(z_n))m(z_n;e_n)\mathrm{d}z_n \leq \ell, \qquad (8.23)$$

dove ℓ è un valore prefissato. Come spesso accade, per ragioni prevalentemente pratiche, l'insieme HPD può essere approssimato con l'insieme di credibilità con code eguali e di probabilità $\alpha/2$.

Introduciamo infine un terzo criterio, che limita la probabilità che l'insieme di stima sia troppo grande (LPC=*Length Probability Criterion*). Nel caso che il parametro oggetto di stima, diciamo θ, sia scalare, si tratta allora di determinare il minimo n per cui:

$$\mathrm{prob}\Big(\mathrm{mis}(S_{1-\alpha}(z_n)) \geq \ell\Big) \leq \gamma, \qquad (8.24)$$

dove ℓ è fissato e $S_{1-\alpha}(z_n)$ è ancora, nel caso ottimale, un insieme HPD. Il criterio (8.24) è per certi aspetti simile al criterio (8.23) ma il controllo sulla probabilità dà ovviamente garanzie maggiori del controllo sul solo valore atteso.

Una tecnica differente per rafforzare il vincolo su $\Pi_{z_n}(S_n^*)$, dove $S^*(z_n)$ abbia una misura assegnata, dà luogo al criterio del risultato peggiore (WOC = *Worst Outcome Criterion*), che consiste nello scegliere il minimo n per cui

$$\inf_{z_n \in \mathcal{Z}_n} \Pi_{z_n}\big(S^*(z_n)\big) \geq 1 - \alpha. \qquad (8.25)$$

Si tratta di una condizione più restrittiva della (8.20) ma anche di una regoila decisamente ibrida, ispirata al criterio del minimax, perché non tiene conto della legge di probabilità su $\mathcal{Z}_n$, ma solo delle probabilità condizionate a $Z = z_n$.

Esempio 8.6. Elaboriamo lo stesso problema dell'esempio 8.5 con riferimento ai criteri presentati, a cominciare dal criterio ACC. Un insieme HPD di lunghezza ℓ va scritto come:

$$S^*(z_n) = \left[\alpha_1 - \frac{\ell}{2}, \quad \alpha_1 + \frac{\ell}{2}\right]$$

e si ha:

$$\Pi_{z_n}(S_{z_n}) = \mathrm{prob}\Big(\alpha_1 - \frac{\ell}{2} \leq \Theta \leq \alpha_1 + \frac{\ell}{2} \,\Big|\, Z_n = z_n\Big) =$$

$$= \mathrm{prob}\Big(-\frac{\ell}{2}\sqrt{\beta_1} \leq U \leq \frac{\ell}{2}\sqrt{\beta_1}\,\Big),$$

dove U ha distribuzione N(0,1). Si noti che il risultato z_n non compare nella formula precedente per cui non serve integrare rispetto a $m(z_n; e_n)$. La condizione (8.20) diventa quindi in questo caso (ricordando che $\beta_1 = \beta + nh$):

$$\frac{\ell}{2}\sqrt{\beta + nh} = 1 - u_{1-\frac{\alpha}{2}} \,,$$

cioè

$$n = \frac{1}{h}\left(\frac{4}{\ell^2}\, u_{1-\frac{\alpha}{2}}^2 - \beta\right). \tag{8.26}$$

Passando al criterio ALC, osserviamo che:

$$S_{1-\alpha}(z_n) = \left\{\theta : \ \sqrt{\beta_1} \mid \theta - \alpha_1 \mid \leq u_{1-\frac{\alpha}{2}}\right\} = \left[\alpha_1 - \frac{u_{1-\frac{\alpha}{2}}}{\sqrt{\beta + nh}},\ \alpha_1 + \frac{u_{1-\frac{\alpha}{2}}}{\sqrt{\beta + nh}}\right]$$

per cui

$$\mathrm{mis}\big(S_{1-\alpha}(z_n)\big) = 2\frac{u_{1-\frac{\alpha}{2}}}{\sqrt{\beta + nh}}. \tag{8.27}$$

Anche in questo caso per realizzare la condizione (8.23) l'integrazione è inutile perché z_n non compare nella quantità $\mathrm{mis}\big(S_{1-\alpha}(z_n)\big)$, e si trova ancora la (8.26).

Passando infine al criterio LPC va rilevato che la statistica $\mathrm{mis}\big(S_{1-\alpha}(z_n)\big)$ nel nostro caso è costante. Si ha evidentemente:

$$\mathrm{mis}\big(S_{1-\alpha}(z_n)\big) \geq \ell \,,$$

se e solo se

$$n \leq \frac{1}{h}\left(\frac{4}{\ell^2} u_{1-\frac{\alpha}{2}}^2 - \beta\right).$$

Pertanto, comunque si fissi $\gamma > 0$, la condizione (8.24) è soddisfatta ancora una volta dalla posizione (8.26).

Anche per il criterio WOC, assumendo che $S^*(z_n)$ sia un insieme $S_{1-\alpha}(z_n)$ per cui valga la (8.27), la non dipendenza della sua probabilità finale dai risultati campionari rende inoperante il calcolo del minimo per $z_n \in \mathcal{Z}_n$ e il valore ottimo n^* è lo stesso previsto dagli altri criteri. La coincidenza operativa dei 4 criteri considerati si presenta in questo caso particolare, ma in generale le soluzioni sono diverse.   ◇

8.4.2 Metodi bayesiani: problemi di test

Se il problema di decisione statistica consiste nel test delle ipotesi $H_0 : \theta \in \Omega$ e $H_1 : \theta \in \Omega_1$ (dove $\Omega_0 \cup \Omega_1 = \Omega$ e $\Omega_0 \cap \Omega_1 = \emptyset$), con la struttura generale delle perdite espresse dalla formula (6.46), si ha, con simboli ovvi:

$$V_{e_n}(z_n) = \min\{\rho(a_0; e_n, z_n),\ \rho(a_1; e_n, z_n)\}. \tag{8.28}$$

Poiché $\rho(a_i; e_n, z_n)$ è proporzionale alla probabilità finale dell'ipotesi H_j $(j \neq i)$ (v. formule (6.47) e (6.48)), risulta chiaro il carattere intuitivamente ragionevole della formula (8.28): un esperimento pienamente convincente deve essere tale che le probabilità finali di H_0 e H_1 sono una piccola e una grande, altrimenti rimane una sostanziale incertezza su quale sia l'ipotesi vera. Questo obiettivo è ben sintetizzato dalla minimizzazione di $V(e_n)$, che andrà bilanciata con la considerazione dei costi economici.

Esempio 8.7. Nell'ambito dello stesso modello statistico dell'esempio 8.4 consideriamo le ipotesi $H_0 : \theta \leq \theta_0$ e $H_1 : \theta > \theta_0$. Assumendo ancora $\Theta \sim N(\alpha, 1/\beta)$ si trova:

$$V_{e_n}(z_n) = \min\left\{ \int_{\theta_0}^{+\infty} \pi(\theta; e_n, z_n)\mathrm{d}\theta, \ \int_{-\infty}^{\theta_0} \pi(\theta; e_n, z_n)\mathrm{d}\theta \right\} =$$
$$= \min\left\{ 1 - \Phi(\sqrt{\beta_1}(\theta_0 - \alpha_1)), \ \Phi(\sqrt{\beta_1}(\theta_0 - \alpha_1)) \right\}$$

e quindi, usando come risultato sperimentale la statistica sufficiente $\bar{x}$:

$$V(e_n) = \int_{-\infty}^{+\infty} \min\left\{ \Phi(\sqrt{\beta_1}(\theta_0 - \alpha_1)), \ 1 - \Phi(\sqrt{\beta_1}(\theta_0 - \alpha_1)) \right\} m(\bar{x}; e_n)\mathrm{d}\bar{x},$$

dove $m(\bar{x}; e_n)$ (v. esercizio 4.17) corrisponde alla legge $N(\alpha, \frac{1}{\beta} + \frac{1}{nh})$. Notiamo che si ha:

$$\Phi\left(\sqrt{\beta_1}(\theta_0 - \alpha_1)\right) \leq 1 - \Phi\left(\sqrt{\beta_1}(\theta_0 - \alpha_1)\right),$$

cioè

$$\Phi\left(\sqrt{\beta_1}(\theta_0 - \alpha_1)\right) \leq 0.5$$

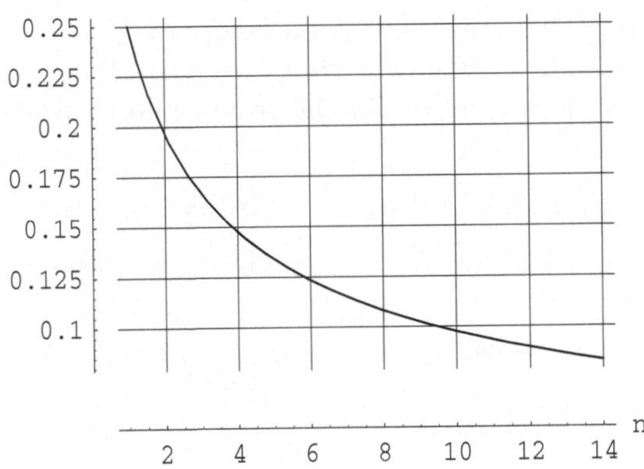

Figura 8.2. Valori $V(e_n)$ per l'esempio 8.7

se e solo se $\sqrt{\beta_1}(\theta_0 - \alpha_1) \leq 0$, ossia se $\theta_0 \leq \alpha_1$; esplicitando rispetto a $\bar{x}$, la condizione diventa:

$$\bar{x} \geq \frac{(\beta + nh)\theta_0 - \beta\alpha}{nh}.$$

Pertanto, posto $\xi = (\beta\theta_0 + nh\theta_0 - \beta\alpha)/(nh)$, si ha:

$$V(e_n) = \int_{-\infty}^{\xi} \left(1 - \Phi\left(\sqrt{\beta + nh}\left(\theta_0 - \frac{\beta\alpha + nh\bar{x}}{\beta + nh}\right)\right)\right) m(\bar{x}; e_n)\mathrm{d}\bar{x} +$$

$$+ \int_{\xi}^{+\infty} \Phi\left(\sqrt{\beta + nh}\left(\theta_0 - \frac{\beta\alpha + nh\bar{x}}{\beta + nh}\right)\right) m(\bar{x}; e_n)\mathrm{d}\bar{x} .$$

Fissati i valori α, β, h, la funzione $n \mapsto V(e_n)$ può essere determinata numericamente per ogni n, e ciò permette di risolvere in pratica il problema della dimensione ottima (vedi figura 8.2). Per esempio, si può verificare nella stessa figura che la probabilità finale minima scende sotto il valore 0.10 già per $n = 10$.   ◇

La procedura sopra descritta, diretta conseguenza della struttura tradizionale dei problemi di test di ipotesi, prevede quindi di scegliere il valore n in modo che la probabilità finale sia sufficientemente concentrata su una delle ipotesi (quale ipotesi, tra le due a confronto, sono naturalmente i risultati sperimentali a decidere).

In letteratura sono stati proposti anche criteri più articolati, tendenti a garantire non solo che ci sia una evidenza sperimentale sufficiente ma anche che tale evidenza non sia fuorviante, cioè che induca alla conclusione corretta. Per semplicità precisiamo questa idea con riferimento al problema della scelta tra due ipotesi semplici H_0 e H_1, le cui probabilità iniziali indicheremo con π_0 e π_1. Con $p_0(x_i)$ e $p_1(x_i)$ denoteremo poi le densità di probabilità del generico risultato X_i rispettivamente sotto H_0 e sotto H_1, e con $B_{H_0}(z_n)$ il fattore di Bayes per H_0 contro H_1 calcolato sulla base dell'ipotetico campione $z_n = (x_1, x_2, \ldots, x_n)$. Fissiamo due valori b_0 e b_1 (con $b_0 > b_1$) tali che:

$B_{H_0}(z_n) > b_0$ indica una evidenza a favore di H_0;

$B_{H_0}(z_n) < b_1$ indica una evidenza a favore di H_1

e con $D_0(n), D_1(n)$ le regioni di $\mathcal{Z}_n$ che producono rispettivamente evidenze a favore di H_0 e di H_1, cioè:

$$D_0(n) = \{z_n : B_{H_0}(z_n) > b_0\}, \quad D_1(n) = \{z_n : B_{H_0}(z_n) < b_1\}.$$

Condizionatamente ad H_0 ed H_1, le probabilità di queste regioni sono:

$$P_0^*(n) = \mathrm{prob}(Z_n \in D_0(n) \mid H_0) = \int_{D_0(n)} \prod_{i=1}^{n} p_0(x_i)\mathrm{d}x_1\mathrm{d}x_2\ldots\mathrm{d}x_n$$

$$P_1^*(n) = \mathrm{prob}(Z_n \in D_1(n) \mid H_1) = \int_{D_1(n)} \prod_{i=1}^{n} p_1(x_i)\mathrm{d}x_1\mathrm{d}x_2\ldots\mathrm{d}x_n .$$

Possiamo dire che l'inferenza basata su n prove risulta *decisiva* se il risultato appartiene all'insieme $D_0(n) \cup D_1(n)$, mentre è debole in tutti gli altri casi. Per avere la probabilità a priori che l'inferenza sia simultaneamente decisiva e corretta dobbiamo calcolare la probabilità $P^*(n)$ dell'evento:

$$\Big(H_0 \wedge \big(Z_n \in D_0(n) \big) \Big) \vee \Big(H_1 \wedge \big(Z_n \in D_1(n) \big) \Big).$$

Si ha evidentemente:

$$P^*(n) = \pi_0 P_0^*(n) + \pi_1 P_1^*(n). \tag{8.29}$$

Il criterio proposto è di determinare n in modo che $P^*(n) \geq \gamma$ per un assegnato (ed elevato) valore $\gamma \in [0,1]$.

Esempio 8.8. Applichiamo la regola basata sulla (8.29) nel caso in cui $p_0(x_i)$ sia la densità N(0,1), $p_1(x_i)$ la densità N(1,1) e si ponga $b_0 = 3, b_1 = 1/3$. È facile verificare che

$$B_{H_0}(z_n) = \frac{\ell(\theta_0)}{\ell(\theta_1)} = \exp\left\{ \frac{1}{2} - n\bar{x} \right\},$$

dove $\bar{x} = \sum x_i / n$. Pertanto:

$$D_0(n) = \left\{ z_n : \exp\left\{ \frac{1}{2} - n\bar{x} \right\} > b_0 \right\}$$

$$D_1(n) = \left\{ z_n : \exp\left\{ \frac{1}{2} - n\bar{x} \right\} < b_1 \right\}.$$

Osservato che la distribuzione campionaria di $\overline{X}$ sotto H_0 e sotto H_1 è rispettivamente N$(0, \frac{1}{n})$ e N$(1, \frac{1}{n})$, si ha:

$$P^*(n) = \text{prob}\left(\overline{X} < \frac{1}{2n} - \frac{1}{n} \log b_0 \right) = \Phi\left(\frac{1}{2\sqrt{n}} - \frac{1}{\sqrt{n}} \log b_0 \right)$$

$$P^*(n) = \text{prob}\left(\overline{X} > \frac{1}{2n} - \frac{1}{n} \log b_1 \right) = \Phi\left(\frac{1}{2\sqrt{n}} - \frac{1}{\sqrt{n}} \log b_1 - \frac{1}{\sqrt{n}} \right)$$

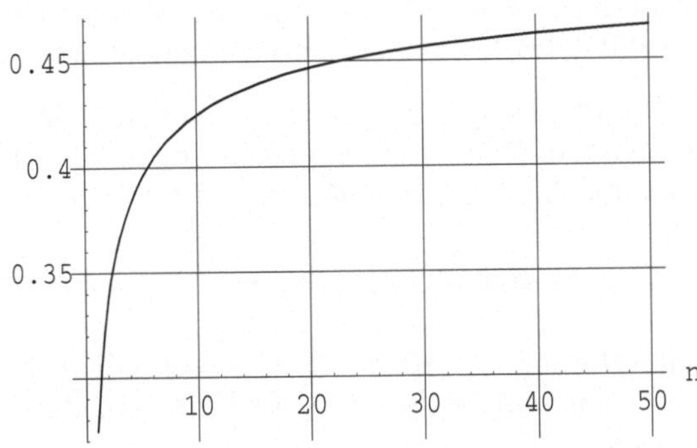

Figura 8.3. Valori di $P^*(n)$ al variare di n

ed è quindi facile calcolare numericamente la (8.29) per i diversi valori di n, avendo naturalmente prefissato π_0 e $\pi_1 = 1 - \pi_0$.

Ad esempio, posto $\pi_0 = 0.5$, si ottiene il grafico della figura 8.3 dove si vede che P^* cresce con n, prima velocemente e poi molto lentamente. $\diamond$

A commento dei numerosi criteri cui si è accennato, osserviamo che la loro applicabilità va oltre al caso della dimensione ottima del campione; avendo una classe $\mathcal{E}$ di esperimenti possibili, tra loro differenti per le procedure osservazionali, i criteri descritti sono facilmente traducibili in criteri validi per il confronto di esperimenti diversi.

8.4.3 Metodi frequentisti

Nell'ambito della impostazione frequentista non sono disponibili criteri generali applicabili a tutte le situazioni pratiche. Dando per accettato che in qualunque problema di decisione statistica (almeno nella categoria dei problemi ipotetici) si possa trovare una soddisfacente funzione di decisione d', sappiamo che è la stessa costruzione dei rischi normali che elimina la presenza del risultato sperimentale. La componente informativa della perdita è quindi rappresentata dal rischio normale calcolato per l'esperimento considerato e_n, quantità che denoteremo con $R(\theta, d'; e_n)$; evidentemente $R(\theta, d'; e_n)$ svolge il ruolo della quantità finora denotata con $V(e_n)$. La ovvia difficoltà che si presenta è la dipendenza dal parametro incognito $\theta \in \Omega$. La tecnica usuale è di fissare dei valori $\widetilde{\theta}$ di riferimento, cosicché l'ottimalità dell'esperimento resta in definitiva condizionata alla effettiva rappresentatività di tali valori ed è quindi soltanto "locale". Gli esempi che seguono mostrano alcune procedure correntemente seguite; va osservato che tali procedure devono essere adattate ai diversi modelli statistici volta per volta in uso.

Esempio 8.9. Consideriamo il modello statistico di base $(\mathbb{R}^1, N(\theta, \sigma^2), \theta \in \mathbb{R}^1)$ con σ noto; l'obiettivo è la stima di θ. Si ha $d'(z_n) = \bar{x}$ e $R(\theta, d'; e_n) = \sigma^2/n$. Si può porre quindi $V(e_n) = \sigma^2/n$, il che corrisponde alla trattazione dell'esempio 8.4 con la condizione $\beta \cong 0$ (distribuzione iniziale diffusa). In questo caso particolare, $R(\theta, d'; e_n)$ non dipende effettivamente da θ e non si presenta quindi la difficoltà tipica dei metodi frequentisti. $\diamond$

Esempio 8.10. Consideriamo ancora il problema della stima di un parametro θ, assumendo però per le singole osservazioni un modello bernoulliano, con probabilità θ incognita. Sappiamo che lo stimatore classico è $d'(z_n) = \bar{x}$ e che

$$R(\theta, d'; e_n) = \frac{\theta(1 - \theta)}{n}.$$

È il caso in cui il parametro θ va eliminato allo scopo di avere una valutazione $V(e_n)$ effettivamente calcolabile. Le due possibilità standard sono:
(a) fissare un valore $\widetilde{\theta}$ e porre $V(e_n) = \widetilde{\theta}(1 - \widetilde{\theta})/n$;
(b) considerare il valore più sfavorevole di $R(\theta, d'; e_n)$, che si ottiene per $\theta = 1/2$, e porre quindi $V(e_n) = 1/(4n)$.

È appena il caso di osservare che la soluzione (a) è una specie di procedura bayesiana "dogmatica", mentre la soluzione (b), fortemente pessimistica, dà spesso luogo a soluzioni non pratiche. ◇

Esempio 8.11. Consideriamo il problema del test delle ipotesi $H_0 : \theta \leq \theta_0$ e $H_1 : \theta > \theta_0$ con lo stesso modello dell'esempio 8.9 e ponendo $b_0 = b_1 = 1$. Sappiamo (formula (7.40)) che, comunque preso $e_n \in \mathcal{E}$, si ha:

$$R(\theta, d'; e_n) = \begin{cases} \eta_d(\theta), & \theta \leq \theta_0 \\ 1 - \eta_d(\theta), & \theta > \theta_0 \end{cases},$$

dove $\eta_d(\theta)$ è la funzione di potenza. La teoria classica fornisce indicazioni per scegliere, per una ampiezza fissata, un test d' soddisfacente che nel caso in esame, è un test uniformemente più potente con zona critica $\{\bar{x} : \bar{x} \geq c\}$. La condizione di ampiezza, se (come accade in questo caso) $\eta_{d'}(\theta)$ è crescente, porta a $\eta_{d'}(\theta_0) = \alpha$; aggiungendo la condizione $\eta_{d'}(\theta_1) = 1 - \beta$ dove β e θ_1 ($\theta_1 > \theta_0$) sono valori prefissati, si ottiene un sistema di condizioni che determina un solo valore n^*. Pertanto:

$$\eta_{d'}(\theta_0) = P_{\theta_0}(\overline{X} \geq c) = P_{\theta_0}\left(U \geq \frac{\sqrt{n}}{\sigma}(c - \theta_0)\right)$$

$$\eta_{d'}(\theta_1) = P_{\theta_1}(\overline{X} \geq c) = P_{\theta_1}\left((U \geq \frac{\sqrt{n}}{\sigma}(c - \theta_1)\right),$$

dove $U \sim N(0, 1)$. Ne viene il sistema:

$$\sqrt{n}(c - \theta_0) = \sigma \cdot u_{1-\alpha}, \quad \sqrt{n}(c - \theta_1) = \sigma \cdot u_\beta$$

da cui, sottraendo la seconda condizione dalla prima, si trova:

$$n^* = \left(\frac{u_{1-\alpha} - u_\beta}{\theta_1 - \theta_0}\right)^2 \sigma^2 = \left(\frac{u_{1-\alpha} + u_{1-\beta}}{\theta_1 - \theta_0}\right) \sigma^2.$$

Formalmente non si ha in questa procedura una ottimizzazione diretta rispetto a n. In realtà la soluzione n^* va valutata anche in termini economici; qualora il suo costo sia eccessivo, occorre aumentare α e β. Un'altra evidente difficoltà della procedura è che di fatto il problema del test tra ipotesi composte unilaterali viene elaborato come un test per ipotesi semplici. In pratica è necessario quindi, fissata la coppia (n^*, d'), controllare che la funzione di rischio $R(\theta, d'; e_n)$ sia soddisfacente per ogni $\theta \in \Omega$.

Il caso di σ incognito, se non si vuole fare ricorso al criterio della ottimalità "locale", presenta già difficoltà non banali, e la letteratura suggerisce per esempio una procedura in due stadi, il primo essendo dedicato proprio alla stima di σ. ◇

Esempio 8.12. Consideriamo il problema dell'esempio 8.6, senza però fare uso di distribuzioni iniziali. Per questo problema, ricordando che σ è noto, si considererebbe l'intervallo di confidenza:

$$C(z_n) = \left(\bar{x} - \frac{\sigma}{\sqrt{n}}u_{1-\frac{\alpha}{2}}, \ \bar{x} + \frac{\sigma}{\sqrt{n}}u_{1-\frac{\alpha}{2}}\right)$$

per una opportuna scelta di α. La sua ampiezza è $2\sigma u_{1-\frac{\alpha}{2}}/\sqrt{n}$ e questa (una volta fissato il coefficiente di confidenza) può essere trattata come la quantità $V(e_n)$ in quanto non dipende né dal risultato né dal parametro incognito. Se vogliamo minimizzare $W(e_n) = V(e_n) + cn$ otteniamo:

$$n^* = \frac{\sigma^2 u_{1-\frac{\alpha}{2}}^2}{c^2};$$

se invece vogliamo adoperare la procedura basata sulla (8.7), cioè minimizzare cn con il vincolo $V(e_n) \leq \delta$, otteniamo:

$$n^* = \sigma^2 \frac{4 u_{1-\frac{\alpha}{2}}^2}{\delta^2}$$

(sempre a meno di un arrotondamento ad un intero vicino).   ◇

Esercizi

8.5. Applicare il criterio ALC, basato sulla formula (8.23) con $\ell = 0.2$, al problema della stima di θ in un modello binomiale in cui θ è la probabilità incognita. Assumere come iniziale la distribuzione uniforme, e considerare, invece degli insiemi HPD, gli insiemi credibili con code eguali e di probabilità 0.025.

[Sol. Si trova numericamente $n^* = 58$. È un risultato non molto diverso da quello che si trova operando con gli insiemi HPD, che è $n^* = 56$]

8.6. Verificare, con una procedura numerica, i valori di $V(e_n)$ per $n = 8, 9, 10$ nelle condizioni dell'esempio 8.7.

8.7. Sviluppare numericamente l'esempio 8.8 con $\pi_0 = 0.3$.

8.8. *Un possibile criterio in ambito frequentista, avendo l'obiettivo di stimare un parametro incognito θ, è di prefissare due costanti d e α e cercare il minimo valore n per cui:

$$\mathrm{prob}(|\overline{X} - \theta| < d\,|\,\theta) \geq 1 - \alpha.$$

Dimostrare che, nelle condizioni dell'esempio 8.9, si trova:

$$n^* \geq \frac{\sigma^2}{d^2} u_{1-\frac{\alpha}{2}}^2.$$

8.5 Il caso dei modelli lineari

Limitatamente a questa sezione, per motivi di chiarezza, useremo il carattere neretto per matrici e vettori, maiuscolo per le matrici, minuscolo per i vettori senza distinguere tra vettori aleatori e non aleatori (lasciando al contesto di impedire l'ambiguità); la sola eccezione è il parametro complessivo θ, per il quale si mantiene la notazione usuale.

Uno schema molto generale di esperimento è il seguente: si vogliono eseguire n prove, con n predefinito; in ciascuna delle prove si deve fissare il valore di k variabili controllate $v_1, v_2, \ldots, v_k$. Il valore scelto per la variabile v_i nella unità sperimentale u-esima $(u = 1, 2, \ldots, n)$ sia $v_i^{(u)}$. Ciò dà luogo alla matrice (*matrice del disegno*):

$$
\boldsymbol{D} = \begin{bmatrix}
v_1^{(1)} & v_2^{(1)} & \ldots & v_k^{(1)} \\
v_1^{(2)} & v_2^{(2)} & \ldots & v_k^{(2)} \\
\ldots & \ldots & \ldots & \ldots \\
v_1^{(n)} & v_2^{(n)} & \ldots & v_k^{(n)}
\end{bmatrix} .
\tag{8.30}
$$

Assumiamo che ciascun vettore riga $\boldsymbol{v}^{(u)} = (v_1^{(u)}, v_2^{(u)}, \ldots, v_k^{(u)})$ $(u = 1, 2, \ldots, n)$ possa essere scelto entro un insieme $\mathcal{V} \subseteq \mathbb{R}^k$ (spazio delle variabili controllate) che supporremo chiuso e limitato; un disegno è costituito da n punti di $\mathcal{V}$. Il risultato y_u $(u = 1, 2, \ldots, n)$ di ogni singola prova dipende: (a) dal corrispondente vettore $\boldsymbol{v}^{(u)}$; (b) da parametri incogniti; (c) da disturbi accidentali additivi. Tutto ciò può essere modellizzato con:

$$
y_u = \eta(\boldsymbol{v}^{(u)}, \boldsymbol{\beta}) + \varepsilon_u \qquad (u = 1, 2, \ldots, n) ,
$$

dove η è una ben determinata funzione (funzione di risposta), $\boldsymbol{\beta}$ un vettore di parametri incogniti, ε_u la realizzazione di una variabile aleatoria che rappresenta il disturbo accidentale. Poiché ciascuna delle righe $\boldsymbol{v}^{(u)}$ può essere scelta liberamente in $\mathcal{V}$, l'insieme degli esperimenti disponibili può vedersi come $\mathcal{E} = \mathcal{V}^n$.

Fissata una matrice $\boldsymbol{D}$, una legge di probabilità per gli errori accidentali, eventualmente dipendente da altri parametri incogniti, e la funzione di risposta, si ottiene un modello statistico. Il modello viene detto *lineare* se può essere scritto nella forma:

$$
\boldsymbol{y} = \boldsymbol{X}\boldsymbol{\beta} + \boldsymbol{\varepsilon} ,
\tag{8.31}
$$

dove $\boldsymbol{X} = [x_i^{(u)}]$ $(u = 1, 2, \ldots, n; \ i = 1, 2, \ldots, p)$, detta *matrice del modello*, è una matrice $n \times p$ di costanti note, dipendente solo dalla matrice $\boldsymbol{D}$. Si osservi che la linearità è riferita ai parametri incogniti $\beta_1, \beta_2, \ldots, \beta_p$, non alle variabili $v_1, v_2, \ldots, v_k$. La scelta della matrice del disegno $\boldsymbol{D}$ determina automaticamente la matrice del modello $\boldsymbol{X}$; per comodità espositiva si affronta usualmente il problema della scelta con riferimento alla matrice $\boldsymbol{X}$ e non alla matrice $\boldsymbol{D}$. La corrispondenza fra $\boldsymbol{D}$ e $\boldsymbol{X}$ si può comunque rappresentare con una funzione $t : \mathcal{V} \to \mathbb{R}^p$ tale che:

$$t(\boldsymbol{v}) = [t_1(\boldsymbol{v}), t_2(\boldsymbol{v}), \ldots, t_p(\boldsymbol{v})]\,, \tag{8.32}$$

sia la riga della matrice $\boldsymbol{X}$ corrispondente alla riga $\boldsymbol{v}$ della matrice $\boldsymbol{D}$.

Esempio 8.13. Consideriamo il modello:

$$y_u = \alpha_0 + \alpha_1 v_u + \alpha_2 v_u^2 + \varepsilon_u \qquad (u = 1, 2, \ldots, n;\ v_u \in \mathbb{R}).$$

Ponendo $\boldsymbol{\beta}^\top = [\alpha_0, \alpha_1, \alpha_2]$, $\boldsymbol{x}_u = [1, v_u, v_u^2]^\top$ $(u = 1, 2, \ldots, n)$, il modello può essere riscritto come:

$$y_u = \boldsymbol{x}_u^\top \boldsymbol{\beta} + \varepsilon_u \qquad (u = 1, 2, \ldots, n)$$

se lo riferiamo alle singole prove, e nella forma (8.31), ponendo:

$$\boldsymbol{X} = \begin{bmatrix} 1 & v_1 & v_1^2 \\ 1 & v_2 & v_2^2 \\ \cdots\cdots\cdots \\ 1 & v_n & v_n^2 \end{bmatrix}$$

se ci riferiamo alla totalità dell'esperimento. $\diamond$

Conviene introdurre due condizioni aggiuntive:
(I) la matrice $\boldsymbol{X}$ ha rango $p \leq n$ (*modello lineare regolare* o *di rango pieno*) ;
(II) il vettore degli errori accidentali ha distribuzione $N_n(\boldsymbol{0}_n, \sigma^2 \boldsymbol{I}_n)$ dove $\boldsymbol{0}_n$ è il vettore colonna di n zeri, $\boldsymbol{I}_n$ è la matrice identità $n \times n$ e σ un parametro incognito. Il complesso dei parametri incogniti è quindi $\theta = (\beta_1, \beta_2, \ldots, \beta_p, \sigma)$.

Il caso dei modelli lineari si caratterizza per il fatto che è stata sviluppata una teoria non bayesiana della scelta dell'esperimento interessante e relativamente completa; tale teoria, opera essenzialmente di J.Kiefer (1924-1981), ha portato a metodi e risultati che, come vedremo, sono acquisibili (con le opportune rielaborazioni) anche nell'ottica bayesiana. Introdurremo per prima cosa i concetti fondamentali della teoria di Kiefer, senza darne una trattazione completa che sarebbe troppo ampia e complessa.

Nel quadro del modello (8.31) (tenendo conto delle condizioni aggiuntive I e II) le stime di massima verosimiglianza e dei minimi quadrati coincidono e si possono determinare come soluzioni del cosiddetto *sistema normale*:

$$\boldsymbol{X}^\top \boldsymbol{X} \boldsymbol{b} = \boldsymbol{X}^\top \boldsymbol{y}\,,$$

da cui

$$\boldsymbol{b} = (\boldsymbol{X}^\top \boldsymbol{X})^{-1} \boldsymbol{X}^\top \boldsymbol{y}. \tag{8.33}$$

La stima $\boldsymbol{b}$ di $\boldsymbol{\beta}$ può vedersi, per θ fissato, come la realizzazione di un vettore aleatorio (indicato ancora con $\boldsymbol{b}$) con vettore di medie:

$$\mathbb{E}_\theta \boldsymbol{b} = \mathbb{E}_\theta \left((\boldsymbol{X}^\top \boldsymbol{X})^{-1} \boldsymbol{X}^\top \boldsymbol{y}\right) = (\boldsymbol{X}^\top \boldsymbol{X})^{-1} \boldsymbol{X}^\top \mathbb{E}_\theta \boldsymbol{y} = (\boldsymbol{X}^\top \boldsymbol{X})^{-1} \boldsymbol{X}^\top \boldsymbol{X} \boldsymbol{\beta} = \boldsymbol{\beta}$$

e matrice varianze-covarianze (v. esercizio 8.9):

$$\mathbb{V}_\theta \boldsymbol{b} = (\boldsymbol{X}^\top \boldsymbol{X})^{-1} \boldsymbol{X}^\top (\mathbb{V}_\theta \boldsymbol{y}) \boldsymbol{X} (\boldsymbol{X}^\top \boldsymbol{X})^{-1} = \sigma^2 (\boldsymbol{X}^\top \boldsymbol{X})^{-1} \boldsymbol{X}^\top \boldsymbol{X} (\boldsymbol{X}^\top \boldsymbol{X})^{-1} =$$
$$= \sigma^2 (\boldsymbol{X}^\top \boldsymbol{X})^{-1}.$$

Il vettore $\widehat{\boldsymbol{y}} = \boldsymbol{X}\boldsymbol{b}$ è intuitivamente una stima di $\mathbb{E}_\theta \boldsymbol{y} = \boldsymbol{X}\boldsymbol{\beta}$ e si ha:

$$\mathbb{E}_\theta \widehat{\boldsymbol{y}} = \boldsymbol{X}\boldsymbol{\beta}, \qquad \mathbb{V}_\theta \widehat{\boldsymbol{y}} = \sigma^2 \boldsymbol{X} (\boldsymbol{X}^\top \boldsymbol{X})^{-1} \boldsymbol{X}^\top.$$

Più in generale può essere prevista la risposta $\eta(\boldsymbol{v}, \boldsymbol{\beta})$ in corrispondenza di una qualunque combinazione $\boldsymbol{v} \in \mathcal{V}$ delle variabili controllate, anche se non è stata compresa nella matrice del disegno $\boldsymbol{D}$. Sia $\boldsymbol{x}^\top = [x_1, x_2, \ldots, x_p]$ il vettore riga corrispondente a $\boldsymbol{v}$ (cioè $\boldsymbol{x} = t(\boldsymbol{v})$ secondo la formula (8.32)). Il valore previsto della risposta in $\boldsymbol{v}$ è $\widehat{y}(\boldsymbol{v}) = \boldsymbol{x}^\top \boldsymbol{b}$, realizzazione di una v.a. $\widehat{Y}(\boldsymbol{v})$, e quindi:

$$\mathbb{E}_\theta \widehat{Y}(\boldsymbol{v}) = \boldsymbol{x}^\top \boldsymbol{\beta}, \qquad \mathbb{V}_\theta \widehat{Y}(\boldsymbol{v}) = \sigma^2 \boldsymbol{x}^\top (\boldsymbol{X}^\top \boldsymbol{X})^{-1} \boldsymbol{x}.$$

È generalmente accettato (sempre nell'ambito frequentista, si intende) che la qualità di un disegno sperimentale è legata esclusivamente alle caratteristiche della matrice $\boldsymbol{S} = \boldsymbol{X}^\top \boldsymbol{X}$, detta usualmente *matrice dell'informazione*. Si noti che la matrice $\sigma^{-2} \boldsymbol{S}$ è l'inversa della matrice varianze-covarianze del vettore aleatorio $\boldsymbol{b}$, e viene chiamata pertanto *matrice di precisione*. In questo modo ogni valutazione comparativa dei disegni è indipendente da parametri incogniti, in quanto $\boldsymbol{\beta}$ non compare e σ^2 figura solo nel coefficiente moltiplicativo comune. Un generico esperimento in $\mathcal{E}$ può denotarsi con $e_{\boldsymbol{X}}$; se $\varphi(\boldsymbol{S})$ è il tipo di valutazione adottata, dove φ ha valori reali, la componente informativa della perdita può esprimersi direttamente come:

$$V(e_{\boldsymbol{X}}) = \varphi(\boldsymbol{S}). \tag{8.34}$$

Pertanto φ rappresenta simultaneamente funzione di perdita e criterio di ottimalità, ed è questo che rende trattabile il problema nel quadro frequentista.

Esempio 8.14. Consideriamo un modello di regressione lineare semplice; fissati comunque n valori $x_1, x_2, \ldots, x_n$ con $x_u \in [-1, 1]$ $(u = 1, 2, \ldots, n)$, si assume che le risposte osservate siano:

$$y_u = \alpha_0 + \alpha_1 x_u + \varepsilon_u \qquad (u = 1, 2, \ldots, n),$$

dove $\varepsilon_1, \varepsilon_2, \ldots, \varepsilon_n$ sono realizzazioni indipendenti di una v.a. $N(0, \sigma^2)$. Complessivamente il parametro è quindi $\theta = (\alpha_0, \alpha_1, \sigma)$; supponiamo però di essere interessati esclusivamente alla componente α_1. L'obiettivo è di scegliere

$n, x_1, x_2, \ldots, x_n$ ($n \geq 0$, $x_u \in [-1, 1]$) in modo da avere una stima ottimale di α_1 nell'ambito della impostazione frequentista. Un generico esperimento può quindi denotarsi con $e = (n, x_1, x_2, \ldots, x_n)$ ed in corrispondenza si ha $\mathscr{Z}_e = \mathbb{R}^n$. La matrice del disegno $\boldsymbol{D}$ è semplicemente il vettore $[x_1, x_2, \ldots, x_n]^\top$, la funzione t della formula (8.32) associa ad ogni $x \in \mathbb{R}$ il vettore $[1, x]^\top$ e la matrice del modello risulta:

$$\boldsymbol{X} = \begin{bmatrix} 1 & x_1 \\ 1 & x_2 \\ \cdots\cdots \\ 1 & x_n \end{bmatrix}.$$

Si ha quindi:

$$\boldsymbol{S} = \boldsymbol{X}^\top \boldsymbol{X} = \begin{bmatrix} n & \sum x_u \\ \sum x_u & \sum x_u^2 \end{bmatrix}; \quad \boldsymbol{S}^{-1} = \frac{1}{\det(\boldsymbol{S})} \begin{bmatrix} \sum x_u^2 & \sum x_i \\ -\sum x_u & n \end{bmatrix},$$

dove $\det(\boldsymbol{S}) = n \sum x_u^2 - (\sum x_u)^2 = n^2 s^2$. Ne viene infine:

$$\boldsymbol{b} = \boldsymbol{S}^{-1} \boldsymbol{X}^\top \boldsymbol{y} = \boldsymbol{S}^{-1} \begin{bmatrix} \sum y_u \\ \sum x_u y_u \end{bmatrix} = \frac{1}{n^2 s^2} \begin{bmatrix} \sum x_u^2 \sum y_u - \sum x_u \sum x_u y_u \\ n \sum x_u y_u - \sum x_u \sum y_u \end{bmatrix}.$$

Lo stimatore non distorto di α_1 con varianza minima è quindi:

$$d'(y_1, y_2, \ldots, y_n) = \frac{n \sum x_u y_u - \sum x_u \sum y_u}{n^2 s^2} = \frac{\sum (y_u - \bar{y})(x_u - \bar{x})}{\sum (x_u - \bar{x})^2}$$

e la sua varianza campionaria è:

$$\mathbb{V}_\theta(d') = \frac{n}{\det(\boldsymbol{S})} \sigma^2 = \frac{\sigma^2}{\sum (x_u - \bar{x})^2}.$$

Se ora poniamo:

$$V(e) = \frac{\sigma^2}{\sum (x_u - \bar{x})^2}, \qquad C(e) = cn$$

e adottiamo l'impostazione basata sull'ottimizzazione della componente informativa sotto un vincolo di costo, la presenza del parametro incognito σ^2 nella quantità $V(e)$ non porta alcun disturbo pratico, in quanto la stessa formula (8.8) diventa semplicemente:

$$\sum (x_u - \bar{x})^2 = \max \text{ per } x_u \in [-1, 1], \quad cn \leq \gamma.$$

In queste condizioni il numero ottimo di osservazioni è il massimo intero $\leq \gamma/c$, diciamo n^*, e la collocazione degli x_u dev'essere tale che l'insieme numerico $\{x_1, x_2, \ldots, x_n\}$ abbia varianza massima. Se n^* è pari, basta quindi porre $\frac{1}{2}n^*$ valori x_i eguali a -1 e gli altri $\frac{1}{2}n^*$ eguali a +1. Resta valida l'osservazione circa i limiti di tale soluzione presentata a commento dell'esempio 8.1.   ◇

Esempio 8.15. In molti casi importanti (in particolare in tutti i modelli di tipo analisi della varianza) le variabili controllate sono semplicemente variabili indicatrici. Consideriamo un esperimento in cui si vogliono confrontare 2 trattamenti, per esempio un farmaco e un placebo in una prova clinica; si devono scegliere il numero n_1 degli individui cui somministrare il farmaco e il numero n_2 degli individui cui somministrare il placebo, avendo fissato la somma $n_1 + n_2 = n$. Il modello più naturale è:

$$y_{ij} = \beta_i + \varepsilon_{ij} \qquad (i = 1, 2; j = 1, 2, \ldots, n_i),$$

dove $y_{ij} \in \mathbb{R}^1$ è la risposta dell'individuo j nel gruppo cui è stato somministrato il trattamento i. Al solito le ε_{ij} sono considerate realizzazioni di v.a. indipendenti con distribuzione $\mathrm{N}(0, \sigma^2)$ (ma la normalità della distribuzione non viene in realtà mai utilizzata nelle argomentazioni che qui svolgeremo).

In questo caso la matrice del disegno e la matrice del modello coincidono ed è:

$$\boldsymbol{D} = \boldsymbol{X} = \begin{bmatrix} 1 & 0 \\ \cdots\cdots \\ 1 & 0 \\ 0 & 1 \\ \cdots\cdots \\ 0 & 1 \end{bmatrix},$$

dove le prime n_1 e le ultime n_2 righe sono eguali fra loro. Si ha poi:

$$\boldsymbol{S} = \boldsymbol{X}^\top \boldsymbol{X} = \begin{bmatrix} n_1 & 0 \\ 0 & n_2 \end{bmatrix}, \qquad \boldsymbol{S}^{-1} = \begin{bmatrix} 1/n_1 & 0 \\ 0 & 1/n_2 \end{bmatrix}$$

e quindi:

$$\boldsymbol{b} = \boldsymbol{S}^{-1} \boldsymbol{X}^\top \boldsymbol{y} = \begin{bmatrix} \bar{y}_1 \\ \bar{y}_2 \end{bmatrix}$$

per cui gli stimatori (non distorti) $\overline{Y}_1$ e $\overline{Y}_2$ hanno distribuzioni indipendenti con varianze rispettivamente $\frac{\sigma^2}{n_1}$ e $\frac{\sigma^2}{n_2}$. Il risultato è del tutto ovvio e il ricorso alla struttura formale del modello lineare, in questo caso, può sembrare una complicazione inutile. Con esperimenti più complessi però, anche quando si adoperano solo variabili indicatrici, questo schema procedurale può risultare molto conveniente. $\diamond$

Esaminiamo alcune possibili scelte della funzione da minimizzare φ. Utilizzando la nomenclatura corrente, alcuni dei criteri più importanti sono:

- *D-ottimalità.* Si pone

$$\varphi(\boldsymbol{S}) = \det(\boldsymbol{S}^{-1}). \tag{8.35}$$

È noto infatti che il determinante della matrice varianze-covarianze è una misura della variabilità di una v.a. multipla; qui il riferimento è al vettore aleatorio $\boldsymbol{b}$ e alla sua distribuzione campionaria $N_p(\boldsymbol{\beta}, \sigma^2 \boldsymbol{S}^{-1})$. Naturalmente, essendo $\det(\boldsymbol{S}^{-1}) = 1/\det(\boldsymbol{S})$, minimizzare $\det(\boldsymbol{S}^{-1})$ è equivalente a massimizzare $\det(\boldsymbol{S})$. La lettera "D" ricorda proprio il termine "determinante".

- G-*ottimalità*. Indichiamo con

$$d(\boldsymbol{v}, \boldsymbol{S}) = \frac{n}{\sigma^2} \mathbb{V}_\theta\big(\widehat{Y}(\boldsymbol{v})\big) \tag{8.36}$$

la cosiddetta *varianza standardizzata* della previsione aleatoria $\widehat{Y}(\boldsymbol{v})$, dove $\boldsymbol{v}$ è un qualunque elemento di $\mathcal{V}$. Poniamo quindi:

$$\varphi(\boldsymbol{S}) = \max_{\boldsymbol{v}\in\mathcal{V}} d(\boldsymbol{v}, S). \tag{8.37}$$

Questo criterio assicura, in un certo senso, una buona stima globale di $\eta(\boldsymbol{v}, \boldsymbol{\beta})$, dove $\boldsymbol{v}$ può variare in tutto lo spazio $\mathcal{V}$ e quindi può corrispondere anche ad osservazioni che non si intendono effettuare.

- A-*ottimalità*. Si pone:

$$\varphi(S) = \text{traccia}(\boldsymbol{S}^{-1}). \tag{8.38}$$

Come è noto, se $\boldsymbol{S}^{-1} = [s^{ij}]$ $(i, j = 1, 2, \ldots, p)$, la traccia di $\boldsymbol{S}^{-1}$ è $\sum_i s^{ii}$, cioè la somma degli elementi della diagonale principale, ed è quindi proporzionale alla media aritmetica delle varianze campionarie di $B_1, B_2, \ldots, B_p$ ("A" viene dall'inglese *Average*); si tratta quindi ancora di un indice di variabilità del vettore aleatorio in esame. Un aspetto discutibile di questo criterio consiste nel trascurare del tutto l'eventuale dipendenza stocastica degli stimatori dei singoli parametri.

- E-*ottimalità*. Si pone:

$$\varphi(\boldsymbol{S}) = \frac{1}{\lambda_1}, \tag{8.39}$$

dove si intende (qui e nel seguito della sezione) che $\lambda_1 \leq \lambda_2 \leq \ldots \leq \lambda_p$ sono le radici caratteristiche (o autovalori, in inglese - con una parola per metà tedesca - *Eigenvalues*) di $\boldsymbol{S}$, cioè le soluzioni, contate con la loro molteplicità e poste in ordine crescente, dell'equazione $\det(\boldsymbol{S} - \lambda\boldsymbol{I}_p) = 0$. Il significato statistico della (8.39) si basa sulla seguente argomentazione. Supponiamo di voler stimare la funzione parametrica $\alpha = \boldsymbol{c}^\top\boldsymbol{\beta}$, con $\boldsymbol{c}^\top$ vettore riga assegnato e soddisfacente al vincolo $\boldsymbol{c}^\top\boldsymbol{c} = 1$; lo stimatore corrispondente è $A = \boldsymbol{c}^\top\boldsymbol{b}$, e valgono le formule:

$$\mathbb{E}_\theta A = \boldsymbol{c}^\top\mathbb{E}_\theta\boldsymbol{b} = \boldsymbol{c}^\top\boldsymbol{\beta}, \qquad \mathbb{V}_\theta A = \sigma^2\boldsymbol{c}^\top\boldsymbol{S}^{-1}\boldsymbol{c}. \tag{8.40}$$

Ci chiediamo quale sia la funzione parametrica peggio stimata (al variare di $\boldsymbol{c}$), nel senso di avere lo stimatore con varianza massima. Si noti che senza il vincolo $\boldsymbol{c}^\top\boldsymbol{c} = 1$ il problema non avrebbe senso perché le varianze sarebbero illimitate superiormente. Ricordiamo preliminarmente un risultato di algebra lineare:

Teorema 8.2. *Se Q è una matrice simmetrica $p \times p$ con radici caratteristiche $\mu_1 \leq \mu_2 \leq \ldots \leq \mu_p$ e x è un vettore colonna di ordine p, si ha:*

$$\min_{x^\top x = 1} x^\top Q x = \mu_1, \qquad \max_{x^\top x = 1} x^\top Q x = \mu_p.$$

Ponendo $Q = S^{-1}$ e ricordando che invertendo una matrice si invertono anche gli autovalori (per cui in particolare, mantenendo la simbologia fin qui usata, $\lambda_1 = 1/\mu_p$ e $\lambda_p = 1/\mu_1$), possiamo applicare il teorema appena enunciato alla seconda delle (8.40). La varianza massima è quindi:

$$\max_{c^\top c = 1} \mathbb{V}_\theta(c^\top B) = \sigma^2 \max_{c^\top c = 1} (c^\top S^{-1} c) = \sigma^2 \frac{1}{\lambda_1}$$

e questo spiega la posizione (8.39). Il criterio della E-ottimalità protegge quindi, come si voleva, contro la cattiva stima della funzione parametrica lineare peggio stimata.

Notiamo di passaggio che anche i criteri D e A possono essere riscritti con riferimento agli autovalori $\lambda_1 \leq \lambda_2 \leq, \ldots, \leq \lambda_p$ di S (o agli autovalori di S^{-1}). Si ha infatti:

$$\det(S^{-1}) = \prod_{i=1}^{p} \frac{1}{\lambda_i}, \qquad \text{traccia}(S^{-1}) = \sum_{i=1}^{p} \frac{1}{\lambda_i}.$$

Esempio 8.16. Continuiamo l'esempio (8.14). La D-ottimalità richiede di massimizzare $\det(S) = n^2 s^2$ (dove $s^2 = \sum(x_u - \bar{x})^2/n$) al variare delle x_u in $[-1, 1]$. Osserviamo che:

$$s^2 = \frac{\sum x^2}{n} - \bar{x}^2 \leq \frac{\sum x^2}{n} \leq 1.$$

Se n è pari si tratta evidentemente di eseguire $\frac{n}{2}$ prove in $x = -1$ e $\frac{n}{2}$ prove in $x = +1$; ciò comporta infatti:

$$\bar{x} = 0, \; s^2 = 1, \tag{8.41}$$

per cui s^2 è massimizzato. In corrispondenza la matrice dell'informazione risulta espressa da:

$$S^* = \begin{bmatrix} n & 0 \\ 0 & n \end{bmatrix}. \tag{8.42}$$

Per semplicità assumiamo d'ora in poi (nell'ambito di questo esempio) che n sia pari.

Per la G-ottimalità osserviamo che la previsione di risposta per un generico $v \in \mathcal{V}$ (qui $v \in \mathbb{R}^1$) è $\widehat{y}(v) = b_0 + v b_1$ e che:

$$\mathbb{V}_\theta \widehat{Y}(v) = \mathbb{V}_\theta B_0 + v^2 \mathbb{V}_\theta B_1 + 2v \mathbb{C}_\theta(B_0, B_1) = \frac{\sigma^2}{n^2 s^2} \left(\sum x_i^2 + n v^2 - 2 n v \bar{x} \right).$$

Pertanto la corrispondente varianza standardizzata (formula (8.36)) è:

$$d(v, \boldsymbol{S}) = \frac{\sum x_i^2 + nv^2 - 2nv\bar{x}}{ns^2};$$

poiché $d(v, \boldsymbol{S})$ è convessa in v, ha il massimo sulla frontiera dell'insieme di definizione $[-1, 1]$. Essendo

$$d(-1, \boldsymbol{S}) = \frac{\sum x^2 + n(1 + 2\bar{x})}{ns^2}, \quad d(+1, \boldsymbol{S}) = \frac{\sum x^2 + n(1 - 2\bar{x})}{ns^2}$$

e $\sum x^2 = ns^2 + n\bar{x}^2$, si può scrivere anche:

$$d(-1, \boldsymbol{S}) = \frac{s^2 + (1 + 2\bar{x})^2}{s^2} = 1 + \frac{(1 + 2\bar{x})^2}{s^2}, \quad d(+1, \boldsymbol{S}) = 1 + \frac{(1 - 2\bar{x})^2}{s^2}$$

da cui:

$$\varphi(\boldsymbol{S}) = \begin{cases} d(-1, \boldsymbol{S}) & \text{se } \bar{x} \geq 0 \\ d(+1, \boldsymbol{S}) & \text{se } \bar{x} \leq 0 \end{cases}$$

e infine, più semplicemente:

$$\varphi(S) = 1 + \frac{(1 + 2|\bar{x}|)^2}{s^2}.$$

Il piano D-ottimo è caratterizzato da (8.41) e (8.42), sicché $| \bar{x} |$ e s^2 raggiungono rispettivamente il loro minimo e il loro massimo. Perciò $\boldsymbol{S}^*$ è anche G-ottima.

La A-ottimalità richiede di minimizzare:

$$\varphi(\boldsymbol{S}) = \text{traccia}(\boldsymbol{S}^{-1}) = \frac{\sum x^2}{n^2 s^2} + \frac{1}{ns^2} = \frac{1}{n} + \frac{1 + \bar{x}^2}{ns^2}.$$

Per gli stessi motivi di prima la soluzione ottima è ancora $\boldsymbol{S}^*$.

La E-ottimalità richiede di determinare preliminarmente gli autovalori di $\boldsymbol{S}$; l'equazione caratteristica è:

$$\lambda^2 - (n + \sum x^2)\lambda + n^2 s^2 = 0$$

e le radici cercate risultano

$$\begin{cases} \lambda_1 = \frac{1}{2}\left(n + \sum x^2 - \sqrt{(n + \sum x^2)^2 - 4n^2 s^2}\right) \\ \lambda_2 = \frac{1}{2}\left(n + \sum x^2 + \sqrt{(n + \sum x^2)^2 - 4n^2 s^2}\right) \end{cases} \tag{8.43}$$

Si deve quindi procedere alla minimizzazione di $1/\lambda_1$, ossia alla massimizzazione di λ_1. Poiché $\sum x_i^2 \leq n$ e $s^2 \leq 1$, dalla prima delle (8.43) ricaviamo $\lambda \leq n$ e quindi le radici caratteristiche della matrice $\boldsymbol{S}^*$ (che sono $\lambda_1^* = \lambda_2^* = n$) costituiscono proprio il massimo valore assumibile da λ_1 al variare del disegno ed $\boldsymbol{S}^*$ risulta ancora una soluzione ottima. $\diamond$

8.5.1 Disegni approssimati

È chiaro perfino dal semplicissimo esempio 8.16 che le ottimizzazioni richieste possono essere piuttosto complicate. Lo stesso Kiefer ha però sviluppato una teoria generale capace di fornire importanti punti di riferimento. Ricordiamo che un disegno si concretizza nella scelta di n punti in $\mathcal{V}$; tali punti non sono necessariamente distinti e il disegno si può quindi rappresentare mediante un vettore di frequenze relative associate agli m punti distinti $(m \leq n)$ tra gli n considerati. Per rendere il problema più facilmente trattabile dal punto di vista matematico, Kiefer ha suggerito di rappresentare ogni disegno con una misura di probabilità ξ su $\mathcal{V}$, da intendersi in senso puramente formale. Ovviamente solo i casi particolari in cui ξ ha un supporto finito, diciamo $\{v^{(1)}, v^{(2)}, \ldots, v^{(m)}\}$, e le probabilità ξ_h assegnate a $v^{(h)}$ $(h = 1, 2, \ldots, m)$ sono tali che $n_h = n\xi_h$ è intero per ogni i, corrispondono a disegni effettivamente eseguibili (e si dicono disegni *esatti*); altrimenti si tratterà di disegni *approssimati* (detti anche *continui*). Ad ogni disegno ξ, anche approssimato, si può associare una matrice dell'informazione, estendendo il concetto già introdotto. Nel caso dei disegni esatti, posto:

$$\xi = \begin{pmatrix} v^{(1)} & v^{(2)} & \ldots & v^{(m)} \\ \xi_1 & \xi_2 & \ldots & \xi_m \end{pmatrix}$$

e ricordando la formula (8.32) per la definizione delle funzioni $t_i(v)$, la matrice dell'informazione può scriversi:

$$S = X^\top X = \left[\sum_{u=1}^{n} x_i^{(u)} x_j^{(u)}\right] = \left[n \sum_{h=1}^{m} t_i(v^{(h)}) t_j(v^{(h)}) \xi_h\right] \quad (i, j = 1, 2, ..., p).$$

Per eliminare l'effetto della numerosità complessiva n, si introduce la matrice *normalizzata* dell'informazione con la formula:

$$M = \frac{1}{n} S. \tag{8.44}$$

La (8.44) si generalizza facilmente ad un disegno rappresentato da una qualsiasi misura di probabilità ξ su $\mathcal{V}$ ponendo:

$$M = M(\xi) = \left[\int_{\mathcal{V}} t_i(v) t_j(v) \mathrm{d}\xi\right] \quad (i, j = 1, 2, \ldots, p) .$$

Si può poi dimostrare che se ξ è una misura di probabilità cui corrisponde una matrice dell'informazione $M(\xi)$, esiste sempre una misura di probabilità ξ_F con supporto finito tale che $M(\xi_F) = M(\xi)$. Poiché in definitiva i disegni vengono valutati sempre per il tramite della matrice dell'informazione (o della sua inversa), nell'estensione in esame ci si può limitare a considerare le sole misure di probabilità ξ_F con supporto finito. Ovviamente i corrispondenti disegni non saranno necessariamente esatti, ma sarà spesso possibile trovare un disegno esatto abbastanza vicino ad un particolare disegno approssimato ξ_F.

La varianza standardizzata delle previsioni si generalizza facilmente basandosi sulle formule già note. Si pone a questo scopo:

$$d(v, M(\xi)) = \frac{n}{\sigma^2} \mathbb{V}_\theta\big(\widehat{Y}(v)\big) = x^\top [M(\xi)]^{-1} x \,,$$

dove al solito $x = t(v)$.

A questo punto i criteri di ottimalità introdotti per i disegni esatti sono tutti estendibili ai *disegni approssimati*, e la ricerca dell'ottimo può procedere nell'ambito della classe Ξ di tutte le misure di probabilità su $\mathcal{V}$, o della classe Ξ_F delle misure di probabilità su $\mathcal{V}$ con supporto finito. Malgrado la struttura del problema appaia per un verso più complicata, è diventato possibile fare uso dei teoremi relativi alla minimizzazione di funzionali convessi definiti su spazi di misure, e ciò introduce semplificazioni rilevanti. Diamo solo l'enunciato del cosiddetto *Teorema generale di equivalenza*, la cui utilità risulterà chiara anche da un punto di vista strettamente operativo.

Teorema 8.3. (Kiefer-Wolfowitz, 1960). *Le seguenti 3 condizioni sono equivalenti:*

(a) ξ^* *massimizza* $\det[M(\xi)]$ *per* $\xi \in \Xi$ *(cioè* ξ^* *è D-ottimo);*
(b) ξ^* *minimizza* $\max_{v \in \mathcal{V}} d(v, M(\xi))$ *(cioè* ξ^* *è G-ottimo);*
(c) $\max_{v \in \mathcal{V}} d(v, M(\xi^*)) = p$.

Il teorema è stato successivamente generalizzato in varie direzioni, ma per questi approfondimenti rinviamo alla letteratura. L'interesse teorico della equivalenza tra le proprietà (a) e (b) è evidente: una stessa scelta soddisfa simultaneamente criteri diversi e si ha una forma di robustezza della decisione (qui ξ^*) rispetto al criterio di ottimalità. La condizione (c) permette in modo spesso semplice un controllo: se ci aspettiamo che un determinato disegno ξ^+ possa essere ottimo, basta verificare che sia soddisfatta la condizione (c) con riferimento a ξ^+. Ovviamente questi ottimi non sono necessariamente disegni esatti, e nell'ambito dei soli disegni esatti l'equivalenza non vale. Ma ancora una volta la condizione (c) può avere una sua particolare utilità, in quanto il disegno candidato all'ottimalità, che abbiamo denotato con ξ^+, può anche essere esatto; se soddisfa (c), possiamo dire che si tratta di un disegno D-ottimo e G-ottimo (v. esercizio 8.14).

8.5.2 Analisi bayesiana

Fermi restando il modello (8.31) e le corrispondenti assunzioni (I) e (II), nell'analisi bayesiana diviene centrale la distribuzione finale del vettore dei parametri incogniti β. Assumiamo che, condizionatamente al risultato y, il vettore aleatorio β abbia matrice di precisione T; in altri termini T è l'inversa della matrice varianze-covarianze della distribuzione finale di β. Supponiamo poi che la matrice T sia indipendente da y e possa dipendere dal parametro σ^2 nella forma $T = g(\sigma^2) \cdot T_1$ dove $g(\sigma^2)$ è una funzione soltanto di σ^2 e T_1 è un'altra matrice $p \times p$ indipendente sia da y che dai parametri.

In queste condizioni i concetti di D-ottimalità, A-ottimalità, E-ottimalità possono essere riproposti sostituendo alla matrice S la matrice T (o T_1). L'interpretazione statistica naturalmente cambia, ma si tratta in ogni caso di speciali misure di variabilità, sicché una loro legittimità rimane anche nel nuovo schema. In casi particolari (v. esempio 8.18 e esercizio 8.16) operando su T si ritrovano le stesse soluzioni già riferite a S, oppure piccole varianti.

Esempio 8.17. Riprendiamo l'esempio 8.15, assumendo per il vettore $\beta = [\beta_1, \beta_2]^\top$ una densità $N_2(\boldsymbol{\mu}, \boldsymbol{\Sigma})$ dove:

$$\boldsymbol{\mu} = \begin{bmatrix} \mu_1 \\ \mu_2 \end{bmatrix}, \quad \boldsymbol{\Sigma} = \begin{bmatrix} 1/\gamma_1 & 0 \\ 0 & 1/\gamma_2 \end{bmatrix}$$

e considerando nota la varianza campionaria $\sigma^2 = 1/h$. In queste condizioni, come sappiamo, il vettore β ha una distribuzione finale $N_2(\boldsymbol{\mu}', \boldsymbol{\Sigma}')$ dove:

$$\boldsymbol{\mu}' = \begin{bmatrix} \dfrac{\gamma_1 \mu_1 + n_1 h \bar{y}_1}{\gamma_1 + n_1 h} \\ \dfrac{\gamma_2 \mu_2 + n_2 h \bar{y}_2}{\gamma_2 + n_2 h} \end{bmatrix}, \quad \boldsymbol{\Sigma}' = \begin{bmatrix} \dfrac{1}{\gamma_1 + n_1 h} & 0 \\ 0 & \dfrac{1}{\gamma_2 + n_2 h} \end{bmatrix}.$$

La D-ottimalità bayesiana presuppone quindi, avendo prefissato $n = n_1 + n_2$, di minimizzare il determinante di $T^{-1} = \boldsymbol{\Sigma}'$, dove:

$$\det(\boldsymbol{\Sigma}') = \frac{1}{(\gamma_1 + n_1 h)(\gamma_2 + n_2 h)}.$$

Si tratta perciò di massimizzare la funzione $f(n_1, n_2) = (\gamma_1 + n_1 h)(\gamma_2 + n_2 h)$ sotto il vincolo $n_1 + n_2 = n$. Trattiamo per semplicità n_1 e n_2 come variabili reali (quindi arriveremo in generale a disegni approssimati). Risolvendo, si trova la soluzione ottima:

$$n_1 = \frac{n}{2} + \frac{\gamma_2 - \gamma_1}{2h}, \quad n_2 = \frac{n}{2} - \frac{\gamma_2 - \gamma_1}{2h}.$$

Si osservi che si ha $n_1 > n_2$ se e solo se $\gamma_2 > \gamma_1$. Pertanto se a priori vi è più incertezza sull'effetto del farmaco (β_1) che sull'effetto del placebo (β_2) (come è ragionevole che accada) la D-ottimalità bayesiana impone di eseguire più prove con il farmaco che con il placebo. Questa particolare (ma ragionevole) informazione iniziale non è invece inseribile nella impostazione classica, che finisce al solito per privilegiare simmetrie formali (v. esercizio 8.12).   ◇

Esempio 8.18. Consideriamo un modello del tipo (8.31), sempre con le condizioni I e II; assumiamo poi che σ^2 sia noto e che per il vettore incognito

β si possa assumere una densità iniziale costante (impropria). La funzione di verosimiglianza risulta allora:

$$\ell(\beta) = \text{cost} \cdot \exp\left\{ -\frac{1}{2\sigma^2}(y - X\beta)^\top(y - X\beta)\right\}.$$

Per calcolare la distribuzione finale di β osserviamo che:

$$(y - X\beta)^\top(y - X\beta) = (y \pm Xb - X\beta)^\top(y \pm Xb - X\beta) =$$
$$= ((y - Xb) + X(b - \beta))^\top((y - Xb) + X(b - \beta)) =$$
$$= (b - \beta)^\top X^\top X(b - \beta) + (y - Xb)^\top(y - Xb) + 2(b - \beta)^\top X^\top(y - Xb).$$

All'ultimo membro il secondo termine non dipende da β e può essere trascurato; quanto al terzo si ha:

$$(b - \beta)^\top X^\top(y - Xb) = (b - \beta)^\top X^\top y - (b - \beta)^\top X^\top Xb;$$

ma b è una soluzione del sistema normale, per cui $X^\top y = X^\top Xb$. Ne segue che il terzo termine è nullo. Abbiamo perciò, come densità finale (calcolata con una applicazione solo formale del teorema di Bayes, essendo impropria la densità iniziale):

$$\pi(\beta; y) = \text{cost} \cdot \exp\left\{ -\frac{1}{2\sigma^2}(b - \beta)^\top S(b - \beta)\right\}.$$

In altri termini, condizionatamente ai dati, β segue una legge $N_p(b, \sigma^2 S^{-1})$. Pertanto in questo caso, anche nella impostazione bayesiana, è ancora la matrice S a caratterizzare il disegno sperimentale e, in particolare, la precisione della distribuzione finale.

Se a priori si assume per β non una densità costante (e quindi impropria) ma una densità $N_p(\alpha, W)$, si trova, con calcoli elementari ma laboriosi, che la distribuzione finale di β è di tipo $N_p(\alpha_1, W_1)$ con:

$$\alpha_1 = W_1(W^{-1}\alpha + hSb), \qquad W_1 = (W^{-1} + hS)^{-1};$$

in questa impostazione sarebbe quindi ragionevole riferire i criteri di ottimalità alla matrice W_1 invece che alla matrice S^{-1}. $\qquad\qquad\qquad\diamond$

Per gli argomenti trattati in questa sezione, almeno per la trattazione non bayesiana, è essenziale il fatto che la matrice varianze-covarianze finale del parametro vettoriale β non dipenda, se non in modo inessenziale, da parametri incogniti. Nei problemi non lineari questo usualmente non accade e procedure simili a quelle sopra descritte richiedono tecniche più o meno artificiose, come quella (più volte ricordata) di adottare un'ottica "locale", basata cioè sul criterio di congetturare a priori un valore di riferimento per i parametri incogniti. Per il caso bayesiano queste difficoltà teoriche non sussistono, ma i problemi di calcolo possono risultare molto rilevanti.

Esercizi

8.9. Sia X un vettore aleatorio di ordine k tale che $\mathbb{E}X = \mu$, $\mathbb{V}X = \Sigma$, essendo μ un vettore di ordine k e Σ una matrice definita positiva $k \times k$. Dimostrare che, data una qualunque matrice A di dimensioni $h \times k$, il vettore aleatorio $y = AX$ è tale che $\mathbb{E}y = A\mu$, $\mathbb{V}y = A\Sigma A^\top$.

8.10. * Con riferimento al modello (8.31) si consideri un qualunque stimatore non distorto di β che sia lineare in y, diciamo $\widetilde{b} = Ay$, dove A è una matrice $p \times n$ che, per la non distorsione, deve soddisfare il vincolo $AX = I_p$. Si dimostri che:

$$\mathbb{V}_\theta\widetilde{b} = \mathbb{V}_\theta b + \sigma^2(A - S^{-1}X^\top)(A - S^{-1}X^\top)^\top.$$

[Oss. Poiché ogni matrice del tipo $QQ^\top$ è semidefinita positiva, dalla formula precedente segue in sostanza il celebre teorema di Gauss-Markov. Se in particolare si vogliono considerare le varianze delle singole componenti $\widetilde{b}_i$ e b_i, basta osservare che se $e_1 = [1, 0, \ldots, 0], e_2 = [0, 1, \ldots, 0], \ldots, e_p = [0, 0, \ldots, 1]$, si ha $\mathbb{V}_\theta\widetilde{b}_i = e_i^\top(\mathbb{V}_\theta\widetilde{b})e_i$, da cui segue $\mathbb{V}_\theta\widetilde{b}_i \geq \mathbb{V}_\theta b_i$ per ogni i]

8.11. Verificare che la formula (8.33), tenuto conto delle condizioni aggiuntive I e II, fornisce effettivamente la stima di massima verosimiglianza di β.
[Oss. È sufficiente una diversa lettura delle elaborazioni dell'esempio 8.18]

8.12. Con riferimento all'esempio 8.15 si dimostri che, se n è pari, si ha un disegno D-G-A-E- ottimo con la posizione $n_1 = n_2 = n/2$.

8.13. Con lo stesso modello degli esempi 8.14 e 8.16, si ponga $n = 4$ e si confrontino i disegni con matrici $D^* = [-1, -1, +1, +1]^\top$ e $D_0 = [-1, 0, 0, +1]^\top$. Si verifichi che D^* è strettamente superiore con i criteri D, G, A, E.

8.14. Con riferimento al modello degli esempi 8.14 e 8.16, si consideri la misura di probabilità ξ^+ che assegna peso $1/2$ a ciascuno dei due punti $x = -1$ e $x = +1$. Si verifichi che ξ^+ soddisfa la condizione (c) del teorema generale di equivalenza e che quindi, se n è pari, ξ^+ caratterizza un disegno che è simultaneamente D-ottimo e G-ottimo.
[Oss. La ottimalità secondo i criteri D, G, A, ed E, almeno nell'ambito dei disegni esatti, era già stata verificata direttamente nell'esempio 8.16]

8.15. Dimostrare che nel caso del modello $y_u = \beta_0 + \beta_1 x_u + \beta_2 x_u^2 + \varepsilon_u$ ($u = 1, 2, \ldots, n$) con $x \in [-1, +1]$, il disegno approssimato D-ottimo ξ^* ha come supporto l'insieme $\{-1, 0, +1\}$ ed assegna pesi uguali ai corrispondenti punti.

8.16. Dare una interpretazione diretta della A-ottimalità bayesiana, collegandola con un problema di stima puntuale.
[Sugg. Si utilizzi la (8.12) ricordando la formula (6.17)]

8.6 Decisioni statistiche sequenziali

Si ha un problema di decisione statistica sequenziale quando, in collegamento con un determinato modello di decisione terminale $(\Omega, A, L(\theta, a), K_T)$, è disponibile un esperimento statistico di base $e_1 = (\mathbb{R}^1, P_\theta, \theta \in \Omega)$ che può essere ripetuto più volte fino a che, tenendo conto dei risultati via via acquisiti, non appaia più conveniente fermare la sperimentazione. È quindi chiaro, ricordando la §1.7, che la classe degli esperimenti è in definitiva una classe di tempi d'arresto. Lo stesso schema potrebbe proporsi per il caso di problemi di decisione predittiva, ma per semplicità di notazione facciamo riferimento solo al caso ipotetico. È facile vedere che, adottando l'impostazione bayesiana, l'intero problema di decisione sequenziale può essere completamente ricondotto ad un problema di arresto ottimo; la procedura è la stessa della §8.3, ma conviene esaminare la questione in dettaglio.

Riprendendo lo schema della §1.7, dobbiamo sostanzialmente garantire che:

(a) le variabili osservabili $X_1, X_2, \ldots$, costituiscano un processo governato da un'unica e nota legge di probabilità P;

(b) ad ogni vettore $(x_1, x_2, ..., x_n)$ di possibili osservazioni corrisponda una ben determinata perdita $L_n(x_1, x_2, \ldots, x_n)$.

La ripetibilità dell'esperimento e_1, in cui per semplicità assumiamo che P_θ sia espressa da una densità $p_\theta(x)$, va intesa nel senso che i successivi risultati aleatori $X_1, X_2, \ldots$ sono indipendenti subordinatamente a θ, di modo che per ogni n e ogni $z_n = (x_1, x_2, \ldots, x_n)$ si abbia la densità:

$$p_\theta(z_n) = \prod_{i=1}^{n} p_\theta(x_i).$$

Se $\pi(\theta)$ è la densità iniziale del parametro incognito Θ, possiamo calcolare la densità marginale

$$m(z_n) = \int_\Omega \pi(\theta) p_\theta(z_n) \mathrm{d}\theta$$

di ogni vettore del tipo $Z_n = (X_1, X_2, \ldots, X_n)$. La totalità delle densità marginali, variando anche n, determina la misura P di cui alla condizione (a). In corrispondenza ad ogni risultato $Z_n = z_n$ si può quindi calcolare la densità finale:

$$\pi(\theta; z_n) = \text{cost} \cdot \pi(\theta) p_\theta(z_n)$$

e l'azione ottima $a^* \in A$ corrispondente si trova come soluzione di:

$$\int_\Omega L(\theta, a) \pi(\theta; z_n) \mathrm{d}\theta = \text{minimo per } a \in A. \tag{8.45}$$

Pertanto ad ogni vettore z_n, assumendo l'additività delle componenti informative ed economica della perdita (quest'ultima denotata con $C(z_n)$), corrisponde una valutazione

$$L_n(z_n) = \inf_{a \in A} \mathbb{E}\big(L(\Theta, a) \mid Z_n = z_n\big) + C(z_n). \tag{8.46}$$

Risulta così soddisfatta anche la condizione (b). Per risolvere il problema di decisione statistica sequenziale occorre quindi determinare le infinite funzioni di decisione ottime d_n^* che si ricavano dalla (8.45) per i diversi valori di n e il tempo d'arresto ottimo t^* che si dovrebbe saper determinare nel quadro del problema di arresto. Formalmente, se l'esperimento è basato su un qualunque tempo d'arresto t (e perciò verrebbe denotato con e_t) il numero delle osservazioni N è a priori aleatorio. La valutazione complessiva di e_t sarà espressa da:

$$W(e_t) = \mathbb{E}\big(L_N(Z_N)\big).$$

Procedure e difficoltà pratiche ai fini della individuazione della regola d'arresto ottima t^* sono già state discusse nella § 1.7.

Esempio 8.19. Consideriamo un problema molto semplificato di controllo della qualità. Un lotto di pezzi ha una proporzione incognita θ di elementi difettosi. Per semplicità, ammettiamo che θ abbia come valori possibili solo 0.1 e 0.5; se il lotto ha $\theta = 0.1$ viene chiamato "buono", altrimenti viene chiamato "cattivo". Il lotto può essere accettato (azione a_0) o rifiutato (azione a_1). Accettare un lotto cattivo o rifiutare un lotto buono comporta perdite; in formule scriviamo:

$$L(\theta, a_0) = \begin{cases} 0, & \text{se } \theta = 0.1 \\ 60, & \text{se } \theta = 0.5 \end{cases}, \quad L(\theta, a_1) = \begin{cases} 40, & \text{se } \theta = 0.1 \\ 0, & \text{se } \theta = 0.5 \end{cases}.$$

È consentita un'ispezione di singoli pezzi fino ad un massimo di $m=2$ unità, con la procedura del campionamento con ripetizione. Sia $X_i \in \{0, 1\}$ il risultato della i-esima estrazione $(i = 1, 2)$, dove il valore 1 denota che il pezzo è difettoso. Il calcolo delle probabilità marginali è immediato, e si ha:

$$m_1(x_1) = \begin{cases} 0.660, & x_1 = 0 \\ 0.340, & x_1 = 1 \end{cases}, \quad m_2(x_1, x_2) = \begin{cases} 0.474, & (x_1, x_2) = (0, 0) \\ 0.186, & (x_1, x_2) = (0, 1), (1, 0) \\ 0.154, & (x_1, x_2) = (1, 1) \end{cases}.$$

Dobbiamo ora precisare la funzione (8.46), risolvendo tutti i problemi di decisione associati alle possibili sequenze di osservazioni. Queste elaborazioni sono sintetizzate nella tabella 8.1; si è posto, al solito, $\rho(a; z_n) = \mathbb{E}\big(L(\Theta, a) \mid Z_n = z_n\big)$. I valori $L_n(z)$ dell'ultima colonna sono poi calcolati in conformità alla (8.46) e ponendo $C(z_n) = n$. Il problema di decisione sequenziale risulta ora completamente ricondotto ad un problema di arresto ottimo. Più esattamente, si tratta proprio dello stesso problema risolto nell'esempio 1.11; in quel caso però eravamo partiti direttamente dai dati del problema di arresto ottimo, senza specificare il problema statistico sottostante. Nell'esempio 1.11 si è già presentata la soluzione mediante l'albero di decisione. Per completezza, ritroviamo qui la soluzione (ovviamente sarà la stessa) seguendo lo schema basato sulla formula (8.3). Dobbiamo a questo scopo calcolare $W(e_t)$ per tutte le possibili regole d'arresto t; queste ultime, insieme con i relativi spazi dei risultati

Tabella 8.1. Probabilità finali e perdite attese per i possibili risultati

z_n	$\pi(0.1; z_n)$	$\pi(0.5; z_n)$	$\rho(a_0; z_n)$	$\rho(a_1; z_n)$	$L_n(z_n)$
$-$	0.400	0.600	36.00	16.00	16.00
(0)	0.545	0.455	27.30	21.80	22.80
(1)	0.118	0.882	52.92	4.72	5.72
$(0,0)$	0.684	0.316	18.96	27.36	20.96
$(0,1)(1,0)$	0.400	0.600	36.00	16.00	18.00
$(1,1)$	0.026	0.974	58.44	1.04	3.04

(dai quali si possono facilmente ricavare le sequenze di insiemi di arresto che le caratterizzano) sono:

$t_1 = $ osservare x_1 e fermarsi qualunque sia il risultato, $\mathcal{Z}_1 = \{(0), (1)\}$;

$t_2 = $ osservare x_1 e fermarsi solo se $x_1 = 0$, $\mathcal{Z}_2 = \{(0), (1,0), (1,1)\}$;

$t_3 = $ osservare x_1 e fermarsi solo se $x_1 = 1$, $\mathcal{Z}_3 = \{(1), (0,0), (0,1)\}$;

$t_4 = $ osservare sia x_1 che x_2 , $\mathcal{Z}_4 = \{(0,0), (0,1), (1,0), (1,1)\}$.

Pertanto si ha:

$$W(e_{t_1}) = L_1(0)m_1(0) + L_1(1)m_1(1) = 16.99;$$

$$W(e_{t_2}) = L_1(0)m_1(0) + L_2(1,0)m_2(1,0) + L_2(1,1)m_2(1,1) = 18.86;$$

$$W(e_{t_3}) = L_1(1)m_1(1) + L_2(0,0)m_2(0,0) + L_2(0,1)m_2(0,1) = 15.23;$$

$$W(e_{t_4}) = \sum_i \sum_j L_2(i,j)m_2(i,j) = 17.10.$$

Come in effetti sapevamo, la migliore regola d'arresto è t_3, che ha come risultati finali possibili (1), (0, 0), (0, 1). La tabella 8.1 mostra che, con il tempo d'arresto t_3, l'azione terminale ottima è a_1 se il risultato finale è (1) oppure $(0,1)$, ed è invece a_0 se il risultato finale è $(0,0)$. Si noti che quest'ultimo è il risultato che più favorisce l'ipotesi $\Theta = 0.1$, che è quella "accettata" se l'azione è a_0. Inoltre all'esperimento nullo spetta una valutazione di 16, quindi l'adozione della regola t_3 è preferibile anche all'alternativa di non procedere affatto al campionamento.   ◇

Esempio 8.20. Consideriamo la stima sequenziale di $\theta \in \mathbb{R}^1$ dato un modello di base $N(\theta, 1/h)$ con h noto, usando la perdita quadratica $L(\theta, a) = (\theta - a)^2$ e una distribuzione iniziale per Θ di tipo $N(\alpha, 1/\beta)$. Il problema della determinazione della dimensione ottima del campione non sequenziale è stato già presentato come esempio 8.4; qui esaminiamo l'eventuale ulteriore vantaggio dell'impostazione sequenziale. Usando sempre la (8.46) e ponendo $C(z_n) = cn$ si ottiene:

$$L_n(z_n) = \mathbb{V}(\Theta \mid Z_n = z_n) + C(z_n) = \frac{1}{\beta + nh} + cn.$$

Poiché i risultati non compaiono effettivamente come argomento di $L_n(z_n)$, l'esperimento ottimo non è sequenziale in senso stretto; in altri termini il tempo d'arresto ottimo resta determinato a priori, in quanto indipendente dai risultati via via osservati. Pertanto l'esperimento ottimo individuato nell'esempio 8.4 coincide con l'esperimento sequenziale ottimo. Naturalmente la coincidenza che si è osservata con questo modello e con questa perdita non ha alcun carattere generale.   ◇

Nella impostazione frequentista si ha a che fare con la distribuzione campionaria di Z_n nel quadro di esperimenti sequenziali, e quindi con uno spazio dei risultati possibili particolarmente complesso. A parte la difficoltà di eliminare il parametro incognito, è ovvio che i corrispondenti problemi inferenziali non siano generalmente di semplice soluzione. Vi è però una eccezione costituita dal problema di scelta tra due ipotesi semplici, per il quale lo stesso Wald ha proposto una teoria di facile applicazione. A questa teoria sarà dedicata la prossima sezione.

8.7 Test sequenziale delle ipotesi

Negli anni '40 A.Wald sviluppò il metodo detto del rapporto sequenziale delle probabilità (SPRT=*Sequential Probability Ratio Test*) che fornisce in un quadro sequenziale l'analogo del test ottimo individuato dal Lemma fondamentale di Neyman e Pearson. Anche nella teoria di Wald si deve fare riferimento al caso di due ipotesi semplici; con opportuni adattamenti, la tecnica risulta però utilizzabile anche in situazioni più generali.

Abbiamo dunque un esperimento ripetibile $e_1 = (\mathbb{R}^1, P_\theta, \theta \in \Omega)$ con $\Omega = \{\theta_0, \theta_1\}$. Supponiamo poi che la misura di probabilità P_θ sia rappresentata da una densità o da probabilità discrete; in entrambi i casi useremo i simboli $p_0(x)$ e $p_1(x)$ rispettivamente per i casi $\theta = \theta_0$ e $\theta = \theta_1$. L'esperimento genera risultati aleatori $X_1, X_2, \ldots$ che assumiamo indipendenti (per θ fissato), e ci si colloca nel quadro di un problema di test, nel senso che si deve scegliere tra l'azione a_0 (equivalente in sostanza ad accettare H_0: $\theta = \theta_0$) e l'azione a_1 (equivalente in sostanza ad accettare H_1: $\theta = \theta_1$, e pertanto rifiutare H_0). Poiché la trattazione viene sempre condotta in termini di errori di I e II specie, non serve specificare la funzione $L(\theta, a)$. È appena il caso di osservare che il problema, trattandosi di due sole ipotesi, è simultaneamente un problema di test e di stima; ma conviene sempre trattarlo come problema di test perché mentre è possibile una estensione della soluzione a problemi di test più generali, non è altrettanto semplice passare a problemi di stima più realistici.

L'idea fondamentale è di calcolare dopo ogni singola osservazione i rapporti delle verosimiglianze:

$$R(x_1) = \frac{p_1(x_1)}{p_0(x_1)}, \qquad R(x_1, x_2) = \frac{p_1(x_1)p_1(x_2)}{p_0(x_1)p_0(x_2)}, \qquad \ldots$$

e di continuare il processo di osservazione finché si abbia, per una scelta opportuna delle costanti c_0 e c_1 ($c_1 > c_0 > 0$):

$$c_0 < R(x_1, x_2, ..., x_n) < c_1. \tag{8.47}$$

Invece ci si ferma e si sceglie a_0 non appena si trova:

$$R(x_1, x_2, ..., x_n) \leq c_0, \tag{8.48}$$

e ci si ferma scegliendo a_1 quando:

$$R(x_1, x_2, ..., x_n) \geq c_1. \tag{8.49}$$

Intuitivamente il processo tende (con probabilità 1) ad un termine. Infatti, ricordando alcuni risultati noti (la formula (3.29) ed ancor più l'esercizio 3.30), possiamo dire che $R(X_1, X_2, ..., X_n)$ tende per $n \to \infty$ a 0 se è vera H_0, e a $+\infty$ se è vera H_1; pertanto finirà per trovarsi al di fuori dell'intervallo limitato (c_0, c_1), comunque siano stati prefissati c_0 e c_1.

La regola sequenziale di Wald è completamente determinata dalle costanti c_0 e c_1; d'ora in poi denoteremo con $e(c_0, c_1)$ la regola in questione. Le costanti c_0 e c_1 sono ovviamente collegate ai valori degli errori di I e II specie, cioè a:

$$\alpha = \text{prob}(\text{accettare } H_1 \mid H_0 \text{ vera}), \quad \beta = \text{prob}(\text{accettare } H_0 \mid H_1 \text{ vera}),$$

anche se il legame esatto, soprattutto per la complessità dello spazio dei risultati possibili, è difficilmente esplicitabile. Il teorema che segue mostra una diseguaglianza in proposito, che vale per qualunque modello statistico.

Teorema 8.4. *In un esperimento sequenziale $e(c_0, c_1)$ le probabilità α e β degli errori di I e II specie soddisfano le diseguaglianze:*

$$\frac{\beta}{1-\alpha} \leq c_0, \quad \frac{1-\beta}{\alpha} \geq c_1. \tag{8.50}$$

Dimostrazione. Scriviamo al solito z_n per $(x_1, x_2, \ldots, x_n)$ e denotiamo con $E_n^{(0)}$ e $E_n^{(1)}$ i sottoinsiemi di $\mathbb{R}^n$ tali che $z_n \in E_n^{(i)}$ implichi l'accettazione dell'ipotesi H_i dopo l'osservazione n-esima ($i = 0, 1$). Ricordando che nelle precedenti $n-1$ prove la regola sequenziale doveva imporre la continuazione, possiamo scrivere:

$$E_n^{(0)} = \{z_n \in \mathbb{R}^n : R(z_k) \in (c_0, c_1) \text{ per } k = 1, 2, ..., n-1; R(z_n) \leq c_0\}$$
$$E_n^{(1)} = \{z_n \in \mathbb{R}^n : R(z_k) \in (c_0, c_1) \text{ per } k = 1, 2, ..., n-1; R(z_n) \geq c_1\}.$$

Quindi si ha:

$$\beta = \sum_{n=1}^{\infty} \text{prob}(E_n^{(0)} \mid H_1) = \sum_{n=1}^{\infty} \int_{E_n^{(0)}} p_1(z_n) dz_n. \tag{8.51}$$

Ma per $z_n \in E_n^{(0)}$ si ha $R(z_n) \leq c_0$ e quindi $p_1(z_n) \leq c_0 p_0(z_n)$; sostituendo nella (8.51) troviamo:

$$\beta \leq \sum_{n=1}^{\infty} \int_{E_n^{(0)}} c_0 p_0(z_n) \mathrm{d}z_n = c_0(1-\alpha)$$

da cui la prima delle (8.50). Abbiamo inoltre, con procedura analoga:

$$\alpha = \sum_{n=1}^{\infty} \mathrm{prob}(E_n^{(1)} \mid H_0) = \sum_{n=1}^{\infty} \int_{E_n^{(1)}} p_0(z_n) \mathrm{d}z_n \leq$$

$$\leq \sum_{n=1}^{\infty} \int_{E_n^{(1)}} \frac{1}{c_1} p_1(z_n) \mathrm{d}z_n = \frac{1-\beta}{c_1}$$

da cui la seconda delle (8.50). $\square$

È importante osservare che se progettiamo dei valori $\widetilde{\alpha}$ e $\widetilde{\beta}$ per gli errori di I e II specie, e poniamo:

$$c_0 = \frac{\widetilde{\beta}}{1-\widetilde{\alpha}}, \quad c_1 = \frac{1-\widetilde{\beta}}{\widetilde{\alpha}}, \tag{8.52}$$

i valori effettivi α e β se ne discosteranno di poco. Infatti, esplicitando α e β nelle (8.50), si trova:

$$\beta \leq c_0(1-\alpha), \quad \alpha \leq \frac{1}{c_1}(1-\beta);$$

per il piano sequenziale $e(c_0, c_1)$ costruito in base alle (8.52) si ha quindi

$$\beta \leq \frac{\widetilde{\beta}}{1-\widetilde{\alpha}}(1-\alpha) \leq \frac{\widetilde{\beta}}{1-\widetilde{\alpha}}$$

$$\alpha \leq \frac{\widetilde{\alpha}}{1-\widetilde{\beta}}(1-\beta) \leq \frac{\widetilde{\alpha}}{1-\widetilde{\beta}}.$$

Se i valori "progettati" $\widetilde{\alpha}$ e $\widetilde{\beta}$ sono abbastanza piccoli, i valori reali (e sconosciuti) α e β non possono essere molto superiori.

Esempio 8.21. Costruiamo il piano sequenziale per la scelta tra le ipotesi $\theta = \theta_0$ e $\theta = \theta_1$ con riferimento allo schema binomiale. Si ha:

$$R(x_1, x_2, ..., x_n) = \left(\frac{\theta_1}{\theta_0}\right)^{\Sigma x_i} \left(\frac{1-\theta_1}{1-\theta_0}\right)^{n-\Sigma x_i} = \left(\frac{\theta_1(1-\theta_0)}{\theta_0(1-\theta_1)}\right)^{\Sigma x_i} \left(\frac{1-\theta_1}{1-\theta_0}\right)^{n}$$

e quindi la regola (8.47) può essere scritta come:

$$L_0(n) < \sum_{i=1}^{n} x_i < L_1(n),$$

dove

$$L_0(n) = \frac{\log c_0 - n \cdot \log \dfrac{1-\theta_1}{1-\theta_0}}{\log \dfrac{\theta_1(1-\theta_0)}{\theta_0(1-\theta_1)}}, \quad L_1(n) = \frac{\log c_1 - n \cdot \log \dfrac{1-\theta_1}{1-\theta_0}}{\log \dfrac{\theta_1(1-\theta_0)}{\theta_0(1-\theta_1)}}.$$

Fissando c_0 e c_1 in base alle (8.52) e introducendo i valori di θ_0 e θ_1, la regola è immediatamente applicabile (v. esercizio 8.17).   ◇

La motivazione di fondo per l'introduzione di piani sequenziali è il risparmio di osservazioni a parità di prestazioni. Vale infatti la seguente proprietà di ottimo, che non dimostriamo:

Teorema 8.5. *Per un test sequenziale $e(c_0, c_1)$, detta N la numerosità aleatoria del campione, i valori $\mathbb{E}_{\theta_0} N$ e $\mathbb{E}_{\theta_1} N$ sono entrambi minimi nella classe di tutti i test (sequenziali o non) con le stesse probabilità degli errori di I e II specie α e β.*

Questo teorema formalizza una qualità intuitiva della impostazione sequenziale, quella di permettere di arrivare ad una conclusione con un minimo di sperimentazione. Secondo i contesti, questa qualità può essere importante da un punto di vista economico (per esempio nel controllo della qualità) od etico (per esempio nelle prove cliniche).

Per calcolare almeno approssimativamente i valori $\mathbb{E}_{\theta_0} N$ e $\mathbb{E}_{\theta_1} N$, poniamo:

$$Y_i = \log \frac{p_1(X_i)}{p_0(X_i)} \quad (i = 1, 2, \ldots) \tag{8.53}$$

e assumiamo che le Y_i siano dotate di un valor medio finito μ; allora la relazione (8.47) si può riscrivere come:

$$\log c_0 < \sum_{i=1}^{n} y_i < \log c_1$$

e N risulta un tempo d'arresto per la successione $\{Y_i, \ i = 1, 2, \ldots\}$ rispetto ad entrambe le leggi $P_\theta, \theta \in \Omega$. Sappiamo poi che il processo di osservazione termina quando la v.a. $S_N = Y_1 + Y_2 + \ldots + Y_N$ assume o un valore $\leq \log c_0$ (e si accetta H_0) oppure un valore $\geq \log c_1$ (e si accetta H_1). Per ogni $\theta \in \Omega$ approssimiamo la distribuzione esatta di S_N (ovviamente complicata) con la distribuzione:

$$\begin{pmatrix} \log c_0 & \log c_1 \\ 1 - \eta(\theta) & \eta(\theta) \end{pmatrix},$$

dove al solito $\eta(\theta) = \text{prob}(\text{accettare} H_1 \mid \theta)$. Pertanto:

$$\mathbb{E}_\theta S_N \cong (1 - \eta(\theta)) \cdot \log c_0 + \eta(\theta) \log c_1. \tag{8.54}$$

Applicando ora il teorema della media iterata (v. formula (A.16)) abbiamo la relazione:

$$\mathbb{E}_\theta S_N = \mathbb{E}_\theta^N \mathbb{E}_\theta^{S_N|N}(S_N) = \mathbb{E}_\theta^N(\mu N) = \mu\,\mathbb{E}_\theta N \qquad (8.55)$$

che è nota come *identità di Wald*. Tenendo conto della relazione (8.54), otteniamo quindi:

$$\mathbb{E}_\theta N \cong \frac{(1 - \eta(\theta))\cdot\log c_0 + \eta(\theta)\cdot\log c_1}{\mu}.$$

Specificando i valori $\theta = \theta_0$ e $\theta = \theta_1$ abbiamo infine:

$$\mathbb{E}_\theta N \cong \frac{(1 - \alpha)\cdot\log c_0 + \alpha\cdot\log c_1}{\mu} \qquad (8.56)$$

$$\mathbb{E}_\theta N \cong \frac{\beta\cdot\log c_0 + (1 - \beta)\cdot\log c_1}{\mu}. \qquad (8.57)$$

Le formule (8.56) e (8.57) servono in pratica a valutare le caratteristiche dei piani $e(c_0, c_1)$. Ovviamente, per un calcolo effettivo, si sostituiranno i valori dichiarati $\widetilde{\alpha}$ e $\widetilde{\beta}$ ai valori veri α e β.

La restrizione al caso di ipotesi semplici, che si è assunta fin dall'inizio, è sicuramente poco realistica. Ma se la proprietà di ottimo è assicurata solo nelle condizioni dette, la procedura è sicuramente ragionevole (almeno nell'ambito della impostazione logica del campionamento ripetuto) anche per la scelta tra ipotesi composte del tipo $H_0 : \theta \le \theta'$ e $H_1 : \theta > \theta'$, prendendo per esempio come riferimento $\theta_0 = \theta'$ e un particolare $\theta_1 > \theta'$. Usando opportune approssimazioni può essere anche calcolata la corrispondente funzione di potenza.

Infine, come nel caso del test basato sul Lemma di Neyman e Pearson, anche i test sequenziali di Wald godono di una giustificazione bayesiana. Si vedano in proposito gli esercizi 8.20 e 8.21.

Esercizi

8.17. Con riferimento all'esempio 8.21, porre $\theta_0 = 0.1, \theta_1 = 0.5, \widetilde{\alpha} = 0.05, \widetilde{\beta} = 0.10$. Assumendo che i risultati via via osservati siano 0,1,1,0,0,1,... si verifichi che il tempo di arresto vale $N = 6$ e che si deve scegliere l'azione a_1.

[Oss. In questo problema il risultato verrebbe rappresentato su un piano $[n, \sum_{i=1}^n x_i]$; su tale piano $L_0(n)$ e $L_1(n)$ sono rappresentate da rette che costituiscono barriere assorbenti]

8.18. Riprendendo l'esercizio precedente, verificare che $\mathbb{E}_{\theta_0} N \cong 5.4$ e $\mathbb{E}_{\theta_1} N \cong 4.7$.

[Oss. A parte che si tratta comunque di valori approssimati, è prevedibile che l'esperimento termini presto data la notevole distanza tra le ipotesi a confronto]

8.19. Specificare la regola di continuazione per l'esperimento $e(c_0, c_1)$ con riferimento al test delle ipotesi $\mu = 0$ e $\mu = 1$ dato un modello di base $N(\mu, 1)$.

8.20. Una ragionevole regola sequenziale bayesiana può essere la seguente: continuare la sperimentazione fino a che la probabilità finale di H_0 non è abbastanza vicina a 0 o a 1. In formule, fissati q_0 e q_1 ($0 < q_0 < q_1 < 1$), la predetta regola di continuazione si può scrivere come:

$$q_0 < \text{prob}(H_0 \mid x_1, x_2, \ldots, x_n) < q_1.$$

Dimostrare che la regola così ottenuta è del tipo di Wald.

8.21. Considerando un qualunque piano sequenziale di Wald $e(c_0, c_1)$, determinare una probabilità iniziale π_0 di H_0 tale che $e(c_0, c_1)$ sia anche un piano bayesiano del tipo descritto nell'esercizio 8.20.

Parte IV

Appendici

A

Richiami di probabilità

Gli scopi di questa Appendice A sono limitati: esplicitare e commentare sinteticamente il significato concreto che si dà nel testo alla nozione di "probabilità" (§ A.1) e richiamare i principali concetti di calcolo delle probabilità utilizzati nel testo, introducendo quindi la corrispondente terminologia e simbologia (§§ A.2, A.3, A.4). Il Lettore che non abbia alcuna conoscenza preliminare di calcolo delle probabilità è però invitato a familiarizzarsi con qualcuno dei testi indicati nella nota bibliografica, privilegiando naturalmente gli argomenti richiamati nella presente Appendice.

A.1 Il concetto di probabilità

La necessità di chiarire il significato di probabilità deriva dal fatto che la trattazione matematica della probabilità può essere sviluppata anche sulla base di poche indicazioni generiche, che risultano insufficienti quando la teoria viene applicata a problematiche più legate al concreto, ed in particolare alla inferenza statistica. Oltre a ciò, va ricordato che sono presenti nella letteratura concezioni diverse, e che le diverse opzioni hanno conseguenze sul modo di costruire ed utilizzare una teoria delle decisioni statistiche. È quindi indispensabile, per un buon orientamento generale, che vi sia chiarezza su cosa si intenda esattamente con una espressione del tipo "la probabilità dell'evento A è 0.25" (in simboli: $P(A) = 0.25$).

Una classificazione fondamentale delle concezioni sulla probabilità le distingue in *soggettiviste* e *oggettiviste*. In una concezione soggettivista la probabilità è il *grado di fiducia* di un soggetto nel verificarsi di un evento. Non ha senso quindi, in questa impostazione, parlare di probabilità incognite (allo stesso soggetto) e naturalmente uno stesso evento può avere, secondo i soggetti considerati, diverse probabilità. In questo modo la probabilità sintetizza un determinato stato di informazione circa l'evento. Può accadere che più soggetti assegnino la stessa probabilità ad un evento (per esempio chiunque assegnerebbe almeno approssimativamente probabilità 1/2 all'uscita di testa nel lancio di una moneta), ma non per questo tale valutazione diventa "oggettiva": si tratta di valutazioni intersoggettive, la cui omogeneità si spiega con il fatto che l'informazione disponibile è praticamente la stessa per tutti i soggetti.

La valutazione numerica delle probabilità, nel quadro soggettivista, può essere effettuata in molti modi. Il più semplice è fare ricorso ad uno standard. Un esempio di standard è costituito da una roulette (che ha 36 numeri, oltre allo 0 che non consideriamo), che può essere vista come un meccanismo che produce numeri interi da 1 a 36, ciascuno con la stessa probabilità (se esce lo 0, la prova non va considerata). Allora l'espressione "$P(A) = 0.25$" può essere intesa nel senso che l'evento A ha la stessa probabilità dell'uscita alla roulette di un numero tra 1 e 9, e così via. B. de Finetti, il principale propugnatore della impostazione soggettivista, ha elaborato criteri operativi più articolati, sempre miranti a far "elicitare" da un soggetto le proprie probabilità. Un primo criterio è basato su una scommessa ipotetica: la probabilità dell'evento A è p se per il soggetto è indifferente ricevere p con certezza oppure scommettere ricevendo 1 se A risulta vero e 0 se A risulta falso. La probabilità si presenta allora come il prezzo equo di un evento incerto. Un altro metodo proposto da de Finetti è il cosiddetto criterio della penalizzazione, secondo il quale la probabilità dell'evento A è il numero reale p che il soggetto sceglie sapendo che subirà una penalizzazione $(1 - p)^2$ se si verifica A e una penalizzazione p^2 se si verifica la sua negazione $\bar{A}$. Con riferimento a quanto trattato nella § 1.5, si riconosce qui l'uso di una perdita strettamente propria allo scopo di specificare numericamente una probabilità; nella § 1.5 il punto di vista è però diverso, cioè quello di modellizzare la scelta della probabilità da dichiarare, dando per acquisito il concetto di probabilità soggettiva.

Le previsioni, nella impostazione soggettivista, sono libere ma, seguendo l'impostazione di de Finetti, è logico assumere che rispettino un vincolo di coerenza. Pensando alla sola valutazione della probabilità di A, occorre escludere che la scommessa (con l'uno o l'altro schema) produca una perdita o una vincita certa, cioè tale da verificarsi sia se si presenta A che se si presenta $\bar{A}$. Ciò implica evidentemente di scegliere p in $[0, 1]$, e di porre $p = 1$ (rispettivamente $= 0$) se A è considerato certo (rispettivamente: impossibile). Considerando poi più eventi simultaneamente, e pensando di sommare algebricamente perdite o vincite relative alle diverse scommesse corrispondenti, la coerenza impone un'altra proprietà generale, l'additività rispetto ad eventi incompatibili, su cui si tornerà nella prossima sezione. Ciò sarà sufficiente a fornire le basi assiomatiche per la trattazione matematica della probabilità.

Come rileva lo stesso de Finetti (1970, pag.111), queste definizioni operative (e questa considerazione riguarda anche la tecnica dello standard), in quanto coinvolgono procedimenti "pratici"' di misura, non vanno prese con spirito troppo rigoristico. Una questione concettuale rilevante è che sommare i guadagni o le perdite, senza badare ai loro importi assoluti, implica una "rigidità rispetto al rischio" che, a rigore, è un'ipotesi restrittiva (e la restrizione viene superata, approssimativamente, imponendo che si tratti sempre di importi abbastanza "piccoli"). Se facciamo riferimento alla teoria dell'utilità sviluppata nel cap.2, l'operazione di somma può essere vista come l'applicazione della formula approssimata (2.33), che però è inquadrata nella impostazione di von Neumann e Morgenstern che a sua volta fa uso di una probabilità soggettiva che si assume ben fondata. La soluzione più rigorosa, introdotta per la prima volta in modo completo da L.J.Savage (1954) è pertanto quella di fondare simultaneamente probabilità e utilità; ovviamente si tratta di una costruzione complessa, il cui risultato sostanziale (a parte il merito di un completo rigore) non è diverso dall'uso della probabilità soggettiva, come qui richiamato, e della teoria dell'utilità secondo lo schema del cap.2.

Nelle concezioni frequentiste la probabilità viene definita come un *limite* (in un senso che dovrebbe essere specificato) delle frequenze osservabili in una successione infinita di prove ripetute "sullo stesso evento". In simboli, si deve avere un evento A che si può verificare o non verificare in successivi esperimenti $c_1, c_2, \ldots$, eseguiti nelle stesse condizioni. Se Y_i è l'indicatore dell'evento A nell'esperimento e_i, $(i = 1, 2, \ldots)$, le frequenze (relative) sono espresse da:

$$F_1 = Y_1, F_2 = \frac{1}{2}(Y_1 + Y_2), \ldots, F_n = \frac{1}{n}(Y_1 + Y_2 + \ldots + Y_n), \ldots$$

e si deve assumere quindi che la successione $F_1, F_2, \ldots$ converga ad un limite π che è, per definizione, la probabilità di A. Questa costruzione concettuale lascia molte perplessità; le F_i sono valori che si potrebbero osservare in un futuro ipotetico: in che senso si può attribuire loro un "limite", come se si trattasse di una successione numerica ben determinata? Tentativi di rendere rigorosa questa impostazione sono stati fatti (R. von Mises, A.Wald), e ne è derivata una costruzione teorica molto più elaborata di quella sopra delineata. Accettiamo comunque che, con opportuni adattamenti e approssimazioni, si possa assumere che F_n converga a un certo $\pi \in [0, 1]$, e che quindi π possa essere trattato come probabilità (in senso frequentista) di A. Sono evidenti due conseguenze:

I) la probabilità di un evento è per sua natura incognita, in quanto non si ripeterà mai un esperimento infinite volte e il limite non è quindi osservabile;

II) la probabilità si può associare solo ad eventi per i quali sia almeno pensabile una successione infinita di prove ripetute.

La proprietà I è quella che assicura il carattere "oggettivista" a questa impostazione: la probabilità è una caratteristica strutturale dell'oggetto (l'evento) e non del soggetto (l'osservatore). Esiste allora una probabilità "vera", in generale incognita, ed ha senso cercare di "stimarla" come si fa con qualunque altra grandezza che non sia determinabile con precisione assoluta. La proprietà II fa sì che solo eventi di natura particolare siano probabilizzabili, per esempio i risultati di estrazioni casuali, di misure ripetute di una grandezza, ecc.. Tanti altri tipi di eventi non sono inquadrabili come risultati possibili in una successione di prove ripetute, e quindi non avranno una probabilità. Per esempio ha senso, in questa concezione, dire che un farmaco A ha probabilità θ di essere efficace (pensando – con uno sforzo di schematizzazione – ad una successione di prove su pazienti omogenei e con risultati chiaramente distinguibili in successo/insuccesso), ma è più difficile definire la probabilità per un semplice evento come "domani pioverà" (quale sequenza di giorni considerare?) o per il risultato di una partita di calcio futura (per la difficoltà del concetto di ripetibilità nelle stesse condizioni); è infine del tutto impossibile per eventi come "Giulio Cesare è sbarcato in Britannia" o "il quinto decimale di log2 è 5". Si tratta, per tutti o quasi tutti i soggetti, di eventi incerti, ma successioni di prove in cui a volte l'evento si verifica e a volte non si verifica non sono proprio pensabili. Dunque la proprietà II impone una forte restrizione al campo degli eventi probabilizzabili, in aggiunta al fatto che in alcuni casi, anche se pensabile, la probabilità oggettiva non è stimabile per mancanza di informazioni. L'uso della probabilità oggettiva (nel senso frequentista) non è quindi compatibile con impostazioni della inferenza che pretendano di rappresentare sempre in termini probabilistici l'informazione relativa ad eventi incerti.

Esistono diverse varianti, all'interno delle due concezioni principali, ma per questo rinviamo alla nota bibliografica. I due concetti di probabilità che abbiamo descritto sono così diversi per natura e possibile utilizzazione che non si può parlare di una vera reciproca incompatibilità, a parte l'equivoco determinato dall'uso corrente dello stesso termine "probabilità" (tentativi di differenziare i nomi ci sono stati, ma non hanno attecchito). Si tratta di strumenti diversi e, salve le esigenze di chiarezza, è sostenibile che entrambi abbiano un loro ruolo.

Nel presente testo si adotta come punto di vista generale quello soggettivista; chi scrive ritiene che aspetti soggettivi siano ineliminabili nelle applicazioni della teoria delle decisioni. È ovvio che il carattere potenzialmente non condivisibile delle probabilità soggettive (ma in realtà di qualunque aspetto dei modelli utilizzati) obbliga ad un particolare impegno di chiarezza e, se del caso, ad analisi di "robustezza"(in particolare per controllare se le scelte più opinabili hanno anche un'influenza decisiva). Ma tutto ciò viene preso in considerazione all'interno della teoria. In molti casi le probabilità "oggettive" vengono tuttavia esplicitamente utilizzate nella stessa modellizzazione per rappresentare aspetti strutturali di un fenomeno. Così, se c'è un'urna con una proporzione incognita θ di palline bianche, si dirà che θ è la probabilità oggettiva (incognita) dell'uscita di pallina bianca, senza con questo entrare in conflitto con il concetto soggettivista di probabilità, che resta essenziale per rappresentare il processo di apprendimento dall'esperienza. In quel caso θ è semplicemente la probabilità che assegneremmo all'evento considerato (l'estrazione di pallina bianca) se possedessimo tutta l'informazione rilevante, cioè la composizione dell'urna. Poichè non possediamo che un'informazione parziale, il valore θ sarà, a sua volta, oggetto di incertezza soggettiva. L'uso strumentale delle probabilità oggettive è quindi strettamente collegato al ruolo dei parametri nei modelli statistici, come viene più ampiamente esposto nel cap.3, intendendo al solito che i parametri rappresentano le caratteristiche strutturali non note dei fenomeni in esame. Esistono peraltro importanti tentativi di costruire una metodologia statistica senza parametri, e se ne dà conto nella § 4.4.

A.2 Assiomatizzazione

In tutte le possibili impostazioni la probabilità è una funzione definita su una classe $\mathcal{A}$ di eventi, ed assume valori nell'intervallo reale $[0, 1]$. Gli eventi in questione, in linea di principio, sono di qualsiasi genere; l'importante è che sia definita una prova, almeno potenzialmente eseguibile, in base alla quale l'evento possa risultare vero o falso. Le modellizzazioni più comuni rappresentano gli eventi come sottoinsiemi di un insieme dato, che denoteremo con Ω. Fissare a priori l'elenco degli eventi ammissibili è una forma di restrizione, a rigore discutibile; inoltre sarebbe naturale introdurre per gli eventi le operazioni logiche ("e", "o", "non", ecc.), ma la loro rappresentazione come insiemi permette di usare le più comuni operazioni insiemistiche (intersezione, unione, passaggio al complemento, denotate con $\cap, \cup, {}^c$), che sono peraltro equivalenti dal punto di vista delle proprietà formali. L'obiezione alla prassi sembra più una questione di principio che una questione di rilievo operativo, ed è più che bilanciata, in particolare in un richiamo sintetico, dalla comodità espositiva della impostazione insiemistica. Se $A, B, \ldots$ sono eventi, anche $A \cup B, A \cap B, A^c$ rappresentano allora altrettanti eventi (con riferimento diretto ad eventi, è abituale la notazione $\bar{A}$, invece di A^c, per la negazione); sono eventi anche l'evento certo Ω ($= A \cup A^c$ per ogni $A \in \mathcal{A}$) e l'evento impossibile $\emptyset$ ($= \Omega^c = A \cap A^c$ per ogni $A \in \mathcal{A}$). La probabilità viene quindi introdotta come un'applicazione $P : \mathcal{A} \to [0, 1]$, dotata di alcune proprietà specifiche. Il complesso delle assunzioni naturali (che tuttavia tra poco sarà arricchito) si può sintetizzare nel seguente sistema di assiomi:

I) $\mathcal{A}$ è un'algebra di sottoinsiemi di Ω.

II) $0 \le P(A) \le 1$ per ogni $A \in \mathcal{A}$.

III) $P(\emptyset) = 0, P(\Omega) = 1$.

IV) Se $A_i \cap A_j = \emptyset$ ($i \ne j$) allora $P(\cup_{i=1}^n A_i) = \sum_{i=1}^n P(A_i)$.

L'assioma I significa che operando con unioni, intersezioni e passaggi al complemento su sottoinsiemi di $\mathcal{A}$ (in numero finito) si ottengono ancora elementi di $\mathcal{A}$. L'assioma IV significa, dal punto di vista matematico, che P è una misura su $\mathcal{A}$, cioè una funzione additiva di insieme; gli assiomi II e III caratterizzano le misure di probabilità nell'ambito delle misure in generale. Non è difficile convincersi che tutte le concezioni sulla probabilità illustrate nella § A.1 implicano proprio il sistema di assiomi sopra presentato. Tali assiomi possono essere visti infatti o come proprietà delle frequenze relative (quindi rilevanti per la concezione frequentista e, informalmente, nella concezione soggettivista basata su opportuni standard) o come conseguenza della coerenza negli schemi operativi della scommessa e della penalizzazione. Impostazioni completamente diverse circa il significato concreto della probabilità, pertanto, portano alla stessa struttura matematica di base.

Spesso il precedente sistema di assiomi viene modificato "rafforzando" le proposizioni I e IV. Queste versioni più restrittive sono:

I') $\mathcal{A}$ è una σ-algebra di sottoinsiemi di Ω.

IV') Se la successione numerabile $\{A_i, i = 1, 2, \ldots\}$ è tale che $A_i \cap A_j = \emptyset$ per $i \neq j$, allora $P(\cup_{i=1}^{\infty} A_i) = \sum_{i=1}^{\infty} P(A_i)$.

Si usa il termine σ-algebra per intendere che $\mathcal{A}$ deve contenere anche le unioni numerabili di propri elementi; di solito $\mathcal{A}$ si costruisce prendendo una classe $\mathcal{C}$ di sottoinsiemi di Ω (gli eventi che si considerano "interessanti" per l'applicazione) e poi determinando la σ-algebra generata da $\mathcal{C}$, cioè la più piccola σ-algebra contenente $\mathcal{C}$. Se per esempio Ω è finito e $\mathcal{C}$ è la classe dei sottoinsiemi singolari (cioè costituiti da un solo elemento), $\mathcal{A}$ è necessariamente l'insieme di potenza $\mathcal{P}(\Omega)$; se Ω è l'asse reale $\mathbb{R}$ (o lo spazio $\mathbb{R}^n$) e $\mathcal{C}$ è la classe degli intervalli (o degli intervalli n-dimensionali), $\mathcal{A}$ è la cosiddetta *classe di Borel*, i cui elementi (sottoinsiemi di Ω) vengono chiamati *boreliani*. L'assioma IV' estende l'additività ad una unione numerabile di eventi a due a due incompatibili; si parla allora di additività *completa*, in contrapposizione alla additività *semplice* (o *finita*) espressa dall'assioma IV. Naturalmente, adottando l'assioma IV, l'additività completa resterebbe comunque una proprietà legittima di particolari misure di probabilità, anche se non una caratteristica generale di tutte le misure di probabilità. Gli assiomi I' e IV' non si possono però vedere come conseguenze del criterio della coerenza in quanto per loro natura riferiti a situazioni non verificabili (una successione infinita di scommesse); nella concezione frequentista, trattandosi di una costruzione totalmente astratta, possono essere introdotti direttamente, ma non godono naturalmente di un vero e proprio supporto empirico.

La sostituzione degli assiomi I e IV con gli assiomi I' e IV' è oggetto di discussione nella letteratura. La principale giustificazione per l'uso (che sarà seguito anche nel testo) degli assiomi più forti è anche un fatto di comodità (o di tradizione) matematica: la teoria delle misure completamente additive è la base della teoria dell'integrazione secondo Lebesgue e si presenta quindi come uno strumento standard ben noto e di facile uso. Una motivazione più convincente potrebbe invece basarsi sul fatto che con la completa additività importanti proprietà legate alla considerazione di una infinità numerabile di eventi si presentano nella stessa forma che si ha nel caso di un numero finito di eventi; ciò invece non avviene, in generale, se si adotta soltanto l'additività semplice. Se l'infinito viene introdotto solo come approssimazione ai casi finiti con n grande, può essere ragionevole conservare le proprietà basilari (si veda per esempio l'esercizio A.8). La questione presenta comunque aspetti complessi e non può essere sviluppata adeguatamente qui; qualche indicazione viene data nella nota bibliografica.

Il sistema di assiomi adottato (I', II, III, IV'), che corrisponde in sostanza alla formalizzazione proposta da A.N.Kolmogorov nel 1933, permette di porre alla base della trattazione matematica il concetto di spazio di probabilità (o spazio probabilizzato) rappresentato dalla terna $(\Omega, \mathcal{A}, P)$.

Un tema probabilistico essenziale è la dipendenza stocastica tra eventi: lo strumento di base è la probabilità condizionata (o condizionale) definita come:

$$P(A \mid B) = \frac{P(A \cap B)}{P(B)} \quad (\text{se } P(B) > 0), \tag{A.1}$$

da interpretare come la probabilità che si assegnerebbe all'evento A nell'ipotesi di aver acquisito l'informazione che si è verificato l'evento B. Anche della (A.1) si possono dare giustificazioni sia secondo gli schemi di de Finetti (pensando a scommesse condizionate, cioè annullate se B non si verifica) che secondo gli schemi basati su frequenze (scartando le prove in cui B non si è verificato). La restrizione $P(B) > 0$ è rimuovibile, ma occorre approfondire molto il problema; nel seguito ci basterà considerare una procedura limite. Due eventi A e B di probabilità positiva si dicono allora stocasticamente indipendenti se $P(A \mid B) = P(A)$ (o, che è lo stesso, se $P(B \mid A) = P(B)$). Come definizione compatta si può prendere semplicemente la fattorizzazione:

$$P(A \cap B) = P(A)P(B) \tag{A.2}$$

che può essere utilizzata come definizione di indipendenza stocastica anche prescindendo dalla positività di $P(A)$ e $P(B)$ (eventi di probabilità 0 o 1, cioè quasi impossibili e quasi certi, risultano allora indipendenti da qualunque altro evento). Considerando più eventi $A_1, A_2, \ldots, A_n$ si deve distinguere l'indipendenza a 2 a 2 (cioè delle possibili coppie di eventi) dalla indipendenza complessiva, espressa da:

$$P(A_{i_1} \cap A_{i_2} \cap \ldots \cap A_{i_k}) = P(A_{i_1})P(A_{i_2}) \ldots P(A_{i_k}), \tag{A.3}$$

comunque si scelga un sottoinsieme $\{i_1, i_2, \ldots, i_k\}$ da $\{1, 2, \ldots, k\}$, con $k \leq n$. La (A.3) assicura tra l'altro che qualunque evento A_i è indipendente da qualunque altro evento $A_{i_1} \cap A_{i_2} \cap \ldots \cap A_{i_h}$ ($i = 1, 2, \ldots, n;\ i \neq i_j;\ h < n$). Si dirà invece che A e B sono (stocasticamente) indipendenti condizionatamente all'evento C se si ha:

$$P(A \cap B \mid C) = P(A \mid C)P(B \mid C). \tag{A.4}$$

Come si vedrà nel testo, la (A.4) è una relazione di grande importanza nelle applicazioni statistiche. Se per esempio si considerano successive estrazioni (reimmettendo la pallina) da un'urna con una proporzione incognita θ di palline bianche, i risultati successivi (pallina bianca o non bianca) sono indipendenti subordinatamente al valore di θ, ma non indipendenti in assoluto, tanto è vero che dopo aver osservato molte palline bianche nelle prime n estrazioni, diamo maggiore probabilità (rispetto all'inizio) all'uscita di pallina bianca nella $(n+1)$-esima estrazione. Naturalmente stiamo qui applicando la concezione soggettivista delle probabilità; in una concezione frequentista i risultati delle diverse estrazioni sarebbero comunque considerati indipendenti, e ciascuno con probabilità incognita e costante (θ o $1 - \theta$, a seconda che ci riferiamo all'uscita di pallina bianca o non bianca).

Un importante uso delle probabilità condizionate si ha nel celebre teorema di Bayes. Sia $\{H_1, H_2, \ldots, H_k\}$ una partizione di Ω, e si consideri un qualunque evento E tale che $P(E) > 0$. Allora si ha:

$$P(H_i \mid E) = \frac{P(H_i)P(E \mid H_i)}{\sum_j P(H_j)P(E \mid H_j)} \qquad (i = 1, 2, \ldots, k). \qquad (A.5)$$

L'impiego più comune della (A.5) si ha quando si deve valutare l'influenza della informazione che l'evento E si è verificato sulla probabilità degli eventi H_i, che passano dal vettore $(P(H_1), P(H_2), \ldots, P(H_k))$, le cosiddette probabilità *iniziali* (o a priori), al vettore $(P(H_1 \mid E), P(H_2 \mid E), \ldots, P(H_k \mid E))$, le cosiddette probabilità *finali* (o a posteriori).

Esercizi

A.1. Dimostrare che $A \subseteq B$ implica $P(A) \leq P(B)$.

A.2. Dimostrare che, se l'assioma IV viene sostituito da IV*: $A \cap B = \emptyset \Rightarrow P(A \cup B) = P(A) + P(B)$ si può ottenere l'assioma IV come teorema.
   [Sugg. Usare il metodo dell'induzione]

A.3. Dimostrare che, usando l'assioma IV e non l'assioma IV′, si ha:

$$P(\bigcup_{i=1}^{\infty} A_i) \geq \sum_{i=1}^{\infty} P(A_i) \qquad (\text{dove } A_i \cap A_j = \emptyset \text{ per } i \neq j).$$

   [Sugg. Si osservi anzitutto che $\cup_{i=1}^{n} A_i \subseteq \cup_{i=1}^{\infty} A_i$ e poi si passi alle probabilità]

A.4. Dimostrare che $P(A \cup B) = P(A) + P(B) - P(A \cap B)$.

A.5. Dimostrare la formula $P(A \cap B \cap C) = P(A)P(B \mid A)P(C \mid A \cap B)$.
   [Sugg. Si assuma, ed è intuitivo, che la (A.1) possa essere applicata anche a probabilità condizionate]

A.6. Dimostrare che se A e B sono eventi indipendenti, lo sono anche le coppie (A, B^c), (A^c, B), (A^c, B^c).

A.7. Supponiamo di lanciare due dadi perfetti (nel senso che ciascuna faccia ha probabilità $1/6$ e che i risultati di dadi diversi sono indipendenti) e consideriamo gli eventi A="il risultato del I dado è pari", B="il risultato del II dado è dispari", C="la somma dei due risultati è pari". Verificare che la fattorizzazione (A.3) vale per $k=2$ ma non per $k=3$, sicché gli eventi A, B, C sono indipendenti a due a due ma non complessivamente.
   [Oss. Poiché $A \cap B \cap C = \emptyset$, una valutazione di indipendenza complessiva sarebbe intuitivamente assurda]

A.8. Dimostrare che se $\mathcal{H} = \{H_1, H_2, ..., H_n\}$ è una qualunque partizione di Ω, valgono la proprietà della *disintegrazione*, cioè:

$$P(E) = \sum_i P(E \mid H_i)P(H_i)$$

e la proprietà *conglomerativa*, cioè:

$$\forall i : P(E \mid H_i) = p \;\Rightarrow\; P(E) = p.$$

[Oss. Usando l'assioma della additività completa, la dimostrazione si estende banalmente ad una generica partizione numerabile; con la sola additività finita, queste proprietà hanno validità generale solo nel caso finito]

A.9. Dimostrare formalmente il teorema di Bayes.

A.10. Dato un evento A di probabilità p, il numero $\mathcal{O}(A) = p/(1-p)$ esprime i cosidetti "*odds*" di A (in un italiano poco scorrevole: la "ragione di scommessa" di A). Verificare che, con simboli ovvi, il teorema di Bayes si può scrivere $\mathcal{O}(H_i \mid E) = B(H_i) \times \mathcal{O}(H_i)$ dove $B(H_i) = P(E \mid H_i)/P(E \mid H_i^c)$.
[Oss. $B(H_i)$ viene chiamato "fattore di Bayes a favore di H_i"; la formula mostra che per aggiornare gli *odds* iniziali e ottenere gli *odds* finali basta moltiplicare per il fattore di Bayes]

A.11. Dati n eventi qualsiasi $A_1, A_2, \ldots, A_n$, costruire la minima algebra di eventi che li include.
[Sugg. Si faccia riferimento ai *costituenti* $C_j = \widetilde{A}_1 \cap \widetilde{A}_2 \cap \ldots \cap \widetilde{A}_n$ dove $\widetilde{A}_i$ è un evento che può essere sia A_i che $\bar{A}_i$ e all'algebra costruita su di essi]

A.12. Con riferimento al lancio di un dado molto irregolare si assegna probabilità $1/4$ agli eventi $\{5\}$, $\{6\}$, $\{1,3\}$, $\{2,4\}$. Si determini quali valori sono ammissibili per la probabilità dell'evento $E = \{4, 5\}$.
[Sugg. Si tratta di elaborare la diseguaglianza:

$$\max_{S' \subseteq E} P(S') \leq P(E) \leq \min_{E \subseteq S''} P(S''),$$

dove S' e S'' sono unioni di costituenti. Si trova $1/4 \leq P(E) \leq 1/2$]. La formula che generalizza il risultato indicato è nota come *Teorema fondamentale della probabilità* di de Finetti]

A.3 Variabili aleatorie

Dato uno spazio di probabilità $(\Omega, \mathcal{A}, P)$, si definisce *variabile aleatoria* (spesso abbreviata con v.a.) qualunque applicazione $X : \Omega \to \mathbb{R}^1$ tale che, se $B \subseteq \mathbb{R}^1$ è un insieme di Borel, la controimmagine di B, cioè l'insieme

$\Omega_B = \{\omega : X(\omega) \in B\}$, appartiene alla σ-algebra $\mathcal{A}$. In breve, X deve essere *misurabile* (si tratta di un requisito di regolarità così abituale da poterlo sottointendere). La legge di probabilità P su $(\Omega, \mathcal{A})$ determina una legge P^X su $(\mathbb{R}^1, \mathcal{B})$, che è la distribuzione di X, in base alla formula:

$$P^X(B) = P\{\omega : X(\omega) \in B\}; \tag{A.6}$$

al posto del secondo membro viene molto usata la scrittura più sintetica $P(X \in B)$, o simili. Tutte le misure di probabilità utilizzate nella (A.6) possono essere formalmente scritte come integrali (nel senso di Lebesgue); la (A.6) equivale infatti a:

$$\int_B \mathrm{d}P^X = \int_{\Omega_B} \mathrm{d}P.$$

L'integrale al primo membro (come vedremo in seguito) è praticamente sempre calcolabile come una somma o un integrale ordinario, o come una combinazione lineare dei due. Operare sullo spazio $\mathbb{R}^1$ in cui X assume valori (la stessa cosa varrebbe per $\mathbb{R}^n$) è utile anche per evitare di ricorrere in modo sostanziale (cioè a parte l'opportunità di una notazione compatta) alla integrazione secondo Lebesgue, che sarebbe necessaria per trattare gli integrali rispetto a una misura di probabilità su uno spazio qualsiasi Ω, ma la cui piena conoscenza non è presupposta nel Lettore. Useremo di regola lettere maiuscole per le v.a. e lettere minuscole per le eventuali realizzazioni.

Si chiama *funzione di ripartizione* della v.a. X la funzione:

$$F(x) = P^X(-\infty, x] = P(X \le x).$$

Si può dimostrare che (avendo adottato l'assioma IV') la funzione di ripartizione e la misura P^X si corrispondono biunivocamente; si ha così il vantaggio di rappresentare una distribuzione di probabilità con una funzione di punto anziché con una funzione di insieme, in generale più difficile da elaborare. Alcuni testi adottano per la funzione di ripartizione la definizione $F(x) = P^X(-\infty, x) = P(X < x)$, il che non porta alcuna differenza di rilievo (a parte la continuità a sinistra invece che a destra). Si chiama *supporto* l'insieme $\mathcal{X} \subseteq \mathbb{R}^1$ tale che se $x \in \mathcal{X}$ ogni intorno di x ha probabilità positiva.

Vi sono due tipi molto comuni di distribuzioni, quelle *discrete* e quelle *assolutamente continue*. Nel primo caso, in cui il supporto $\mathcal{X}$ è finito o numerabile, esiste una funzione $p : \mathcal{X} \to [0, 1]$ tale che:

$$P^X(B) = \sum_{x \in B \cap \mathcal{X}} p(x), \tag{A.7}$$

dove B è un qualsiasi boreliano; allora la funzione di ripartizione si presenta costante a tratti, con salti di valore $p(x)$ nei punti $x \in \mathcal{X}$. Nel secondo caso esiste una funzione $f : \mathbb{R}^1 \to \mathbb{R}^1_+$ (*funzione di densità*) tale che:

$$P^X(B) = \int_B f(x)\mathrm{d}x\,, \tag{A.8}$$

dove l'integrale può essere inteso nel senso ordinario (cioè dell'integrale secondo Riemann, che, se esiste, coincide con l'integrale nel senso di Lebesgue). Se l'insieme B è l'intervallo $(-\infty, x]$, la (A.8) dà la funzione di ripartizione. È chiaro che la funzione di densità coincide (quasi ovunque, cioè a meno di insiemi di misura nulla) con la derivata della funzione di ripartizione. Più in generale si può dimostrare che ogni funzione di ripartizione può essere scritta come *mistura* di funzioni di ripartizione di 3 tipi diversi, secondo la formula:

$$F(x) = a_1 F_d(x) + a_2 F_{ac}(x) + a_3 F_s(x)\,, \tag{A.9}$$

dove $a_i \geq 0$, $a_1 + a_2 + a_3 = 1$, F_d è discreta, F_{ac} è assolutamente continua e F_s è "singolare"(o "residua"), cioè è una funzione continua ma non assolutamente continua (in altri termini non è l'integrale della propria derivata, che è quasi ovunque nulla). La (A.9) è una mistura di distribuzioni di "tipi" diversi, ma il concetto di mistura si applica anche a distribuzioni diverse dello stesso tipo, per esempio due o più distribuzioni assolutamente continue. La (A.7) e la (A.8) vengono talvolta unificate con la scrittura $\int_B \mathrm{d}F(x)$ che presuppone la teoria dell'integrazione (di Stieltjes) basata sull'idea di pesare ogni intervallo $(x_1, x_2]$ con la sua probabilità $F(x_2) - F(x_1)$ anziché con la sua lunghezza $(x_2 - x_1)$; questa variante è particolarmente conveniente quando si tratta con misture del tipo (A.9).

Data una v.a. X, si ha spesso interesse a studiare una v.a. Y ottenuta trasformando X con una formula del tipo $Y = g(X)$. Si ha ovviamente:

$$P(Y \leq y) = \int_{g(X) \leq y} \mathrm{d}P^X\,; \tag{A.10}$$

se per la f.r. corrispondente a P^X vale la decomposizione (A.9) con $a_3 = 0$, il calcolo della (A.10) comporta semplicemente una somma e/o una integrazione. Se P^X è assolutamente continua con densità $f^X(x)$, c'è una semplice formula che opera direttamente sulle densità, aggiungendo però la restrizione che $g(x)$ sia monotona sul supporto $\mathcal{X}$ e dotata di derivata continua. Denotando con $x = h(y)$ la trasformazione inversa di $y = g(x)$, si ha infatti che anche Y ha una distribuzione assolutamente continua con densità

$$f^Y(y) = f^X\big(h(y)\big)\left|\frac{\mathrm{d}h(y)}{\mathrm{d}y}\right|\,. \tag{A.11}$$

Le v.a. multiple sono applicazioni (misurabili) del tipo $X : \Omega \to \mathbb{R}^n$ $(n > 1)$ dove $X = (X_1, X_2, \ldots, X_n)$. Permane la validità delle formule (A.7) e (A.8), intendendo sempre con B un qualunque boreliano di $\mathbb{R}^n$, con x un punto di $\mathbb{R}^n$ e con $\mathrm{d}x$ l'espressione completa $\mathrm{d}x_1\mathrm{d}x_2 \ldots \mathrm{d}x_n$. Per definire la f.r. multipla, all'evento $X \leq x$ si sostituisce l'evento $(X_1 \leq x_1) \cap (X_2 \leq$

$x_2) \cap \ldots \cap (X_n \leq x_n)$, e vale ancora la decomposizione (A.9). Nel caso assolutamente continuo la funzione di densità coincide (quasi ovunque) con la derivata $\partial^n F(x_1, x_2, \ldots, x_n)/(\partial x_1 \partial x_2 \ldots \partial x_n)$. Anche per le v.a. multiple avremo occasione di considerare trasformazioni:

$$Y_1 = g_1(X_1, \ldots, X_n), \ Y_2 = g_2(X_1, \ldots, X_n), \ldots, Y_m = g_m(X_1, \ldots, X_n).$$

Sotto la condizione che $m = n$, che la trasformazione sia invertibile e che le funzioni $g_i(x_1, x_2, \ldots, x_n)$ abbiano derivate parziali continue, vale anche la (A.11) con:

$$\left| \frac{\partial(x_1, x_2, \ldots, x_n)}{\partial(y_1, y_2, \ldots, y_n)} \right|$$

(valore assoluto dello jacobiano) al posto del fattore $| \, \mathrm{d}h(y)/\mathrm{d}y \, |$.

L'introduzione delle v.a. multiple apre il discorso sulla problematica dell'indipendenza e del condizionamento per v.a.. Limitiamoci a considerare, per semplicità, il caso di una v.a. doppia (X, Y), dotata di una f.r. $F(x, y)$. È naturale definire X e Y indipendenti se sono indipendenti tutte le coppie di eventi $(X \leq x)$ e $(Y \leq y)$. Ciò equivale alla relazione:

$$F(x, y) = F_1(x) \cdot F_2(y) \qquad \text{per ogni} \quad (x, y) \in \mathbb{R}^2 \, ,$$

dove $F_1(x) = F(x, +\infty)$ e $F_2(y) = F(+\infty, y)$ sono le cosiddette f.r. *marginali*, cioè le f.r. delle componenti. Nei casi discreto e continuo, rispettivamente, la condizione di indipendenza equivale (con simboli ovvi) a:

$$p(x, y) = p_1(x) \cdot p_2(y) \quad \text{oppure} \quad f(x, y) = f_1(x) \cdot f_2(y) \qquad \text{(A.12)}$$

per ogni $(x, y) \in \mathbb{R}^2$. La distribuzione di Y condizionata da $X \in S$ (se $P(X \in S) > 0$) è ovviamente definita da:

$$P(Y \in T \mid X \in S) = \frac{P(X \in S, Y \in T)}{P(X \in S)} \qquad \text{per ogni } T \text{ boreliano.} \quad \text{(A.13)}$$

Se per esempio $S = \{x\}$ (cioè se S è costituito dal solo punto x) la (A.13) non è applicabile se non nel caso discreto, ammesso che x appartenga al supporto di X. Tuttavia, se la distribuzione di (X, Y) è assolutamente continua con densità $f(x, y)$, si può utilizzare una procedura limite, calcolando la probabilità di $Y \leq y$ condizionata a $x \leq X < x + h$ e andando al limite per $h \to 0^+$. Si trova:

$$\lim_{h \to o^+} P(Y \leq y | x \leq X < x + h) = \int_{-\infty}^{y} \frac{f(x, t)}{f_1(x)} \, \mathrm{d}t \, ,$$

dove $f_1(x)$ è la densità marginale di X, assunta di tipo continuo. È allora naturale definire come densità di Y condizionata a $X = x$, la funzione:

$$f_{2|1}(y; x) = \frac{f(x, y)}{f_1(x)} \qquad \text{per } x \text{ tale che } f_1(x) > 0, \qquad \text{(A.14)}$$

ottenendo così per il continuo una formula analoga a quella valida nel discreto. Per semplicità si parlerà (con riferimento alla (A.14) e alle formule corrispondenti per il caso discreto) di distribuzione di $Y \mid X$, senza con ciò voler introdurre v.a. condizionate o eventi condizionati (come pure sarebbe possibile).

Data una v.a. associata allo spazio di probabilità $(\Omega, \mathcal{A}, P)$ si chiama *valore atteso* (o valor medio) di X la quantità:

$$\mathbb{E}X = \int_{\Omega} X(\omega)\mathrm{d}P = \int_{\mathbb{R}} x\mathrm{d}P^X \,, \tag{A.15}$$

dove l'ultima espressione diventa, rispettivamente nel caso discreto e nel caso assolutamente continuo:

$$\sum_{x \subset \mathcal{X}} xp(x) \qquad e \qquad \int_{\mathbb{R}} xf(x)\mathrm{d}x.$$

Si deve intendere che il valore atteso "esiste" se l'integrale (A.15) esiste nel senso della teoria di Lebesgue, cioè se la funzione integranda è anche assolutamente integrabile (nel caso numerabile si richiede quindi, com'è naturale, la commutatività della serie). Più in generale si chiamano *momenti di ordine* r le quantità (con gli stessi vincoli concernenti l'esistenza):

$$\mathbb{E}X^r = \int_{\Omega} X^r(\omega)\mathrm{d}P = \int_{\mathbb{R}} x^r\mathrm{d}P^X \qquad (r = 1, 2, \ldots);$$

al solito, in pratica, il calcolo si riduce (se nella (A.9) è $a_3 = 0$) ad una somma o ad un integrale ordinario, o ad una combinazione dei due. Si chiamano momenti centrali le quantità $\mathbb{E}(X - \mathbb{E}X)^r$ $(r = 1, 2, \ldots)$, calcolabili con formule ovvie. Il più usato è la *varianza* $(r = 2)$.

Si chiamano medie condizionate le medie calcolate con le distribuzioni condizionate; per esempio, nel caso che (X, Y) sia assolutamente continua, scriveremo:

$$\mathbb{E}(X \mid Y = y) = \int_{\mathbb{R}} xf_{1|2}(x; y)\mathrm{d}x$$

(o anche, se la notazione non crea ambiguità, $\mathbb{E}_y X$). Un teorema importante riguardante le medie condizionate è quello della *media iterata*, che scriviamo nella forma:

$$\mathbb{E}^Y \mathbb{E}^{X|Y}(X \mid Y) = \mathbb{E}X, \tag{A.16}$$

dove, per chiarezza, all'esponente di $\mathbb{E}$ sono richiamate le v.a. cui l'operatore media si applica. La (A.16) significa, più in dettaglio, che (fatte salve le usuali condizioni di esistenza) per calcolare $\mathbb{E}X$ si può procedere in due stadi, calcolando anzitutto la media condizionata $m(y) = \mathbb{E}(X \mid Y = y)$ e successivamente $\mathbb{E}m(Y)$. Va ricordato che la proprietà (A.16) ha carattere generale, indipendente dal tipo di distribuzione di (X, Y).

Un altro sistema di parametri che sintetizzano particolari aspetti di una distribuzione è quello dei *quantili*. Si chiama *quantile di livello* q $(0 \leq q \leq 1)$ di una v.a. X qualunque valore ξ_q tale che:

$$\mathrm{prob}(X \leq \xi_q) \geq q, \qquad \mathrm{prob}(X \geq \xi_q) \geq 1 - q. \qquad (A.17)$$

Con questa definizione (che non è l'unica usata in letteratura) i quantili esistono sempre, per qualsiasi livello, ma non sono necessariamente unici. In particolare ogni quantile di livello $q = 0.50$ si chiama *mediana*. Per una chiara illustrazione geometrica si veda l'esercizio A.21.

Ad ogni misura di probabilità P^X su $\mathbb{R}^1$, e quindi ad ogni f.r., si può associare la *funzione caratteristica*, definita da:

$$H(t) = \mathbb{E}\big(\exp\{itX\}\big) = \int_{\mathbb{R}} \cos(tx)\mathrm{d}P^X + i \int_{\mathbb{R}} \mathrm{sen}(tx)\mathrm{d}P^X, \qquad (A.18)$$

che risulta una funzione uniformemente continua, e la *funzione generatrice dei momenti* definita da:

$$M(t) = \mathbb{E}\big(\exp(tX)\big) = \int_{\mathbb{R}} e^{tx}\mathrm{d}P^X, \qquad (A.19)$$

dove si intende che l'integrale deve esistere almeno in un intorno del tipo $|t| < \varepsilon$, con $\varepsilon > 0$ arbitrario. Le formule (A.18) e (A.19) si estendono a v.a. k-dimensionali intendendo $X = (X_1, X_2, \ldots, X_k)$, $t = (t_1, t_2, \ldots, t_k)$ e che il prodotto tX è il prodotto scalare. Due proprietà di queste funzioni sono particolarmente importanti:

I) proprietà moltiplicativa: se X e Y sono indipendenti, la funzione caratteristica (la f.g.m.) della somma $X + Y$ è il prodotto delle due funzioni caratteristiche (delle due f.g.m.).

II) i momenti si trovano per derivazione (per la f.g.m. si deve assumere l'esistenza); cioè si ha:

$$\mathbb{E}X^r = \frac{1}{i^r}\left[\frac{\mathrm{d}^r H(t)}{\mathrm{d}t^r}\right]_{t=0} = \left[\frac{\mathrm{d}^r M(t)}{\mathrm{d}t^r}\right]_{t=0} \qquad (r = 1, 2, \ldots). \qquad (A.20)$$

Formule analoghe valgono nel caso k-dimensionale, con riferimento ai momenti $\mathbb{E}(X_1^{r_1} \cdot X_2^{r_2} \cdot \ldots \cdot X_k^{r_k})$.

In molti casi è necessario considerare famiglie $\{X_t, t \in T\}$ di v.a., dove T è un insieme almeno numerabile. Se T è unidimensionale, si parla di *processi aleatori* (o *stocastici*), se T è bidimensionale di *campi aleatori*. Nel testo ci sarà occasione di accennare solo a processi aleatori con T numerabile, nel quadro delle analisi sequenziali. Fissato $\omega \in \Omega$, la successione $x_1 = X_1(\omega), x_2 = X_2(\omega), \ldots$ è una *traiettoria* del processo; come le v.a. permettono lo studio di punti aleatori, così i processi aleatori permettono lo studio di funzioni aleatorie (del "tempo" t) e costituiscono lo strumento essenziale per la rappresentazione dei fenomeni dinamici. La legge di probabilità P del processo $\{X_t, t \in T\}$ è naturalmente in grado di specificare le leggi di probabilità di tutti i possibili vettori $X_{i_1}, X_{i_2}, \ldots, X_{i_n}$, qualunque sia n. Aspetti importanti sono le strutture di interdipendenza tra le variabili aleatorie considerate. Un caso estremo è l'*indipendenza*, caratterizzata dalle relazioni:

$$P(X_{i_1} \in B_1, X_{i_2} \in B_2, \ldots, X_{i_n} \in B_n) = \prod_{j=1}^{n} P(X_{i_j} \in B_j), \qquad \text{(A.21)}$$

dove i B_i sono insiemi di Borel arbitrari. Un altro caso interessante è la *scambiabilità*, rappresentata dal fatto che ogni vettore $(X_{i_1}, X_{i_2}, \ldots, X_{i_n})$ ha una distribuzione dipendente ovviamente dal numero n ma non dai singoli indici $i_1, i_2, \ldots, i_n$. Questa assunzione, di notevole rilievo in molte applicazioni statistiche, rappresenta una totale simmetria nella valutazione di probabilità rispetto a tutte le variabili coinvolte nel processo. Si noti che se vale la (A.21) le variabili sono anche scambiabili, ma la scambiabilità non implica l'indipendenza. Una caratteristica situazione di scambiabilità, per insiemi di infinite v.a., è offerta dalla indipendenza condizionata con distribuzioni condizionate eguali (v. esercizio A.23). Nel testo (v. § 4.4) si mostra che vale anche il reciproco.

Esercizi

A.13. Posto $Y = aX + b$, determinare il legame tra le funzioni di ripartizione di X e di Y e, nel caso assolutamente continuo, tra le corrispondenti funzioni di densità.

A.14. Consideriamo una v.a. n-dimensionale $(X_1, X_2, \ldots, X_n)$ avente funzione di ripartizione $F(x_1, x_2, \ldots, x_n)$. Le v.a. componenti X_i si dicono stocasticamente indipendenti se si ha $F(x_1, x_2, \ldots, x_n) = F_1(x_1)F_2(x_2)\ldots F_n(x_n)$ dove le $F_i(x) = P(X_i \leq x)$ sono le f.r. marginali. Dimostrare che gli eventi $(X_i \leq x_i)$ $(i = 1, 2, \ldots, n)$ sono complessivamente indipendenti, cioè che vale per essi la formula (A.3).

[Sugg. Effettuare opportuni passaggi al limite nella relazione che definisce l'indipendenza]

A.15. * Si verifichi, usando la formula (A.14), che:
(a) la condizione di indipendenza (A.12) implica $f_{2|1}(y; x) = f_2(y)$ (purché $f_1(x) > 0$);
(b) vale la formula di disintegrazione:

$$f_2(y) = \int_{\mathbb{R}} f_{2|1}(y; x) f_1(x) \mathrm{d}x;$$

(c) vale una formula che può considerarsi la versione continua del teorema di Bayes:

$$f_{1|2}(x; y) = \frac{f_1(x) f_{2|1}(y; x)}{\int_{\mathbb{R}} f_1(x) f_{2|1}(y; x) \mathrm{d}x}.$$

[Oss. Queste proprietà confortano intuitivamente la definizione adottata per le densità condizionate. Tuttavia in generale il passaggio al limite nelle probabilità può produrre risultati diversi qualora l'evento $X = x$ sia rappresentato come limite di una diversa famiglia di eventi (è il cosiddetto paradosso di Borel-Kolmogorov)]

A.16. Accade in alcuni problemi di dover trattare con v.a. (X, Y) in cui X e Y sono di tipi diversi (nel senso della formula (A.9)), per esempio X ha una distribuzione assolutamente continua e Y una distribuzione discreta. Sia $f_1(x)$ la densità di X e $p_{2|1}(y; x) = P(Y = y \mid X = x)$. Applicando al proprietà della media iterata, si dimostri che:

$$P(Y = y) = \int_{\mathbb{R}} p_{2|1}(y; x) f_1(x) \mathrm{d}x.$$

[Oss. Questa formula è analoga a quella del caso (b) dell'esercizio precedente. È chiaro che se ne deduce anche l'equivalente del caso (c), con le probabilità $p_{2|1}(\cdot; x)$ al posto delle densità $f_{2|1}(\cdot; x)$]

A.17. Siano X e Y v.a. indipendenti con distribuzione $N(\mu, \sigma^2)$. Calcolarne la f.g.m. e dimostrare mediante di essa che $X + Y \sim N(2\mu, 2\sigma^2)$.

A.18. Considerata una v.a. $X \sim N(\mu, \sigma^2)$, calcolare l'espressione di $\mathbb{E}X$ e di $\mathbb{E}X^2$ usando la proprietà (A.20).

A.19. * Consideriamo in $\mathbb{R}^2$ una probabilità distribuita uniformemente sul segmento di vertici $(0, 0)$ e $(1, 1)$. Indicando con (X, Y) le coordinate del punto aleatorio, si calcoli la corrispondente funzione di ripartizione $F(x, y)$ e si verifichi che è di tipo residuo.
[Oss. La singolarità può essere eliminata (o meglio aggirata) se si introduce una opportuna trasformazione. Se per esempio la v.a. doppia (U, V) è definita da $U = X + Y, V = Y - X$, otteniamo che U ha distribuzione $R(0, 2)$ e che V è quasi certamente nulla. Ogni evento del tipo $(X, Y) \in S$ può essere riscritto nella forma $(U, V) \in T$ e la sua probabilità sarà facilmente calcolabile, facendo riferimento in pratica alla sola componente U]

A.20. Sia X una v.a. la cui f.r., secondo la formula (A.9), possa scriversi $F(x) = aF_d(x) + (1 - a)F_{ac}(x)$ con $0 < a < 1$; supponiamo che F_d assegni masse $p(x)$ (di somma unitaria) ai punti $x \in T$, dove T è un insieme finito o numerabile, e che F_{ac} possieda una densità $f(\cdot)$. Si verifichi che un generico evento $X \in B$ ha come probabilità:

$$P(X \in B) = a \sum_{x \in B \cap T} p(x) + (1 - a) \int_B f(x) \mathrm{d}x.$$

[Oss. La scrittura di Stieltjes, cioè $P(X \in T) = \int_B \mathrm{d}F(x)$, renderebbe naturale e prevedibile la formula sopra presentata. Un modo semplice per trattare problemi di questo tipo è di separare la parte discreta da quella continua e pensare che le probabilità siano assegnate in modo "gerarchico"; considerato infatti che $(X \in B) = ((X \in B) \cap (X \in T)) \cup ((X \in B) \cap (X \notin T))$, basta tener conto qui che la distribuzione di X condizionatamente a $(X \in T)$ e a $(X \notin T)$ è sempre di un solo tipo, e che la esclusione di T dal calcolo nel continuo è irrilevante]

A.21. Data una funzione di ripartizione $F(x)$ (non residua) si consideri il grafico $y = F(x)$ ottenuto, nel caso discreto, includendo, se esistono, i tratti verticali. Si verifichi che i quantili ξ_q sono tutte e sole le ascisse delle intersezioni (non necessariamente uniche) di $y = F(x)$ con $y = q$.

A.22. Il concetto di scambiabilità si può applicare anche a insiemi finiti o infiniti di eventi, nel quadro di un determinato spazio di probabilità (volendo applicare la definizione data sopra, basta pensare alle corrispondenti variabili indicatrici). Considerata un'urna contenente h palline di cui m bianche, si estraggano n palline una dopo l'altra ($n \leq h$) senza rimetterle nell'urna e si indichino con B_i gli eventi "nella i-esima estrazione è uscita pallina bianca". Si dimostri che gli eventi B_i sono scambiabili.

A.23. Siano $Y, X_1, X_2, \ldots, X_n, \ldots$ variabili discrete tali che le v.a. X_i, condizionatamente a $Y = y$ (qualunque sia y), siano indipendenti ed egualmente distribuite. Si dimostri che le X_i sono scambiabili.

A.4 Limiti

Consideriamo una successione di v.a. $\{X_1, X_2, \ldots\}$ definite su un determinato spazio di probabilità. Si possono definire diversi tipi di "limiti" per tale successione. Elenchiamo i principali.

Si dice che X_n tende alla v.a. X *in distribuzione* (e si scrive $X_n \overset{d}{\to} X$) se, indicando con F_n e F le f.r. di X_n e di X, si ha:

$$\lim_{n \to \infty} F_n(x) = F(x) \qquad \text{per ogni } x \in C_F, \tag{A.22}$$

dove C_F è l'insieme su cui F è continua. La (A.22) è equivalente alla convergenza delle rispettive funzioni caratteristiche o, se esistono, delle rispettive funzioni generatrici dei momenti. La (A.22) può essere vista anche, più semplicemente, come una convergenza delle distribuzioni (prescindendo dalle v.a.) e costituisce la base per molte approssimazioni utili.

Si dice che X_n tende a X *in probabilità* (e si scrive $X_n \overset{p}{\to} X$) se si ha:

$$\lim_{n \to \infty} P(|X_n - X| < \varepsilon) = 1 \quad \text{per ogni } \varepsilon > 0. \tag{A.23}$$

Confrontando (A.22) e (A.23) si vede che la (A.22) esprime la tendenza di X_n ad avere la stessa distribuzione di X (cioè a diventare *somigliante* a X), mentre la (A.23) esprime la tendenza di X_n ad assumere gli stessi valori di X (e quindi a diventare *eguale* a X, in quanto applicazione $\Omega \to \mathbb{R}$). Si può dimostrare che la (A.23) implica la (A.22) e che, se X è costante con probabilità 1, le relazioni (A.22) e (A.23) si equivalgono.

Un risultato utile in diverse applicazioni statistiche è il seguente:

Teorema A.1. (Teorema di Slutsky) *Se $X_n \xrightarrow{d} X$ e $Y_n \xrightarrow{p} c$, con c costante finita, allora, se g è una funzione continua, si ha $g(X_n, Y_n) \xrightarrow{d} g(X, c)$.*

Consideriamo infine un terzo tipo di convergenza. Si dice che X_n tende a X *quasi certamente* (e si scrive $X_n \xrightarrow{q.c.} X$) se

$$P\{\omega : \lim_{n\to\infty} X_n(\omega) = X(\omega)\} = 1, \tag{A.24}$$

cioè se ha probabilità 1 l'insieme delle traiettorie del processo $X_n(\omega)$ che convergono al valore $X(\omega)$. La (A.24) implica la (A.23) e quindi la (A.22).

I concetti sopra introdotti consentono di presentare alcuni importanti teoremi, di cui enunciamo solo versioni semplici, ma adeguate ai problemi trattati nel testo. Al solito si intende data una successione $\{X_1, X_2, \ldots\}$ di v.a. riferite allo stesso spazio di probabilità e si pone $S_n = X_1 + X_2 + \ldots + X_n$.

Teorema A.2. (Legge debole dei grandi numeri). *Se le X_n sono indipendenti, somiglianti e hanno valor medio finito μ, si ha $\frac{1}{n} S_n \xrightarrow{p} \mu$.*

Teorema A.3. (Legge forte dei grandi numeri). *Nelle stesse condizioni del teorema precedente si ha $\frac{1}{n} S_n \xrightarrow{q.c.} \mu$.*

Teorema A.4. (Teorema centrale di convergenza). *Se le v.a. X_n sono indipendenti e somiglianti, con media μ e varianza σ^2 finite, si ha $\frac{1}{\sigma\sqrt{n}}(S_n - n\mu) \xrightarrow{d} U$, dove U ha distribuzione $N(0, 1)$.*

Il precedente risultato è la base delle classiche approssimazioni "normali" ad una quantità di distribuzioni, e può anche essere evocato come giustificazione del modello degli errori accidentali gaussiani (vedi esempio 3.2), se si pensa che l'errore complessivo sia la somma algebrica S_n di un grande numero di errori elementari X_i $(i = 1, 2, \ldots, n)$.

Esercizi

A.24. Dimostrare, usando le funzione generatrice dei momenti, che data la successione $\{X_n, n = 1, 2, \ldots\}$ dove $X_n \sim \text{Bin}(n, p)$, andando al limite per $n \to \infty, p \to 0$, $np = $ costante $(= m)$, la successione converge in distribuzione ad una v.a. con distribuzione $\text{Poisson}(m)$.

[Oss. Questo risultato giustifica la distribuzione di Poisson come approssimazione della binomiale nel caso che la probabilità p sia piccola e spiega l'espressione "legge dei fenomeni rari" usato talvolta per la distribuzione di Poisson]

A.25. Verificare la validità della approssimazione normale alla distribuzione $\text{Bin}(n, p)$ per n sufficientemente grande, applicando il teorema centrale di convergenza.

[Oss. Questo particolare risultato è anche citato come teorema di De Moivre]

B

Convessità

B.1 Insiemi convessi

Definizione B.1. *Un insieme $S \subseteq \mathbb{R}^n$ si dice* convesso *se, presi comunque due suoi punti x' e x'', si ha $\lambda x' + (1 - \lambda)x'' \in S$, $\forall \lambda \in (0, 1)$.*

Si osservi che l'insieme

$$L = \{x : \exists \lambda \in [0, 1] \text{ tale che } x = \lambda x' + (1 - \lambda)x''\}$$

non è altro (geometricamente) che il segmento di vertici x' e x''. Facendo invece variare λ in tutto $\mathbb{R}^1$, si ottiene la retta in $\mathbb{R}^n$ determinata dai due punti x' e x''. La definizione B.1 esprime quindi il fatto che un insieme convesso contiene tutti i segmenti che hanno per estremi coppie di suoi punti. La verifica grafica della convessità risulta perciò immediata: ad esempio la figura B.1a mostra un insieme non convesso (infatti non tutto il segmento tra x e y appartiene all'insieme) e le figure B.1b e B.2b vari casi di insiemi convessi. In generale, dati k punti $x^1, x^2, \ldots, x^k \in \mathbb{R}^n$, il punto ottenuto come:

$$x = \sum_{i=1}^{k} \lambda_i x^i \quad \text{con } \lambda_i \geq 0, \sum \lambda_i = 1$$

si dice *combinazione convessa* dei punti $x^1, x^2, \ldots, x^k$.

Definizione B.2. *Dato un qualunque insieme $S \subseteq \mathbb{R}^n$ si chiama* involucro convesso *di S, e si denota con conv(S), l'intersezione di tutti gli insiemi convessi contenenti S.*

Ovviamente anche conv(S) è convesso; più precisamente conv(S) può vedersi come il più piccolo insieme convesso contenente S. Per la costruzione effettiva di conv(S) è importante il teorema che segue.

Teorema B.1. *Dato un qualunque insieme $S \subseteq \mathbb{R}^n$, il suo involucro convesso conv(S) è costituito dalla totalità delle combinazioni convesse di punti di S.*

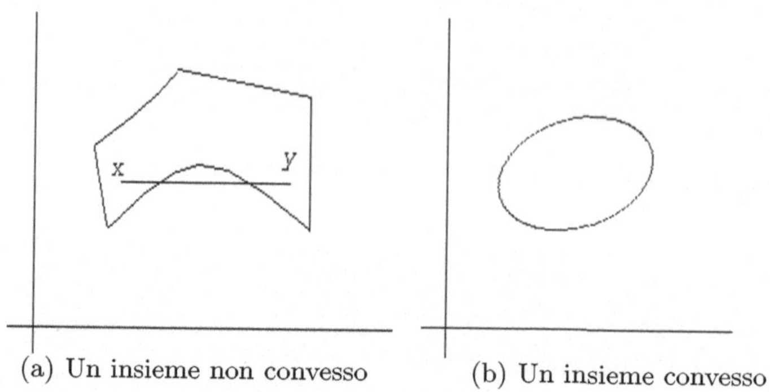

(a) Un insieme non convesso   (b) Un insieme convesso

Figura B.1. Insiemi convessi e non

Dimostrazione. Sia C_S l'insieme di punti ottenuti come combinazioni convesse di un numero finito di elementi di S. Dobbiamo dimostrare che $C_S=$ conv(S). Per definizione di convessità le combinazioni convesse di elementi di S devono appartenere a tutti gli insiemi convessi che contengono S, e quindi $C_S \subseteq$ conv(S). Basta ora dimostrare che C_S è convesso, perché per definizione conv(S) non può contenere propriamente sovrainsiemi di S che siano a loro volta convessi (ed è ovviamente $C_S \supseteq S$). Ora se $x, y \in C_S$, esistono punti $x^1, x^2, \ldots, x^k, y^1, y^2, \ldots, y^h$ in S, per opportuni valori di k e h, e costanti $\alpha_1, \alpha_2, \ldots, \alpha_k, \beta_1, \beta_2, \ldots, \beta_h$ tali che:

$$x = \sum_{i=1}^{k} \alpha_i x^i, \quad y = \sum_{j=1}^{h} \beta_j y^j \quad \text{con} \quad \alpha_i > 0, \beta_j > 0, \sum \alpha_i = 1, \sum \beta_j = 1.$$

Pertanto anche la generica combinazione convessa $z = \lambda x + (1-\lambda)y$, in quanto può scriversi $z = \sum[((\lambda\alpha_i)x^i + (1-\lambda)\beta_j y^j)$, appartiene a C_S. In conclusione anche C_S è convesso e quindi $C_S = $ conv(S). $\square$

Se S è un insieme finito di punti, conv(S) si chiama poliedro *generato* dai punti stessi; se in particolare un insieme convesso (sempre nel caso $S \subseteq \mathbb{R}^n$) è generato da $n+1$ punti che non stanno su uno stesso iperpiano viene chiamato *simplesso*. Le figure 1.9a e 1.9b (non interessa qui ricollegarci ai problemi ivi rappresentati) mostrano esempi di involucri convessi generati da un numero finito di punti. Si osservi, nella figura 1.9b, che conv$\{x^{\delta_1}, x^{\delta_2}, x^{\delta_3}, x^{\delta_4}\}$ $=$conv$\{x^{\delta_1}, x^{\delta_2}, x^{\delta_3}\}$ (e si tratta in particolare di un simplesso, in questo caso un triangolo), perché x^{δ_4} si può ottenere come combinazione convessa degli altri punti. La figura B.2b presenta un involucro convesso generato da un insieme (rappresentato nella figura B.2a) costituito da infiniti punti.

Definizione B.3. *Un punto $x \in C$, dove C è un insieme convesso, si dice estremo (o vertice) se non può essere ottenuto come combinazione lineare di altri punti di C.*

Nella figura B.1b sono estremi tutti i punti della frontiera. Nella figura 1.9a sono estremi x^{δ_1} e x^{δ_2}. Nella figura 1.9b sono estremi $x^{\delta_1}, x^{\delta_2}, x^{\delta_3}$. Un risul-

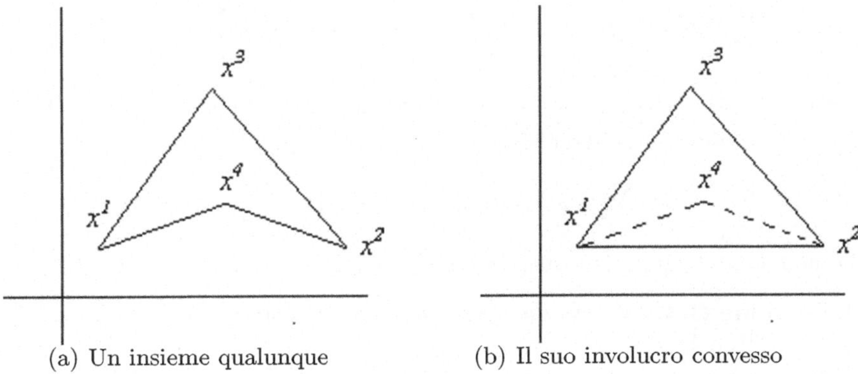

(a) Un insieme qualunque   (b) Il suo involucro convesso

Figura B.2. Involucri convessi

tato importante connesso al ruolo dei punti estremi (versione semplificata del cosiddetto teorema di Krein-Millman) è il seguente:

Teorema B.2. *Se* $C \subset \mathbb{R}^n$ *è convesso, chiuso e limitato, è l'involucro convesso dei suoi punti estremi.*

Non riportiamo la dimostrazione. Le figure B.1b e B.2b forniscono comunque altrettante esemplificazioni. Tutte le definizioni e i risultati presentati, con minimi adattamenti, possono estendersi da $\mathbb{R}^n$ ad un qualunque spazio lineare $\mathbb{L}$, per esempio a spazi di funzioni. Lo stesso vale per le nozioni che saranno richiamate nelle sezioni successive, salva la necessità di opportune restrizioni per poter trattare questioni di frontiere, intorni, ecc. (per esempio $\mathbb{L}$ può essere uno spazio lineare normato).

Esercizi

B.1. Sia dato in $\mathbb{R}^n$ un iperpiano di equazione $\sum_{i=1}^{n} \alpha_i x_i = \alpha_0$. Dimostrare che si tratta di un insieme convesso.

B.2. Dimostrare che se C e C' sono insiemi convessi, anche $C \cap C'$ è convesso.

B.3. Dato un insieme convesso C, dimostrare che $x \in C$ è un punto estremo se e solo se $C - \{x\}$ è ancora un insieme convesso.

B.2 Iperpiani di sostegno e di separazione

Un iperpiano in $\mathbb{R}^n$, cioè un piano di dimensione massima, è costituito dalle soluzioni di un'equazione del tipo:

$$\sum_{i=1}^{n} \alpha_i x_i = \alpha_0 \qquad (\alpha_i \in \mathbb{R}^1 \text{ per } i = 0, 1, \ldots, n; \sum_{i=1}^{n} \alpha_i^2 \neq 0). \qquad (\text{B.1})$$

Per $n = 2$ gli iperpiani sono semplicemente rette. Ogni iperpiano del tipo (B.1) determina due semispazi:

$$S^- = \{x : \sum \alpha_i x_i \leq \alpha_0\}, \qquad S^+ = \{x : \sum \alpha_i x_i \geq \alpha_0\}, \qquad (\text{B.2})$$

che non sono disgiunti in quanto hanno in comune l'iperpiano stesso.

Definizione B.4. *Si dice che l'iperpiano (B.1) separa gli insiemi disgiunti S, T in $\mathbb{R}^n$ se è:*

$$\begin{cases} \sum \alpha_i x_i \leq \alpha_0 & per\, x \in S \\ \sum \alpha_i x_i \geq \alpha_0 & per\, x \in T \end{cases}. \qquad (\text{B.3})$$

In sostanza, gli insiemi S e T devono essere inclusi uno in S^- e l'altro in S^+. Graficamente, la situazione può essere rappresentata come nella figura B.3a.

Definizione B.5. *Si dice che l'iperpiano (B.1) è di* sostegno *per l'insieme S nel punto $\bar{x}$ se $\bar{x}$ appartiene all'iperpiano e S è interamente contenuto in S^- o in S^+.*

Graficamente la situazione può essere rappresentata come nella figura B.4a. Si noti che un iperpiano di sostegno di S nel punto $\bar{x}$ non è altro che un iperpiano che separa gli insiemi S e $\{\bar{x}\}$.

Siamo ora in grado di enunciare due importanti teoremi, di cui non daremo la dimostrazione. Ricordiamo preliminarmente che, preso un qualsiasi insieme S in $\mathbb{R}^n$, un punto $\bar{x} \in S$ si dice *interno* ad S se esiste un suo intorno sferico $B_\rho = \{x : \sum (x_i - \bar{x}_i)^2 \leq \rho^2\}$ (con $\rho > 0$) tutto contenuto in S. L'insieme dei punti interni di un insieme S viene denotato con $\text{int}(S)$.

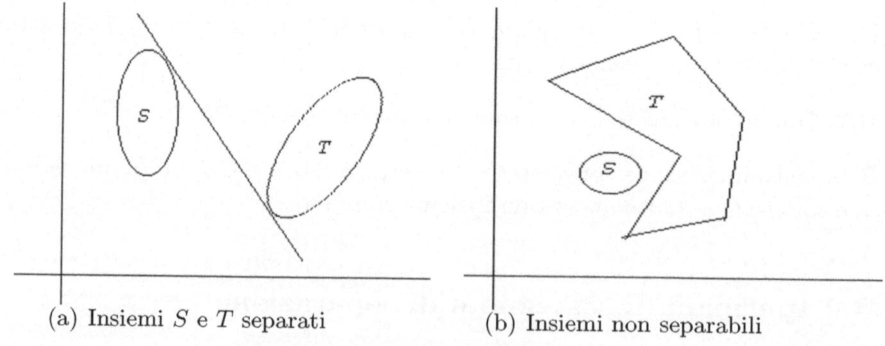

(a) Insiemi S e T separati   (b) Insiemi non separabili

Figura B.3. Separazione di insiemi

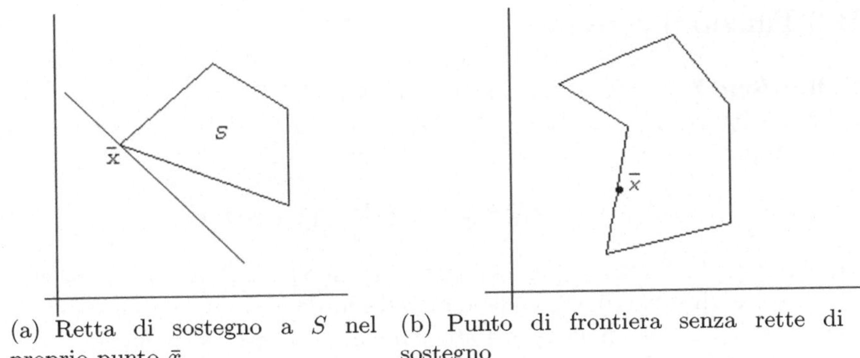

(a) Retta di sostegno a S nel proprio punto $\bar{x}$

(b) Punto di frontiera senza rette di sostegno

Figura B.4. Sostegni

Teorema B.3. (dell'iperpiano separatore). *Siano C_1 e C_2 due insiemi in $\mathbb{R}^n$ convessi, disgiunti e con $int(C_1) \neq \emptyset$. Allora esiste un iperpiano che li separa.*

La convessità non è ovviamente necessaria perché si abbia la separazione, ma è facile pensare a insiemi non convessi, che soddisfano le altre condizioni del teorema, e che non sono separabili (figura B.3b).

Teorema B.4. (dell'iperpiano di sostegno). *Sia C un insieme convesso in $\mathbb{R}^n$ tale che $int(C) \neq \emptyset$. Se $\bar{x}$ è un punto di frontiera di C, esiste un iperpiano di sostegno di C passante per $\bar{x}$.*

Un esempio è rappresentato graficamente dalla figura B.4a. La figura B.4b mostra che senza la condizione di convessità piani di sostegno in un assegnato punto di frontiera possono non esistere.

Esercizi

B.4. Dimostrare che i semispazi S^- e S^+ sono insiemi convessi.

B.5. Il verso delle diseguaglianze nella (B.3) non è determinato dagli insiemi S e T ma dalla rappresentazione formale dell'iperpiano. Dimostrare che se vale la (B.3) esistono $\beta_0, \beta_1, ..., \beta_n$ tali che:

$$\begin{cases} \sum \beta_i x_i \geq \beta_0 & \text{per } x \in S \\ \sum \beta_i x_i \leq \beta_0 & \text{per } x \in T \end{cases} .$$

[Oss. Poiché $\beta_i = -\alpha_i$ $(i = 0, 1, ..., n)$, l'iperpiano di separazione è in realtà lo stesso]

B.6. * Il teorema B.3 potrebbe essere dimostrato sostituendo alla condizione $C_1 \cap C_2 = \emptyset$ la più debole condizione $int(C_1) \cap C_2 = \emptyset$. Dimostrare che da questa versione più generale scende come corollario il teorema B.4.

B.3 Funzioni convesse

Definizione B.6. *Sia C un insieme convesso di $\mathbb{R}^n (n \geq 1)$. Una funzione $f : C \to \mathbb{R}^1$ si dice* convessa *in C se, comunque presi x' e x'' in C e λ in $(0, 1)$, si ha:*

$$f(\lambda x' + (1 - \lambda)x'') \leq \lambda f(x') + (1 - \lambda)f(x''). \tag{B.4}$$

Ciò significa (v. figura B.5) che in ogni intervallo $[x', x'']$ la funzione si mantiene sempre al di sotto (in senso debole) della corda che unisce i punti $(x', f(x'))$ e $(x'', f(x''))$. Si dice poi che f è *strettamente convessa* se nella (B.4) si ha il segno $<$ al posto di $\leq$. In questo caso viene evidentemente esclusa la presenza di tratti rettilinei. La figura B.5a mostra una funzione strettamente convessa. La figura B.5b, invece, mostra una funzione convessa ma non strettamente convessa. Si può dimostrare che una funzione convessa su C è anche continua (ma non necessariamente derivabile) su $\text{int}(C)$. È noto dall'analisi infinitesimale che se f è una qualunque funzione $\mathbb{R}^n \to \mathbb{R}^1$ derivabile 2 volte su C, si ha che f è convessa se la matrice H (detta matrice *hessiana*) di elementi:

$$\frac{\partial^2 f(x_1, x_2, \ldots, x_n)}{\partial x_i \partial x_j} \qquad (i, j = 1, 2, \ldots, n) \tag{B.5}$$

è semidefinita positiva, cioè (adottando la scrittura matriciale) se la forma quadratica $z^\top H z$ è non negativa per $z \in \mathbb{R}^n$. Nelle stesse condizioni f è strettamente convessa se la matrice H è definita positiva, cioè se $z^\top H z > 0$ per ogni $z \neq 0_n$ (dove 0_n è un vettore di n zeri). Per alcune delle situazioni che interessano le applicazioni usuali della teoria delle decisioni, tuttavia, la condizione di doppia derivabilità risulta troppo restrittiva.

Una caratterizzazione alternativa della convessità di una funzione si può basare sul concetto di *epigrafo*.

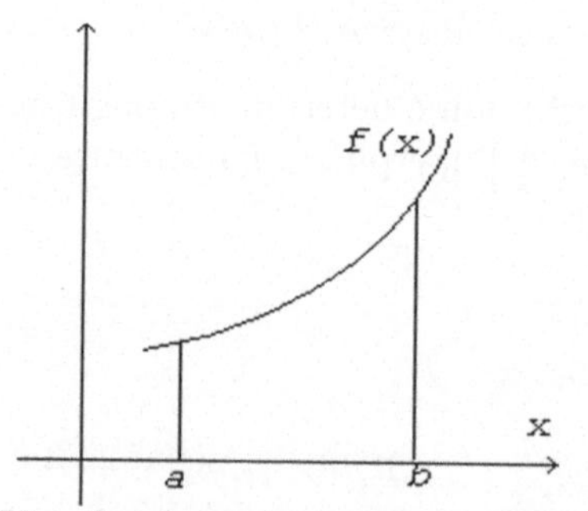

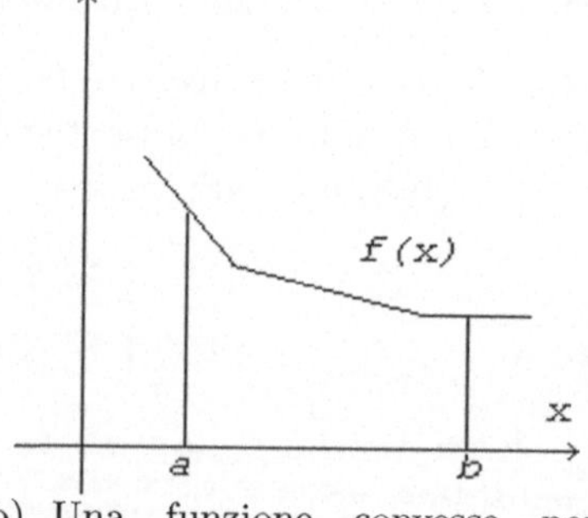

(a) Una funzione strettamente convessa in (a, b)

(b) Una funzione convessa non strettamente in (a, b)

Figura B.5. Funzioni convesse

Definizione B.7. *Data una funzione* $f : S \to \mathbb{R}^1$, *dove* $S \subseteq \mathbb{R}^n$, *si chiama* epigrafo *di* f *l'insieme:*

$$epi(f) = \{(x,y) : x \in S, y \geq f(x)\}. \tag{B.6}$$

Si noti che $epi(f) \subset \mathbb{R}^{n+1}$. Si ha:

Teorema B.5. *Una funzione* $f : C \to \mathbb{R}^1$, *dove* C *è un insieme convesso di* $\mathbb{R}^n$, *è convessa se e solo se il suo epigrafo è un insieme convesso di* $\mathbb{R}^{n+1}$.

La dimostrazione è lasciata come esercizio.

Definizione B.8. *La funzione* $f : C \to \mathbb{R}^1$, *dove* C *è un insieme convesso di* $\mathbb{R}^n$, *si dice* concava *se la funzione* $-f$ *è convessa.*

Con facili modifiche quanto si dice sulle funzioni convesse può quindi essere riportato alle funzioni concave (v. figura B.6). Per esempio è chiaro che il criterio basato sulla matrice H vuole, per la concavità (o la stretta concavità) che H sia semidefinita negativa (rispettivamente: definita negativa). Possiamo ora dimostrare le seguenti importantissime diseguaglianze.

Teorema B.6. (diseguaglianza di Jensen). *Sia* X *una variabile aleatoria tale che* $prob(X \in C) = 1$ *dove* C *è un insieme convesso di* $\mathbb{R}^1$. *Sia poi* $f : C \to \mathbb{R}^1$ *una funzione convessa ed assumiamo che esistano i valori medi* $\mathbb{E}X$ *e* $\mathbb{E}f(X)$. *Allora si ha:*

$$\mathbb{E}f(X) \geq f(\mathbb{E}X). \tag{B.7}$$

Dimostrazione. Osserviamo preliminarmente che l'insieme $E = epi(f)$ è un sottoinsieme convesso di $\mathbb{R}^2$ e che il punto $M = (\mu, f(\mu))$, dove $\mu = \mathbb{E}X$, appartiene alla sua frontiera. Per il teorema dell'iperpiano di sostegno esiste quindi una retta:

$$y - f(\mu) = b(x - \mu),$$

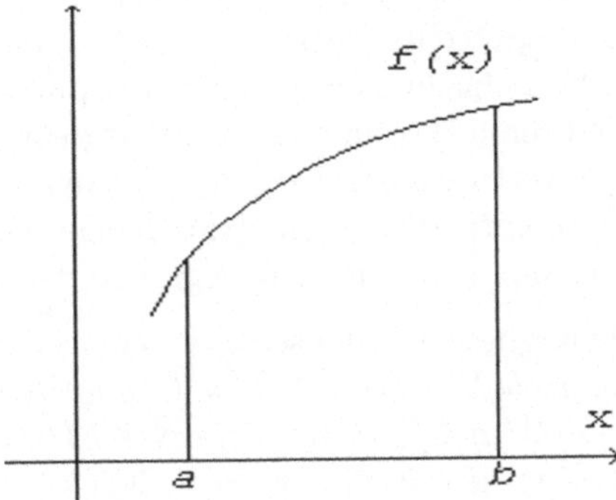

Figura B.6. Una funzione strettamente concava in (a, b)

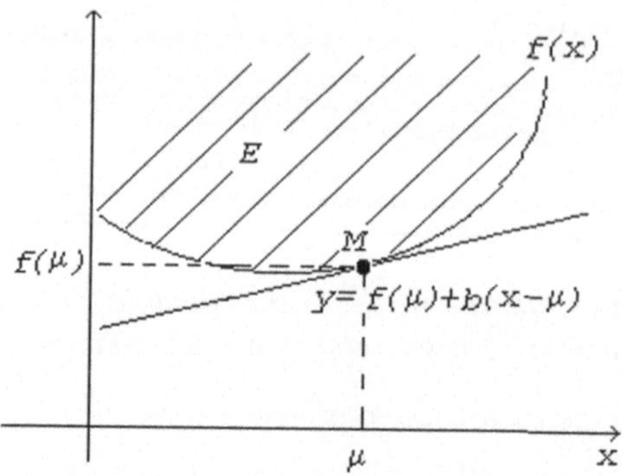

Figura B.7. Una retta di sostegno dell'epigrafo E di f

con un coefficiente b opportuno, che passa per M e non taglia E (v. figura B.7). Poiché al variare di (x, y) in E la coordinata y è illimitata, sarà

$$y - f(\mu) \geq b(x - \mu) \quad \text{per } (x, y) \in E \tag{B.8}$$

e quindi, in particolare, prendendo in esame solo la frontiera di E:

$$f(x) - f(\mu) \geq b(x - \mu) \quad \text{per } x \in C. \tag{B.9}$$

Integrando la (B.9) rispetto alla legge di probabilità di X si trova la (B.7). □

La diseguaglianza (B.7) può essere rafforzata se si assume che f sia strettamente convessa e che X non sia degenere (nel qual caso sarebbe $\text{prob}(X = \mu) = 1$ e $\mathbb{E}f(X) = f(\mu)$). Si ha infatti:

Teorema B.7. (diseguaglianza di Jensen, versione stretta). *Se, nelle stesse condizioni del teorema B.6, si assume che f sia strettamente convessa e che X non sia degenere, allora:*

$$\mathbb{E}f(X) > f(\mathbb{E}X). \tag{B.10}$$

La dimostrazione è simile alla precedente osservando che per funzioni strettamente convesse (come si potrebbe ricavare rigorosamente) nella (B.8) si può sostituire $>$ a $\geq$, con la esclusione ovviamente del punto $(\mu, f(\mu))$.

Il fatto che X nel teorema B.6 sia una variabile aleatoria reale, anziché, per maggiore generalità, un vettore aleatorio con valori in $\mathbb{R}^k$, presenta il vantaggio di consentire una rappresentazione geometrica fedele, ma non costituisce una semplificazione sostanziale. Vale infatti la seguente generalizzazione:

Teorema B.8. (diseguaglianza di Jensen per vettori aleatori). *Sia X un vettore aleatorio tale che $\text{prob}(X \in C) = 1$ dove C è un insieme convesso di $\mathbb{R}^k$, $k \geq 1$. Sia poi $f : C \to \mathbb{R}^1$ una funzione convessa ed assumiamo che esistano il vettore $\mathbb{E}X$ dei valori medi e il numero reale $\mathbb{E}f(X)$. Allora si ha:*

$$\mathbb{E}f(X) \geq f(\mathbb{E}X). \tag{B.11}$$

Una caratteristica molto importante delle funzioni convesse è la semplicità con cui si può procedere ad una minimizzazione; sono escluse le complicazioni dovute alla presenza di minimi locali che non siano anche minimi assoluti e spesso il punto di minimo è addirittura unico. Vale infatti il seguente teorema:

Teorema B.9. *Sia* $f : C \to \mathbb{R}^1$ *una funzione convessa definita su un insieme convesso* C. *Allora:*
(a) se f *ha un minimo locale in* $x^* \in C$, $f(x^*)$ *è anche un minimo globale;*
(b) l'insieme M *dei punti di minimo di* f, *se non è vuoto, è convesso;*
(c) se f *è strettamente convessa il punto di minimo è unico.*

Dimostrazione. Per (a) osserviamo che, essendo x^* un punto di minimo locale, per $\alpha > 0$ abbastanza piccolo si ha:

$$f(x^*) \le f\big((1 - \alpha)x^* + \alpha x\big) \qquad \forall x \in C \tag{B.12}$$

e, per la convessità di f:

$$f\big((1 - \alpha)x^* + \alpha x\big) \le (1 - \alpha)f(x^*) + \alpha f(x) \qquad \forall x \in C. \tag{B.13}$$

Riunendo (B.12) e (B.13) abbiamo:

$$f(x^*) \le (1 - \alpha)f(x^*) + \alpha f(x) \qquad \forall x \in C$$

e quindi, riordinando:

$$\alpha\big(f(x) - f(x^*)\big) \ge 0 \qquad \forall x \in C. \tag{B.14}$$

Ricordando che α è positivo, segue la conclusione che x^* è anche un minimo globale.

Per (b) poniamo $m = f(x^*)$ e denotiamo con x_1^* e x_2^* due generici elementi di M. Allora per ogni $\lambda \in (0, 1)$ si ha:

$$m \le f\big(\lambda x_1^* + (1 - \lambda)x_2^*\big) \le \lambda f(x_1^*) + (1 - \lambda)f(x_2^*) = \lambda m + (1 - \lambda)m = m;$$

dunque anche $\lambda x_1^* + (1 - \lambda)x_2^*$, per ogni $\lambda \in (0, 1)$, è ancora un punto di minimo, e resta dimostrata la convessità di M.

Per (c) si osservi che nel caso della convessità stretta sia nella (B.13) che nella (B.14) si può escludere il segno di eguaglianza, da cui la tesi. $\square$

Considerazioni analoghe valgono ovviamente nel caso che si voglia massimizzare una funzione concava.

Esercizi

B.7. Dimostrare il teorema B.5.

B.8. Dimostrare che se f e g sono funzioni convesse definite sull'insieme convesso C, anche $f + g$ è una funzione convessa, sempre definita su C.

B.9. Usare la diseguaglianza di Jensen per dimostrare che, se X è una variabile aleatoria dotata dei primi due momenti, allora è $\mathbb{E}X^2 \geq (\mathbb{E}X)^2$.

B.10. Dimostrare, applicando la diseguaglianza di Jensen, che se X è una variabile aleatoria non degenere che assume con probabilità 1 valori in un intervallo (a, b) con $0 < a < b$, allora $\mathbb{E}\log X < \log(\mathbb{E}X)$.

C

Principali distribuzioni di probabilità

In questa appendice, dopo aver ricordato alcune funzioni speciali molto usate in statistica, si descrivono le caratteristiche essenziali delle più comuni distribuzioni di probabilità. I parametri sono sempre denotati con lettere greche. La funzione generatrice dei momenti ($M(t)$) è riportata quando esiste in forma trattabile; in qualche caso è riportata invece la funzione caratteristica ($H(t)$).

C.1 Funzioni speciali

Si chiama *funzione Gamma* la quantità:

$$\Gamma(\alpha) = \int_0^\infty x^{\alpha-1} \mathrm{e}^{-x} \mathrm{d}x \qquad (\text{C.1})$$

vista come funzione di $\alpha > 0$. Vale la formula ricorrente:

$$\Gamma(\alpha) = (\alpha - 1)\Gamma(\alpha - 1) \qquad (\text{C.2})$$

(esercizio C.1) da cui, se α è intero, scende la relazione:

$$\Gamma(\alpha) = (\alpha - 1)! \, .$$

La funzione Gamma può quindi vedersi come un prolungamento al continuo del fattoriale. Un'altra utile proprietà è:

$$\Gamma\left(\frac{1}{2}\right) = \sqrt{\pi}. \qquad (\text{C.3})$$

Insieme con la (C.2), la (C.3) consente di calcolare $\Gamma(\alpha)$ per ricorrenza anche per tutti i numeri del tipo $n + 0.5$ con $n \in \mathbb{N}$. Più in generale, per calcolare effettivamente $\Gamma(\alpha)$ con $\alpha \in \mathbb{R}$, è sufficiente disporre, vista la (C.2), di tavole numeriche di $\Gamma(\alpha)$ per $0 < \alpha < 1$; tali tavole sono disponibili in varie raccolte pubblicate. La funzione Gamma compare nelle formule di alcune importanti distribuzioni di probabilità. Per le applicazioni probabilistiche va ricordata anche la cosiddetta funzione Gamma *incompleta*:

$$\Gamma_\theta(\alpha) = \int_0^\theta x^{\alpha-1} e^{-x} dx \qquad (\theta > 0).$$

Si osservi che, ovviamente, $\Gamma_\infty(\alpha) = \Gamma(\alpha)$. Per il calcolo effettivo si ricorre preferibilmente al rapporto $J_\theta(\alpha) = \Gamma_\theta(\alpha)/\Gamma(\alpha)$, che può vedersi come una normalizzazione della funzione Gamma incompleta, e che pure è stato tabulato (Pearson, 1922). Vale poi la relazione:

$$J_\theta(n) = 1 - e^{-\theta} \sum_{i=0}^{n-1} \frac{\theta^i}{i!} \qquad (n \in \mathbb{N}) \tag{C.4}$$

(v. esercizio C.4). Una approssimazione della funzione Gamma, valida per valori abbastanza elevati dell'argomento, è data da:

$$\Gamma(\alpha + 1) = \sqrt{2\pi\alpha}\, \alpha^\alpha \exp\left\{ -\alpha + \frac{\theta}{12\alpha} \right\}$$

dove $\theta \in [0, 1]$ è un opportuno numero dipendente da α. Trascurando l'ultimo fattore e considerando un argomento intero, si ottiene la ben nota formula di Stirling:

$$n! = \sqrt{2\pi n}\, n^n e^{-n}$$

il cui errore può essere circoscritto sostituendo $\theta = 0$ e $\theta = 1$ nella (C.5).

Si chiama *funzione Beta* la quantità:

$$B(\alpha, \beta) = \int_0^1 x^{\alpha-1}(1 - x)^{\beta-1} dx$$

vista come funzione di α e β con $\alpha, \beta > 0$. Per il calcolo effettivo è utile la formula:

$$B(\alpha, \beta) = \frac{\Gamma(\alpha)\Gamma(\beta)}{\Gamma(\alpha + \beta)}. \tag{C.5}$$

(v. esercizio C.5). La funzione:

$$B_\theta(\alpha, \beta) = \int_0^\theta x^{\alpha-1}(1 - x)^{\beta-1} dx$$

viene detta funzione Beta *incompleta*. Le tabulazioni (v. per es. Pearson 1934) sono spesso riferite al rapporto (o funzione Beta normalizzata) $I_\theta(\alpha, \beta) = B_\theta(\alpha, \beta)/B(\alpha, \beta)$. Per argomenti interi vale una formula analoga alla (C.4), cioè:

$$I_\theta(n, m - n + 1) = 1 - \sum_{i=0}^{n-1} \binom{m}{i} \theta^i (1 - \theta)^{m-i} \quad (m \geq n), \qquad \text{(C.6)}$$

dove m e n sono interi, che lega la funzione Beta incompleta alla distribuzione binomiale.

Un'altra funzione spesso utilizzata è la cosiddetta funzione *ipergeometrica*:

$$F(\alpha, \beta, \gamma, x) = 1 + \frac{\alpha\beta}{\gamma}\frac{x}{1!} + \frac{\alpha(\alpha+1)\beta(\beta+1)}{\gamma(\gamma+1)}\frac{x^2}{2!} + \cdots = \sum_{i=0}^{\infty} \frac{[\alpha]^i [\beta]^i}{[\gamma]^i} \frac{x^i}{i!},$$

dove α, β, x sono reali e $\gamma > 0$. Si osservi che all'ultimo membro è introdotta la notazione dei fattoriali crescenti $[\alpha]^i = \alpha(\alpha+1)\cdots(\alpha+i-1)$. Rispetto alla variabile x la funzione ipergeometrica può essere un polinomio o una serie. Il primo caso si ha quando α oppure β sono interi negativi, perché allora i fattoriali crescenti, da un certo punto in poi, contengono tra i fattori lo zero. Nel secondo caso si ha convergenza per $|x| < 1$. Per $\gamma > \beta > 0$ vale anche la rappresentazione integrale:

$$F(\alpha, \beta, \gamma, x) = \frac{\Gamma(\gamma)}{\Gamma(\beta)\Gamma(\gamma - \beta)} \int_0^1 t^{\beta-1}(1 - t)^{\gamma-\beta-1}(1 - xt)^{-\alpha}\mathrm{d}t.$$

Vale infine la formula:

$$B_\theta(\alpha, \beta) = \frac{\theta^\alpha}{\alpha} F(\alpha, 1 - \beta, \alpha + 1, \theta).$$

Esercizi

C.1. Dimostrare la (C.2).
   [Sugg. Usare il metodo della integrazione per parti]

C.2. Dimostrare la (C.3).
   [Sugg. Porre $x = \frac{1}{2}y^2$ in (C.1) e ricordare che vale la formula
   $\int_0^\infty \exp\{-\frac{1}{2}y^2\}\mathrm{d}y = \sqrt{\pi/2}$]

C.3. * Dimostrare che $\Gamma_\theta(\alpha) = (\alpha - 1)\Gamma_\theta(\alpha - 1) - \theta^{\alpha-1}e^{-\theta}$.
   [Oss. Si tratta di una generalizzazione della formula ricorrente (C.2) alla funzione Gamma incompleta]

C.4. * Dimostrare la (C.4) usando la formula ricorrente dell'esercizio precedente.
   [Sugg. Usare la formula predetta per $\alpha = n, n - 1, \cdots, 2$ e costruire una opportuna combinazione lineare degli $n - 1$ primi e secondi membri]

C.5. Dimostrare la (C.5).
   [Sugg. Scrivere anzitutto $\Gamma(\alpha)\Gamma(\beta)$ come integrale doppio, diciamo nelle variabili u e v, e passare alle nuove variabili $x = u/(u + v)$ e $y = u + v$]

C.6. * Dimostrare la (C.6).
   [Sugg. Usare la procedura dell'esercizio C.4]

C.2 Distribuzioni semplici discrete

Beta-binomiale   [$\text{BetaBin}(\nu, \alpha, \beta)$]

$$P(x) = \binom{\nu}{x} \frac{B(\alpha + x, \beta + \nu - x)}{B(\alpha, \beta)} \quad (x = 0, 1, \ldots, \nu; \; \alpha, \beta > 0; \nu \in \mathbb{N})$$

$$\mathbb{E}X = \frac{\nu\alpha}{\alpha + \beta}, \qquad \mathbb{V}X = \frac{\nu\alpha\beta(\nu + \alpha + \beta)}{(\alpha + \beta)^2(\alpha + \beta + 1)} \; .$$

Proprietà:

(a) $\text{prob}(X \le x) = F(\nu + \alpha + \beta - 1, \alpha + x, \nu, x)$ dove F è la funzione ipergeo-metrica.

(b) $\text{BetaBin}(\nu, 1, 1) = $ Uniforme su $\{0, 1, \ldots, \nu\}$.

(c) La distribuzione Beta-binomiale si ottiene come una mistura di probabilità binomiali con pesi espressi da una densità Beta, cioè:

$$P(x) = \int_0^\infty \binom{\nu}{x} \theta^x (1 - \theta)^{\nu - x} g(\theta; \alpha, \beta) \mathrm{d}\theta \, ,$$

dove $g(\cdot; \alpha, \beta)$ è una densità $\text{Beta}(\alpha, \beta)$.

Binomiale   [$\text{Bin}(\nu, \theta)$]

$$P(x) = \binom{\nu}{x} \theta^x (1 - \theta)^{\nu - x} \quad \left(x = 0, 1, \ldots, \nu; \; \nu \in \mathbb{N}; \; \theta \in [0, 1]\right)$$

$$\mathbb{E}X = \nu\theta; \quad \mathbb{V}X = \nu\theta(1 - \theta); \quad M(t) = (1 - \theta + \theta e^t)^\nu \; .$$

La moda è data da $(\nu + 1)\theta$ se $(\nu + 1)\theta \notin \mathbb{N}$ e da entrambi i valori $(\nu + 1)\theta$ e $(\nu + 1)\theta - 1$ altrimenti. Quando $\nu = 1$ si usa anche il termine distribuzione di Bernoulli, oppure distribuzione binomiale elementare. Proprietà:

(a) se $X_1, X_2, \ldots, X_n \sim \text{Bin}(\nu_i, \theta)$ e sono indipendenti, allora $\sum X_i \sim \text{Bin}(\sum \nu_i, \theta)$.

(b) $\text{prob}(X \le x) = 1 - I_\theta(x, \nu - x + 1)$ (v. formula C.6).

Binomiale negativa   [$\text{BinNeg}(\nu, \theta)$]

$$P(x) = \theta^\nu \binom{\nu + x - 1}{\nu - 1} (1 - \theta)^x, \qquad x \in \mathbb{N}_0; \nu > 0; \theta \in (0, 1)$$

$$\mathbb{E}X = \frac{\nu(1 - \theta)}{\theta}, \; \mathbb{V}X = \frac{\nu(1 - \theta)}{\theta^2}, \; M(t) = \left(\frac{\theta}{1 - (1 - \theta)e^t}\right)^\nu \; .$$

Se $\nu \notin \mathbb{N}$, il coefficiente binomiale si intende definito mediante rapporti di opportuni valori della funzione Gamma. La moda se $\nu(1 - \theta) < 1$ è 0, se

$\nu(1-\theta) = 1$ è sia 0 che 1, se è $\nu(1-\theta) > 1$, posto $\lambda = \nu(1-\theta)/\theta$, è $[\lambda]$ se λ è frazionario, ed è sia λ che $\lambda + 1$ se λ è intero. Una diversa parametrizzazione spesso usata si basa sul parametro $\tau = (1-\theta)/\theta$. Quando ν è intero si parla di distribuzione di Pascal; se in particolare $\nu = 1$ si ha la cosiddetta distribuzione geometrica. Proprietà:

(a) $\mathrm{prob}(X < x) = 1 - I_\theta(\nu, x+1) = \mathrm{prob}(Y \geq \nu)$ dove $Y \sim \mathrm{Bin}(\nu + x, 1 - \theta)$.

(b) Se $X_1, X_2, \ldots, X_n \sim \mathrm{BinNeg}(\nu_i, \theta)$ e sono indipendenti, allora $\sum X_i \sim \mathrm{BinNeg}(\sum \nu_i, \theta)$.

(c) La distribuzione binomiale negativa si ottiene come mistura di probabilità di Poisson con pesi espressi da una densità Gamma, cioè $P(x) = \int_0^\infty \frac{\lambda^x}{x!} e^{-\lambda} g(\lambda) d\lambda$ dove $g(\cdot)$ è una densità $\mathrm{Gamma}\left(\nu, \frac{\theta}{1-\theta}\right)$.

Ipergeometrica $[\mathrm{H}(\alpha, \beta, \nu]$

$$P(x) = \binom{\alpha \mid \beta}{\nu}^{-1} \binom{\alpha}{\nu}\binom{\beta}{\nu - x}$$

con

$$\max(0, \nu - \beta) \leq x \leq \min(\nu, \alpha); \quad \alpha, \beta, \nu \in \mathbb{N}; \quad \nu \leq \alpha + \beta$$

$$\mathbb{E}X = \frac{\nu\alpha}{\alpha+\beta}, \quad \mathbb{V}X = \frac{\alpha+\beta-\nu}{\alpha+\beta-1}\frac{\nu\alpha\beta}{(\alpha+\beta)^2}, \quad \text{moda} = \begin{cases} [\lambda], \\ \lambda \text{ e } \lambda - 1, \text{ se } \lambda \in \mathbb{N} \end{cases}$$

(dove $\lambda = ((\nu+1)(\alpha+1))/(\alpha+\beta+2)$ e $[\lambda]$ è la parte intera di λ)

$$M(t) = \frac{\beta!}{[\alpha+\beta]_\nu} F(-\nu, -\alpha, \beta - \nu + 1, e^t),$$

dove F è la funzione ipergeometrica e $[\alpha]_i = \alpha(\alpha - 1)\ldots(\alpha - i + 1)$ è il fattoriale discendente.

Poisson $[\mathrm{Poisson}(\mu)]$

$$P(x) = e^{-\mu}\frac{\mu^x}{x!} \quad x \in \mathbb{N}_0; \quad \mu > 0$$

$$\mathbb{E}X = \mathbb{V}X = \mu; \quad M(t) = \exp\left\{\mu(e^t - 1)\right\}; \quad \text{moda} = \begin{cases} \mu \text{ e } \mu - 1 & \text{se } \mu \in \mathbb{N} \\ [\mu] & \text{altrimenti} \end{cases}.$$

Proprietà:

(a) se $X_1, X_2, \ldots, X_n \sim \mathrm{Poisson}(\mu_i)$ e sono indipendenti allora $\sum X_i \sim \mathrm{Poisson}(\sum \mu_i)$.

(b) $\mathrm{prob}(X \leq x) = 1 - J_\mu(x+1)$ (cfr. formula C.4).

Esercizi

C.7. Dimostrare che per la distribuzione binomiale vale la formula ricorrente:

$$P(x+1) = \frac{\nu - x}{x+1}\frac{\theta}{1-\theta}P(x).$$

C.8. Dimostrare che, se $X \sim \text{BinNeg}(\nu, \theta)$, vale la formula ricorrente:

$$P(x+1) = \frac{x+\nu}{x+1}(1-\theta)P(x).$$

C.9. Dimostrare che, se $X \sim \text{H}(\alpha, \beta, \nu)$, vale la formula ricorrente:

$$P(x+1) = \frac{(\alpha - x)(\nu - x)}{(x+1)(\beta - \nu + x + 1)}P(x)$$

C.10. Dimostrare che se $X \sim \text{BinNeg}(1, \theta)$ si ha:

$$P(X = x + k \mid X \geq k) = P(X = x).$$

[Oss. È una proprietà di "mancanza di memoria", per la distribuzione geometrica, analoga a quella che caratterizza la distribuzione $\text{EN}(\theta)$ tra le distribuzioni assolutamente continue]

C.3 Distribuzioni semplici assolutamente continue

Beta $[\text{Beta}(\alpha, \beta)]$

$$f(x) = \frac{1}{B(\alpha\beta)}x^{\alpha-1}(1-x)^{\beta-1} \quad x \in [0,1];\ \alpha, \beta > 0$$

$$\mathbb{E}X = \frac{\alpha}{\alpha + \beta}, \quad \mathbb{V}X = \frac{\alpha\beta}{(\alpha + \beta + 1)(\alpha + \beta)^2}.$$

Se $\alpha > 1$ e $\beta > 1$ esiste un'unica moda in $\frac{\alpha-1}{\alpha+\beta-2}$; se $\alpha = \beta = 1$, la densità è costante; se $\alpha \leq 1$ e/o $\beta \leq 1$, la moda (di valore $+\infty$) sta in 0 e/o in 1. Proprietà:
(a) se $X \sim \text{Beta}(\alpha\beta)$, allora $1 - X \sim \text{Beta}(\beta, \alpha)$.

Beta generalizzata $[\text{BetaGen}(\alpha, \beta, \xi, \eta)]$

$$f(x) = \frac{1}{B(\alpha, \beta)(\eta - \xi)^{\alpha+\beta-1}}(x - \xi)^{\alpha-1}(\eta - x)^{\beta-1}$$

con $x \in [\xi, \eta]$, $\xi < \eta$, $\alpha, \beta > 0$;

$$\mathbb{E}X = \xi + \frac{(\eta - \xi)\alpha}{\alpha + \beta}, \quad \mathbb{V}X = \frac{(\eta - \xi)^2\alpha\beta}{(\alpha + \beta + 1)(\alpha + \beta)^2}.$$

Se $\alpha > 1$ e $\beta > 1$ esiste un'unica moda in $\xi + \frac{(\eta - \xi)(\alpha - 1)}{\alpha + \beta - 2}$; se $\alpha = \beta = 1$, la densità è costante; se $\alpha \leq 1$ e/o $\beta \leq 1$, la moda (di valore $+\infty$) sta in ξ e/o in η.

Proprietà:

(a) $\frac{X - \xi}{\eta - \xi} \sim \mathrm{Beta}(\alpha, \beta)$.

Beta inversa $[\mathrm{BetaInv}(\alpha, \beta)]$

$$f(x) = \frac{1}{B(\alpha, \beta)} \frac{(x - 1)^{\beta - 1}}{x^{\alpha + \beta}} \quad x \in [1, \infty),\ \alpha, \beta > 0$$

$$\mathbb{E}X = \frac{\alpha + \beta - 1}{\alpha - 1}, \ \mathbb{V}X = \frac{\beta(\alpha + \beta - 1)}{(\alpha - 1)^2 (\alpha - 2)} \ (\text{purché } \alpha > 2), \ \text{moda} = \frac{\alpha + \beta}{\alpha + 1} \ .$$

Proprietà:

(a) $\frac{1}{X} \sim \mathrm{Beta}(\alpha, \beta)$ e, viceversa, se $Y \sim \mathrm{Beta}(\alpha, \beta)$ allora $\frac{1}{Y} \sim \mathrm{BetaInv}(\alpha, \beta)$.

(b) $\mathrm{prob}(X \leq x) = 1 - I_{\frac{1}{x}}(\alpha, \beta)$.

Cauchy $\mathrm{Cauchy}[\mu, \sigma]$

$$f(x) = \frac{1}{\pi \sigma} \frac{1}{1 + \left(\frac{x - \mu}{\sigma}\right)^2} \quad x, \mu \in \mathbb{R},\ \sigma > 0.$$

Media e varianza non esistono. Moda$=\mu$, $H(t) = \exp(\mathrm{i}t\mu - |t|\,\sigma)$.

Proprietà:

(a) se $X_1, X_2, \ldots, X_n \sim \mathrm{Cauchy}(\mu, \sigma)$ e sono indipendenti, allora $\frac{1}{n}\sum X_i \sim \mathrm{Cauchy}(\mu, \sigma)$.

(b) $\mathrm{prob}(X \leq x) = \frac{1}{2} + \frac{1}{\pi}\mathrm{arctang}\left(\frac{x - \mu}{\sigma}\right)$.

Chi quadrato $[\mathrm{Chi}^2(\nu)]$

$$f(x) = \left(2^{\frac{\nu}{2}} \Gamma\left(\frac{\nu}{2}\right)\right)^{-1} x^{\frac{\nu}{2} - 1} \exp\left(-\frac{x}{2}\right) \quad x \geq 0, \nu > 0.$$

Il parametro ν (non necessariamente intero) viene chiamato numero dei *gradi di libertà*.

$$\mathbb{E}X = \nu, \ \mathbb{V}X = 2\nu, \ \text{moda} = \begin{cases} 0 & \text{se } \nu \leq 2 \\ \nu - 2 & \text{se } \nu > 2 \end{cases}, \ M(t) = (1 - 2t)^{-\frac{\nu}{2}} \ .$$

Proprietà:

(a) se $U_1, U_2, \ldots, U_n \sim \mathrm{N}(0, 1)$ e sono indipendenti, allora $\sum U_i^2 \sim \mathrm{Chi}^2(n)$.

(b) Se $X_1, X_2, \ldots, X_n \sim \mathrm{Chi}^2(\nu_i)$ e sono indipendenti, allora $\sum X_i \sim \mathrm{Chi}^2(\sum \nu_i)$ (*proprietà additiva*).

(c) Se X_1 e $X_2 \sim \mathrm{Chi}^2(\nu_i)$ e sono indipendenti, allora $\frac{X_1}{X_1+X_2} \sim \mathrm{Beta}\left(\frac{1}{2}\nu_1, \frac{1}{2}\nu_2\right)$.

(d) Se X_1 e $X_2 \sim \mathrm{Chi}^2(\nu_i)$ e sono indipendenti, allora $\frac{X_1/\nu_1}{X_2/\nu_2} \sim \mathrm{F}(\nu_1, \nu_2)$.

Chi quadrato non centrale $[\mathrm{Chi}^2\ \mathrm{NC}(\nu, \lambda)]$

$$f(x) = \exp\left\{-\frac{x+\lambda}{2}\right\} \sum_{i=0}^{\infty} \frac{\left(\frac{\lambda}{2}\right)^i x^{\frac{\nu}{2}+i-1}}{2^{\frac{\nu}{2}+i} \Gamma\left(\frac{\nu}{2}+i\right) i!} \quad x > 0 \quad \lambda, \nu > 0$$

$$\mathbb{E}X = \nu + \lambda, \quad \mathbb{V}X = 2(\nu + 2\lambda), \quad M(t) = (1-2t)^{-\frac{\nu}{2}} \exp\left(\frac{\lambda t}{1-2t}\right).$$

Il parametro ν è il numero dei *gradi di libertà*, mentre λ è il *parametro di non centralità*.

Proprietà:

(a) se $X_1, X_2, \ldots, X_n \sim \mathrm{Chi}^2\mathrm{NC}(\nu_i, \lambda_i)$ e sono indipendenti, allora $\sum X_i \sim \mathrm{Chi}^2\mathrm{NC}(\sum \nu_i, \sum \lambda_i)$.

(b) Se $U_1, U_2, \ldots, U_n \sim \mathrm{N}(0, 1)$ e sono indipendenti, allora $\sum(U_i + \xi_i)^2 \sim \mathrm{Chi}^2\mathrm{NC}(n, \lambda)$ con $\lambda = \sum \xi_i^2$.

(c) La densità $\mathrm{Chi}^2\mathrm{NC}$ è una mistura di Chi^2 centrali con pesi di Poisson, cioè $f(x) = \sum_{i=0}^{\infty} g(x; \nu + 2i) \left(\frac{\lambda}{2}\right)^i \frac{1}{i!} \exp(-\frac{\lambda}{2})$ dove $g(\cdot; \nu + 2i)$ è una densità $\mathrm{Chi}^2(\nu + 2i)$.

(d) Se $Z \sim \mathrm{Chi}^2\mathrm{NC}(\mu, \lambda)$ e $Y \sim \mathrm{Chi}^2(\nu)$ sono indipendenti, allora $\frac{Z/\mu}{Y/\nu} \sim \mathrm{FNC}(\mu, \nu, \lambda)$.

Esponenziale negativa $[\mathrm{EN}(\theta) = \mathrm{Gamma}(1, \theta)]$

$$f(x) = \theta \exp\{-\theta x\}, \quad x \geq 0, \ \theta > 0$$

$$\mathbb{E}X = \frac{1}{\theta}, \quad \mathbb{V}X = \frac{1}{\theta^2}, \quad \mathrm{moda} = 0, \quad M(t) = \frac{\theta}{\theta - t} = \left(1 - \frac{t}{\theta}\right)^{-1}.$$

Proprietà:

(a) Se $X_1, X_2, \ldots, X_n \sim \mathrm{EN}(\theta)$ e sono indipendenti, allora $\sum X_i \sim \mathrm{Gamma}(n, \theta)$.

(b) $\mathrm{prob}(X \leq x) = 1 - \exp(-\theta x)$.

Fisher (o Fisher-Snedecor) $[\mathrm{F}(\mu, \nu)]$

$$f(x) = \frac{\mu^{\frac{\mu}{2}} \nu^{\frac{\nu}{2}}}{B\left(\frac{\mu}{2}, \frac{\nu}{2}\right)} \frac{x^{\frac{\mu}{2}-1}}{(\mu x + \nu)^{\frac{\mu+\nu}{2}}} \quad x \geq 0, \ \mu, \nu > 0$$

$$\mathbb{E}X = \frac{\nu}{\nu - 2} \ (\text{per } \nu > 2), \quad \mathbb{V}X = \frac{2\nu^2(\mu + \nu - 2)}{\mu(\nu - 2)^2(\nu - 4)} \ (\text{per } \nu > 4),$$

$$\text{moda} = \begin{cases} \dfrac{\nu(\mu - 2)}{\mu(\nu + 2)} & \text{se } \mu > 2 \\[2ex] 0 & \text{se } \mu \leq 2 \end{cases} \; .$$

La funzione generatrice dei momenti non esiste. I parametri μ e ν sono i cosiddetti numeri dei *gradi di libertà*.

Proprietà:

(a) $\text{prob}(X \leq x) = 1 - I_q(\frac{1}{2}\mu, \frac{1}{2}\nu)$ dove $q = \frac{\mu x}{\mu x + \nu}$.

(b) $\text{F}(\mu, \nu) = \text{GG}\left(\frac{\mu}{2}, \frac{\nu}{\mu}, \frac{\nu}{2}\right)$.

Fisher non centrale $[\text{FNC}(\mu, \nu, \lambda)]$

$$f(x) = \frac{\mu^{\frac{\mu}{2}} \nu^{\frac{\nu}{2}}}{\exp\{\frac{\lambda}{2}\}} \frac{x^{\frac{\mu}{2}-1}}{(\mu x + \nu)^{\frac{\mu+\nu}{2}}} \sum_{i=0}^{\infty} \frac{(\lambda/2)^i}{i!} \frac{1}{B\left(\frac{\mu}{2} + i, \frac{\nu}{2}\right)} \left(\frac{\mu x}{\mu x + \nu}\right)^i, \quad \text{per } x \geq 0$$

e con $\mu, \nu, \lambda > 0$. I parametri μ e ν sono i numeri dei *gradi di libertà* e λ è il parametro di *non centralità*. Inoltre:

$$\mathbb{E}X = \frac{\nu(\mu + \lambda)}{\mu(\nu - 2)} \quad (\text{per } \nu > 2)$$

$$\mathbb{V}X = 2\left(\frac{\nu}{\mu}\right)^2 \frac{(\mu + \lambda)^2 + (\mu + 2\lambda)(\nu - 2)}{(\nu - 2)^2(\nu - 4)} \quad (\text{per } \nu > 4) \; .$$

Proprietà:

(a) $\text{prob}(X \leq x) = \sum_{i=0}^{\infty} \left(\frac{1}{i!}(\frac{\lambda}{2})^i \exp\{-\frac{\lambda}{2}\}\right) I_q(\frac{\mu}{2} + i, \frac{\nu}{2})$ dove $q = \frac{\mu x}{\mu x + \nu}$.

Gamma $[\text{Gamma}(\delta, \lambda)]$

$$f(x) = \frac{\lambda^\delta}{\Gamma(\delta)} x^{\delta - 1} e^{-\lambda x}, \quad x \geq 0, \; \delta, \lambda > 0$$

$$\mathbb{E}X = \frac{\delta}{\lambda}, \quad \mathbb{V}X = \frac{\delta}{\lambda^2}, \quad \text{moda} = \begin{cases} \dfrac{\delta - 1}{\lambda} & \text{se } \delta \geq 1 \\[2ex] 0 & \text{se } \delta \leq 1 \end{cases}$$

$$M(t) = \left(\frac{\lambda}{\lambda - t}\right)^\delta = \left(1 - \frac{t}{\lambda}\right)^{-\delta} \; .$$

Se δ è intero si parla di distribuzione di Erlang.

Proprietà:
(a) $\text{Gamma}(\delta, \frac{1}{2}) = \text{Chi}^2(\nu)$.
(b) $\text{Gamma}(1, \lambda) = \text{EN}(\lambda)$.
(c) $2\lambda X \sim \text{Chi}^2(2\delta)$.
(d) Se $X_1, X_2, \ldots, X_n \sim \text{Gamma}(\delta_i, \lambda)$ e sono indipendenti, allora $\sum X_i \sim \text{Gamma}(\sum \delta_i, \lambda)$.

Gamma-Gamma $[GG(\alpha, \beta, \gamma)]$

$$f(x) = \frac{\beta^\alpha}{B(\alpha, \gamma)} \frac{x^{\gamma - 1}}{(\beta + x)^{\alpha + \gamma}}, \quad x \geq 0, \ \alpha, \beta, \gamma > 0$$

$$\mathbb{E}X = \frac{\beta\gamma}{\alpha - 1} \ (\text{per } \alpha > 1), \quad \mathbb{V}X = \frac{\gamma\beta^2(\gamma + \alpha - 1)}{(\alpha - 1)^2(\alpha - 2)} \ (\text{per } \alpha > 2) \,.$$

Proprietà:
(a) la densità Gamma-Gamma si ottiene come mistura di densità Gamma con pesi Gamma, cioè $f(x) = \int_0^\infty g(x; \gamma, \lambda) h(\lambda; \alpha, \beta) \mathrm{d}\lambda$ dove g e h sono densità Gamma con i parametri indicati.
(b) $X \sim GG(\alpha, \beta, 1) \Rightarrow X + \beta \sim \text{Pareto}(\alpha, \beta)$.
(c) $X \sim GG(\alpha, 1, \gamma) \Rightarrow X + 1 \sim \text{BetaInv}(\alpha, \gamma)$.

Gamma inversa $[\text{GammaInv}(\delta, \lambda)]$

$$f(x) = \frac{\lambda^\delta}{\Gamma(\delta)} \frac{1}{x^{\delta + 1}} \exp\left\{ -\frac{\lambda}{x} \right\}, \quad x \geq 0, \ \delta, \lambda > 0$$

$$\mathbb{E}X = \frac{\lambda}{\delta - 1} \ (\text{purché } \delta > 1), \mathbb{V}X = \frac{\lambda^2}{(\delta - 1)^2(\delta - 2)} \ (\text{purché } \delta > 2).$$

La moda è $\lambda/(\delta + 1)$.
Proprietà:
(a) $\frac{1}{X} \sim \text{Gamma}(\delta, \lambda)$ e, viceversa, se $Y \sim \text{Gamma}(\delta, \lambda)$ allora $\frac{1}{Y} \sim$ Gamma inversa(δ, λ).
(b) Se $\delta = \nu/2$ e $\lambda = 1/2$ la distribuzione si chiama Chi^2 inverso con ν gradi di libertà.

Laplace (o Esponenziale bilaterale)

$$f(x) = \frac{1}{2\beta} \exp\left\{ -\frac{|x - \alpha|}{\beta} \right\}, \quad x \in \mathbb{R}, \ \alpha \in \mathbb{R}, \ \beta > 0$$

$$\mathbb{E}X = \alpha, \ \mathbb{V}X = 2\beta^2, \ \text{moda} = \alpha, \ M(t) = \frac{e^{\alpha t}}{1 - \beta^2 t^2} \ (\text{per } |t| < \frac{1}{\beta}) \,.$$

Proprietà:
(a) $|X - \alpha| \sim \text{EN}(\frac{1}{\beta})$.

Lognormale $[\text{LN}(\mu, \sigma^2)]$

$$f(x) = \frac{1}{x\sigma\sqrt{2\pi}} \exp\left\{ -\frac{1}{2}\left(\frac{\log x - \mu}{\sigma}\right)^2 \right\}, \ x > 0, \mu \in \mathbb{R}, \sigma > 0$$

$$\mathbb{E}X = \exp\left\{\mu + \frac{1}{2}\sigma^2\right\}, \ \mathbb{V}X = \exp\left\{2(\mu + \sigma^2)\right\} - \exp\left\{2\mu + \sigma^2\right\}.$$

La moda è $\exp\{\mu - \sigma^2\}$. La funzione generatrice dei momenti non esiste.
Proprietà:
(a) $\log X \sim \text{N}(\mu, \sigma^2)$.
(b) se X_1 e X_2 sono indipendenti con distribuzione $\text{LN}(\mu_1, \sigma_1^2)$ e $\text{LN}(\mu_2, \sigma_2^2)$,
allora $X_1 \cdot X_2 \sim \text{LN}(\mu_1 + \mu_2, \sigma_1^2 + \sigma_2^2)$.

Normale $[\text{N}(\mu, \sigma^2)]$

$$f(x) = \frac{1}{\sigma\sqrt{2\pi}} \exp\left\{ -\frac{1}{2\sigma^2}(x - \mu)^2 \right\}, \quad x \in \mathbb{R}, \mu \in \mathbb{R}, \sigma > 0$$

$$\mathbb{E}X = \mu, \ \mathbb{V}X = \sigma^2, \ \text{moda} = \mu, \ M(t) = \exp\left\{\mu t + \frac{1}{2}\sigma^2 t^2\right\}.$$

Proprietà:
(a) se $X_1, X_2, \ldots, X_n \sim \text{N}(\mu_i, \sigma_i^2)$ e sono indipendenti, allora:

$$a + \sum b_i X_i \sim \text{N}(a + \sum b_i \mu_i, \sum b_i^2 \sigma_i^2).$$

Altre proprietà di v.a. normali sono riportate con riferimento alle distribuzioni
Chi^2 e Chi^2NC.

Pareto $[\text{Pareto}(\alpha, \xi)]$

$$f(x) = \alpha \xi^\alpha \frac{1}{x^{\alpha+1}}, \quad x \geq \xi, \ \alpha, \xi > 0$$

$$\mathbb{E}X = \frac{\alpha\xi}{\alpha - 1} \ (\text{per } \alpha > 1), \ \mathbb{V}X = \frac{\alpha\xi^2}{(\alpha - 1)^2(\alpha - 2)} \ (\text{per } \alpha > 2), \ \text{moda} = \xi.$$

La funzione generatrice dei momenti non esiste.
Proprietà:
(a) $\frac{X}{\xi} \sim \text{BetaInv}(\alpha, 1)$.

Pareto inversa $[\text{ParetoInv}(\alpha, \lambda)]$

$$f(x) = \frac{\alpha}{\lambda^\alpha} x^{\alpha-1} \quad 0 \le x \le \lambda$$

$$\mathbb{E}X = \frac{\alpha\lambda}{\alpha+1}, \;\; \mathbb{V}X = \frac{\alpha\lambda^2}{(\alpha+1)^2(\alpha+2)}, \;\; \text{moda} = \begin{cases} 0, \; \alpha < 1 \\ \lambda, \; \alpha > 1 \end{cases}$$

(se $\alpha = 1$ la densità è costante).
Proprietà:
(a) $\frac{1}{X} \sim \text{Pareto}(\alpha, \frac{1}{\lambda})$; $Y \sim \text{Pareto}(\alpha, \xi) \Rightarrow \frac{1}{Y} \sim \text{ParetoInv}(\alpha, \frac{1}{\xi})$.

Rettangolare $[\text{R}(\alpha, \beta)]$

$$f(x) = \frac{1}{\beta - \alpha}, \quad x \in [\alpha, \beta], \quad \alpha < \beta$$

$$\mathbb{E}X = \frac{\alpha + \beta}{2}, \;\; \mathbb{V}X = \frac{(\beta - \alpha)^2}{12}, \;\; M(t) = \frac{e^{t\beta} - e^{t\alpha}}{(\beta - \alpha)t} \;.$$

Student $[\text{Student}(\nu)]$

$$f(x) = \frac{1}{B\left(\frac{1}{2}, \frac{\nu}{2}\right)\sqrt{\nu}} \; \frac{1}{\left(1 + \frac{x^2}{\nu}\right)^{\frac{\nu+1}{2}}}, \quad x \in \mathbb{R}, \; \nu > 0$$

$$\mathbb{E}X = 0 \; (\text{se } \nu > 1), \quad \mathbb{V}X = \frac{\nu}{\nu - 2} \; (\text{se } \nu > 2), \quad \text{moda} = 0.$$

La funzione generatrice dei momenti non esiste.
Proprietà:
(a) Se $U \sim \text{N}(0, 1)$ e $Y \sim \text{Gamma}(\frac{1}{2}\nu, \frac{1}{2}\nu)$ sono indipendenti, allora $U/\sqrt{Y} \sim$ $\text{Student}(\nu)$
(b) $X^2 \sim \text{F}(1, \nu)$.
(c) $\text{Student}(1) = \text{Cauchy}(0,1)$.
(d) $\text{prob}(X \le x) = 1 - I_q(\frac{1}{2}\nu, \frac{1}{2})$ con $q = \frac{\nu}{\nu + x^2}$.

Student generalizzata $[\text{StudentGen}(\nu, \mu, \sigma^2)]$

$$f(x) = \frac{1}{\sigma B\left(\frac{1}{2}, \frac{\nu}{2}\right)\sqrt{\nu}} \; \frac{1}{\left(1 + \frac{(x - \mu)^2}{\nu\sigma^2}\right)^{\frac{\nu+1}{2}}}$$

con $x \in \mathbb{R}$, $\nu > 0$, $\mu \in \mathbb{R}$, $\sigma > 0$.

$$\mathbb{E}X = \mu \text{ (se } \nu > 1\text{)}, \quad \mathbb{V}X = \frac{\nu\sigma^2}{\nu - 2} \text{ (se } \nu > 2\text{)}, \quad \text{moda} = \mu.$$

Proprietà:
(a) $\frac{1}{\sigma}(X - \mu) \sim \text{Student}(\nu)$.

(b) $\text{prob}(X \le x) = 1 - I_q(\frac{\nu}{2}, \frac{1}{2}) \quad \text{con } q = \frac{\nu\sigma^2}{\nu\sigma^2 + (x-\mu)^2}$.

Student non centrale $[\text{StudentNC}(\nu, \delta)]$

$$f(x) = \frac{\exp\left\{-\frac{\delta^2}{2}\right\}}{\sqrt{\nu}B\left(\frac{1}{2}, \frac{\nu}{2}\right)} \frac{1}{\left(1 + \frac{x^2}{\nu}\right)^{\frac{\nu+1}{2}}} \sum_{i=0}^{\infty} \frac{\Gamma\left(\frac{\nu+i+1}{2}\right)}{i!\,\Gamma\left(\frac{\nu+1}{2}\right)} \left(\frac{x\delta\sqrt{2}}{\sqrt{\nu + x^2}}\right)^i$$

(con $x \in \mathbb{R}$, $\nu > 0$, $\delta \in \mathbb{R}$)

$$\mathbb{E}X = \sqrt{\frac{\nu}{2}} \frac{\Gamma\left(\frac{\nu-1}{2}\right)}{\Gamma\left(\frac{\nu}{2}\right)} \delta \text{ (per } \nu > 1\text{)}, \quad \mathbb{V}X = \frac{\nu(1+\delta^2)}{\nu - 2} - (\mathbb{E}X)^2 \text{ (per } \nu > 2\text{)}.$$

Proprietà:
(a) se $U \sim N(0,1)$ e $Y \sim \text{Gamma}(\frac{\nu}{2}, \frac{\nu}{2})$ sono indipendenti, allora $\frac{U+\delta}{\sqrt{Y}} \sim$ StudentNC(ν, δ).

Weibull $[\text{Weibull}(\alpha, \beta)]$

$$f(x) = \frac{\beta}{\alpha} \left(\frac{x}{\alpha}\right)^{\beta-1} \exp\left\{-\left(\frac{x}{\alpha}\right)^\beta\right\}, \quad x \ge 0, \alpha, \beta > 0$$

$$\mathbb{E}X = \alpha\Gamma\left(\frac{\beta+1}{\beta}\right), \quad \mathbb{V}X = \alpha^2\left(\Gamma\left(\frac{\beta+2}{\beta}\right) - \Gamma^2\left(\frac{\beta+1}{\beta}\right)\right)$$

$$\text{moda} = \alpha\left(\frac{\beta-1}{\beta}\right)^{\frac{1}{\beta}} \text{ (per } \beta \ge 1\text{)}.$$

Proprietà:
(a) $\text{prob}(X \le x) = 1 - \exp\left\{\left(\frac{x}{\alpha}\right)^\beta\right\}$.
(b) $X^\beta \sim EN\left(\frac{1}{\alpha^\beta}\right)$.

Esercizi

C.11. Dimostrare che, se $X \sim \text{Beta}(\alpha, \beta)$, è $\mathbb{E}X^k = [\alpha]^k / [\alpha + \beta]^k$ ($k = 1, 2, \ldots$) dove $[a]^k$ è il fattoriale crescente di ordine k.

C.12. Dimostrare che se $X_1, X_2, \ldots, X_n$ sono indipendenti con distribuzione $\text{EN}(\theta)$, allora $\min\{X_1, X_2, \ldots, X_n\} \sim \text{EN}(n\theta)$.

C.13. Dimostrare che se le v.a. $X_1, X_2, \ldots, X_n$ sono indipendenti con distribuzione $\text{EN}(\theta)$, allora $\overline{X} = \sum X_i/n$ ha distribuzione $\text{Gamma}(n, n\theta)$.

C.14. Dimostrare che se $X \sim F(\mu, \nu)$ allora $1/X \sim \text{F}(\nu, \mu)$.

C.15. Dimostrare che, se $\chi_q^2(\nu)$ è il quantile di livello q di $\text{Chi}^2(\nu)$ (cioè se $\text{prob}(Y \leq \chi_q^2(\nu)) = q$, dove $Y \sim \text{Chi}^2(\nu)$), allora il quantile di livello q di $\text{Gamma}(\delta, \lambda)$ è $x_q = \dfrac{1}{2\lambda}\chi_q^2(2\delta)$.

[Oss. Questa formula è molto utile in pratica, essendo largamente disponibili le tabulazioni della distribuzione Chi^2]

C.16. Con la stessa notazione dell'esercizio precedente, dimostrare che il quantile di livello q (diciamo x_q) della distribuzione Gamma inversa(δ, λ) è dato da $x_q = 2\lambda/\chi_{1-q}^2(2\delta)$.

C.17. Dimostrare che se $X \sim \text{LN}(\mu, \sigma^2)$ allora (qualunque sia $c > 0$) $Y = cX^b \sim \text{LN}(b\mu + \log c, b^2\sigma^2)$.

C.4 Distribuzioni multiple discrete

Ipergeometrica multipla $[\text{H}(\nu, \alpha_1, \alpha_2, \ldots, \alpha_k)]$

$$p(x_1, x_2, \ldots, x_k) = \frac{\dbinom{\alpha}{x_1}\dbinom{\alpha_2}{x_2}\cdots\dbinom{\alpha_k}{x_k}}{\dbinom{\sum \alpha_i}{\nu}},$$

per $\max(0, \nu + \alpha_i - \sum \alpha_j) \leq x_i \leq \min(\nu, \alpha_i), \sum x_i = \nu \leq \sum \alpha_i, \; \alpha_i, \nu \in \mathbb{N}$,

$$\mathbb{E}X_i = \frac{\nu\alpha_i}{\alpha}, \quad \mathbb{V}X_i = \nu\frac{\alpha - \nu}{\alpha - 1}\frac{\alpha_i}{\alpha}\left(1 - \frac{\alpha_i}{\alpha}\right), \quad \mathbb{C}(X_i, X_j) = -\nu\frac{\alpha - \nu}{\alpha - 1}\frac{\alpha_i}{\alpha}\frac{\alpha_j}{\alpha} \quad (i \neq j)$$

dove $\alpha = \sum \alpha_i$.

Proprietà:

(a) Le componenti marginali X_i hanno distribuzione $\text{H}(\nu, \alpha_i, \alpha - \alpha_i)$.

Multinomiale $[\mathrm{Mu}(\nu, \theta_1, \theta_2, \ldots, \theta_k)]$

$$p(x_1, x_2, \ldots, x_k) = \frac{\nu!}{x_1! x_2! \ldots x_n!} \theta_1^{x_1} \theta_2^{x_2} \ldots \theta_k^{x_k},$$

dove $x_i = 0, 1, \ldots, \nu, \sum x_i = \nu, \theta_i > 0, \sum \theta_i = 1;$

$$\mathbb{E}X_i = \nu\theta_i, \quad \mathbb{V}X_i = \nu\theta_i(1 - \theta_i), \quad \mathbb{C}(X_i, X_j) = -\nu\theta_i\theta_j \ (i \neq j).$$

Proprietà:
(a) Le componenti marginali hanno distribuzione $\mathrm{Bin}(\nu, \theta_i)$.

Esercizi

C.18. Si verifichi che per $k = 2$ le distribuzioni ipergeometrica multipla e multinomiale si riducono alle corrispondenti distribuzioni semplici, anche se formalmente scritte come distribuzioni doppie.

C.5 Distribuzioni multiple assolutamente continue

Dirichlet (o Beta multipla) $[\mathrm{Beta}(\alpha_1, \alpha_2, \ldots, \alpha_k)]$

$$f(x_1, x_2, \ldots, x_k) = \frac{\Gamma(\alpha_1 + \alpha_2 + \ldots + \alpha_k)}{\Gamma(\alpha_1)\Gamma(\alpha_2)\ldots\Gamma(\alpha_k)} x_1^{\alpha_1 - 1} x_2^{\alpha_2 - 1} \ldots x_k^{\alpha_k - 1}$$

dove $x_i \geq 0, \sum x_i = 1, \alpha_i > 0$; la formula va però vista come una densità su $\mathbb{R}^{k-1}$, con la sostituzione $x_k = 1 - x_1 - x_2 - \ldots - x_{k-1}$, e quindi con supporto $(k - 1)$-dimensionale.

$$\mathbb{E}X_i = \frac{\alpha_i}{\alpha}, \quad \mathbb{V}X_i = \frac{\alpha_i(\alpha - \alpha_i)}{\alpha^2(\alpha + 1)}, \quad \mathbb{C}(X_i, X_j) = -\frac{\alpha_i\alpha_j}{\alpha^2(\alpha + 1)} \ (i \neq j; \alpha = \sum \alpha_i).$$

Proprietà:
(a) Le componenti marginali hanno distribuzione $\mathrm{Beta}(\alpha_i, \alpha - \alpha_i)$.

Normale doppia (regolare) $[\mathrm{N}_2(\mu_1, \mu_2, \sigma_1^2, \sigma_2^2, \rho)]$

$$f(x_1, x_2) = \frac{1}{2\pi\sigma_1\sigma_2\sqrt{1 - \rho^2}} \times$$

$$\times \exp\left\{ -\frac{1}{2(1 - \rho^2)} \left(\left(\frac{x_1 - \mu_1}{\sigma_1}\right)^2 - 2\rho\frac{x_1 - \mu_1}{\sigma_1}\frac{x_2 - \mu_2}{\sigma_2} + \left(\frac{x_2 - \mu_2}{\sigma_2}\right)^2 \right) \right\}$$

per $(x_1, x_2) \in \mathbb{R}^2$, dove $\mu_1, \mu_2 \in \mathbb{R}, \sigma_1, \sigma_2 > 0, \rho \in (-1, 1)$.

$$\mathbb{E}X_1 = \mu_1, \mathbb{E}X_2 = \mu_2, \ \mathbb{V}X_1 = \sigma_1^2, \mathbb{V}X_2 = \sigma_2^2, \ \mathbb{C}(X_1, X_2) = \rho\sigma_1\sigma_2$$

$$M(t_1, t_2) = \exp\left\{\mu_1 t_1 + \mu_2 t_2 + \frac{1}{2}\sigma_1^2 t_1^2 + \frac{1}{2}\sigma_2^2 t_2^2 + \rho\sigma_1\sigma_2 t_1 t_2\right\}.$$

Proprietà:

(a) Le componenti marginali X_1 e X_2 hanno distribuzioni $N(\mu_1, \sigma_1^2)$ e $N(\mu_2, \sigma_2^2)$.

(b) $X_2 \mid X_1 \sim N\left(\mu_2 + \rho\frac{\sigma_2}{\sigma_1}(x_1 - \mu_1), \sigma_2^2(1 - \rho^2)\right)$.

(c) $aX_1 + bX_2 + c \sim N(a\mu_1 + b\mu_2 + c, a^2\sigma_1^2 + b^2\sigma_2^2 + 2ab\rho\sigma_1\sigma_2)$.

Normale multipla (regolare) $[N_k(\boldsymbol{\mu}, \boldsymbol{\Sigma})]$

$$f(\boldsymbol{x}) = \frac{1}{(2\pi)^{\frac{k}{2}}\sqrt{\det\boldsymbol{\Sigma}}}\exp\left\{-\frac{1}{2}(\boldsymbol{x} - \boldsymbol{\mu})^{\top}\boldsymbol{\Sigma}^{-1}(\boldsymbol{x} - \boldsymbol{\mu})\right\}, \quad \boldsymbol{x} \in \mathbb{R}^k,$$

dove $\boldsymbol{\mu} = [\mu_1, \mu_2, \ldots, \mu_k]^{\top} \in \mathbb{R}^k, \boldsymbol{\Sigma} = [\sigma_{ij}]$ matrice simmetrica definita positiva,

$$\mathbb{E}X_i = \mu_i, \ \mathbb{V}X_i = \sigma_{ii}, \ \mathbb{C}(X_i, X_j) = \sigma_{ij},$$

$$\text{moda} = \boldsymbol{\mu}, \ M(\boldsymbol{t}) = \exp\left\{\boldsymbol{t}^{\top}\boldsymbol{\mu} + \frac{1}{2}\boldsymbol{t}^{\top}\boldsymbol{\Sigma}\boldsymbol{t}\right\} .$$

Proprietà:

(a) Tutte le componenti (semplici o multiple) sono a loro volta normali.

(b) se $\boldsymbol{A}$ è una qualunque matrice $m \times k$ con $m \leq k$ e rango m, si ha $\boldsymbol{AX} \sim N_m(\boldsymbol{A\mu}, \boldsymbol{A\Sigma A}^{\top})$.

(c) $(\boldsymbol{X} - \boldsymbol{\mu})^{\top}\boldsymbol{\Sigma}^{-1}(\boldsymbol{X} - \boldsymbol{\mu}) \sim \text{Chi}^2(k)$.

Normale-Gamma $[\text{NGamma}(\alpha, \tau, \delta, \lambda)]$

$$f(x, y) = \frac{\lambda^{\delta}\sqrt{\tau}}{\sqrt{2\pi}\Gamma(\delta)}y^{\delta - \frac{1}{2}}\exp\left\{-\frac{y}{2}\left(\tau(x - \alpha)^2 + 2\lambda\right)\right\},$$

dove $(x, y) \in \mathbb{R} \times \mathbb{R}_+, \lambda, \delta, \tau > 0, \alpha \in \mathbb{R}$.

$$\mathbb{E}X = \alpha, \mathbb{E}Y = \frac{\delta}{\lambda}, \mathbb{V}X = \frac{\lambda}{\tau(\delta - 1)}(\text{purché } \delta > 1), \mathbb{V}Y = \frac{\delta}{\lambda^2}, \mathbb{C}(X, Y) = 0.$$

Proprietà:

(a) $X \mid Y \sim N(\alpha, \frac{1}{\tau y})$ e $Y \sim \text{Gamma}(\delta, \lambda)$.

(b) Le componenti sono stocasticamente dipendenti anche se incorrelate.

(c) $\sqrt{\frac{\delta\tau}{\lambda}}(X - \alpha) \sim \text{Student}(2\delta)$.

Normale-Gamma inversa $[\text{NGammaInv}(\alpha, \tau, \delta, \lambda)]$

$$f(x, y) = \frac{1}{\sqrt{2\pi}}\frac{\lambda^{\delta}\sqrt{\tau}}{\Gamma(\delta)}\left(\frac{1}{y}\right)^{\delta + \frac{3}{2}}\exp\left\{-\frac{1}{2y}\left(\tau(x - \alpha)^2 + 2\lambda\right)\right\} \quad \tau, \delta, \lambda > 0$$

$$\mathbb{E}X = \alpha, \quad \mathbb{E}Y = \frac{\lambda}{\delta - 1} \ (\text{se } \delta > 1)$$

$$\mathbb{V}X = \frac{\lambda}{\tau(\delta - 1)}, \ \ \mathbb{V}Y = \frac{\lambda^2}{(\delta - 1)^2(\delta - 2)} \ (\text{se } \delta > 2), \ \mathbb{C}(X, Y) = 0 \ .$$

Proprietà:
(a) $X \mid Y \sim \mathrm{N}(\alpha, \frac{y}{\tau})$, $Y \sim \mathrm{GammaInv}(\delta, \lambda)$.
(b) Le componenti sono stocasticamente dipendenti anche se incorrelate.
(c) $\sqrt{\frac{\delta \tau}{\lambda}}(X - \alpha) \sim \mathrm{Student}(2\delta)$.

Student multipla $[\mathrm{Student}_k(\nu, \boldsymbol{\mu}, \boldsymbol{\Sigma})]$

$$f(\boldsymbol{x}) = \frac{\Gamma\left(\frac{\nu + k}{2}\right)}{\Gamma\left(\frac{\nu}{2}\right)(\nu\pi)^{\frac{k}{2}}\sqrt{\det \boldsymbol{\Sigma}}} \frac{1}{\left(1 + \frac{1}{\nu}(\boldsymbol{x} - \boldsymbol{\mu})^\top \boldsymbol{\Sigma}^{-1}(\boldsymbol{x} - \boldsymbol{\mu})\right)^{\frac{\nu + k}{2}}}$$

con $\boldsymbol{x} \in \mathbb{R}^k$, $\nu > 0$, $\boldsymbol{\mu} = [\mu_1, \mu_2, \ldots, \mu_k]^\top \in \mathbb{R}^k$, $\boldsymbol{\Sigma} = [\sigma_{ij}]$ simmetrica e definita positiva.

$$\mathbb{E}X_i = \mu_i, \ \mathbb{V}X_i = \frac{\nu}{\nu - 2}\sigma_{ii} \ (\text{se } \nu > 2), \ \mathbb{C}(X_i, X_j) = \frac{\nu}{\nu - 2}\sigma_{ij} \ (\text{se } \nu > 2) \ .$$

È la estensione multidimensionale della distribuzione di Student generalizzata.
Proprietà:
(a) Le componenti marginali (semplici e multiple) hanno distribuzioni di Student (semplici generalizzate o multiple).
(b) Se $\boldsymbol{U} \sim \mathrm{N}_k(\boldsymbol{0}_k, \boldsymbol{I}_k)$ e $Y \sim \mathrm{Gamma}\left(\frac{\nu}{2}, \frac{\nu}{2}\right)$ sono indipendenti, allora, posto $X_i = U_i/\sqrt{Y}$ $(i = 1, 2, \ldots, k)$, si ha che $\boldsymbol{X} = [X_1, X_2, \ldots, X_k]^\top \sim \mathrm{Student}_k(\nu, \boldsymbol{0}_k, \boldsymbol{I}_k)$.
(c) Se $\nu = 1$ si ottiene una estensione multidimensionale della distribuzione di Cauchy.

C.6 Famiglie esponenziali

Sia S un sottoinsieme di $\mathbb{R}^m$ $(m \geq 1)$; una classe $\{f_\theta, \theta \in \Omega\}$ di funzioni di densità con supporto S viene detta *esponenziale* se si può scrivere:

$$f_\theta(\boldsymbol{x}) = A(\boldsymbol{x})B(\theta)\exp\left\{\sum_{i=1}^{s}\lambda_i(\theta)T_i(\boldsymbol{x})\right\} \quad (\boldsymbol{x} \in S) \tag{C.7}$$

per una scelta opportuna delle funzioni $A, B, \lambda_1, \lambda_2, \ldots, \lambda_s, T_1, T_2, \ldots, T_s$. Si intende poi che Ω è un insieme qualsiasi (nei casi più semplici ed usuali un sottoinsieme di $\mathbb{R}^p, p \geq 1$) e che il supporto S è indipendente dal parametro θ. Analogamente, una classe di misure di probabilità discrete $\{P_\theta, \theta \in \Omega\}$ con supporto S (che in tal caso sarà finito o numerabile) si dirà *esponenziale* se vale una rappresentazione del tipo (C.7) per le probabilità $P_\theta(x)$.

In una impostazione più generale una classe $\{P_\theta, \theta \in \Omega\}$ di misure di probabilità su $\mathbb{R}^m$ si dice *esponenziale* se la probabilità di qualunque insieme misurabile $A \subseteq \mathbb{R}^m$ si può scrivere come un integrale di Lebesgue del tipo $P_\theta(A) = \int_A f_\theta d\mu$, dove per f_θ vale la (C.7) e μ è una determinata misura σ-finita (cioè tale che esiste una partizione numerabile di $\mathbb{R}^m$, diciamo $\{H_1, H_2, \ldots\}$, per cui $\mu(H_i) < +\infty$ per $i = 1, 2, \ldots$). Prendendo come μ la misura ordinaria di Lebesgue (lunghezza, area, ecc.) si ottiene il caso assolutamente continuo; prendendo invece come μ la misura che conta i punti del prefissato supporto S (se questo è finito o numerabile) si ottiene il caso discreto. Quando, prescindendo dalla struttura di f_θ, esiste una misura μ con le proprietà indicate, la classe $\{P_\theta, \theta \in \Omega\}$ si dice *dominata*; la gran parte dei modelli statistici considerati nel testo soddisfa questa importante proprietà di regolarità.

Utilizzando i cosiddetti *parametri naturali* $\lambda_i = \lambda_i(\theta)$ $(i = 1, 2, \ldots, s)$, che costituiranno nel loro complesso il vettore $\boldsymbol{\lambda}$, la (C.7) può essere riscritta nella forma (detta *canonica*)

$$f_{\boldsymbol{\lambda}}(\boldsymbol{x}) = A(\boldsymbol{x})C(\boldsymbol{\lambda})\exp\left\{\sum_{i=1}^s \lambda_i T_i(x)\right\} \quad (\boldsymbol{x} \in S)\,. \tag{C.8}$$

Lo *spazio naturale dei parametri* è l'insieme $\Lambda \subseteq \mathbb{R}^s$ tale che $\boldsymbol{\lambda} \in \Lambda$ se e solo se $\int_S f_{\boldsymbol{\lambda}}(\boldsymbol{x})d\boldsymbol{x} = 1$ (nel caso continuo) oppure $\sum_{\boldsymbol{x} \in S} P_{\boldsymbol{\lambda}}(\boldsymbol{x}) = 1$ (nel caso discreto).

Conviene poi escludere che nella (C.7) esista un legame lineare (anche non omogeneo) tra i parametri $\lambda_i(\theta)$ oppure tra le funzioni $T_i = T_i(\cdot)$; in tal caso, infatti, qualche $\lambda_i(\theta)$ oppure T_i potrebbe essere eliminato senza modificare il valore dell'espressione. In tali condizioni diremo che la rappresentazione è *minimale*, in quanto allora s è il minimo intero che rende possibile la (C.7). Se la rappresentazione è minimale e Ω contiene un rettangolo s-dimensionale, si dice che la classe (C.7) ha *rango pieno*. Quando $p < s$ la classe si dice *curva*.

La motivazione originaria per richiamare l'attenzione sulle famiglie esponenziali è tipicamente statistica e legata alla teoria della sufficienza (la questione è trattata nella § 3.6). Poiché questi tipi di modelli sono molto comuni nelle applicazioni, è utile riportare alcune proprietà generali. Negli esercizi vengono proposte dimostrazioni di alcuni casi particolari.

Teorema C.1. (Distribuzioni marginali). *Se X ha densità (o probabilità)del tipo (C.8), allora $(T_1, T_2, \ldots, T_r)$ con $r \leq s$, ha densità (o probabilità):*

$$C(\lambda_1, \lambda_2, \ldots, \lambda_s)D(t_1, t_2, \ldots, t_r, \lambda_{r+1}\lambda_{r+2}, \ldots, \lambda_s)\exp\left\{\sum_{i=1}^r \lambda_i t_i\right\}$$

per una opportuna scelta della funzione D.

Teorema C.2. (Distribuzioni condizionate). *Se X ha densità (o probabilità)del tipo (C.8), allora la densità (o probabilità) di $(T_1, T_2, \ldots, T_r)$ condizionata a $T_{r+1} = t_{r+1}, T_{r+2} = t_{r+2}, \ldots, T_s = t_s$ è del tipo:*

$$\overline{A}(t_1, t_2, \ldots, t_s)\overline{D}(t_{r+1}, t_{r+2}, \ldots, t_s, \lambda_1, \lambda_2, \ldots, \lambda_r) \exp\left\{ \sum_{i=1}^{r} \lambda_i t_i \right\}$$

per una opportuna scelta delle funzioni $\overline{A}$ e $\overline{D}$.

Si osservi che nella distribuzione condizionata non figurano come parametri le componenti $\lambda_{r+1}\lambda_{r+2}, \ldots, \lambda_s$.

Teorema C.3. (Distribuzione congiunta). *Se le v.a. $X_1, X_2, \ldots, X_n$ hanno la stessa densità (o probabilità)(C.8) e sono indipendenti, allora $(X_1, X_2, \ldots, X_n)$ ha densità (o probabilità):*

$$A(x_1)A(x_2)\ldots A(x_n)\big(C(\lambda_1, \lambda_2, \ldots \lambda_s)\big)^n \exp\left\{ \sum_{i=0}^{s} \lambda_i \Big(\sum_{j=1}^{n} T_i(x_j) \Big) \right\}.$$

Come si vede anche le possibili distribuzioni di $(X_1, X_2, \ldots, X_n)$ (al variare di θ in Ω) costituiscono una famiglia esponenziale, con gli stessi parametri naturali. Ovviamente questo risultato è particolarmente utile nello studio dei campioni casuali, quando il modello dell'esperimento prevede leggi di probabilità rappresentate da una famiglia esponenziale.

Esercizi

C.19. Si dimostri che per la famiglia $\{\mathrm{Bin}(n, \theta) : \theta \in [0, 1]\}$ si può avere una rappresentazione esponenziale ponendo $\lambda_1 = \log\theta$ e $\lambda_2 = \log(1 - \theta)$. Si verifichi che tale rappresentazione non è minimale, e che una rappresentazione minimale può invece basarsi sul solo parametro $\lambda(\theta) = \theta/(1 - \theta)$.

C.20. Dimostrare che è esponenziale la famiglia $\{\mathrm{BinNeg}(\nu, \theta) : \nu \text{ fissato}, \theta \in (0, 1)\}$ ma non la famiglia $\{\mathrm{BinNeg}(\nu, \theta) : \nu > 0, \theta \in (0, 1)\}$.

C.21. Dimostrare che la famiglia $\{\mathrm{Cauchy}(\mu, \sigma) : \mu \in \mathbb{R}, \sigma > 0\}$ non è esponenziale.

C.22. Si dimostrino i teoremi $C.1, C.2$ e $C.3$ nel caso discreto.

C.23. Si dimostri che la classe $N(\mu, \mu^2)$ costituisce una famiglia esponenziale curva.

[Oss. Si noti che il parametro naturale $(\lambda_1(\mu), \lambda_2(\mu))$ descrive una curva in $\mathbb{R}^2$ al variare di μ]

C.24. Dimostrare che la famiglia di Laplace con $\alpha \in \mathbb{R}$ e $\beta > 0$ non è esponenziale

C.25. Dimostrare che la famiglia di Weibull con $\alpha > 0, \beta > 0$ non è esponenziale.

D

Principali simboli usati nel testo

Simboli matematici

$[a]^k = a(a+1) \ldots (a+k-1)$ fattoriale ascendente

$[a]_k = a(a-1) \ldots (a-k+1)$ fattoriale discendente

$[x] =$ parte intera di x

$\mathbb{N} = \{1, 2, \ldots, n, \ldots\}$; $\mathbb{N}_0 = \{0, 1, 2, \ldots, n, \ldots\}$

$\mathbb{R}, \mathbb{R}^1$ numeri reali; $\mathbb{R}^n$ n-ple reali; $\mathbb{R}^+ = \{x \in \mathbb{R} : x \geq 0\}$

A^c complemento dell'insieme A

$1_A(x)$ funzione indicatrice dell'insieme A $\{= 1 \text{ se } x \in A, = 0 \text{ se } x \notin A\}$

$\mathcal{P}(S)$ insieme di potenza dell'insieme S

$\subset$ inclusione stretta; $\subseteq$ inclusione debole

$\cong$ approssimativamente eguale

I_n (oppure $\boldsymbol{I}_n$) matrice identità $n \times n$

1_n (oppure $\boldsymbol{1}_n$) vettore colonna $[1, 1, \ldots, 1]$ di n elementi

0_n (oppure $\boldsymbol{0}_n$) vettore colonna $[0, 0, \ldots, 0]$ di n elementi

Simboli probabilistici

$X, Y, Z, \ldots \; \Theta, \Lambda, \ldots$ variabili aleatorie (v.a.)

$\mathbb{E}$ valore atteso; $\mathbb{V}$ varianza; $\mathbb{C}$ covarianza

P^X misura di probabilità su $\mathbb{R}$ indotta dalla v.a. X

$\mathbb{P}(\Omega)$ insieme delle misure di probabilità su Ω

$\mathbb{P}^+(\Omega)$ insieme delle misure di probabilità su Ω con supporto Ω

Φ, φ funzioni di ripartizione e di densità della distribuzione N(0,1)

u_α quantili della distribuzione N(0,1) (quindi $\Phi(u_\alpha) = \alpha$

$\sim$ distribuito come...

$\approx$ approssimativamente distribuito come...

Simboli statistici

θ, Θ parametro, parametro come ente aleatorio

Ω spazio dei valori del parametro

$z, Z, \mathcal{Z}$ risultato, risultato come ente aleatorio, spazio dei risultati

$e = (\mathcal{Z}, P_\theta, \theta \in \Omega)$ esperimento statistico

$p_\theta(z)$ densità o probabilità puntuali corrispondenti a P_θ

$m(z)$ densità o probabilità marginale

$\pi(\theta)$ densità o probabilità iniziale

$\pi(\theta; z)$ densità o probabilità finale

$\psi(\theta, z)[= \pi(\theta)p_\theta(z) = m(z)\pi(\theta; z)]$ densità o probabilità congiunta su $\Omega \times \mathcal{Z}$

$\mathbb{E}_\theta T$ valore atteso di T secondo la legge P_θ

$\mathbb{E}_\theta^X g(X, Y)$ valore atteso di $g(X, Y)$ secondo la legge P_θ^X

e^T esperimento marginale riferito alla statistica T

e_T esperimento condizionato alla statistica T

$\ell(\theta), \ell(\theta; z)$ funzione di verosimiglianza

$\bar{\ell}(\theta), \bar{\ell}(\theta; z)$ funzione di verosimiglianza relativa

$\widehat{\theta}$ punto di massima verosimiglianza

$I(\theta, z) \left[= \frac{\mathrm{d}^2}{\mathrm{d}\theta^2} \log \ell(\theta)\right]$ funzione di informazione

$I(\widehat{\theta}, z)$ informazione osservata

$I(\theta) \left[= \mathbb{E}_\theta I(\widehat{\theta}, Z)\right]$ informazione attesa

$L_q = \{\theta : \bar{\ell}(\theta) \geq q\}$ insieme di verosimiglianza di livello q

$\ell_{\max}(\lambda)$ funzione di verosimiglianza massimizzata

$\mathcal{U}, \mathcal{U}_g$ classi degli stimatori non distorti di $\theta, g(\theta)$

D_S classe delle funzioni di decisione funzioni di una data statistica sufficiente

$R(\theta, d)$ rischio normale di una funzione di decisione d

$r(d)$ rischio di Bayes della funzione di decisione d

D_B classe delle funzioni di decisione bayesiane

$\rho(a; z)$ perdita attesa finale della decisione terminale (azione) a

$\mathcal{H}$ classe degli insiemi di massima densità (o probabilità) finale (insiemi HPD)

$\mathcal{H}'$ classe degli insiemi HPD in senso esteso

Simboli relativi alla scelta dell'esperimento

e_0 esperimento nullo

$W_e(z)$ perdita complessiva dell'esperimento e in presenza del risultato z

$V_e(z), C_e(z)$ componenti informativa ed economica della valutazione di (e, z)

$G_e(z)[= V(e_0) - V_e(z)]$ guadagno informativo dell'esperimento realizzato (e, z)

$W(e)$ valutazione complessiva di e (caso particolare: perdita attesa)

$V(e), C(e)$ valutazioni delle componenti informativa ed economica

$G(e) \; [= V(e_0) - V(e)]$ guadagno informativo atteso di e

$G_{\mathrm{tot}}(e) \; [= W(e_0) - W(e)]$ guadagno complessivo atteso

$\mathcal{V}$ spazio del disegno (delle variabili controllate)

$\boldsymbol{y} = \boldsymbol{X\beta} + \boldsymbol{\varepsilon}$ modello lineare

$\boldsymbol{S} = \boldsymbol{X}^\top \boldsymbol{X}$ matrice dell'informazione

$\sigma^{-2}\boldsymbol{S}$ matrice di precisione

$\boldsymbol{M} \; [= n^{-1}\boldsymbol{S}]$ matrice normalizzata dell'informazione

Riferimenti bibliografici

Commenti

Lo scopo di questi commenti è di indicare articoli e volumi in cui approfondire gli argomenti presentati nel testo. Visto l'enorme sviluppo della letteratura scientifica su questi temi e in questi anni, la bibliografia non può essere esaustiva, ma i suggerimenti forniti consentono di acquisire ulteriori informazioni sui diversi aspetti trattati e di delineare un primo inquadramento della letteratura in materia.

Capitolo 1 (Analisi delle decisioni)

I volumi dedicati alle decisioni statistiche generalmente introducono il processo di elaborazione dei dati nella struttura stessa del modello decisionale, basando la trattazione fin dal principio sulle cosiddette funzioni di decisione statistica (introdotte in modo sistematico nel presente testo solo nel capitolo 5). Ne risulta una problematica multiforme in cui gli aspetti più tipicamente decisionali (analisi preottimale, criteri di ottimalità, collegamento con la teoria dell'utilità, ecc.) vengono esposti congiuntamente con gli aspetti inferenziali. La scelta fatta nel testo di adottare una "forma canonica" consente di separare i due momenti, e in particolare di posticipare l'introduzione delle funzioni di decisione statistica la cui centralità (per i problemi post-sperimentali) è legata ad una impostazione particolare della intera problematica, quella frequentista. Le nozioni introdotte in questo capitolo trovano quindi un'applicazione nei più diversi contesti (come suggerito da alcuni degli esempi), anche se gli aspetti meno elementari, in particolare quelli trattati nelle sezioni da 1.9 a 1.14, assumono un rilievo effettivo solo nei casi in cui il problema decisionale è sufficientemente ricco e articolato dal punto di vista matematico. Ciò accade in particolare, è ovvio, nei problemi connessi all'inferenza statistica.

La prima formulazione sistematica della teoria delle decisioni statistiche, che peraltro costituisce lo sfondo ma non il contenuto specifico del capitolo, è dovuta a Wald (1950), che ha riorganizzato e sviluppato in questa ottica le precedenti ricerche della scuola di Neyman e Pearson. Una trattazione più scorrevole è quella di Ferguson (1967), che può egualmente considerarsi un classico della letteratura non bayesiana. Ha avuto inizialmente grande influenza il volume di Blackwell e Girshick (1954); in esso però la teoria delle decisioni viene trattata nel quadro della teoria dei giochi, e tale prospettiva nei decenni successivi è stata pressoché abbandonata. Un testo all'epoca estremamente innovativo, ed ancora molto importante nella letteratura bayesiana, è quello di Savage (1954). La letteratura statistica di orientamento bayesiano fornisce approfondimenti soprattutto per i temi trattati nei capitoli 5 e 6, e ci torneremo sopra; per l'estensione delle tematiche discusse citiamo qui solo i trattati di Berger (1985a) e di Bernardo e Smith (1994).

Alcuni volumi sono dedicati alla teoria delle decisioni in generale, senza un approfondimento specifico degli aspetti statistici. Rientrano in questa categoria i testi di Castagnoli e Peccati (1974), Hill (1978), Lindley (1985 e 2006), French (1986 e 1988), Smith (1988), Gambarelli e Pederzoli (1992). Come esposizioni più sintetiche citiamo de Finetti (1964), Dall'Aglio (1972) e Daboni (1975). Per alcuni dei principali settori applicativi citiamo Acocella (1970), Chiandotto (1975), Cyert e DeGroot (1987) e Rossini (1993) per l'economia, Ziemba e Vickson (1975), Whitmore e Findlay (1978) e Moriconi (1994) per la matematica finanziaria, Weinstein e Fineberg (1980), Girelli Bruni (1981), Parmigiani (2002) e Spiegelhalter, Abrams e Myles (2004) per le decisioni cliniche, Barlow, Clarotti e Spizzichino (1993), Spizzichino (2001) e Singpurwalla (2006) per l'affidabilità, Rustagi (1976, cap.VII) per la teoria del controllo, DeGroot, Fienberg e Kadane (1986) per le applicazioni giuridiche.

Venendo a riferimenti più particolari, per la § 1.5 si possono vedere De-Groot e Fienberg (1983) e Mortera (1993); in particolare per la regola di Brier si veda Kroese e Schaafsma (1998). Importanti approfondimenti relativi alla § 1.5.2 si trovano in Bernardo e Smith (1994) e in Bernardo (2005); ivi la decisione di esplicitare una distribuzione di probabilità viene presentata come un possibile paradigma della stessa inferenza statistica. La § 1.6 è basata sul già citato testo di Weinstein e Fineberg. I problemi di arresto ottimo sono trattati a fondo nel testo di DeGroot (1970). Per la teoria dei giochi (§ 1.8), oltre al testo di Blackwell e Girshick (1954), un classico – benché non recente – è il testo di Luce e Raiffa (1957). Considerazioni molto generali, che coinvolgono aspetti filosofici e politici, sono dovute a de Finetti (1969). Per un aggiornamento si può vedere Lucas (1983); un testo elementare orientato alle applicazioni economiche è Kreps (1992). Una trattazione più generale e astratta dell'analisi preottimale (§ 1.9), che include anche il problema (non trattato nel testo) della quasi-equivalenza tra le decisioni, si trova in Salinetti (1980). Il teorema 1.5 è stato proposto da Driscoll e Morse (1975). Alcune delle argomentazioni che compaiono nella § 1.11 erano state presentate in Piccinato (1979). Per approfondire l'argomento accennato nella nella § 1.15 si possono vedere Keeney e Raiffa (1976) e Yu (1985).

Capitolo 2 (Teoria dell'utilità)

Nel testo si è adottata essenzialmente la impostazione di DeGroot (1970), semplificata per il fatto di avere considerato solo il caso finito. Trattazioni relativamente simili, nel senso che si basano su un concetto di probabilità soggettiva assunto come già ben fondato, sono quelle di Ferguson (1967) e di French (1986). In Savage (1954) si adotta invece una impostazione molto più radicale partendo da relazioni d'ordine che rappresentano la preferibilità e la maggiore probabilità. L'impostazione di Savage si caratterizza quindi per la fondazione simultanea di utilità e probabilità soggettiva; in tempi più recenti lo stesso orientamento è stato adottato da Bernardo e Smith (1994). Per altri sviluppi si può vedere Fishburn (1988). Antologie di importanti lavori in argomento sono quelle di Allais e Hagen (1979), di Daboni, Montesano e Lines (1986), di Gärdenfors e Sahlin (1988). Il famoso saggio di D.Bernoulli sul paradosso di San Pietroburgo è stato pubblicato in traduzione inglese (dal latino), vedi Bernoulli (1738). Ricerche parzialmente differenti sul concetto di "equivalente certo", legate anche al nome di di B. de Finetti, sono esposte da Muliere e Parmigiani (1993). Commenti sul paradosso di Ellsberg (Ellsberg, 1961)si trovano in Baron e Frisch (1994) e Lindley (1994, 2006). Per estensioni del paradigma della utilità attesa si può vedere p.es. Nau (2007). per la § 2.10 si vedano in particolare Ziemba e Vickson (1975) e Moriconi (1994).

Capitolo 3 (Esperimenti statistici)

Il concetto e la definizione formale di esperimento statistico (§ 3.1) fanno parte da tempo della tradizione della letteratura statistica e non è facile dare indicazioni specifiche. Per riflessioni anche di tipo fondazionale si può rinviare per esempio a Basu (1975), a Dawid (1983), e alle panoramiche di Cox (1990, 1995, 2006) e di Lehmann (1990). L'attenzione al ruolo delle regole d'arresto (§ 3.2) è stato principalmente stimolato dalla introduzione della analisi sequenziale da parte di Wald (1947). Per le statistiche d'ordine e i campionamenti censurati (esempi 3.8 e 3.9) si possono vedere Lawless (1982) e Balakrishnan e Cohen (1991). Per l'esempio 3.10 v. Bayarri e DeGroot (1987).

La funzione di verosimiglianza (§ 3.4) è una creazione di R.A. Fisher (sembra figuri per la prima volta in un articolo su Metron del 1921; per una nota storica si veda comunque Edwards, 1974) ed il suo ruolo teorico si è andato via via sviluppando, trovando crescenti riconoscimenti. Per l'atteggiamento in proposito, per altro non sempre coerente, dello stesso Fisher, si veda l'articolo di Savage (1976). L'uso della funzione di verosimiglianza come autonoma tecnica inferenziale (metodo del supporto), a parte le sparse indicazioni di Fisher, ha un momento chiave in Barnard, Jenkins e Winsten (1962) ed è stato oggetto, tra l'altro, di volumi specifici (Hacking, 1965 e Edwards, 1972). Altre argomentazioni e citazioni rilevanti si possono ritrovare in Barnard e Sprott (1983); conviene vedere inoltre Di Bacco (1977). La difesa più organica e recente di questa tesi è Royall (1997). La centralità del ruolo della funzione di verosimiglianza è strettamente legata alla validità del paradigma "sperimentale" della teoria statistica, cioè alla possibilità di porre alla base delle diverse elaborazioni possibili il concetto di esperimento statistico e la sua formalizzazione secondo le linee esposte. È abbastanza chiaro che questa validità non è assoluta (come si è ricordato già nella § 3.1), e basta per questo considerare che talvolta il modello dell'esperimento è addirittura ricostruito a posteriori, e non senza ambiguità; su tale tema si veda Bayarri e DeGroot (1992).

L'approssimazione normale alla funzione di verosimiglianza (§ 3.5) e la sufficienza (§3.6) sono argomenti classici su cui si diffondono ovviamente tutti i testi di statistica matematica. Per il primo tema possono essere utilmente consultati (per approfondimenti e formulazioni rigorose) il cap. 6 di Lehmann (1983) e il cap. 10 di DeGroot (1970). Per il secondo tema, una chiara esposizione nei termini della teoria della misura è data nei primi due capitoli di Lehmann (1986); la trattazione del presente testo tiene molto conto anche di Basu (1975).

Il problema della eliminazione dei parametri di disturbo (§ 3.7) ha una lunga storia; una panoramica generale è stata data da Basu (1977). Specificamente per lo studio degli esperimenti derivati si possono vedere Kalbfleisch e Sprott (1974), Basu (1975) e i volumi di Fraser (1979) e di Kalbfleisch (1985). Sulle possibili specificazioni di un concetto di sufficienza parziale, oltre a quello di Fraser (1956) ricordato nella § 3.7, sono state effettuate molte ricerche; per una panoramica si veda Basu (1978) e per una proposta bayesiana successiva Cano, Hernández e Moreno (1989). Si è accennato nel testo a trasformazioni della funzione di verosimiglianza diverse dalla massimizzazione, ma sempre aventi lo scopo di mettere in luce il ruolo specifico dei parametri di interesse o addirittura di favorire la separazione dell'informazione. Omogenea alla logica del supporto è la proposta di Hinde e Aitkin (1987) di cercare le trasformazioni parametriche che ottimizzano la fattorizzabilità della verosimiglianza completa con un criterio analogo a quello dei minimi quadrati. Citiamo infine una impostazione, ispirata ad un punto di vista parzialmente diverso (Cox e Reid, 1987), secondo la quale si cerca la parametrizzazione che assicuri la "ortogonalità" dei parametri di disturbo rispetto a quelli di interesse, cioè la proprietà che nella matrice della informazione attesa siano nulli gli elementi (ovviamente non diagonali) che si riferiscono simultaneamente ad entrambi i tipi di parametri. Aspetti del problema della scelta della parametrizzazione in un quadro bayesiano sono trattati da Achcar e Smith (1990).

Capitolo 4 (Logiche dell'inferenza)

Il principio della verosimiglianza (§ 4.1) è stato formalizzato da Birnbaum (1962) in un lavoro di impostazione logico-fondazionale; l'idea era comunque già comparsa nella letteratura statistica, anche se in forma quasi occasionale (v. per esempio Barnard, 1947). La tematica del principio della verosimiglianza è dettagliatamente analizzata, con gli opportuni riferimenti bibliografici, nella importante ed esaustiva monografia di Berger e Wolpert (1988); tra le altre trattazioni, è particolarmente significativa quella di Basu (1975).

Per il *metodo bayesiano* (§§ 4.2 e 4.3) si possono citare (ma la letteratura ormai è estesissima) de Finetti (1959, 1970), Savage (1962), Lindley (1972),

Box e Tiao (1973), Berger (1985a), Cifarelli e Muliere (1989), Bernardo e Smith (1994), Lee (1997), Leonard e Hsu (1999), Robert (2001), Press (2003), O'Hagan e Forster (2004); in particolare per gli aspetti predittivi v. Aitchison e Dunsmore (1975) e Geisser (1993). E' stato inizialmente molto influente un testo di Lindley (1965), ma la tesi ivi sostenuta, una equivalenza "pratica", anche se non teorica, tra procedure bayesiane e procedure frequentiste è stata poco dopo superata dallo stesso Autore. Una trattazione astratta è dovuta a Florens, Mouchart e Rolin (1990). Per una valutazione sull'influenza di de Finetti sulla letteratura statistica rinviamo a Cifarelli e Regazzini (1995), a Bernardo (1997) e ad un nostro lavoro (1986). Una antica ma validissima discussione sul problema della scelta della distribuzione iniziale si trova in de Finetti e Savage (1962); per il tema della elicitazione delle probabilità, in particolare da parte di "esperti", si vedano Kadane e Wolfson (1998) , O'Hagan (1998) e la panoramica recente di Hora (2007); una tecnica interattiva è stata proposta da Liseo, Petrella e Salinetti (1996). Un'analisi approfondita, che include aspetti epistemologici, del fattore di Bayes come autonoma misura di evidenza è Good (1988). Per il problema originario di Thomas Bayes (v. esercizio 4.7) si veda Stigler (1982). Per il tema specifico della robustezza, appena accennato nell'esempio 4.4, le formulazioni di base si possono trovare in Berger (1985a) e un inquadramento matematico in Salinetti (1991). Il tema è stato molto sviluppato in letteratura, anche per il suo rilievo pratico nella applicazione della inferenza bayesiana; citiamo, come introduzioni, la sintetica rassegna di Liseo (1994) e le ampie panoramiche di Wasserman (1992), di Berger (1994) e gli atti di un convegno dedicato (Berger et al, 1996). Osserviamo che se si semplifica al massimo il contesto statistico, ci si può ricollegare al tema delle valutazioni di probabilità incomplete o qualitative; per una introduzione a quel filone di studi si vedano Gilio (1992) e Regoli (1994).

Gli esempi e gli esercizi del testo sono tutti facilmente eseguibili, al più sfruttando programmi per il calcolo di integrali. Nelle applicazioni reali gli aspetti computazionali possono essere invece molto rilevanti; per brevi esemplificazioni e panoramiche v. Smith (1991), Verdinelli (1991), Barbieri (1994, 1996); per una trattazione sistematica Tanner (1993). Le classi coniugate (§ 4.3) sono state diffuse nella letteratura statistica da Raiffa e Schlaifer (1961), anche se l'idea iniziale viene attribuita a G.Barnard. Per il principio della misurazione precisa conviene vedere Savage (1962), Edwards, Lindman e Savage (1963) e DeGroot (1970); un interessante collegamento moderno con la robustezza è discusso da Moreno, Perichi e Kadane (1994). Per il tema, sempre critico, della elicitazione delle probabilità iniziali si segnala un interessante approccio interattivo (Liseo, Petrella e Salinetti, 1996). L'idea di distribuzione iniziale con informazione unitaria (esempio 4.6 ed esercizio 4.31) è stata proposta da Kass e Wasserman (1995) e successivamente adottata da numerosi autori (p.es De Santis (2004); per una semplice generalizzazione si può vedere Spiegelhalter, Abrams e Myles (2004, sezione 9.7). Le proposte di distribuzioni "non informative" sono innumerevoli: si veda la bibliografia ragionata di Kass e Wasserman (1996). Per l'impostazione di Jeffreys si veda Jeffreys (1961, ma la prima edizione è del 1939); per il metodo di Box e Tiao v. Box e Tiao (1973); per il metodo di Berger e Bernardo conviene vedere Berger (1992), Bernardo e Smith (1994) e Bernardo e Ramón (1998). L'esercizio 4.30 è basato su Piccinato (1977). L'esercizio 4.24 è collegato alla teoria dei modelli lineari gerarchici per cui si possono vedere Lindley (1971) e Lindley e Smith (1972); per aspetti operativi della metodologia bayesiana si veda anche Gelman et al. (2004). Una trattazione alternativa dei modelli gerarchici (e di diversi altri modelli statistici) può adottare l'impostazione detta bayesiana empirica, che consiste (sintetizzando molto una problematica piuttosto complessa) nello stimare gli iperparametri sulla base dei dati e quindi usare direttamente per i parametri le distribuzioni corrispondenti. Ciò pone vari problemi dal punto di vista bayesiano, sia per l'incoerenza implicita nella eventuale doppia utilizzazione dei dati sperimentali (peraltro talvolta evitabile), sia perché assumendo come certi i valori degli iperparametri viene sottostimata l'incertezza ad essi associata. Per una esposizione dei metodi bayesiani empirici si veda Carlin e Louis (2000) e, specificamente per il confronto con le procedure bayesiane, Berger (1985a). Vi sono anche interessanti collegamenti tra le moderne procedure bayesiane empiriche e antiche proposte di C.Gini (del 1911!), poi sviluppate anche da G.Pompilj; per questo si vedano Chiandotto (1978) e Forcina (1982). Le *power priors* (esercizio 4.31) sono state introdotte da Ibrahim e Chen (2000); il loro impiego per l'utilizzo di dati storici e stato suggerito e approfondito da De Santis (2006a, 2007).

La *impostazione completamente predittiva* (§ 4.4) fa riferimento anzitutto al famoso saggio in cui de Finetti ha introdotto il concetto di scambiabilità (1937); vigorose difese di questo punto di vista si trovano in Cifarelli e Regazzini (1982), Di Bacco (1982), Regazzini (1990), Regazzini e Petris (1992). Particolarmente interessante è la discussione fra Geisser (1982) e DeGroot (1982). Una sistemazione organica di questa impostazione è delineata in Daboni e Wedlin (1982) e nel già citato volume di Cifarelli e Muliere (1989); si vedano anche Scozzafava (1991) e Cifarelli (1992). Lo schema logico della impostazione completamente predittiva è stato indicato ai fini della tematica della costruzione dei modelli (v. Dawid, 1982 e Coppi, 1983) ed è tra le idee guida del trattato di Bernardo e Smith (1994).Un settore applicativo in cui l'impostazione completamente predittiva è stata proposta con particolare organicità è l'affidabilità, v. Singpurwalla (2000) e Spizzichino (2001)

Il *principio del campionamento ripetuto* (§ 4.5), come si è detto, è in forme più o meno deboli presente nei ragionamenti di Fisher (teoria della significatività pura, v. per esempio Fisher, 1925) e in testi ancora precedenti. Una delle prime formulazioni esplicite è in Neyman (1938); naturalmente oggi conviene riferirsi alle trattazioni più moderne, come quella più volte ricordata, ampia e rigorosa, di Lehmann (1983 e 1986) o quella, più sintetica, di Kiefer (1987). L'idea del condizionamento parziale (§ 4.6) è stata indubbiamente introdotta da Fisher, anche se trattata spesso in modo piuttosto ambiguo. Una esposizione abbastanza organica della sua visione sull'inferenza, ma che egualmente lascia spazio a interpretazioni contrastanti, si trova nel volume Fisher (1956).

La violenta polemica tra Fisher e Neyman (Fisher 1955 e Neyman 1956) riesce utile per evidenziare i punti concettuali di dissenso in due metodologie che tuttavia si somigliano e portano spesso (anche se non sempre) alle stesse procedure pratiche. Per un tentativo di unificazione delle teorie v. Lehmann (1993). Anche per la problematica del condizionamento, tuttora vivissima nella teoria e nella pratica, conviene rimandare per ulteriori approfondimenti a Cox e Hinkley (1974), a Hinkley e Reid (1991), ad Azzalini (1992), a Pace e Salvan (1996) e a Cox (2006) per trattazioni simpatetiche, e a Berger (1985b) e Berger e Wolpert (1988) per valutazioni critiche ispirate al punto di vista bayesiano. Gli esempi 4.13 e 4.14 sono basati rispettivamente su Cox (1958) e su Berger (1985b); si tratta di esempi ormai classici di cui sono state date anche letture diverse da quelle qui presentate (v. per esempio Frosini, 1993). Il tema dell'esercizio 4.44 è sviluppato in Cox (1975). Esiste un'ampia letteratura sul confronto fra le diverse impostazioni logiche: si vedano in particolare gli Atti dei convegni di Firenze e Venezia tenuti dagli statistici italiani (Autori Vari 1978, 1979), Barnett (1982), Oakes (1986) e Welsh (1996). C'è una chiara tendenza nella letteratura più recente a recuperare l'idea di un condizionamento e l'uso della funzione di verosimiglianza, sia pure con una elaborazione che alla fine utilizza la logica del campionamento ripetuto; esempi notevoli sono Pawitan (2001) e Severini (2004).

Per un esame specifico e più approfondito della *teoria dei campioni* (§ 4.7), dallo schema tradizionale a quello moderno che è legato principalmente (anche se non esclusivamente) al nome di V.P.Godambe, si vedano Godambe (1969) e Smith (1976). Sul ruolo, controverso, della funzione di verosimiglianza è stata essenziale la riflessione di Basu (1969); per una trattazione sintetica si può vedere Berger e Wolpert (1988). Importanti e ormai classici sviluppi bayesiani sono dovuti a Ericson (1969); la tecnica della marginalizzazione della funzione di verosimiglianza è stata esplicitamente proposta da Hartley e Rao (1968) e da Royall (1968); i lavori sono indipendenti e simultanei, e si noti la titolazione curiosamente opposta. Una trattazione organica della teoria è dovuta a Cassel, Särndal e Wretman (1977); per la teoria tradizionale un punto di riferimento classico è il volume di Cochran (1963; la I edizione è del 1953), ma va ricordato anche il lavoro pionieristico di Neyman (1934). La tecnica delle variabili indicatrici è stata introdotta da Cornfield (1944); il suo uso può essere convenientemente esteso anche allo studio dei casi più complicati (v. per esempio Pompilj, 1952-61). Una trattazione comprensiva sia della impostazione tradizionale che degli sviluppi moderni è quella di Cicchitelli, Herzel e Montanari (1992). Per una panoramica sintetica v. Herzel (1991); anni or sono un interessante convegno SIS è stato dedicato al tema (v. Autori Vari, 1996).

Per la *teoria della conformità*, o significatività pura (§ 4.8), rimandiamo a Cox e Hinkley (1974), Cox (1977, 2006), Johnstone (1986); rimangono però anche problemi aperti (v. per es. Bertolino, 1993). Per il caso particolare dei problemi di adattamento (*goodness of fit*) è interessante la discussione di Anscombe (1963). In Italia la teoria della conformità è stata sostenuta particolarmente da Pompilj (1948), che ha anche coniato il nome. Pompilj ha insistito sulla utilizzabilità delle analisi di conformità anche in un quadro bayesiano, sia pure come strumenti inferenziali più deboli delle analisi bayesiane complete, ma nello stesso tempo più generali perchè non dipendenti dalle probabilità iniziali. L'esigenza di coordinare tali procedure con l'impostazione bayesiana nasceva tra l'altro dall'obiettivo di superare le critiche che Gini, su una base sostanzialmente bayesiana, muoveva (ma con una concezione troppo restrittiva della nozione di probabilità) alle procedure correnti delle scuole di Fisher e di Neyman e Pearson; per i riferimenti bibliografici circa la posizione del Gini, si può vedere quanto indicato in Pompilj (1948); per ulteriori indicazioni si veda la §7 di Piccinato (1991). Un interessante collegamento fra analisi della conformità e verosimiglianza è stato fatto da Di Bacco e Regoli (1994). I rapporti tra i metodi di conformità e i metodi bayesiani non sono semplici e possono essere esaminati su diversi piani; elementi di contrasto sono messi in luce da Berger e Delampady (1987), a cui si rinvia per molti altri riferimenti bibliografici sul tema. Per ulteriori considerazioni v. Berger e Mortera (1991) e, per connessioni con il metodo del supporto, Piccinato (1990). Infine, la letteratura sul controllo del modello è ampia ma ancora non molto sistematizzata, anche se soprattutto quella di ispirazione bayesiana, compare nelle trattazioni più moderne (v. per esempio Bernardo e Smith, 1994, Gelman et al 2003 e O'Hagan e Forster, 2004). Va comunque tenuto distinto il tema del *controllo* del modello da quello della *scelta* del modello nell'ambito di un insieme di modelli candidati; quest'ultimo infatti è chiaramente un problema di decisione statistica, anche se particolarmente complesso. Nel testo si è fatto riferimento ai lavori pionieristici di Box (1980, 1983) e ai lavori più recenti di Bayarri e Berger (1999 e 2000) e Bayarri e Castellanos (2007). Una rassegna di metodi anche informali è stata fornita da Madansky (1988); una proposta di orientamento bayesiano è quello di Carota, Parmigiani e Polson (1996). Una via alternativa per fronteggiare l'incertezza sulla validità del modello è di ricorrere a procedure intrinsecamente robuste, cioè dotate di una validità poco sensibile a variazioni del modello in qualche senso specificato. Molti dei principali risultati, nell'ambito frequentista, sono illustrati in Huber (1981).

Capitolo 5 (Decisioni statistiche: quadro generale)
I principali testi di riferimento sono Raiffa e Schlaifer (1961), Ferguson (1967), DeGroot (1970), Lindley (1972). La distinzione e i rapporti tra analisi in forma estensiva e analisi in forma normale sono stati esplicitamente trattati da Raiffa e Schlaifer (1961); gli stessi Autori chiariscono gli aspetti di equivalenza (§ 5.4). La § 5.5 è basata su Piccinato (1980).

Capitolo 6 (Analisi in forma estensiva dei problemi parametrici)
Il classico testo di DeGroot (1970), che è totalmente dedicato all'analisi in forma estensiva, e quello di Berger (1985a) sono i riferimenti principali. Una trattazione ampia e approfondita dei problemi di inferenza statistica (in relazione ai capitoli 6 e 7) si trova in Casella e Berger (2001); ad un livello di ulteriore approfondimento, in particolare per l'impostazione bayesiana, va ancora

ricordato il volume di Bernardo e Smith (1994). Per la trattazione dei problemi multidimensionali (§§ 6.2 e 6.3) conviene considerare anche Mardia, Kent e Bibby (1979) e Press (1982). Per la § 6.4 si veda Casella, Hwang e Robert (1994); l'esercizio 6.14 è tratto da Piccinato (1984). L'esempio 6.11 relativo all'analisi della varianza, è trattato tra gli altri (in modi differenti, ma sempre usando la verosimiglianza completa) da Lindley (1965), DeGroot (1970), Smith (1973); basandosi invece sulla verosimiglianza marginale è trattato da Bertolino, Piccinato e Racugno (1990) e da Bertolino e Racugno (1994). Ulteriori sviluppi si trovano in Solari, Liseo e Sun (2008). Per un altro classico capitolo della metodologia statistica, l'analisi delle tabelle di contingenza, un quadro delle procedure conformi all'analisi in forma estensiva è stato dato da Liseo (1993). Per estensioni, critiche e approfondimenti sull'uso dei fattori di Bayes (§ 6.7) v. Kass (1993), Racugno (1994) e Bertolino, Piccinato e Racugno (1995), Kass e Raftery (1995), Kass e Wasserman (1995), Lindley (1997b), Lavine e Schervish (1999) (sul cui lavoro è basato l'esercizio 6.32). L'esempio 6.13 studia la robustezza del fattore di Bayes al variare della densità $\pi(\cdot)$ nella classe Γ di tutte le distribuzioni possibili; Berger e Sellke (1987) e Berger e Delampady (1987) hanno mostrato come si possono elaborare classi di distribuzioni corrispondenti a restrizioni intutivamente comprensibili, come le densità unimodali e simmetriche, le densità crescenti o decrescenti, ecc. . L'argomento dei fattori di Bayes si è poi molto sviluppato con l'introduzione dei fattori di Bayes parziali, riguardo ai quali i lavori pionieristici sono O' Hagan (1995) e Berger e Pericchi (1996); la ricchezza della letteratura disponibile non può essere qui rappresentata con completezza. Per una sintesi si veda Berger (1999). Il tema si è poi intrecciato con la questione della scelta del modello, per il quale si rinvia a Racugno (1997), George (1999), Lahiri (2001) e alla rassegna di Kadane e Lazar (2004). Va ricordato, sempre in relazione alla scelta del modello, la prospettiva predittiva, a partire da San Martini e Spezzaferri (1984), impostazione ulteriormente sviluppata da Gutierrez-Peña e Walker (2001), e includendo i risultati di Barbieri e Berger (2004) sul modello "mediano". Sul tema del *model averaging* conviene vedere Clyde (1999) e Hoeting et al (1999).

Capitolo 7 (Analisi in forma normale dei problemi parametrici)

La letteratura di orientamento frequentista è importante per questo capitolo, che peraltro tratta esclusivamente argomenti ormai codificati. I riferimenti principali sono a Ferguson (1967) e a Lehmann (1983, 1986); ottime per precisione e approfondimento logico anche le esposizioni in Kiefer (1987) e in Casella e Berger (2001). Limitatamente alla stima puntuale può essere citato per ampiezza di trattazione il volume di Landenna e Marasini (1992); per un'ampia esposizione dei metodi di analisi, si veda Vitali (1991-3). Circa i problemi di individuazione di classi complete, trattati nella § 7.2, è in sostanza un risultato acquisito che occorre considerare le decisioni formalmente bayesiane e quelle che sono "limiti", in qualche senso, di decisioni bayesiane. Diverse varianti, con non trascurabili complicazioni tecniche, sono descritte da Wald

(1950) e, con diversi snellimenti, da Ferguson (1967); il riferimento a misure di probabilità finitamente additive, in particolare come distribuzioni iniziali, sembra poter portare qui a risultati più facilmente leggibili (v. Berti, Petrone e Rigo, 1994). Per una dimostrazione dell'ammissibilità della media campionaria nel caso normale, accennata nella § 7.2, si può vedere per es. Berger (1985, § sezione 8.9.2). Il teorema 7.6 è ricavato dal teorema 11.2.3 di Blackwell e Girshick (1954); per una generalizzazione v. Bickel e Blackwell (1967). Il teorema 7.7 è ricavato da Pratt (1965). Un riesame dal punto di vista bayesiano o almeno condizionato delle procedure di tipo frequentista viene svolto solo occasionalmente nel testo. Rinviamo per una impostazione più sistematica a Piccinato (1992). Ricerche recenti hanno dimostrato che l'impostazione parzialmente condizionata è una chiave interessante per il confronto tra la impostazione bayesiana e quella frequentista; in proposito si veda la panoramica in Berger (2003).

Capitolo 8 (Scelta dell'esperimento)

La problematica è stata introdotta nella teoria delle decisioni già da Wald (1950), ma la trattazione del testo è più collegata alla impostazione di Raiffa e Schlaifer (1961), in particolare per la § 8.3. La § 8.2 è basata su Lindley (1956), un lavoro molto ripreso anche nella letteratura successiva, v. per esempio Fedorov (1972) e Parmigiani e Berry (1994); una estensione si trova in DeGroot (1962). La corrispondenza fra metodi bayesiani (usando il criterio di Shannon-Lindley) e metodi frequentisti è studiata da Inoue, Berry e Parmigiani (2006). La distinzione tra distribuzione iniziale del disegno e dell'analisi è stata introdotta in modo esplicito da Etzioni e Kadane (1993) e ripreso successivamente da vari autori, p.es. Wang e Gelfand (2002), De Santis (2006b e 2007); esempi applicativi si trovano tra l'altro in Sambucini (2008) e Brutti, De Santis e Gubbiotti (2008). La tematica della numerosità ottima dei campioni casuali ha visto negli ultimi anni un forte impegno soprattutto nell'ambito della impostazione bayesiana. Panoramiche generali sono dovute a Adcock (1997) e a Wang e Gelfand (2002); va citato il numero 2 del 1997 della rivista *The Statistician* che è interamente dedicato al tema. Le attribuzioni di priorità dei vari criteri proposti sono spesso discutibili; tuttavia il criterio ACC pare attribuibile ad Adcock (1988) e a Joseph, Wolfson e du Berger (1995), il criterio ALC a Joseph e Bélisle (1997), il criterio del risultato peggiore a Pham-Gia e Turkkan (1992) e a Joseph Wolfson e du Berger (1995). Il criterio LPC è dovuto a De Santis e Perone Pacifico (2003); si veda anche De Santis, Perone Pacifico e Sambucini (2004) per una applicazione più complessa. Il criterio sulla probabilità che l'inferenza sia decisiva e corretta è dovuto a De Santis (2004) che sviluppa l'idea precedentemente presentata da Royall (2000). Una impostazione basata sulla formalizazione dell'inferenza statistica come problema di scelta di una distribuzione di probabilità (il collegamento è con quanto esposto nella § 1.5.2, in particolare riguardo alla struttura dell'utilità espressa dalla formula 1.20) si trova in Bernardo (1997) e in Lindley (1997a). Il caso dei modelli lineari (§ 8.5), a differenza del caso generale, ha avuto anche una trattazione sistematica non bayesiana. Il lavoro di base (seguito poi da molti altri) è di Kiefer (1959); ivi è anche interessante leggere la discussione che ne è seguita e le perplessità di molti degli statistici intervenuti. Per una valutazione complessiva dell'opera di J. Kiefer sull'argomento, si veda Wynn (1984). Una trattazione ampia ma abbastanza elementare è quella di Atkinson e Donev (1992); una trattazione di carattere più teorico è quella di Pukelsheim (1993). Il punto di vista bayesiano è sviluppato sistematicamente da Chaloner (1984) e da Pilz (1991); una chiara esposizione nel quadro di alcuni modelli di analisi della varianza è Verdinelli (1987). Per ulteriori aggiornamenti e rassegne v. Atkinson (1991), Giovagnoli (1992), Verdinelli (1992), Chaloner e Verdinelli (1995). Per aspetti più particolari, ricordiamo che l'utilizzazione in questa problematica dello schema bayesiano gerarchico (di cui un caso molto particolare era stato proposto nell'esercizio 4.24) è dovuta a Smith e Verdinelli (1980); ivi si dimostra tra l'altro che la coincidenza fra ottimalità con il criterio di Shannon-Lindley e D-ottimalità, vista in un caso particolare nell'esempio 8.2, ha un carattere molto generale. Sempre alla D-ottimalità, sotto opportune condizioni, porta un criterio di Spezzaferri (1988), che pone come possibile obiettivo anche la discriminazione tra modelli; tale criterio si riconnette allo schema proposto da Bernardo (1979), poi ampiamente ripreso in Bernardo e Smith (1994). La §8.5 richiede una certa familiarità con gli strumenti dell'algebra lineare; l'appendice A del testo di Mardia, Kent e Bibby (1979) è largamente sufficiente. La §8.6 segue, considerando solo il caso più semplice, l'impostazione di DeGroot (1970). Il test sequenziale della §8.7 è quello proposto da Wald (1947); per aggiornamenti v. per esempio Siegmund (1985) e Wetherill e Glazebrook (1986).

Appendice A (Richiami di probabilità)

La definizione della probabilità mediante uno standard è stata adottata da diversi Autori (partendo da Bertrand, 1907 a Lindley, 2006). Nelle impostazioni soggettiviste è però più comune rifarsi allo schema della scommessa forzata o a quello della minimizzazione di una penalità, entrambi decisamente sostenuti dallo stesso de Finetti (1970), che alla teoria della probabilità soggettiva ha dato contributi fondamentali fin dagli anni '30 (v. de Finetti, 1931). Trattazioni rigorose e complete della probabilità soggettiva, che includono gli aspetti, come sappiamo strettamente connessi, di teoria dell'utilità, sono quelle di Savage (1954), di DeGroot (1970), di Bernardo e Smith (1994). Per una formalizzazione aderente alla impostazione di de Finetti si può vedere Regazzini (1983). Per la specifica questione della additività semplice e i suoi riflessi nella teoria statistica si veda anche Scozzafava (1984, 1990) e, come esempio di trattazione elementare basata appunto su un'assiomatica "debole", ancora Scozzafava (1991). Per lo sviluppo storico della disciplina si veda Regazzini (1987).

La definizione frequentista più celebre è quella di von Mises risalente in sostanza agli anni '20 (v. von Mises, 1964); in essa l'esistenza di un limite per le frequenze viene esplicitamente postulato. Molte delle trattazioni della probabilità orientate alla statistica adottano punti di vista simili ma meno impegnativi, e quindi un po' vaghi, introducendo ad esempio la probabilità come "astrazione ideale" della frequenza (v. per esempio Cramér, 1946 e Wilks, 1962). Lo stesso Kolmogorov (1950) nel libro del 1933 in cui formulò l'assiomatizzazione poi correntemente adottata, basata sulla teoria della misura e il principio dell'additività completa, espresse (in un paragrafo dedicato al collegamento fra la teoria matematica e la realtà, la posizione secondo cui un evento ripetibile ha probabilità p se si è *praticamente certi* che la proporzione dei successi differirà poco da p in una lunga serie di ripetizioni. Si è così di fronte ad una concezione frequentista il cui ultimo fondamento avrebbe però una netta intonazione soggettivista. Una utile panoramica sulle diverse impostazioni concettuali è dovuta a Landenna e Marasini (1986). Una approfondita indagine storica sulla duplice "anima" della probabilità (come descrizione di una realtà sconosciuta e variabile e come grado di fiducia) è stata data da Hacking (1975).

Fra le trattazioni generali è stata particolarmente tenuta presente l'opera di Dall'Aglio (1987). Altre esposizioni che tengono in particolare considerazione la problematica statistica sono, fra le tante, quelle di Daboni (1970), di DeGroot (1986) e di Cifarelli (1998). Per ulteriori approfondimenti matematici si consigliano Ash (1972) o Billingsley (1987) e, in particolare per quanto riguarda lo studio delle variabili aleatorie, Pompilj (1984). Anche per approfondimenti matematici ma soprattutto per la ricchezza nello studio della modellizzazione probabilistica va ricordata la classica opera di Feller (1957). L'esercizio A.12 si ricollega al cosiddetto *Teorema fondamentale della probabilità* di de Finetti per il quale si rinvia a de Finetti (1970, sezione III.10) e a Lad (1996).

Appendice B (Convessità)
Per eventuali approfondimenti si consiglia di vedere Roberts e Varberg (1973).

Appendice C (Principali distribuzioni di probabilità)
Per la §A.1 si veda Johnson e Kotz (1969-72) e Abramowitz e Stegun (1964); per tavole delle funzioni Beta e Gamma incomplete v. Pearson (1922, 1934) (ma oggi basta ricorrere ad un buon software). Per le sezioni C.2–C.5 v. Johnson e Kotz (1969-72), Patel, Kapadia e Owen (1976), Raiffa e Schlaifer (1961), DeGroot (1970), Aitchison e Dunsmore (1975), Bernardo e Smith (1994). In particolare per la § C.6, relativa alle famiglie esponenziali, v. Ferguson (1967) e Lehmann (1986).

Riferimenti

Abramowitz, M., Stegun, I.A. (1964): *Handbook of Mathematical Functions.* Dover, New York

Achcar, J.A., Smith, A.F.M. (1990): Aspects of reparameterization in approximate Bayesian inference. In *Bayesian and Likelihood Methods in Statistics and Econometrics – Essays in Honor of G.A. Barnard*, a cura di S.Geisser et al., pp. 439–52, North-Holland, Amsterdam

Acocella, N. (1970): *Decisioni economiche in condizioni di incertezza.* Giuffrè, Padova

Adcock, C.J. (1988): A Bayesian approach to calculating sample sizes. *The Statistician*, 37, 433–439

Adcock, C.J. (1997): Sample size determination: a review. *The Statistician*, 46, 261–283

Aitchison, J., Dunsmore, I.R. (1975): *Statistical Prediction Analysis.* University Press, Cambridge

Allais, M., Hagen, D. (1979, a cura di): *Expected Utility Hypotheses and the Allais Paradox.* Reidel, Dordrecht

Anscombe, F.J. (1963): Tests of goodness of fit. *Jour. Roy. Statist. Soc*, B, 25, 81–94

Ash, R.B. (1972): *Real Analysis and Probability.* Academic Press, New York

Atkinson,A.C. (1991): Optimum design of experiments. In *Statistical Theory and Modelling*, a cura di D.V. Hinkley, N. Reid e E.J. Snell, Chapman and Hall, London

Atkinson, A.C., Donev, A.N. (1992): *Optimum Experimental Designs.* Clarendon Press, Oxford

Autori Vari (1978): *I Fondamenti dell'Inferenza Statistica.* Dipartimento Statistico, Università di Firenze

Autori Vari (1979): *Induzione, Probabilità, Statistica.* Laboratorio di Statistica, Università di Venezia

Autori Vari (1996): *100 anni di indagini campionarie.* Atti del Convegno SIS, CISU, Roma

Azzalini, A. (2001): *Inferenza statistica. Una presentazione basata sul concetto di verosimiglianza.* Springer-Verlag Italia, Milano

Balakrishnan, N., Cohen, A.C. (1991): *Order Statistics and Inference*, Academic Press, San Diego (Ca)

Barbieri, M.M. (1994): Aspetti computazionali nella statistica bayesiana. *Atti della XXXVII Riun. Scientifica della SIS*, vol. 1, pp. 167–78, CISU, Roma

Barbieri, M.M. (1996): *Metodi Computazionali del Tipo MCMC per l'Inferenza Statistica.* Monografie SIS, CISU, Roma

Barbieri, M.M., Berger, J.O. (2004): Optimal predictive model selection. *Ann. Statist.*, 32, 870–897

Barlow, R.E., Clarotti, C.A., Spizzichino, F. (1993, a cura di): *Reliability and Decision Making.* Chapman and Hall, London

Barnard, G.A. (1947): A review of Sequential Analysis by Abraham Wald. *Jour. Amer. Statist. Ass.*, 42, 658–669

Barnard, G.A., Jenkins, G.M., Winsten, C.B. (1962): Likelihood inference and time series. *Jour. Roy. Statist. Soc.*, A, 125, 321–72

Barnard, G., Sprott, D.A. (1983): Likelihood. In *Encyclopedia of Statistical Sciences*, a c. di S. Kotz, N.L. Johnson e C.B. Read, vol. 4, Wiley, New York, pp. 639–644

Barnett, V. (1982): *Comparative Statistical Inference.* Wiley, New York (2ª ed.)

Baron, J., Frisch, D. (1994): Ambiguous probabilities and the paradoxes of expected utility. In Wright e Ayton (1994), pp. 273–294

Basu, D. (1969): Role of sufficiency and likelihood principles in sample survey theory. *Sankhyā*, 31, 441–54 (anche in Ghosh, 1988)

Basu, D. (1975): Statistical information and likelihood. *Sankhyā*, A, 37, 1–71 (anche in Ghosh, 1988)

Basu, D. (1977): On the elimination of nuisance parameters. *Jour. Amer. Statist. Ass.*, 72, 355–66 (anche in Ghosh, 1988)

Basu, D, (1978): On partial sufficiency: a review. *Jour. Statist. Planning and Inference*, 2, 1–13 (anche in Ghosh, 1988)

Bayarri, M.J., Berger, J.O. (1999): Quantifying surprise in the data and model verification. In *Bayesian Statistics* 6 (a c. di J.M. Bernardo et al.), Oxford University Press, pp. 53–82

Bayarri, M.J., Berger, J.O. (2000): p-values for composite null models (con discussione), *Jour. Amer. Statist. Assoc.*, 95, 1127–1170

Bayarri, M.J., Castellanos, M.E. (2007): Bayesian checking of the second level of hierarchical models (con discussione). Statistical Science, 22, 322–367

Bayarri, M.J., DeGroot, M.H. (1987): Bayesian analysis of selection models, *The Statistician*, 36, 137–46

Bayarri, M.J., DeGroot, M.H. (1992): Difficulties and ambiguities in the definition of a likelihood function. *Jour. Ital. Statist. Soc.*, 1, 1–15

Berger, J.O. (1985a): *Statistical Decision Theory and Bayesian Analysis.* Springer-Verlag, New York (2ª ed.)

Berger, J.O. (1985b): The frequentist viewpoint and conditioning. *Proc. Berkeley Conf. in honor of J. Neyman and J. Kiefer* (a cura di L. Le Cam e R. Olsen), vol. I, Wadsworth, Belmont (Ca)

Berger, J.O. (1992): Objective Bayesian analysis: development of reference noninformative priors. In SIS-Formazione: *Problemi di ricerca nella statistica bayesiana*, a cura di W. Racugno, ed. Giardini, Pisa

Berger, J.O. (1994): An overview of robust Bayesian analysis (con discussione), *TEST*, 3, 5–124

Berger, J.O. (1999): Bayes factors. In *Encyclopedia of Statistical Sciences*, a c. di S. Kotz, C.B. Read e D.L. Banks, Update vol. 3, pp. 20–29

Berger, J.O. (2003): Could Fisher, Jeffreys and Neyman have agreed on testing? (con discussione) *Statistical Science*, 18, 1–32

Berger, J.O., Betrò, B., Moreno, E., Pericchi, L.R., Ruggeri, F., Salinetti, G., Wasserman, L. (1996, a cura di): *Bayesian Robustness*, Inst. of Mathematical Statistics, Hayward CA

Berger, J.O., Delampady, M. (1987): Testing precise hypotheses (con discussione). *Statistical Science*, 2, 317–52

Berger, J.O., Mortera, J. (1991): Interpreting the stars in precise hypothesis testing. *Intern. Statist. Review*, 59, 337–53

Berger, J.O., Pericchi, R.L. (1996): The intrinsic Bayes factor for model selection and prediction. *Jour. Amer. Statist. Assoc.*, 91, 109–122

Berger, J.O., Sellke, T. (1987): Testing a point null hypothesis: the irreconcilability of P values and evidence (con discussione). *Jour. Amer. Statist. Assoc.*, 82, 112–139

Berger, J.O., Wolpert, R. (1988): *The Likelihood Principle*. Inst. of Mathematical Statistics, Hayward, CA (2ª ed.)

Bernardo, J.M. (1979): Expected information as expected utility. *Ann. Statist.*, 7, 686–90

Bernardo, J.M. (1997): Statistical inference as a decision problem: the choice of sample size. *The Statistician*, 48, 151–153

Bernardo, J.M. (1998): Bruno de Finetti en la Estadística Contemporánea. In *Historia de la Matématica en el siglo XX*, S. Rios (ed.), Real Academia de Ciencias, Madrid, pp. 63–80

Bernardo, J.M. (2005): Reference Analysis. In *Handbook of Statistics*, a c. di D.K. Dey e C.R. Rao (ed.), vol. 25, pp. 17–90, Elsevier, Amsterdam

Bernardo, J.M., Ramón, J.M. (1998): An introduction to Bayesian reference analysis: inference on the ratio of multinomial parameters. *The Statistician*, 47, 101–135

Bernardo, J.M., Smith, A.F.M. (1994): *Bayesian Theory*. Wiley, Chichester

Bernoulli, D. (1738): Specimen theoriae novae de mensura sortis (trad. inglese: Exposition of a new theory on the measurement of risk. *Econometrica*, 1954, vol. 22, pp. 23–36)

Berti, P., Petrone, S., Rigo, P. (1994): Su alcune classi complete di funzioni di decisione. *Atti XXXVII Riun. Scient. SIS*, vol. 2, pp. 483–89, CISU, Roma

Bertolino, F. (1993): Sulla definizione e sul calcolo del valore-P. *Statistica Applicata*, 5, 177–90

Bertolino, F., Piccinato, L. Racugno, W. (1990): A marginal likelihood approach to analysis of variance. *The Statistician*, 39, 415–24

Bertolino, F., Piccinato, L., Racugno, W. (1995): Multiple Bayes factors for testing hypotheses. *Jour. Amer. Statist. Soc.*, 90, 213–9

Bertolino, F., Racugno, W. (1994): Robust Bayesian analysis in analysis of variance and the χ^2-test by using marginal likelihoods. *The Statistician*, 43, 191–201

Bertrand, J. (1907): *Calcul des Probabilités*. Chelsea, New York

Bickel, P.J., Blackwell, D. (1967): A note on Bayes estimates. *Ann. Math. Statist.*, 38, 1907–11

Birnbaum, A. (1962): On the foundations of statistical inference. *Jour. Amer. Statist. Assoc.*, 57, 269–306

Billingsley, P. (1987): *Probability and Measure.* Wiley, New York

Blackwell, D.,Girshick, M.A. (1954): *Theory of Games and Statistical Decisions.* Wiley, New York

Box, G.E.P. (1980): Sampling and Bayes' inference in scientific modelling and robustness. *Jour. Roy. Statist. Soc.*, A, 143, 383–430

Box, G.E.P. (1983): An apology for ecumenism in Statistics. In *Scientific Inference, Data Analysis and Robustness*, a cura di G.E.P. Box, T. Leonard e C.-F. Wu, Academic Press, London

Box, G.E.P., Tiao, G.C. (1973): *Bayesian Inference in Statistical Analysis.* Addison-Wesley, Reading (Mass.)

Brutti, P., De Santis, F. Gubbiotti, S. (2008): Robust sample size determination in clinical trials. *Statistics in Medicine*, 27, 2290–2306

Cano, J.A., Hernández, A., Moreno, E. (1989): On L-sufficiency concept of partial sufficiency. *Statistica*, 49, 519–28

Carlin, B.P., Louis, T.A. (2000): *Bayes and empirical Bayes methods for Data Analysis.* Chapman and Hall/CRC, Boca Raton

Carota, C., Parmigiani, G., Polson, N.G.(1996): Diagnostic measures for model criticism. *Jour. Amer. Statist. Assoc.*, 91, 753–762

Casella, G., Berger, R.L. (2001): *Statistical Inference.* Duxbury, Pacific Grove (CA), 2ª ed.

Casella, G., Hwang, J.T.G., Robert, C. (1994): Loss functions for set estimation. In *Statistical Decision Theory and Related Topics V* (a cura di S.S. Gupta e J.O. Berger), Springer, New York

Cassel, C.-M., Särndal, C.-E., Wretman, J. (1977): *Foundations of Inference in Survey Sampling.* Wiley, New York

Castagnoli, E., Peccati, L. (1974): *Teoria delle decisioni.* Studium Parmense, Parma

Chaloner, K. (1984): Optimal Bayesian experimental design for linear models. *Ann. Statist*, 12, 283–300

Chaloner, K., Verdinelli, I. (1995): Bayesian experimental design: a review. *Statistical Science*, 10, 273–304

Chiandotto, B. (1975): *Introduzione alla teoria statistica delle decisioni – un criterio per la scelta degli investimenti delle imprese pubbliche in condizioni di rischio e di incertezza.* Dip. Statistico-Matematico, Università di Firenze

Chiandotto, B. (1978): L'approccio bayesiano empirico alla problematica della inferenza statistica. In Autori Vari: *I Fondamenti dell'Inferenza Statistica.* Dip. Statistico, Università di Firenze, pp. 257–68

Cicchitelli, G., Herzel, A., Montanari, G.E. (1992): *Il campionamento statistico.* Il Mulino, Bologna

Cifarelli, D.M. (1992): L'approccio predittivo dell'inferenza. In SIS-Formazione: *Problemi di ricerca nella statistica bayesiana*, a cura di W. Racugno, ed. Giardini, Pisa

Cifarelli, D.M. (1998): *Introduzione al calcolo delle probabilità*. McGraw-Hill, Milano

Cifarelli, D.M., Muliere, P. (1989): *Statistica Bayesiana*. G. Iuculano, Pavia

Cifarelli, D.M., Regazzini, E. (1982): Some considerations about mathematical statistics teaching methodology suggested by the concept of exchangeability. In *Exchangeability in Probability and Statistics*, a cura di G. Koch e F. Spizzichino, pp. 185–205, North-Holland, Amsterdam

Cifarelli, D.M., Regazzini, E. (1995): de Finetti's contribution to probability and statistics. Relazione al *2nd Int. Workshop on Bayesian Robustness*, Rimini

Cochran, W.G. (1963): *Sampling Techniques*. Wiley, New York, 2ª ed.

Clyde, M.A. (1999): Bayesian model averaging and model search strategies (con discussione). In *Bayesian statistics* 6, a c. di J.M. Bernardo et al., Oxford Univ. Press, pp. 157–185

Coppi, R. (1983): *La costruzione dei modelli statistici*. Quaderni del Dip. di Statistica Prob. e Statistiche Applicate, Univ. di Roma "La Sapienza"

Cornfield, J. (1944): On samples from finite populations. *Ann. Math. Statist.*, 39, 236–9

Cox, D.R. (1958): Some problems connected with statistical inference. *Ann. Math. Statist.*, 29, 357–72

Cox, D.R. (1975): Partial likelihood. *Biometrika*, 62, 269–76

Cox, D.R. (1977): The role of significance tests. *Scand. Jour. Statist.*, 4, 49–70

Cox, D.R. (1990): Role of models in statistical analysis. *Statistical Science*, 5, 169–74

Cox, D.R. (1995): The relation between theory and application in statistics (con discussione). *TEST*, 4, 207–261

Cox, D.R. (2006): *Principles of Statistical Inference*. Cambridge University Press, Cambridge

Cox, D.R., Hinkley, D.V. (1974): *Theoretical Statistics*. Chapman and Hall, London

Cox, D.R., Reid, N. (1987): Parameter orthogonality and approximate conditional inference. *Jour. Roy. Statist. Soc*, B, 49, 1–39

Cramér, H. (1946): *Mathematical Methods of Statistics*. Princeton University Press

Cyert, R.M., DeGroot, M.H. (1987): *Bayesian Analysis in Economic Theory*. Rowman Littlefield, Totona (N.J.)

Daboni, L. (1970): *Calcolo delle Probabilità ed Elementi di Statistica*. UTET, Torino

Daboni, L. (1975): Teoria delle decisioni e teoria dei giochi. In *Ricerca Operativa*, a cura di A. Siciliano, pp. 1-73, Zanichelli, Bologna

Daboni, L., Montesano, A., Lines, M. (1986, a cura di): *Recent Developments in the Foundations of Utility and Risk Theory*. Reidel, Dordrecht

Daboni, L., Wedlin, A. (1982): *Statistica. Un'introduzione all'impostazione neo-bayesiana*. UTET, Torino

Dall'Aglio, G. (1972): *Lezioni di Teoria dei Giochi e delle Decisioni*. La Goliardica, Roma, 2ª ed.

Dall'Aglio, G. (1987): *Calcolo delle Probabilità*. Zanichelli, Bologna

Dawid, A.P. (1982): Intersubjective statistical models. In *Exchangeability in Probability and Statistics*, a cura di G. Koch e F. Spizzichino, North-Holland, Amsterdam

Dawid, A.P. (1983): Inference, Statistical (I). In *Encyclopedia of Statist. Sciences*, a cura di S. Kotz, N.L. Johnson e C. Read, Wiley, New York

de Finetti, B. (1931): Sul significato soggettivo della probabilità. *Fundamenta Mathematicae*, 17, 298–329 (anche in B. de Finetti, *Scritti 1931–1936*, Pitagora, Bologna 1991)

de Finetti, B. (1937): La prévision: ses lois logiques, ses sources subjectives. *Ann. Inst. H. Poincaré*, 7, 1–68 (trad. inglese in *Studies in Subjective Probability* a cura di H.E. Kyburg e H.E. Smokler, Wiley, New York 1964)

de Finetti, B. (1959): La probabilità e la statistica nei rapporti con l'induzione, secondo i diversi punti di vista. In *Induzione e Statistica*, Corso CIME (trad. inglese in B. de Finetti: *Probability, Induction and Statistics*, Wiley, London 1972)

de Finetti, B. (1964): Teoria delle decisioni. In *Lezioni di Metodologia Statistica per Ricercatori*, vol.VI, pp. 87–161, Istituti di Calcolo delle Probabilità e di Statistica, Univ. di Roma

de Finetti, B. (1969): La teoria dei giochi: che cosa ci dice; su che cosa ci invita a riflettere. In B. de Finetti: *Un matematico e l'economia*, Franco Angeli, Milano

de Finetti, B. (1970): *Teoria delle probabilità*. Einaudi, Torino.

de Finetti, B., Savage, L.J. (1962): Sul modo di scegliere le probabilità iniziali. In *Sui Fondamenti della Statistica*, Biblioteca di Metron, Univ. di Roma, pp. 81–154

DeGroot, M.H. (1962): Uncertainty, information and sequential experiments. *Ann. Math. Statist*, 33, 404–19

DeGroot, M.H. (1970): *Optimal Statistical Decisions*. McGraw-Hill, New York

DeGroot, M.H. (1982): Comments on the role of parameters in the predictive approach to statistics. *Biometrics* (supplement) 38, 75–85

DeGroot, M.H. (1986): *Probability and Statistics*. Addison-Wesley, Reading (Mass.)

DeGroot, M.H., Fienberg, S.E. (1983): The comparison and evaluation of forecasters, *The Statistician* 32, 12–22

DeGroot, M.H., Fienberg, S.E., Kadane, J.B. (1986, a cura di): *Statistics and the Law*. Wiley, New York

De Santis, F. (2004): Statistical evidence and sample size determination for Bayesian hypothesis testing. *Jour. of Statist. Planning and Inference*, 124, 121–144

De Santis, F. (2006a): Power priors and their use in clinical trials. *The American Statistician*, 60, 122–129

De Santis, F. (2006b): Sample size determination for robust Bayesian analysis. *Jour. Amer. Statist. Assoc.*, 101, 278–291

De Santis, F. (2007): Using historical data for Bayesian sample size determination. *Jour. Roy. Statist. Soc.*, A, 170, 95–113

De Santis, F., Perone Pacifico, M. (2003): Two experimental settings in clinical trials: predictive criteria for choosing the sample size in interval estimation. In M. Di Bacco, G. D'Amore, F. Scalfari (a cura di) *Applied Bayesian Statistical Studies in Biology and Medicine*, Kluwer Academic Publishers, Norwell (MA), pp. 109–131

De Santis, F.,Perone Pacifico, M.,Sambucini, V. (2004): Optimal predictive sample size for case-control studies. *Applied Statistics*, 53, 427–441

Di Bacco, M. (1977) : Sulla teoria del supporto. In Autori vari: *I Fondamenti dell'Inferenza Statistica*, Dip. Statistico, Università di Firenze, pp. 243–56

Di Bacco, M. (1982): On the meaning of 'true law' in statistical inference. In *Exchangeability in Probability and Statistics*, a cura di G. Koch e F. Spizzichino, North-Holland, Amsterdam

Di Bacco, M., Regoli, G. (1994): Likelihood as an index of fit. *Jour. Ital. Statist. Soc.*, 3, 243–53

Driscoll, M.F., Morse, D. (1975): Admissibility and completeness. *The American Statistician*, 29, 93

Edwards, A.W.F. (1972): *Likelihood*. Cambridge University Press

Edwards, A.W.F. (1974): The history of likelihood. *Int. Statist. Rev.*, 42, 9–15

Edwards, W., Lindman, H., Savage, L.J. (1963): Bayesian statistical inference for psychological research. *Psychological Review* 70, 193–242 (anche in Savage, 1981)

Edwards, W.,Miles, R.F., von Winterfeldt, D. (2007): *Advances in Decision Analysis. From Foundations to Applications*, Cambridge University Press, Cambridge

Ellsberg, D. (1961): Risk, ambiguity and the Savage axioms. *Quarterly Jour. of Economics*, 75, 643–699

Ericson, W.A. (1969): Subjective Bayesian models in sampling finite populations. *Jour. Roy. Statist. Soc.*, B, 31, 195–224

Etzioni, R., Kadane, J.B. (1993): Optimal experimental design for another's analysis. *Jour. Amer. Statist. Assoc*, 88, 1404–1411

Fedorov, V.V. (1972): *Theory of Optimal Experiments*. Academic Press, New York

Feller, W. (1957): *An Introduction to Probability Theory and its Applications*, vol. I. Wiley, New York

Ferguson, T. (1967): *Mathematical Statistics. A Decision Theoretic Approach*. Academic Press, New York

Fishburn, P.C. (1988): Utility Theory. In *Encyclopedia of Statistical Sciences*, a c. di S. Kotz, N.L. Johnson e C.B. Read, vol. 9, pp. 445–52, Wiley, New York

Fisher, R.A. (1925): *Statistical Methods for Research Workers*. Oliver and Boyd, Edinburgh

Fisher, R.A. (1955): Statistical methods and scientific induction. *Jour. Roy. Statist. Soc.* B, 17, 69–78

Fisher, R.A. (1956): *Statistical Methods and Scientific Inference*. Oliver and Boyd, Edinburgh

Florens, J.-P., Mouchart, M., Rolin, J.-M. (1990): *Elements of Bayesian Statistics*, Dekker, New York

Forcina, A. (1982): Gini's contributions to the theory of inference. *Int. Statist. Rev.* 50, 65–70

Fraser, D.A.S. (1956): Sufficient statistics with nuisance parameters. *Ann. Math. Statist.* 27, 838–42

Fraser, D.A.S. (1979): *Inference and Linear Models*. McGraw-Hill, New York

French, S. (1986): *Decision Theory: An Introduction to the Mathematics of Rationality*. Horwood, Chichester

French, S. (1988): Readings in Decision Analysis.Chapman and Hall/CRC, Boca Raton

Frosini, B.V. (1993): Likelihood versus probability. *Bulletin Int. Statist. Inst.* 55, 2, 359–76

Gambarelli, G., Pederzoli, G. (1992): *Metodi di Decisione*. Hoepli, Milano

Gärdenfors, P., Sahlin, N.E. (1988): *Decision, Probability, Utility – Selected Readings*. Cambridge University Press, Cambridge

Geisser, S. (1982): Aspects of the predictive and estimative approaches in the determination of probabilities. *Biometrics* (supplement) 38, 75–85

Geisser, S. (1993): *Predictive Inference: An Introduction*. Chapman and Hall, London

Gelman, A., Carlin, J.B., Stern, H.S., Rubin, D.B. (2003): *Bayesian Data Analysis*. 2ª ediz., Chapman and Hall/CRC, London

George, E.I. (1999): Bayesian model selection. In *Encyclopedia of Statistical Sciences*, a c. di S. Kotz, C.B. Read e D.L. Banks, Update vol. 3, pp. 39–46, Wiley, New York

Ghosh, J.K. (1988) (a c. di): *Statistical Information and Likelihood. A Collection of Critical Essays by Dr. D. Basu*. Springer-Verlag, New York

Gilio, A. (1992): Incomplete probability assessments in decision analysis. *Jour. Ital. Statist. Soc.*, 1, 67–76

Giovagnoli, A. (1992): La teoria dei piani di esperimento ottimi. *Atti della XXXVI Riunione Scientifica* della SIS, vol. 1 pp. 163–86, CISU, Roma

Girelli Bruni, E. (1981, a c. di): *Teoria delle decisioni in medicina*, Bertani ed., Verona

Godambe, V.P. (1969): Some aspects of the theoretical developments in survey-sampling. In *New Developments in Survey Sampling* a cura di N.L. Johnson e H. Smith, Wiley New York

Good, I.J. (1988): Statistical evidence. In *Encyclopedia of Statistical Sciences*, a c. di S. Kotz, N.L. Johnson e C.B. Read, vol. 8, pp. 651–6, Wiley, New York

Gutierrez-Peña, E., Walker, S.G. (2001): A Bayesian predictive approach to model selection. *Jour. Statist. Planning and Inference*, 93, 259–276

Hacking, I. (1965): *Logic of Statistical Inference*. Cambridge University Press, Cambridge

Hacking, I. (1975): *The Emergency of Probability*. Cambridge University Press (trad.it. *L'emergenza della probabilità*, Il Saggiatore, Milano 1987)

Hartley, H.O., Rao, J.N.K. (1968): A new estimation theory for sample surveys. *Biometrika* 55, 547–57

Herzel, A. (1991): Inferenza su popolazioni finite, Atti del convegno SIS *Sviluppi metodologici nei diversi approcci all'inferenza statistica*, vol. 2, pp. 53–68, ed. Pitagora, Bologna

Hill, B.M. (1978): Decision theory. In *Studies in Statistics*, vol. 19 (a cura di R.V. Hogg) pp. 168–209, Mathematical Ass. of America

Hinde, J., Aitkin, M. (1987): Canonical likelihoods: a new likelihood treatment of nuisance parameters. *Biometrika*, 74, 45–58

Hinkley, D.V., Reid, N. (1991): Statistical theory. In *Statistical Theory and Modelling* a cura di D.V. Hinkley, N. Reid e E.J. Snell, pp. 1–29, Chapman and Hall, London

Hoeting, J.A., Madigan, D., Raftery, A.E., Volinsky, C.T. (1999): Bayesian model averaging: a tutorial. *Statistical Science*, 14, 382–417

Hora, S.C. (2007): Eliciting probabilities from experts. In Edwards at al. *Advances in Decision Analysis*, pp. 129–153

Huber, P.J. (1981): *Robust Statistics*. Wiley, New York

Ibrahim, J.G., Chen, M.H. (2000): Power priors distributions in regression models. *Statistical Science*, 15, 46–60

Inoue, L.Y.T., Berry, D., Parmigiani, G. 82005): Relationship between Bayesian and frequentist sample size determination. *The American Statistician*, 59, 79–87

Jeffreys, H. (1961): *Theory of Probability*. Clarendon Press, Oxford

Johnson, N.L., Kotz, S. (1969-72): *Distributions in Statistics* (4 volumi).Wiley, New York

Johnstone, D.J. (1986): Tests of significance in theory and practice. *The Statistician*, 35, 491–504

Joseph, L., Bélisle, P. (1997): Bayesian sample size determination for normal means and differences between normal means. *The Statistician*, 46, 209–226

Joseph, L., Wolfson, D.B., du Berger, R. (1995): Sample size calculations for binomial proportions via highest posterior density intervals. *The Statistician*, 44, 143–154

Kadane, J.B., Lazar, N.A. (2004): Methods and criteria for model selection. *Jour. Amer. Statist. Assoc*, 99, 279–290

Kadane, J.B., Wolfson, L. (1998): Experiences in elicitation. *The Statistician*, 47, 13–19

Kalbfleisch, J.D., Sprott, D.A. (1974): Marginal and conditional likelihoods. *Sankhyā*, A, 35, 311–28

Kalbfleisch, J.G. (1985): *Probability and Statistical Inference*. Springer-Verlag, New York, 2ª ed.

Kass, R.E. (1993): Bayes factors in practice. *The Statistician*, 42, 551–560

Kass, R.E., Raftery, A.E.(1995): Bayes factors. *Jour. Amer. Statist. Assoc*, 90, 773–795

Kass, R.E.,Wasserman, L. (1993): The selection of prior distributions by formal rules. *Jour. Amer. Statist. Assoc.*, 91, 1343–1370

Kass, R.E.,Wasserman, L. (1995): A reference Bayesian test for nested hypotheses and its relationship to the Schwarz criterion. *Jour. Amer. Statist. Assoc*, 90, 928–934

Keeney, R.L., Raiffa, H. (1976): *Decision with Multiple Objectives: Preferences and Value Tradeoffs*, Wiley, New York

Kiefer, J. (1959): Optimum experimental designs (con discussione). *Jour. Roy. Statist. Soc.*, B, 21, 272–319

Kiefer, J. (1987): *Introduction to Statistical Inference*. Springer-Verlag, New York

Kolmogorov, A.N. (1950): *Foundations of the Theory of Probability*. Chelsea, New York (tradotto dall'originale in tedesco del 1933)

Kreps, D.M. (1992): *Teoria dei giochi e modelli economici*. Il Mulino, Bologna

Kroese, A.H., Schaafsma, W. (1998): Brier score. In *Encyclopedia of Statistical Sciences* (a cura di S. Kotz et al.), Update vol. 2, Wiley, New York

Lad, F. (1996): *Operational Subjective Statistical Methods*. Wiley, New York

Lahiri, P. (2001, ac. di): *Model Selection*. Inst. of Mathematical Statistics, Beachwood, Ohio

Landenna, G., Marasini, D. (1986): *Uno sguardo alle principali concezioni probabilistiche*. Giuffré, Milano

Landenna, G., Marasini, D. (1992): *La Teoria della Stima Puntuale*. Cacucci, Bari

Lavine, M., Schervish, M.J. (1999): Bayes factors: what they are and what they are not. *The American Statistician*, 53, 19–122

Lawless, J.F. (1982): *Statistical Models and Methods for Lifetime Data*. Wiley, New York

Lee, P.M. (1989): *Bayesian Statistics: An Introduction*. Edward Arnold, London

Lehmann, E.L. (1983): *Theory of Point Estimation*. Wiley, New York

Lehmann, E.L. (1986): *Testing Statistical Hypotheses*. Wiley, New York, 2ª ed.

Lehmann, E.L. (1990): Model specification: the views of Fisher and Neyman and later developments. *Statistical Science* 5, 160–68

Lehmann, E.L. (1993): The Fisher, Neyman-Pearson theories of testing hypotheses: one theory or two? *Jour. Amer. Statist. Assoc.*, 88, 1242–9

Leonard, T., Hsu, J.S.J. (1999): *Bayesian Methods*. Cambridge University Press, Cambridge

Lindley, D.V. (1956): On a measure of information provided by an experiment. *Ann. Math. Statist.*, 27, 986–1005

Lindley, D.V. (1965): *Probability and Statistics*, Cambridge University Press, Cambridge

Lindley, D.V. (1971): The estimation of many parameters. In *Foundations of Statistical Inference* a cura di V.P. Godambe e D.A. Sprott, pp. 435–47, Holt Rinehart and Winston, Toronto

Lindley, D.V. (1972): *Bayesian statistics, a review.* SIAM, Philadelphia

Lindley, D.V. (1985): *Making Decisions.* Wiley, New York (2^a ed.; traduz. ital. *La logica della decisione*, Il Saggiatore, Milano, 1990)

Lindley, D.V. (1997a): The choice of sample size. *The Statistician*, 46, 129–138

Lindley, D.V. (1997b): Some comments on Bayes factors. *Jour. Statist. Planning and Inference*, 61, 181–189

Lindley, D.V. (1994): Foundations. In Wright e Ayton (1994), pp. 1–15

Lindley, D.V. (2006): *Understanding Uncertainty.* Wiley, Hoboken

Lindley, D.V., Smith, AF.M. (1972): Bayes estimates for the linear models. *Jour. Roy. Statist. Soc.*, B, 34, 1–18

Liseo, B. (1993): Procedure condizionate per l'analisi delle tabelle di contingenza. *Statistica*, 53, 695–706

Liseo, B. (1994): Robustezza bayesiana: tendenze attuali della ricerca. *Atti della XXXVII Riunione Scientifica* della SIS, vol. 1, pp. 127–38, CISU, Roma

Liseo, B., Petrella, L., Salinetti, G. (1995): Robust Bayesian analysis: an interactive approach. In *Bayesian Statistics 5*, a cura di J.M. Bernardo et al., pp. 661–6, Clarendon Press, Oxford

Lucas, W.F. (1983). Game theory. In *Encyclopedia of Statistical Sciences*, a cura di S. Kotz, N.L. Johnson e C.B. Read, vol. 3, pp. 283–92, Wiley, New York

Luce, R.D., Raiffa, H. (1957): *Games and Decisions.* Wiley, New York

Madansky, A. (1988): *Prescriptions for Working Statisticians.* Springer-Verlag, New York

Mardia, M.V., Kent, J.T., Bibby, J.M. (1979): *Multivariate Analysis.* Academic Press, London

Moreno, E., Pericchi, L.R., Kadane, J.B. (1998): A robust Bayesian look of the theory of precise measurement. In *Decision Research from Bayesian Approaches to Normative Systems*, a c. di J. Shantan et al., Kluwer, Dordrecht

Moriconi, F. (1994): *Matematica Finanziaria.* Il Mulino, Bologna

Mortera, J. (1993): Aggregazione delle opinioni: una panoramica, in *Rassegna di Metodi Statistici e Applicazioni* n. 8 (a cura di W. Racugno), pp. 105–21, ed. Pitagora, Bologna

Muliere, P., Parmigiani, G. (1993): Utility and means in the 1930s. *Statistical Science*, 8, 421–32

Nau, R.F. (2007): Extensions of the subjective expected utility model. In Edwards et al *Advances in Decision Analysis*, pp. 263–278

Neyman, J. (1934): On the two different aspects of the representative method: the method of stratified sampling and the method of purposive selection. *Jour. Roy. Statist. Soc.*, 97, 558-625

Neyman, J. (1938): L'estimation statistique, traitée comme un problème classique de probabilité. In *Actualités Scientifiques et Industrielles*, 739, Hermann, Paris

Neyman, J. (1956): Note on an article by Sir Ronald Fisher. *Jour. Roy. Statist. Soc. B*, 18, 288-94

Oakes, M. (1986): *Statistical Inference.* Wiley, New York

O'Hagan, A. (1995): Fractional Bayes factors for model comparisons. *Jour. Roy. Statist. Soc.*, B, 57, 99-138

O'Hagan, A. (1998): Eliciting expert beliefs in substantial practical applications. *The Statistician*, 47, 21-35

O'Hagan, A., Forster, J. (2004): *Kendall's Advanced Theory of Statistics, vol. 2B – Bayesian Inference.* Arnold, London, 2ª ed.

Pace, L., Salvan, A. (1996): *Teoria della Statistica. Metodi, modelli, aprossimazioni asintotiche.* CEDAM, Padova

Parmigiani, G. (2002): *Modeling in Medical Decision Making. A Bayesian Approach.* Wiley, Chichester

Parmigiani, G., Berry, D. (1994): Applications of Lindley information measure to the design of clinical experiments. In *Aspects of Uncertainty*, a cura di P.R. Freeman e A.F.M. Smith, pp. 329–48, Wiley, Chichester

Patel, J.K., Kapadia, C.H., Owen, D.B. (1976): *Handbook of Statistical Distributions.* Dekker, New York

Pawitan, Y. (2001): *In All Likelihood: Statistical Modelling and Inference Using Likelihood.* Clarendon Press, Oxford

Pearson, K. (1922): *Tables of the incomplete Γ-function.* Cambridge University Press, Cambridge

Pearson, K. (1934): *Tables of the incomplete B-function.* Cambridge University Press, Cambridge

Pham-Gia, T., Turkkan, N. (1992): Sample size determination in Bayesian analysis. *The Statistician*, 41, 389-397

Piccinato, L. (1977): Predictive distributions and noninformative priors. Trans. 7th. *Prague Conf. on Information Theory, Stat. Decision Functions,Random Processes*, pp. 399–407, Reidel, Dordrecht

Piccinato, L. (1979): A remark on the relations between admissibility and optimality of decisions. *Metron*, 37, 17–26

Piccinato, L. (1980): On the orderings of decision functions. In *Symposia Mathematica* dell'Ist. Naz. di Alta Matematica, vol. XXV, pp. 61–70, Academic Press, London

Piccinato, L. (1984): A Bayesian property of the likelihood sets. *Statistica*, 44, 197-204

Piccinato, L. (1986): de Finetti's logic of uncertainty and its impact on statistical thinking and practice. In *Bayesian Inference and Decision Techniques* a cura di P.K. Goel e A. Zellner, pp. 13–30, North-Holland, Amsterdam

Piccinato, L. (1990): Sull'interpretazione del livello di significatività osservato. In *Scritti in omaggio a Luciano Daboni*, pp. 199–213, ed. LINT, Trieste

Piccinato, L. (1991): Questioni critiche in diversi paradigmi inferenziali. Atti del Convegno SIS *Sviluppi metodologici nei diversi approcci all'inferenza statistica*, vol. 2, pp. 69–99, Pitagora, Bologna (una versione modificata è apparsa in lingua inglese su *Jour. Ital. Statist. Soc*, 1992, pp. 251–274)

Piccinato, L. (1992): Analisi condizionata delle procedure frequentiste, in SIS-Formazione: *Problemi di ricerca nella statistica bayesiana*, a cura di W. Racugno, ed. Giardini, Pisa

Pilz, J. (1991): *Bayesian estimation and experimental design in linear regression models*. Wiley, Chichester

Pompilj, G. (1948): Teorie statistiche della significatività e conformità dei risultati sperimentali agli schemi teorici. *Statistica*, 8, 7–42

Pompilj, G. (1952-61): *Teoria dei Campioni*. Veschi, Roma

Pompilj, G. (1984): *Le Variabili Casuali*. Ist. di Calcolo delle Probabilità, Univ. di Roma

Pratt, J.W. (1965): Bayesian interpretation of standard inference statements. *Jour. Roy. Statist. Soc.*, B, 27, 169–203

Press, S.J. (1982): *Applied Multivariate Analysis, Using Bayesian and Frequentist Measures of Inference*. Krieger, Melbourne

Press, S.J. (2003): *Subjective and Objective Bayesian Statistics*. Wiley, New York, 2ª ed.

Pukelsheim, F. (1993): *Optimal Design of Experiments*. Wiley, New York

Racugno, W. (1994): Usi del fattore di Bayes. *Atti XXXVII Riun. Scientifica SIS*, vol. 1, pp. 139–51, CISU, Roma

Racugno, W. (ed.) (1997): *Proceedings of the Workshop on Model Selection*, Pitagora, Bologna

Raiffa, H., Schlaifer, R. (1961): *Applied Statistical Decision Theory*. MIT Press, Cambridge (Mass.)

Regazzini, E. (1983): *Sulle probabilità coerenti nel senso di de Finetti*. CLUEB, Bologna

Regazzini, E. (1987): Teoria e calcolo delle probabilità. In *La Matematica italiana tra le due guerre mondiali*, Pitagora, Bologna (versione inglese in *Metron*, 45, 1987, pp. 5–42)

Regazzini, E. (1990): Qualche osservazione sulla scambiabilità e tecniche bayesiane. *Atti XXXV Riunione SIS*, vol. 2, pp. 435–41, CEDAM, Padova

Regazzini, E., Petris, G. (1992): Some critical aspects of the use of exchangeability in statistics. *Jour. Ital. Statist. Soc.* 1, 103–130

Regoli, G. (1994): Le probabilità qualitative nel processo di elicitazione. *Atti XXXVII Riun. Scientifica SIS*, vol. 1, pp. 153–65, CISU, Roma

Robert, C. (2001): *The Bayesian Choice*. Springer, New York, 2ª ed.

Roberts, A.W., Varberg, D.E. (1973): *Convex Functions*. Academic Press, New York

Rossini, G.(1993): *Incertezza. Teoria e applicazioni*. Springer-Verlag, Berlin

Royall, R.M.(1968): An old approach to finite population sampling theory. *Jour. Amer. Statist. Ass.*, 63, 1269–79

Royall, R. (1997): *Statistical Evidence. A Likelihood Paradigm*. Chapman and Hall, London

Royall, R. (2000): On the probability of observing misleading statistical evidence (con discussione). *Jour. Amer. Statist. Assoc.*, 95, 760–780

Rustagi, J.S. (1976): *Variational Methods in Statistics*. Academic Press, New York

Salinetti, G. (1980): Admissibility, quasi-admissibility and optimality in decision theory, in Ist. Naz. di Alta Matematica: *Symposia Mathematica*, vol. XXV, pp. 95–112, Academic Press, London

Salinetti, G. (1991): Metodologie per la robustezza. Atti del Convegno SIS *Sviluppi metodologici nei diversi approcci all'inferenza statistica*, vol. 2, pp. 165–82, Pitagora, Bologna

Sambucini, V. (2008): A Bayesian predictive two-stage design for phase II clinical trials. *Statistics in Medicine*, 27, 1199–1224

San Martini, A., Spezzaferri, F. (1984): A predictive model selection criterion. *Jour. Roy. Statist. Soc.*, B, 46, 296–303

Savage, L.J. (1954): *The Foundations of Statistics*. Wiley, New York (2ª ed. Dover, New York 1972)

Savage, L.J. (1962): Subjective probability and statistical practice. In *The Foundations of Statistical Inference* a cura di G. Barnard e D.R. Cox, Methuen, London

Savage, L.J. (1976): On rereading R.A. Fisher. *Ann. Statist*, 4, 441-500 (anche in Savage, 1981)

Savage, L.J. (1981): *The Writings of L.J. Savage-A Memorial Selection*. Amer. Statist. Ass. and The Inst. of Mathem. Statistics, Washington

Scozzafava, R. (1984): A survey of some common misunderstandings concerning the role and meaning of finitely additive probabilities in statistical inference. *Statistica*, 44, 21–45

Scozzafava, R. (1990): Probabilità condizionate: de Finetti o Kolmogorov? In *Scritti in omaggio a Luciano Daboni*, pp. 223–237, LINT, Trieste

Scozzafava, R. (1991): *La probabilità soggettiva e le sue applicazioni*. Veschi, Milano, 2ª ed.

Severini, T.A. (2004): *Likelihood Methods in Statistics*. Oxford University Press, Oxford

Siegmund, D. (1985): *Sequential Analysis. Tests and Confidence Intervals*. Springer, New York

Singpurwalla, N.D. (2006): *Reliability and Risk. A Bayesian Perspective*. Wiley, Chichester

Smith, A.F.M. (1973): Bayes estimates in one-way and two-way models. *Biometrika*, 60, 319–29

Smith, A.F.M. (1991): Developments in Bayesian computational methods. Atti del convegno SIS *Sviluppi metodologici nei diversi approcci all'inferenza statistica*, vol. 2, pp. 183–200, ed. Pitagora, Bologna

Smith, A.F.M., Verdinelli, I. (1980): A note on Bayes designs for inference using a hierarchical linear model. *Biometrika*, 67, 613–9

Smith, J.Q. (1988): *Decision Analysis. A Bayesian Approach*. Chapman and Hall, London

Smith, T.M.F. (1976): The foundations of survey sampling: a review. *Jour. Roy. Statist. Soc*, A, 139, 183–204

Solari, F., Liseo, B., Sun, D. (2008): Some remarks on Bayesian inference for the one-way ANOVA models. *Ann. Inst. Statist. Math.*, 60, 483–498

Spezzaferri, F. (1988): Nonsequential designs for model discrimination and parameter estimation. In *Bayesian Statistics 3*, a cura di J.M. Bernardo et al., pp. 777–83, Clarendon Press, Oxford

Spiegelhalter, D.J., Abrams, K.R., Myles, J.P. (2004): *Bayesian approaches to clinical trials and health-care evaluation*. Wiley, New York

Spizzichino, F. (2001): *Subjective Probability Models for Lifetimes*. Chapman and Hall/CRC, Boca Raton

Stigler, S.M. (1982): Thomas Bayes's Bayesian inference. *Jour. Roy. Statist. Soc*, A, 145, 250–8

Tanner, M.A. (1993): *Tools for Statistical Inference: Methods for the Exploration of Posterior Distributions and Likelihood Functions*. Springer, New York (2ª ed.)

Verdinelli, I. (1987): Piani sperimentali bayesiani per modelli di analisi della varianza a uno o due fattori. In *Rassegna di Metodi Statistici ed Applicazioni*, a cura di W. Racugno, pp. 151–70, Pitagora, Bologna

Verdinelli, I. (1991): Applicazioni di metodi computazionali in ottica bayesiana. Atti del convegno SIS *Sviluppi metodologici nei diversi approcci all'inferenza statistica*, vol. 2, pp. 201–18, ed. Pitagora, Bologna

Verdinelli, I. (1992): Advances in Bayesian experimental design. In *Bayesian Statistics 4*, a cura di J.M. Bernardo et al., pp. 467–81, Clarendon Press, Oxford

Vitali, O. (1991-3): *Statistica per le Scienze Applicate* (due volumi). Cacucci, Bari

von Mises, R. (1964): *Mathematical Theory of Probability and Statistics*. Academic Press, New York

Wald, A. (1947): *Sequential Analysis*. Wiley, New York

Wald, A. (1950): *Statistical Decision Functions*. Wiley, New York

Wang, F., Gelfand, A.E. (2002): A simulation-based approach to Bayesian sample size determination for performance under a given model and for separating models. *Statistical Science*, 17, 193–208

Wasserman, L. (1992): Recent methodological advances in robust Bayesian inference. In *Bayesian Statistics 4*, a cura di J.M. Bernardo et al-, pp. 483–502, Clarendon Press, Oxford

Weinstein, M.C., Fineberg. H.V. (1980): *Clinical Decision Analysis*. Saunders, Philadelphia (traduz. italiana *L'analisi della decisione in medicina clinica*, Franco Angeli, Milano 1984)

Welsh, A.H. (1996): *Aspects of Statistical Inference*. Wiley, New York

Whitmore, G.A., Findlay, M.C. (1978): *Stochastic Dominance. An Approach to Decision-Making under Risk*. Heath, Lexington (Mass.)

Wilks, S.S. (1962): *Mathematical Statistics*. Wiley, New York

Wright, G., Ayton, P. (1994): *Subjective Probability*. Wiley, Chichester

Wynn, H.P. (1984): Jack Kiefer's contributions to experimental designs. *Ann. Statist.*, 12, 416–23

Yu, P.-L. (1985): *Multiple-Criteria Decision Making*. Plenum Press, New York

Ziemba, W.T., Vickson, R.G. (1975, a cura di): *Stochastic Optimization Models in Finance*. Academic Press, New York

Indice analitico

Unitext - Collana di Statistica e Probabilità Applicata

a cura di

A. Azzalini
F. Battaglia
M. Cifarelli
P. Conti
K. Haagen
A.C. Monti
P. Muliere
L. Piccinato
E. Ronchetti

Volumi pubblicati

C. Rossi, G. Serio
La metodologia statistica nelle applicazioni biomediche
1990, 354 pp, ISBN 3-540-52797-4

A. Azzalini
Inferenza statistica:
una presentazione basata sul concetto di verosimiglianza
2a edizione
1a ristampa 2004
2000, 382 pp, ISBN 88-470-0130-7

E. Bee Dagum
Analisi delle serie storiche:
modellistica, previsione e scomposizione
2002, 312 pp, ISBN 88-470-0146-3

B. Luderer, V. Nollau, K. Vetters
Formule matematiche per le scienze economiche
2003, 222 pp, ISBN 88-470-0224-9

A. Azzalini, B. Scarpa
Analisi dei dati e *data mining*
2004, 242 pp, ISBN 88-470-0272-9

A. Rotondi, P. Pedroni, A. Pievatolo
Probabilità, statistica e simulazione
2a edizione
2006, 512 pp, ISBN 88-470-0262-1
(1a edizione 2001, ISBN 88-470-0081-5)

F. Battaglia
Metodi di previsione statistica
2007, 333 pp, ISBN 978-88-470-0602-7

L. Piccinato
Metodi per le decisioni statistiche
2a edizione
2009, 488 pp, ISBN 978-88-470-1077-2
(1a edizione 1996, ISBN 3-540-75027-4)